无线电定位理论与工程实践

陆安南　尤明懿　江　斌　宋朱刚
叶云霞　黄　凯　史斌华　著

電子工業出版社
Publishing House of Electronics Industry
北京 · BEIJING

内 容 简 介

本书是关于无线电辐射源定位理论与工程应用的著作，作者从无线电辐射源定位的相关概念和常用方法、应用问题及解决途径、基础理论与前沿技术着手，介绍了多种无线电辐射源定位方法，梳理了工程实现中的问题和解决方法，还适度增加了定位基础理论、定位新方法与新技术介绍。全书共 11 章，第 1 章简述无线电辐射源定位的任务、作用、简史和典型定位系统；第 2 章介绍常用无线电辐射源定位技术体制、定位坐标系及其转换、定位误差指标及表征方式、误差源及其影响、系统组成与工作流程；第 3 章概要介绍定位跟踪模型和定位估计算法；第 4～7 章分别具体介绍测向定位、时差定位、频移定位和时频差组合定位的原理与算法、定位误差、工程实现与应用、实例；第 8 章具体介绍其他组合定位的原理与算法、定位误差；第 9 章介绍无线电定位新方法中的智能定位和直接定位的原理与算法；第 10 章介绍运动目标跟踪的相关方法；第 11 章介绍无线电定位系统设计要点。

本书介绍的无线电辐射源定位理论与方法适合工程应用，提供的案例便于读者直观了解定位应用情况，可供从事无线电定位、信号处理技术研究与工程实践的技术人员，以及相关专业师生阅读。

图书在版编目（CIP）数据

无线电定位理论与工程实践 / 陆安南等著. —北京：电子工业出版社，2023.9
ISBN 978-7-121-46344-0

Ⅰ. ①无…　Ⅱ. ①陆…　Ⅲ. ①无线电定位－研究　Ⅳ. ①TN95

中国国家版本馆 CIP 数据核字（2023）第 175531 号

责任编辑：徐蕾薇　　文字编辑：赵　娜
印　　刷：北京捷迅佳彩印刷有限公司
装　　订：北京捷迅佳彩印刷有限公司
出版发行：电子工业出版社
　　　　　北京市海淀区万寿路 173 信箱　　邮编：100036
开　　本：787×1 092　1/16　印张：21.75　字数：557 千字
版　　次：2023 年 9 月第 1 版
印　　次：2024 年 6 月第 2 次印刷
定　　价：118.00 元

凡所购买电子工业出版社图书有缺损问题，请向购买书店调换。若书店售缺，请与本社发行部联系，联系及邮购电话：（010）88254888，88258888。

质量投诉请发邮件至 zlts@phei.com.cn，盗版侵权举报请发邮件至 dbqq@phei.com.cn。

本书咨询联系方式：xuqw@phei.com.cn。

前　言

无线电辐射源定位在军事和非军事领域都有广泛的应用，本书是关于无线电辐射源定位理论与工程应用的著作，主要面向工作中需要解决无线电辐射源定位应用问题，以及需要进一步研究无线电辐射源定位理论的读者。作者从无线电辐射源定位的相关概念和常用方法、应用问题及解决途径、基础理论与前沿技术着手，介绍多种无线电辐射源定位方法，便于读者针对具体定位任务择优应用，并且梳理了工程实现方法和问题，有利于研发人员全面考虑定位工程实现问题，还适度增加了定位基础理论、定位新方法与新技术介绍，助力感兴趣的读者更深入研究与探讨。本书的选材和撰写主要具有以下特点。

（1）选材全面，重点突出。在参阅、比较大量最新无线电辐射源定位相关书籍、论文、工程设计方案等的基础上概述各类无线电辐射源定位技术体制，重点介绍工程中常用的测向定位、时差定位、频移定位、时频差组合定位等技术体制，并在分析比较的基础上介绍各类定位方法的适用场景。

（2）面向工程，注重应用。面向工程实践，力求理论与实践相结合，提升各类常用方法的可操作性：①尽可能给出本书所介绍的各类定位方法的典型工程应用案例；②在每种定位方法的介绍过程中专门开辟“工程实现与应用”一节介绍工程实践中可能遇到的典型问题及解决方案。

（3）扎根理论，关注前沿。清晰阐述无线电辐射源定位的相关概念，完整阐明多种定位方法的估计理论基础。不仅关注无线电辐射源定位的新思想、新方法、新应用，而且融入作者及团队近期的一些研究成果与心得体会，并借鉴信号处理、机器学习等前沿技术，展示了前沿定位技术的潜力。

（4）深浅适宜，便于阅读。注重内容的深浅度与可读性，专门从直观的几何角度介绍常用定位方法的原理并推导定位误差，附录 A 给出的部分数学公式便于读者在尽量少地查阅数学专著的情况下阅读本书，其中的部分推导便于读者做类似应用；附录 B～J 给出了一些较复杂但必要的数学证明，方便读者按需阅读；附录 K 给出了一些仿真程序，便于读者进一步理解定位算法。

本书各章内容介绍如下。

第 1 章简述无线电辐射源定位的任务、无线电辐射源定位技术在各领域的作用、辐射源定位技术的发展简史，以及几种典型定位系统简介。

第 2 章介绍常用的无线电定位技术体制、定位坐标系及其转换、定位误差指标及表征方式、误差源及其影响，以及系统组成与工作流程。

第 3 章概要介绍无线电定位模型与算法，重点讨论定位跟踪模型和定位估计算法。

第 4～7 章分别介绍测向定位、时差定位、频移定位和时频差组合定位的原理与算法、定位误差、工程实现与应用、实例。

第 8 章介绍其他利用各类参数，如到达方向、相位差、相位差变化率、到达时差、到达频差、距离等进行组合定位方法的原理与算法、定位误差。

第 9 章介绍无线电定位新方法，包括智能定位、直接定位。

第 10 章介绍运动目标跟踪，包括基于测向信息、时差信息、时频差信息的单目标跟踪，以及随机有限集与多目标滤波的多目标跟踪等内容。

第 11 章介绍无线电定位系统设计要点，包括定位任务分析、定位体制选择、系统组成与定位流程。

附录中给出部分数学基础知识、相关数学证明和一些计算机仿真程序。

本书既可以按顺序全面阅读，也可以从定位任务→技术体制→定位原理→系统组成→工作流程→典型应用场景等进行认识面阅读，或者从定位跟踪模型→估计准则与方法→优化算法→误差分析→工程实现→实例等进行实践面阅读。建议读者在阅读前 3 章之后再阅读后续特定章节。

本书由陆安南、尤明懿、江斌、宋朱刚、叶云霞、黄凯、史斌华著，由陆安南对全书进行统一校对和修正。作者在写作过程中得到中国电子科技集团公司第三十六研究所的大力支持，并得到杨小牛院士的指导，还得到楼财义、张春磊、陈鼎鼎、缪善林、周琦、朱建丰、刘健、夏飞海、孟金芳、张永光、陶晓佳、邓伟等同志的帮助，在此一并表示衷心的感谢。

无线电定位技术用途广泛，面对今后更高的应用要求，需要我们用新思想、新理论、新方法提高定位理论水平和工程实现能力。限于作者水平，书中疏漏和不妥之处在所难免，恳请读者批评指正，以便我们纠正和不断完善。

作　者

电磁空间安全全国重点实验室

常用符号规定

α	来波方位角
β	来波仰角
τ	时延或时差
f	频率
v	速度
r	距离
$\boldsymbol{A}^{\mathrm{T}}$	矩阵 $\boldsymbol{A}$ 的转置
$\boldsymbol{A}^{*}$	矩阵 $\boldsymbol{A}$ 的共轭
$\boldsymbol{A}^{\mathrm{H}}$	矩阵 $\boldsymbol{A}$ 的共轭转置
$\boldsymbol{A}^{+}$	矩阵 $\boldsymbol{A}$ 的 Moore-Pensore 逆矩阵
$\mathrm{tr}(\boldsymbol{A})$	矩阵 $\boldsymbol{A}$ 的迹
$\mathrm{rank}(\boldsymbol{A})$	矩阵 $\boldsymbol{A}$ 的秩
$\lvert\boldsymbol{A}\rvert$	矩阵 $\boldsymbol{A}$ 的行列式
$\lvert X\rvert$	有限集 X 的势
$\mathrm{diag}(\boldsymbol{a})$	矢量 $\boldsymbol{a}$ 组成的对角矩阵
$\mathrm{blkdiag}(\bullet)$	构造块对角矩阵
λ_i	矩阵的特征值
$\tilde{x}$	x 的测量值
$\hat{x}$	x 的估计值
$\bar{x}$	x 的均值
$\mathrm{Re}(x)$	取复数 x 的实部
$\mathrm{Im}(x)$	取复数 x 的虚部
$\mathrm{ang}(x)$	取复数 x 的辐角
$\mathrm{arctan2}(x,y)$	四象限反正切
$\mathrm{sinc}(x)$	sinc 函数 $=\sin(\pi x)/\pi x$
$\boldsymbol{x}$	位置矢量
$\Delta\boldsymbol{x}$	$\boldsymbol{x}$ 的测量误差
$\dot{\boldsymbol{x}}$	速度矢量
$\ddot{\boldsymbol{x}}$	加速度矢量
$\mathbb{E}$	数学期望
$\mathbb{N}$	高斯分布/正态分布
σ_n^2	n 的方差
cov	协方差
L	观测站数
Q	信号个数
$\lVert\cdot\rVert$	2 范数（Frobenius 范数）
$\mathbf{Z}$	整数集
$\boldsymbol{I}_N$	$N\times N$ 单位矩阵
$\mathbf{0}_N$	$(0,0,\cdots,0)_{N\times1}^{\mathrm{T}}$
$\mathbf{0}_{M\times N}$	全为 0 的 M 行 N 列矩阵
$\mathbf{1}_N$	$(1,1,\cdots,1)_{N\times1}^{\mathrm{T}}$
$(\boldsymbol{a},\boldsymbol{b})$	$\boldsymbol{a}$ 与 $\boldsymbol{b}$ 的内积
$\boldsymbol{a}\times\boldsymbol{b}$	$\boldsymbol{a}$ 与 $\boldsymbol{b}$ 的外积
$\otimes$	Kronecker 积
$\odot$	Hadamard 积
∇	梯度（gradient）算子
$\mathrm{vec}(\boldsymbol{A})$	矩阵 $\boldsymbol{A}$ 拉直运算
$\mathrm{sgn}(\boldsymbol{a})$	矢量 $\boldsymbol{a}$ 的符号函数
$\mathrm{CRLB}_{i,i}$	$\mathrm{CRLB}(\boldsymbol{x})$ 第 i 行第 i 列元素
$\lfloor x\rceil$	取不大于 x 的最大整数

为了叙述简便，我们用“$A\overset{C}{=}B$”表示“由于具备条件 C，所以 $A=B$”，或“基于性质 C，$A=B$”，或“在定义 C 下，$A=B$”。用“$\approx$”“$>$”“$\geqslant$”“$<$”“$\leqslant$”等符号代替“$A\overset{C}{=}B$”之间的“$=$”的含义类似。

缩 略 语

AM	Amplitude Modulation	振幅调制
ASK	Amplitude Shift Keying	振幅键控
BAN	Best Asymptotically Normal	最优渐近正态
BPSK	Binary Phase Shift Keying	二进制相移键控
BP	Back Propagation	反向传播
CA	Constant Acceleration	匀加速
CDF	Cumulative Distribution Function	累积分布函数
CDKF	Central Difference Kalman Filter	中心差分卡尔曼滤波
CEP	Circular Error Probable	圆概率误差
CPHD	Cardinalized Probability Hypothesis Density	带势的概率假设密度
CRLB	Cramer-Rao Lower Bound	克拉美-罗下界
CT	Constant Turning	匀速转弯
CV	Constant Velocity	匀速直线
CWLS	Constrained Weighted Least Squares	约束加权最小二乘
CZT	Chirp Z Transform	线性调频 Z 变换
DD	Differential Doppler	微分多普勒
DFT	Discrete Fourier Transform	离散傅里叶变换
DNN	Deep Neural Networks	深度神经网络
DOA	Direction of Arrival	到达方向
DPD	Direct Position Determination	直接定位
EAP	Expected A Posteriori	后验期望估计
ECA	Extensive Cancelation Algorithm	批处理抵消算法
ECM	Error Correlation Matrix	误差相关矩阵
EE	Error Ellipse	误差椭圆
EKF	Extend Kalman Filter	扩展卡尔曼滤波
ETDE	Explicit Time Delay Estimator	带约束的时延估计
ETDGE	Explicit Time Delay and Gain Estimator	带增益控制的时延估计
FDOA	Frequency Difference of Arrival	到达频差
FFT	Fast Fourier Transform	快速傅里叶变换
FISST	Finite Set Statistics	有限集统计学
FOA	Frequency of Arrival	到达频率
FSK	Frequency Shift Keying	频移键控
GDOP	Geometric Dilution of Precision	几何稀释精度
GMPHD	Gaussian Mixture Probability Hypothesis Density	高斯混合概率假设密度

GLMB	Generalized Labeled Multi-Bernoulli	广义标签多伯努利
GLRT	Generalized Likelihood Ratio Test	广义似然比检验
GPF	Gaussian Particle Filter	高斯粒子滤波
GPS	Global Positioning System	全球定位系统
ICWLS	Iterative Constrained Weighted Least Squares	迭代约束加权最小二乘
IEKF	Iterated Extend Kalman Filter	迭代扩展卡尔曼滤波
IFFT	Inverse Fast Fourier Transform	逆快速傅里叶变换
IMM	Interactive Multiple Model	交互式多模型
JoM	Joint Multi-target	联合多目标
LMS	Least Mean Squares	最小均方
LMSTDE	Least Mean Squares Time Delay Estimator	最小均方时延估计
LSL	Least Square Lattice	最小二乘格型
GLS	Generalized Least Squares	广义最小二乘
LS-SVM	Least Squares Support Vector Machine	最小二乘支持向量机
MaM	Marginal Multi-target	边际多目标
MAP	Maximum A Posteriori	最大后验概率
MASK	Multiscale Amplitude Shift Keying	多进制振幅键控
MCMC	Markov Chain Monte Cralo	马尔可夫链蒙特卡罗法
MDS	Multi-Dimensional Scaling	多维尺度
MeMBer	Multi-target Multi-Bernoulli	多目标多伯努利
MGEKF	Modified Gain Extend Kalman Filter	修正增益扩展卡尔曼滤波
MLE	Maximum Likelihood Estimation	极/最大似然估计
MMSE	Minimum Mean Square Error	最小均方误差
MPSK	Multiscale Phase Shift Keying	多进制相移键控
MSE	Mean Square Error	均方误差
MUSIC	Multiple Signal Classification	多重信号分类
MVEKF	Modified coVariance Extend Kalman Filter	修正协方差扩展卡尔曼滤波
NLMS	Normalized Least Mean Squares	归一化最小均方
OFDM	Orthogonal Frequency Division Multiplexing	正交频分复用
OMAT	Optimal Mass Transfer	最大质量转移
OSPA	Optimal Subpattern Assignment	最优子模式配置
PF	Particle Filter	粒子滤波
PHD	Probability Hypothesis Density	概率假设密度
PSK	Phase Shift Keying	相移键控
QAM	Quadrature Amplitude Modulation	正交振幅调制
QPSK	Quadrature Phase Shift Keying	正交相移键控
RDSS	Radio Determination Satellite Service	卫星无线电测定业务
RLS	Recursive Least Squares	递归最小二乘
RMPI	Random Modulation Pre-integrator	随机调制预积分器

RMSE	Root Mean Square Error	均方根误差
RSS	Received Signal Strength	接收信号强度
RTOF	Roundtrip Time of Flight	往返时间
SFT	Stationary Fit Test	静止拟合检验
SIR	Sequential Importance Resampling	序贯重要性重采样
SNR	Signal-Noise Ratio	信噪比
SRF	Shifted Rayleigh Filter	转换瑞利滤波
TDMA	Time Division Multiple Access	时分多址
TDOA	Time Difference of Arrival	到达时差
TSPD	Two Step Position Determination	两步定位
TSWLS	Two Step Weighted Least Squares	两步加权最小二乘
UKF	Unscented Kalman Filter	无迹卡尔曼滤波
UQPSK	Unbalanced Quadrature Phase Shift Keying	非均衡四相相移键控
VGG	Visual Geometry Group	视觉几何组
VSSLMS	Variable Step Size Least Mean Squares	可变步长最小均方

目　录

第1章 引 言

作为定位专著，书中定位一词的含义包括三个层次，即估计辐射无线电信号的目标位置、估计目标位置及运动速度、估计目标运动轨迹，可以根据上下文具体界定。本书限于无源定位，主要考虑对自己辐射无线电信号的目标定位问题，对于可以等效为自己辐射信号的外辐射源定位问题仅作简要论述。此外，这里所说的定位只关注远距离目标定位，不涉及近场定位及室内定位问题。以下为了叙述简便，有时用无线电定位或定位指代无线电辐射源定位。

1.1 无线电辐射源定位任务

无线电辐射源定位系统的任务是对辐射源发出的无线电信号通过测量相关参数或经过其他信号处理，估计该辐射源的状态。辐射源基本状态是在三维空间指定坐标系中的位置 $\boldsymbol{x}=[x,y,z]^{\mathrm{T}}$，或在二维空间指定坐标系中的位置 $\boldsymbol{x}=[x,y]^{\mathrm{T}}$，或在地球球面上用经、纬度表示的位置 $\boldsymbol{x}=[\lambda,\phi]^{\mathrm{T}}$ 等，本书后面大多数章节涉及此类状态。辐射源更一般的状态是在指定坐标系中的位置和速度 $\boldsymbol{x}=[x,y,z,\dot{x},\dot{y},\dot{z}]^{\mathrm{T}}$，或 $\boldsymbol{x}=[x,y,\dot{x},\dot{y}]^{\mathrm{T}}$，甚至包括某个时间段目标的运动轨迹。

1.2 无线电辐射源定位作用

无线电辐射源定位可应用于以下两方面。

军事应用领域：通过无线电辐射源定位，可以识别和分离目标、定位传感器位置、瞄准和指示目标等。①获取重要情报：基于对方通信辐射源位置信息，可以识别和分离通信网络中的终端，初步判断通信网络的部署或重要通信枢纽、通信节点的分布情况，确定通信节点关系和通联情况，继而判定通信终端属性和威胁等级，为形成对方通信网络态势打下基础；基于雷达辐射源位置信息，可以推断出目标雷达辅助系统的地理位置，为消除对应系统造成的威胁提供决策依据。②目标引导：基于辐射源位置信息，可以引导干扰设备瞄准通信终端所在区域实施干扰，有效提高干扰精准度，也可以引导火力打击摧毁目标通信终端和雷达站。

非军事应用领域：基于定位信息，①可以确定干扰源或非法辐射源，支持无线电频谱监管；②可以跟踪定位通信时的犯罪分子，支持抓捕和打击行动；③可以确定通信人员位置，支持搜索救援等；④可以用已知辐射源位置支持平台自定位。

1.3 辐射源定位简史

在传统的声呐、雷达等侦察技术发展的同时，辐射源定位技术留下的诸多值得记述的里程碑如下。

1947 年，Stansfield 出版了辐射源定位领域内的第一部著作[1]，书中提出了经典的测向定位算法——三角法，融合了当时典型的定位算法和原始辐射源定位算法，广泛应用在通信情报和电子情报领域。定位技术领域内统一将该算法原型和改进形式称为 Stansfield 算法。

1951 年，受 Stansfield 算法影响，Daniels[2]提出了利用距离差所得位置线进行定位的算法。1964 年，Marchand[3]提出了到达时差（TDOA）定位算法。时差定位算法中包含三个监测站，以任意两个监测站为焦点，距离差为长轴，绘制出一组双曲线，这些双曲线的交点便是辐射源位置。为了获取精确的时差数据来计算距离差，时差定位算法要求基站之间保持时间同步，而因为基站的位置是固定的，相较于移动终端，基站的同步实现容易得多。

1958 年，Ancher[4]使用 Stansfield 算法来处理机载系统采集的测量结果，从而对地面辐射源进行定位。在此之后，机载无源定位方法百花齐放，涌现了诸如 Baron[5]等的方位/俯仰法，Poirot 和 Arbid[6]的环绕（角差）法，Mahapatra[7]的不变航向角方法（盘旋法）和 Mangel[8]的三方位法等经典算法。1973 年，Wangsness[9]针对电磁波的传输距离越来越远，环境模型的误差对算法的实际应用产生重大影响的情况，提出了一些曲面传输模型的辐射源定位方法。

1969—1972 年，Coorper[10, 11]和 Laite[10]最早在距离—方向系统中对三维空间辐射源进行估计，Lee[12]描述了距离差算法在三维空间辐射源定位领域的应用，Paradowski[13, 14]则对三维空间辐射源使用二维角测量进行定位。

1958 年，McClure[15]提出在卫星位置已知或可预测的情况下，利用多普勒频移定位地球上的目标。1982 年，Chestnut[16]提出利用移动接收机测量两个以上的多普勒频移对地面目标进行定位。1984 年，Scales[17]等提出了在航空事故和海难搜索与救援卫星上通过测量微分多普勒（DD）的一系列值对协同性（频率已知的单音信号）辐射源进行定位的方案。1992 年，Chany[18]等提出了一种在平面内用多个传感器对运动辐射源测量多普勒移频进行定位与跟踪的最小二乘法。

1980 年，Schmidt[19]提出了时频差定位方法，利用两个运动观测站测量的一对时频差对静止目标进行定位。Ho[20]等对高层已知的静止目标利用球面约束并参考时差定位 Chan 算法中的伪线性化方法对静止目标进行直接求解，并在后续研究中利用两步加权最小二乘法[21]将其扩展到多站时频差联合定位运动目标的问题中。Yu[22]等将时频差观测量的高度非线性回归问题转化为约束加权最小二乘问题，再用牛顿法迭代求解拉格朗日乘子，最后得到目标运动状态参数估计。

以上定位方法通常可以分为两个步骤：第一步是参数估计，根据定位几何原理，估计一组对应定位线的参数（这里所说的定位线是经过辐射源位置的等值线，当讨论三维空间定位时，定位线约定用定位面代替）；第二步是位置解算，即根据第一步得到的定位线估计辐射源位置。按两个步骤定位的所有方法统称为两步定位（TSPD）法，两步定位法由于估计参数时未必涉及目标位置，整个过程无法保证不同观测站、不同时刻估计的参数所对应定位线都针对同一辐射源，因此不一定能得到最优位置估计。

为了解决两步定位法的不足，1985 年，Wax[23]等提出了直接定位的思想，略过定位参数估计这一过程，直接使用观测站采集的数据估计目标位置。2004 年，Weiss[24, 25]和 Amar[25]正式提出直接定位（DPD）的概念和多种直接定位算法，集中处理所有接收到的数据，解决了不同观测站、不同时刻接收数据对同一辐射源位置聚焦估计的问题。

1.4　几种典型定位系统简介

1.4.1　国外定位系统介绍

1.4.1.1　时差定位系统

时差定位系统（如 Agilent 公司的时差定位系统）是将射频接收器与其对应的软件组合得到的。射频接收器如 Agilent N6841A（见图 1-1），用于进行信号接收处理、数据存取、网络管理和设定。通过网络接口，利用 3～5 个（最多 100 个）接收器即可进行到达时差（TDOA）定位。

图 1-1　Agilent N6841A

时差定位软件如 Agilent N6854A-AG1，提供了三种技术来应对不同的情况。该软件对传统的时差定位方法进行优化，可对宽带信号实施远距离定位；优化了接收信号强度（RSS）技术，实现了多径环境下的定位；利用 TDOA 定位和 RSS 算法相结合进行定位，使得定位算法更加稳健、可靠。

时差定位系统主要技术指标如下。

（1）工作频率范围：20MHz～6GHz。

（2）信号带宽：1kHz～9.9MHz。

（3）时间同步精度：120ns。

（4）定位体制：TDOA 定位与 RSS 算法相结合。

美国“白云”（White Cloud）海洋监视卫星（见图 1-2）也能组成时差定位系统，美国在 20 世纪 60 年代就启动了“海军海洋监视系统”（Naval Ocean Surveillance Satellites）计划，先后在 1000km 高度圆形轨道部署了三代“白云”系列海洋监视卫星。前两代“白云”卫星系统采用三星时差定位，第三代“白云”卫星系统采用双星时频差定位。

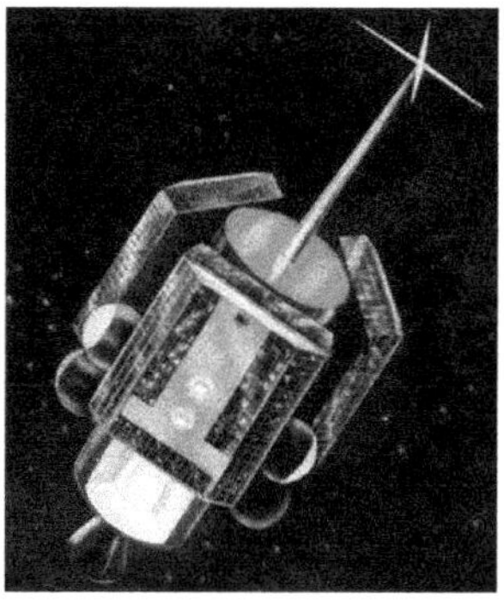

图 1-2　“白云”海洋监视卫星

主要技术指标如下。

（1）工作频率范围：0.5～10GHz。

（2）星间距离：30～110km。

（3）轨道高度：1100～1200km。

（4）定位精度：2～3km。

（5）定位体制：时差定位、时频差定位。

1.4.1.2 测向测时差定位系统

测向测时差定位系统如 R&S 公司的 UMS300 定位系统（见图 1-3 和图 1-4），具有符合 ITU 标准的监测功能，并将测向定位、时差定位及测向测时差联合定位（见图 1-5）的接收机整合到一台紧凑型户外设备上。高性能接收机可快速和可靠地执行所有测量与测向任务。其内置计算机提供控制软件平台，同时控制温度接口和管理接口。短天线电缆可以有效提高系统灵敏度，使系统对弱信号进行测量和定位。该系统还提供连接路由器的以太网接口，用于远程控制，也可以通过 GSM/3G/4G 移动无线网络连接。

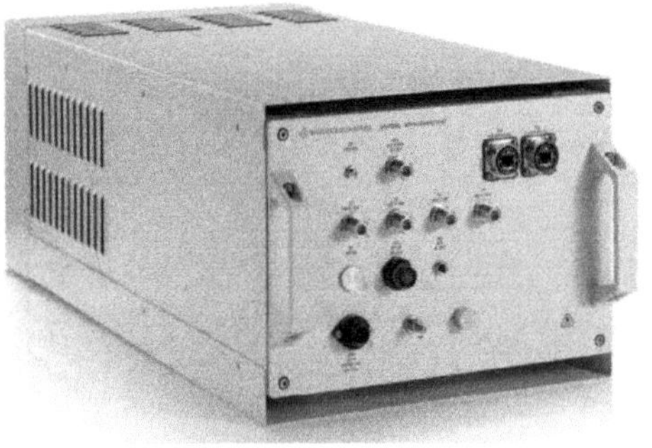

图 1-3　R&S 公司的 UMS300 定位系统

图 1-4　架设在楼顶的 R&S 公司的 UMS300 定位系统

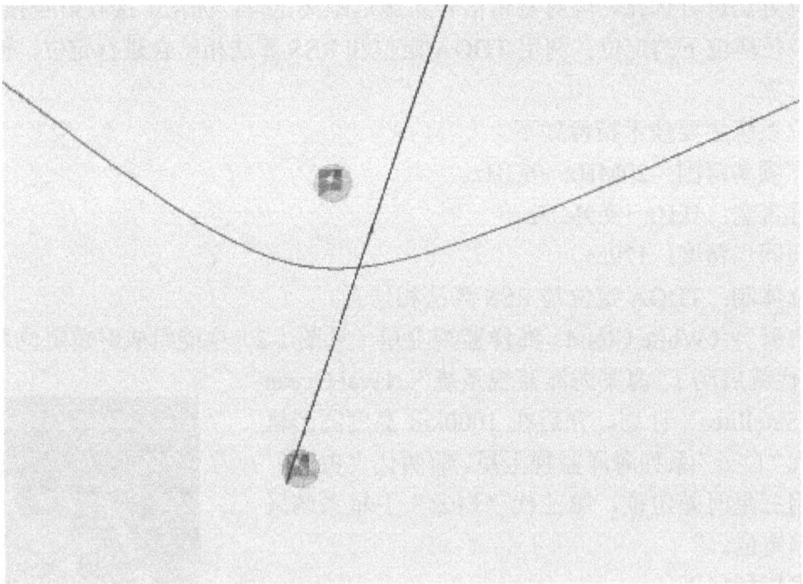

图 1-5　测向测时差联合定位示意

测向测时差定位系统主要技术指标如下。

（1）工作频率范围：300kHz～6GHz。

（2）信号带宽：≤20MHz。

（3）时间同步精度：ns 级。

（4）测向误差：1°（RMSE）。

（5）定位体制：测向定位、时差定位及测向测时差联合定位。

1.4.2 国内定位系统介绍

1.4.2.1 双站测向定位系统

测向系统至少需要两个及以上的站位测向才能进行定位，用图 1-6 所示的测向系统天线及处理机等进行测向可以得到一条方位线，由两个测向站得到的两条方位线交叉可以估计目标的位置，测向定位系统定位结果示意如图 1-7 所示。

图 1-6 测向系统天线及处理机

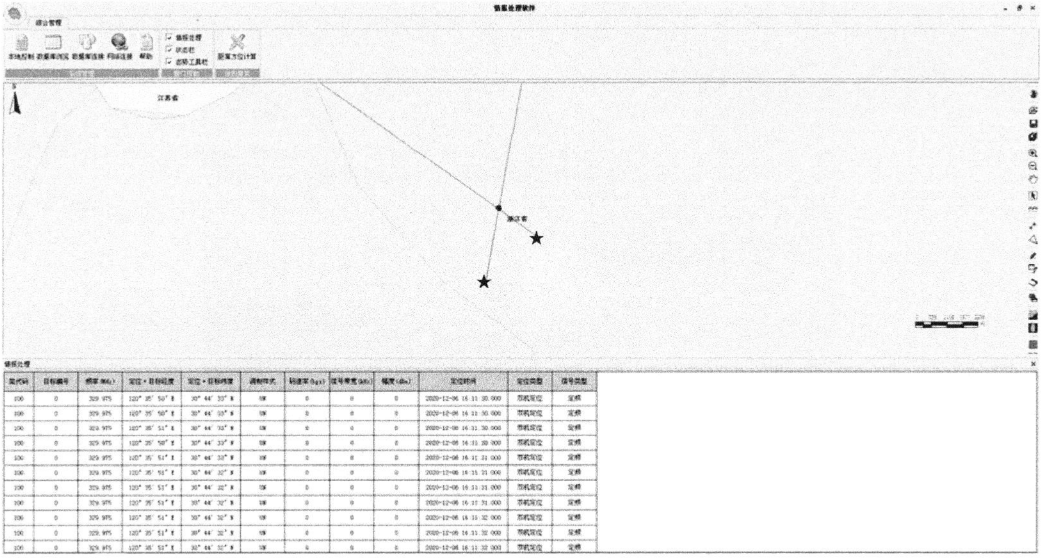

图 1-7 测向定位系统定位结果示意

双站测向定位系统主要技术指标如下。

（1）工作频率范围：30MHz～3GHz。

（2）信号带宽：≤20MHz。

（3）测向误差：≤2°（RMSE）。

（4）定位体制：测向定位。

1.4.2.2 时差定位系统

上海特金 RF-400X 无人机管控装备是一款利用时差进行定位的装备，至少利用三个及以上的站才能进行时差定位，布站示意如图 1-8 所示，该装备在国内某国际机场部署如图 1-9 所示。该装备能够准确识别无人机厂家、型号等特征信息，并支持多目标跟踪定位、实时显示目标轨迹，支持多点网格化蜂窝式组网，实现大区域无缝覆盖，拥有全自动工作模式，无须人工干预，智能化程度非常高。

图 1-8 上海特金 RF-400X 无人机定位装备布站示意

图 1-9 上海特金无人机定位装备在国内某国际机场部署

时差定位系统主要技术指标如下。

（1）工作频率范围：100MHz～6GHz。

（2）作用对象：无人机图传、飞控链路、导航信号。

（3）定位体制：时差定位。

（4）定位精度：≤30m。

1.5 本章小结

本章阐述了无线电辐射源定位的任务，简述了无线电定位的典型应用，回顾了定位技术发展的历史脉络，其中对历史细节更具体的一些内容介绍可参考文献[26]，此外还介绍了几种国内外无线电定位系统。

本章参考文献

[1] STANSFIELD R G. Statistical theory of DF fixing[J]. Journal of the Institution of Electrical Engineers-Part III A: Radiocommunication, 1947, 94(15): 762-770.

[2] DANIELS H E. The theory of position finding[J]. Journal of the Royal Statistical Society: Series B (Methodological), 1951, 13(2): 186-199.

[3] MARCHAND N. Error distributions of best estimate of position from multiple time difference hyperbolic networks[J]. IEEE Transactions on Aerospace and Navigational Electronics, 1964(2): 96-100.

[4] ANCKER C J. Airborne Direction Finding—The Theory of Navigation Errors[J]. IRE Transactions on Aeronautical and Navigational Electronics, 1958(4): 199-210.

[5] BARON A R, DAVIS K P, HOFMANN C B. Passive direction finding and signal location[J]. Microuave Journal, 1982, 25(9): 59-76.

[6] POIROT J L, ARBID G. Position location: Triangulation versus circulation[J]. IEEE Transactions on Aerospace and Electronic Systems, 1978(1): 48-53.

[7] MAHAPATRA P R. Emitter location independent of systematic errors in direction finders[J]. IEEE Transactions on Aerospace and Electronic Systems, 1980(6): 851-855.

[8] MANGEL M. Three bearing method for passive triangulation in systems with unknown deterministic biases[J]. IEEE Transactions on Aerospace and Electronic Systems, 1981(6): 814-819.

[9] WANGSNESS D L. A new method of position estimation using bearing measurements[J]. IEEE Transactions on Aerospace and Electronic Systems, 1973(6): 959-960.

[10] COOPER D C, LAITE P J. Statistical analysis of position fixing in three dimensions[C]. Proceedings of the Institution of Electrical Engineers. IET Digital Library, 1969, 116(9): 1505-1508.

[11] COOPER D C. Statistical analysis of position-fixing general theory for systems with Gaussian errors[C]. Proceedings of the Institution of Electrical Engineers. IET Digital Library, 1972, 119(6): 637-640.

[12] LEE H B. A novel procedure for assessing the accuracy of hyperbolic multilateration systems[J]. IEEE Transactions on Aerospace and Electronic Systems, 1975(1): 2-15.

[13] PARADOWSKI L. Generalized estimation method of object position in the three-dimensional space for multistatic electronic systems[J]. Progress of Cybernetics, 1987, 10(3): 13-37.

[14] PARADOWSKI L. Unconventional algorithm for emitter position location in three-dimensional space using data from two-dimensional direction finding[C]. Proceedings of the National Aerospace and Electronics Conference, 1994,1: 246-250.

[15] MCCLURE F T. Method of navigation: US, US3172108 A[P]. 1958.

[16] CHESTNUT P C. Emitter location accuracy using TDOA and differential doppler[J]. IEEE Transactions on

Aerospace and Electronic Systems, 1982, 2(18): 214-218.

[17] SCALES W C, SWANSON R. Air and sea rescue var satellite system[J]. IEEE Spectrum, 1984, 3: 48-52.

[18] CHANY T, TOWERS J J. Passive localization from Doppler-shifted frequency measurements[J]. IEEE Transactions on Signal Processing, 1992, 10(40): 2594-2598.

[19] SCHMIDT R O. An Algorithm for Two-Receiver TDOA/FDOA Emitter Location[C]. ESL, Inc., Tech. Memo., 1980.

[20] HO K C, CHAN Y T. Geolocation of a known altitude object from TDOA and FDOA measurements[J]. IEEE Transactions on Aerospace and Electronic Systems, 1997, 33(3): 770-783.

[21] HO K C, XU W W. An accurate algebraic solution for moving source location using TDOA and FDOA measurements [J]. IEEE Transactions on Signal Processing, 2004, 52(9): 2453-2463.

[22] YU H G, HUANG G M, GAO J, et al. An efficient constrained weighted least squares algorithm for moving source location using TDOA and FDOA measurements[J]. IEEE Transactions on Wireless Communications, 2012, 11 (1): 44-47.

[23] WAX M, KAILATH T. Decentralized processing in sensor arrays[J].IEEE Transactions on Acoustics, Speech, and Signal Processing, 1985, 33(4): 1123-1129.

[24] WEISS A J. Direct position determination of narrow band radio frequency transmitters[J].IEEE Signal Processiong Letters, 2004, 11(5): 513-516.

[25] AMAR A, WEISS A J. Advances in Direct position determination[C]. 2004 Sensor Array and Multichannel Signal Processing Workshop Proceedings, 2004: 584-588.

[26] SCHANTZ H G. On the origins of RF-based Location[C]. 2011 IEEE Topical Confernce on Wireless Sensors and Sensor Networks, 2011: 21-24.

第 2 章　无线电辐射源定位概论

本章将介绍无线电辐射源定位的主要概念，2.1 节介绍无线电辐射源定位主要技术体制，2.2 节介绍常用的定位坐标系及其转换，2.3 节介绍定位误差的指标及表征方式以评估定位性能，2.4 节介绍无线电辐射源定位的主要误差源及其影响，2.5 节介绍无线电辐射源定位的系统组成及工作流程。

2.1　定位技术体制

无线电定位的物理基础是电磁波的直线传播，或沿地球大圆面传播，本书按定位辐射源的内蕴①定位线对应的参数或参数测量方法，将无线电辐射源定位分为不同的技术体制（见图 2-1）。用于无线电辐射源定位的定位线及其对应参数有方向线对应到达方向、双曲线对应到达时差等。由定位线及其对应参数的不同组合，可以进一步按同类定位线和异类定位线细分定位技术体制（见图 2-2），习惯上也把方向定位称为测向定位，频移定位称为测频定位。

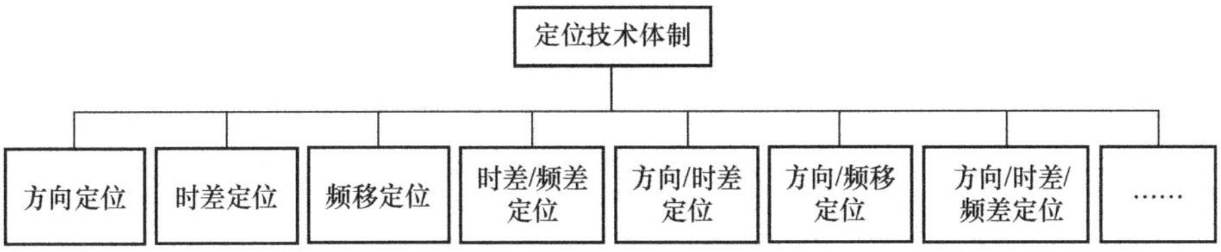

图 2-1　按测量参数划分定位技术体制

基于 DOA 对辐射源测向定位是一种常用技术体制，该技术利用多个不同位置的测向站，或单个运动测向平台在不同的位置对辐射源测向，用对应测向结果的方位线交汇点②估计辐射源位置。鉴于短波天波测向定位很大程度上与电离层传播特性有关，本书不展开叙述，感兴趣的读者可以查看文献[1,2]。关于定位算法与工程实现的更多内容见本书第 4 章。

基于 TDOA 对辐射源时差定位也是一种常用技术体制，该技术通过测量多个不同位置观测站接收到的辐射源信号到达时差，用对应到达时差的双曲线交汇点估计辐射源位置。时差定位至少需要三站同时工作，在各站之间建有较高精度的时间统一系统，定位连续波辐射源需要各站之间传输较多的数据，关于定位算法与工程实现的更多内容见本书第 5 章。

基于 FOA 或 FDOA 对辐射源测频定位是一种适合空中或空间运动平台定位地面静止辐射源的技术体制，该技术通过测量运动平台接收到信号的到达频率或到达频差，用对应多普勒频移的圆锥或对应多普勒频差的曲面与地面交汇点估计辐射源位置，该定位技术可用于多运动平台或单一运动平台，用于多站时需要在各站之间建有较高精度的时间/频率统一系统，具体定位算法与工程实现见本书第 6 章。

① 指客观存在，但可能不显性使用。
② 平面上两条方位线的交汇点是两线交点，三条及以上方位线的交汇点是按某个最优准则确定的点。

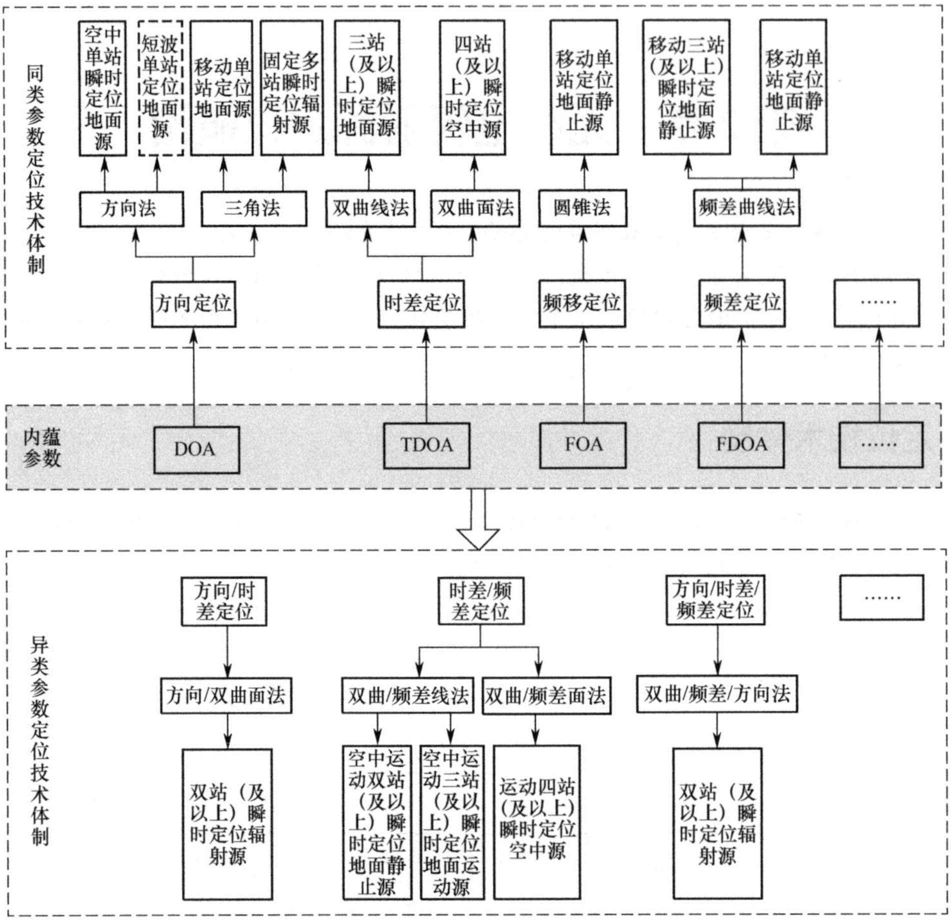

图 2-2 按内蕴定位线划分定位技术体制

基于 DOA、TDOA、FDOA 等多种参数，用至少两种不同参数对应的定位线交汇点估计辐射源位置可以形成不同的组合定位体制，如本书第 7 章介绍的时频差组合定位，更多组合定位内容详见第 8 章测向测时差定位、测向测频差定位等。

上面提到的几种无线电辐射源定位体制本质上是利用辐射源位置与测量信号参数矢量的一一对应关系，对测量信号参数矢量通过反演估计辐射源位置。信号波形的相移、时延、频移等是与辐射源位置一一对应关系中常用的参数，从不同位置的辐射源到同一个观测站天线阵不同天线的相位不同，到不同观测站的时延不同，到不同运动观测站的多普勒频移不同。以下仿真均从不同位置辐射源信号到达观测站 1 的第 1 个天线单元的起始时刻开始采样。比较两个不同位置辐射源到同一个观测站上两个不同位置天线处的波形，可得到接收信号间仅含相位差的波形，如图 2-3 所示，其中，图 2-3（a）表示观测站在位置 1 收到的信号相位差为 36°，图 2-3（b）表示在位置 2 收到的相位差为−72°；比较两个不同位置辐射源到两个观测站的波形，可得到接收信号间仅含时差波形，如图 2-4 所示，其中，图 2-4（a）和（b）比较可以得到辐射源在位置 1 的时候，两个站的到达时差为−9 采样间隔[图 2-4（b）加粗部分]，图 2-4（a）和（c）比较可以得到在位置 2 的到达时差为 16 个采样间隔［图 2-4（c）加粗部分]；比较两个不同位置辐射源到两个运动观测站的波形，可得到接收信号间仅含频差波形如图 2-5 所示（为了在有限的点数内显示含频差波形的区别，这里有意加大了辐射源与观测站间的相对速度），其对应接收信号间仅含频差频谱如图 2-6 所示，其中，图 2-5 和图 2-6（a）和（b）比较可以得到辐射源在位置 1 的到达频差为 184.69kHz，图 2-5 和图 2-6（a）和（c）比较可以得到在位置 2 的到达频差为 434.10kHz；比较两个不同位置辐射源到两个运动观测站的波形可得到接收信号间含时频差波形比较，如图 2-7 所示，其中，图 2-7（a）和（b）比较可以得到辐射源在位置 1 的时候，两个站的到达时差为−9 个采样间隔，到达频差为 387.20kHz，图 2-7(a)和(c)比较可以得到在位置 2 的到达时差为 16 个采样间隔，到达频差为 460.87kHz。图 2-4～图 2-7（b）和（c）波形图波峰上的小数字代表对应各图（a）中波峰的序号。对上述参数的估计问题将在本书后续章节介绍。

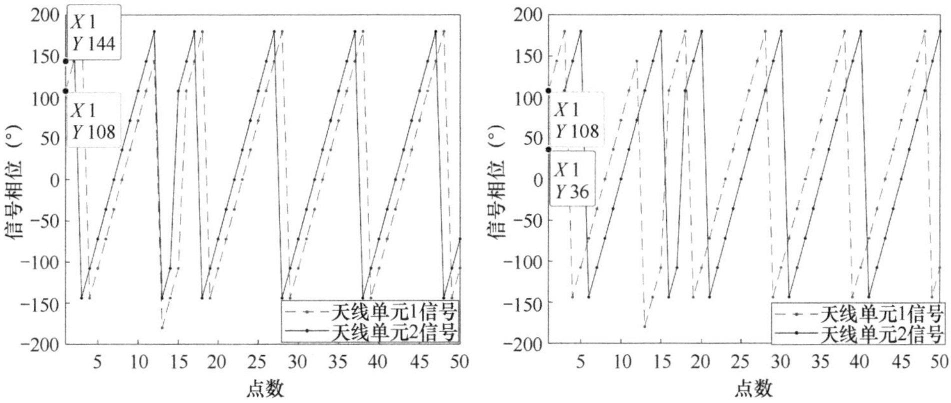

(a) 辐射源在位置1　　(b) 辐射源在位置2

图 2-3　接收信号间仅含相位差的波形

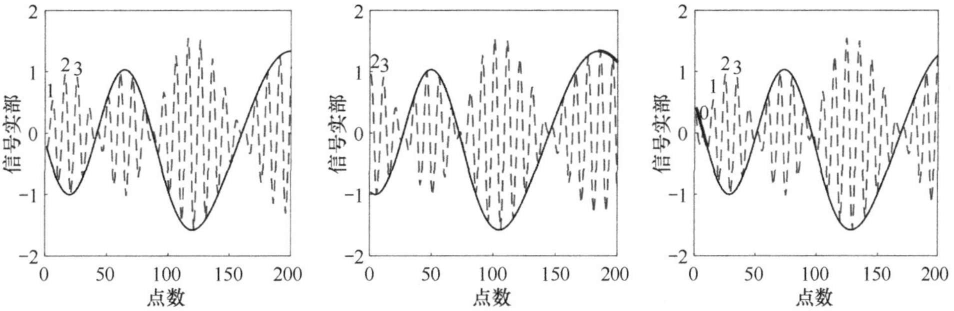

(a) 观测站1收到的信号　　(b) 观测站2收到位置1发射的信号　　(c) 观测站2收到位置2发射的信号

图 2-4　接收信号间仅含时差的波形

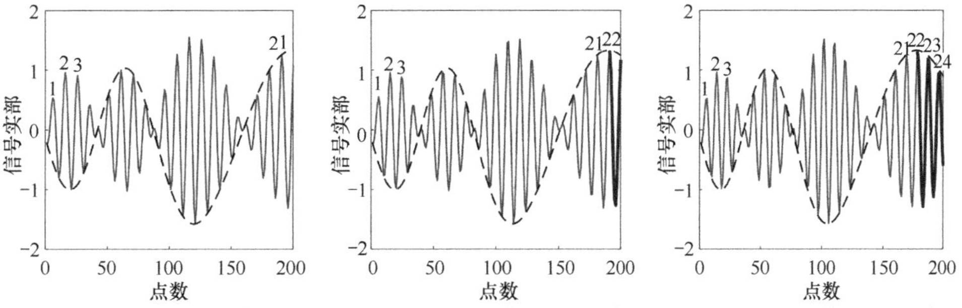

(a) 观测站1收到的信号　　(b) 观测站2收到位置1发射的信号　　(c) 观测站2收到位置2发射的信号

图 2-5　接收信号间仅含频差的波形

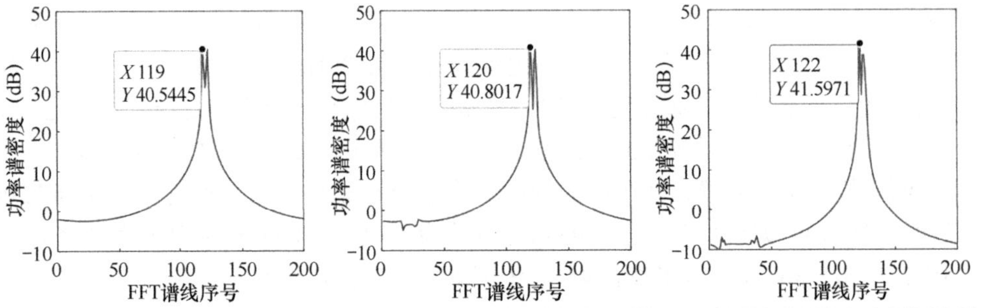

(a) 观测站1收到信号频谱　(b) 观测站2收到位置1发射信号频谱　(c) 观测站2收到位置2发射信号频谱

图 2-6　接收信号间仅含频差的频谱

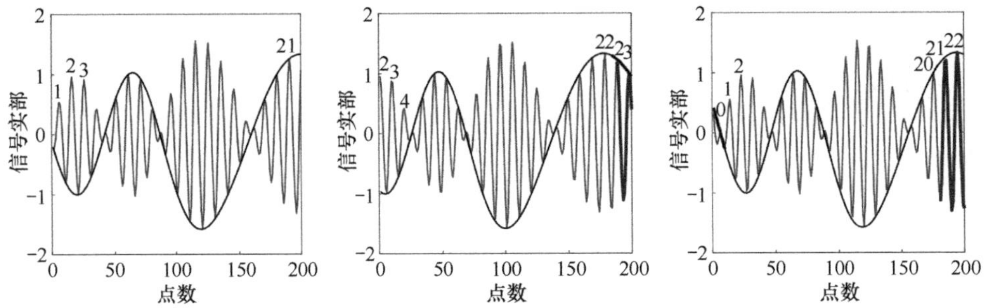

(a) 观测站1收到的信号　(b) 观测站2收到位置1发射的信号　(c) 观测站2收到位置2发射的信号

图 2-7　接收信号间含时频差的波形

对某一类定位技术体制采用两步定位法或直接定位法有不同的流程，有时定位性能也不同。两步定位法流程如图 2-8 所示，其中，通过 L 个观测矢量 $\boldsymbol{s}_l(l=1,2,\cdots,L)$，估计得到 N_L 个与定位线有关的参数 $z_l(l=1,2,\cdots,N_L)$ 用于估计 Q 个辐射源位置。将全部观测站在所有时刻的观测值聚焦辐射源位置直接相干处理的直接定位法流程如图 2-9 所示。相较于两步定位法，直接定位法的整体最优处理方式充分利用了所有观测量中辐射源位置相同的信息，因此定位精度更高，多目标的分辨能力更强，但是通常数据传输与计算量较两步定位法大，随着通信带宽和计算能力的提升，直接定位法将会在实际工程中发挥越来越重要的作用。本书第 4 章到第 8 章重点介绍两步定位法的原理、算法、参数估计、工程实现及应用案例，第 9 章介绍直接定位法有关内容。

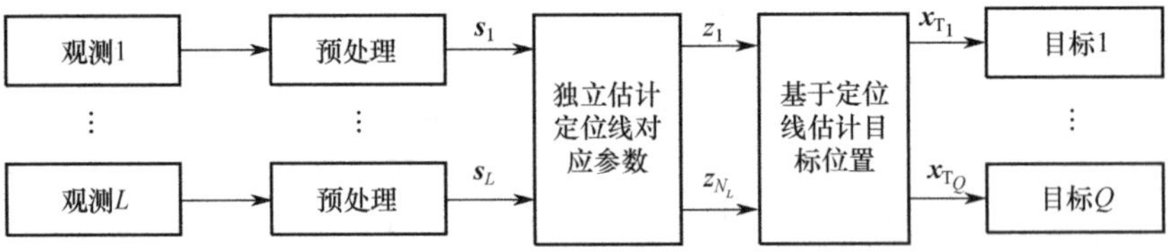

图 2-8　两步定位法流程

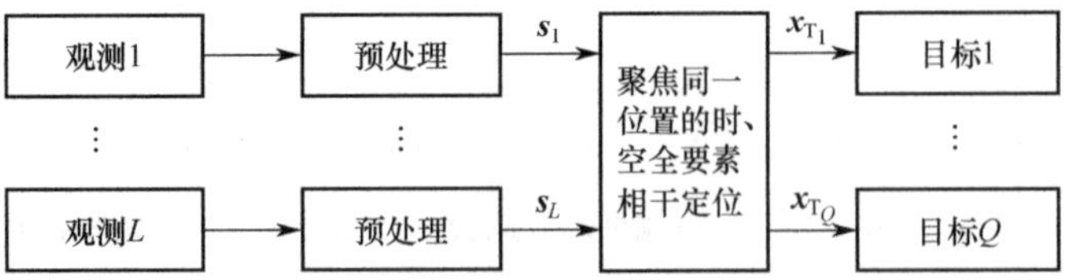

图 2-9　直接定位法流程

图 2-8 中观测得到的独立定位线数量 N_L 应不小于定位辐射源位置所需要的最少数量。一般情况下，当独立参数 z_l 数量多于定位所需定位线个数时，得到一个超定方程组，不仅可以定位辐射源，而且有利于提高定位精度；当独立参数 z_l 数量等于定位所需定位线个数时，得到一个适定方程组，可以定位辐射源，后续章节将用适定方程组说明定位原理和几何表示定位误差；当独立参数 z_l 数量少于定位所需定位线个数时，得到一个欠定方程组，不能唯一确定辐射源位置。本书只考虑超定和适定方程组情况，对于欠定方程组，可以根据具体定位问题加入适当约束条件将其转化为前两种情况处理或采取其他特殊处理方法。

2.2　定位坐标系及其转换

坐标系是无线电辐射源定位中表示观测站和辐射源位置的基础。不同场景有时需要使用不同的坐标系；同一定位问题中观测站与辐射源所使用的坐标系可能不同，需要进行转换。下面就这两方面进行介绍。

2.2.1　常用的定位坐标系

为了便于定位算法的研究和定位误差的分析，通常采用笛卡儿坐标系，但在对辐射源定位的实际工程应用中，也需要采用地固坐标系等其他坐标系，常用的一些坐标系如下[3, 4]。

1. 笛卡儿坐标系{*X*、*Y*、*Z*}

在定位理论研究中常用笛卡儿坐标系 *OXYZ* 或 *OXY*，这种坐标系可以方便研究定位算法，分析定位误差，在本书中经常用到。

2. 地固坐标系{*e* 系：X_e、Y_e、Z_e}

地固坐标系即将上述笛卡儿坐标系的原点固定在地球中心，各坐标轴与地球固定连接，Z_e 轴与地球自转轴重合，X_e 轴、Y_e 轴相互垂直并固定在赤道平面上，X_e 轴由地心指向格林尼治子午圈与赤道的交点，Y_e 轴与 Z_e、X_e 轴呈右手关系。

3. WGS-84 坐标系{*L*、*B*、*H*}

WGS-84 坐标系是以初始子午面、赤道平面和参考椭球体的球面为坐标面的坐标系，地球上某一点的坐标系通常用经度 *L*、维度 *B*、高程 *H* 等参数来表示。定位地面上辐射源用 WGS-84 坐标系中的经、纬度作为变量时，需要注意不同纬度处相同经度差所表示的大地距离不同，避免二维搜索步进长度失衡。

2.2.2　不同坐标系之间的转换

当采用不同坐标系表示辐射源和观测站位置或定位线方程时，如将测向本体坐标系中的定位线方程转换到地固坐标系方程估计辐射源位置，以及将一个坐标系中的观测站和辐射源位置在另一个坐标系中表示，都需要不同坐标系之间的转换，如 WGS-84 坐标系与地固坐标系之间的转换；地固坐标系{*e* 系}与观测平台载体坐标系{*b* 系}之间的转换（具体见 4.3.2 节）。

假设 WGS-84 坐标系中的坐标 (L,B,H) 在地固坐标系中的坐标为 (x_e,y_e,z_e)，则存在以下关系式：

$$\begin{cases} x_e = (N+H)\cos B\cos L \\ y_e = (N+H)\cos B\sin L \\ z_e = [N(1-e^2)+H]\sin B \end{cases} \tag{2-1}$$

式中，$N = \dfrac{a}{\sqrt{1-e^2\sin^2 B}}$ 为当地卯酉圈曲率半径，$a = 6378137\text{m} \pm 2\text{m}$ 为椭球长半轴，$e^2 = 0.00669437999013$ 为第一偏心率的平方。

由于椭球面模型不具有各向同性，从地固坐标系转到 WGS-84 坐标系的过程比较复杂，通常需要迭代计算。由式（2-1）可得

$$L = \arctan(y_e/x_e) \tag{2-2}$$

由此可得

$$\begin{cases} B = \arctan\left[\dfrac{z_e}{\sqrt{x_e^2+y_e^2}}\left(1-\dfrac{e^2N}{N+H}\right)^{-1}\right] \\ H = \dfrac{\sqrt{x_e^2+y_e^2}}{\cos B} - N \end{cases} \tag{2-3}$$

计算上式需要通过迭代求值。假设迭代初值为

$$\begin{aligned} & N_0 = a \\ & H_0 = \sqrt{x_e^2+y_e^2+z_e^2} - \sqrt{ab} \\ & B_0 = \arctan\left[\dfrac{z_e}{\sqrt{x_e^2+y_e^2}}\left(1-\dfrac{e^2N_0}{N_0+H_0}\right)^{-1}\right] \end{aligned} \tag{2-4}$$

式中，b 为椭球子午面的短轴。

此后的计算按以下公式进行迭代：

$$\begin{cases} N_i = \dfrac{a}{\sqrt{1-e^2\sin^2 B_{i-1}}} \\ H_i = \dfrac{\sqrt{x_e^2+y_e^2}}{\cos B_{i-1}} - N_i \\ B_i = \arctan\left[\dfrac{z_e}{\sqrt{x_e^2+y_e^2}}\left(1-\dfrac{e^2N_i}{N_i+H_i}\right)^{-1}\right] \end{cases} \tag{2-5}$$

当 $|H_i - H_{i-1}| < \varepsilon_1$ 且 $|B_i - B_{i-1}| < \varepsilon_2$ 时，迭代结束，ε_1 和 ε_2 为所要求的精度。

2.3 定位误差指标及表征方式

定位误差是无线电辐射源定位系统的重要指标，有多种表征方式，严格的定位误差由其概率分布函数表示，对高斯分布，根据均值和协方差矩阵是否已知可以用误差椭圆或置信椭圆表示，针对特定概率的定位误差也可以用圆概率误差和均方根误差近似表示，后两者还是常用的定位误差指标。下面介绍一些常用的定位误差表征方式，并对其特点与应用进行分析。

2.3.1 误差相关矩阵

定位误差相关矩阵（ECM）定义如下：

$$\boldsymbol{V} \triangleq \boldsymbol{V}(\hat{\boldsymbol{x}}) = \mathbb{E}\{(\hat{\boldsymbol{x}}-\boldsymbol{x})(\hat{\boldsymbol{x}}-\boldsymbol{x})^{\mathrm{T}}\} = \mathrm{cov}(\hat{\boldsymbol{x}}) + \mathrm{bias}(\hat{\boldsymbol{x}})\cdot[\mathrm{bias}(\hat{\boldsymbol{x}})]^{\mathrm{T}} \tag{2-6}$$

式中，$\boldsymbol{x}$ 为辐射源位置①，$\hat{\boldsymbol{x}}$ 为 $\boldsymbol{x}$ 的估计，$\mathrm{cov}(\hat{\boldsymbol{x}}) = \mathbb{E}\{(\hat{\boldsymbol{x}}-\mathbb{E}\{\hat{\boldsymbol{x}}\})(\hat{\boldsymbol{x}}-\mathbb{E}\{\hat{\boldsymbol{x}}\})^{\mathrm{T}}\}$ 为定位估计 $\hat{\boldsymbol{x}}$ 的协方差矩阵，$\mathrm{bias}(\hat{\boldsymbol{x}}) = \mathbb{E}\{\hat{\boldsymbol{x}}\} - \boldsymbol{x}$ 为估计偏差，这里 $\boldsymbol{V}(\hat{\boldsymbol{x}})$ 表示 $\boldsymbol{V}$ 与 $\hat{\boldsymbol{x}}$ 有关，但不排除 $\boldsymbol{V}$ 与 $\boldsymbol{x}$ 等其他量有关，$\mathrm{bias}(\hat{\boldsymbol{x}})$ 等均按此理解。求 $\boldsymbol{V}$ 只需要知道定位估计量 $\hat{\boldsymbol{x}}$ 的一阶矩和二阶矩，对 $\hat{\boldsymbol{x}}$ 的分布函数不作要求。

在定位试验与仿真研究中，当估计量 $\hat{\boldsymbol{x}}_k$，$k=1,2,\cdots,K$ 独立同分布，具有遍历性，且 K 足够大时，可得到 ECM 的近似值

$$\boldsymbol{V}(\hat{\boldsymbol{x}}) \approx \frac{1}{K}\sum_{k=1}^{K}(\hat{\boldsymbol{x}}_k-\boldsymbol{x})(\hat{\boldsymbol{x}}_k-\boldsymbol{x})^{\mathrm{T}} \tag{2-7}$$

当 $\hat{\boldsymbol{x}}_k$ 为 $\boldsymbol{x}$ 的无偏估计②时，协方差矩阵即定位误差相关矩阵。

2.3.2 均方误差及均方根误差

定位均方误差（MSE）是标量，表示的是距离平方误差的平均值。其表达式定义如下：

$$\mathrm{MSE} \triangleq \mathrm{MSE}(\hat{\boldsymbol{x}}) = \mathbb{E}\{\|\hat{\boldsymbol{x}}-\boldsymbol{x}\|^2\} = \mathrm{tr}(\boldsymbol{V}) = \mathrm{tr}\{\mathrm{cov}(\hat{\boldsymbol{x}})\} + \|\mathrm{bias}(\hat{\boldsymbol{x}})\|^2 \tag{2-8}$$

在定位试验与仿真研究中，当各估计量 $\hat{\boldsymbol{x}}_k$，$k=1,2,\cdots,K$ 独立同分布，具有遍历性，且 K 足够大时，可得到 MSE 的近似值：

$$\mathrm{MSE}(\hat{\boldsymbol{x}}) \approx \frac{1}{K}\sum_{k=1}^{K}\|\hat{\boldsymbol{x}}_k-\boldsymbol{x}\|^2 \tag{2-9}$$

定位均方根误差（RMSE）是与 MSE 关联的指标，其表达式如下：

$$\mathrm{RMSE} \triangleq \mathrm{RMSE}(\hat{\boldsymbol{x}}) = \sqrt{\mathrm{MSE}(\hat{\boldsymbol{x}})} \tag{2-10}$$

注意，RMSE 不等于距离误差的平均值。

双站对辐射源测向定位 1000 次蒙特卡罗仿真试验可得定位点迹散点图与定位均方根误差如图 2-10 所示。图 2-10（a）是各次定位的结果，图 2-10（b）是 RMSE 随统计点数增加的估计值，1000 次试验的定位均方根误差统计结果 8.2418km 与理论计算结果 8.1872km 吻合较好。仿真假设测向误差为 2°，两个观测站位置分别为 $\boldsymbol{x}_1=[-40,0]^{\mathrm{T}}$ (km)，$\boldsymbol{x}_2=[40,0]^{\mathrm{T}}$ (km)，辐射源位置为 $\boldsymbol{x}_{\mathrm{T}}=[55,80]^{\mathrm{T}}$ (km)。

2.3.3 几何稀释精度

前述定位误差性能指标中，将参数测量误差以及辐射源与观测站之间相对位置引起的误差放大几何效应一并考虑在内。由于辐射源与观测站之间相对位置不同时，同样的参数测量误差引起的定位误差可能不同，图 2-11 显示了不同相对位置引起的测向定位误差区域，从图中可以看到，相同的测向误差，不同的相对位置，所构成的定位误差大小明显不同，因此需要对几何影响专门进行分析。

---

① 为简便，无混淆时用 $\boldsymbol{x}$ 表示辐射源位置 $\boldsymbol{x}_{\mathrm{T}}$。

② 指偏差很小且可以忽略的情况，本书后续提到对辐射源位置的无偏估计都按此理解，严格意义上不存在位置无偏估计[5]。

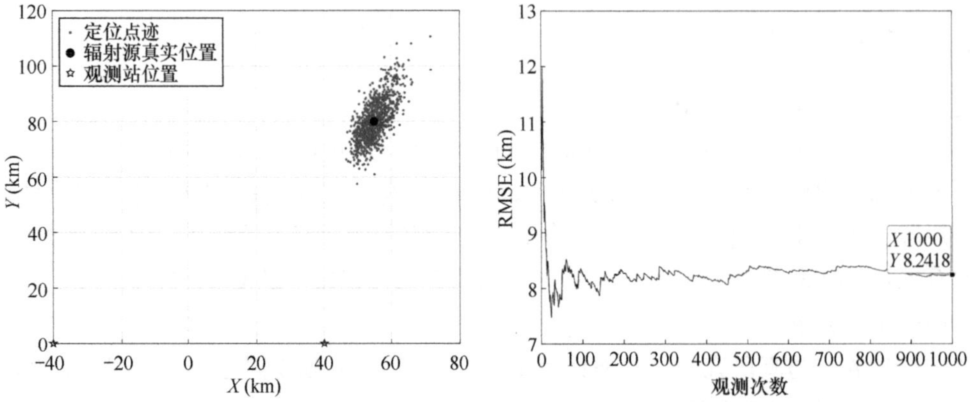

(a) 各次定位的结果　　(b) RMSE随统计点数增加的估计值

图 2-10　定位点迹散点图与定位均方根误差

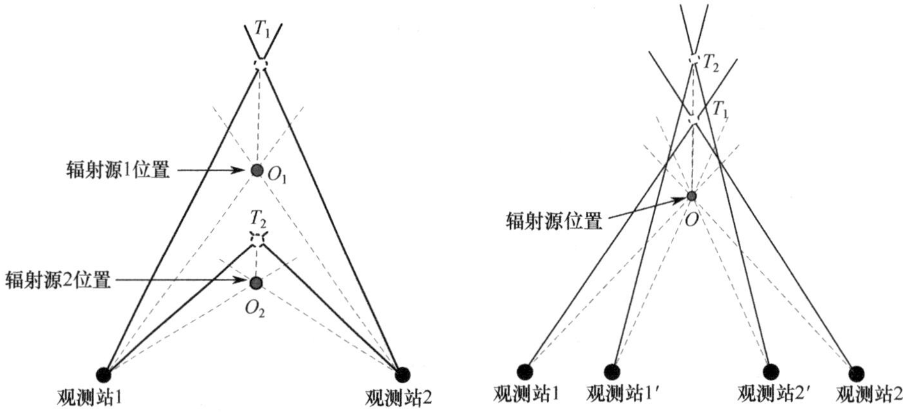

(a) 站间距固定，不同辐射源位置　　(b) 辐射源位置固定，不同站间距

图 2-11　不同相对位置引起的测向定位误差区域

图 2-11（a）中 O_1 和 O_2 为两个不同位置的辐射源，虚线为从观测站到目标的真实方向线，实线为存在测向误差时的方向线。对于相同的测向误差，O_1 的测向定位结果为 T_1，O_2 的测向定位结果为 T_2，显然 $\|O_1T_1\| > \|O_2T_2\|$，可见对于固定站间距，不同辐射源位置存在不同的定位误差。图 2-11（b）中 O 为辐射源真实位置，观测站 1 与观测站 2 测向定位结果为 T_1，对于相同的测向误差，观测站 1′ 与观测站 2′ 测向定位结果为 T_2，显然 $\|OT_1\| < \|OT_2\|$，从而说明对于同一位置的目标，不同观测站位置存在不同的定位误差。为减小参数测量误差影响，更好地评估误差放大几何效应，可用几何稀释精度（GDOP）描述仅由辐射源与观测站之间不同相对位置导致的定位误差情况，GDOP 定义为均方根位置误差与均方根距离误差之比，注意 GDOP 不是一般意义上定位误差表示。

当位置估计 $\hat{\boldsymbol{x}} \sim \mathbb{N}(\boldsymbol{x},\boldsymbol{V})$ 时，GDOP[6, 7]的定义如下：

$$\text{GDOP} \triangleq \text{GDOP}(\hat{\boldsymbol{x}}) = \sqrt{\frac{\text{tr}[\boldsymbol{V}(\hat{\boldsymbol{x}})]}{\sum_{l=1}^{L}\sigma_l^2 \Big/ L}} \tag{2-11}$$

式中，$\boldsymbol{V}$ 为误差相关矩阵，σ_l^2 为第 $l\,(l=1,2,\cdots,L)$ 个观测站参数测量误差引起的距离误差。

当定位线估计误差 $\boldsymbol{\xi} \sim \mathbb{N}(\boldsymbol{0}, \boldsymbol{\Sigma}_\xi)$，$\boldsymbol{\Sigma}_\xi > \boldsymbol{0}$ 时，采用极大似然估计，式（2-11）可以近似为

$$\mathrm{GDOP}(\hat{\boldsymbol{x}}) \approx \sqrt{\frac{\mathrm{tr}[(\boldsymbol{J}^{\mathrm{T}} \boldsymbol{\Sigma}_\xi^{-1} \boldsymbol{J})^{-1}]}{\sum_{l=1}^{L} \sigma_l^2 / L}} \tag{2-12}$$

式中，$\boldsymbol{J}$ 为观测方程的雅可比矩阵（具体形式见 2.3.6 节），$\boldsymbol{\Sigma}_\xi$ 为参数测量误差协方差矩阵。

1. 测向定位 GDOP[6]

考虑二维 L 站测向定位，设第 l 个观测站的测向结果为 $\alpha_l = \arctan\left(\frac{y - y_l}{x - x_l}\right)$，$l = 1, 2, \cdots, L$，则有梯度矩阵 $\boldsymbol{J} = \begin{bmatrix} -(y - y_1)/r_1^2 & \cdots & -(y - y_L)/r_L^2 \\ (x - x_1)/r_1^2 & \cdots & (x - x_L)/r_L^2 \end{bmatrix}^{\mathrm{T}}$，$r_l^2 = (x - x_l)^2 + (y - y_l)^2$，表示从第 l 个观测站到目标的距离。

假设各站测向误差 $\Delta\alpha_l$ 互不相关，且 $\Delta\alpha_l \sim \mathbb{N}(0, \sigma_{\alpha_l}^2)$，则有 $\boldsymbol{\Sigma}_\xi = \mathrm{diag}(\sigma_{\alpha_1}^2, \sigma_{\alpha_2}^2, \cdots, \sigma_{\alpha_L}^2)$，由此引起的距离误差为 $\sigma_l = r_l \cdot \sigma_{\alpha_l}$。将 $\boldsymbol{J}$、$\boldsymbol{\Sigma}_\xi$、σ_l 代入式（2-12）即可得到测向定位 GDOP。特别地，当 $\sigma_{\alpha_l}^2 = \sigma_\alpha^2, l = 1, 2, \cdots, L$ 时，$\mathrm{GDOP}(\hat{\boldsymbol{x}})$ 与 σ_α 近似无关。

2. 时差定位 GDOP[6]

考虑平面上 L 站时差定位，有 $\boldsymbol{J} = \boldsymbol{N} \cdot \boldsymbol{F}_t$，$\boldsymbol{F}_t = \frac{1}{c} \cdot \left[\frac{\boldsymbol{x} - \boldsymbol{x}_1}{r_1}, \frac{\boldsymbol{x} - \boldsymbol{x}_2}{r_2}, \cdots, \frac{\boldsymbol{x} - \boldsymbol{x}_L}{r_L}\right]^{\mathrm{T}}$，其中 c 为信号传播速度，$\boldsymbol{x} = [x, y]^{\mathrm{T}}$，$\boldsymbol{x}_l = [x_l, y_l]^{\mathrm{T}}$，$l = 1, 2, \cdots, L$，$\boldsymbol{N} = \begin{bmatrix} 1 & -1 & 0 & \cdots & 0 & 0 \\ 1 & 0 & -1 & \cdots & 0 & 0 \\ \vdots & \vdots & \vdots & \ddots & \vdots & \vdots \\ 1 & 0 & 0 & \cdots & 0 & -1 \end{bmatrix}_{(L-1)\times L}$。

假设各站到达时间测量误差 Δt_l 互不相关，且 $\Delta t_l \sim \mathbb{N}(0, \sigma_{t_l}^2)$，则有 $\boldsymbol{\Sigma}_\xi = \boldsymbol{N}\boldsymbol{\Sigma}_t\boldsymbol{N}^{\mathrm{T}} = \boldsymbol{N} \cdot \mathrm{diag}(\sigma_{t_1}^2, \sigma_{t_2}^2, \cdots, \sigma_{t_L}^2) \cdot \boldsymbol{N}^{\mathrm{T}}$，由此引起的距离误差为 $\sigma_l = c \cdot \sigma_{t_l}$。将 $\boldsymbol{J}$、$\boldsymbol{\Sigma}_\xi$、σ_l 代入式（2-12）可得到时差定位 GDOP。特别地，当 $\sigma_{t_l}^2 = \sigma_t^2, l = 1, 2, \cdots, L$ 时，$\mathrm{GDOP}(\hat{\boldsymbol{x}})$ 与 σ_t 近似无关。

3. 时频差定位 GDOP

对于时频差定位，由于时差与频差的观测量纲不一致，因此在计算 GDOP 时需要将测量误差均转换到距离单位，再代入式（2-12）计算。平面上 L 站时频差定位的梯度矩阵为

$$\boldsymbol{J} = \boldsymbol{K} \cdot [\boldsymbol{F}_t^{\mathrm{T}}, \boldsymbol{F}_f^{\mathrm{T}}]^{\mathrm{T}} \tag{2-13}$$

式中，$\boldsymbol{F}_f = \frac{f_0}{c}\left[\frac{(\boldsymbol{x} - \boldsymbol{x}_1)\dot{r}_1}{r_1^2} - \frac{\boldsymbol{v}_1}{r_1}, \cdots, \frac{(\boldsymbol{x} - \boldsymbol{x}_L)\dot{r}_L}{r_L^2} - \frac{\boldsymbol{v}_L}{r_L}\right]^{\mathrm{T}}$，$f_0$ 表示信号频率，$\dot{r}_l = \frac{\boldsymbol{v}_l^{\mathrm{T}}(\boldsymbol{x}_l - \boldsymbol{x})}{r_l}$，$\boldsymbol{v}_l = (\dot{x}_l, \dot{y}_l)^{\mathrm{T}}$ 表示第 l 个观测站的速度矢量，$\boldsymbol{K} = \begin{bmatrix} \boldsymbol{N} & \boldsymbol{0}_{(L-1)\times L} \\ \boldsymbol{0}_{(L-1)\times L} & \boldsymbol{N} \end{bmatrix}_{2(L-1)\times 2L}$，$\boldsymbol{N}$ 与 $\boldsymbol{F}_t$ 定义同上。

假设各观测站到达时间测量误差之间不相关，测量误差的协方差为 $\sigma_{t_l}^2$，各观测站多普勒

频移测量误差之间不相关，测量误差的协方差为 $\sigma_{f_l}^2$，则时频差测量误差的协方差矩阵为 $\boldsymbol{\Sigma}_\xi = \boldsymbol{K} \cdot \text{diag}(\sigma_{t_1}^2, \sigma_{t_2}^2, \cdots, \sigma_{t_L}^2, \sigma_{f_1}^2, \sigma_{f_2}^2, \cdots, \sigma_{f_L}^2) \cdot \boldsymbol{K}^{\mathrm{T}}$，由时频差引起的定位距离误差为 $\sigma_l^2 = \frac{1}{2}\left[(c \cdot \sigma_{t_l})^2 + \left(\frac{c \cdot r_l}{f_0\sqrt{3\dot{r}_l^2 + |\boldsymbol{v}_l|^2}} \cdot \sigma_{f_l}\right)^2\right]$。将 $\boldsymbol{J}$、$\boldsymbol{\Sigma}_\xi$、σ_l 代入式（2-12）即可得到时频差定位 GDOP。特别地，时频差测量误差同步放大或者缩小相同倍数时，$\text{GDOP}(\hat{\boldsymbol{x}})$ 几乎不变。频移 GDOP 公式可参照上述过程类似推导。

GDOP 等值线图可以直观地显示相同参数测量误差情况下，对辐射源不同位置定位误差的差别。下面以双站测向定位为例，图 2-12（a）中的两个观测站位于 $\boldsymbol{x}_1 = [-40, 0]^{\mathrm{T}}$ (km)，$\boldsymbol{x}_2 = [40, 0]^{\mathrm{T}}$ (km)；图 2-12（b）中的两个观测站位于 $\boldsymbol{x}_1 = [-20, 0]^{\mathrm{T}}$ (km)，$\boldsymbol{x}_2 = [20, 0]^{\mathrm{T}}$ (km)。分别以在定位区域 $x \in [-100, 100]$ 与 $y \in [0, 100]$ 内计算 GDOP 值，在定位观测区域内，不同观测站位置的 GDOP 等值线如图 2-12 所示。

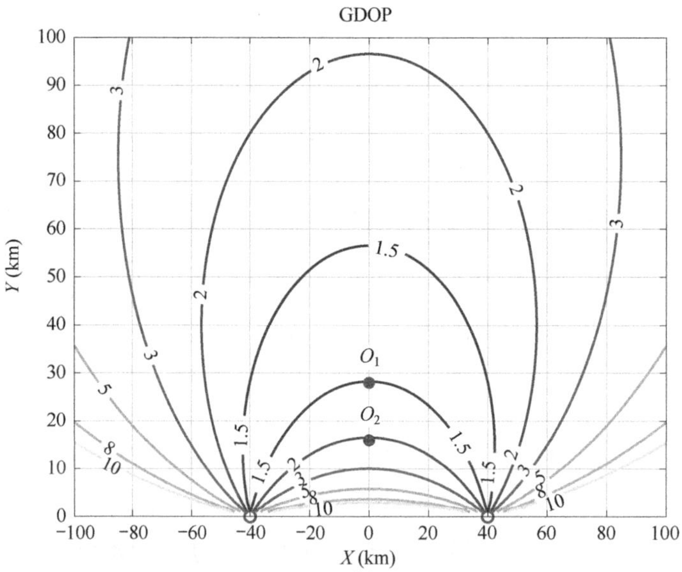

(a)

图 2-12 不同观测站位置的 GDOP 等值线

从图 2-12 中可以看出，加大两个测向站之间的定位基线，可以减小远处 GDOP 值。从图 2-12（a）中可以看出，O_2 点[0,16](km)处的 GDOP≈2，O_1 点[0,28](km)处的 GDOP≈1.5，而对比图 2-11（a）可知，对于相同的测向误差，O_2 点处的定位误差明显小于 O_1 点处的定位误差，而 O_2 点处的 GDOP 值却大于 O_1 点处的 GDOP 值。在图 2-12（b）中的 O 点[0,28](km)处的 GDOP≈1.5，而对比图 2-11（b）可知，对于相同的测向误差，不同的站间距 O 点（O_1 点）处的定位误差不同，而此点处的 GDOP 值相同。相同的 GDOP 值表明，定位误差由于几何原因产生的误差放大量相同，即目标与观测站相对位置的几何分布影响相同。

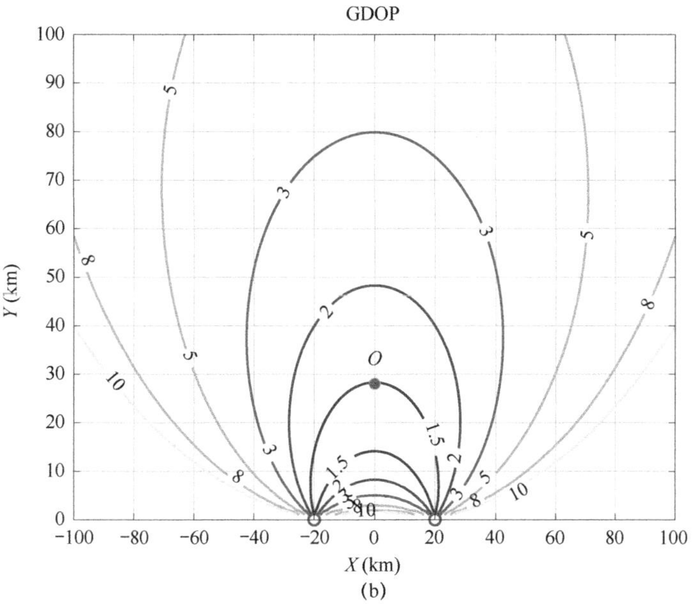

图 2-12 不同观测站位置的 GDOP 等值线（续）

2.3.4 不确定性椭圆

若估计 $\hat{\boldsymbol{x}}$ 服从高斯分布 $\mathbb{N}(\boldsymbol{x},\boldsymbol{P}_{\boldsymbol{x}})$，且 $\boldsymbol{x}$ 与 $\boldsymbol{P}_{\boldsymbol{x}}$ 已知，则 $\hat{\boldsymbol{x}}$ 落入某个椭圆区域的概率可以由误差椭圆完全确定，若辐射源真实位置 $\boldsymbol{x}$ 未知，则由 $\hat{\boldsymbol{x}}$ 的 N 个观测值确定的某个随机范围包含 $\boldsymbol{x}$ 的概率可以由置信椭圆确定，而椭圆区间的大小与形状可用来表征定位结果的优劣。

由于 $\hat{\boldsymbol{x}} \sim \mathbb{N}(\boldsymbol{x},\boldsymbol{P}_{\boldsymbol{x}})$，其概率密度函数为

$$p(\hat{\boldsymbol{x}}) = \frac{1}{2\pi\left|\boldsymbol{P}_{\boldsymbol{x}}\right|^{1/2}}\exp\left[-\frac{1}{2}(\hat{\boldsymbol{x}}-\boldsymbol{x})^{\mathrm{T}}\boldsymbol{P}_{\boldsymbol{x}}^{-1}(\hat{\boldsymbol{x}}-\boldsymbol{x})\right] \tag{2-14}$$

概率密度等值线可以表示为

$$(\hat{\boldsymbol{x}}-\boldsymbol{x})^{\mathrm{T}}\boldsymbol{P}_{\boldsymbol{x}}^{-1}(\hat{\boldsymbol{x}}-\boldsymbol{x}) = \kappa \tag{2-15}$$

式中，κ 为任意正数。对式（2-15）可以分以下三种情形进行讨论[8]。

（1）辐射源真实位置 $\boldsymbol{x}$ 与协方差矩阵 $\boldsymbol{P}_{\boldsymbol{x}}$ 均已知；

（2）辐射源真实位置 $\boldsymbol{x}$ 未知，协方差矩阵 $\boldsymbol{P}_{\boldsymbol{x}}$ 已知；

（3）辐射源真实位置 $\boldsymbol{x}$ 与协方差矩阵 $\boldsymbol{P}_{\boldsymbol{x}}$ 均未知。

2.3.4.1 误差椭圆

当 $\boldsymbol{x}$ 和 $\boldsymbol{P}_{\boldsymbol{x}}$ 均已知时，由式（2-15）可以计算定位结果 $\hat{\boldsymbol{x}}$ 落入误差椭圆①（EE）$(\hat{\boldsymbol{x}}-\boldsymbol{x})^{\mathrm{T}}\boldsymbol{P}_{\boldsymbol{x}}^{-1}(\hat{\boldsymbol{x}}-\boldsymbol{x}) = \kappa$ 内的概率为

$$P(\kappa) = \int_{\Omega_1} p(\hat{\boldsymbol{x}})\mathrm{d}\hat{\boldsymbol{x}} = 1-\exp(-\kappa/2) \tag{2-16}$$

式中，$\Omega_1 = \{\hat{\boldsymbol{x}} \mid (\hat{\boldsymbol{x}}-\boldsymbol{x})^{\mathrm{T}}\boldsymbol{P}_{\boldsymbol{x}}^{-1}(\hat{\boldsymbol{x}}-\boldsymbol{x}) \leqslant \kappa\}$。

① 有些文献将估计均值定义为椭圆中心，鉴于其未涉及估计偏差，本书未采用此定义。

误差椭圆 $(\hat{\boldsymbol{x}}-\boldsymbol{x})^{\mathrm{T}}\boldsymbol{P}_{\boldsymbol{x}}^{-1}(\hat{\boldsymbol{x}}-\boldsymbol{x})=\kappa$ 的长半轴为 $\sqrt{\kappa\lambda_1}$，短半轴为 $\sqrt{\kappa\lambda_2}$，长半轴与 X 轴正向夹角为 $\mathrm{atan}\,2[\boldsymbol{v}_1(2),\boldsymbol{v}_1(1)]$，其中 $\lambda_1\geqslant\lambda_2>0$ 是 $\boldsymbol{P}_{\boldsymbol{x}}$ 的特征值，$\boldsymbol{v}_1$ 为 λ_1 对应的特征矢量。

当 $P(\kappa_0)=P_0$，即 $\kappa_0=-2\ln(1-P_0)$ 时，$\hat{\boldsymbol{x}}$ 落入以 $\boldsymbol{x}$ 为中心，长、短半轴分别为 $\sqrt{\kappa_0\lambda_1}$ 和 $\sqrt{\kappa_0\lambda_2}$ 的椭圆 $(\hat{\boldsymbol{x}}-\boldsymbol{x})^{\mathrm{T}}\boldsymbol{P}_{\boldsymbol{x}}^{-1}(\hat{\boldsymbol{x}}-\boldsymbol{x})=\kappa_0$ 内的概率为 P_0，此时椭圆的面积为

$$S=\pi\cdot\sqrt{\kappa_0\lambda_1}\cdot\sqrt{\kappa_0\lambda_2} \tag{2-17}$$

显然，对于给定的概率 P_0，定位误差椭圆面积越小，定位精度越高。有关误差椭圆的更多信息可参见文献[6]。

假设两个观测站分别位于 $\boldsymbol{x}_1=[0,0]^{\mathrm{T}}$ (km)，$\boldsymbol{x}_2=[20,0]^{\mathrm{T}}$ (km)，测向误差为 1°，则针对辐射源不同位置给定概率 0.5 的误差椭圆 $\mathrm{EE}_{0.5}$ 示意[9]如图 2-13 所示。

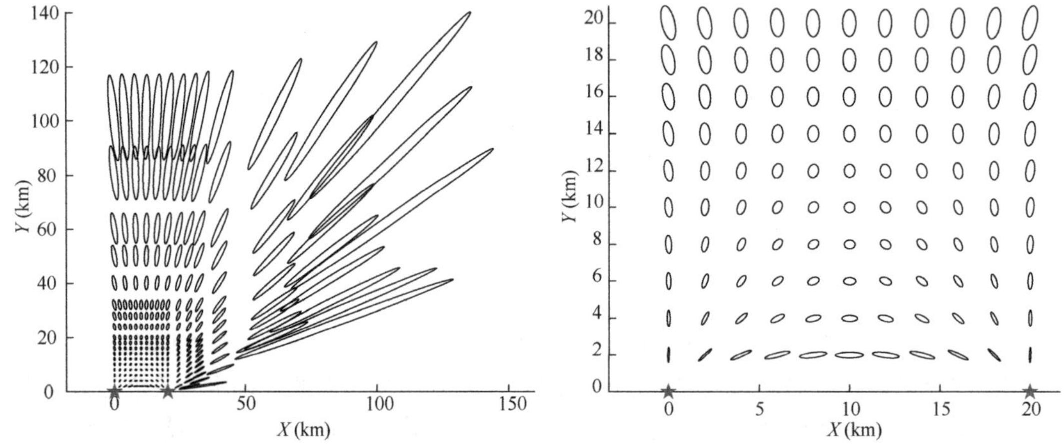

图 2-13　辐射源不同位置给定概率 0.5 的误差椭圆 $\mathrm{EE}_{0.5}$ 示意

2.3.4.2　第一类置信椭圆

当 $\boldsymbol{x}$ 未知，$\boldsymbol{P}_{\boldsymbol{x}}$ 已知时，对辐射源进行 N 次定位估计，得到

$$\hat{\boldsymbol{x}}_n(n=1,2,\cdots,N,\ N>2) \tag{2-18}$$

其均值为

$$\bar{\hat{\boldsymbol{x}}}=\frac{1}{N}\sum_{n=1}^{N}\hat{\boldsymbol{x}}_n \tag{2-19}$$

由于 $\bar{\hat{\boldsymbol{x}}}$ 是 $\boldsymbol{x}$ 的无偏估计，且 $N(\boldsymbol{x}-\bar{\hat{\boldsymbol{x}}})^{\mathrm{T}}\boldsymbol{P}_{\boldsymbol{x}}^{-1}(\boldsymbol{x}-\bar{\hat{\boldsymbol{x}}})$ 服从自由度为 2 的 χ^2 分布。因此，对于给定的 α（$0<\alpha<1$），$N(\boldsymbol{x}-\bar{\hat{\boldsymbol{x}}})^{\mathrm{T}}\boldsymbol{P}_{\boldsymbol{x}}^{-1}(\boldsymbol{x}-\bar{\hat{\boldsymbol{x}}})=\chi_{1-\alpha}^2(2)$ 表示一个以 $\bar{\hat{\boldsymbol{x}}}$ 为中心的椭圆，且满足

$$P_1=P\{N(\boldsymbol{x}-\bar{\hat{\boldsymbol{x}}})^{\mathrm{T}}\boldsymbol{P}_{\boldsymbol{x}}^{-1}(\boldsymbol{x}-\bar{\hat{\boldsymbol{x}}})\leqslant\chi_{1-\alpha}^2(2)\}=1-\alpha \tag{2-20}$$

式中，$1-\alpha$ 为置信水平。上式表示椭圆包含辐射源真实位置 $\boldsymbol{x}$ 的概率为 P_1。

式（2-20）可简化为

$$\begin{aligned}P_1&=1-\mathrm{e}^{-\chi_{1-\alpha}^2(2)/2}\\\chi_{1-\alpha}^2(2)&=-2\ln(1-P_1)\end{aligned} \tag{2-21}$$

令 $\kappa_1=\dfrac{-2\ln(1-P_1)}{N}$，则 $N(\boldsymbol{x}-\bar{\hat{\boldsymbol{x}}})^{\mathrm{T}}\boldsymbol{P}_{\boldsymbol{x}}^{-1}(\boldsymbol{x}-\bar{\hat{\boldsymbol{x}}})=\chi_{1-\alpha}^2(2)$ 可表示为

$$(\boldsymbol{x}-\bar{\hat{\boldsymbol{x}}})^{\mathrm{T}}\boldsymbol{P}_{\boldsymbol{x}}^{-1}(\boldsymbol{x}-\bar{\hat{\boldsymbol{x}}})=\kappa_1 \tag{2-22}$$

式（2-22）表示中心为 $\bar{\hat{\boldsymbol{x}}}$、长半轴为 $\sqrt{\kappa_1\lambda_1}$、短半轴为 $\sqrt{\kappa_1\lambda_2}$ 的椭圆，该随机椭圆以概率 $P_1=1-\mathrm{e}^{-N\kappa_1/2}$ 包含辐射源真实位置，当 N 给定时，椭圆越小，定位误差越小。

有关协方差已知的第一类置信椭圆（Confidence Ellipse of the First Kind，简记为 CP1）的更多信息可参见文献[8]。

2.3.4.3　第二类置信椭圆

当 $\boldsymbol{x}$ 与 $\boldsymbol{P}_{\boldsymbol{x}}$ 均未知时，对辐射源进行 N 次无偏定位估计，用均值 $\frac{1}{N}\sum_{i=1}^{N}\hat{\boldsymbol{x}}_i$ 估计 $\boldsymbol{x}$，用样本协方差矩阵 $\boldsymbol{\Sigma}$ 估计 $\boldsymbol{P}_{\boldsymbol{x}}$：

$$\boldsymbol{\Sigma}=\frac{1}{N-1}\sum_{i=1}^{N}(\hat{\boldsymbol{x}}_i-\bar{\hat{\boldsymbol{x}}})(\hat{\boldsymbol{x}}_i-\bar{\hat{\boldsymbol{x}}})^{\mathrm{T}} \tag{2-23}$$

由于 $\boldsymbol{\Sigma}$ 是 $\boldsymbol{P}_{\boldsymbol{x}}$ 的无偏估计，统计量 $T^2=N(\boldsymbol{x}-\bar{\hat{\boldsymbol{x}}})^{\mathrm{T}}\boldsymbol{\Sigma}^{-1}(\boldsymbol{x}-\bar{\hat{\boldsymbol{x}}})$ 服从自由度为 N-1 的霍特林 T^2 分布（Hotelling's T^2 Distribution）。对于给定的 α（$0<\alpha<1$），$N(\boldsymbol{x}-\bar{\hat{\boldsymbol{x}}})^{\mathrm{T}}\boldsymbol{\Sigma}^{-1}(\boldsymbol{x}-\bar{\hat{\boldsymbol{x}}})=T_{1-\alpha}^2$ 表示以 $\bar{\hat{\boldsymbol{x}}}$ 为中心的椭圆，且满足

$$P_2=P\left\{N(\boldsymbol{x}-\bar{\hat{\boldsymbol{x}}})^{\mathrm{T}}\boldsymbol{\Sigma}^{-1}(\boldsymbol{x}-\bar{\hat{\boldsymbol{x}}})\leqslant T_{1-\alpha}^2\right\}=1-\alpha \tag{2-24}$$

式中，$1-\alpha$ 为置信水平。上式表示随机椭圆包含辐射源真实位置 $\boldsymbol{x}$ 的概率为 P_2。

由文献[10]可知霍特林 T^2 分布可转换成 F 分布，存在以下等式关系：

$$T_{1-\alpha}^2=\frac{2(N-1)}{N-2}F_{1-\alpha}(2,N-2) \tag{2-25}$$

则式（2-24）可以转换为

$$P_2=P\left\{\frac{N(N-2)}{2(N-1)}(\boldsymbol{x}-\bar{\hat{\boldsymbol{x}}})^{\mathrm{T}}\boldsymbol{\Sigma}^{-1}(\boldsymbol{x}-\bar{\hat{\boldsymbol{x}}})\leqslant F_{1-\alpha}(2,N-2)\right\}=1-\alpha \tag{2-26}$$

由式（2-26）可以推导出

$$P_2=1-\left[1+\frac{2}{N-2}F_{1-\alpha}(2,N-2)\right]^{(2-N)/2} \tag{2-27}$$

令 $\kappa_2=\frac{N-1}{N}[(1-P_2)^{2/(2-N)}-1]$，则 $N(\boldsymbol{x}-\bar{\hat{\boldsymbol{x}}})^{\mathrm{T}}\boldsymbol{\Sigma}^{-1}(\boldsymbol{x}-\bar{\hat{\boldsymbol{x}}})=T_{1-\alpha}^2$ 可以表示为

$$(\boldsymbol{x}-\bar{\hat{\boldsymbol{x}}})^{\mathrm{T}}\boldsymbol{\Sigma}^{-1}(\boldsymbol{x}-\bar{\hat{\boldsymbol{x}}})=\kappa_2 \tag{2-28}$$

式（2-28）表示中心为 $\bar{\hat{\boldsymbol{x}}}$、长半轴为 $\sqrt{\kappa_2\lambda_1'}$、短半轴为 $\sqrt{\kappa_2\lambda_2'}$ 的椭圆，其中 λ_1' 和 λ_2' 是 $\boldsymbol{\Sigma}$ 的最大和最小特征值，该随机椭圆以概率 $P_2=1-\left(1+\frac{N\kappa_2}{N-1}\right)^{(2-N)/2}$ 包含辐射源真实位置，当 N 给定时，椭圆越小，定位误差越小。有关协方差未知的第二类置信椭圆（Confidence Ellipse of the Second Kind，简记为 CP2）的更多信息可参见文献[8]。

2.3.4.1 节所述误差椭圆，是定位结果 $\hat{\boldsymbol{x}}$ 以给定概率落入其中的椭圆，该椭圆与定位次数 N 无关，而 2.3.4.2 节和 2.3.4.3 节描述的置信椭圆均是以多次定位均值为中心，并以给定概率包

含辐射源真实位置 $\boldsymbol{x}$，椭圆的长、短半轴与定位次数 N 有关，图 2-14 给出了不同定位次数的椭圆覆盖概率。

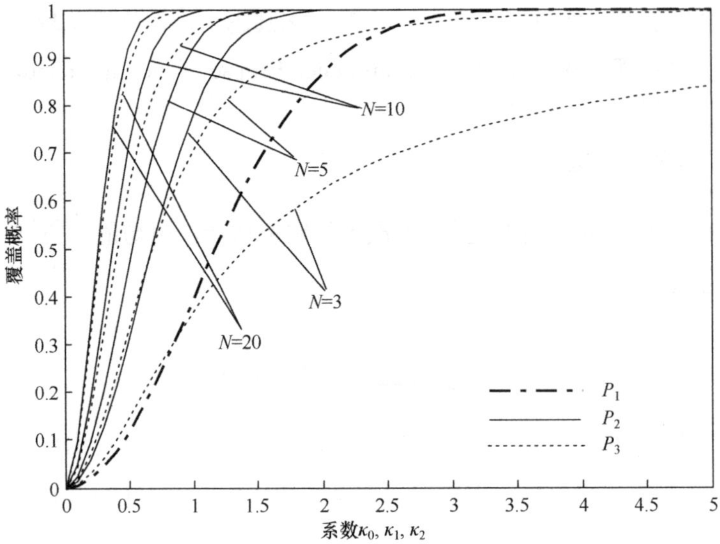

图 2-14　不同定位次数的椭圆覆盖概率

当 $N \to \infty$ 时，有 $\boldsymbol{\Sigma} \approx \boldsymbol{P}_{\boldsymbol{x}}$；当 $2 < N \ll \infty$ 时，两种椭圆一般不同。下面是给定概率 0.5，定位次数分别为 N=3 和 N=10 时，对不同定位次数的误差椭圆与第二类置信椭圆的仿真结果，如图 2-15 所示。

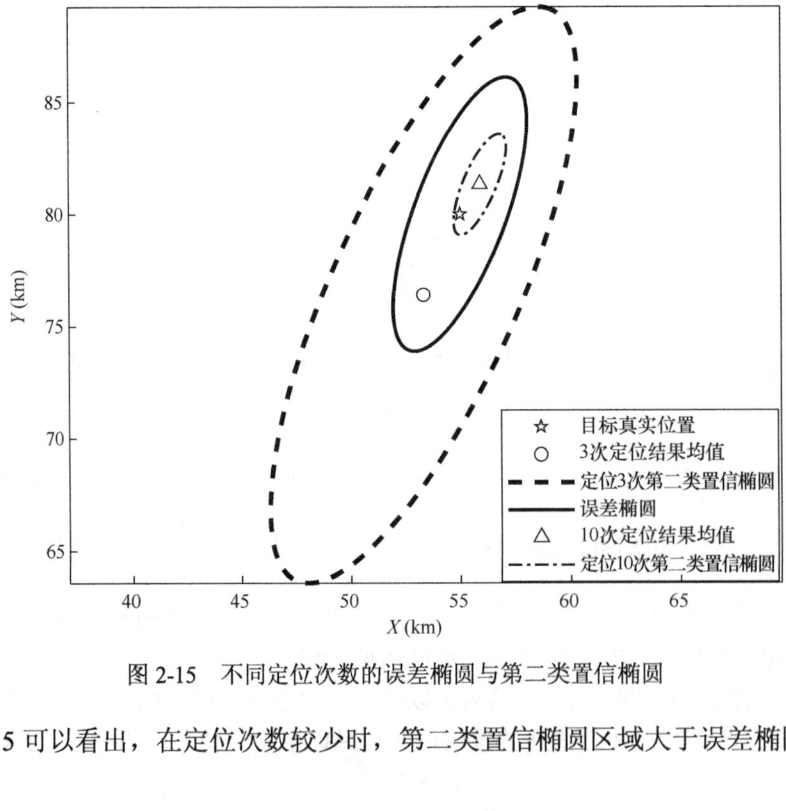

图 2-15　不同定位次数的误差椭圆与第二类置信椭圆

由图 2-15 可以看出，在定位次数较少时，第二类置信椭圆区域大于误差椭圆，而定位次数较多时，第二类置信椭圆区域小于误差椭圆。定位次数越多，置信椭圆区域越小，因此，置信椭圆需要在相同的 N 和置信水平条件下评估定位误差。

2.3.5 圆概率误差

误差椭圆虽然可以准确表示位置估计值落入以辐射源真实位置为中心区域内的概率，但是参数较多，而圆概率误差（CEP）则可以用一个参数表示类似概率。CEP 是指以辐射源真实位置为中心①，且定位估计点以概率 $p=0.5$ 落入圆内时的圆半径[11]，当 p 取其他值（如 $p=0.9$）时，则记为 CEP_p。

假设定位估计 $\hat{\boldsymbol{x}} \sim \mathbb{N}(\boldsymbol{x}, \boldsymbol{P}_x)$，那么 CEP 是满足式（2-29）的圆半径：

$$\frac{1}{2} = \int_{\Omega_2} p(\hat{\boldsymbol{x}})\mathrm{d}\hat{\boldsymbol{x}} \tag{2-29}$$

式中，$\Omega_2 = \{\hat{\boldsymbol{x}} \,|\, \|\hat{\boldsymbol{x}} - \boldsymbol{x}\| \leqslant \text{CEP}\}$。

用误差椭圆分析中得到的矩阵 $\boldsymbol{P}_x$ 的两个特征值 λ_1 和 λ_2 可近似表示 CEP[12]：

$$\text{CEP} \approx \begin{cases} 0.59(\sqrt{\lambda_1} + \sqrt{\lambda_2}), & \sqrt{\lambda_2/\lambda_1} \geqslant 0.5 \\ (0.67 + 0.8\lambda_2/\lambda_1)\sqrt{\lambda_1}, & \sqrt{\lambda_2/\lambda_1} < 0.5 \end{cases} \tag{2-30}$$

在对目标位置高斯估计偏差可以忽略不计且近似误差不大于 10%的情况下，CEP 可表示为[6]

$$\text{CEP} \approx 0.75\text{RMSE} = 0.75\sqrt{\lambda_1 + \lambda_2} \tag{2-31}$$

当估计偏差较大时，式（2-31）未必成立。

两个测向站对不同位置的静止辐射源测向定位 1000 次蒙特卡罗试验，得到静止辐射源定位结果散点图如图 2-16 所示。试验假设测向误差为 2°，其中观测站位置分别为 $\boldsymbol{x}_1 = [-40, 0]^{\mathrm{T}}$ (km)，$\boldsymbol{x}_2 = [40, 0]^{\mathrm{T}}$ (km)，辐射源位置分别为 $\boldsymbol{x}_{\mathrm{T}_1} = [65, 80]^{\mathrm{T}}$ (km)，$\boldsymbol{x}_{\mathrm{T}_2} = [-10, 50]^{\mathrm{T}}$ (km)。

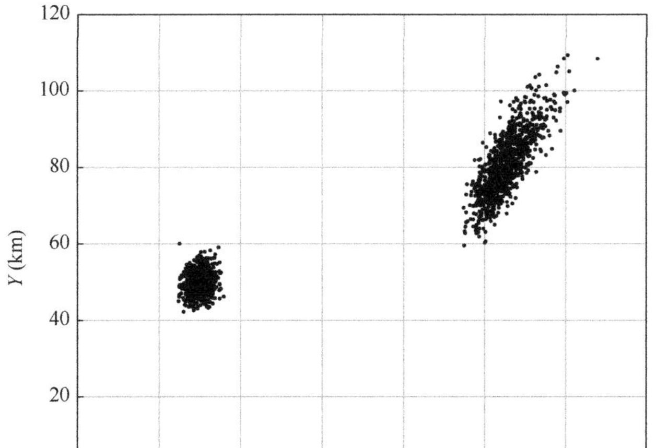

图 2-16　静止辐射源定位结果散点图

① 有些文献将估计均值定义为圆心，鉴于其忽略了偏差影响，本书未采用此定义。

从图 2-16 中可以看出，定位误差呈椭圆状分布，并且定位误差椭圆面积和形状与观测站和目标构成的几何构型有关。针对两个不同位置辐射源定位的 $EE_{0.5}$ 和 CEP 分布如图 2-17 所示。

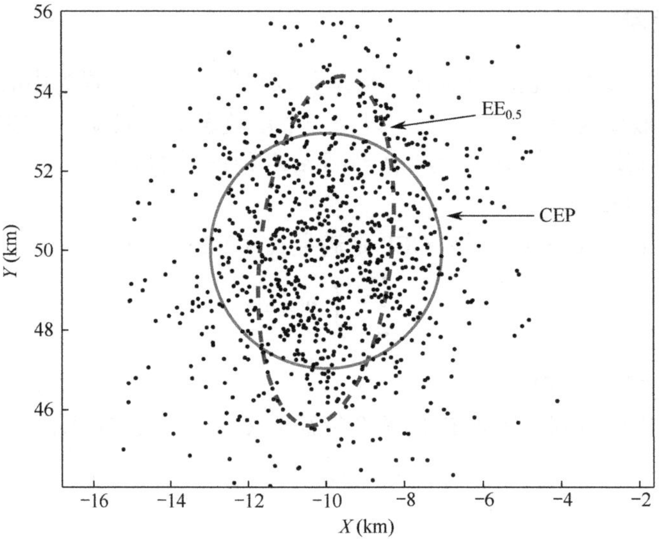

(a) 目标 $\boldsymbol{x}_{T_2}$ 的 $EE_{0.5}$ 与CEP分布

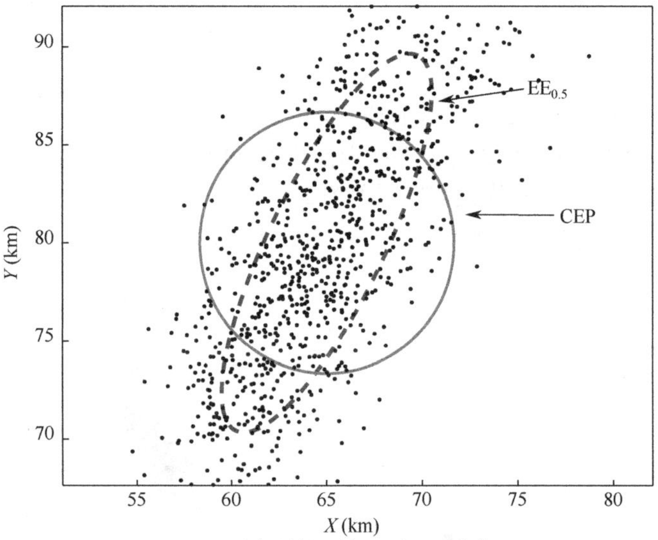

(b) 目标 $\boldsymbol{x}_{T_1}$ 的 $EE_{0.5}$ 与CEP分布

图 2-17 针对两个不同位置辐射源定位的 $EE_{0.5}$ 与 CEP 分布

对上述 1000 次蒙特卡罗试验的定位结果进行统计可得，对于目标 $\boldsymbol{x}_{T_2}=[-10,50]^T$ (km)，位于 CEP 圆内有 585 个点，$EE_{0.5}$ 内有 508 个点；对于目标 $\boldsymbol{x}_{T_1}=[65,80]^T$ (km)，位于 CEP 圆内有 485 个点，$EE_{0.5}$ 内有 493 个点。由此可以看出，$EE_{0.5}$ 的椭圆包含定位点的比例更接近 0.5，CEP 对定位估计呈扁椭圆形分布的表示误差较大。

2.3.6 克拉美-罗下界

克拉美-罗下界（CRLB）给出了无偏估计所能达到的方差下界，与实际使用的估计方法

无关。假设$\boldsymbol{z}$是关于辐射源真实位置$\boldsymbol{x}$函数的测量矢量，$\boldsymbol{z}$的概率密度函数为$p(\boldsymbol{z}\,|\,\boldsymbol{x})$，并且$\dfrac{\partial \ln[p(\boldsymbol{z}\,|\,\boldsymbol{x})]}{\partial \boldsymbol{x}^{\mathrm{T}}}$和$\dfrac{\partial^2 \ln[p(\boldsymbol{z}\,|\,\boldsymbol{x})]}{\partial \boldsymbol{x}\partial \boldsymbol{x}^{\mathrm{T}}}$存在，则关于未知参量$\boldsymbol{x}$的Fisher信息矩阵$\boldsymbol{I}(\boldsymbol{x})$为

$$\boldsymbol{I}(\boldsymbol{x})=\mathbb{E}\left\{\left\{\frac{\partial \ln[p(\boldsymbol{z}\,|\,\boldsymbol{x})]}{\partial \boldsymbol{x}^{\mathrm{T}}}\right\}^{\mathrm{T}}\cdot\frac{\partial \ln[p(\boldsymbol{z}\,|\,\boldsymbol{x})]}{\partial \boldsymbol{x}^{\mathrm{T}}}\right\}=-\mathbb{E}\left\{\frac{\partial^2 \ln[p(\boldsymbol{z}\,|\,\boldsymbol{x})]}{\partial \boldsymbol{x}\partial \boldsymbol{x}^{\mathrm{T}}}\right\} \tag{2-32}$$

式中，$\dfrac{\partial p}{\partial \boldsymbol{x}^{\mathrm{T}}}=\left[\dfrac{\partial p}{\partial x_1},\dfrac{\partial p}{\partial x_2},\cdots,\dfrac{\partial p}{\partial x_n}\right]$，$\dfrac{\partial p}{\partial \boldsymbol{x}}=\left[\dfrac{\partial p}{\partial x_1},\dfrac{\partial p}{\partial x_2},\cdots,\dfrac{\partial p}{\partial x_n}\right]^{\mathrm{T}}$，$\boldsymbol{x}=[x_1,x_2,\cdots,x_n]^{\mathrm{T}}$，$\dfrac{\partial^2 p}{\partial \boldsymbol{x}\partial \boldsymbol{x}^{\mathrm{T}}}=\dfrac{\partial}{\partial \boldsymbol{x}^{\mathrm{T}}}\left(\dfrac{\partial p}{\partial \boldsymbol{x}}\right)$。

使用梯度（gradient）算子[13] $\nabla_{\boldsymbol{x}}=\left[\dfrac{\partial}{\partial x_1},\dfrac{\partial}{\partial x_2},\cdots,\dfrac{\partial}{\partial x_n}\right]^{\mathrm{T}}$，$\nabla_{\boldsymbol{x}}^{\mathrm{T}}=\left[\dfrac{\partial}{\partial x_1},\dfrac{\partial}{\partial x_2},\cdots,\dfrac{\partial}{\partial x_n}\right]$，信息矩阵$\boldsymbol{I}(\boldsymbol{x})$还可以表示为

$$\boldsymbol{I}(\boldsymbol{x})=\mathbb{E}\{\nabla_{\boldsymbol{x}}\ln p_{\boldsymbol{Z}}(\boldsymbol{z}|\boldsymbol{x})\cdot[\nabla_{\boldsymbol{x}}\ln p_{\boldsymbol{Z}}(\boldsymbol{z}|\boldsymbol{x})]^{\mathrm{T}}\}=-\mathbb{E}\{\nabla_{\boldsymbol{x}}^{\mathrm{T}}[\nabla_{\boldsymbol{x}}\ln p_{\boldsymbol{Z}}(\boldsymbol{z}|\boldsymbol{x})]\} \tag{2-33}$$

下面考虑$\boldsymbol{I}(\boldsymbol{x})$的一种具体情况。假设$m$维测量矢量$\boldsymbol{z}$可表示为

$$\boldsymbol{z}=\boldsymbol{h}(\boldsymbol{x})+\boldsymbol{\xi} \tag{2-34}$$

式中，$\boldsymbol{\xi}\sim\mathbb{N}_m(\boldsymbol{0},\boldsymbol{\Sigma}_{\xi})$，$\boldsymbol{\Sigma}_{\xi}>\boldsymbol{0}$，因此$\boldsymbol{z}\sim\mathbb{N}_m(\boldsymbol{h}(\boldsymbol{x}),\boldsymbol{\Sigma}_{\xi})$，$\boldsymbol{z}$的分布密度函数为

$$p_{\boldsymbol{Z}}(\boldsymbol{z}|\boldsymbol{x})=\frac{1}{(2\pi)^{m/2}\left|\boldsymbol{\Sigma}_{\xi}\right|^{1/2}}\mathrm{e}^{-\frac{1}{2}[\boldsymbol{z}-\boldsymbol{h}(\boldsymbol{x})]^{\mathrm{T}}\boldsymbol{\Sigma}_{\xi}^{-1}[\boldsymbol{z}-\boldsymbol{h}(\boldsymbol{x})]} \tag{2-35}$$

取对数，有

$$\ln p_{\boldsymbol{Z}}(\boldsymbol{z}|\boldsymbol{x})=-\ln\left[(2\pi)^{m/2}\left|\boldsymbol{\Sigma}_{\xi}\right|^{1/2}\right]-\frac{1}{2}[\boldsymbol{z}-\boldsymbol{h}(\boldsymbol{x})]^{\mathrm{T}}\boldsymbol{\Sigma}_{\xi}^{-1}[\boldsymbol{z}-\boldsymbol{h}(\boldsymbol{x})] \tag{2-36}$$

关于$\boldsymbol{x}$取微分，有

$$\mathrm{d}[\ln p_{\boldsymbol{Z}}(\boldsymbol{z}|\boldsymbol{x})]=\frac{\partial \ln p_{\boldsymbol{Z}}(\boldsymbol{z}|\boldsymbol{x})}{\partial \boldsymbol{x}^{\mathrm{T}}}\mathrm{d}\boldsymbol{x} \tag{2-37}$$

$$\mathrm{d}[\ln p_{\boldsymbol{Z}}(\boldsymbol{z}|\boldsymbol{x})]=[\boldsymbol{z}-\boldsymbol{h}(\boldsymbol{x})]^{\mathrm{T}}\boldsymbol{\Sigma}_{\xi}^{-1}\mathrm{d}[\boldsymbol{h}(\boldsymbol{x})]=[\boldsymbol{z}-\boldsymbol{h}(\boldsymbol{x})]^{\mathrm{T}}\boldsymbol{\Sigma}_{\xi}^{-1}\frac{\partial \boldsymbol{h}}{\partial \boldsymbol{x}^{\mathrm{T}}}\mathrm{d}\boldsymbol{x} \tag{2-38}$$

式中，雅可比矩阵$\dfrac{\partial \boldsymbol{h}}{\partial \boldsymbol{x}^{\mathrm{T}}}=\begin{bmatrix}\dfrac{\partial h_1}{\partial x_1} & \cdots & \dfrac{\partial h_1}{\partial x_n}\\ \dfrac{\partial h_2}{\partial x_2} & \cdots & \dfrac{\partial h_2}{\partial x_n}\\ \vdots & \cdots & \vdots\\ \dfrac{\partial h_m}{\partial x_1} & \cdots & \dfrac{\partial h_m}{\partial x_n}\end{bmatrix}_{m\times n}$，$\boldsymbol{h}=[h_1,h_2,\cdots,h_m]^{\mathrm{T}}$。

根据微分表示的唯一性，有

$$\frac{\partial \ln p_{\boldsymbol{Z}}(\boldsymbol{z}|\boldsymbol{x})}{\partial \boldsymbol{x}^{\mathrm{T}}}=[\boldsymbol{z}-\boldsymbol{h}(\boldsymbol{x})]^{\mathrm{T}}\boldsymbol{\Sigma}_{\xi}^{-1}\frac{\partial \boldsymbol{h}}{\partial \boldsymbol{x}^{\mathrm{T}}} \tag{2-39}$$

从而

$$\boldsymbol{I}(\boldsymbol{x})=\mathbb{E}\left\{\left[\frac{\partial \ln p_{\boldsymbol{Z}}(\boldsymbol{z}|\boldsymbol{x})}{\partial \boldsymbol{x}^{\mathrm{T}}}\right]^{\mathrm{T}}\cdot\frac{\partial \ln p_{\boldsymbol{Z}}(\boldsymbol{z}|\boldsymbol{x})}{\partial \boldsymbol{x}^{\mathrm{T}}}\right\}=\left(\frac{\partial \boldsymbol{h}}{\partial \boldsymbol{x}^{\mathrm{T}}}\right)^{\mathrm{T}}\boldsymbol{\Sigma}_{\xi}^{-1}\frac{\partial \boldsymbol{h}}{\partial \boldsymbol{x}^{\mathrm{T}}} \tag{2-40}$$

由于 $\frac{\partial \boldsymbol{h}}{\partial \boldsymbol{x}^{\mathrm{T}}}=\nabla_{\boldsymbol{x}}^{\mathrm{T}}\boldsymbol{h}$，因此 $\boldsymbol{I}(\boldsymbol{x})$ 还可以表示为

$$\boldsymbol{I}(\boldsymbol{x})=(\nabla_{\boldsymbol{x}}^{\mathrm{T}}\boldsymbol{h})^{\mathrm{T}}\boldsymbol{\Sigma}_{\xi}^{-1}(\nabla_{\boldsymbol{x}}^{\mathrm{T}}\boldsymbol{h}) \tag{2-41}$$

关于辐射源位置 $\boldsymbol{x}$ 估计值 $\hat{\boldsymbol{x}}$ 的误差相关矩阵 $\boldsymbol{V}(\hat{\boldsymbol{x}})$ 有克拉美–罗（CR）不等式[13]［具体推导见附录 A（三）］：

$$\boldsymbol{V}(\hat{\boldsymbol{x}})\geqslant \mathrm{bias}(\hat{\boldsymbol{x}})[\mathrm{bias}(\hat{\boldsymbol{x}})]^{\mathrm{T}}+[\boldsymbol{I}_n+\nabla_{\boldsymbol{x}}^{\mathrm{T}}\mathrm{bias}(\hat{\boldsymbol{x}})]\boldsymbol{I}^{-1}(\boldsymbol{x})[\boldsymbol{I}_n+\nabla_{\boldsymbol{x}}^{\mathrm{T}}\mathrm{bias}(\hat{\boldsymbol{x}})]^{\mathrm{T}} \tag{2-42}$$

当 $\mathrm{bias}(\hat{\boldsymbol{x}})=\boldsymbol{0}$ 时，有

$$\mathrm{cov}(\hat{\boldsymbol{x}})=\boldsymbol{V}(\hat{\boldsymbol{x}})\geqslant \boldsymbol{I}^{-1}(\boldsymbol{x}) \tag{2-43}$$

这时，$\boldsymbol{I}^{-1}(\boldsymbol{x})$ 即无偏估计 $\hat{\boldsymbol{x}}$ 的误差相关矩阵 CRLB，值得注意的是，由 $\boldsymbol{I}^{-1}(\boldsymbol{x})$ 得到的 CRLB 仅针对无偏估计有效，对于有偏估计，其误差相关矩阵 CRLB 由式（2-42）给出[10, 13]。

当 $\boldsymbol{z}$ 为复测量矢量时，$\boldsymbol{x}$ 仍为未知实参量，并且观测误差 $\boldsymbol{\xi}$ 服从零均值复高斯分布，实部和虚部互不相关，实部和虚部的协方差矩阵均为 $\frac{\sigma_{\xi}^2}{2}\boldsymbol{I}_m$，则 $\boldsymbol{z}\sim\mathbb{N}_m(\boldsymbol{h}(\boldsymbol{x}),\sigma_{\xi}^2\boldsymbol{I}_m)$，此时无偏估计 $\hat{\boldsymbol{x}}$ 的误差相关矩阵 CRLB[14, 15]为

$$\mathrm{CRLB}\triangleq\mathrm{CRLB}(\boldsymbol{x})=\frac{\sigma_{\xi}^2}{2}\mathrm{Re}\left[\left(\frac{\partial \boldsymbol{h}}{\partial \boldsymbol{x}^{\mathrm{T}}}\right)^{\mathrm{H}}\frac{\partial \boldsymbol{h}}{\partial \boldsymbol{x}^{\mathrm{T}}}\right]^{-1} \tag{2-44}$$

2.3.7 定位误差表征方式比较

对定位误差的不同表征方式总结如下。

（1）RMSE、MSE、CEP 是标量，GDOP 是一个无量纲正数，ECM 和 CRLB 是矩阵，EE、CP1 和 CP2 是与概率有关的椭圆区域；RMSE、MSE、ECM 和 GDOP 只需要二阶矩，不需要知道误差分布函数，也不限定无偏估计，EE、CP1 和 CP2 仅适用于估计误差为零均值高斯分布，CRLB 适用于分布密度函数已知的无偏估计，CEP 不限定估计的概率分布，比较适用于无偏估计。

（2）当定位估计服从无偏高斯分布时，RMSE 与 CEP 有简单的近似换算关系，虽然都是标量，但是 CEP 有比较明确的几何与统计含义。RMSE 与 CEP 是理论研究和试验分析中常用的定位性能指标。

（3）在估计误差为零均值高斯分布情况下，ECM 与 EE 有类似的几何含义，EE 还具有概率意义，对 ECM 作特征分析，可以从特征值之间的比值寻找改进定位精度的途径，如减小某一参数测量误差，或调整观测站位置来提高定位精度；在一定条件下 GDOP 与参数测量误差弱相关，GDOP 等值线有助于针对性调整观测站分布，通过减小 GDOP 值提高定位精度。

（4）在定位估计服从高斯分布的情况下，EE 表示均值和协方差已知时估计落入特定椭圆内的概率，而 CP1 和 CP2 则表示均值未知时随机椭圆包含真实位置的概率。一定条件和意义下，椭圆越小，估计误差越小。

（5）CRLB 对评判估计性能有重要意义。达到 CRLB 的无偏估计，表明相关算法误差在某种程度上已达最小，即使对有偏估计 CRLB 也可以用于比对参考①。

① 对于有偏估计，一般情况 MSE 大于 $\mathrm{tr}[\boldsymbol{I}^{-1}(\boldsymbol{x})]$。

上述定位误差表征的特点与应用分析如表 2-1 所示。

表 2-1　定位误差表征特点与应用分析

性　能	特　点	应　用
误差相关矩阵（ECM）	表征辐射源位置估计误差相关矩阵；需要知道辐射源的真实位置	可用于理论研究与试验数据分析，矩阵特征分析有助于了解误差分布情况，便于采取应对措施减小误差
均方误差（MSE）与均方根误差（RMSE）	分别表征辐射源位置估计的均方误差和均方根误差；需要知道辐射源的真实位置	常用于理论研究、试验数据分析，并作为实际设备的定位技术指标
几何稀释精度（GDOP）	为均方根位置误差与均方根距离误差之比，无量纲，需要知道位置和距离估计均方根误差	可用于理论研究与试验数据分析，有助于了解定位误差放大的几何因素，便于采取位置优化措施减小定位误差
误差椭圆（EE）	以给定概率包含位置估计的椭圆；需要位置估计服从无偏高斯分布 $\mathbb{N}(\boldsymbol{x},\boldsymbol{P}_x)$，且 $\boldsymbol{x}$ 与 $\boldsymbol{P}_x$ 已知	可用于理论研究与试验数据分析，所具有的概率意义使其在定量分析方面强于 ECM
圆概率误差（CEP）	以 50%概率包含位置估计的圆半径；需要知道目标真实位置	常用于理论研究与试验数据分析，并作为实际设备的定位技术指标，比 EE 更简单，比 RMSE 更具直观性
第一类置信椭圆（CP1）	以给定概率包含目标真实位置的椭圆；需要位置估计服从 $\mathbb{N}(\boldsymbol{x},\boldsymbol{P}_x)$，且 $\boldsymbol{P}_x$ 已知，需要多次位置估计	可用于理论研究与试验数据分析，可以实际用于多次定位估计辐射源真实位置的范围
第二类置信椭圆（CP2）	以给定概率包含目标真实位置的椭圆；需要位置估计服从 $\mathbb{N}(\boldsymbol{x},\boldsymbol{P}_x)$，需要多次位置估计	可用于理论研究与试验数据分析，可以实际用于多次定位估计辐射源真实位置的范围，实用性更强
克拉美－罗下界（CRLB）	是无偏位置估计协方差矩阵的下界；需要知道位置估计误差的概率密度函数	可用于理论研究，作为定位算法性能比较的参考值，或用于预估可能达到的最佳定位精度

2.4　误差源及其影响

引起定位误差的误差源如图 2-18 所示，主要包括：①辐射源定位线参数测量误差；②观测站位置误差；③观测站间时频同步误差；④观测站指向和速度误差；⑤辐射源速度假定误差；⑥近似模型和近似计算误差。

其中，误差源①和②对于所有定位体制都有影响，由定位线对应参数测量误差引起的定位误差示意图如图 2-19 所示，图中的定位误差 $R=\|\hat{\boldsymbol{x}}_\mathrm{T}-\boldsymbol{x}_\mathrm{T}\|$ 是辐射源真实位置 $\boldsymbol{x}_\mathrm{T}$ 到其估计值 $\hat{\boldsymbol{x}}_\mathrm{T}$ 的距离，观测站位置误差引起的定位误差类似图 2-19，更详细的分析见第 4～第 9 章。

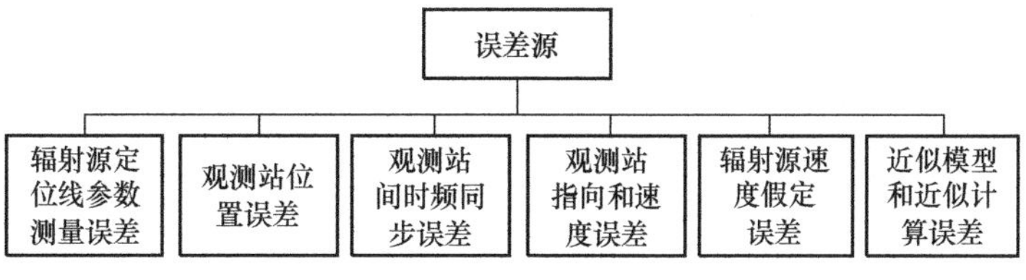

图 2-18　引起定位误差的误差源

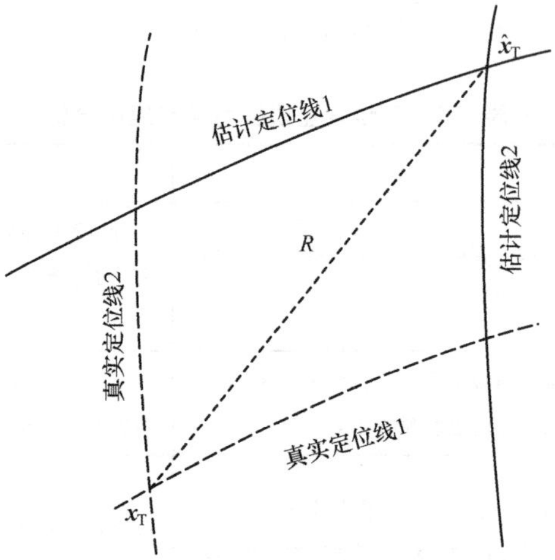

图 2-19 由定位线估计[①]误差引起的定位误差示意图

误差源③主要对涉及时差定位和测频定位体制有影响，相关分析见第 5～第 8 章，误差源④主要对涉及测向定位和测频定位体制有影响[②]，相关分析见第 4 章和第 6～第 8 章，误差源⑤主要对测频定位体制有影响，相关分析见第 6～第 8 章，误差源⑥主要对时频差定位体制有影响，相关分析见第 7～第 8 章。

2.5 系统组成与工作流程

功能比较全面的定位系统由图 2-20 所示的观测站、计算控制显示设备与外标校源组成。观测站包括实线框内的接收天线、射频前端、调谐器、信号处理单元、自定位授时设备及数据传输设备等。计算控制显示设备包括计算机、显示器和数据传输设备等。外标校源包括发射天线、发射机、信号发生单元及自定位设备等[9]。由于观测站设备自校正功能可由图 2-20 中设备联合实现，未单列该类单元。特别需要说明的是，针对具体应用，定位系统可以由图 2-20 中部分设备组成，并且对设备的技术要求也不同。例如，对于运动单站测向定位系统，

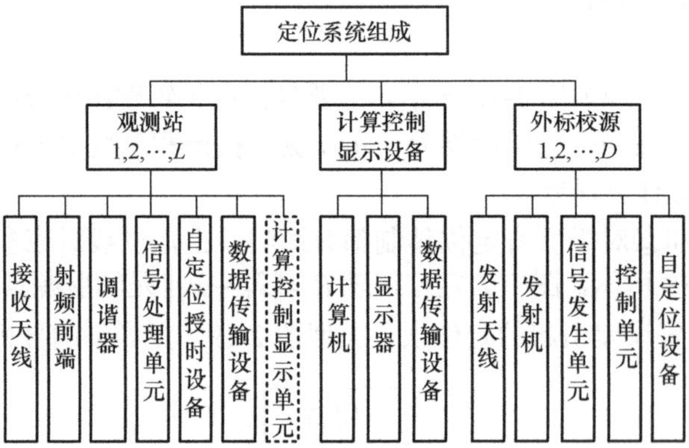

图 2-20 功能比较全面的定位系统组成

① 定位线估计视为定位线参数估计。

② 某些情况下，对时差测量可能有影响。

不一定需要专门的数据传输设备，授时自定位模块仅需提供自定位和参考方位指示即可。此外，不单独配置计算控制显示设备，在图 2-20 中增加观测站虚框所示的计算控制显示单元构成定位系统主站也是常见的系统组成方式。

定位系统的一般工作流程（见图 2-21）是：①计算控制显示设备向观测站发布定位指令与工作参数（如工作起始时间、工作频率、天线波束指向等）；②观测站按指令由接收天线、射频前端、调谐器接收辐射源信号；③观测站信号处理单元对调谐器输出信号采样，并进行信号检测、分选等预处理；④观测站将经过预处理得到的信号参数或采样数据，以及自定位授时设备提供的定位计算辅助数据一起传输至计算控制显示设备；⑤计算控制显示设备中的计算机利用标校数据对观测站传来的数据作出修正；⑥计算控制显示设备中的计算机用修正后的数据估计辐射源位置，并将结果显示。需要说明的是，以上工作流程根据实际情况可以变化。另外，关于外标校源工作流程，以及定位系统包括标校过程的更宽泛、更具体流程不再赘述。

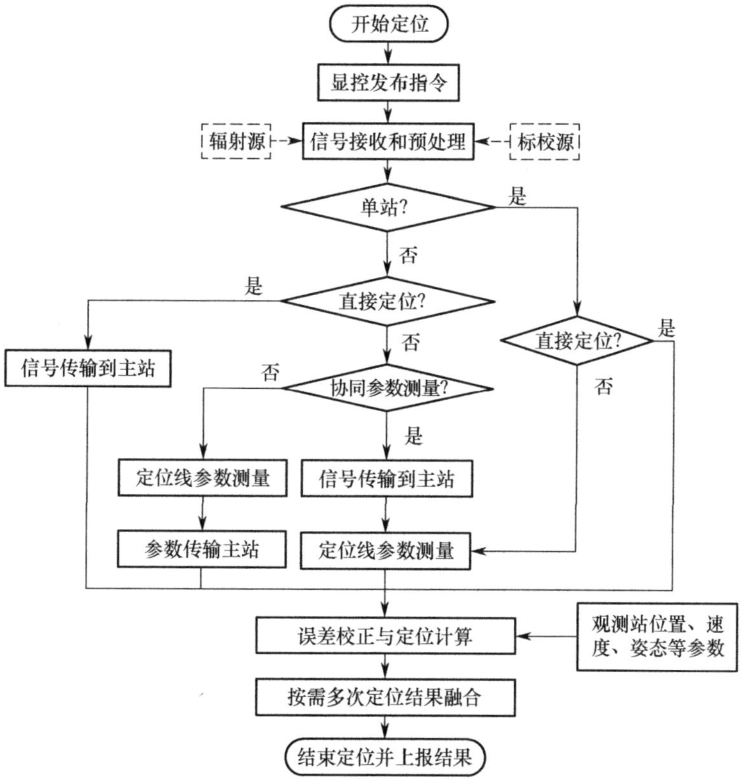

图 2-21　定位系统的一般工作流程

通常情况下，多站定位的场景需要对信号或者定位线参数进行传输，选择一个观测站作为主站，将辅站的信息统一传输到主站进行定位计算。一些特殊的情况也可以将所有观测站的信息传输到另一个计算、显示控制站进行定位计算。

2.6　本章小结

本章对无线电辐射源定位概况进行了叙述，包括主要的定位技术体制、定位中常用坐标系及其转换、性能指标、误差源及其影响、系统组成与工作流程，主要结论与关注点有：

（1）无线电辐射源定位技术体制由其内蕴定位线决定，内蕴定位线对应的参数或参数测量方法用于技术体制分类名称中，不同技术体制有着不同的几何意义。

（2）定位地面上辐射源用 WGS-84 坐标系中的经、纬度作为变量时，需要注意不同纬度处相同经度差所表示的大地距离不同，将观测平台载体坐标系方程转换到地固坐标系方程在空间平台对地辐射源测向定位中经常用到。

（3）本书中 CEP 所涉及的圆心为辐射源真实位置，其他文献可能将定位估计值的均值作为圆心，需要加以区别；EE、CP1 和 CP2 都是辐射源位置估计误差服从高斯分布情况下的区间估计，EE 评估估计量性能，CP1 和 CP2 估计辐射源位置的可能范围，给定置信水平后，EE 不随观测次数改变，而 CP1 和 CP2 随着观测次数增加而减小，在一定条件和意义下，椭圆区域越小，定位误差越小。

（4）引起定位误差的因素很多，对定位线对应参数测量误差往往关注较多，值得注意的是，对于高精度定位，某些关注较少的误差源不能被忽略，需要用特殊算法消除或通过标校大幅度减小其影响。

本章参考文献

[1] 泊伊泽. 电子战目标定位方法 [M]. 2 版. 王沙飞，等译. 北京：电子工业出版社，2014.

[2] 朱鹏. 短波单站定位技术研究与应用[D]. 武汉：武汉大学，2016.

[3] 章仁为. 卫星轨道姿态动力学与控制[M]. 北京：北京航空航天大学出版社，1998.

[4] 王威，于志坚. 航天器轨道确定——模型与算法[M]. 北京：国防工业出版社，2007.

[5] JI Y, YU C, B. Anderson. Localization Bias Correction in n-Dimensional Space[C].IEEE International Conference on Acoustics, Speech, and Signal Processing, 2010: 2854-2857.

[6] TORRIERI D J. Statistical theory of passive location systems[J]. IEEE Transactions on Aerospace and Electronic System, 1984, 20(2):183-198.

[7] HOFMANN-WELLENHOF B, LICHTENEGGER H, COLLINS J, GPS Theory and Practice[M]. 3rd ed. Berlin: Springer-Verlag, 1994: 235-237, 249-253.

[8] PARADOWSKI L R. Uncertainty ellipses and their application to interval estimation of emitter position[J]. IEEE Transactions on Aerospace and Electronic System, 1997, 33(1):126-133.

[9] 马蒂诺. 现代电子战系统导论[M]. 2 版. 姜道安，等译. 北京：电子工业出版社，2020.

[10] 陈希孺，倪国熙. 数理统计学教程[M]. 合肥：中国科学技术大学出版社，2009.

[11] JOHNSON R S, COTTRILL S D, PEEBLES P Z. A computation of radar SEP and CEP[J]. IEEE Transactions on Aerospace and Electronic Systems, 1969(3):353-354.

[12] NICHOLAS A. O'Donoughue. Emitter Detection and Geolocation for Electronic Warefare[M]. Boston: Artech House, 2020: 190-193.

[13] LEVY B C. Principles of Signal Detection and Parameter Estimation. [M]. Berlin: Springer Science & Business Media, 2008: 138-139.

[14] 斯托伊卡，摩西. 现代信号谱分析[M]. 吴仁彪，译. 北京：电子工业出版社，2007.

[15] 王鼎，吴瑛，张莉，等. 无线电测向与定位理论及方法[M]. 北京：国防工业出版社，2016.

第3章　无线电定位模型与算法

本章主要对无线电定位中的一些定位跟踪模型和定位估计算法进行简要介绍。定位跟踪模型包括辐射源状态方程、观测方程。定位估计算法中针对静止目标或无状态方程表征的运动辐射源主要介绍估计与优化算法及定位误差几何表示，针对定位跟踪已知状态方程的动目标主要介绍扩展卡尔曼滤波算法、无迹卡尔曼滤波算法及粒子滤波算法，最后对这些定位算法的特点进行比较。

3.1　定位跟踪模型

本书主要涉及的无线电辐射源包括静止辐射源或无状态方程表征的运动辐射源，或已知状态方程（对于状态方程的假设与确认在第10章涉及）的运动辐射源，测量辐射源定位线参数或位置主要由观测方程表征。对于静止辐射源定位主要是对辐射源的位置估计问题，对于无状态方程表征的运动辐射源定位主要是对辐射源的位置及速度同时估计问题，对于已知状态方程的运动辐射源定位主要是对辐射源位置连续估计，即跟踪问题。

单一辐射源状态方程可以表示为

$$\boldsymbol{x}_k = \boldsymbol{f}_k(\boldsymbol{x}_{0:k-1},\boldsymbol{\varepsilon}_k),\ \ k\in\mathbf{Z}^+ \tag{3-1}$$

式中，$\boldsymbol{x}_k$ 为 k 时刻目标状态，$\boldsymbol{x}_k=[x_k,y_k,z_k,\dot{x}_k,\dot{y}_k,\dot{z}_k]^{\mathrm{T}}$ 或其子集；$\boldsymbol{x}_{0:k-1}=[\boldsymbol{x}_0,\boldsymbol{x}_1,\cdots,\boldsymbol{x}_{k-1}]$；$\boldsymbol{\varepsilon}_k$ 为 k 时刻已知分布的状态噪声；$\boldsymbol{f}_k(\boldsymbol{x}_{0:k-1},\boldsymbol{\varepsilon}_k)$ 为 k 时刻由 $(R^{N_x}\times R^{N_x}\times\cdots\times R^{N_x})\times R^{N_\varepsilon}\to R^{N_x}$ 的已知函数，其中 N_x 为 $\boldsymbol{x}_k$ 的维数，括号中共有 k 重积，N_ε 为 $\boldsymbol{\varepsilon}_k$ 的维数；$\mathbf{Z}^+$ 为正整数集。

对单一辐射源的观测方程可以表示为

$$\boldsymbol{z}_k = \boldsymbol{h}_k(\boldsymbol{x}_{0:k},\boldsymbol{x}_{\mathrm{O},1:k},\boldsymbol{z}_{1:k-1},\boldsymbol{\xi}_k),\ \ k\in\mathbf{Z}^+ \tag{3-2}$$

式中，$\boldsymbol{h}_k(\boldsymbol{x}_{0:k},\boldsymbol{x}_{\mathrm{O},1:k},\boldsymbol{z}_{1:k-1},\boldsymbol{\xi}_k)$ 为由 $(R^{N_x}\times\cdots\times R^{N_x})\times(R^{N_\mathrm{O}}\times\cdots\times R^{N_\mathrm{O}})\times(R^{N_z}\times\cdots\times R^{N_z})\times R^{N_\xi}\to R^{N_z}$ 的函数，其中括号中分别有 $k+1$、k 和 $k-1$ 重积，N_O 为 $\boldsymbol{x}_{\mathrm{O},k}$ 的维数，N_z 为 $\boldsymbol{z}_k$ 的维数，N_ξ 为 $\boldsymbol{\xi}_k$ 的维数；$\boldsymbol{x}_{\mathrm{O},1:k}=[\boldsymbol{x}_{\mathrm{O},1},\boldsymbol{x}_{\mathrm{O},2},\cdots,\boldsymbol{x}_{\mathrm{O},k}]$，其中 $\boldsymbol{x}_{\mathrm{O},k}$ 为 k 时刻的观测站状态，k 时刻 L 个观测站状态为 $\boldsymbol{x}_{\mathrm{O},k}=[x_{1,k},y_{1,k},z_{1,k},\dot{x}_{1,k},\dot{y}_{1,k},\dot{z}_{1,k},\cdots,x_{L,k},y_{L,k},z_{L,k},\dot{x}_{L,k},\dot{y}_{L,k},\dot{z}_{L,k}]^{\mathrm{T}}$ 或其子集；$\boldsymbol{z}_{1:k-1}=[\boldsymbol{z}_1,\boldsymbol{z}_2,\cdots,\boldsymbol{z}_{k-1}]$，$k\in\mathbf{Z}^+$；$\boldsymbol{\xi}_k$ 为 k 时刻给定分布的观测噪声。

以下我们主要对几种特殊的状态和观测方程组合形成的定位模型进行研究。

1. 对单一静止辐射源或无状态方程表征的运动辐射源定位模型

观测方程表示如下：

$$\boldsymbol{z}_k = \boldsymbol{h}(\boldsymbol{x},\boldsymbol{x}_{\mathrm{O},k})+\boldsymbol{\xi}_k \tag{3-3}$$

式中，$\{\boldsymbol{\xi}_k, k\in\mathbf{Z}^+\}\overset{\text{i.i.d.}}{\sim} p_{\Xi}(\boldsymbol{\xi})$。

若有 $\boldsymbol{x}$ 的先验分布信息，式（3-3）则为贝叶斯（Bayes）模型，需要用贝叶斯方法估计 $\boldsymbol{x}$；若没有 $\boldsymbol{x}$ 的先验分布信息，式（3-3）则为费歇（Fisher）模型[1]，通常用费歇方法估计 $\boldsymbol{x}$。本书主要考虑式（3-3）的费歇模型和估计方法，兼顾贝叶斯估计方法。式（3-3）可用于固定多站对静止或运动辐射源测向定位，运动单站对静止辐射源测向定位，多站对静止辐射源时差定位，运动多站对静止辐射源频差定位、时频差定位，运动单站对静止辐射源测频定位，具体内容见 4.1 节、5.1 节、6.1 节、7.1.2.1 节、8.1～8.5 节等。式（3-3）也可用于运动多站对运动辐射源的位置和速度同时估计和外辐射源定位（见 7.1.2.2 节、8.1.2 节等）。

2. *对有状态方程表征的单一运动辐射源定位跟踪模型*

状态转移方程与观测方程表示如下：

$$\begin{aligned}\boldsymbol{x}_k &= \boldsymbol{f}_k(\boldsymbol{x}_{k-1},\boldsymbol{\varepsilon}_k)\\ \boldsymbol{z}_k &= \boldsymbol{h}_k(\boldsymbol{x}_k,\boldsymbol{x}_{\mathrm{O},k},\boldsymbol{\xi}_k)\end{aligned} \tag{3-4}$$

式中，假定状态 $\boldsymbol{x}_k$ 服从一阶马尔可夫过程，$p(\boldsymbol{x}_0)$ 已知，$\{\boldsymbol{\varepsilon}_k,k\in\mathbf{Z}^+\}\overset{\text{i.i.d.}}{\sim} p_{\Xi}(\boldsymbol{\varepsilon})$，$\{\boldsymbol{\xi}_k,k\in\mathbf{Z}^+\}\overset{\text{i.i.d.}}{\sim} p_{\Xi}(\boldsymbol{\xi})$，且 $\boldsymbol{\xi}_i$ 与 $\boldsymbol{\varepsilon}_j$ 独立。

式（3-4）是一种贝叶斯模型，更具体化的模型可用于空中运动单站对地面运动辐射源测向定位跟踪，以及运动多站对运动辐射源时频差定位跟踪，当式（3-4）中目标运动模型的状态噪声为加性噪声，且状态转移函数为线性形式时，式（3-4）可以转化为 $\boldsymbol{x}_k=\boldsymbol{F}_k\boldsymbol{x}_{k-1}+\boldsymbol{\varepsilon}_k$。下面对几种常用的运动模型 $\boldsymbol{x}_k$ 和 $\boldsymbol{F}_k$ 的取值进行简单介绍。

（1）匀速直线（CV）运动模型：$\boldsymbol{x}_k=[x_k,y_k,z_k,\dot{x}_k,\dot{y}_k,\dot{z}_k]^{\mathrm{T}}$，$\boldsymbol{F}_k=\begin{bmatrix}\boldsymbol{I}_3 & T\boldsymbol{I}_3\\ \boldsymbol{0} & \boldsymbol{I}_3\end{bmatrix}$，其中 T 为 k 时刻到 k+1 时刻的时间间隔。

（2）匀加速（CA）运动模型：$\boldsymbol{x}_k=[x_k,y_k,z_k,\dot{x}_k,\dot{y}_k,\dot{z}_k,\ddot{x}_k,\ddot{y}_k,\ddot{z}_k]^{\mathrm{T}}$，$\boldsymbol{F}_k=\begin{bmatrix}\boldsymbol{I}_3 & T\boldsymbol{I}_3 & 0.5T^2\boldsymbol{I}_3\\ \boldsymbol{0} & \boldsymbol{I}_3 & T\boldsymbol{I}_3\\ \boldsymbol{0} & \boldsymbol{0} & \boldsymbol{I}_3\end{bmatrix}$。

（3）匀速转弯（CT）运动模型：$\boldsymbol{x}_k=[x_k,y_k,z_k,\dot{x}_k,\dot{y}_k,\dot{z}_k]^{\mathrm{T}}$，$\boldsymbol{F}_k=\begin{bmatrix}1&0&0&\dfrac{\sin(\Omega T)}{\Omega}&-\dfrac{1-\cos(\Omega T)}{\Omega}&0\\ 0&1&0&\dfrac{1-\cos(\Omega T)}{\Omega}&\dfrac{\sin(\Omega T)}{\Omega}&0\\ 0&0&1&0&0&T\\ 0&0&0&\cos(\Omega T)&-\sin(\Omega T)&0\\ 0&0&0&\sin(\Omega T)&\cos(\Omega T)&0\\ 0&0&0&0&0&T\end{bmatrix}$，其中 Ω 为转弯角速度。

后续根据实际场景，表示上述定位跟踪模型的符号可能有所变化。另外，式（3-3）和式（3-4）表示的是对单个辐射源的定位跟踪情况，对多个辐射源的定位跟踪模型可在此基础上建立，具体表示见 10.2 节。

3.2 定位估计算法

无线电辐射源定位算法涉及对定位跟踪模型选择何种最优准则构建相应的估计量，以及如何完成优化计算两方面问题。

3.2.1 定位静止目标或无状态方程表征的运动辐射源算法

3.2.1.1 估计与优化算法

通常采用将观测值全部集中起来进行批处理估计静止辐射源位置或集中全部 L 个观测站的瞬时观测值估计无状态方程表征的运动辐射源位置与速度，为此将式（3-3）改写为

$$z = h(x, x_{\mathrm{O}}) + \xi \tag{3-5}$$

式中，$z = [z_1^{\mathrm{T}}, z_2^{\mathrm{T}}, \cdots, z_K^{\mathrm{T}}]^{\mathrm{T}}$，$h(x, x_{\mathrm{O}}) = [h^{\mathrm{T}}(x, x_{\mathrm{O},1}), h^{\mathrm{T}}(x, x_{\mathrm{O},2}), \cdots, h^{\mathrm{T}}(x, x_{\mathrm{O},K})]^{\mathrm{T}}$，$h(x, x_{\mathrm{O}})$ 可简写为 $h(x)$，$x_{\mathrm{O}} = [x_{\mathrm{O},1}^{\mathrm{T}}, x_{\mathrm{O},2}^{\mathrm{T}}, \cdots, x_{\mathrm{O},K}^{\mathrm{T}}]^{\mathrm{T}}$，$\xi = [\xi_1^{\mathrm{T}}, \xi_2^{\mathrm{T}}, \cdots, \xi_K^{\mathrm{T}}]^{\mathrm{T}}$，且假定 $\mathbb{E}\{\xi\} = \mathbf{0}$，$\mathrm{cov}\{\xi\} = \Sigma_\xi$ 为正定矩阵。

对式（3-5）表示的辐射源位置 x，既可以用直接给出其值 $\hat{x}$ 的点估计方法，也可以用以指定概率的某个区域包含 x 的区间估计方法，对于区间估计参见 2.3.4 节或文献[2]。本书后面只讨论点估计。

若无 x 的先验分布信息，也没有 ξ 的概率分布信息，则可以用广义最小二乘[3]估计式（3-5）中的 x：

$$\hat{x}_{\mathrm{GLS}} = \arg\min_{x \in \Omega_x} \{[z - h(x, x_{\mathrm{O}})]^{\mathrm{T}} \Sigma_\xi^{-1} [z - h(x, x_{\mathrm{O}})]\}^{①} \tag{3-6}$$

式中，Ω_x 为包含辐射源全部可能位置的集合，为书写简便可将 $\min\limits_{x \in \Omega_x}$ 简写为 $\min\limits_{x}$。

若式（3-5）中 $h(x, x_{\mathrm{O}})$ 近似为 x 线性方程 $h(x, x_{\mathrm{O}}) \approx H_x x$，则式（3-6）简化为

$$\hat{x}_{\mathrm{GLS}} \approx (H_x^{\mathrm{T}} \Sigma_\xi^{-1} H_x)^{-1} H_x^{\mathrm{T}} \Sigma_\xi^{-1} z \tag{3-7}$$

若 $\Sigma_\xi = \sigma_\xi^2 I_{N_\xi}$，则式（3-7）变为

$$\hat{x}_{\mathrm{LS}} \approx (H_x^{\mathrm{T}} H_x)^{-1} H_x^{\mathrm{T}} z \tag{3-8}$$

若有 x 的先验概率分布密度函数信息，则可以用最大后验概率（MAP）估计 x，该方法又称广义极大似然估计[4]，可以表示为

$$\hat{x}_{\mathrm{MAP}} = \arg\max_{x \in \Omega_x} [p_{X|Z}(x \mid z)] = \arg\max_{x \in \Omega_x} [\ln p_{Z|X}(z \mid x) + \ln p_X(x)] \tag{3-9}$$

式中，$p_{X|Z}(x \mid z)$ 为后验概率密度函数，$p_{Z|X}(z \mid x)$ 为似然概率密度函数，$p_X(x)$ 为先验概率密度函数。

如果 x 的先验概率密度函数 $p_X(x)$ 是均匀分布，则式（3-9）转化为极大似然估计

$$\hat{x}_{\mathrm{ML}} = \arg\max_{x \in \Omega_x} [\ln p_{Z|X}(z \mid x)] \tag{3-10}$$

进一步，若 $\xi \sim \mathbb{N}(\mathbf{0}, \Sigma_\xi)$，则式（3-10）简化为

---

① 当 $h(x, x_{\mathrm{O}})$ 隐含未知参数 γ 时，记 $\theta = \begin{pmatrix} x \\ \gamma \end{pmatrix}$，将式（3-6）改为求 $\hat{\theta}_{\mathrm{GLS}}$，$\hat{x}_{\mathrm{GLS}}$ 为 $\hat{\theta}_{\mathrm{GLS}}$ 的相应分矢量。

$$\hat{\boldsymbol{x}}_{\mathrm{ML}}=\arg\min_{\boldsymbol{x}\in\Omega_{\boldsymbol{x}}}\{[\boldsymbol{z}-\boldsymbol{h}(\boldsymbol{x},\boldsymbol{x}_{\mathrm{O}})]^{\mathrm{T}}\boldsymbol{\Sigma}_{\xi}^{-1}[\boldsymbol{z}-\boldsymbol{h}(\boldsymbol{x},\boldsymbol{x}_{\mathrm{O}})]\}\tag{3-11}$$

一般情况下，如果 $\boldsymbol{x}$ 的先验分布是均匀的，那么 $\hat{\boldsymbol{x}}_{\mathrm{ML}}$ 是对 $\boldsymbol{x}$ 的一种较好估计。大样本理论表明，当 $\boldsymbol{z}^{(1)},\boldsymbol{z}^{(2)},\cdots,\boldsymbol{z}^{(K)}$ 相互独立，且与 $\boldsymbol{z}$ 同分布，在满足某些正则条件[3,4]时，有 $\hat{\boldsymbol{x}}_{\mathrm{ML}}^{(K)}\triangleq\hat{\boldsymbol{x}}_{\mathrm{ML}}(\boldsymbol{z}^{(1)},\boldsymbol{z}^{(2)},\cdots,\boldsymbol{z}^{(K)})$ 是 $\boldsymbol{x}$ 的相合估计，即 $P\left\{\lim\limits_{K\to\infty}\hat{\boldsymbol{x}}_{\mathrm{ML}}^{(K)}=\boldsymbol{x}\right\}=1$，且 $\hat{\boldsymbol{x}}_{\mathrm{ML}}^{(K)}$ 是 $\boldsymbol{x}$ 的最优渐近正态（BAN）估计，即 $K^{1/2}(\hat{\boldsymbol{x}}_{\mathrm{ML}}^{(K)}-\boldsymbol{x})\xrightarrow{\mathcal{L}}\mathbb{N}(\boldsymbol{0},\boldsymbol{I}^{-1}(\boldsymbol{x}))$（$\xrightarrow{\mathcal{L}}$ 表示依分布收敛），其中 $\boldsymbol{I}(\boldsymbol{x})$ 是基于观测量 $\boldsymbol{z}$ 的关于 $\boldsymbol{x}$ 信息矩阵，这也是某些情况下假定极大似然估计的误差服从高斯分布的原因之一。当式（3-5）中 $\boldsymbol{\xi}\sim\mathbb{N}(\boldsymbol{0},\boldsymbol{\Sigma}_{\xi})$ 时，$\boldsymbol{I}^{-1}(\boldsymbol{x})=(\boldsymbol{J}^{\mathrm{T}}\boldsymbol{\Sigma}_{\xi}^{-1}\boldsymbol{J})^{-1}$，即当 K 很大时，近似有 $\hat{\boldsymbol{x}}_{\mathrm{ML}}^{(K)}\sim\mathbb{N}\left(\boldsymbol{x},\dfrac{1}{K}(\boldsymbol{J}^{\mathrm{T}}\boldsymbol{\Sigma}_{\xi}^{-1}\boldsymbol{J})^{-1}\right)$。

当 $\boldsymbol{\xi}\sim\mathbb{N}(\boldsymbol{0},\boldsymbol{\Sigma}_{\xi})$ 时，式（3-11）中极大似然估计 $\hat{\boldsymbol{x}}_{\mathrm{ML}}$ 与式（3-6）中广义最小二乘估计 $\hat{\boldsymbol{x}}_{\mathrm{GLS}}$ 的表达式一致，因此 $\hat{\boldsymbol{x}}_{\mathrm{GLS}}^{(K)}=\hat{\boldsymbol{x}}_{\mathrm{ML}}^{(K)}$ 也是 $\boldsymbol{x}$ 的 BAN 估计，$\hat{\boldsymbol{x}}_{\mathrm{GLS}}$ 具有与 $\hat{\boldsymbol{x}}_{\mathrm{ML}}$ 相同的统计特点，这是常用广义最小二乘估计的原因之一。但需要注意的是，在 $\boldsymbol{\xi}$ 服从非高斯分布时未必有 $\hat{\boldsymbol{x}}_{\mathrm{ML}}=\hat{\boldsymbol{x}}_{\mathrm{GLS}}$，特别地，广义最小二乘估计式（3-6）并无必要知道概率密度函数，同理，极大似然估计未必需要有先验分布。

式（3-7）和式（3-8）是近似估计的解析表达式，可以直接计算，某些情况下，通过对式（3-5）作数学变换，也可以用解析法求解，从而避免式（3-6）中非线性函数优化问题，参见第 5 章和第 7 章。

避免式（3-6）中非线性函数优化问题的一般方法是对式（3-5）中的非线性函数 $\boldsymbol{h}(\boldsymbol{x})$ 作线性近似，仿式（3-7）得到近似解的解析表达式。下面简单介绍一下 Gauss-Newton 迭代法（简称 G-N 法）。

假设 $\boldsymbol{x}_0$ 是 $\boldsymbol{x}$ 附近的点，对式（3-5）作线性近似，有

$$\boldsymbol{z}\approx\boldsymbol{h}(\boldsymbol{x}_0)+\boldsymbol{J}(\boldsymbol{x}-\boldsymbol{x}_0)+\boldsymbol{\xi}\tag{3-12}$$

式中，$\boldsymbol{J}=\dfrac{\partial\boldsymbol{h}(\boldsymbol{x})}{\partial\boldsymbol{x}^{\mathrm{T}}}\Big|_{\boldsymbol{x}=\boldsymbol{x}_0}$。

因此有

$$\boldsymbol{y}\approx\boldsymbol{J}\boldsymbol{x}+\boldsymbol{\xi}\tag{3-13}$$

式中，$\boldsymbol{y}=\boldsymbol{z}-\boldsymbol{h}(\boldsymbol{x}_0)+\boldsymbol{J}\boldsymbol{x}_0$。

对式（3-13）中 $\boldsymbol{x}$ 的广义最小二乘估计为

$$\hat{\boldsymbol{x}}_{\mathrm{GLS}}=(\boldsymbol{J}^{\mathrm{T}}\boldsymbol{\Sigma}_{\xi}^{-1}\boldsymbol{J})^{-1}\boldsymbol{J}^{\mathrm{T}}\boldsymbol{\Sigma}_{\xi}^{-1}\boldsymbol{y}\tag{3-14}$$

将 $\hat{\boldsymbol{x}}_{\mathrm{GLS}}$ 作为 $\boldsymbol{x}_0$，重复式（3-12）、式（3-13）和式（3-14）进行迭代计算，当满足迭代停止条件时给出优化解。文献[3]基于最大固有曲率、最大参数效应曲率与标准相对曲率之间的大小关系，给出了适合使用 G-N 法求解的非线性方程情况。针对文献[3]中 G-N 法的不足，改进的 G-N 迭代法可以保证计算结果收敛，避免迭代过程波动，并能提高计算速度[5,6]。

除式（3-14）线性化近似迭代算法外，还有一些算法可用于式（3-9）、式（3-10）和式（3-11）优化计算[7, 8]，这里简要介绍网格搜索方法。

采用网格搜索法计算时，可用适当密度的网格覆盖取值范围 $\Omega_{\boldsymbol{x}}$，将处于 $\Omega_{\boldsymbol{x}}$ 内的所有网

格点逐一作为 $\boldsymbol{x}$ 代入式（3-9）、式（3-10）和式（3-11）取极值括号内的表达式中，为了便于图形显示，通常利用目标函数 $C(\boldsymbol{x})$ 进行绘制：

$$C(\boldsymbol{x})=\{[\boldsymbol{z}-\boldsymbol{h}(\boldsymbol{x})]^{\mathrm{T}}\boldsymbol{\Sigma}_{\xi}^{-1}[\boldsymbol{z}-\boldsymbol{h}(\boldsymbol{x})]\}^{-1} \tag{3-15}$$

根据算法准则取 $C(\boldsymbol{x})$ 最大值对应的网格点作为 $\boldsymbol{x}$ 的初始估计，通过缩小搜索范围，增加网格密度再次重复上述过程，得到 $\boldsymbol{x}$ 的最终估计。网格搜索法的计算量虽然较大，但是适用于任何函数，并且对于地面上的辐射源定位，通过选取 $C(\boldsymbol{x})$ 值与对应网格点关联绘制曲面图，有助于直观了解定位情况（如例 5.1 所示）。另外，网格搜索法得到的 $\boldsymbol{x}$ 初始估计可以作为 G-N 法的初始值用于迭代求解。对于空中辐射源或时效性要求高的辐射源定位，建议采用其他定位估计算法如 G-N 法、解析法等。

当 $\boldsymbol{h}(\boldsymbol{x})$ 隐含未知参数 $\boldsymbol{\gamma}$ 时，直接用网格搜索法计算量可能很大，这时需要根据 $\boldsymbol{h}(\boldsymbol{x})$ 的具体情况进行等价数学变换消除 $\boldsymbol{\gamma}$ 的影响（参见第 7、第 9 章）。必要时，也可以考虑对观测方程作变换，构建不受 $\boldsymbol{\gamma}$ 影响的新方程，如参数型定位方程，再用新方程求 $\boldsymbol{x}$，即两步定位。

3.2.1.2　定位误差几何表示

由式（3-14）可以得到定位误差协方差矩阵：

$$\operatorname{cov}\{\hat{\boldsymbol{x}}_{\mathrm{GLS}}\}=(\boldsymbol{J}^{\mathrm{T}}\boldsymbol{\Sigma}_{\xi}^{-1}\boldsymbol{J})^{-1} \tag{3-16}$$

特别地，取 $\boldsymbol{x}_0=\boldsymbol{x}_{\mathrm{T}}$，$\boldsymbol{x}_{\mathrm{T}}$ 是辐射源的真实位置，那么式（3-16）右边也是当 $\boldsymbol{\xi}\sim\mathbb{N}(\boldsymbol{0},\boldsymbol{\Sigma}_{\xi})$ 时基于式（3-5）对 $\boldsymbol{x}_{\mathrm{T}}$ 所有无偏估计的 CRLB，即 $\boldsymbol{I}^{-1}(\boldsymbol{x}_{\mathrm{T}})$。

从几何角度[2]分析 $\operatorname{tr}[(\boldsymbol{J}^{\mathrm{T}}\boldsymbol{\Sigma}_{\xi}^{-1}\boldsymbol{J})^{-1}]$，有助于对 $\hat{\boldsymbol{x}}_{\mathrm{ML}}$、$\hat{\boldsymbol{x}}_{\mathrm{GLS}}$、ECM、CRLB 及 MSE 的进一步理解。以下为了叙述简便，考虑对平面上位于 $\boldsymbol{x}_{\mathrm{T}}$ 的静止辐射源定位，测量次数 K=1，一次测量两个参数，省略下标 k，记

$$\nabla h_l=\left[\frac{\partial h_l(\boldsymbol{x})}{\partial\boldsymbol{x}^{\mathrm{T}}}\bigg|_{\boldsymbol{x}=\boldsymbol{x}_{\mathrm{T}}}\right]^{\mathrm{T}} \tag{3-17}$$

由式（2-41），有 $\boldsymbol{J}^{\mathrm{T}}=[\nabla h_1,\nabla h_2]$，因此有

$$\begin{aligned}\operatorname{tr}\left[(\boldsymbol{J}^{\mathrm{T}}\boldsymbol{\Sigma}_{\xi}^{-1}\boldsymbol{J})^{-1}\right]&=\operatorname{tr}\left\{\boldsymbol{\Sigma}_{\xi}\begin{bmatrix}\|\nabla h_1\|^2 & \nabla^{\mathrm{T}}h_1\cdot\nabla h_2\\ \nabla^{\mathrm{T}}h_1\cdot\nabla h_2 & \|\nabla h_2\|^2\end{bmatrix}^{-1}\right\}\\&=\frac{\sigma_{\xi_1}^2\cdot\|\nabla h_2\|^2+\sigma_{\xi_2}^2\cdot\|\nabla h_1\|^2-2\mathbb{E}\{\xi_1\xi_2\}\cdot(\nabla^{\mathrm{T}}h_1\cdot\nabla h_2)}{\|\nabla h_1\|^2\cdot\|\nabla h_2\|^2-(\nabla^{\mathrm{T}}h_1\cdot\nabla h_2)^2}\\&=\mathbb{E}\left\{\frac{\left(\dfrac{\xi_1}{\|\nabla h_1\|}\right)^2+\left(\dfrac{\xi_2}{\|\nabla h_2\|}\right)^2-2\left(\dfrac{\xi_1}{\|\nabla h_1\|}\cdot\dfrac{\xi_2}{\|\nabla h_2\|}\right)\cdot\left(\dfrac{\nabla^{\mathrm{T}}h_1\cdot\nabla h_2}{\|\nabla h_1\|\|\nabla h_2\|}\right)}{1-\left(\dfrac{\nabla^{\mathrm{T}}h_1\cdot\nabla h_2}{\|\nabla h_1\|\|\nabla h_2\|}\right)^2}\right\}\end{aligned} \tag{3-18}$$

下面结合图 3-1 来说明式（3-18）中各个量的几何意义。

在图 3-1 中，无观测站误差和噪声时，两条定位线相交于 $\boldsymbol{x}_{\mathrm{T}}$，其方程为

$$z_l=h_l(\boldsymbol{x}_{\mathrm{T}}),\quad l=1,2 \tag{3-19}$$

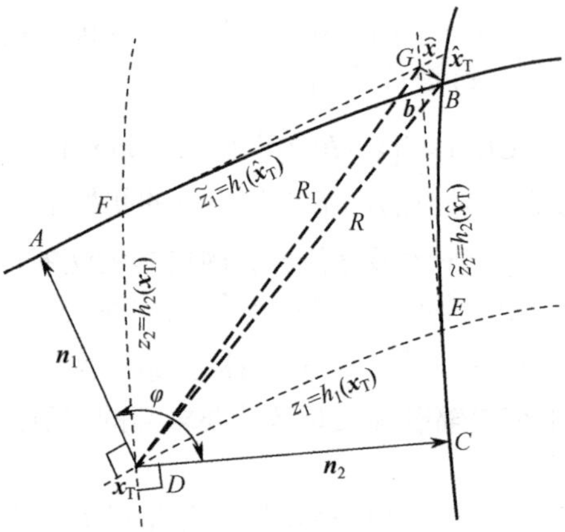

图 3-1 平面定位误差示意

当存在观测噪声$\boldsymbol{\xi}$时，记$\hat{\boldsymbol{x}}_{\mathrm{T}}=\hat{\boldsymbol{x}}_{\mathrm{GLS}}$为$\boldsymbol{x}_{\mathrm{T}}$的广义最小二乘估计，那么测量方程可以表示为

$$\tilde{z}_l=h_l(\boldsymbol{x}_{\mathrm{T}})+\xi_l=h_l(\hat{\boldsymbol{x}}_{\mathrm{T}}) \tag{3-20}$$

当$|\xi_l|$很小时，$\hat{\boldsymbol{x}}_{\mathrm{T}}$在$\boldsymbol{x}_{\mathrm{T}}$的附近，将式（3-20）后一部分在$\boldsymbol{x}_{\mathrm{T}}$处线性展开，有

$$\tilde{z}_l=h_l(\boldsymbol{x}_{\mathrm{T}})+\nabla^{\mathrm{T}}h_l\cdot\Delta\boldsymbol{x}_{\mathrm{T}}+\alpha_l \tag{3-21}$$

式中，$\Delta\boldsymbol{x}_{\mathrm{T}}=\hat{\boldsymbol{x}}_{\mathrm{T}}-\boldsymbol{x}_{\mathrm{T}}$，$\alpha_l=o(\|\Delta\boldsymbol{x}_{\mathrm{T}}\|)$，即$\lim\limits_{\|\Delta\boldsymbol{x}_{\mathrm{T}}\|\to 0}\dfrac{\alpha_l}{\|\Delta\boldsymbol{x}_{\mathrm{T}}\|}=0$，记$\boldsymbol{\alpha}=[\alpha_1,\alpha_2]^{\mathrm{T}}$，将式（3-21）与式（3-20）第一个等式比较，有

$$\nabla^{\mathrm{T}}\boldsymbol{h}\cdot\Delta\boldsymbol{x}_{\mathrm{T}}=\boldsymbol{\xi}-\boldsymbol{\alpha} \tag{3-22}$$

记$\boldsymbol{b}=-(\nabla^{\mathrm{T}}\boldsymbol{h})^{-1}\boldsymbol{\alpha}$，$\widehat{\boldsymbol{x}}=\hat{\boldsymbol{x}}_{\mathrm{T}}-\boldsymbol{b}$，则$\Delta\boldsymbol{x}\triangleq\widehat{\boldsymbol{x}}-\boldsymbol{x}_{\mathrm{T}}=\Delta\boldsymbol{x}_{\mathrm{T}}-\boldsymbol{b}$，即

$$\Delta\boldsymbol{x}_{\mathrm{T}}=\Delta\boldsymbol{x}+\boldsymbol{b} \tag{3-23}$$

将式（3-23）代入式（3-22），有

$$\nabla^{\mathrm{T}}\boldsymbol{h}\cdot\Delta\boldsymbol{x}=\boldsymbol{\xi} \tag{3-24}$$

式（3-24）表明$\Delta\boldsymbol{x}$在∇h_l方向上的投影为

$$\boldsymbol{n}_l=\begin{cases}\dfrac{\xi_l}{\|\nabla h_l\|}\cdot\dfrac{\nabla h_l}{\|\nabla h_l\|}, & \xi_l\geqslant 0\\[2ex] \dfrac{-\xi_l}{\|\nabla h_l\|}\cdot\left(-\dfrac{\nabla h_l}{\|\nabla h_l\|}\right), & \xi_l<0\end{cases} \tag{3-25}$$

$\boldsymbol{n}_l$的长度n_l为

$$n_l=\begin{cases}\dfrac{\xi_l}{\|\nabla h_l\|}, & \xi_l\geqslant 0\\[2ex] \dfrac{-\xi_l}{\|\nabla h_l\|}, & \xi_l<0\end{cases} \tag{3-26}$$

由式（3-25）和式（3-26）知，如果$\xi_l\geqslant 0$，那么$\Delta\boldsymbol{x}$在∇h_l上的投影$\boldsymbol{n}_l$的长度为$\dfrac{\xi_l}{\|\nabla h_l\|}$，方向与$\nabla h_l$相同，如图 3-1 中$\boldsymbol{n}_1$所示方向；否则，$\Delta\boldsymbol{x}$在$\nabla h_l$上的投影$\boldsymbol{n}_l$的长度为$\dfrac{-\xi_l}{\|\nabla h_l\|}$，方向与$\nabla h_l$相反，如图 3-1 中$\boldsymbol{n}_2$所示方向，基于$A$、$D$、$C$、$G$四点共圆，以及四边形$ADCG$的

边 DA 和边 DC 的长度分别为 n_1 和 n_2，$\angle ADC=\varphi$，φ 是 ∇h_1 与 $-\nabla h_2$ 的夹角，已知对角线 DG 的长度平方 $R_1^2=\|\Delta\boldsymbol{x}\|^2$ 为

$$R_1^2=\frac{n_1^2+n_2^2-2n_1n_2\cdot\cos\varphi}{\sin^2\varphi} \tag{3-27}$$

将式（3-26）代入式（3-27），并将 φ 用 ∇h_1 和 ∇h_2 表示，除 ξ_l 为正数与负数时对 $\boldsymbol{n}_l$ 和 φ 的几何解释不同外，式（3-27）可以统一表示为

$$R_1^2=\frac{\left(\dfrac{\xi_1}{\|\nabla h_1\|}\right)^2+\left(\dfrac{\xi_2}{\|\nabla h_2\|}\right)^2-2\left(\dfrac{\xi_1}{\|\nabla h_1\|}\cdot\dfrac{\xi_2}{\|\nabla h_2\|}\right)\cdot\left(\dfrac{\nabla^{\mathrm{T}}h_1\cdot\nabla h_2}{\|\nabla h_1\|\|\nabla h_2\|}\right)}{1-\left(\dfrac{\nabla^{\mathrm{T}}h_1\cdot\nabla h_2}{\|\nabla h_1\|\|\nabla h_2\|}\right)^2} \tag{3-28}$$

故 $\mathbb{E}\{R_1^2\}=\mathbb{E}\{\|\Delta\boldsymbol{x}\|^2\}\triangleq\mathrm{MSE}(\widehat{\boldsymbol{x}})$ 与式（3-18）一致，可表示为

$$\sigma_{R_1}^2=\frac{\dfrac{\sigma_{\xi_1}^2}{\|\nabla h_1\|^2}+\dfrac{\sigma_{\xi_2}^2}{\|\nabla h_2\|^2}-\dfrac{2\cdot\mathbb{E}\{\xi_1\xi_2\}\cdot\cos\varphi}{\|\nabla h_1\|\cdot\|\nabla h_2\|}}{\sin^2\varphi} \tag{3-29}$$

特别地，若 $\mathbb{E}\{\xi_1\xi_2\}=0$，则式（3-29）可简化为

$$\sigma_{R_1}^2=\frac{\dfrac{\sigma_{\xi_1}^2}{\|\nabla h_1\|^2}+\dfrac{\sigma_{\xi_2}^2}{\|\nabla h_2\|^2}}{\sin^2\varphi} \tag{3-30}$$

由于 φ 与 ∇h_l 有关，因此不同体制定位误差 $\sigma_{R_1}^2$ 最小值所对应的梯度矢量夹角 φ 不同，具体可以参见 4.2.1 节和 5.2.1 节。需要特别指出的是，$\mathbb{E}\{\xi_1\xi_2\}=0$ 不是必然的，如多站 TDOA 定位中同时估计其他站与中心站之间的到达时差时，其时差测量误差之间是相关的。

由式（3-24）可知，$\mathbb{E}\{\Delta\boldsymbol{x}\}=\boldsymbol{0}$，故 $\widehat{\boldsymbol{x}}$ 是 $\boldsymbol{x}_{\mathrm{T}}$ 的无偏估计，$\sigma_{R_1}^2=\mathrm{MSE}(\widehat{\boldsymbol{x}})$。由图 3-1 可以看到，将 h_1 和 h_2 在 $\boldsymbol{x}_{\mathrm{T}}$ 的附近看成直线，那么 $\widehat{\boldsymbol{x}}$ 变为 $\hat{\boldsymbol{x}}_{\mathrm{T}}$，有 $\mathrm{MSE}(\hat{\boldsymbol{x}}_{\mathrm{T}})=\sigma_R^2\approx\sigma_{R_1}^2=\mathrm{tr}[(\boldsymbol{J}^{\mathrm{T}}\boldsymbol{\Sigma}_{\xi}^{-1}\boldsymbol{J})^{-1}]$。附录 B 表明，在 $\boldsymbol{\xi}\sim\mathbb{N}(\boldsymbol{0},\boldsymbol{\Sigma}_{\xi})$ 的情况下，如果近似到一阶，极大似然估计 $\hat{\boldsymbol{x}}_{\mathrm{ML}}$ 的 $\mathrm{MSE}(\hat{\boldsymbol{x}}_{\mathrm{ML}})=\mathrm{tr}[\mathrm{CRLB}(\boldsymbol{x}_{\mathrm{T}})]$，因此，式（3-29）也可以被视为高斯分布下 $\mathrm{tr}[\mathrm{CRLB}(\boldsymbol{x}_{\mathrm{T}})]$ 的几何表示。此外，由式（3-23）可知，$\mathbb{E}\{\Delta\boldsymbol{x}_{\mathrm{T}}\}=-(\nabla^{\mathrm{T}}\boldsymbol{h})^{-1}\mathbb{E}\{\boldsymbol{\alpha}\}$，通常 $\boldsymbol{h}$ 为 $\boldsymbol{x}$ 的非线性函数，$\mathbb{E}\{\boldsymbol{\alpha}\}\neq\boldsymbol{0}$，故 $\hat{\boldsymbol{x}}_{\mathrm{T}}$ 为 $\boldsymbol{x}_{\mathrm{T}}$ 的有偏估计，参见文献[3]和文献[9]。考虑高阶项时，极大似然估计 $\hat{\boldsymbol{x}}_{\mathrm{ML}}$ 的 $\mathrm{MSE}(\hat{\boldsymbol{x}}_{\mathrm{ML}})$ 一般大于 $\mathrm{tr}[\mathrm{CRLB}(\boldsymbol{x}_{\mathrm{T}})]$[3]。

后面涉及利用极大似然估计方法进行位置估计时，均假定 $\boldsymbol{\xi}\sim\mathbb{N}(\boldsymbol{0},\boldsymbol{\Sigma}_{\xi})$，并近似到一阶，用 $\mathrm{MSE}(\hat{\boldsymbol{x}}_{\mathrm{ML}})=\mathrm{tr}[\mathrm{CRLB}(\boldsymbol{x}_{\mathrm{T}})]$ 表示，具体情况可见第 4～第 8 章中误差分析。

对于用适定观测方程定位空中辐射源的 MSE 几何表示见附录 C。

需要指出的是，式（3-16）考虑的是没有观测站状态误差的定位误差协方差矩阵，对于运动观测站等场景，通常还需考虑观测站位置或速度误差的影响。此时，构建观测方程

$$\begin{bmatrix}\boldsymbol{z}\\ \boldsymbol{q}\end{bmatrix}=\begin{bmatrix}\boldsymbol{h}(\boldsymbol{x},\boldsymbol{x}_{\mathrm{O}})\\ \boldsymbol{p}(\boldsymbol{x}_{\mathrm{O}})\end{bmatrix}+\begin{bmatrix}\boldsymbol{\xi}\\ \boldsymbol{\varepsilon}\end{bmatrix} \tag{3-31}$$

式中，$\boldsymbol{q}$、$\boldsymbol{p}(\boldsymbol{x}_{\mathrm{O}})$ 和 $\boldsymbol{\varepsilon}$ 分别为对观测站状态的测量值、测量函数和测量误差。假设 $\boldsymbol{x}_0$ 是 $\boldsymbol{x}$ 附近

的点，$\boldsymbol{x}_{\mathrm{O},0}$ 是 $\boldsymbol{x}_{\mathrm{O}}$ 附近的点，对式（3-31）作线性近似，有

$$\begin{bmatrix} \boldsymbol{z} \\ \boldsymbol{q} \end{bmatrix} \approx \begin{bmatrix} \boldsymbol{h}(\boldsymbol{x}_0, \boldsymbol{x}_{\mathrm{O},0}) \\ \boldsymbol{p}(\boldsymbol{x}_{\mathrm{O},0}) \end{bmatrix} + \begin{bmatrix} \boldsymbol{J} & \boldsymbol{J}_2 \\ \boldsymbol{0} & \boldsymbol{J}_3 \end{bmatrix} \begin{bmatrix} \boldsymbol{x} - \boldsymbol{x}_0 \\ \boldsymbol{x}_{\mathrm{O}} - \boldsymbol{x}_{\mathrm{O},0} \end{bmatrix} + \begin{bmatrix} \boldsymbol{\xi} \\ \boldsymbol{\varepsilon} \end{bmatrix} \tag{3-32}$$

式中，$\boldsymbol{J} = \left.\dfrac{\partial \boldsymbol{h}(\boldsymbol{x}, \boldsymbol{x}_{\mathrm{O}})}{\partial \boldsymbol{x}^{\mathrm{T}}}\right|_{\substack{\boldsymbol{x}=\boldsymbol{x}_0 \\ \boldsymbol{x}_{\mathrm{O}}=\boldsymbol{x}_{\mathrm{O},0}}}$ ；$\boldsymbol{J}_2 = \left.\dfrac{\partial \boldsymbol{h}(\boldsymbol{x}, \boldsymbol{x}_{\mathrm{O}})}{\partial \boldsymbol{x}_{\mathrm{O}}^{\mathrm{T}}}\right|_{\substack{\boldsymbol{x}=\boldsymbol{x}_0 \\ \boldsymbol{x}_{\mathrm{O}}=\boldsymbol{x}_{\mathrm{O},0}}}$ ；$\boldsymbol{J}_3 = \left.\dfrac{\partial \boldsymbol{p}(\boldsymbol{x}_{\mathrm{O}})}{\partial \boldsymbol{x}_{\mathrm{O}}^{\mathrm{T}}}\right|_{\boldsymbol{x}_{\mathrm{O}}=\boldsymbol{x}_{\mathrm{O},0}}$ ，最简单情况下 $\boldsymbol{p}(\boldsymbol{x}_{\mathrm{O}}) = \boldsymbol{x}_{\mathrm{O}}$，那么 $\boldsymbol{J}_3 = \boldsymbol{I}_{\dim(\boldsymbol{x}_{\mathrm{O}})}$，其中 $\dim(\boldsymbol{x}_{\mathrm{O}})$ 是 $\boldsymbol{x}_{\mathrm{O}}$ 的维数。

因此，有

$$\begin{bmatrix} \boldsymbol{e} \\ \boldsymbol{e}_{\mathrm{O}} \end{bmatrix} \approx \begin{bmatrix} \boldsymbol{J} & \boldsymbol{J}_2 \\ \boldsymbol{0} & \boldsymbol{J}_3 \end{bmatrix} \begin{bmatrix} \boldsymbol{x} \\ \boldsymbol{x}_{\mathrm{O}} \end{bmatrix} + \begin{bmatrix} \boldsymbol{\xi} \\ \boldsymbol{\varepsilon} \end{bmatrix} \tag{3-33}$$

式中，$\boldsymbol{e} = \boldsymbol{z} - \boldsymbol{h}(\boldsymbol{x}_0, \boldsymbol{x}_{\mathrm{O},0}) + \boldsymbol{J}\boldsymbol{x}_0 + \boldsymbol{J}_2\boldsymbol{x}_{\mathrm{O},0}$，$\boldsymbol{e}_{\mathrm{O}} = \boldsymbol{q} - \boldsymbol{p}(\boldsymbol{x}_{\mathrm{O},0}) + \boldsymbol{J}_3\boldsymbol{x}_{\mathrm{O},0}$。

记 $\boldsymbol{u} = \begin{bmatrix} \boldsymbol{e} \\ \boldsymbol{e}_{\mathrm{O}} \end{bmatrix}$，$\boldsymbol{A} = \begin{bmatrix} \boldsymbol{J} & \boldsymbol{J}_2 \\ \boldsymbol{0} & \boldsymbol{J}_3 \end{bmatrix}$，$\boldsymbol{\theta} = \begin{bmatrix} \boldsymbol{x} \\ \boldsymbol{x}_{\mathrm{O}} \end{bmatrix}$，$\boldsymbol{w} = \begin{bmatrix} \boldsymbol{\xi} \\ \boldsymbol{\varepsilon} \end{bmatrix}$，则式（3-33）可表示为

$$\boldsymbol{u} = \boldsymbol{A}\boldsymbol{\theta} + \boldsymbol{w} \tag{3-34}$$

式（3-34）中 $\boldsymbol{\theta}$ 的广义最小二乘估计和估计协方差矩阵为

$$\begin{aligned} \widehat{\boldsymbol{\theta}}_{\mathrm{GLS}} &\approx (\boldsymbol{A}^{\mathrm{T}}\boldsymbol{\Sigma}_{\boldsymbol{w}}^{-1}\boldsymbol{A})^{-1}\boldsymbol{A}^{\mathrm{T}}\boldsymbol{\Sigma}_{\boldsymbol{w}}^{-1}\boldsymbol{u} \\ \mathrm{cov}\{\widehat{\boldsymbol{\theta}}_{\mathrm{GLS}}\} &\approx (\boldsymbol{A}^{\mathrm{T}}\boldsymbol{\Sigma}_{\boldsymbol{w}}^{-1}\boldsymbol{A})^{-1} \end{aligned} \tag{3-35}$$

式中，$\boldsymbol{\Sigma}_{\boldsymbol{w}} = \mathrm{cov}\{\boldsymbol{w}\}$。由式（3-35）得

$$\mathrm{cov}\{\widehat{\boldsymbol{\theta}}_{\mathrm{GLS}}\} \approx (\boldsymbol{A}^{\mathrm{T}}\boldsymbol{\Sigma}_{\boldsymbol{w}}^{-1}\boldsymbol{A})^{-1} = \begin{bmatrix} \boldsymbol{J}^{\mathrm{T}}\boldsymbol{\Sigma}_{\xi}^{-1}\boldsymbol{J} & \boldsymbol{J}^{\mathrm{T}}\boldsymbol{\Sigma}_{\xi}^{-1}\boldsymbol{J}_2 \\ \boldsymbol{J}_2^{\mathrm{T}}\boldsymbol{\Sigma}_{\xi}^{-1}\boldsymbol{J} & \boldsymbol{J}_2^{\mathrm{T}}\boldsymbol{\Sigma}_{\xi}^{-1}\boldsymbol{J}_2 + \boldsymbol{J}_3^{\mathrm{T}}\boldsymbol{\Sigma}_{\varepsilon}^{-1}\boldsymbol{J}_3 \end{bmatrix}^{-1} = \begin{bmatrix} \mathrm{cov}\{\widehat{\boldsymbol{x}}_{\mathrm{GLS}}\} & * \\ * & * \end{bmatrix} \tag{3-36}$$

式中，$\mathrm{cov}\{\widehat{\boldsymbol{x}}_{\mathrm{GLS}}\} = [\boldsymbol{J}^{\mathrm{T}}\boldsymbol{\Sigma}_{\xi}^{-1}\boldsymbol{J} - (\boldsymbol{J}^{\mathrm{T}}\boldsymbol{\Sigma}_{\xi}^{-1}\boldsymbol{J}_2)(\boldsymbol{J}_2^{\mathrm{T}}\boldsymbol{\Sigma}_{\xi}^{-1}\boldsymbol{J}_2 + \boldsymbol{J}_3^{\mathrm{T}}\boldsymbol{\Sigma}_{\varepsilon}^{-1}\boldsymbol{J}_3)^{-1}(\boldsymbol{J}_2^{\mathrm{T}}\boldsymbol{\Sigma}_{\xi}^{-1}\boldsymbol{J})]^{-1}$。

根据附录 A 中的式（A-4）有

$$\begin{aligned} &[\boldsymbol{\Sigma}_{\xi} + \boldsymbol{J}_2(\boldsymbol{J}_3^{\mathrm{T}}\boldsymbol{\Sigma}_{\varepsilon}^{-1}\boldsymbol{J}_3)^{-1}\boldsymbol{J}_2^{\mathrm{T}}]^{-1} \\ &= \boldsymbol{\Sigma}_{\xi}^{-1} - \boldsymbol{\Sigma}_{\xi}^{-1}\boldsymbol{J}_2\{(\boldsymbol{J}_3^{\mathrm{T}}\boldsymbol{\Sigma}_{\varepsilon}^{-1}\boldsymbol{J}_3)^{-1}[(\boldsymbol{J}_3^{\mathrm{T}}\boldsymbol{\Sigma}_{\varepsilon}^{-1}\boldsymbol{J}_3)^{-1} + (\boldsymbol{J}_3^{\mathrm{T}}\boldsymbol{\Sigma}_{\varepsilon}^{-1}\boldsymbol{J}_3)^{-1}\boldsymbol{J}_2^{\mathrm{T}}\boldsymbol{\Sigma}_{\xi}^{-1}\boldsymbol{J}_2(\boldsymbol{J}_3^{\mathrm{T}}\boldsymbol{\Sigma}_{\varepsilon}^{-1}\boldsymbol{J}_3)^{-1}]^{-1}(\boldsymbol{J}_3^{\mathrm{T}}\boldsymbol{\Sigma}_{\varepsilon}^{-1}\boldsymbol{J}_3)^{-1}\}\boldsymbol{J}_2^{\mathrm{T}}\boldsymbol{\Sigma}_{\xi}^{-1} \\ &= \boldsymbol{\Sigma}_{\xi}^{-1} - \boldsymbol{\Sigma}_{\xi}^{-1}\boldsymbol{J}_2(\boldsymbol{J}_2^{\mathrm{T}}\boldsymbol{\Sigma}_{\xi}^{-1}\boldsymbol{J}_2 + \boldsymbol{J}_3^{\mathrm{T}}\boldsymbol{\Sigma}_{\varepsilon}^{-1}\boldsymbol{J}_3)^{-1}\boldsymbol{J}_2^{\mathrm{T}}\boldsymbol{\Sigma}_{\xi}^{-1} \end{aligned}$$

因此，有

$$\begin{aligned} (\boldsymbol{J}^{\mathrm{T}}\boldsymbol{\Sigma}_{\xi}^{-1}\boldsymbol{J})^{-1} &\leqslant [\boldsymbol{J}^{\mathrm{T}}\boldsymbol{\Sigma}_{\xi}^{-1}\boldsymbol{J} - (\boldsymbol{J}^{\mathrm{T}}\boldsymbol{\Sigma}_{\xi}^{-1}\boldsymbol{J}_2)(\boldsymbol{J}_2^{\mathrm{T}}\boldsymbol{\Sigma}_{\xi}^{-1}\boldsymbol{J}_2 + \boldsymbol{J}_3^{\mathrm{T}}\boldsymbol{\Sigma}_{\varepsilon}^{-1}\boldsymbol{J}_3)^{-1}(\boldsymbol{J}_2^{\mathrm{T}}\boldsymbol{\Sigma}_{\xi}^{-1}\boldsymbol{J})]^{-1} \\ &= \{\boldsymbol{J}^{\mathrm{T}}[\boldsymbol{\Sigma}_{\xi} + \boldsymbol{J}_2(\boldsymbol{J}_3^{\mathrm{T}}\boldsymbol{\Sigma}_{\varepsilon}^{-1}\boldsymbol{J}_3)^{-1}\boldsymbol{J}_2^{\mathrm{T}}]^{-1}\boldsymbol{J}\}^{-1} \\ &\triangleq (\boldsymbol{J}^{\mathrm{T}}\boldsymbol{\Sigma}^{-1}\boldsymbol{J})^{-1} \end{aligned} \tag{3-37}$$

式中，$\boldsymbol{\Sigma} = \boldsymbol{\Sigma}_{\xi} + \boldsymbol{J}_2(\boldsymbol{J}_3^{\mathrm{T}}\boldsymbol{\Sigma}_{\varepsilon}^{-1}\boldsymbol{J}_3)^{-1}\boldsymbol{J}_2^{\mathrm{T}}$。

式（3-32）的第一个方程即

$$\boldsymbol{z} \approx \boldsymbol{h}(\boldsymbol{x}_0, \boldsymbol{x}_{\mathrm{O},0}) + \boldsymbol{J}(\boldsymbol{x} - \boldsymbol{x}_0) + \boldsymbol{J}_2\Delta\boldsymbol{x}_{\mathrm{O}} + \boldsymbol{\xi} \tag{3-38}$$

式中，$\Delta\boldsymbol{x}_{\mathrm{O}} = \boldsymbol{x}_{\mathrm{O}} - \boldsymbol{x}_{\mathrm{O},0}$，$\mathbb{E}\{\Delta\boldsymbol{x}_{\mathrm{O}}\} = \boldsymbol{0}$，$\mathrm{cov}\{\Delta\boldsymbol{x}_{\mathrm{O}}\} = (\boldsymbol{J}_3^{\mathrm{T}}\boldsymbol{\Sigma}_{\varepsilon}^{-1}\boldsymbol{J}_3)^{-1}$，$\mathbb{E}\{\Delta\boldsymbol{x}_{\mathrm{O}} \cdot \boldsymbol{\xi}^{\mathrm{T}}\} = \boldsymbol{0}$。

$$\widehat{\boldsymbol{x}}_{\mathrm{GLS}} \approx (\boldsymbol{J}^{\mathrm{T}}\boldsymbol{\Sigma}^{-1}\boldsymbol{J})^{-1}\boldsymbol{J}^{\mathrm{T}}\boldsymbol{\Sigma}^{-1}[\boldsymbol{z} - \boldsymbol{h}(\boldsymbol{x}_0, \boldsymbol{x}_{\mathrm{O},0}) + \boldsymbol{J}\boldsymbol{x}_0] \tag{3-39}$$

因此，式（3-37）中最后一项恰好是用式（3-38）对 $\boldsymbol{x}$ 最小二乘估计 $\widehat{\boldsymbol{x}}_{\mathrm{GLS}}$ 的误差协方差矩阵。由上可知，观测站状态存在随机误差将增加定位误差，当状态随机误差的一阶矩和二阶

矩已知时，增加观测站状态测量方程不能减小定位误差。

当误差服从高斯分布时，根据式（2-41）和式（3-36）同样可以计算 Fisher 信息矩阵

$$\boldsymbol{I}(\boldsymbol{\theta})=\left[\frac{\partial \boldsymbol{g}(\boldsymbol{x},\boldsymbol{x}_{\mathrm{O}})}{\partial \boldsymbol{\theta}^{\mathrm{T}}}\right]^{\mathrm{T}}\boldsymbol{\Sigma}_{w}^{-1}\left[\frac{\partial \boldsymbol{g}(\boldsymbol{x},\boldsymbol{x}_{\mathrm{O}})}{\partial \boldsymbol{\theta}^{\mathrm{T}}}\right]=\begin{bmatrix}\boldsymbol{J}^{\mathrm{T}}\boldsymbol{\Sigma}_{\xi}^{-1}\boldsymbol{J} & \boldsymbol{J}^{\mathrm{T}}\boldsymbol{\Sigma}_{\xi}^{-1}\boldsymbol{J}_2\\ \boldsymbol{J}_2^{\mathrm{T}}\boldsymbol{\Sigma}_{\xi}^{-1}\boldsymbol{J} & \boldsymbol{J}_2^{\mathrm{T}}\boldsymbol{\Sigma}_{\xi}^{-1}\boldsymbol{J}_2+\boldsymbol{J}_3^{\mathrm{T}}\boldsymbol{\Sigma}_{\varepsilon}^{-1}\boldsymbol{J}_3\end{bmatrix} \tag{3-40}$$

式中，$\boldsymbol{g}(\boldsymbol{x},\boldsymbol{x}_{\mathrm{O}})=\begin{bmatrix}\boldsymbol{h}(\boldsymbol{x},\boldsymbol{x}_{\mathrm{O}})\\ \boldsymbol{p}(\boldsymbol{x}_{\mathrm{O}})\end{bmatrix}$，$\boldsymbol{\theta}=[\boldsymbol{x}^{\mathrm{T}},\boldsymbol{x}_{\mathrm{O}}^{\mathrm{T}}]^{\mathrm{T}}$，$\boldsymbol{J}$、$\boldsymbol{J}_2$、$\boldsymbol{J}_3$ 都在 $\boldsymbol{x}$、$\boldsymbol{x}_{\mathrm{O}}$ 真值处取值。

由式(3-37)可知，关于辐射源位置 $\boldsymbol{x}$ 无偏估计的 CRLB 为 $\{\boldsymbol{J}^{\mathrm{T}}[\boldsymbol{\Sigma}_{\xi}+\boldsymbol{J}_2(\boldsymbol{J}_3^{\mathrm{T}}\boldsymbol{\Sigma}_{\varepsilon}^{-1}\boldsymbol{J}_3)^{-1}\boldsymbol{J}_2^{\mathrm{T}}]^{-1}\boldsymbol{J}\}^{-1}$，当观测站状态测量方程为最简单情况，即 $\boldsymbol{p}(\boldsymbol{x}_{\mathrm{O}})=\boldsymbol{x}_{\mathrm{O}}$ 时，不限定适定方程，且包含站址误差的 CRLB 为

$$\mathrm{CRLB}(\boldsymbol{x})=\boldsymbol{I}^{-1}(\boldsymbol{x})=[\boldsymbol{J}^{\mathrm{T}}(\boldsymbol{\Sigma}_{\xi}+\boldsymbol{J}_2\boldsymbol{\Sigma}_{\varepsilon}\boldsymbol{J}_2^{\mathrm{T}})^{-1}\boldsymbol{J}]^{-1} \tag{3-41}$$

3.2.2　定位跟踪已知状态方程的动目标算法

通常采用序贯滤波算法估计已知状态方程的运动辐射源的时变位置，主要是在得到观测量 $z_{0:k}=\{z_0,z_1,\cdots,z_k\}$ 后通过估计后验概率密度函数 $p(\boldsymbol{x}_k|z_{0:k})$，得到 $\boldsymbol{x}_k$ 的 MAP 估计 $\hat{\boldsymbol{x}}_k^{\mathrm{MAP}}=\arg\max\limits_{\boldsymbol{x}_k} p(\boldsymbol{x}_k|z_{0:k})$，或最小均方误差（MMSE）估计 $\hat{\boldsymbol{x}}_k^{\mathrm{MMSE}}=\int \boldsymbol{x}_k p(\boldsymbol{x}_k|z_{0:k})\mathrm{d}\boldsymbol{x}_k=\mathbb{E}(\boldsymbol{x}_k|z_{0:k})$。对式（3-4）表示的运动辐射源定位跟踪问题，这里简要介绍扩展卡尔曼滤波（EKF）、无迹卡尔曼滤波（UKF）、粒子滤波（PF）等算法，其他如中心差分卡尔曼滤波（CDKF）[10]、迭代 EKF（IEKF）[11]、修正增益的 EKF（MGEKF）[12]、修正协方差的 EKF（MVEKF）[13]等算法这里不展开，感兴趣的读者可以查阅相关文献。

3.2.2.1　扩展卡尔曼滤波算法

扩展卡尔曼滤波（EKF）算法主要解决由式（3-42）状态与观测方程表示的定位跟踪问题

$$\begin{cases}\boldsymbol{x}_k=\boldsymbol{f}_k(\boldsymbol{x}_{k-1})+\boldsymbol{\varepsilon}_k\\ z_k=\boldsymbol{h}_k(\boldsymbol{x}_k)+\boldsymbol{\xi}_k\end{cases} \tag{3-42}$$

其中，状态转移方程和观测方程均为非线性函数，过程噪声 $\boldsymbol{\varepsilon}_k$ 和观测噪声 $\boldsymbol{\xi}_k$ 均为 $\mathbf{0}$ 均值高斯白噪声，其协方差矩阵分别为 $\boldsymbol{Q}_k=\mathbb{E}(\boldsymbol{\varepsilon}_k\boldsymbol{\varepsilon}_k^{\mathrm{T}})$，$\boldsymbol{R}_k=\mathbb{E}(\boldsymbol{\xi}_k\boldsymbol{\xi}_k^{\mathrm{T}})$。其算法要点[14]如下。

首先，EKF 将非线性函数在滤波值 $\hat{\boldsymbol{x}}_{k-1}$ 作一阶线性近似，有

$$\begin{aligned}\boldsymbol{x}_k&\approx \boldsymbol{F}_k\boldsymbol{x}_{k-1}+\boldsymbol{\varepsilon}_k+\boldsymbol{g}_k\\ z_k&\approx \boldsymbol{H}_k\boldsymbol{x}_{k-1}+\boldsymbol{\xi}_k+\boldsymbol{y}_k\end{aligned} \tag{3-43}$$

式中，$\boldsymbol{F}_k=\left.\frac{\partial \boldsymbol{f}_k(\boldsymbol{x}_{k-1})}{\partial \boldsymbol{x}_{k-1}^{\mathrm{T}}}\right|_{\boldsymbol{x}_{k-1}=\hat{\boldsymbol{x}}_{k-1}}$，$\boldsymbol{g}_k=\boldsymbol{f}_k(\hat{\boldsymbol{x}}_{k-1})-\left.\frac{\partial \boldsymbol{f}_k(\boldsymbol{x}_{k-1})}{\partial \boldsymbol{x}_{k-1}^{\mathrm{T}}}\right|_{\boldsymbol{x}_{k-1}=\hat{\boldsymbol{x}}_{k-1}}\cdot\hat{\boldsymbol{x}}_{k-1}$，$\boldsymbol{H}_k=\left.\frac{\partial \boldsymbol{h}_k(\boldsymbol{x}_{k-1})}{\partial \boldsymbol{x}_{k-1}^{\mathrm{T}}}\right|_{\boldsymbol{x}_{k-1}=\hat{\boldsymbol{x}}_{k-1}}$，$\boldsymbol{y}_k=\boldsymbol{h}_k(\hat{\boldsymbol{x}}_{k-1})-\left.\frac{\partial \boldsymbol{h}_k(\boldsymbol{x}_{k-1})}{\partial \boldsymbol{x}_{k-1}^{\mathrm{T}}}\right|_{\boldsymbol{x}_{k-1}=\hat{\boldsymbol{x}}_{k-1}}\cdot\hat{\boldsymbol{x}}_{k-1}$。

对状态转移方程和观测方程线性化后，在初始条件 $\boldsymbol{P}_{0,0}=\mathbb{E}(\boldsymbol{x}_0\boldsymbol{x}_0^{\mathrm{T}})$，$\hat{\boldsymbol{x}}_0=\boldsymbol{x}_0$ 下，EKF 递推滤波过程如下。

（1）求状态的预测值：

$$\hat{\boldsymbol{x}}_{k,k-1}=f_k(\hat{\boldsymbol{x}}_{k-1}) \tag{3-44}$$

（2）求解状态协方差的预测值：

$$\boldsymbol{P}_{k,k-1} = \boldsymbol{F}_k \boldsymbol{P}_{k-1,k-1} \boldsymbol{F}_k^{\mathrm{T}} + \boldsymbol{Q}_{k-1} \tag{3-45}$$

（3）求卡尔曼增益：

$$\boldsymbol{K} = \boldsymbol{P}_{k,k-1} \boldsymbol{H}_k^{\mathrm{T}} (\boldsymbol{H}_k \boldsymbol{P}_{k,k-1} \boldsymbol{H}_k^{\mathrm{T}} + \boldsymbol{R}_k)^{-1} \tag{3-46}$$

（4）状态更新：

$$\hat{\boldsymbol{x}}_k = \hat{\boldsymbol{x}}_{k,k-1} + \boldsymbol{K}[\boldsymbol{z}_k - \boldsymbol{h}_k(\hat{\boldsymbol{x}}_{k,k-1})] \tag{3-47}$$

（5）协方差更新：

$$\boldsymbol{P}_{k,k} = (\boldsymbol{I} - \boldsymbol{K}\boldsymbol{H}_k)\boldsymbol{P}_{k,k-1} \tag{3-48}$$

3.2.2.2 无迹卡尔曼滤波算法

当观测方程的非线性化程度比较严重时，EKF 算法由于只利用了一阶线性化，因此其估计精度和收敛性能都会受到较大的影响。为了降低线性化所带来的误差，文献[15]提出了基于二阶近似的无迹卡尔曼滤波（UKF）算法。无迹变换是 UKF 算法的基础，其基本原理可参见文献[16]。下面同样基于式（3-42）对 UKF 滤波算法进行简单介绍。

（1）根据已经估计出的 $\hat{\boldsymbol{x}}_{k-1}$ 和 $\boldsymbol{P}_{k-1,k-1}$，利用无迹变换获得一组矢量：

$$\hat{\boldsymbol{\mu}}_{k-1,k-1} = [\hat{\boldsymbol{x}}_{k-1}, \boldsymbol{\mu}_{k-1}^{(1)}, \boldsymbol{\mu}_{k-1}^{(2)}] \tag{3-49}$$

式中，$\boldsymbol{\mu}_{k-1}^{(1)} = [\hat{\boldsymbol{x}}_{k-1} + (\sqrt{(n+m)\boldsymbol{P}_{k-1,k-1}})_1, \cdots, \hat{\boldsymbol{x}}_{k-1} + (\sqrt{(n+m)\boldsymbol{P}_{k-1,k-1}})_n]$，$\boldsymbol{\mu}_{k-1}^{(2)} = [\hat{\boldsymbol{x}}_{k-1} - (\sqrt{(n+m)\boldsymbol{P}_{k-1,k-1}})_1, \cdots, \hat{\boldsymbol{x}}_{k-1} - (\sqrt{(n+m)\boldsymbol{P}_{k-1,k-1}})_n]$，$(\sqrt{(n+m)\boldsymbol{P}_{k-1,k-1}})^{\mathrm{T}}(\sqrt{(n+m)\boldsymbol{P}_{k-1,k-1}}) = (n+m)\,\boldsymbol{P}_{k-1,k-1}$，$(\sqrt{(n+m)\boldsymbol{P}_{k-1,k-1}})_n$ 表示矩阵 $\sqrt{(n+m)\boldsymbol{P}_{k-1,k-1}}$ 的第 n 列，n 为状态矢量 $\hat{\boldsymbol{x}}_{k-1}$ 的维数，m 为需要优化选取的参数。

（2）求上述采样点的一步预测值：

$$\hat{\boldsymbol{\mu}}_{k,k-1} = \boldsymbol{f}_k(\hat{\boldsymbol{\mu}}_{k-1,k-1}) \tag{3-50}$$

（3）计算状态矢量的一步预测值及协方差矩阵：

$$\begin{cases} \hat{\boldsymbol{x}}_{k,k-1} = \dfrac{m}{n+m}\hat{\boldsymbol{\mu}}_{k,k-1}(1) + \dfrac{1}{2(n+m)}\displaystyle\sum_{i=2}^{2n+1}\hat{\boldsymbol{\mu}}_{k,k-1}(i) \\ \boldsymbol{P}_{k,k-1} = \dfrac{m}{n+m}[\hat{\boldsymbol{\mu}}_{k,k-1}(1) - \hat{\boldsymbol{x}}_{k,k-1}][\hat{\boldsymbol{\mu}}_{k,k-1}(1) - \hat{\boldsymbol{x}}_{k,k-1}]^{\mathrm{T}} + \\ \qquad \dfrac{1}{2(n+m)}\displaystyle\sum_{i=2}^{2n+1}[\hat{\boldsymbol{\mu}}_{k,k-1}(i) - \hat{\boldsymbol{x}}_{k,k-1}][\hat{\boldsymbol{\mu}}_{k,k-1}(i) - \hat{\boldsymbol{x}}_{k,k-1}]^{\mathrm{T}} + \boldsymbol{Q}_{k-1} \end{cases} \tag{3-51}$$

式中，$\hat{\boldsymbol{\mu}}_{k,k-1}(i)$ 为矢量 $\hat{\boldsymbol{\mu}}_{k,k-1}$ 的第 i 个元素。

（4）根据一步预测值，再次利用无迹变换获得一组新的矢量：

$$\hat{\boldsymbol{\eta}}_{k,k-1} = [\hat{\boldsymbol{x}}_{k,k-1}, \boldsymbol{\eta}_{k-1}^{(1)}, \boldsymbol{\eta}_{k-1}^{(2)}] \tag{3-52}$$

式中，$\boldsymbol{\eta}_{k-1}^{(1)} = [\hat{\boldsymbol{x}}_{k,k-1} + (\sqrt{(n+m)\boldsymbol{P}_{k,k-1}})_1, \cdots, \hat{\boldsymbol{x}}_{k,k-1} + (\sqrt{(n+m)\boldsymbol{P}_{k,k-1}})_n]$，$\boldsymbol{\eta}_{k-1}^{(2)} = [\hat{\boldsymbol{x}}_{k,k-1} - (\sqrt{(n+m)\boldsymbol{P}_{k,k-1}})_1, \cdots, \hat{\boldsymbol{x}}_{k,k-1} - (\sqrt{(n+m)\boldsymbol{P}_{k,k-1}})_n]$。

（5）将新获得的矢量代入观测方程，得到预测的观测量：

$$\hat{\boldsymbol{\eta}}_k = \boldsymbol{h}_k(\hat{\boldsymbol{\eta}}_{k,k-1}) \tag{3-53}$$

（6）将得到的预测观测量通过加权求和得到预测的均值及协方差矩阵：

$$\begin{cases} \hat{z}_{k,k-1} = \dfrac{m}{n+m}\hat{\boldsymbol{\eta}}_k(1) + \dfrac{1}{2(n+m)}\sum_{i=2}^{2n+1}\hat{\boldsymbol{\eta}}_k(i) \\ \boldsymbol{P}_{k,k-1} = \dfrac{m}{n+m}[\hat{\boldsymbol{\eta}}_k(1) - \hat{z}_{k,k-1}][\hat{\boldsymbol{\eta}}_k(1) - \hat{z}_{k,k-1}]^{\mathrm{T}} + \\ \qquad \dfrac{1}{2(n+m)}\sum_{i=2}^{2n+1}[\hat{\boldsymbol{\eta}}_k(i) - \hat{z}_{k,k-1}][\hat{\boldsymbol{\eta}}_k(i) - \hat{z}_{k,k-1}]^{\mathrm{T}} + \boldsymbol{Q}_{k-1} \end{cases} \tag{3-54}$$

（7）计算预测值 $\hat{\boldsymbol{x}}_{k,k-1}$ 与 $\hat{z}_{k,k-1}$ 之间的协方差矩阵：

$$\begin{aligned} \boldsymbol{W}_{k,k-1} = & \frac{m}{n+m}[\hat{\boldsymbol{\eta}}_{k,k-1}(1) - \hat{\boldsymbol{x}}_{k,k-1}][\hat{\boldsymbol{\eta}}_k(1) - \hat{z}_{k,k-1}]^{\mathrm{T}} + \\ & \frac{1}{2(n+m)}\sum_{i=2}^{2n+1}[\hat{\boldsymbol{\eta}}_{k,k-1}(i) - \hat{\boldsymbol{x}}_{k,k-1}][\hat{\boldsymbol{\eta}}_k(i) - \hat{z}_{k,k-1}]^{\mathrm{T}} + \boldsymbol{R}_{k-1} \end{aligned} \tag{3-55}$$

（8）计算卡尔曼增益：

$$\boldsymbol{K} = \boldsymbol{P}_{k,k-1}\boldsymbol{W}_{k,k-1}^{-1} \tag{3-56}$$

（9）计算状态更新和协方差更新：

$$\begin{cases} \hat{\boldsymbol{x}}_k = \hat{\boldsymbol{x}}_{k,k-1} + \boldsymbol{K}(z_{k-1} - \hat{z}_{k,k-1}) \\ \boldsymbol{P}_{k,k} = \boldsymbol{P}_{k,k-1} - \boldsymbol{K}\boldsymbol{W}_{k,k-1}\boldsymbol{K}^{\mathrm{T}} \end{cases} \tag{3-57}$$

m 的优化选取可以用来减少式（3-54）中均值和协方差矩阵近似高阶误差（大于）三阶，对于高斯随机矢量而言，取 $m = 3-n$ 会使其均值和协方差矩阵中的某些四阶项最小。

3.2.2.3　粒子滤波算法

粒子滤波[17]（PF）算法与前面介绍的 EKF 和 UKF 算法一样，也是在获得 $z_{0:k}$ 后估计 $\boldsymbol{x}_k$ 后验状态的方法，但与前面介绍的 EKF 或 UKF 算法不同的是，PF 算法对函数 $\boldsymbol{f}$ 和 $\boldsymbol{h}$ 没有限制，对噪声 $\boldsymbol{\varepsilon}_k$ 和 $\boldsymbol{\xi}_k$ 没有限定加性噪声，也不要求高斯概率分布。PF 算法本质上是一种求解后验概率密度函数的蒙特卡罗（Monte Carlo）算法，该算法的主要思想是将目标状态的后验分布密度通过随机采样的粒子点与权重来近似，进而滤出目标最可能状态。基于定位跟踪模型式（3-4），我们在重要性密度函数特殊选择，以及有条件重采样的情况下，简述序贯重要性重采样（SIR）粒子滤波算法的步骤。

（1）初始（$k-1$=0）采样，从先验分布密度函数 $p(\boldsymbol{x}_0) = p(\boldsymbol{x}_0 | z_0)$ 中采样 M 个粒子 $\{\boldsymbol{x}_0^1, \boldsymbol{x}_0^2, \cdots, \boldsymbol{x}_0^M\}$，$p(\boldsymbol{x}_0)$ 可以取均匀分布或高斯分布等，权重为

$$\omega_0^m = p(\boldsymbol{x}_0^m),\ m = 1,2,\cdots,M \tag{3-58}$$

（2）重要性采样（k 时刻），从重要性密度函数 $q(\boldsymbol{x}_k | \boldsymbol{x}_{0:k-1}^m, z_{0:k}) = p(\boldsymbol{x}_k | \boldsymbol{x}_{k-1}^m)$ 中采样生成粒子 $\{\boldsymbol{x}_k^1, \boldsymbol{x}_k^2, \cdots, \boldsymbol{x}_k^M\}$，即

$$\boldsymbol{x}_k^m \sim p(\boldsymbol{x}_k | \boldsymbol{x}_{k-1}^m) \tag{3-59}$$

式中，$\boldsymbol{x}_{0:k-1}^m = \{\boldsymbol{x}_0^m, \boldsymbol{x}_1^m, \cdots, \boldsymbol{x}_{k-1}^m\}$，$p(\boldsymbol{x}_k | \boldsymbol{x}_{k-1})$ 为由式（3-4）状态方程确定的转移分布密度函数。

（3）更新 $\boldsymbol{x}_k^m$ 的权值：

$$\omega_k^m = \omega_{k-1}^m \cdot p(z_k | \boldsymbol{x}_k^m) \tag{3-60}$$

式中，$p(\boldsymbol{z}_k|\boldsymbol{x}_k^m)$为由式（3-4）观测方程确定的似然分布密度函数。

（4）归一化权值：

$$\widehat{\omega}_k^m = \frac{\omega_k^m}{\sum_{m=1}^{M}\omega_k^m} \tag{3-61}$$

（5）状态估计，后验状态分布概率密度函数的估计为

$$p(\boldsymbol{x}_k|\boldsymbol{z}_{0:k}) \approx \sum_{m=1}^{M}\widehat{\omega}_k^m\delta(\boldsymbol{x}_k-\boldsymbol{x}_k^m) \tag{3-62}$$

式中，δ为狄拉克德尔塔（Dirac delta）函数。

状态$\boldsymbol{x}_k$的 MMSE 估计为

$$\begin{aligned}\hat{\boldsymbol{x}}_k &= \sum_{m=1}^{M}\widehat{\omega}_k^m\cdot\boldsymbol{x}_k^m \\ \boldsymbol{Q}_k &= \sum_{m=1}^{M}\widehat{\omega}_k^m\cdot(\boldsymbol{x}_k^m-\hat{\boldsymbol{x}}_k)\cdot(\boldsymbol{x}_k^m-\hat{\boldsymbol{x}}_k)^{\mathrm{T}}\end{aligned} \tag{3-63}$$

或状态$\boldsymbol{x}_k$的 MAP 的估计为

$$\hat{\boldsymbol{x}}_k^{\mathrm{MAP}} = \arg\max_{\boldsymbol{x}_k\in\{\boldsymbol{x}_k^1,\boldsymbol{x}_k^2,\cdots,\boldsymbol{x}_k^M\}} p(\boldsymbol{x}_k|\boldsymbol{z}_{0:k}) = \arg\max_{\boldsymbol{x}_k^m(m=1,2,\cdots,M)}\widehat{\omega}_k^m(\boldsymbol{x}_k^m) \tag{3-64}$$

（6）计算有效粒子数：

$$\hat{N}_{\mathrm{eff}} = 1\Big/\sum_{m=1}^{M}(\widehat{\omega}_k^m)^2 \tag{3-65}$$

（7）设置重采样门限值N_T，若$\hat{N}_{\mathrm{eff}}<N_T$，则按如下过程重采样，否则转到（2）：

① 计算分布函数$c(i)=\sum_{m=1}^{i}\widehat{\omega}_k^m$，$i=1,2,\cdots,M$，$c(0)=0$；

② 随机选取$u(1)\in[0,1/M]$，设置$u_j=u(1)+(j-1)/M$，$j=1,2,\cdots,M$；

③ 将$u(j)$ $(j=1,2,\cdots,M)$与$c(i)(i=1,2,\cdots,M)$顺序比较，通过复制权值大的粒子和丢弃权值小的粒子，维持M个粒子，并将权值重新取为$\widehat{\omega}_k^m=1/M$，回到（2）。

作为 PF 的特殊情况，如果滤波后的概率密度函数$p(\boldsymbol{x}_k|\boldsymbol{z}_{0:k})$，预测的后验概率密度函数$p(\boldsymbol{x}_k|\boldsymbol{z}_{0:k-1})$，初始预测后验概率密度函数$p(\boldsymbol{x}_0|\boldsymbol{z}_0)$均服从高斯分布，则可用高斯粒子滤波[18]（GPF）估计$p(\boldsymbol{x}_k|\boldsymbol{z}_{0:k})$和$\hat{\boldsymbol{x}}_k$。关于 PF 的具体算法和应用参见第 10 章。

3.2.3 算法特点比较

定位算法可从两个方面比较，第一个方面涉及辐射源状态先验信息，第二个方面涉及观测数据是一次性处理给出位置还是逐次处理更新位置。

从是否涉及辐射源状态先验信息方面看，用于定位计算的 MAP、MMSE，以及 EKF、UKF、PF 等均属于需要先验信息的贝叶斯算法，而 ML、GLS 等属于不需要先验信息的费歇算法[1]。部分用于对无线电辐射源定位的贝叶斯算法、费歇算法特点比较如表 3-1 所示。

常用于无线电辐射源定位的 GLS、ML、MAP、MMSE 属于批处理算法，而 EKF、UKF 和 PF 等属于序贯处理算法。定位处理算法分类框图如图 3-2 所示。

表 3-1　估计算法比较

算　　法	特　　点	应用场景
广义最小二乘（GLS）估计	需要知道观测噪声的均值和方差，可以迭代寻优或全域搜索寻优	对静止辐射源或未知状态方程的运动辐射源定位
极大似然（ML）估计	需要知道观测噪声的概率密度函数，要对似然函数迭代寻优或全域搜索寻优	对静止辐射源或未知状态方程的运动辐射源定位
最大后验概率（MAP）估计、最小均方误差（MMSE）估计	需要过程噪声和观测噪声的概率密度函数，要对后验概率密度函数寻优或估计均值	对静止或运动辐射源定位，或与其他方法结合对运动辐射源跟踪
扩展卡尔曼滤波(EKF)、无迹卡尔曼滤波（UKF）	需要过程噪声和观测噪声的概率密度函数，且满足高斯分布，有递推解析公式	对已知状态方程的运动辐射源跟踪，对静止辐射源定位
粒子滤波（PF）	需要过程噪声和观测噪声的概率密度函数，用蒙特卡罗方法估计后验概率密度函数	对已知状态方程的运动辐射源跟踪，对静止辐射源定位

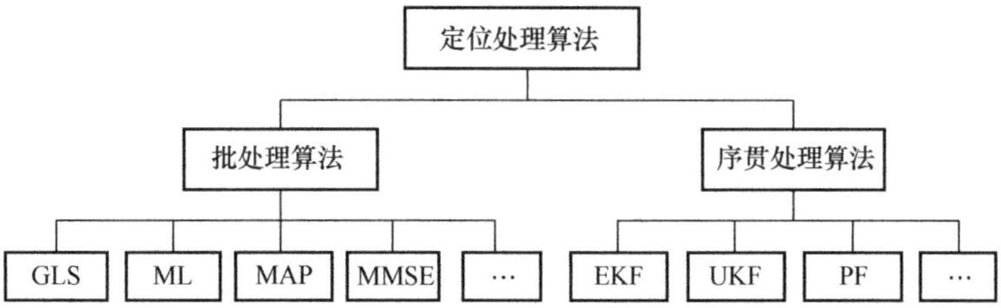

图 3-2　定位处理算法分类框图

批处理算法可用于多个观测平台对静止辐射源位置或运动辐射源位置及速度一次性估计，序贯处理算法主要适用于对运动辐射源跟踪。序贯处理算法需要辐射源初始位置的先验信息，初始位置先验信息可以用过去一段时间的观测数据批处理给出。需要注意的是，批处理方法也可能在序贯处理的局部应用（参见 PF）。批处理与序贯处理算法的特点比较如表 3-2 所示。

表 3-2　批处理与序贯处理算法的特点比较

算法特征	批处理算法	序贯处理算法
适用的定位任务	对辐射源定位	对运动辐射源跟踪，对静止辐射源定位
适用的观测数据量	一次性观测或累积的数据量较大	依次获得观测数据，每次数据量不大
观测数据处理方式	对所有观测数据集中处理，一次性给出一个结果	基于已估计位置，依次对新到来的观测数据处理，估计新位置
辐射源初始位置先验信息	不是必不可少的	必不可少，而且对运动目标跟踪时初始位置误差不能太大
计算过程与计算量	计算步骤少，若无解析公式，或数据量大时，计算量较大	计算步骤较多，EKF 和 UKF 单次计算量相对较小，PF 计算量较大
定位系统需要存储的数据量	需要采集到所有的观测数据，存储的数据量大	存储的数据文件仅需前一次的定位跟踪结果和当前的观测数据

注：序贯处理算法可以对静止目标定位，但是精度一般不会比批处理算法更好。

3.3 本章小结

本章主要介绍了由状态与观测方程表示的无线电辐射源定位模型，梳理了对辐射源状态估计的算法脉络，提供了常用的优化算法，主要结论有：

（1）由状态与观测方程表示的定位模型是位置估计的基础，在较大程度上决定了可选用的估计准则及相应算法，而批处理解析法、迭代法和网格搜索法等可以解决大多数对辐射源定位涉及的非线性函数优化计算问题，UKF 和 PF 等算法将估计与优化算法合二为一，解决了对已知状态方程的运动辐射源跟踪的序贯计算问题。

（2）定位误差中均方误差 MSE 的几何表示有助于对定位线偏离引起位置估计误差情况的直观理解，不同体制定位误差最小值所对应的梯度夹角 φ 不同。

（3）批处理算法通常用于对静止辐射源定位，序贯处理算法既可以用于对运动辐射源跟踪，也可以用于对静止辐射源定位，但对于静止辐射源，序贯处理算法定位精度一般不会比批处理算法更好，且批处理算法比序贯处理算法可以更快地收敛到真值。

（4）对于静止辐射源，在满足计算资源和计算速度要求的情况下，建议使用网格搜索法，既可以避免可能出现的收敛至局部极值问题，得到较为准确的定位结果，而且对应网格搜索法绘制的曲面图，有助于直观了解定位情况。

本章参考文献

[1] PARADOWSKI L R. Microwave emitter position location: present and future[C]. IEEE International Conference on Microwave & Radar, 1998, 4: 97-116.

[2] 陆安南，周启公. 无源定位系统定位精度及统计处理[J]. 通信对抗，1997, 3: 1-7.

[3] 韦博成. 近代非线性回归分析[M]. 南京：东南大学出版社，1989.

[4] 陈希孺. 数理统计引论[M]. 北京：科学出版社，1981.

[5] HANSEN P C. Regularization tools: a matlab package for analysis and solution of discrete ill-posed problems[J]. Numerical Algorithms, 1994, 6(1): 1-35.

[6] 房嘉奇，冯大政，李进. 稳健收敛的时差频差定位技术[J]. 电子与信息学报，2015, 37(4): 798-803.

[7] 袁亚湘，孙文瑜. 最优化理论与方法[M]. 北京：科学出版社，1997.

[8] 阳明盛，罗长童. 最优化原理、方法及求解软件[M]. 北京：科学出版社，2006.

[9] JI Y, YU C, ANDERSON B. Localization Bias Correction in n-Dimensional Space[C]. IEEE International Conference on Acoustics, Speech, and Signal Processing, 2010: 2854-2857.

[10] 占荣辉，张军，欧建平，等. 非线性滤波理论与目标跟踪应用[M]. 北京：国防工业出版社，2013.

[11] BELL B M, CATHEY F W. The iterated Kalman filter update as a Gauss-Newton method [J]. IEEE Transactions on Automatic Control, 1993,38(2):294-297.

[12] GUERCI J, GOETZ R, DIMODICA J. A method for improving extended Kalman filter performance for angle-only passive ranging [J]. IEEE Transactions on Aerospace and Electronic Systems, 1994,30(4): 1090-1093.

[13] GUO F C, SUN Z K, KAN H F. A modified covariance extended Kalman filtering algorithm in passive location[C]. Proceedings of the IEEE International Conference on Robotics, Intelligent Systems and Signal

Processing, 2003:307-311.

[14] VINCENT J A. Kalman filter behavior in bearing-only tracking applications[J]. IEEE Transactions on Aerospace and Electronic Systems, 1979, 15(1): 29-39.

[15] JULIER S J, UHLMANN J K, DURRANT-WHYTE H F. A new method for the nonlinear transformation of means and covariances in filters and estimators[J]. IEEE Transactions on Automatic Control, 2000,45(3):477-482.

[16] JULIER S J, UHLMANN J K. Unscented filtering and nonlinear estimation[J].Proceedings of the IEEE, 2004, 92(3):401-422.

[17] ARULAMPALAM M S, MASKELL S, GORDON N, et al. A Tutorial on Particle Filters for Online Nonlinear/Non-Gaussian Bayesian Tracking[J]. IEEE Transactions on Signal Processing, 2002, 50(2): 174-188.

[18] KOTECHA J H, DJURIC P M. Gaussian Particle Filtering[J]. IEEE Transactions on Signal Processing, 2003, 51(10): 2591-2601.

第4章　测向定位

测向定位是常用的辐射源位置估计方法，通过观测站在不同位置估计的目标辐射信号方向线，结合观测站自身位置信息，计算多条方向线的交汇点即定位结果。典型应用场景是多站测向定位与运动单站测向定位，如图 4-1 所示。多站测向定位的场景中辅站只需将测向结果与自身位置信息等参数传输至主站就可以进行定位计算，而运动单站对辐射源定位无须进行数据交互，只需要累积多次测向结果就能对辐射源进行定位。

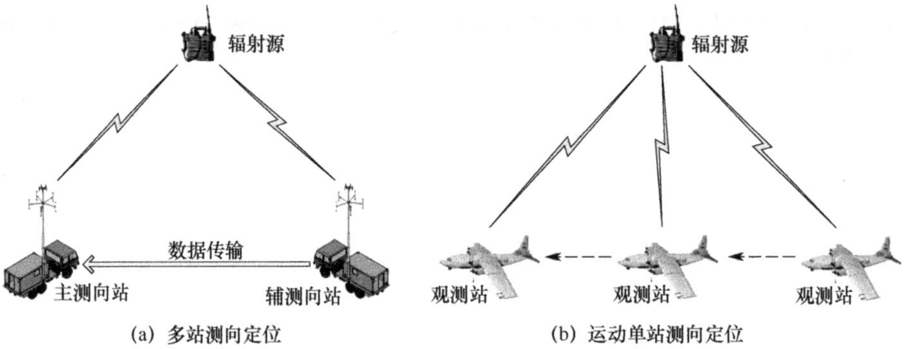

图 4-1　测向定位场景示意

本章主要介绍基于辐射源信号来波方向进行定位的技术。4.1 节针对静止辐射源测向定位问题，介绍基本原理与估计准则、优化算法，优化算法包括网格搜索法、G-N 迭代法、解析法。4.2 节介绍测向定位误差的几何表示、克拉美-罗下界和测向定位误差概率等。4.3 节针对测向定位工程实现与应用中会碰到的实际问题，介绍方向和相位差测量、坐标系转换、单机和单星测向定位、观测站位置和测向参考方向误差对定位结果的影响与校正、多辐射源测向定位。4.4 节给出一个测向定位的实例。测向定位内容结构示意如图 4-2 所示。

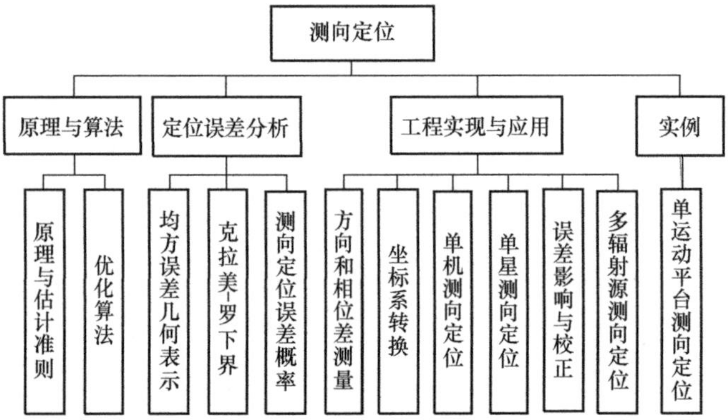

图 4-2　测向定位内容结构示意

4.1 原理与算法

4.1.1 原理与估计准则

针对静止辐射源，二维测向定位基于多个方向线交汇进行位置估计，图 4-3（a）是无测向误差定位情况，图 4-3（b）是存在测向误差定位情况。三维空间测向定位基于多个方位面与俯仰圆锥构成的相交线交汇进行位置估计，可利用运动的单个观测站或多个分布在不同位置的观测站来测量辐射源方向信息，结合观测站自身位置，通过优化算法确定辐射源的位置。

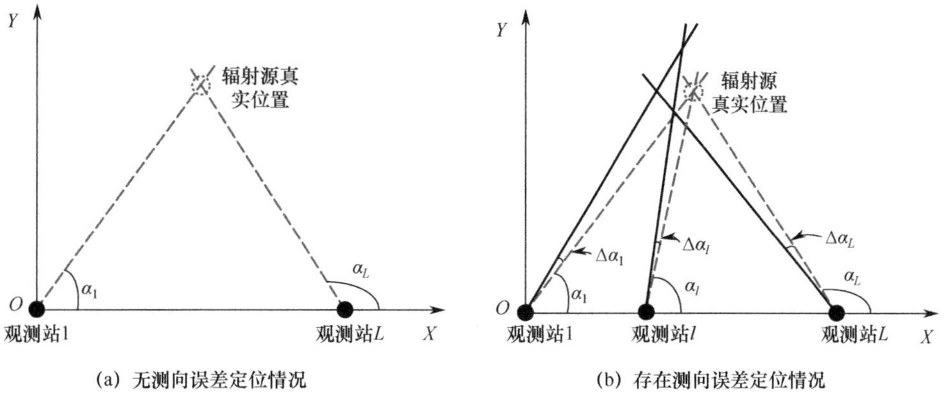

图 4-3 测向误差定位示意

以三维空间测向定位为例，假设有坐标为 $\boldsymbol{x}_1=[x_1,y_1,z_1]^{\mathrm{T}}$， $\boldsymbol{x}_2=[x_2,y_2,z_2]^{\mathrm{T}}$，…，$\boldsymbol{x}_L=[x_L,y_L,z_L]^{\mathrm{T}}$ 的观测站对某固定的目标辐射源 $\boldsymbol{x}_{\mathrm{T}}=[x_{\mathrm{T}},y_{\mathrm{T}},z_{\mathrm{T}}]^{\mathrm{T}}$ 进行定位。此时测得的方位角和俯仰角分别为 α_l 和 β_l， $l=1,2,\cdots,L$，则存在以下关系式：

$$
\begin{aligned}
\alpha_l &= \arctan 2[(y_{\mathrm{T}}-y_l),(x_{\mathrm{T}}-x_l)] \\
\beta_l &= \arctan\left[\frac{z_{\mathrm{T}}-z_l}{\sqrt{(x_{\mathrm{T}}-x_l)^2+(y_{\mathrm{T}}-y_l)^2}}\right]
\end{aligned} \tag{4-1}
$$

测向定位的观测方程可表示为

$$
\boldsymbol{z}=\boldsymbol{h}(\boldsymbol{x}_{\mathrm{T}},\boldsymbol{x}_{\mathrm{O}})+\boldsymbol{\xi} \tag{4-2}
$$

式中，观测量 $\boldsymbol{z}=[\tilde{\alpha}_1,\tilde{\beta}_1,\tilde{\alpha}_2,\tilde{\beta}_2,\cdots,\tilde{\alpha}_L,\tilde{\beta}_L]^{\mathrm{T}}$，其中方位角 $\tilde{\alpha}_l$ 构成方位面，俯仰角 $\tilde{\beta}_l$ 构成圆锥面；观测站的位置 $\boldsymbol{x}_{\mathrm{O}}=[\boldsymbol{x}_1,\boldsymbol{x}_2,\cdots,\boldsymbol{x}_L]^{\mathrm{T}}$， $\boldsymbol{x}_l=[x_l,y_l,z_l]^{\mathrm{T}}$ 为第 l 个观测站的位置或单个运动观测站在第 l 个观测时刻的位置， $l=1,2,\cdots,L$； $\boldsymbol{h}(\boldsymbol{x}_{\mathrm{T}},\boldsymbol{x}_{\mathrm{O}})=[h_{\alpha_1},h_{\beta_1},h_{\alpha 2},h_{\beta_2},\cdots,h_{\alpha_L},h_{\beta_L}]^{\mathrm{T}}$，$h_{\alpha_l}=\arctan 2[(y_{\mathrm{T}}-y_l),(x_{\mathrm{T}}-x_l)]$， $h_{\beta_l}=\arctan\left[\dfrac{z_{\mathrm{T}}-z_l}{\sqrt{(x_{\mathrm{T}}-x_l)^2+(y_{\mathrm{T}}-y_l)^2}}\right]$；观测噪声 $\boldsymbol{\xi}=[\Delta\alpha_1,\Delta\beta_1,\Delta\alpha_2,\Delta\beta_2,\cdots,\Delta\alpha_L,\Delta\beta_L]^{\mathrm{T}}$，假设 $\mathbb{E}(\boldsymbol{\xi})=\boldsymbol{0}$，协方差矩阵为 $\boldsymbol{\Sigma}_{\xi}=\mathbb{E}(\boldsymbol{\xi}\boldsymbol{\xi}^{\mathrm{T}})$。

可利用式（3-6）的广义最小二乘估计目标位置：

$$
\hat{\boldsymbol{x}}_{\mathrm{T}}=\arg\min_{\boldsymbol{x}\in\Omega_{\boldsymbol{x}}}\{[\boldsymbol{z}-\boldsymbol{h}(\boldsymbol{x},\boldsymbol{x}_{\mathrm{O}})]^{\mathrm{T}}\boldsymbol{\Sigma}_{\xi}^{-1}[\boldsymbol{z}-\boldsymbol{h}(\boldsymbol{x},\boldsymbol{x}_{\mathrm{O}})]\} \tag{4-3}
$$

在一定条件下，方向测量的误差服从高斯分布[1]，此时式（4-3）也是辐射源位置的极大似然估计，且极大似然估计的 $\mathrm{MSE}(\hat{\boldsymbol{x}})$ 近似等于 $\mathrm{tr}[\mathrm{CRLB}(\boldsymbol{x})]$。

4.1.2 优化算法

4.1.2.1 网格搜索法

对于式（4-3）的求解，在覆盖目标真实位置的区域范围内划分网格，通过比对网格点上的理论来波方向与实际测向结果的偏差值，遍历所有网格最终得到目标位置估计。除了基于理论来波方向进行比对，若采用干涉仪测向体制，则可利用理论相位差数据与实际相位差结果进行比对。下面介绍一种基于相位差数据的网格搜索法。

文献[2-4]提出最小相位误差的定位方法，即不测量辐射源的角度信息，利用多次测量相位差并使其在最小二乘意义下拟合误差最小化。另外，对不同基线相位差赋予不同的权值，可以避免某一基线的相位差误差较大时影响辐射源位置估计精度的情形。

设静止辐射源位置坐标为 $\boldsymbol{x}_{\mathrm{T}}=[x_{\mathrm{T}},y_{\mathrm{T}},z_{\mathrm{T}}]^{\mathrm{T}}$，考虑单个运动观测站进行 K 次观测，观测站第 k 次观测时的位置为 $\boldsymbol{x}_k=[x_k,y_k,z_k]^{\mathrm{T}}$，令观测站位置 $\boldsymbol{x}_k$ 至辐射源位置 $\boldsymbol{x}_{\mathrm{T}}$ 的矢量为 $\boldsymbol{r}_k=\boldsymbol{x}_{\mathrm{T}}-\boldsymbol{x}_k$。观测站的测向系统为 N 元天线阵，N 元天线阵最多可以组成 $N(N-1)/2$ 条不同的基线，假设共选取 M（$M\leqslant N(N-1)/2$）条不同的基线，则观测站第 k 次观测的第 m 条基线的相位差可以表示为

$$\varphi_{k,m}=2\pi(\boldsymbol{a}_{k,m}^{\mathrm{T}}\boldsymbol{r}_k)/(\lambda\|\boldsymbol{r}_k\|)\triangleq h_{k,m}\quad 1\leqslant k\leqslant K,1\leqslant m\leqslant M \tag{4-4}$$

式中，$\boldsymbol{a}_{k,m}$ 表示第 k 次观测的第 m 条基线两阵元位置构成的指向矢量（假设参考阵元为 $(0,0,0)^{\mathrm{T}}$，则阵元 $\boldsymbol{x}_m=(x_m,y_m,z_m)^{\mathrm{T}}$ 与参考阵元间的指向矢量 $\boldsymbol{a}_m=\boldsymbol{x}_m$），$\lambda$ 表示辐射源信号波长。

当观测站的 M 条测向基线长度均小于 $\lambda/2$ 时，不同位置的辐射源信号在观测站构成的一组相位差也不相同，因此观测站可视区内不同位置的集合 $\boldsymbol{\Omega}_x$ 与不同角度入射到观测站天线阵的相位差矢量集 $\boldsymbol{\Psi}$ 之间存在一一对应关系，通过 $\boldsymbol{\Psi}$ 到 $\boldsymbol{\Omega}_x$ 的逆映射可以对辐射源进行定位，这就是最小相位误差无源定位的原理。当测向基线大于半波长并存在测向模糊的时候，不同位置的辐射源可能对应于同一组相位差矢量，出现定位模糊问题。对静止辐射源，如果观测站对辐射源进行了 K（$K>1$）次相位差的测量，那么真实的辐射源位置都是这 K 次相位差矢量的原像，而虚假定位点则由于观测站运动产生的相位差非线性变化，并不总是这 K 次相位差矢量的原像，因此通过使辐射源入射信号的相位差测量值与理论值的误差平方和最小化可以去模糊定位，这就是最小相位误差单站无源定位去模糊的原理。

用 $\tilde{\varphi}_{k,m}$ 表示 $\varphi_{k,m}$ 的测量值，$\xi_{k,m}$ 表示测量误差。写成矩阵形式为

$$\boldsymbol{z}=\boldsymbol{h}(\boldsymbol{x}_{\mathrm{T}})+\boldsymbol{\xi} \tag{4-5}$$

式中，$\boldsymbol{z}=[\tilde{\varphi}_{1,1},\tilde{\varphi}_{1,2},\cdots,\tilde{\varphi}_{1,M},\cdots,\tilde{\varphi}_{K,1},\tilde{\varphi}_{K,2},\cdots,\tilde{\varphi}_{K,M}]^{\mathrm{T}}$；$\boldsymbol{h}(\boldsymbol{x}_{\mathrm{T}})=[h_{1,1},h_{1,2},\cdots,h_{1,M},\cdots,h_{K,1},h_{K,2},\cdots,h_{K,M}]^{\mathrm{T}}$；$\boldsymbol{\xi}=[\xi_{1,1},\xi_{1,2},\cdots,\xi_{1,M},\cdots,\xi_{K,1},\xi_{K,2},\cdots,\xi_{K,M}]^{\mathrm{T}}$，$\mathbb{E}(\boldsymbol{\xi})=\boldsymbol{0}$，协方差矩阵为 $\boldsymbol{\Sigma}_{\xi}=\mathbb{E}(\boldsymbol{\xi}\boldsymbol{\xi}^{\mathrm{T}})$。

则利用最小二乘法估计辐射源位置 $\hat{\boldsymbol{x}}_{\mathrm{T}}$，可以表示为

$$\hat{\boldsymbol{x}}_{\mathrm{T}}=\arg\min_{\boldsymbol{x}\in\boldsymbol{\Omega}_x}\{[\boldsymbol{z}-\boldsymbol{h}(\boldsymbol{x})]^{\mathrm{T}}\boldsymbol{\Sigma}_{\xi}^{-1}[\boldsymbol{z}-\boldsymbol{h}(\boldsymbol{x})]\} \tag{4-6}$$

利用最小相位误差进行定位运算需要在目标可能的范围内进行搜索，结合观测站的航向角、俯仰角、横滚角，分别计算天线阵各测向基线的理论相位差，并与实际收到的相位差按式（4-6）寻优。可以先对目标可能存在的区域进行粗搜，然后在得到的粗定位结果附近减小步进进行精搜。

【例 4.1】双站测向定位二维目标

两个观测站坐标为 $\boldsymbol{x}_1=[0,0]^{\mathrm{T}}$ (km)，$\boldsymbol{x}_2=[40,0]^{\mathrm{T}}$ (km)，目标辐射源位置为 $\boldsymbol{x}_{\mathrm{T}}=[32,33]^{\mathrm{T}}$ (km)。理论方位角为 $\boldsymbol{z}=[\alpha_1,\alpha_2]^{\mathrm{T}}=\left[45.88°,103.63°\right]^{\mathrm{T}}$，假设两个观测站的测向误差 $\sigma_\alpha=2°$，得到的测向结果为 $\tilde{\boldsymbol{z}}=[45.65°,101.81°]^{\mathrm{T}}$。基于相位差数据，利用 2km 的间隔对目标函数式（3-15）进行粗搜，其结果如图 4-4（a）所示，得到目标位置粗搜估计值为 $\hat{\boldsymbol{x}}_{\mathrm{T}}=[35,35]^{\mathrm{T}}$ (km)，定位误差为 3.61km。在粗搜的峰值附近再利用 0.01km 的间隔进行精搜，其结果如图 4-4（b）所示。提取精搜的峰值得到目标位置估计值为 $\hat{\boldsymbol{x}}_{\mathrm{T}}=[32.95,\ \ 33.71]^{\mathrm{T}}$ (km)，定位误差为 1.19km。

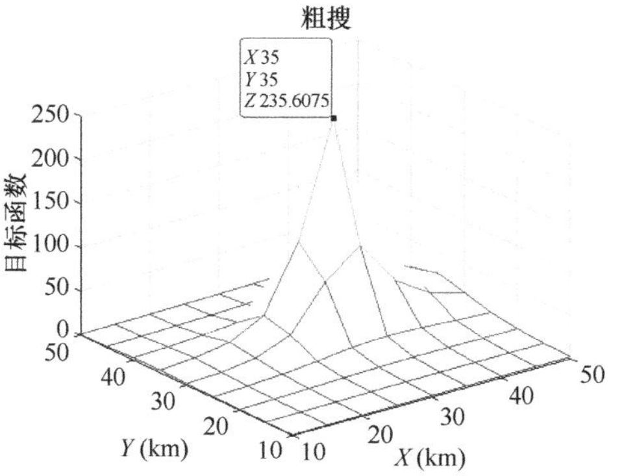

(a) 粗搜结果

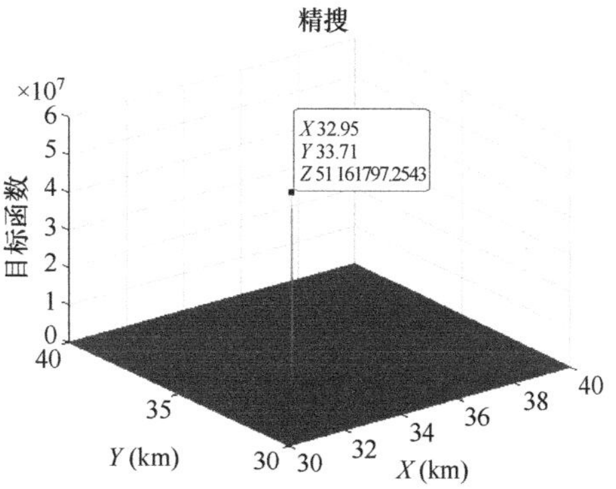

(b) 精搜结果

图 4-4 网格搜索法结果

4.1.2.2 G-N 迭代法

针对式（4-2）中的非线性函数 $\boldsymbol{h}(\boldsymbol{x})$，可利用 G-N 迭代法求解[5]。基于一阶泰勒级数展开的数值迭代为

$$\hat{\boldsymbol{x}}=\hat{\boldsymbol{x}}_0+[\boldsymbol{H}_{\boldsymbol{x}}^{\mathrm{T}}(\hat{\boldsymbol{x}}_0)\boldsymbol{\Sigma}^{-1}\boldsymbol{H}_{\boldsymbol{x}}(\hat{\boldsymbol{x}}_0)]^{-1}\boldsymbol{H}_{\boldsymbol{x}}^{\mathrm{T}}(\hat{\boldsymbol{x}}_0)\boldsymbol{\Sigma}^{-1}[\boldsymbol{z}-\boldsymbol{h}(\hat{\boldsymbol{x}}_0)] \tag{4-7}$$

式中，$\boldsymbol{H}_{\boldsymbol{x}}(\hat{\boldsymbol{x}}_0)=\left.\dfrac{\partial \boldsymbol{h}(\boldsymbol{x})}{\partial \boldsymbol{x}}\right|_{\boldsymbol{x}=\hat{\boldsymbol{x}}_0}=\begin{bmatrix}\dfrac{-(\hat{y}_0-y_1)}{\hat{d}_{0,1}^2} & \dfrac{-(\hat{x}_0-x_1)(\hat{z}_0-z_1)}{\hat{r}_{0,1}^2\hat{d}_{0,1}} & \cdots & \dfrac{-(\hat{y}_0-y_L)}{\hat{d}_{0,L}^2} & \dfrac{-(\hat{x}_0-x_L)(\hat{z}_0-z_L)}{\hat{r}_{0,L}^2\hat{d}_{0,L}} \\ \dfrac{(\hat{x}_0-x_1)}{\hat{d}_{0,1}^2} & \dfrac{-(\hat{y}_0-y_1)(\hat{z}_0-z_1)}{\hat{r}_{0,1}^2\hat{d}_{0,1}} & \cdots & \dfrac{(\hat{x}_0-x_L)}{\hat{d}_{0,L}^2} & \dfrac{-(\hat{y}_0-y_L)(\hat{z}_0-z_L)}{\hat{r}_{0,L}^2\hat{d}_{0,L}} \\ 0 & \dfrac{\hat{d}_{0,1}}{\hat{r}_{0,1}^2} & \cdots & 0 & \dfrac{\hat{d}_{0,L}}{\hat{r}_{0,L}^2}\end{bmatrix}^{\mathrm{T}}$，

$\hat{d}_{0,l}^2=(\hat{x}_0-x_l)^2+(\hat{y}_0-y_l)^2$，$\hat{r}_{0,l}^2=(\hat{x}_0-x_l)^2+(\hat{y}_0-y_l)^2+(\hat{z}_0-z_l)^2$。

令 $\boldsymbol{\delta}=[\boldsymbol{H}_{\boldsymbol{x}}^{\mathrm{T}}(\hat{\boldsymbol{x}}_0)\boldsymbol{\Sigma}^{-1}\boldsymbol{H}_{\boldsymbol{x}}(\hat{\boldsymbol{x}}_0)]^{-1}\boldsymbol{H}_{\boldsymbol{x}}^{\mathrm{T}}(\hat{\boldsymbol{x}}_0)\boldsymbol{\Sigma}^{-1}[\boldsymbol{z}-\boldsymbol{h}(\hat{\boldsymbol{x}}_0)]$，并重复上述过程，直到 $\|\boldsymbol{\delta}\|<\varepsilon$ 为止，ε 为设定的一个较小的误差门限值。

利用 G-N 迭代法对例 4.1 求解，迭代初始值选为 $\hat{\boldsymbol{x}}_0=[5,15]^{\mathrm{T}}$ (km)，$\varepsilon=1$，则定位结果如图 4-5 所示，经过 3 次迭代得到目标位置的估计值为 $\hat{\boldsymbol{x}}_{\mathrm{T}}=[32.95,33.71]^{\mathrm{T}}$ (km)，定位误差为 1.19km。

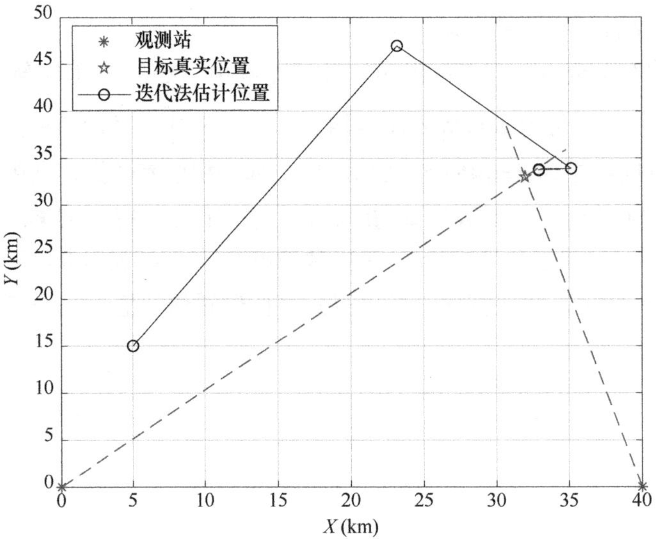

图 4-5 G-N 迭代法定位结果

4.1.2.3 解析法

1. 加权 Stansfield 法

文献[6-8]介绍了三维空间测向定位，提出了加权 Stansfield 算法和辅助变量加权 Stansfield 算法。当测向误差服从高斯分布时，由式（4-2）构建最大似然估计的代价函数为

$$\begin{aligned}P(x_{\mathrm{T}},y_{\mathrm{T}},z_{\mathrm{T}})&=[\boldsymbol{z}-\boldsymbol{h}(\boldsymbol{x})]^{\mathrm{T}}\boldsymbol{\Sigma}_{\xi}^{-1}[\boldsymbol{z}-\boldsymbol{h}(\boldsymbol{x})]\\&=\sum_{l=1}^{L}\left[\frac{1}{\sigma_{\alpha_l}^2}(\Delta\alpha_l)^2+\frac{1}{\sigma_{\beta_l}^2}(\Delta\beta_l)^2\right]\end{aligned}\tag{4-8}$$

式（4-8）可近似拆分为两个代价函数之和：

$$P(x_{\mathrm{T}},y_{\mathrm{T}},z_{\mathrm{T}})\approx P_1(x_{\mathrm{T}},y_{\mathrm{T}})+P_2(z_{\mathrm{T}}\mid\hat{x}_{\mathrm{T}},\hat{y}_{\mathrm{T}})\tag{4-9}$$

式中，$(\hat{x}_{\mathrm{T}},\hat{y}_{\mathrm{T}})$ 为使 $P_1(x_{\mathrm{T}},y_{\mathrm{T}})$ 达到最小值时的取值。

当测向误差较小时，上述两个代价函数可以近似表示为

$$\hat{P}_1(x_{\mathrm{T}},y_{\mathrm{T}})\approx\sum_{l=1}^{L}\frac{1}{\sigma_{\alpha_l}^2}\sin^2(\Delta\alpha_l)\tag{4-10}$$

$$\hat{P}_2(z_{\mathrm{T}}\mid\hat{x}_{\mathrm{T}},\hat{y}_{\mathrm{T}})\approx\sum_{l=1}^{L}\frac{1}{\sigma_{\beta_l}^2}\tan^2(\Delta\beta_l)\tag{4-11}$$

使代价函数 $\hat{P}_1(x_{\mathrm{T}},y_{\mathrm{T}})$ 达到最小值的参数 $(\hat{x}_{\mathrm{T}},\hat{y}_{\mathrm{T}})$ 即二维测向定位[9]的结果：

$$\hat{\boldsymbol{x}}_{\mathrm{T}}(x_{\mathrm{T}},y_{\mathrm{T}})=(\boldsymbol{H}^{\mathrm{T}}\boldsymbol{\Sigma}_r^{-1}\boldsymbol{H})^{-1}\boldsymbol{H}^{\mathrm{T}}\boldsymbol{\Sigma}_r^{-1}\boldsymbol{b}\tag{4-12}$$

式中，$\boldsymbol{H}=\begin{bmatrix}\sin\alpha_1 & \sin\alpha_2\cdots & \sin\alpha_L\\ -\cos\alpha_1 & -\cos\alpha_2\cdots & -\cos\alpha_L\end{bmatrix}^{\mathrm{T}}$；$\boldsymbol{\Sigma}_r=\mathrm{diag}\left[d_1^2\sigma_{\alpha_1}^2,d_2^2\sigma_{\alpha_2}^2,\cdots,d_L^2\sigma_{\alpha_L}^2\right]$，$\sigma_{\alpha_l}^2=\mathbb{E}[\Delta\alpha_l^2]$，

$$d_l^2=(x_{\mathrm{T}}-x_l)^2+(y_{\mathrm{T}}-y_l)^2\text{；}\quad \boldsymbol{b}=\begin{bmatrix} x_1\sin\alpha_1-y_1\cos\alpha_1 \\ x_2\sin\alpha_2-y_2\cos\alpha_2 \\ \vdots \\ x_L\sin\alpha_L-y_L\cos\alpha_L \end{bmatrix}\text{。}$$

根据 $(\hat{x}_{\mathrm{T}},\hat{y}_{\mathrm{T}})$ 可计算代价函数 $\hat{P}_2(z_{\mathrm{T}}\mid\hat{x}_{\mathrm{T}},\hat{y}_{\mathrm{T}})$，即

$$\begin{aligned}\hat{P}_2(z_{\mathrm{T}}\mid\hat{x}_{\mathrm{T}},\hat{y}_{\mathrm{T}})&=\sum_{l=1}^{L}\frac{1}{\sigma_{\beta_l}^2}\tan^2(\Delta\beta_l)\\&=\sum_{l=1}^{L}\frac{1}{\sigma_{\beta_l}^2}\left[\frac{\tan\hat{\beta}_l-\tan\beta_l}{1+\tan\hat{\beta}_l\tan\beta_l}\right]^2\approx\sum_{l=1}^{L}\frac{1}{\sigma_{\beta_l}^2}\left[\frac{\tan\hat{\beta}_l-\tan\beta_l}{1+\tan^2(\hat{\beta}_l)}\right]^2\\&=\sum_{l=1}^{L}\frac{\cos^4(\hat{\beta}_l)}{\sigma_{\beta_l}^2}[\tan\hat{\beta}_l-\tan\beta_l]^2=\sum_{l=1}^{L}\frac{\cos^4(\hat{\beta}_l)}{\sigma_{\beta_l}^2 d_l^2}[z_{\mathrm{T}}-z_l-d_l\tan\hat{\beta}_l]^2\end{aligned}\tag{4-13}$$

式中，$\sigma_{\beta_l}^2=\mathbb{E}[(\Delta\beta_l)^2]$。

对 $\hat{P}_2(z_{\mathrm{T}}\mid\hat{x}_{\mathrm{T}},\hat{y}_{\mathrm{T}})$ 关于 z_{T} 求偏导，并令其等于 0 可得

$$z_{\mathrm{T}}=\frac{\sum_{l=1}^{L}(z_l+d_l\tan\hat{\beta}_l)g_l}{\sum_{i=1}^{L}g_l}\tag{4-14}$$

式中，$g_l=\cos^4(\hat{\beta}_l)\big/(\sigma_{\beta_l}^2 r_{xyl}^2)$。

加权 Stansfield 法是通过线性化得到的解析解，其结果为有偏估计。用加权 Stansfield 法对例 4.1 求解可得目标位置的估计值为 $\hat{\boldsymbol{x}}_{\mathrm{T}}=[32.95,33.71]^{\mathrm{T}}$ (km)，定位误差为 1.19km，定位结果如图 4-6 所示。

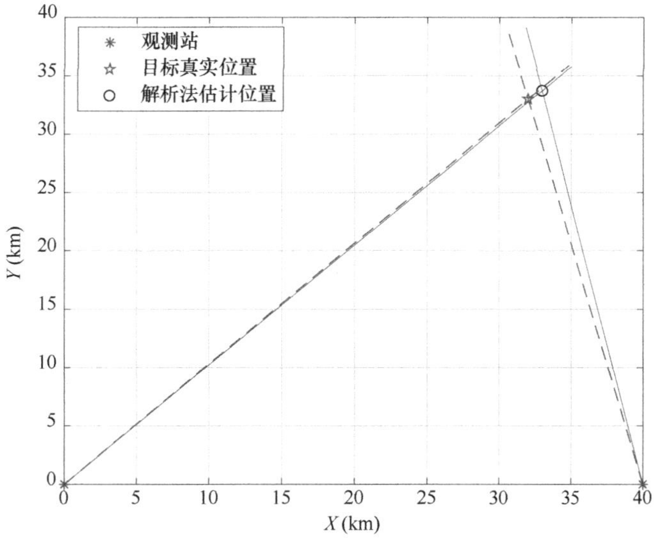

图 4-6 解析法定位结果

2. 总体最小二乘法

基于式（4-3）结合极大似然估计可得到目标位置的无偏估计值，但前提是需要获得目标

位置的粗略初始估计值，随后进行迭代计算或网格搜索。文献[9]将总体最小二乘算法应用于无源定位中，首先将非线性观测方程转化成伪线性方程，构造增广矩阵，并对该矩阵进行奇异值分解即可估计出目标位置，无须初始估计值与迭代计算，具有较高的定位实时性。

对于观测方程式（4-2），用三角函数关系进行伪线性化，得到如下线性方程组：

$$\boldsymbol{b}+\Delta\boldsymbol{b}=(\boldsymbol{H}+\Delta\boldsymbol{H})\boldsymbol{x}_{\mathrm{T}} \tag{4-15}$$

式中，$\boldsymbol{H}=\begin{bmatrix}\sin\alpha_1 & -\cos\alpha_1 & 0\\ \cos\alpha_1\sin\beta_1 & \sin\alpha_1\sin\beta_1 & -\cos\beta_1\\ \vdots & \vdots & \vdots\\ \sin\alpha_L & -\cos\alpha_L & 0\\ \cos\alpha_L\sin\beta_L & \sin\alpha_L\sin\beta_L & -\cos\beta_L\end{bmatrix}$，$\boldsymbol{b}=\begin{bmatrix}x_1\sin\alpha_1-y_1\cos\alpha_1\\ x_1\cos\alpha_1\sin\beta_1+y_1\sin\alpha_1\sin\beta_1-z_1\cos\beta_1\\ \vdots\\ x_L\sin\alpha_L-y_L\cos\alpha_L\\ x_L\cos\alpha_L\sin\beta_L+y_L\sin\alpha_L\sin\beta_L-z_L\cos\beta_L\end{bmatrix}$。

假设测向误差 $\Delta\alpha_l$ 与 $\Delta\beta_l$ 较小，满足 $\sin(\Delta\alpha_l)\approx\Delta\alpha_l$，$\cos(\Delta\alpha_l)\approx 1$，$\sin(\Delta\beta_l)\approx\Delta\beta_l$，$\cos(\Delta\beta_l)\approx 1$，$\Delta\alpha_l\cdot\Delta\beta_l\approx 0$，则式中，

$$\Delta\boldsymbol{H}=\begin{bmatrix}\Delta\alpha_1\cos\alpha_1 & \Delta\alpha_1\sin\alpha_1 & 0\\ \Delta\beta_1\cos\alpha_1\cos\beta_1-\Delta\alpha_1\sin\alpha_1\sin\beta_1 & \Delta\beta_1\sin\alpha_1\cos\beta_1+\Delta\alpha_1\cos\alpha_1\sin\beta_1 & \Delta\beta_1\sin\beta_1\\ \vdots & \vdots & \vdots\\ \Delta\alpha_L\cos\alpha_L & \Delta\alpha_L\sin\alpha_L & 0\\ \Delta\beta_L\cos\alpha_L\cos\beta_L-\Delta\alpha_L\sin\alpha_L\sin\beta_L & \Delta\beta_L\sin\alpha_L\cos\beta_L+\Delta\alpha_L\cos\alpha_L\sin\beta_L & \Delta\beta_L\sin\beta_L\end{bmatrix},$$

$$\Delta\boldsymbol{b}=\begin{bmatrix}x_1\Delta\alpha_1\cos\alpha_1+y_1\Delta\alpha_1\sin\alpha_1\\ x_1\Delta\beta_1\cos\alpha_1\cos\beta_1-x_1\Delta\alpha_1\sin\alpha_1\sin\beta_1+y_1\Delta\beta_1\sin\alpha_1\cos\beta_1+y_1\Delta\alpha_1\cos\alpha_1\sin\beta_1+z_1\Delta\beta_1\sin\beta_1\\ \vdots\\ x_L\Delta\alpha_L\cos\alpha_L+y_L\Delta\alpha_L\sin\alpha_L\\ x_L\Delta\beta_L\cos\alpha_L\cos\beta_L-x_L\Delta\alpha_L\sin\alpha_L\sin\beta_L+y_L\Delta\beta_L\sin\alpha_L\cos\beta_L+y_L\Delta\alpha_L\cos\alpha_L\sin\beta_L+z_L\Delta\beta_L\sin\beta_L\end{bmatrix}。$$

令 $\boldsymbol{D}=[\Delta\boldsymbol{H},-\Delta\boldsymbol{b}]$，此时定位解算问题可转化为如下最小二乘问题：

$$\begin{aligned}&\min_{\boldsymbol{x}_{\mathrm{T}}}\|\boldsymbol{D}\|_{\mathrm{F}}\\ &\text{s.t. }\ \boldsymbol{b}+\Delta\boldsymbol{b}=(\boldsymbol{H}+\Delta\boldsymbol{H})\boldsymbol{x}_{\mathrm{T}}\end{aligned} \tag{4-16}$$

式中，$\|\boldsymbol{D}\|_{\mathrm{F}}=\sqrt{\sum_{i=1}^{2L}\sum_{j=1}^{4}(\boldsymbol{D}_{i,j})^2}$ 为矩阵的 Frobenious 范数。

由于考虑了误差矩阵 $\Delta\boldsymbol{H}$ 与 $\Delta\boldsymbol{b}$，该算法为总体最小二乘算法[9]，其基本思想是使 $\Delta\boldsymbol{H}$ 和 $\Delta\boldsymbol{b}$ 噪声扰动影响最小，即求得具有最小范数的矩阵 $\boldsymbol{D}$ 使得增广矩阵 $[\boldsymbol{H}+\Delta\boldsymbol{H},\ -\boldsymbol{b}-\Delta\boldsymbol{b}]$ 是非满秩，利用奇异值分解可实现这一目标。将测量矩阵和观测参数矢量进行奇异值分解[10]：

$$[\boldsymbol{H}+\Delta\boldsymbol{H},-\boldsymbol{b}-\Delta\boldsymbol{b}]=\boldsymbol{U\Sigma V}^{\mathrm{T}}=\sum_{i=1}^{4}\sigma_i\boldsymbol{u}_i\boldsymbol{v}_i^{\mathrm{T}} \tag{4-17}$$

式中，对于三维空间测向定位，$\boldsymbol{U}$ 为 $L\times 4$ 的矩阵；$\boldsymbol{\Sigma}=\mathrm{diag}(\sigma_1,\sigma_2,\sigma_3,\sigma_4)$ 为由按序排列的奇异值（$\sigma_1\geqslant\sigma_2\geqslant\sigma_3\geqslant\sigma_4>0$）构成的对角线矩阵；$\boldsymbol{V}=[\boldsymbol{v}_1,\boldsymbol{v}_2,\boldsymbol{v}_3,\boldsymbol{v}_4]$ 为 4×4 的矩阵。

当没有测量误差时，有 $\mathrm{rank}\{[\boldsymbol{H},-\boldsymbol{b}]\}=3$，此时 $\sigma_4=0$。当测量矩阵和观测参数矢量均存在误差扰动 $\Delta\boldsymbol{H}$ 与 $\Delta\boldsymbol{b}$ 时，$\mathrm{rank}\{[\boldsymbol{H}+\Delta\boldsymbol{H},-\boldsymbol{b}-\Delta\boldsymbol{b}]\}=4$，且 $\sigma_4\neq 0$。但当误差扰动较小时，满足 $\sigma_1\geqslant\sigma_2\geqslant\sigma_3\gg\sigma_4$，则通过令 $\sigma_4=0$ 可以近似得到扰动的增广矩阵：

$$[\boldsymbol{H}+\Delta\boldsymbol{H},-\boldsymbol{b}-\Delta\boldsymbol{b}]\approx\sum_{i=1}^{3}\sigma_i\boldsymbol{u}_i\boldsymbol{v}_i^{\mathrm{T}} \tag{4-18}$$

总体最小二乘定位结果 $\boldsymbol{x}_{\mathrm{TLS}}$ 需满足

$$[\boldsymbol{H}+\Delta\boldsymbol{H},-\boldsymbol{b}-\Delta\boldsymbol{b}]\begin{bmatrix}\boldsymbol{x}_{\mathrm{TLS}}\\1\end{bmatrix}=\boldsymbol{0}\Rightarrow\sum_{i=1}^{3}\sigma_i\boldsymbol{u}_i\boldsymbol{v}_i^{\mathrm{T}}\begin{bmatrix}\boldsymbol{x}_{\mathrm{TLS}}\\1\end{bmatrix}\approx\boldsymbol{0} \tag{4-19}$$

可以得到总体最小二乘算法的定位结果为

$$\hat{\boldsymbol{x}}_{\mathrm{TLS}}=[\boldsymbol{v}_4(1)/\boldsymbol{v}_4(4),\boldsymbol{v}_4(2)/\boldsymbol{v}_4(4),\boldsymbol{v}_4(3)/\boldsymbol{v}_4(4)]^{\mathrm{T}} \tag{4-20}$$

式中，$\boldsymbol{v}_4(i)$ 为 $\boldsymbol{v}_4$ 的第 i 个分量；$\boldsymbol{v}_4$ 为矩阵 $[\boldsymbol{H}+\Delta\boldsymbol{H},-\boldsymbol{b}-\Delta\boldsymbol{b}]$ 进行奇异值分解后，最小的奇异值所对应的右奇异向量。

总体最小二乘法涉及伪线性变换，因此该方法的使用需要满足较小的参数测量误差。利用总体最小二乘法对例 4.1 构建矩阵 $[\boldsymbol{H}+\Delta\boldsymbol{H},-\boldsymbol{b}-\Delta\boldsymbol{b}]$ 进行奇异值分解，得到目标位置的估计值为 $\hat{\boldsymbol{x}}_{\mathrm{T}}=[32.95,33.71]^{\mathrm{T}}$ (km)，定位误差为 1.19km。

3. 带约束条件的总体最小二乘法

针对二维测向定位，文献[11, 12]指出理论测量矩阵 $\boldsymbol{H}$ 中每个行向量的模为 1，而总体最小二乘法中带有误差的测量矩阵 $\boldsymbol{H}+\Delta\boldsymbol{H}$ 中行向量不满足这一条件。因此，将矩阵 $\boldsymbol{H}+\Delta\boldsymbol{H}$ 中每个行向量元素相对于自身进行归一化处理，使其满足每个行向量的模为 1。该算法在总体最小二乘法的基础上增加了非线性约束，因此称为约束总体最小二乘法，具体算法流程如下。

（1）令测量矩阵 $\boldsymbol{H}_k=\boldsymbol{H}+\Delta\boldsymbol{H}$，对参数矢量 $\boldsymbol{b}_k=\boldsymbol{b}+\Delta\boldsymbol{b}$ 构成的增广矩阵进行奇异值分解：

$$[\boldsymbol{H}_k,-\boldsymbol{b}_k]=\boldsymbol{U\Sigma V}^{\mathrm{T}}=\sum_{i=1}^{3}\sigma_i\boldsymbol{u}_i\boldsymbol{v}_i^{\mathrm{T}}$$

（2）得到三个奇异值 $\sigma_1\geqslant\sigma_2\geqslant\sigma_3>0$，计算误差值：

$$\varepsilon=\frac{\sigma_3}{\sqrt{\sigma_1^2+\sigma_2^2}}$$

若误差值小于一个门限值，则终止迭代，利用公式 $\hat{\boldsymbol{x}}_{\mathrm{CTLS}}=[\boldsymbol{v}_3(1)/\boldsymbol{v}_3(3),\boldsymbol{v}_3(2)/\boldsymbol{v}_3(3)]^{\mathrm{T}}$ 得到约束总体最小二乘法的定位结果。否则进入步骤（3）。

（3）由于理论测量矩阵 $\boldsymbol{H}$ 中行向量的模为 1，则对观测矩阵中的行向量进行自身归一化：

$$\boldsymbol{H}_{k+1}(l,:)=\boldsymbol{H}_k(l,:)/\|\boldsymbol{H}_k(l,:)\|$$

（4）对参数矢量 $\boldsymbol{b}_k$ 基于 $\boldsymbol{H}_k$ 中对应行向量进行归一化调整：

$$\boldsymbol{b}_{k+1}(l)=\boldsymbol{b}_k(l)/\|\boldsymbol{H}_k(l,:)\|$$

（5）更新 $\boldsymbol{H}_{k+1}$ 和 $\boldsymbol{b}_{k+1}$，并回到步骤（1）。

该算法相较于总体最小二乘法的单次解析具有更高的定位精度，但每次迭代运算均需要进行奇异值分解，算法过程较为复杂。

针对总体最小二乘法单次解析定位精度不高的问题，文献[13-15]提出三维空间测向定位的约束总体最小二乘法，将测向定位问题转化成一个约束总体最小二乘问题。假设目标相对于第 l 个观测站的真实方位角为 $\alpha_l=\tilde{\alpha}_l-\Delta\alpha_l$，真实俯仰角为 $\beta_l=\tilde{\beta}_l-\Delta\beta_l$，则考虑如下三角函数的一阶泰勒展开：

$$\begin{cases}\sin(\tilde{\alpha}_l-\Delta\alpha_l)=\sin\tilde{\alpha}_l-\Delta\alpha_l\cos\tilde{\alpha}_l+o(\Delta\alpha_l)\\\cos(\tilde{\alpha}_l-\Delta\alpha_l)=\cos\tilde{\alpha}_l+\Delta\alpha_l\sin\tilde{\alpha}_l+o(\Delta\alpha_l)\\\sin(\tilde{\beta}_l-\Delta\beta_l)=\sin\tilde{\beta}_l-\Delta\beta_l\cos\tilde{\beta}_l+o(\Delta\beta_l)\\\cos(\tilde{\beta}_l-\Delta\beta_l)=\cos\tilde{\beta}_l+\Delta\beta_l\sin\tilde{\beta}_l+o(\Delta\beta_l)\end{cases}$$

由此可得带误差的测量矩阵 $\boldsymbol{H}_{\mathrm{c}}$ 与参数矢量 $\boldsymbol{b}_{\mathrm{c}}$ 表达式如下：

$$\begin{cases}\boldsymbol{H}_{\mathrm{c}}=\boldsymbol{H}+[\boldsymbol{F}_1\boldsymbol{E},\boldsymbol{F}_2\boldsymbol{E},\boldsymbol{F}_3\boldsymbol{E}]\\ \boldsymbol{b}_{\mathrm{c}}=\boldsymbol{b}+\boldsymbol{F}_4\boldsymbol{E}\end{cases}\tag{4-21}$$

式中，$\boldsymbol{H}$ 和 $\boldsymbol{b}$ 具体表达式参见式（4-15）；$\boldsymbol{F}_1=\mathrm{diag}[\boldsymbol{f}_{11},\boldsymbol{f}_{12},\cdots,\boldsymbol{f}_{1L}]$，$\boldsymbol{F}_2=\mathrm{diag}[\boldsymbol{f}_{21},\boldsymbol{f}_{22},\cdots,\boldsymbol{f}_{2L}]$，$\boldsymbol{F}_3=\mathrm{diag}[\boldsymbol{f}_{31},\boldsymbol{f}_{32},\cdots,\boldsymbol{f}_{3L}]$，$\boldsymbol{F}_4=\mathrm{diag}[\boldsymbol{f}_{41},\boldsymbol{f}_{42},\cdots,\boldsymbol{f}_{4L}]$，$\boldsymbol{f}_{1l}=\begin{bmatrix}\cos\alpha_l & 0\\ -\sin\alpha_l\sin\beta_l & \cos\alpha_l\cos\beta_l\end{bmatrix}$，$\boldsymbol{f}_{2l}=\begin{bmatrix}\sin\alpha_l & 0\\ \cos\alpha_l\sin\beta_l & \sin\alpha_l\cos\beta_l\end{bmatrix}$，$\boldsymbol{f}_{3l}=\begin{bmatrix}0 & 0\\ 0 & \sin\beta_l\end{bmatrix}$，$\boldsymbol{f}_{4l}=\begin{bmatrix}x_l\cos\alpha_l+y_l\sin\alpha_l & 0\\ y_l\cos\alpha_l\sin\beta_l-x_l\sin\alpha_l\sin\beta_l & x_l\cos\alpha_l\cos\beta_l+y_l\sin\alpha_l\cos\beta_l+z_l\sin\beta_l\end{bmatrix}$；$\boldsymbol{E}=[\Delta\alpha_1,\Delta\beta_1,\Delta\alpha_2,\Delta\beta_2,\cdots,\Delta\alpha_L,\Delta\beta_L]^{\mathrm{T}}$。

由上式可以看出，矩阵 $\boldsymbol{H}_{\mathrm{c}}$ 与 $\boldsymbol{b}_{\mathrm{c}}$ 所受到的噪扰均来源于误差矢量 $\boldsymbol{E}$，此时定位解算问题可转化为如下带约束条件的总体最小二乘问题：

$$\begin{aligned}&\min_{\boldsymbol{x}_{\mathrm{T}},\boldsymbol{E}}\left\|[\boldsymbol{F}_1\boldsymbol{E},\boldsymbol{F}_2\boldsymbol{E},\boldsymbol{F}_3\boldsymbol{E},\boldsymbol{F}_4\boldsymbol{E}]\right\|\\ &\text{s.t. } [\boldsymbol{H}_{\mathrm{c}},-\boldsymbol{b}_{\mathrm{c}}]\begin{bmatrix}\boldsymbol{x}_{\mathrm{T}}\\1\end{bmatrix}-[\boldsymbol{F}_1\boldsymbol{E},\boldsymbol{F}_2\boldsymbol{E},\boldsymbol{F}_3\boldsymbol{E},-\boldsymbol{F}_4\boldsymbol{E}]\begin{bmatrix}\boldsymbol{x}_{\mathrm{T}}\\1\end{bmatrix}=0\end{aligned}\tag{4-22}$$

由文献[16]可知，式（4-22）带约束条件的总体最小二乘问题可转化为无约束的优化问题，其优化表达式如下：

$$\hat{\boldsymbol{x}}_{\mathrm{CTLS}}=\arg\min_{\boldsymbol{x}}\left\{\begin{bmatrix}\boldsymbol{x}_{\mathrm{T}}\\1\end{bmatrix}^{\mathrm{T}}\boldsymbol{C}^{\mathrm{T}}(\boldsymbol{H}_{\boldsymbol{x}}\boldsymbol{G}^{-1}\boldsymbol{H}_{\boldsymbol{x}}^{\mathrm{T}})^{-1}\boldsymbol{C}\begin{bmatrix}\boldsymbol{x}_{\mathrm{T}}\\1\end{bmatrix}\right\}\tag{4-23}$$

式中，优化过程中目标位置 $\boldsymbol{x}_{\mathrm{T}}=[x,y,z]^{\mathrm{T}}$，$\boldsymbol{H}_{\boldsymbol{x}}=x\boldsymbol{F}_1+y\boldsymbol{F}_2+z\boldsymbol{F}_3-\boldsymbol{F}_4$，$\boldsymbol{G}=\sum_{i=1}^{4}\boldsymbol{F}_i^{\mathrm{T}}\boldsymbol{F}_i$，$\boldsymbol{C}=[\boldsymbol{H}_{\mathrm{c}},\boldsymbol{b}_{\mathrm{c}}]$。

式（4-23）是关于目标位置 $\boldsymbol{x}_{\mathrm{T}}$ 的非线性函数，可利用 G-N 迭代法进行求解：

$$\hat{\boldsymbol{x}}_{k+1}=\hat{\boldsymbol{x}}_k-\mu_k\boldsymbol{H}_k^{-1}\boldsymbol{T}_k\tag{4-24}$$

式中，$\boldsymbol{H}_k=2(\boldsymbol{H}_{\mathrm{c}}-\boldsymbol{B}_1-\boldsymbol{B}_2)^{\mathrm{T}}(\boldsymbol{H}_{\boldsymbol{x}}\boldsymbol{G}^{-1}\boldsymbol{H}_{\boldsymbol{x}}^{\mathrm{T}})^{-1}(\boldsymbol{H}_{\mathrm{c}}-\boldsymbol{B}_1-\boldsymbol{B}_2)-2\boldsymbol{B}_3^{\mathrm{T}}\boldsymbol{G}^{-1}\boldsymbol{B}_3$ 为 Hessian 矩阵，$\boldsymbol{T}_k=2(\boldsymbol{U}^{\mathrm{T}}\boldsymbol{H}_{\mathrm{c}}-\boldsymbol{U}^{\mathrm{T}}\boldsymbol{B}_1)^{\mathrm{T}}$ 为梯度矢量，$\boldsymbol{U}=(\boldsymbol{H}_{\boldsymbol{x}}\boldsymbol{G}^{-1}\boldsymbol{H}_{\boldsymbol{x}}^{\mathrm{T}})^{-1}\boldsymbol{C}\begin{bmatrix}\hat{\boldsymbol{x}}_k\\1\end{bmatrix}$，$\boldsymbol{B}_1=[\boldsymbol{H}_{\boldsymbol{x}}\boldsymbol{G}^{-1}\boldsymbol{F}_1^{\mathrm{T}}\boldsymbol{U},\boldsymbol{H}_{\boldsymbol{x}}\boldsymbol{G}^{-1}\boldsymbol{F}_2^{\mathrm{T}}\boldsymbol{U},\ \boldsymbol{H}_{\boldsymbol{x}}\boldsymbol{G}^{-1}\boldsymbol{F}_3^{\mathrm{T}}\boldsymbol{U}]$，$\boldsymbol{B}_2=[\boldsymbol{F}_1\boldsymbol{G}^{-1}\boldsymbol{H}_{\boldsymbol{x}}^{\mathrm{T}}\boldsymbol{U},\boldsymbol{F}_2\boldsymbol{G}^{-1}\boldsymbol{H}_{\boldsymbol{x}}^{\mathrm{T}}\boldsymbol{U},\boldsymbol{F}_3\boldsymbol{G}^{-1}\boldsymbol{H}_{\boldsymbol{x}}^{\mathrm{T}}\boldsymbol{U}]$，$\boldsymbol{B}_3=[\boldsymbol{F}_1^{\mathrm{T}}\boldsymbol{U},\boldsymbol{F}_2^{\mathrm{T}}\boldsymbol{U},\boldsymbol{F}_3^{\mathrm{T}}\boldsymbol{U}]$；$\mu_k=\mu^k(\mu<1)$ 为步长因子。

该算法收敛时可有效提高总体最小二乘法的单次解析定位精度，但需要较多的观测量信息，同时涉及梯度矢量与 Hessian 矩阵的计算，以及 G-N 迭代求解，计算过程较为复杂。在此算法的基础上，还有学者提出将带约束条件的总体最小二乘法转化成结构总体最小二乘法，感兴趣的读者可参考文献[17-19]。

4. 基于正则约束总体最小二乘法

上述介绍的优化算法均利用 G-N 迭代法进行求解，在足够多的测量信息和较小的测量误差前提下才具有较好的定位性能，否则迭代优化算法难以收敛。文献[20，21]提出基于正则约束总体最小二乘法定位，即在式（4-22）的约束条件中引入正则项 η，可得基于正则约束总体最小二乘法的等价优化问题：

$$\min_{\boldsymbol{x}_{\mathrm{T}},\boldsymbol{E}}\{\|[\boldsymbol{F}_1\boldsymbol{E},\boldsymbol{F}_2\boldsymbol{E},\boldsymbol{F}_3\boldsymbol{E},\boldsymbol{F}_4\boldsymbol{E}]\|^2+\eta\|\boldsymbol{x}_{\mathrm{T}}\|^2\}$$
$$\text{s.t. } [\boldsymbol{H}_{\mathrm{c}},-\boldsymbol{b}_{\mathrm{c}}]\begin{bmatrix}\boldsymbol{x}_{\mathrm{T}}\\1\end{bmatrix}-[\boldsymbol{F}_1\boldsymbol{E},\boldsymbol{F}_2\boldsymbol{E},\boldsymbol{F}_3\boldsymbol{E},-\boldsymbol{F}_4\boldsymbol{E}]\begin{bmatrix}\boldsymbol{x}_{\mathrm{T}}\\1\end{bmatrix}=0 \tag{4-25}$$

类似于式（4-23）的无约束优化问题，式（4-25）同样可等价于如下无约束优化问题：

$$\hat{\boldsymbol{x}}_{\mathrm{RCTLS}}=\arg\min_{\boldsymbol{x}}\left\{\begin{bmatrix}\boldsymbol{x}_{\mathrm{T}}\\1\end{bmatrix}^{\mathrm{T}}\boldsymbol{C}^{\mathrm{T}}(\boldsymbol{H}_{\boldsymbol{x}}\boldsymbol{G}^{-1}\boldsymbol{H}_{\boldsymbol{x}}^{\mathrm{T}})^{-1}\boldsymbol{C}\begin{bmatrix}\boldsymbol{x}_{\mathrm{T}}\\1\end{bmatrix}+\eta\boldsymbol{x}_{\mathrm{T}}^{\mathrm{T}}\boldsymbol{x}_{\mathrm{T}}\right\} \tag{4-26}$$

对于式（4-26）可使用 G-N 迭代法求解，但是需要计算梯度矢量与 Hessian 矩阵，计算复杂度高，求解时间长。文献[20]提出对式（4-26）求导并忽略误差矢量 $\boldsymbol{E}$ 的高阶项，从而得到如下近似解：

$$\hat{\boldsymbol{x}}_{\mathrm{RCTLS}}\approx[\boldsymbol{H}_{\mathrm{c}}^{\mathrm{T}}(\boldsymbol{H}_{\boldsymbol{x}}\boldsymbol{G}^{-1}\boldsymbol{H}_{\boldsymbol{x}}^{\mathrm{T}})^{-1}\boldsymbol{H}_{\mathrm{c}}+\eta]^{-1}\boldsymbol{H}_{\mathrm{c}}^{\mathrm{T}}(\boldsymbol{H}_{\boldsymbol{x}}\boldsymbol{G}^{-1}\boldsymbol{H}_{\boldsymbol{x}}^{\mathrm{T}})^{-1}\boldsymbol{b}_{\mathrm{c}} \tag{4-27}$$

当 $(\boldsymbol{H}_{\boldsymbol{x}}\boldsymbol{G}^{-1}\boldsymbol{H}_{\boldsymbol{x}}^{\mathrm{T}})^{-1}=\boldsymbol{I}$ 时，则近似解 $\hat{\boldsymbol{x}}_{\mathrm{RCTLS}}$ 退化为 Tikhonov 正则化法闭式解[22]。

该优化算法与带约束条件的总体最小二乘法相比，在观测站数目较少和测向误差标准差较大时具有较高的定位精度。但该算法是有偏估计，偏差随着正则化参数 η 的增大而增大，正则化参数 η 的确定需要在偏差和均方差之间取舍。此外，该算法前提条件是需要确切知道角度测量信息的误差协方差矩阵，同时需要对正则化参数 η 进行动态调整，这也就限制了该优化算法的工程易用性。

4.2　定位误差分析

4.2.1　均方误差几何表示

以两个观测站对二维静止辐射源定位为例，如图 4-7 所示设点 $\boldsymbol{x}_{\mathrm{T}}$ 为辐射源真实位置，从点 $\boldsymbol{x}_{\mathrm{T}}$ 到观测站 1 (x_1,y_1) 和观测站 2 (x_2,y_2) 的方位角分别为 α_1 和 α_2，距离分别为 r_1 和 r_2。测向误差分别为 $\Delta\alpha_1$ 和 $\Delta\alpha_2$，实测的两条测向线交于点 $\hat{\boldsymbol{x}}_{\mathrm{T}}$，则点 $\hat{\boldsymbol{x}}_{\mathrm{T}}$ 为辐射源位置的估计值，其误差为点 $\hat{\boldsymbol{x}}_{\mathrm{T}}$ 到点 $\boldsymbol{x}_{\mathrm{T}}$ 的距离 R。假设两站不存在站址误差，其测向误差 $\Delta\alpha_1$ 和 $\Delta\alpha_2$ 均值为零，方差分别为 σ_1^2 和 σ_2^2，相关系数为 ρ。$\boldsymbol{n}_1$ 和 $\boldsymbol{n}_2$ 与图 3-1 中一致，具体表达式为式（3-25）。

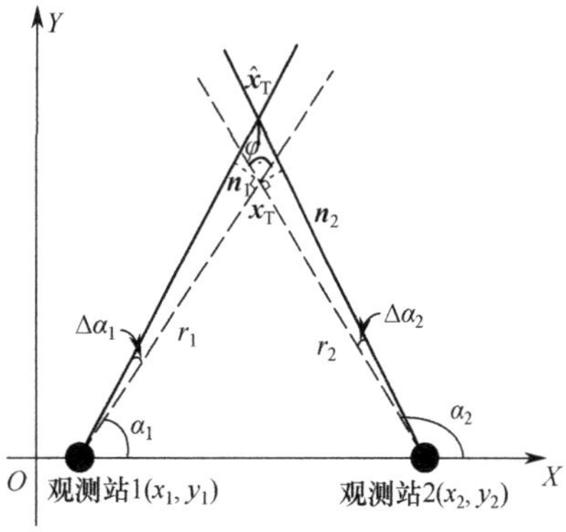

图 4-7　双站测向定位的几何表示

1. 定位误差

根据上述假设，由 3.2.1.2 节定位误差几何表示中式（3-17）可得其梯度为

$$\nabla h_1=\begin{bmatrix}\dfrac{-(y_{\mathrm{T}}-y_1)}{r_1^2} & \dfrac{x_{\mathrm{T}}-x_1}{r_1^2}\end{bmatrix}^{\mathrm{T}} \tag{4-28}$$

$$\nabla h_2=\begin{bmatrix}\dfrac{-(y_{\mathrm{T}}-y_2)}{r_2^2} & \dfrac{x_{\mathrm{T}}-x_2}{r_2^2}\end{bmatrix}^{\mathrm{T}} \tag{4-29}$$

代入式（3-29）可得双站测向定位的均方误差为

$$\sigma_R^2=\frac{r_1^2\sigma_1^2+r_2^2\sigma_2^2-2r_1r_2\rho\sigma_1\sigma_2\cos\varphi}{\sin^2\varphi} \tag{4-30}$$

式中，φ 为 ∇h_1 和 $-\nabla h_2$ 之间的夹角，且 $\varphi=\pi-(\alpha_2-\alpha_1)$；$r_1^2=\|\nabla h_1\|^{-1}$；$r_2^2=\|\nabla h_2\|^{-1}$。

当两个观测站测向误差不相关（$\rho=0$），且 $\sigma_1^2=\sigma_2^2=\sigma_\alpha^2$ 时，$\sigma_R^2=\dfrac{\sigma_\alpha^2(r_1^2+r_2^2)}{[\sin(\alpha_2-\alpha_1)]^2}$。

将上述公式中 r_1 和 r_2 利用观测站位置与方位角进行改写，得到如下形式：

$$\sigma_R^2=\sigma_\alpha^2\left\{\frac{[(y_1-y_2)\cos\alpha_1+(x_1-x_2)\sin\alpha_1]^2+[(y_1-y_2)\cos\alpha_2+(x_1-x_2)\sin\alpha_2]^2}{[\sin(\alpha_2-\alpha_1)]^4}\right\} \tag{4-31}$$

为了便于求解双站定位区域内的最小定位误差位置，即 σ_R^2 的最小值，假设观测站 1 和观测站 2 均位于 X 轴上，则上式可简化为

$$\sigma_R^2=\sigma_\alpha^2\cdot\frac{(x_1-x_2)^2[(\sin\alpha_1)^2+(\sin\alpha_2)^2]}{[\sin(\alpha_2-\alpha_1)]^4} \tag{4-32}$$

令 $f(\alpha_1,\alpha_2)=\dfrac{(\sin\alpha_1)^2+(\sin\alpha_2)^2}{[\sin(\alpha_2-\alpha_1)]^4}$，对 $f(\alpha_1,\alpha_2)$ 分别关于 α_1 和 α_2 求偏导并令其等于 0，可得

$$\begin{aligned}\frac{\partial f(\alpha_1,\alpha_2)}{\partial\alpha_1}&=\frac{2\sin\alpha_1\sin\alpha_2+2[(\sin\alpha_1)^2+2(\sin\alpha_2)^2]\cos(\alpha_2-\alpha_1)}{[\sin(\alpha_2-\alpha_1)]^5}=0\\ \frac{\partial f(\alpha_1,\alpha_2)}{\partial\alpha_2}&=\frac{-2\sin\alpha_1\sin\alpha_2-2[2(\sin\alpha_1)^2+(\sin\alpha_2)^2]\cos(\alpha_2-\alpha_1)}{[\sin(\alpha_2-\alpha_1)]^5}=0\end{aligned} \tag{4-33}$$

可解得 $\alpha_1=\dfrac{1}{2}\arccos\left(\dfrac{1}{3}\right)=35.26°$，$\alpha_2=180°-\alpha_1=144.74°$。

由二维函数求极值理论可知，由于 $\left.\dfrac{\partial^2 f(\alpha_1,\alpha_2)}{\partial\alpha_1^2}\right|_{\substack{\alpha_1=35.26°\\ \alpha_2=144.74°}}>0$ 且 $\left(\left.\dfrac{\partial^2 f(\alpha_1,\alpha_2)}{\partial\alpha_1\partial\alpha_2}\right|_{\substack{\alpha_1=35.26°\\ \alpha_2=144.74°}}\right)^2-\left(\left.\dfrac{\partial^2 f(\alpha_1,\alpha_2)}{\partial\alpha_2^2}\right|_{\substack{\alpha_1=35.26°\\ \alpha_2=144.74°}}\right)\cdot\left(\left.\dfrac{\partial^2 f(\alpha_1,\alpha_2)}{\partial\alpha_1^2}\right|_{\substack{\alpha_1=35.26°\\ \alpha_2=144.74°}}\right)=-4.2715<0$，因此当 $\hat{\alpha}_1=35.26°$，$\hat{\alpha}_2=144.74°$ 时，绝对定位误差取得极小值。

对应的最小定位误差位置坐标为

$$\begin{cases}x_{\mathrm{T}}=\dfrac{y_2-y_1-x_2\tan\hat{\alpha}_2+x_1\tan\hat{\alpha}_1}{\tan\hat{\alpha}_1-\tan\hat{\alpha}_2}\\[2ex] y_{\mathrm{T}}=\dfrac{(x_1-x_2)\tan\hat{\alpha}_1\tan\hat{\alpha}_2-y_1\tan\hat{\alpha}_2+y_2\tan\hat{\alpha}_1}{\tan\hat{\alpha}_1-\tan\hat{\alpha}_2}\end{cases} \tag{4-34}$$

图 4-8 给出了两个观测站坐标为 $\boldsymbol{x}_1=[-20,0]^{\mathrm{T}}$ (km)，$\boldsymbol{x}_2=[20,0]^{\mathrm{T}}$ (km)，测向均方根误差为 1° 的双站测向定位绝对误差等值线。

2. 相对定位误差

除了上面分析的定位误差，相对定位误差也是工程中常用的定位指标，即绝对定位误差

到两个观测站基线距离的比值。由式（4-31）可得相对定位误差

$$\sigma_{\mathrm{RE}}^2=\frac{\sigma_\alpha^2}{D^2}\left\{\frac{[(y_1-y_2)\cos\alpha_1+(x_1-x_2)\sin\alpha_1]^2+[(y_1-y_2)\cos\alpha_2+(x_1-x_2)\sin\alpha_2]^2}{[\sin(\alpha_2-\alpha_1)]^4}\right\} \tag{4-35}$$

式中，$D^2=\dfrac{\{(y_2-y_1)(y_2-y_1-x_2\tan\alpha_2+x_1\tan\alpha_2)-(x_2-x_1)[(x_1-x_2)\tan\alpha_1\tan\alpha_2+y_2\tan\alpha_1-y_1\tan\alpha_1]\}^2}{(\tan\alpha_1-\tan\alpha_2)^2[(x_2-x_1)^2+(y_2-y_1)^2]}$。

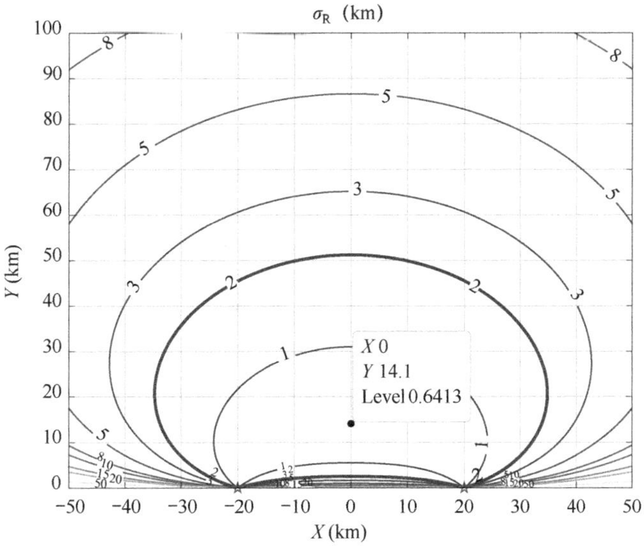

图 4-8　双站测向定位绝对误差等值线

为了便于求解双站定位区域内的最小相对定位误差位置，即 σ_{RE}^2 的最小值，假设观测站 1 和观测站 2 均位于 X 轴上，则上式可简化为

$$\sigma_{\mathrm{RE}}^2=\sigma_\alpha^2\cdot\frac{(\sin\alpha_1)^2+(\sin\alpha_2)^2}{[\sin(\alpha_2-\alpha_1)]^2(\sin\alpha_1)^2(\sin\alpha_2)^2} \tag{4-36}$$

令 $g(\alpha_1,\alpha_2)=\dfrac{(\sin\alpha_1)^2+(\sin\alpha_2)^2}{[\sin(\alpha_2-\alpha_1)]^2(\sin\alpha_1)^2(\sin\alpha_2)^2}$，对 $g(\alpha_1,\alpha_2)$ 分别关于 α_1 和 α_2 求偏导并令其等于 0，可得

$$\begin{aligned}\frac{\partial g(\alpha_1,\alpha_2)}{\partial\alpha_1}&=\frac{\left\{\begin{aligned}&2\sin\alpha_1\cos\alpha_1\sin(\alpha_2-\alpha_1)\sin\alpha_1+2\left[(\sin\alpha_1)^2+(\sin\alpha_2)^2\right]\cos(\alpha_2-\alpha_1)\sin\alpha_1\\&-2[(\sin\alpha_1)^2+(\sin\alpha_2)^2]\sin(\alpha_2-\alpha_1)\cos\alpha_1\end{aligned}\right\}}{[\sin(\alpha_2-\alpha_1)]^3(\sin\alpha_1)^3(\sin\alpha_2)^2}\\&=\frac{\sin(2\alpha_1)\cos\alpha_2[(\sin\alpha_1)^2+2(\sin\alpha_2)^2]+2(\sin\alpha_1)^4\sin\alpha_2-2(\sin\alpha_2)^3\cos(2\alpha_1)}{[\sin(\alpha_2-\alpha_1)]^3(\sin\alpha_1)^3(\sin\alpha_2)^2}=0\end{aligned} \tag{4-37}$$

$$\frac{\partial g(\alpha_1,\alpha_2)}{\partial\alpha_2}=\frac{\left\{\begin{aligned}&2\sin\alpha_2\cos\alpha_2\sin(\alpha_2-\alpha_1)\sin\alpha_2-2[(\sin\alpha_1)^2+(\sin\alpha_2)^2]\cos(\alpha_2-\alpha_1)\sin\alpha_2\\&-2[(\sin\alpha_1)^2+(\sin\alpha_2)^2]\sin(\alpha_2-\alpha_1)\cos\alpha_2\end{aligned}\right\}}{[\sin(\alpha_2-\alpha_1)]^3(\sin\alpha_1)^2(\sin\alpha_2)^3}$$

$$= \frac{-\sin(2\alpha_2)\cos\alpha_1[(\sin\alpha_2)^2 + 2(\sin\alpha_1)^2] - 2(\sin\alpha_2)^4\sin\alpha_1 + 2(\sin\alpha_1)^3\cos(2\alpha_2)}{[\sin(\alpha_2-\alpha_1)]^3(\sin\alpha_1)^2(\sin\alpha_2)^3} = 0$$

（4-38）

可解得 $\alpha_1 = \arctan(\sqrt{2}) = 54.73°$，$\alpha_2 = 180° - \alpha_1 = 125.27°$。

由二维函数求极值理论可知，由于 $\left.\frac{\partial^2 g(\alpha_1,\alpha_2)}{\partial\alpha_1^2}\right|_{\substack{\alpha_1=54.73° \\ \alpha_2=125.27°}} > 0$，$\left(\left.\frac{\partial^2 g(\alpha_1,\alpha_2)}{\partial\alpha_1\partial\alpha_2}\right|_{\substack{\alpha_1=54.73° \\ \alpha_2=125.27°}}\right)^2 - \left(\left.\frac{\partial^2 g(\alpha_1,\alpha_2)}{\partial\alpha_2^2}\right|_{\substack{\alpha_1=54.73° \\ \alpha_2=125.27°}}\right)\cdot\left(\left.\frac{\partial^2 g(\alpha_1,\alpha_2)}{\partial\alpha_1^2}\right|_{\substack{\alpha_1=54.73° \\ \alpha_2=125.27°}}\right) = -170.8594 < 0$，因此当 $\hat{\alpha}_1 = 54.73°$，$\hat{\alpha}_2 = 125.27°$ 时，相对定位误差取得极小值。

对应的最小相对定位误差位置坐标公式为

$$\begin{cases} x_{\mathrm{T}} = \dfrac{y_2 - y_1 - x_2\tan\hat{\alpha}_2 + x_1\tan\hat{\alpha}_1}{\tan\hat{\alpha}_1 - \tan\hat{\alpha}_2} \\ y_{\mathrm{T}} = \dfrac{(x_1 - x_2)\tan\hat{\alpha}_1\tan\hat{\alpha}_2 - y_1\tan\hat{\alpha}_2 + y_2\tan\hat{\alpha}_1}{\tan\hat{\alpha}_1 - \tan\hat{\alpha}_2} \end{cases} \tag{4-39}$$

图 4-9 给出了两个观测站坐标为 $\boldsymbol{x}_1 = [-20,0]^{\mathrm{T}}$ (km)，$\boldsymbol{x}_2 = [20,0]^{\mathrm{T}}$ (km)，测向均方根误差为 1° 的双站测向定位相对误差等值线。

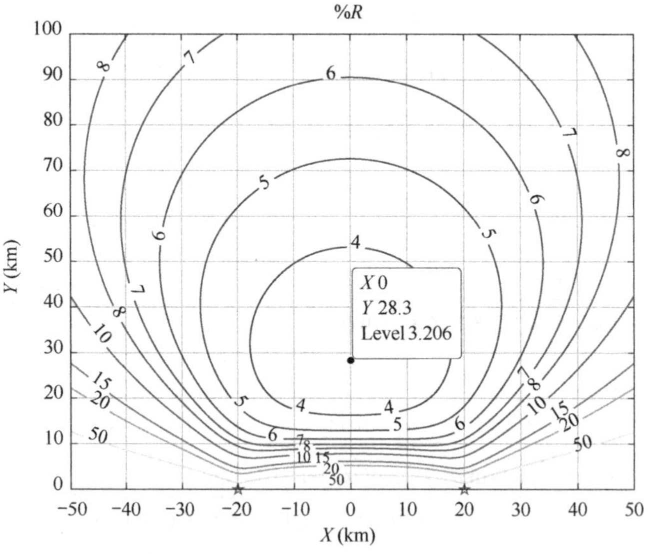

图 4-9　双站测向定位相对误差等值线

4.2.2　克拉美-罗下界

基于式（4-2）测向定位观测方程，其测向误差 $\boldsymbol{\xi} \sim \mathbb{N}(\boldsymbol{0}, \boldsymbol{\Sigma}_\xi)$，假设不同观测站测向误差相互独立，则 $\boldsymbol{\Sigma}_\xi = \mathrm{blkdiag}[\boldsymbol{\Sigma}_1^2, \boldsymbol{\Sigma}_2^2, \cdots, \boldsymbol{\Sigma}_L^2]_{2L\times 2L}$，$\boldsymbol{\Sigma}_l^2 = \mathbb{E}[(\Delta\alpha_l, \Delta\beta_l)^{\mathrm{T}}(\Delta\alpha_l, \Delta\beta_l)]$，$l = 1,2,\cdots,L$，观测站位置误差 $\boldsymbol{\varepsilon} \sim \mathbb{N}(\boldsymbol{0}, \boldsymbol{\Sigma}_\varepsilon)$，各站址误差之间互不相关，可得 $\boldsymbol{\Sigma}_\varepsilon = \mathrm{diag}\{[\sigma_x^2, \sigma_y^2, \sigma_z^2]\} \otimes \boldsymbol{I}_L$。

根据式（3-41）可知辐射源位置 $\boldsymbol{x}$ 估计的 CRLB 为

$$\mathrm{CRLB}(\boldsymbol{x})=[\boldsymbol{J}^{\mathrm{T}}(\boldsymbol{\Sigma}_{\xi}+\boldsymbol{J}_2\boldsymbol{\Sigma}_{\varepsilon}\boldsymbol{J}_2^{\mathrm{T}})^{-1}\boldsymbol{J}]^{-1} \tag{4-40}$$

式中，$\boldsymbol{J}=\dfrac{\partial \boldsymbol{h}(\boldsymbol{x},\boldsymbol{x}_{\mathrm{O}})}{\partial \boldsymbol{x}^{\mathrm{T}}}=[\boldsymbol{b}_1^{\mathrm{T}},\boldsymbol{b}_2^{\mathrm{T}},\cdots,\boldsymbol{b}_L^{\mathrm{T}}]^{\mathrm{T}}$，$\boldsymbol{b}_l=\begin{bmatrix} -\dfrac{(y-y_l)}{d_l^2} & \dfrac{(x-x_l)}{d_l^2} & 0 \\ -\dfrac{(x-x_l)(z-z_l)}{r_l^2 d_l} & -\dfrac{(y-y_l)(z-z_l)}{r_l^2 d_l} & \dfrac{d_l}{r_l^2} \end{bmatrix}$，$d_l=\sqrt{(x-x_l)^2+(y-y_l)^2}$，$r_l=\sqrt{(x-x_l)^2+(y-y_l)^2+(z-z_l)^2}$，$l=1,2,\cdots,L$；$\boldsymbol{J}_2=\dfrac{\partial \boldsymbol{h}(\boldsymbol{x},\boldsymbol{x}_{\mathrm{O}})}{\partial \boldsymbol{x}_{\mathrm{O}}^{\mathrm{T}}}=[\boldsymbol{c}_1^{\mathrm{T}},\boldsymbol{c}_2^{\mathrm{T}},\cdots,\boldsymbol{c}_L^{\mathrm{T}}]^{\mathrm{T}}$，$\boldsymbol{c}_l=\begin{bmatrix} \dfrac{(y-y_l)}{d_l^2} & -\dfrac{(x-x_l)}{d_l^2} & 0 \\ \dfrac{(x-x_l)(z-z_l)}{r_l^2 d_l} & \dfrac{(y-y_l)(z-z_l)}{r_l^2 d_l} & -\dfrac{d_l}{r_l^2} \end{bmatrix}$。

特别地，当站址误差各个分量 Δx_i、Δy_i、Δz_i 误差一致且 α_l 和 β_l 误差不相关时，有 $\mathbb{E}[\Delta x_l^2]=\mathbb{E}[\Delta y_l^2]=\mathbb{E}[\Delta z_l^2]=\sigma_{\mathrm{O}}^2$，$\boldsymbol{\Sigma}_l^2=\mathbb{E}[(\Delta\alpha_l,\Delta\beta_l)^{\mathrm{T}}(\Delta\alpha_l,\Delta\beta_l)]=\mathrm{diag}[\sigma_\alpha^2,\sigma_\beta^2]$，则

$$\boldsymbol{\Sigma}_{\xi}+\boldsymbol{J}_2\boldsymbol{\Sigma}_{\varepsilon}\boldsymbol{J}_2^{\mathrm{T}}=\mathrm{diag}\left[\sigma_\alpha^2+\frac{\sigma_{\mathrm{O}}^2}{d_1^2},\sigma_\beta^2+\frac{\sigma_{\mathrm{O}}^2}{r_1^2},\sigma_\alpha^2+\frac{\sigma_{\mathrm{O}}^2}{d_2^2},\sigma_\beta^2+\frac{\sigma_{\mathrm{O}}^2}{r_2^2},\cdots,\sigma_\alpha^2+\frac{\sigma_{\mathrm{O}}^2}{d_L^2},\sigma_\beta^2+\frac{\sigma_{\mathrm{O}}^2}{r_L^2}\right]_{2L\times 2L} \tag{4-41}$$

测向定位最大似然估计法的 RMSE 为

$$\mathrm{RMSE}(\hat{\boldsymbol{x}})=\sqrt{\mathrm{tr}[\mathrm{CRLB}(\boldsymbol{x})]} \tag{4-42}$$

假设两个观测站坐标为 $\boldsymbol{x}_1=[-20,0]^{\mathrm{T}}$ (km)，$\boldsymbol{x}_2=[20,0]^{\mathrm{T}}$ (km)，测向均方根误差为 1°，当站址误差 X 和 Y 方向均为 200m 时，测向定位误差 RMSE 等值线如图 4-10 所示。

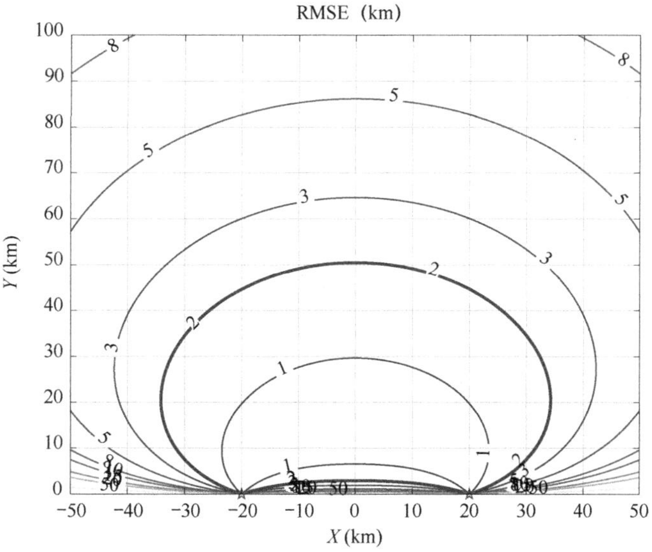

图 4-10　测向定位误差 RMSE 等值线

对于上述介绍的定位优化算法与 CRLB 进行仿真比较。假设静止辐射源坐标位置为 $\boldsymbol{x}_{\mathrm{T}}=[55,35]^{\mathrm{T}}$，单个运动观测站初始位置位于 $\boldsymbol{x}_{\mathrm{O}}=[5,13]^{\mathrm{T}}$，速度为 $\dot{\boldsymbol{x}}_{\mathrm{O}}=[2,-0.4]^{\mathrm{T}}$，共观测 20 个单位时间，观测站与辐射源位置示意如图 4-11 所示。

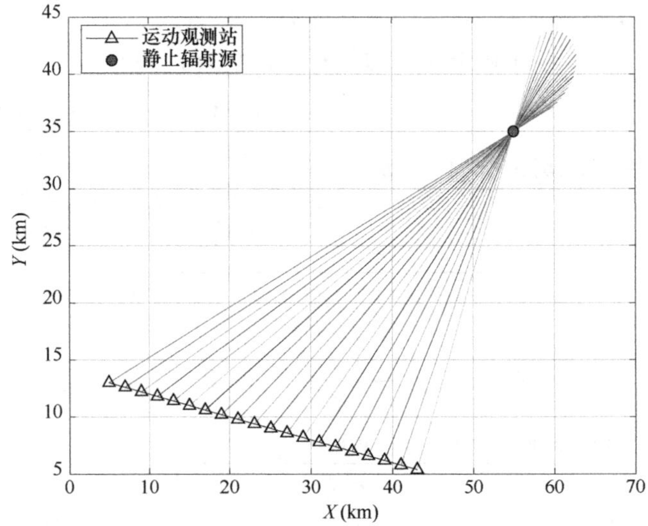

图 4-11 观测站与辐射源位置示意

上述单个运动观测站对静止辐射源测向定位场景中，不同优化算法的定位误差如图 4-12 所示。

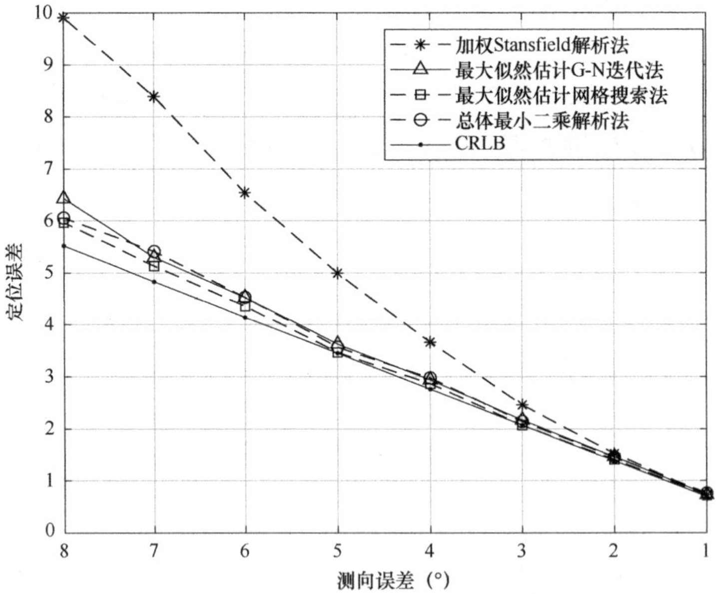

图 4-12 不同优化算法的定位误差

由图 4.12 可以看出，随着测向误差的增大，各定位优化算法的误差也随之增大。而最大似然估计 G-N 迭代法、最大似然估计网格搜索法、总体最小二乘解析法的定位误差最接近 CRLB。

4.2.3 测向定位误差概率

对于两个以上的固定测向站或一个运动的测向站，若测向过程中不存在误差，则其测向的方位线将相交于一点，即辐射源位置。但通常测得的方向角中总存在测量误差和噪声，使得方向线不再相交于一点。以二维测向定位为例，存在测向误差时运动单站的方位线如图 4-13 所示。

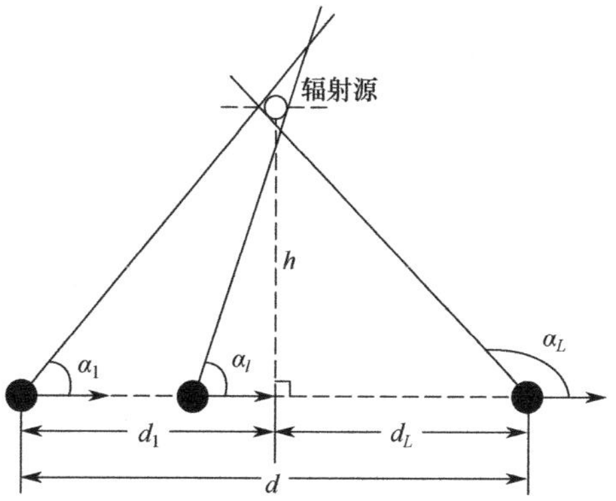

图 4-13 存在测向误差时运动单站的方位线

在 L 个不同位置对目标进行测向定位，其误差椭圆的长、短半轴表达式为[23]

$$\begin{cases} a=\sqrt{\dfrac{2\kappa}{\eta+\mu+\sqrt{(\eta-\mu)^2+4\gamma^2}}} \\ b=\sqrt{\dfrac{2\kappa}{\eta+\mu-\sqrt{(\eta-\mu)^2+4\gamma^2}}} \end{cases} \tag{4-43}$$

式中，$\kappa=-2\ln(1-P)$，P 为位置估计值 $\hat{\boldsymbol{x}}_\mathrm{T}$ 落入以 $\boldsymbol{x}_\mathrm{T}$ 为中心、长半轴为 a、短半轴为 b 的椭圆内的概率；$\eta=\sum_{l=1}^{L}[\sin\alpha_l/(r_l\cdot\sigma_{\alpha_l})]^2$；$\mu=\sum_{l=1}^{L}[\cos\alpha_l/(r_l\cdot\sigma_{\alpha_l})]^2$；$\gamma=\sum_{l=1}^{L}[\sin\alpha_l\ \cos\alpha_l/(r_l\cdot\sigma_{\alpha_l})^2]$，$r_l$ 为第 l 次观测时的目标与观测站的距离，α_l 为第 l 次观测时的测向结果，σ_{α_l} 为第 l 次观测时测向误差的标准偏差。

当运动单站对辐射源测向存在误差时，假设机动测向站沿直线运动，运动距离为线段 d，辐射源在该运动直线的中垂线上，到该线段的距离为 h。当测向时间均匀分布，测向次数 $L\geqslant 5$ 的时候，误差椭圆的长、短半轴可近似表示为[24]

$$\begin{cases} a\approx\dfrac{h\sigma_\alpha}{\sqrt{L}}\sqrt{\dfrac{2\kappa d/h}{\pi-2\arctan\left(\dfrac{2h}{d}\right)-\sin\left[2\arctan\left(\dfrac{2h}{d}\right)\right]}} \\ b\approx\dfrac{h\sigma_\alpha}{\sqrt{L}}\sqrt{\dfrac{2\kappa d/h}{\pi-2\arctan\left(\dfrac{2h}{d}\right)+\sin\left[2\arctan\left(\dfrac{2h}{d}\right)\right]}} \end{cases} \tag{4-44}$$

其推导过程见附录 D。

用 n 个测向站对辐射源定位，由于存在测向误差，在辐射源真实位置附近最多可以有 $n(n-1)/2$ 个交叉点，这些交叉点处于一个闭合多边形的各边上，如果测量误差均值为零，那么 $n=3$ 时辐射源位于三角形内的概率仅为 25%，如图 4-14 所示。图中实线为辐射源真实来波方向，交汇于一点，虚线为存在误差时的测向线，其中“正”为测向线相较于真实来波方向正偏，“负”为测向线相较于真实来波方向负偏。

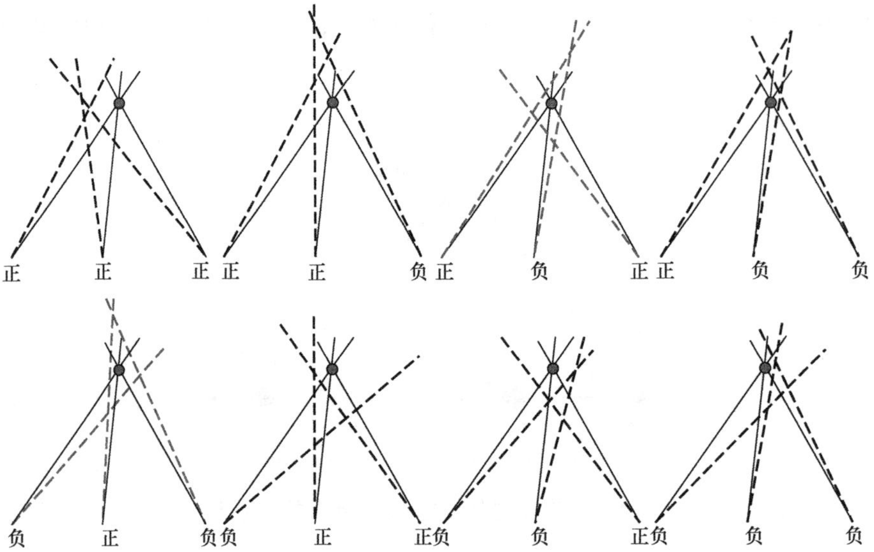

图 4-14 多站测向线交叉示意

用数学归纳法可以证明对于 $n \geqslant 3$，辐射源位于多边形（三条测向线可构成如图 4-14 所示的三角形区域，四条测向线可构成三角形或四边形区域）内的概率为 $p_n = 1 - \dfrac{n}{2^{n-1}}$，则有：

n	3	4	5	6	7
p_n	0.25	0.5	0.69	0.81	0.89

4.3 工程实现与应用

4.3.1 方向和相位差测量

4.3.1.1 方向测量

对于辐射源来波方向的估计，下面主要介绍相位响应型、幅度响应型、阵列响应型等常用的测向方法，此外还有相位转幅度响应型、频率响应型与时间响应型等测向方法，具体可参见文献[1]。

1. 相位响应型测向

相位响应型测向利用两个或多个天线阵元接收辐射源信号，基于各阵元之间的相位差信息来推算目标的来波方向，两阵元相位响应型测向示意图如图 4-15 所示。

对于 N 阵元相位响应型测向的相位差模型可统一表示为

$$\boldsymbol{\varphi} = \boldsymbol{f}(\boldsymbol{\theta}) + \Delta\boldsymbol{\varphi} \tag{4-45}$$

式中，$\boldsymbol{\varphi} = [\varphi_1, \varphi_2, \cdots, \varphi_N]^{\mathrm{T}}$ 为实际相位差矢量；$\boldsymbol{f}(\boldsymbol{\theta}) = [f_1(\boldsymbol{\theta}), f_2(\boldsymbol{\theta}), \cdots, f_N(\boldsymbol{\theta})]^{\mathrm{T}}$ 为理论相位差矢量，$\boldsymbol{\theta} = \alpha$（当一维角测向时，入射方向角等于入射方位角 α，$f(\alpha) = \dfrac{2\pi d}{\lambda}\cos\alpha$，$d$ 为阵元间距，λ 为波长)，或 $\boldsymbol{\theta} = [\alpha, \beta]^{\mathrm{T}}$（当二维角测向时，入射方向角包括入射方位角 α 和入射仰角 β，

$f(\alpha,\beta)=\dfrac{2\pi}{\lambda}(d_x\cos\alpha+d_y\sin\alpha)\cos\beta$，其中 d_x 为阵元间 X 轴方向间距，d_y 为阵元间 Y 轴方向间距）；$\Delta\boldsymbol{\varphi}=[\Delta\varphi_1,\Delta\varphi_2,\cdots,\Delta\varphi_N]^{\mathrm{T}}$ 为相位差误差矢量，且假定 $\mathbb{E}\{\Delta\boldsymbol{\varphi}\}=\boldsymbol{0}_N$，$\mathbb{E}\{\Delta\boldsymbol{\varphi}\cdot\Delta\boldsymbol{\varphi}^{\mathrm{T}}\}=\boldsymbol{\Sigma}$。

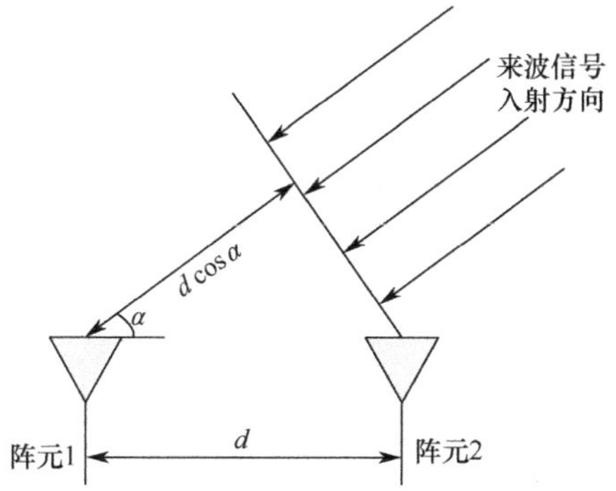

图 4-15　两阵元相位响应型测向示意图

若 $\boldsymbol{\Sigma}$ 可逆，但不是数量矩阵（如 N 通道同时测 N−1 个独立相位差），则 $\boldsymbol{\theta}$ 的广义最小二乘估计为

$$\hat{\boldsymbol{\theta}}=\arg\min_{\boldsymbol{\theta}}\{[\boldsymbol{\varphi}-\boldsymbol{f}(\boldsymbol{\theta})]^{\mathrm{T}}\boldsymbol{\Sigma}^{-1}[\boldsymbol{\varphi}-\boldsymbol{f}(\boldsymbol{\theta})]\}\tag{4-46}$$

若 $\boldsymbol{\Sigma}=\sigma_\varphi^2\boldsymbol{I}_N$（如双通道时分测相位差），或者 $\boldsymbol{\Sigma}$ 不可逆时，$\boldsymbol{\theta}$ 的最小二乘估计为

$$\hat{\boldsymbol{\theta}}=\arg\min_{\boldsymbol{\theta}}\|\boldsymbol{\varphi}-\boldsymbol{f}(\boldsymbol{\theta})\|^2\tag{4-47}$$

若 $\boldsymbol{\Sigma}$ 可逆，$[\Delta\hat{\alpha},\Delta\hat{\beta}]^{\mathrm{T}}$ 的协方差矩阵 $\boldsymbol{P}$ 为

$$\boldsymbol{P}=(\boldsymbol{J}^{\mathrm{T}}\boldsymbol{\Sigma}^{-1}\boldsymbol{J})^{-1}\tag{4-48}$$

若 $\boldsymbol{\Sigma}$ 不可逆，$[\Delta\hat{\alpha},\Delta\hat{\beta}]^{\mathrm{T}}$ 的协方差矩阵 $\boldsymbol{P}$ 为

$$\boldsymbol{P}=\sigma_\delta^2\cdot(\boldsymbol{J}^{\mathrm{T}}\boldsymbol{J})^{-1}\boldsymbol{J}^{\mathrm{T}}\boldsymbol{B}_{\mathrm{F}}\boldsymbol{B}_{\mathrm{F}}^{\mathrm{T}}\boldsymbol{J}(\boldsymbol{J}^{\mathrm{T}}\boldsymbol{J})^{-1}\tag{4-49}$$

$\boldsymbol{P}$ 的主对角线元素即方位角和仰角的测量误差 σ_α^2 和 σ_β^2。

2. 幅度响应型测向

在观测区域内形成多个部分交叠的波束，如图 4-16 所示，对于入射角为 α 的目标，多个波束接收信号强度不同，通过不同波束的幅度响应与理论幅度值比对，可得到目标来波方向估计。

假设观测区域内覆盖有 N 个不同指向的波束，对于入射角为 α 的辐射源，N 个波束接收到的幅度响应模型可表示为

$$\boldsymbol{u}=\boldsymbol{g}(\alpha)+\Delta\boldsymbol{u}\tag{4-50}$$

式中，$\boldsymbol{u}=[u_1,u_2,\cdots,u_N]^{\mathrm{T}}$ 为实际的幅度矢量；$\boldsymbol{g}(\alpha)=[g_1(\alpha),g_2(\alpha),\cdots,g_N(\alpha)]^{\mathrm{T}}$ 为理论波束幅度矢量；$\Delta\boldsymbol{u}=[\Delta u_1,\Delta u_2,\cdots,\Delta u_N]^{\mathrm{T}}$ 为幅度误差矢量，且假定 $\mathbb{E}\{\Delta\boldsymbol{u}\}=\boldsymbol{0}_N$，$\mathbb{E}\{\Delta\boldsymbol{u}\cdot\Delta\boldsymbol{u}^{\mathrm{T}}\}=\boldsymbol{\Sigma}_u$。

在幅度响应型测向中，通常假定波束方向图近似为高斯型，则波束接收信号的理论幅度值可表示为

$$g_n(\alpha)=G_n\exp[-(\alpha-\theta_n)^2/b_n^2]，\quad n=1,2,\cdots,N\tag{4-51}$$

式中，G_n 为第 n 个波束增益，θ_n 为第 n 个波束指向，b_n 为第 n 个波束宽度。

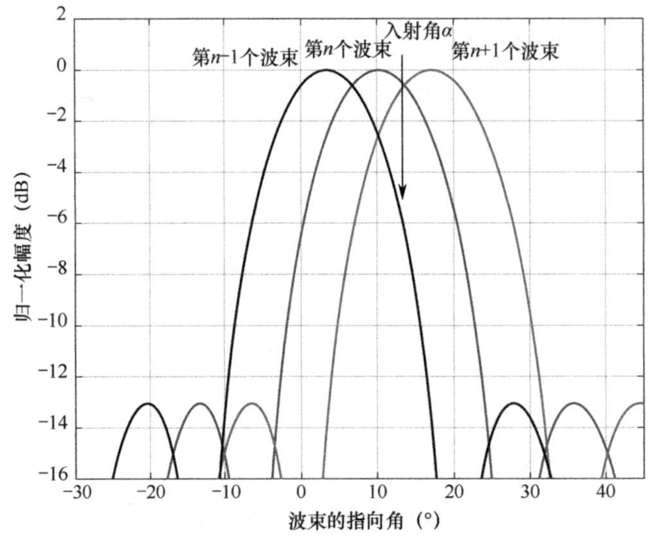

图 4-16 一维角比幅测向示意

若 $\boldsymbol{\Sigma}_u$ 可逆，但不是数量矩阵，则 α 的广义最小二乘估计为

$$\hat{\alpha}=\arg\min_{\alpha}\{[\boldsymbol{u}-\boldsymbol{g}(\alpha)]^{\mathrm{T}}\boldsymbol{\Sigma}_u^{-1}[\boldsymbol{u}-\boldsymbol{g}(\alpha)]\} \tag{4-52}$$

若 $\boldsymbol{\Sigma}_u=\sigma_u^2\boldsymbol{I}_N$，或者 $\boldsymbol{\Sigma}_u$ 不可逆，则 α 的最小二乘估计为

$$\hat{\alpha}=\arg\min_{\alpha}\|\boldsymbol{u}-\boldsymbol{g}(\alpha)\|^2 \tag{4-53}$$

二维角比幅测向可以采用相邻三副或多副相同且接收信号区域相互重叠的天线（或波束），通过测量接收信号幅度的比值（幅度比），采用解方程或最小二乘法即可得到信号方向偏离等信号幅度轴的角度[1]。

3. 阵列响应型测向

假设 Q 个窄带远场信号的数学模型为

$$\boldsymbol{x}(t)=\boldsymbol{A}\boldsymbol{s}(t)+\boldsymbol{n}(t) \tag{4-54}$$

式中，$\boldsymbol{x}(t)$ 为阵列的 $N\times1$ 维接收数据矢量；$\boldsymbol{n}(t)$ 为阵列的 $N\times1$ 维噪声数据矢量；$\boldsymbol{s}(t)$ 为空间信号的 $Q\times1$ 维矢量；$\boldsymbol{A}$ 为空间阵列的 $N\times Q$ 维流形矩阵（导向矢量阵），且

$$\boldsymbol{A}=[\boldsymbol{a}_1,\boldsymbol{a}_2,\cdots,\boldsymbol{a}_Q] \tag{4-55}$$

其中，导向矢量

$$\boldsymbol{a}_i=[\mathrm{e}^{-\mathrm{j}\omega\tau_{1i}},\mathrm{e}^{-\mathrm{j}\omega\tau_{2i}},\cdots,\mathrm{e}^{-\mathrm{j}\omega\tau_{Ni}}]^{\mathrm{T}},\quad i=1,2,\cdots,Q \tag{4-56}$$

式中，$\omega=2\pi\dfrac{c}{\lambda}$，$c$ 为光速，λ 为波长。

假设第 i 个信号来波方向为 $[\alpha_i,\beta_i]$，则相对于观测站的单位矢量为 $\boldsymbol{r}_i=[\cos\beta_i\cos\alpha_i,\cos\beta_i\sin\alpha_i,\sin\beta_i]^{\mathrm{T}}$。相对于参考阵元 $[0,0,0]$，第 i 个信号到达第 k 个阵元 $\boldsymbol{u}_k=[x_k,y_k,z_k]^{\mathrm{T}}$，$k=1,2,\cdots,N$ 的时延 τ_{ki} 为

$$\tau_{ki}=-\frac{1}{c}(\boldsymbol{u}_k^{\mathrm{H}}\boldsymbol{r}_i)=-\frac{1}{c}(x_k\cos\alpha_i\cos\beta_i+y_k\sin\alpha_i\cos\beta_i+z_k\sin\beta_i) \tag{4-57}$$

在信号确定但部分参数未知的模型条件下，假设噪声矢量 $\boldsymbol{n}(t)$ 服从零均值高斯分布，σ_n^2 为噪声功率，未知参数包括 $\boldsymbol{s}(t)$、σ_n^2，则关于数据样本的概率密度函数为

$$\begin{aligned}p[\boldsymbol{s}(t),\sigma_{\boldsymbol{n}}^2]&=\prod_{t=1}^{M}\frac{1}{(\pi\sigma_{\boldsymbol{n}}^2)^N}\cdot\exp\left[-\frac{1}{\sigma_{\boldsymbol{n}}^2}\cdot\|\boldsymbol{x}(t)-\boldsymbol{A}\boldsymbol{s}(t)\|^2\right]\\&=\frac{1}{(\pi\sigma_{\boldsymbol{n}}^2)^{MN}}\cdot\exp\left[-\frac{1}{\sigma_{\boldsymbol{n}}^2}\cdot\sum_{t=1}^{M}\|\boldsymbol{x}(t)-\boldsymbol{A}\boldsymbol{s}(t)\|^2\right]\end{aligned}\tag{4-58}$$

式中，M 为采样点数。

对式（4-58）两边同时取对数，可得

$$\ln(p)=-MN\ln\pi-MN\cdot\ln(\sigma_{\boldsymbol{n}}^2)-\frac{1}{\sigma_{\boldsymbol{n}}^2}\cdot\sum_{t=1}^{M}\|\boldsymbol{x}(t)-\boldsymbol{A}\boldsymbol{s}(t)\|^2\tag{4-59}$$

可见式（4-59）中的 p 是一个关于未知参量 $\boldsymbol{s}(t)$、$\sigma_{\boldsymbol{n}}^2$ 的函数。极大似然估计就是求一组参变量使得准则式（4-58）最小。由式（4-59）可得未知参量 $\boldsymbol{s}(t)$ 和 $\sigma_{\boldsymbol{n}}^2$ 的确定性极大似然估计：

$$\begin{aligned}\hat{\boldsymbol{s}}(t)&=[(\boldsymbol{A}^{\mathrm{H}}\boldsymbol{A})^{-1}\boldsymbol{A}^{\mathrm{H}}]\boldsymbol{x}(t)\\\hat{\sigma}_{\boldsymbol{n}}^2&=\frac{1}{N}\mathrm{tr}\{[\boldsymbol{I}_N-\boldsymbol{A}((\boldsymbol{A}^{\mathrm{H}}\boldsymbol{A})^{-1}\boldsymbol{A}^{\mathrm{H}})]\boldsymbol{R}\}\end{aligned}\tag{4-60}$$

式中，$\boldsymbol{R}=\mathbb{E}[\boldsymbol{x}\boldsymbol{x}^{\mathrm{H}}]=\frac{1}{M}\sum_{t=1}^{M}\boldsymbol{x}(t)\boldsymbol{x}^{\mathrm{H}}(t)$ 为数据样本的协方差矩阵。

将式（4-60）代入式（4-59）可得确定性极大似然估计

$$(\hat{\alpha}_1,\hat{\beta}_1,\hat{\alpha}_2,\hat{\beta}_2,\cdots,\hat{\alpha}_Q,\hat{\beta}_Q)=\arg\min_{\Omega_\alpha,\Omega_\beta}\{\mathrm{tr}\{[\boldsymbol{I}-\boldsymbol{A}((\boldsymbol{A}^{\mathrm{H}}\boldsymbol{A})^{-1}\boldsymbol{A}^{\mathrm{H}})]\cdot\boldsymbol{R}\}\}\tag{4-61}$$

式中，Ω_α 和 Ω_β 分别为方位角和俯仰角搜索范围。

此外，阵列响应型测向还可以利用 MUSIC 法、ESPRIT 法、信号子空间法等测向方法[1]对信号方向进行估计。

4.3.1.2 相位差测量

设天线阵元 1 和阵元 2 输出信号的时域样本为

$$\begin{aligned}\boldsymbol{z}_1&=\boldsymbol{s}_1+\boldsymbol{n}_1\\\boldsymbol{z}_2&=\boldsymbol{s}_2+\boldsymbol{n}_2=\boldsymbol{s}_1\mathrm{e}^{\mathrm{j}\varphi}+\boldsymbol{n}_2\end{aligned}\tag{4-62}$$

式中，$\boldsymbol{z}_1=[z_1(0),z_1(1),\cdots,z_1(M-1)]^{\mathrm{T}}$；$\boldsymbol{z}_2=[z_2(0),z_2(1),\cdots,z_2(M-1)]^{\mathrm{T}}$；$\boldsymbol{s}_1=[s_1(0),s_1(1),\cdots,s_1(M-1)]^{\mathrm{T}}$ 和 $\boldsymbol{s}_2=[s_2(0),s_2(1),\cdots,s_2(M-1)]^{\mathrm{T}}=[s_1(0),s_1(1),\cdots,s_1(M-1)]^{\mathrm{T}}\mathrm{e}^{\mathrm{j}\varphi}$ 为信号；$\boldsymbol{n}_1=[n_1(0),n_1(1),\cdots,n_1(M-1)]^{\mathrm{T}}$ 和 $\boldsymbol{n}_2=[n_2(0),n_2(1),\cdots,n_2(M-1)]^{\mathrm{T}}$ 为高斯噪声且互不相关，$\mathbb{E}(\boldsymbol{n}_1)=\boldsymbol{0}$，$\mathbb{E}(\boldsymbol{n}_2)=\boldsymbol{0}$，其协方差矩阵为 $\boldsymbol{\Sigma}_{\boldsymbol{n}_1}=\mathbb{E}(\boldsymbol{n}_1\boldsymbol{n}_1^{\mathrm{H}})$，$\boldsymbol{\Sigma}_{\boldsymbol{n}_2}=\mathbb{E}(\boldsymbol{n}_2\boldsymbol{n}_2^{\mathrm{H}})$。此时相位差可以利用时域复相关法进行测量

$$\tilde{\varphi}=\mathrm{ang}(\boldsymbol{s}_1^{\mathrm{H}}\boldsymbol{s}_2)\tag{4-63}$$

此外，还可以利用频域多谱线法、分段最大谱线法等方法[1]对相位差进行测量。

4.3.2 坐标系转换

1. 站心坐标系{n 系：X_n、Y_n、Z_n }

该坐标原点在观测站载体的质心，X_n 轴指向正北，Z_n 轴与地表垂直并指向下方，Y_n 轴与 Z_n 轴、X_n 轴呈右手坐标系，指向正东。

2. 观测平台载体坐标系{b 系：X_b、Y_b、Z_b }

基于观测平台建立的坐标系常用在测向定位体制中，特别是机载测向定位和星载测向定位。该坐标原点在观测站载体的质心，X_b 轴通常沿着机身纵轴，正向为机头方向（运动方向），Y_b 轴垂直于机身纵轴，正向为右侧机翼方向，Z_b 轴向下垂直于机身平面。对于观测平台，导航设备通常提供平台运动的航向角 γ 、俯仰角 θ 、横滚角 ε 三维姿态。对平台姿态角定义 γ 以北偏东为正，θ 以抬头方向为正，ε 以右翼下沉为正。平台姿态角示意如图 4-17 所示。

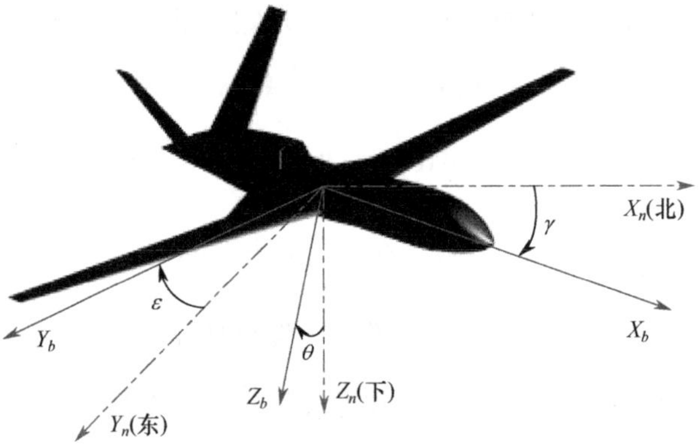

图 4-17　平台姿态角示意

3. 地固坐标系{e 系}与站心坐标系{n 系}之间的转换

假设目标经度为 L，纬度为 B，目标在地固系坐标为$[x_{\mathrm{T}e}, y_{\mathrm{T}e}, z_{\mathrm{T}e}]$，观测站 l 在地固系坐标为$[x_{le}, y_{le}, z_{le}]$，则在站心坐标系下的目标位置$[x_n, y_n, z_n]$的表达式为

$$\begin{bmatrix} x_n \\ y_n \\ z_n \end{bmatrix} = \begin{bmatrix} 0 & 0 & 1 \\ 0 & 1 & 0 \\ -1 & 0 & 0 \end{bmatrix} \begin{bmatrix} \cos B & 0 & \sin B \\ 0 & 1 & 0 \\ -\sin B & 0 & \cos B \end{bmatrix} \begin{bmatrix} \cos L & \sin L & 0 \\ -\sin L & \cos L & 0 \\ 0 & 0 & 1 \end{bmatrix} \begin{bmatrix} x_{\mathrm{T}e} - x_{le} \\ y_{\mathrm{T}e} - y_{le} \\ z_{\mathrm{T}e} - z_{le} \end{bmatrix} \tag{4-64}$$

4. 站心坐标系{n 系}与观测平台载体坐标系{b 系}之间的转换

假设观测站三维姿态分别为航向角 γ 、俯仰角 θ 、横滚角 ε，则在观测平台载体坐标系下的目标位置$[x_b, y_b, z_b]$的表达式为

$$\begin{bmatrix} x_b \\ y_b \\ z_b \end{bmatrix} = \begin{bmatrix} 1 & 0 & 0 \\ 0 & \cos\varepsilon & \sin\varepsilon \\ 0 & -\sin\varepsilon & \cos\varepsilon \end{bmatrix} \begin{bmatrix} \cos\theta & 0 & -\sin\theta \\ 0 & 1 & 0 \\ \sin\theta & 0 & \cos\theta \end{bmatrix} \begin{bmatrix} \cos\gamma & \sin\gamma & 0 \\ -\sin\gamma & \cos\gamma & 0 \\ 0 & 0 & 1 \end{bmatrix} \begin{bmatrix} x_n \\ y_n \\ z_n \end{bmatrix} \tag{4-65}$$

4.3.3 单机测向定位

对于单机测向定位，除了观测平台自身位置信息，飞行姿态角（包括航向角、俯仰角、

横滚角）与机载天线阵得到的测向结果一并考虑，才能准确转化成目标相对于观测平台站心坐标系的角度结果，进而实现对目标的位置估计。

1. 不同坐标系下的入射角度表示

假设飞机航向角为γ，俯仰角为θ，横滚角为ε，则站心坐标系Z_n轴方向上的单位矢量$\boldsymbol{u}$在观测平台载体坐标系中的坐标为

$$\boldsymbol{u}=\left[\frac{\tan\theta}{\sqrt{1+(\tan\theta)^2+(\tan\varepsilon)^2}},\frac{-\tan\varepsilon}{\sqrt{1+(\tan\theta)^2+(\tan\varepsilon)^2}},\frac{1}{\sqrt{1+(\tan\theta)^2+(\tan\varepsilon)^2}}\right]^{\mathrm{T}} \tag{4-66}$$

站心坐标系X_n轴方向上的单位矢量$\boldsymbol{v}$可以表示为

$$\boldsymbol{v}=[\cos\gamma\cos\eta,\sin\gamma\cos\eta,\sin\eta]^{\mathrm{T}} \tag{4-67}$$

式中，$\eta=\arctan\left[-\dfrac{\boldsymbol{u}(1)\cos\gamma+\boldsymbol{u}(2)\sin\gamma}{\boldsymbol{u}(3)}\right]$（当$|\varepsilon|\leqslant\pi/2$时）。

因而站心坐标系Y_n轴方向上的单位矢量$\boldsymbol{w}$可以表示为$\boldsymbol{u}\times\boldsymbol{v}$：

$$\boldsymbol{w}=\left[\begin{vmatrix}\boldsymbol{u}(2) & \boldsymbol{u}(3)\\ \boldsymbol{v}(2) & \boldsymbol{v}(3)\end{vmatrix},\begin{vmatrix}\boldsymbol{u}(3) & \boldsymbol{u}(1)\\ \boldsymbol{v}(3) & \boldsymbol{v}(1)\end{vmatrix},\begin{vmatrix}\boldsymbol{u}(1) & \boldsymbol{u}(2)\\ \boldsymbol{v}(1) & \boldsymbol{v}(2)\end{vmatrix}\right]^{\mathrm{T}} \tag{4-68}$$

假设机下点的经纬高坐标为(L,B,H)，辐射源的经纬高坐标为$(L_{\mathrm{T}},B_{\mathrm{T}},H_{\mathrm{T}})$，则机下点到辐射源的球面距离为$\phi\cdot R_e$，其中$R_e\approx 6.378\times10^3\,\mathrm{km}$为地球半径，$\phi=\arccos[\sin B_{\mathrm{T}}\sin B+\cos B_{\mathrm{T}}\cos B\cos(L_{\mathrm{T}}-L)]$。

在站心坐标系中，理论计算的俯仰角和方位角分别为

$$\begin{aligned}\beta&=\arctan\left[\frac{H+R_e-(H_{\mathrm{T}}+R_e)\cos\phi}{(H_{\mathrm{T}}+R_e)\sin\phi}\right]\\ \alpha&=-\arcsin\left[\frac{\sin(L-L_{\mathrm{T}})}{\sin\phi}\cos B_{\mathrm{T}}\right]\end{aligned} \tag{4-69}$$

由此可得辐射源相对于观测站的方向矢量

$$\boldsymbol{r}=[\cos\beta\cos\alpha,\cos\beta\sin\alpha,\sin\beta]^{\mathrm{T}} \tag{4-70}$$

该方向矢量在载体坐标系中可以表示为

$$\boldsymbol{r}_n=[\boldsymbol{v},\boldsymbol{w},\boldsymbol{u}]^{\mathrm{T}}\cdot\boldsymbol{r} \tag{4-71}$$

不考虑测向误差时，观测平台载体坐标系下测得的俯仰角和方位角为

$$\begin{aligned}\beta_n&=\arctan\left[\frac{\boldsymbol{r}_n(3)}{\sqrt{\boldsymbol{r}_n(1)^2+\boldsymbol{r}_n(2)^2}}\right]\\ \alpha_n&=\arctan\left[\frac{\boldsymbol{r}_n(2)}{\boldsymbol{r}_n(1)}\right]\end{aligned} \tag{4-72}$$

2. 定位计算

由观测平台经纬度与站心坐标系中的目标测量方位角和俯仰角，可计算目标的经纬度：

$$\begin{aligned}B_{\mathrm{T}}&=\pi/2-\arccos(\sin B\cos\omega_n+\cos B\sin\omega_n\cos\alpha_n)\\ L_{\mathrm{T}}&=L+\arcsin\left(\frac{\sin\alpha_n\sin\omega_n}{\cos B_{\mathrm{T}}}\right)\end{aligned} \tag{4-73}$$

式中，$\omega_n = \beta_n - \arccos\left[\frac{(H+R_e)\cos\beta_n}{R_e}\right]$。

4.3.4 单星测向定位

对于单星测向定位，主要有 WGS-84 坐标系、地固系、站心坐标系、观测平台载体坐标系之间的转换[25]。假设观测平台在 WGS-84 坐标系下的经纬高坐标为 (L,B,H)，对应的地固系坐标为 $\boldsymbol{x}_{l,e}$，三维姿态分别为航向角 γ、俯仰角 θ、横滚角 ε，目标辐射源的地固系坐标为 $\boldsymbol{x}_{\mathrm{T},e}$。根据不同坐标系转换式（4-64）和式（4-65）可知在观测平台载体坐标系中的辐射源位置为

$$\boldsymbol{x}_{\mathrm{T},b} = \boldsymbol{H}\cdot(\boldsymbol{x}_{\mathrm{T},e} - \boldsymbol{x}_{l,e}) \tag{4-74}$$

式中，$\boldsymbol{x}_{\mathrm{T},b} = [x_{\mathrm{T},b}, y_{\mathrm{T},b}, z_{\mathrm{T},b}]^{\mathrm{T}}$；$\boldsymbol{H} = \boldsymbol{H}_1\boldsymbol{H}_2$，

$$\boldsymbol{H}_1 = \begin{bmatrix} \cos\theta\cos\gamma & \cos\theta\sin\gamma & -\sin\theta \\ \sin\varepsilon\sin\theta\cos\gamma - \cos\varepsilon\sin\gamma & \sin\varepsilon\sin\theta\sin\gamma + \cos\varepsilon\cos\gamma & \sin\varepsilon\cos\theta \\ \cos\varepsilon\sin\theta\cos\gamma + \sin\varepsilon\sin\gamma & \cos\varepsilon\sin\theta\sin\gamma - \sin\varepsilon\cos\gamma & \cos\varepsilon\cos\theta \end{bmatrix},$$

$$\boldsymbol{H}_2 = \begin{bmatrix} -\sin B\cos L & -\sin B\sin L & \cos B \\ -\sin L & \cos L & 0 \\ -\cos B\cos L & -\cos B\sin L & -\sin B \end{bmatrix};\quad \boldsymbol{x}_{\mathrm{T},e} = [x_{\mathrm{T},e}, y_{\mathrm{T},e}, z_{\mathrm{T},e}]^{\mathrm{T}};\quad \boldsymbol{x}_{l,e} = [x_{l,e}, y_{l,e}, z_{l,e}]^{\mathrm{T}} =$$

$$\begin{bmatrix} (N+H)\cos B\cos L \\ (N+H)\cos B\sin L \\ (N(1-e^2)+H)\sin B \end{bmatrix}。$$

1. 观测平台载体坐标系下辐射源测向结果

假设观测平台载体坐标系中辐射源的测向结果为 (α,β)，则有

$$\begin{cases} \cos\alpha\sin\beta = \dfrac{x_{\mathrm{T},b}}{\sqrt{x_{\mathrm{T},b}^2 + y_{\mathrm{T},b}^2 + z_{\mathrm{T},b}^2}} \\ \sin\alpha\sin\beta = \dfrac{y_{\mathrm{T},b}}{\sqrt{x_{\mathrm{T},b}^2 + y_{\mathrm{T},b}^2 + z_{\mathrm{T},b}^2}} \\ \cos\beta = \sqrt{1-(\cos\alpha\sin\beta)^2 - (\sin\alpha\sin\beta)^2} \end{cases} \tag{4-75}$$

2. 定位解算[26, 27]

根据测向结果 (α,β) 构造辐射源相对于卫星的方向矢量为

$$\boldsymbol{r}_L = \begin{bmatrix} u \\ v \\ w \end{bmatrix} = (\boldsymbol{H})^{-1}\cdot\begin{bmatrix} \cos\alpha\sin\beta \\ \sin\alpha\sin\beta \\ \cos\beta \end{bmatrix} \tag{4-76}$$

由于辐射源位于地球表面，因此可以借助球面方程解出辐射源位置：

$$\begin{cases} x_{\mathrm{T}} = x_{l,e} + ut \\ y_{\mathrm{T}} = y_{l,e} + vt \\ z_{\mathrm{T}} = z_{l,e} + wt \\ x_{\mathrm{T}}^2 + y_{\mathrm{T}}^2 + z_{\mathrm{T}}^2/(1-e^2) = R^2 \end{cases} \tag{4-77}$$

式中，$e^2 \approx 0.00669437999013$，表示第一偏心率的平方，$R = 6378.137\text{km}$，表示地球长半轴。

通过求解 t 的值，去掉一个虚假点，即可得到辐射源位置 $[x_\text{T}, y_\text{T}, z_\text{T}]$，对应的地面辐射源经纬度为

$$\begin{cases} L_\text{T} = \arctan\left(\dfrac{x_\text{T}}{y_\text{T}}\right) \\ B_\text{T} = \arctan\left[\dfrac{z_\text{T}}{(1-e^2)\sqrt{x_\text{T}^2 + y_\text{T}^2}}\right] \end{cases} \tag{4-78}$$

关于卫星对地面辐射源二维角测向定位的误差估计参见文献[26]。

4.3.5　误差影响与校正

在 4.2 节已经对随机误差引起的定位误差进行了分析，本节主要对由固定误差引起的辐射源定位误差的影响及校正方法进行介绍。测向定位中的固定误差主要包括指向误差和自定位误差。

4.3.5.1　指向误差与校正

对于测向定位，观测站得到的测向结果需要转换成真北方位角，结合观测站自身位置从而实现目标位置估计。若观测站的参考方向存在偏差，则即使观测站得到的测向结果是正确的，但在转换成真北方位角进行定位时也无法给出准确的定位结果。如图 4-18 所示，假设观测站 2 的参考方向存在偏差角度 θ，最终无法交汇到真实的目标位置。

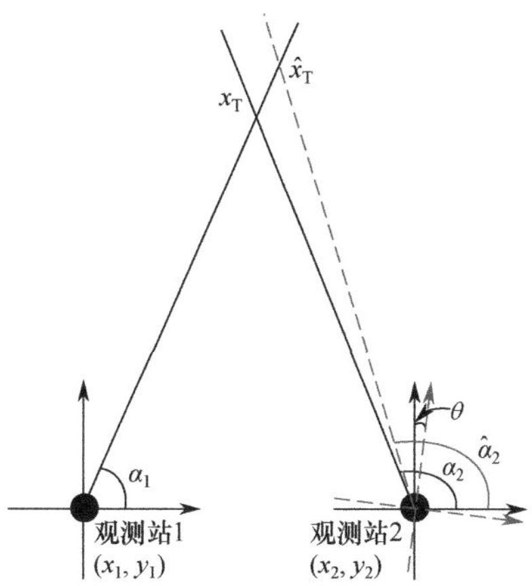

图 4-18　参考方向误差引起定位误差示意图

下面对固定指向误差的校正方法进行介绍。假设观测站对辐射源的测向结果除随机误差外，还存在一个固定偏差 θ，则多次测向结果的矩阵表示形式为

$$\hat{\boldsymbol{\alpha}} = \boldsymbol{\alpha} + \boldsymbol{\delta} + \mathbf{1}_L \cdot \theta \tag{4-79}$$

式中，测向结果 $\hat{\boldsymbol{\alpha}} = [\hat{\alpha}_1, \hat{\alpha}_2, \cdots, \hat{\alpha}_L]^\text{T}$；真实角度 $\boldsymbol{\alpha} = [\alpha_1, \alpha_2, \cdots, \alpha_L]^\text{T}$，$\alpha_i = \arctan\dfrac{y_\text{T} - y_i}{x_\text{T} - x_i}$；随机误差 $\boldsymbol{\delta} = [\delta_1, \delta_2, \cdots, \delta_L]^\text{T}$。

则根据最小二乘估计，其定位结果为

$$\hat{\boldsymbol{x}} = \arg\min_{\boldsymbol{x}} \left\| \hat{\boldsymbol{\alpha}} - \boldsymbol{\alpha} - \mathbf{1}_L \cdot \theta \right\|^2 \tag{4-80}$$

假定辐射源位置 $\boldsymbol{x}$ 已知，则使得上述代价函数最小的 θ 值为

$$\hat{\theta} = (\mathbf{1}_L^{\mathrm{T}}\mathbf{1}_L)^{-1}\mathbf{1}_L^{\mathrm{T}}(\hat{\boldsymbol{\alpha}} - \boldsymbol{\alpha}) \tag{4-81}$$

代入定位结果的最小二乘公式可得

$$\hat{\boldsymbol{x}} = \arg\min_{\boldsymbol{x}} \left\| \boldsymbol{G}(\hat{\boldsymbol{\alpha}} - \boldsymbol{\alpha}) \right\|^2 \tag{4-82}$$

式中，$\boldsymbol{G} = \boldsymbol{I}_L - \frac{1}{L}\mathbf{1}_L\mathbf{1}_L^{\mathrm{T}}$。

假设观测站位于[0,0] (km)沿 X 轴运动，观测站对位于[55,80] (km)的静止辐射源位置观测 100 次。①测向角度仅存在随机误差，其角度测量随机误差 $\sigma_\alpha = 3^\circ$；②测向角度存在随机误差，还存在一个 3° 的固定指向偏差。利用最小二乘距离误差定位算法分别对上述两种场景进行辐射源定位仿真，结果如图 4-19 所示。

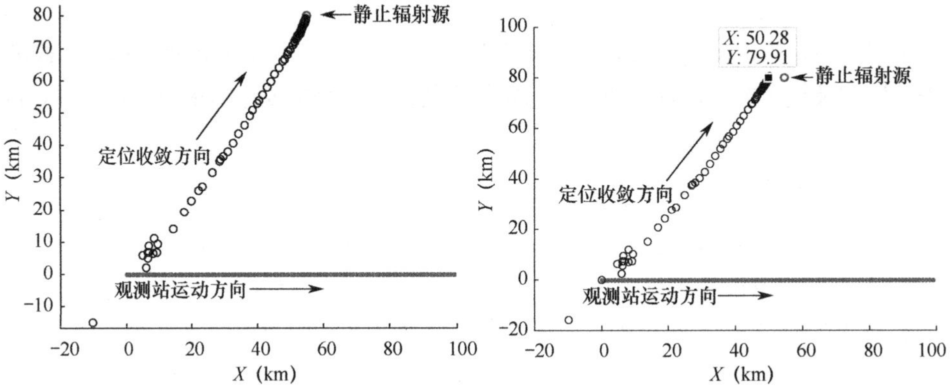

(a) 仅存在随机误差　　(b) 同时存在随机误差和固定偏差

图 4-19　定位收敛示意图

由图 4-19（a）可以看出，仅存在随机误差时定位算法可以较好地收敛到辐射源真实位置。由图 4-19（b）可以看出，当同时存在随机误差和固定偏差时，定位结果无法准确收敛到辐射源真实位置。因此，对上述同时存在随机误差和固定偏差的场景，分别采用未校正固定偏差搜索与本节介绍的校正固定偏差搜索，得到的结果如图 4-20 所示。

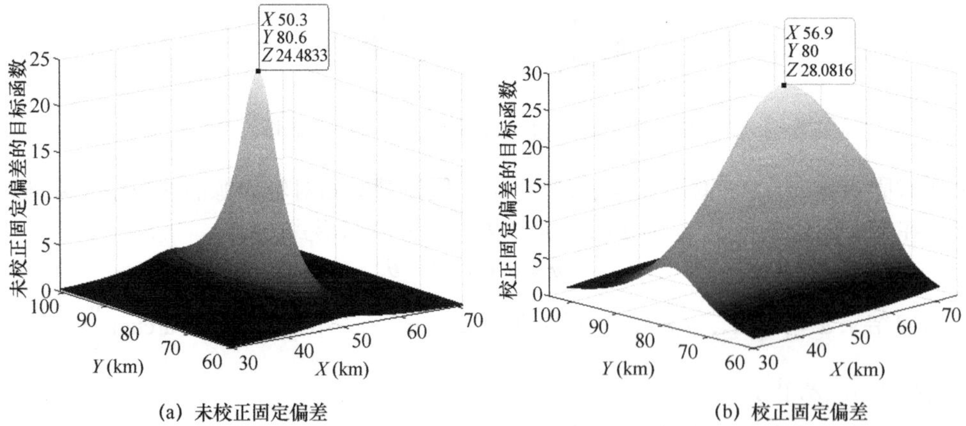

(a) 未校正固定偏差　　(b) 校正固定偏差

图 4-20　不同随机误差两种搜索结果

由图 4-20 可以看出，未校正的目标位置估计为 $\hat{\boldsymbol{x}}_{\mathrm{T}} = [50.3, 80.6]^{\mathrm{T}}$ (km)，定位误差为 4.74km。

利用校正固定偏差搜索的定位方法，校正后的目标位置估计为 $\hat{\boldsymbol{x}}_{\mathrm{T}}=[56.9,80]^{\mathrm{T}}$ (km)，定位误差为 1.9km。利用校正固定偏差搜索的定位方法，其定位结果优于未校正的定位结果。对于不同的随机误差与固定偏差，来分析这里提出的固定偏差校正方法：①假定测向角度随机误差 RMS 为 2°，固定偏差从 1° 变化到 10°；②假定测向角度固定偏差为 9°，随机误差 RMS 从 1° 变化到 10°。观测站运动轨迹与辐射源位置仍然按上一仿真数据。未校正与校正固定偏差定位误差对比如图 4-21 所示。

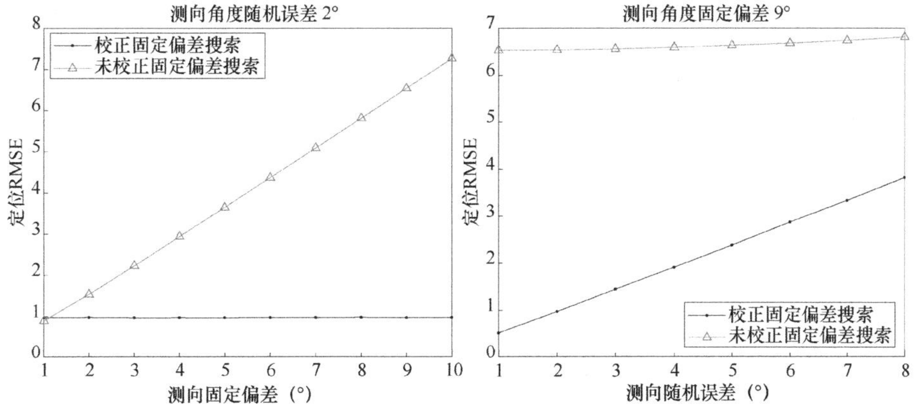

(a) 固定偏差变化　　(b) 随机误差变化

图 4-21　未校正与校正固定偏差定位误差对比

由图 4-21 可以看出，测向角度随机误差不变，改变固定偏差，未校正的定位误差随固定偏差的增大而增大，而本节提出的校正算法均可保持稳定的定位误差；测向角度固定偏差保持不变，改变随机误差，未校正与校正后的定位误差均随随机偏差的增大而增大，但未校正的定位误差明显高于校正后的定位误差。

4.3.5.2　自定位误差与指向误差统一校正

由上述定位算法与误差分析可以看出，对目标辐射源位置估计需要基于准确的观测站自身位置信息，若观测站自定位存在误差，则必然会影响目标定位精度。如图 4-22 所示，假设观测站 2 理论位置为 (x_2,y_2)，而其实际位置为 $(\hat{x}_2,\hat{y}_2)$，当自定位误差与指向误差同时存在时，无法交汇到真实的目标位置。

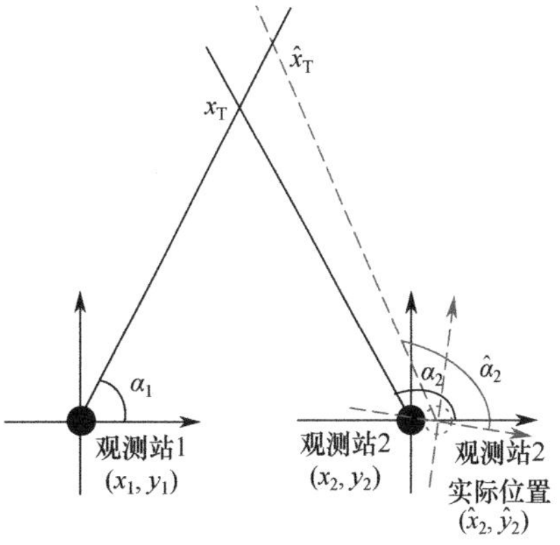

图 4-22　观测站自定位误差与指向误差引起定位误差示意图

观测站的位置通常是利用卫星导航如北斗等设备得到的，卫星导航定位的粗码精度约为 100m，精码精度约为 10m。该数量级的自定位误差通常已满足地面固定测向定位系统指标要求，但并不满足高精度测向定位系统要求。

当指向误差与自定位误差同时存在时，体现的结果即测向误差，为了减小定位误差，传统方法是借助位置精确已知的外标校源，结合卫星导航位置差分来提高自定位精度，当外标校源与目标相距较近时，校正后的效果较好[28]。

卫星导航差分技术是利用卫星定位技术实时获取观测区域内标校源的位置信息，将两台差分导航接收机同时静置于观测站位置 O 与观测区域内标校源位置 C。可得到观测站位置和标校源在大地坐标系下的坐标分别为$(L_{\mathrm{O}},B_{\mathrm{O}},H_{\mathrm{O}})$和$(L_{\mathrm{C}},B_{\mathrm{C}},H_{\mathrm{C}})$，利用式（2-1）将大地坐标系转换成地固系下的坐标$(x_{\mathrm{O},e},y_{\mathrm{O},e},z_{\mathrm{O},e})$和$(x_{\mathrm{C},e},y_{\mathrm{C},e},z_{\mathrm{C},e})$。由式（4-64）和式（4-65）可得观测平台载体坐标系下的标校源坐标位置$(x_{\mathrm{C},b},y_{\mathrm{C},b},z_{\mathrm{C},b})$，由此可得标校源相对于观测站位置的来波方向为

$$\begin{cases}\alpha=\arctan 2(y_{\mathrm{C},b},x_{\mathrm{C},b})\\ \beta=\arctan\left(z_{\mathrm{C},b}\Big/\sqrt{x_{\mathrm{C},b}^2+y_{\mathrm{C},b}^2}\right)\end{cases} \tag{4-83}$$

对式（4-83）求全微分可得

$$\begin{cases}\Delta\alpha=\dfrac{x_{\mathrm{C},b}\cdot\Delta y-y_{\mathrm{C},b}\cdot\Delta x}{x_{\mathrm{C},b}^2+y_{\mathrm{C},b}^2}\\ \Delta\beta=\dfrac{(x_{\mathrm{C},b}^2+y_{\mathrm{C},b}^2)\cdot\Delta z-x_{\mathrm{C},b}z_{\mathrm{C},b}\cdot\Delta x-y_{\mathrm{C},b}z_{\mathrm{C},b}\cdot\Delta y}{(x_{\mathrm{C},b}^2+y_{\mathrm{C},b}^2+z_{\mathrm{C},b}^2)\sqrt{x_{\mathrm{C},b}^2+y_{\mathrm{C},b}^2+z_{\mathrm{C},b}^2}}\end{cases} \tag{4-84}$$

式中，Δx、Δy、Δz 分别为 $x_{\mathrm{C},b}$、$y_{\mathrm{C},b}$、$z_{\mathrm{C},b}$ 的误差。

由于差分导航接收机的定位精度为 1～5m，则式（4-84）中的来波方向误差在 0.02° 以内，该精度明显高于一般的测向设备指标。因此，可认为差分导航接收机给出的标校源位置真值是可信的。对于相同位置 C，利用测向站可测得一组来波方向，计算多次测量的数据样本平均值，令其为$[\tilde{\alpha},\tilde{\beta}]$，差分导航接收机多次计算得到的数据样本的平均值为$[\alpha,\beta]$，令其为真值。则测向误差可表示为

$$\begin{cases}\Delta\alpha=\tilde{\alpha}-\alpha\\ \Delta\beta=\tilde{\beta}-\beta\end{cases} \tag{4-85}$$

得到上式的测向误差后，即可对测向站的测向值进行修正，完成误差的校正。

对例 4.1 中的场景增加观测站自定位误差与指向误差，假设两个观测站自定位位置为 $\boldsymbol{x}_1=[-0.18,0]^{\mathrm{T}}$ (km)，$\boldsymbol{x}_2=[39.89,0]^{\mathrm{T}}$ (km)，两个观测站存在 2° 的随机测向误差，以及 4° 的固定指向误差，引入标校源位置为 $\boldsymbol{x}_{\mathrm{C}}=[20,30]^{\mathrm{T}}$ (km)，目标辐射源位置为 $\boldsymbol{x}_{\mathrm{T}}=[32,33]^{\mathrm{T}}$ (km)。校正前定位结果如图 4-23（a）所示，定位误差为 3.4km，校正后定位结果如图 4-23（b）所示，定位误差为 1.7km。

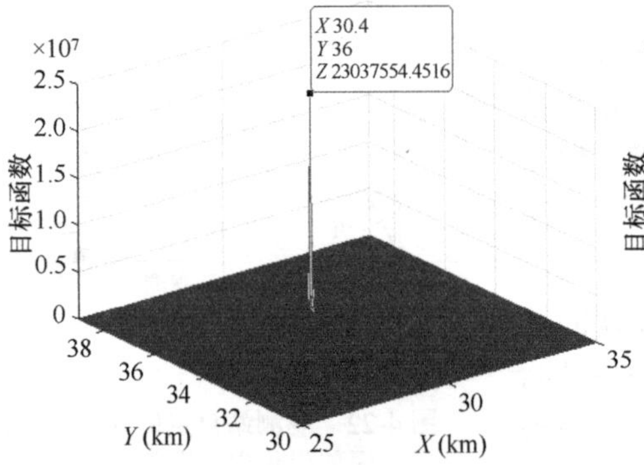

(a) 校正前定位结果

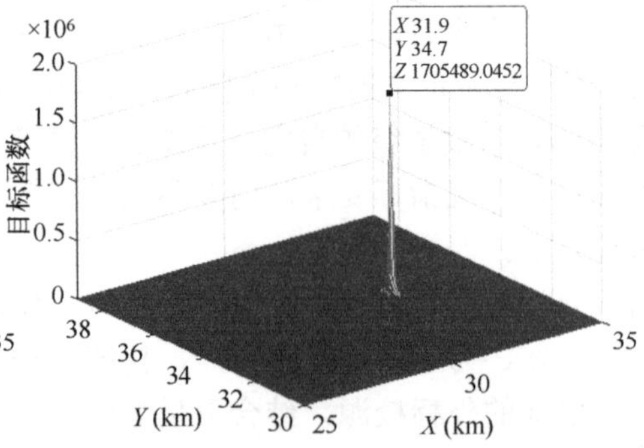

(b) 校正后定位结果

图 4-23 校正前后结果

相同条件下统计 200 个样本，校正前后定位误差直方图如图 4-24 所示，观测站含自定位误差与指向误差但未校正情况下的定位误差为 4.21km，观测站含自定位误差与指向误差且校正情况下的定位误差为 3.29km。

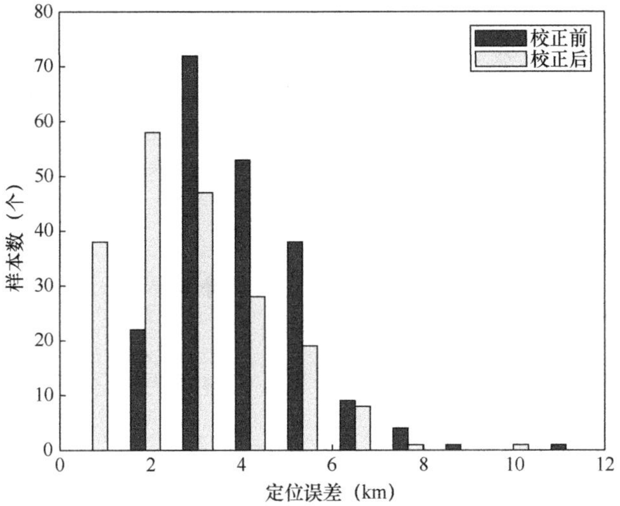

图 4-24 测向定位校正前后定位误差直方图

4.3.6 多辐射源测向定位

当观测区域内有多个不同频率的辐射源时，可从频域将多个辐射源分开。若是多个同频辐射源，根据测向定位的原理，不可避免地会产生虚假交叉点（鬼点）[29]。对于 L 个观测站和 Q 个同频辐射源，根据观测站的测向线可构成 $C_L^2 C_Q^1 C_Q^1$ 个交叉点，其中真实辐射源交叉点有 QC_L^2 个，当不存在测向误差时，在每个辐射源目标点处经过 L 条方位线（辐射源点处的重合度为 C_L^2），由于真实辐射源只有 Q 个，因此其余的交叉点都是鬼点。对于同频多辐射源测向定位，主要考虑的是如何剔除掉这些多余的虚假交叉点。常用方法有聚类法[30, 31]、数据关联法[32-34]，下面介绍一种通过多站二次聚类剔除虚假交叉点的方法。

针对二维测向定位场景，假设 $Q(Q\geqslant 2)$ 个同频辐射源坐标位置分别为 $[x_{\mathrm{T},i}, y_{\mathrm{T},i}], i=1,2,\cdots,Q$，$L(L\geqslant 3)$ 个观测站坐标位置分别为 $(x_i, y_i), i=1,2,\cdots,L$，观测站对辐射源的测向结果为 $\theta_{l,q}(l=1,2,\cdots,L; q=1,2,\cdots,Q)$。

虚假交叉点的具体剔除步骤如下。

（1）利用式（4-12）可得到 Q^L 个位置的估计值 $\boldsymbol{x}_{\mathrm{T},k}=[x_{\mathrm{T},k}, y_{\mathrm{T},k}]^{\mathrm{T}}=(\boldsymbol{H}^{\mathrm{T}}\boldsymbol{\Sigma}_r^{-1}\boldsymbol{H})^{-1}\boldsymbol{H}^{\mathrm{T}}\boldsymbol{\Sigma}_r^{-1}\boldsymbol{b}$，

其中，$\boldsymbol{H}=\begin{bmatrix}\sin\theta_{1,q_1} & \cdots & \sin\theta_{L,q_L}\\ -\cos\theta_{1,q_1} & \cdots & -\cos\theta_{L,q_L}\end{bmatrix}^{\mathrm{T}}$，$\boldsymbol{b}=\begin{bmatrix}x_1\sin\theta_{1,q_1}-y_1\cos\theta_{1,q_1}\\ x_2\sin\theta_{2,q_2}-y_2\cos\theta_{2,q_2}\\ \vdots\\ x_L\sin\theta_{L,q_L}-y_L\cos\theta_{L,q_L}\end{bmatrix}$，$\boldsymbol{\Sigma}_r=\mathrm{diag}\ [d_1^2\sigma_{\alpha_1}^2, d_2^2\sigma_{\alpha_2}^2,\cdots,d_L^2\sigma_{\alpha_L}^2]$，$d_l^2=(x_{\mathrm{T}}-x_l)^2+(y_{\mathrm{T}}-y_l)^2$，$q_l=1,2,\cdots,Q(l=1,2,\cdots,L)$，$k=1,2,\cdots,Q^L$。

则遍历 L 个观测站所有的测向结果，得到 Q^L 个估计值，结合对应的测向结果序号 $q_1,q_2,\cdots,q_L$，构成集合 S_1。

（2）类似的，选取其中 $L-1$ 个观测站，遍历其测向结果并结合观测站自身的坐标位置，利用最小二乘法可得到 Q^{L-1} 个位置的估计值，结合对应的测向结果序号 $q_1,q_2,\cdots,q_{L-1}$，构成集合 S_2。

（3）将集合 S_1 与 S_2 中的点迹进行聚类，得到 Q 个矢量距离最小的估计值，且其测向结果序号 $q_1,q_2,\cdots,q_L$ 不存在重叠部分，则该 Q 个点迹即辐射源位置的估计值。

下面对上述算法进行仿真分析：①假设三个观测站的位置分别为(4500,0)、(5500,0)、(6000,0)，存在两个目标辐射源，位置分别为(4890,675)、(5678,560)；②假设四个观测站的位置分别为(4500,0)、(5000,0)、(5500,0)、(6000,0)，存在三个目标辐射源，位置分别为(4890,675)、(5080,280)、(5678,560)。不同观测站均可实现对多个目标辐射源同时测向，假设测向均方根误差为 1°。多辐射源测向定位仿真如图 4-25 所示。

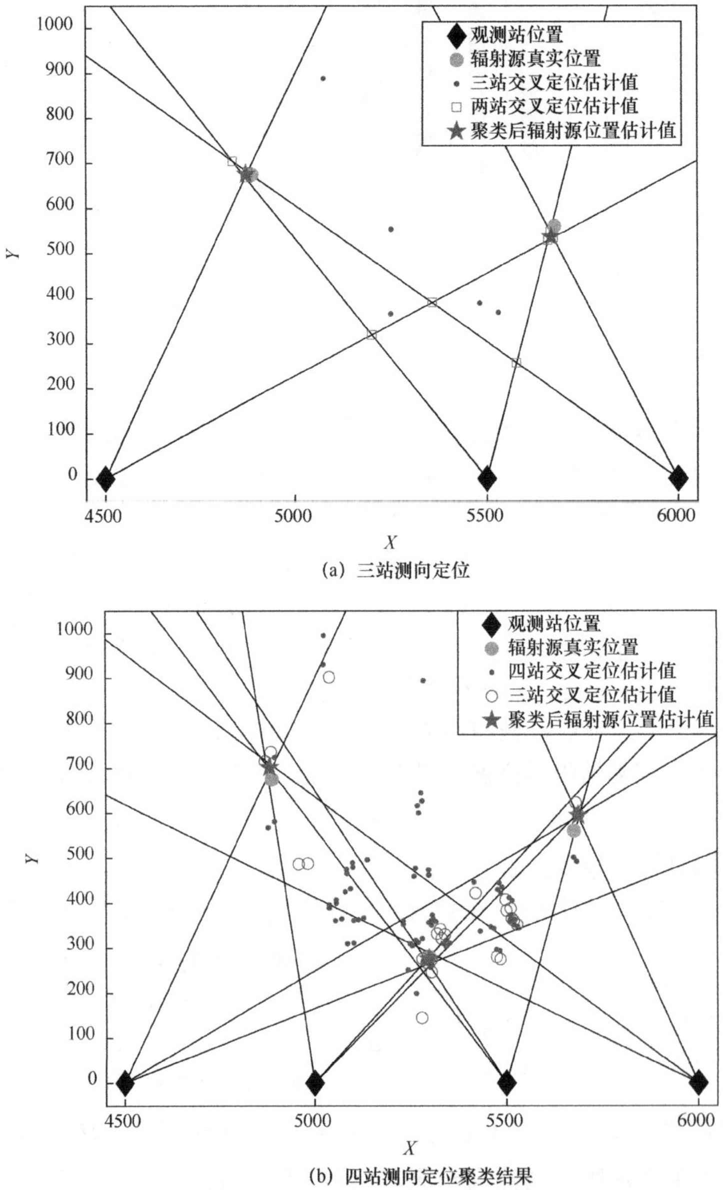

(a) 三站测向定位

(b) 四站测向定位聚类结果

图 4-25 多辐射源测向定位仿真

由图 4-25 可以看出，通过聚类算法可以有效剔除虚假定位点迹，保留真实辐射源定位的估计值。但是若观测站或辐射源数目增多，则该聚类算法的计算量将大幅增加，不利于工程应用。在进行多信号测向之后，可利用信号之间的谱相关特性剔除虚假交叉点[35]。此外，可采用第 9 章中介绍的直接定位算法，以更有效地实现多目标直接定位，无须虚假定位点迹剔除的过程。

4.4　实例

单平台运动轨迹如图 4-26 中 △ 所示，针对远区的辐射源进行测向定位；☆处为辐射源真实位置；观测站每次得到的测向线如图 4-26 中虚线所示。

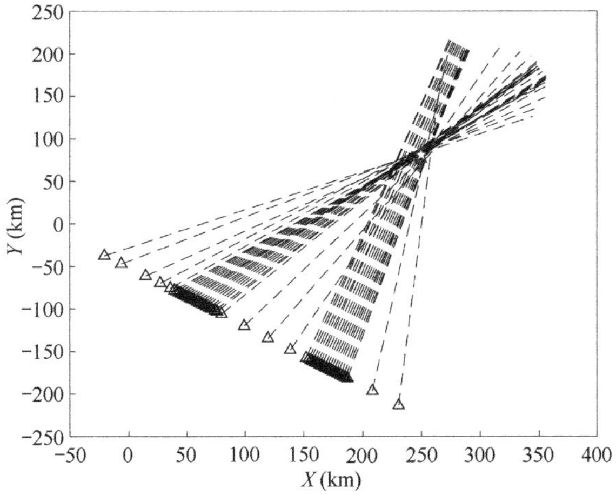

图 4-26　单平台运动轨迹及测向线

根据观测站自身位置和测向角度，分别利用加权 Stansfield 法、最小角度误差 G-N 迭代法、总体最小二乘法进行定位解算并计算定位误差，测向误差与相对定位误差如图 4-27 所示。

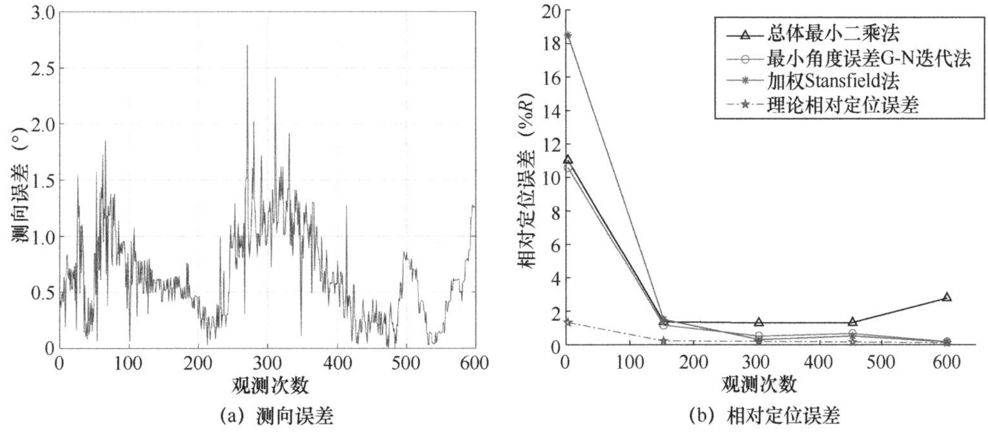

注：R 表示目标与观测站的距离，下同。

图 4-27　测向误差与相对定位误差结果

由图 4-27（b）可以看出，由于总体最小二乘法的前提假设条件是误差扰动较小，因此当测向误差增大时，其定位误差也会随之增大。加权 Stansfield 法与最小角度误差 G-N 迭代法由于考虑了加权矩阵， 其定位误差会随观测次数较快收敛。图 4-28 为利用所有测向数据，结合最小角度误差网格搜索法的定位结果，首先基于大步进进行粗搜，其相对定位误差为 1.39%R，随后在粗搜结果附近以小步进进行精搜，其相对定位误差为 0.21%R，在该定位场景下定位相对误差理论值为 0.12%R。

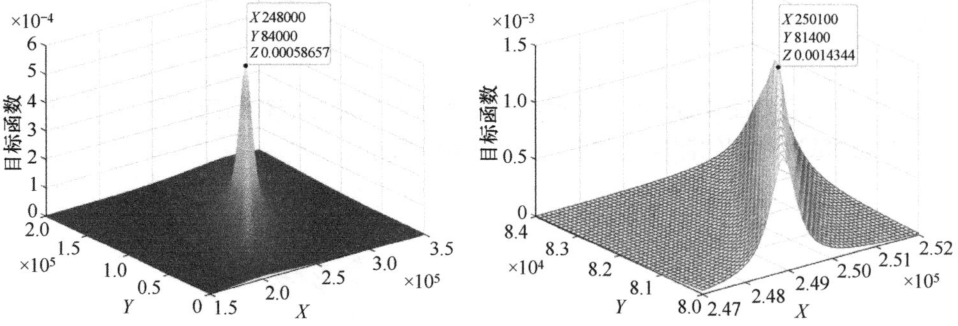

(a) 粗搜结果 (b) 精搜结果

图 4-28 网格搜索法结果

4.5 本章小结

本章介绍了测向定位体制的原理、算法和工程实现过程中相关问题及校正方法，最后给出单个运动平台对静止辐射源定位的实际案例，主要结论有：

（1）对于测向定位，极大似然估计量的计算可以考虑使用网格搜索法、迭代法及解析法，网格搜素法相较于迭代法和解析法具备更高的算法稳定性，因此当定位系统具备较强算力时，优选网格搜索法进行目标位置估计。

（2）对于固定双站测向定位，且测向误差相同的场景，详细推导出两个观测站定位误差最小值位置与相对定位误差最小值位置，对双站测向定位中站址选择提供优化参考。

（3）对于测向定位，需要将平台姿态角（包括航向角、俯仰角、横滚角）与测向结果一并考虑才能准确转化成目标在观测平台站心坐标系中的角度信息，进而实现对目标的位置估计。

（4）对于多个固定观测站对时频混叠多目标测向定位的场景，介绍了需要三个或更多观测站剔除虚假定位点的方法，其他时频混叠多目标定位方法见后续第 9 章的直接定位内容。

本章参考文献

[1] 陆安南，尤明懿，江斌，等. 无线电测向理论与工程实践[M]. 北京：电子工业出版社，2020.

[2] 陆安南，杨小牛. 最小相位误差单星无源定位法[J]. 上海航空，2007，3：6-9.

[3] 张敏，郭福成，周一宇，等. 运动单站干涉仪相位差直接定位方法[J]. 航空学报，2013，34(9)：2185-2193.

[4] 张敏，郭福成，周一宇. 基于单个长基线干涉仪的运动单站直接定位[J]. 航空学报，2013，34(2)：378-386.

[5] GAVISH M, WEISS A J. Performance analysis of bearing-only target location algorithms[J]. IEEE

Transactions on Aerospace and Electronic System, 1992, 28(3): 817-828.

[6] DOGANCAY K, IBAL G. 3D passive localization in the presence of large bearing noise[C]. 13th European Signal Processing Conference. Antalya,Turkey:EURASIP, 2005: 1-4.

[7] DOGANCAY K, IBAL G. Instrumental variable estimator for 3D bearings-only emitter location[C]. Proceedings of the 2005 International Conference on Intelligent Sensors, Sensor Networks and Information Processing. Melbourne, Australia:IEEE, 2005: 63-68.

[8] ADIB N, DOUGLAS S C. Extending the Stansfield algorithm to three dimensions:algorithms and implementations[J]. IEEE Transactions on Signal Processing, 2018, 66(4): 1106-1117.

[9] 王鼎，吴瑛，田建春. 基于总体最小二乘算法的多站无源定位[J]. 信号处理，2007，23(4)：611-614.

[10] 张贤达. 矩阵分析与应用[M]. 北京：清华大学出版社，2004.

[11] DOGANCAY K. Bearings-only target localization using total least squares[J]. IEEE Transactions on Signal Processing, 2005, 85(9) : 1695-1710.

[12] CADZOW J A. Total least-squares, matrix enhancement, and signal processing[J]. Digital Signal Process, 1994(4): 21-39.

[13] ABATZOGLOU T J, MENDEL J M, HARADA G A . The constrained total least squares technique and its applications to harmonic superresolution[J]. IEEE Trans on Signal Processing, 1991, 39(5): 1070-1087.

[14] WANG D, ZHANG L, WU Y. Constrained Total Least Squares Algorithm for Passive Location Based on Bearing-Only Measurements [J]. Science in China Series F: Information Science, 2007, 50(4): 576-586.

[15] 王鼎，张莉，吴瑛. 基于角度信息的约束总体最小二乘无源定位算法[J]. 中国科学 E 辑：信息科学，2006，36(8)：880-890.

[16] ABATZOGLOU T J, MENDEL J M. Constrained total least squares[C]. ICASSP’87. IEEE International Conference on Acoustics, Speech, and Signal Processing,1987:1485-1488.

[17] WANG D, ZHANG L, WU Y. The Structured Total Least Squares Algorithm Research for Passive Location Based on Angle Information [J]. Science in China Series F: Information Science, 2009, 52(6): 1043-1054.

[18] 朱颖童，许锦，赵国庆，等. 基于正则约束总体最小二乘无源测角定位[J]. 北京邮电大学学报，2015，38(6)：55-59.

[19] FAN X. The constrained total least squares with regularization and its use in ill-conditional signal restoration [D]. Starkville: Mississippi State University, 1992.

[20] MOOR B D. Total least squares for affinely structured matrices and the noisy realization problem[J]. IEEE Trans Signal Process, 1994, 42(11): 3104-3113.

[21] 雷雨，冯新喜，潘海峰，等. 基于结构总体最小二乘的多传感器定位算法[J]. 系统仿真学报，2013，25(4)：668-673.

[22] TIKHONOV A N, GONCHARSKY V V. Numerical Methods for The Solution of Ill-Posed Problems[M]. Boston: Kluwer Academic Publisher, 1995: 23-56.

[23] STANSFIELD R G. Statistical theory of DF fixing[J]. Journal of the Institution of Electrical Engineers-Part ⅢA: Radiocommunication, 94(15), 1947: 762-770.

[24] WEGENER L H . On the accuracy analysis of airborne techniques for passively locating electromagnetic emitters[M]. Santa Monica: Calif Rand, 1971.

[25] 章仁为. 卫星轨道姿态动力学与控制[M]. 北京：北京航空航天大学出版社，1998.
[26] 陆安南. 单星无源测向定位及精度分析[J]. 电子科学技术评论，2000，1：23-26.
[27] 杨斌，张敏，李立萍. 基于 WGS-84 模型的单星 DOA 定位算法[J]. 航天电子对抗，2009，25(4)：24-26.
[28] MATOSEVIC M, SALCIC Z, BERBER S. A Comparison of Accuracy Using a GPS and a Low-Cost DGPS[J]. IEEE Trans. Instrumentation and Measurement, 2006, 55(5): 1677-1683.
[29] NAUS H W L, VAN WIJK C V. Simultaneous localisation of multiple emitters[J]. Radar, Sonar and Navigation, IEEE Proceedings, 2004, 151(2):65-70.
[30] HERNANDEZ M. Novel maximum likelihood approach for passive detection and localization of multiple emitters[J]. EURASIP Journal on Advances in Signal Processing, 2017(1):1-24.
[31] 蒋维特，杨露菁，杨亚桥. 测向交叉定位中基于最小距离的二次聚类算法[J]. 火力与指挥控制，2009，34(10)：25-28.
[32] 谭坤，陈红，蔡晓霞. 三站交叉定位虚假点消除算法研究[J]. 舰船电子对抗，2009，32(8)：80-84.
[33] 陈建宏，时银水，赵国顺. 交叉定位中去除虚假目标的一种新算法[J]. 弹箭与制导学报，2010，30(4)：190-192.
[34] 毛关利华. 基于数据融合的纯角度多目标定位算法研究[D]. 杭州：浙江大学，2013.
[35] 高勇，肖先赐. 谱相关理论用于去除测向交叉定位中的虚假定位[J]. 系统工程与电子技术，1998，5：22-32.

第5章 时差定位

时差定位利用辐射源信号到达三个或三个以上空间分开的观测站时，存在的时间差来协同确定辐射源的位置。和其他定位体制相比，时差定位系统对通道的幅度、相位没有要求，且与频率无关。因此，时差定位系统的接收天线可采用高增益且有一定方向性的天线。同时，时差定位系统是长基线定位系统，相对于短基线的测向定位系统，有更高的定位精度。三站时差定位场景示意如图 5-1 所示。观测站为三辆信号采集车，目标辐射源为静止的无线电台，要将辅站测得的信号原始数据传输至主站完成对辐射源的时差定位。

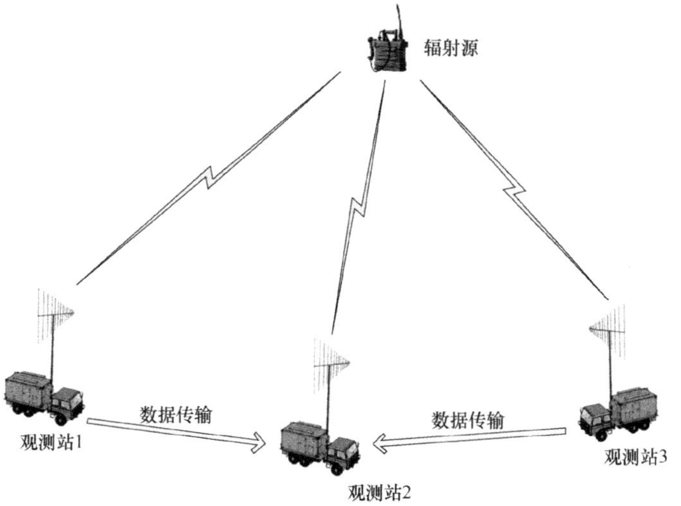

图 5-1　三站时差定位场景示意

本章主要介绍基于辐射源信号到达多个观测站之间的时间差进行定位的技术。5.1 节针对静止辐射源时差定位问题，介绍时差定位的原理与估计准则、优化算法。5.2 节介绍时差定位误差的几何表示和克拉美–罗下界。5.3 节针对时差定位工程实现与应用中会碰到的实际问题，介绍时差测量、时频同步方法、消除模糊方法、误差影响与校正和数据压缩方法。5.4 节给出一个时差定位的实例。时差定位内容结构示意如图 5-2 所示。

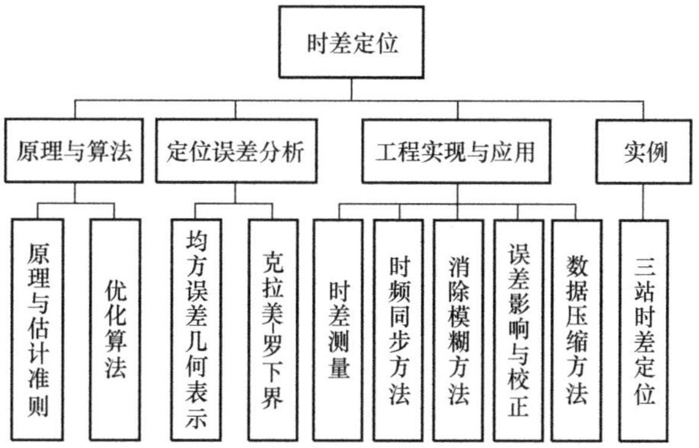

图 5-2　时差定位内容结构示意

5.1 原理与算法

5.1.1 原理与估计准则

时差定位的原理是辐射源信号到达L（$L\geqslant 3$）个空间分开的观测站会形成$L(L-1)/2$组时间差，每组时间差可以绘制一条经过辐射源位置的双曲线（双曲面），$L(L-1)/2$条时差线（时差面）的交点就是辐射源的计算位置。图 5-3 所示为 L 站时差定位原理。时差定位在定位空中目标时一般采用四站方式，在定位地面目标时一般采用三站方式，在某些场合，也可以采用更多的观测站，形成多组时差线，其定位精度将更高。

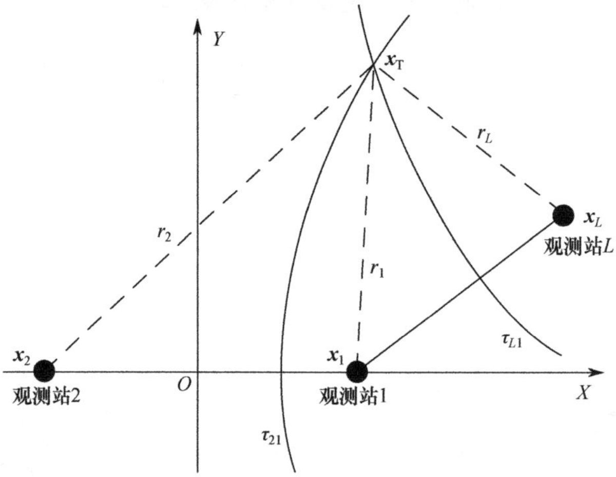

图 5-3 L 站时差定位原理

假设有坐标为$\boldsymbol{x}_1=[x_1,y_1,z_1]^{\mathrm{T}}$，$\boldsymbol{x}_2=[x_2,y_2,z_2]^{\mathrm{T}}$，…，$\boldsymbol{x}_L=[x_L,y_L,z_L]^{\mathrm{T}}$的观测站对某固定的目标辐射源$\boldsymbol{x}_{\mathrm{T}}=[x_{\mathrm{T}},y_{\mathrm{T}},z_{\mathrm{T}}]^{\mathrm{T}}$进行观测。$r_l$是从辐射源到观测站 l 的距离：

$$r_l=\|\boldsymbol{x}_{\mathrm{T}}-\boldsymbol{x}_l\|=\sqrt{(\boldsymbol{x}_{\mathrm{T}}-\boldsymbol{x}_l)^{\mathrm{T}}(\boldsymbol{x}_{\mathrm{T}}-\boldsymbol{x}_l)} \tag{5-1}$$

式中，$l=1,2,\cdots,L$。

设观测站 1 与观测站 l 接收辐射源信号的时间差为τ_{l1}，则存在以下关系式：

$$\tau_{l1}=\frac{1}{c}r_{l1}=\frac{1}{c}(r_l-r_1)\quad(l=2,3,\cdots,L) \tag{5-2}$$

式中，c 为光速。

等时间差 τ_{l1} 在二维平面上表现为双曲线。例如，两个观测站所在的位置为$\boldsymbol{x}_1=[-20,0]^{\mathrm{T}}$ (km)和$\boldsymbol{x}_2=[20,0]^{\mathrm{T}}$ (km)时，等时差曲线示意如图 5-4 所示。

时差定位的观测方程组可表示为

$$\boldsymbol{z}=\boldsymbol{h}(\boldsymbol{x}_{\mathrm{T}},\boldsymbol{x}_{\mathrm{O}})+\boldsymbol{\xi} \tag{5-3}$$

式中，观测量$\boldsymbol{z}=[\tilde{\tau}_{21},\tilde{\tau}_{31},\cdots,\tilde{\tau}_{L1}]^{\mathrm{T}}$（也可以是$\boldsymbol{z}=[\tilde{\tau}_{12},\tilde{\tau}_{23},\cdots,\tilde{\tau}_{L1}]^{\mathrm{T}}$等其他组合）；辐射源的位置$\boldsymbol{x}_{\mathrm{T}}=[x_{\mathrm{T}},y_{\mathrm{T}},z_{\mathrm{T}}]^{\mathrm{T}}$；$\boldsymbol{h}(\boldsymbol{x}_{\mathrm{T}},\boldsymbol{x}_{\mathrm{O}})=\left[\frac{r_{21}}{c},\frac{r_{31}}{c},\cdots,\frac{r_{L1}}{c}\right]^{\mathrm{T}}$；观测站的位置$\boldsymbol{x}_{\mathrm{O}}=[\boldsymbol{x}_1,\boldsymbol{x}_2,\cdots,\boldsymbol{x}_L]^{\mathrm{T}}$；$\boldsymbol{\xi}=[\Delta\tau_{21},$

$\Delta\tau_{31},\cdots,\Delta\tau_{L1}]^{\mathrm{T}}$ 为观测噪声，假设 $\mathbb{E}(\boldsymbol{\xi})=\mathbf{0}$，协方差矩阵为 $\boldsymbol{\Sigma}_{\xi}=\mathbb{E}(\boldsymbol{\xi}\boldsymbol{\xi}^{\mathrm{T}})$。

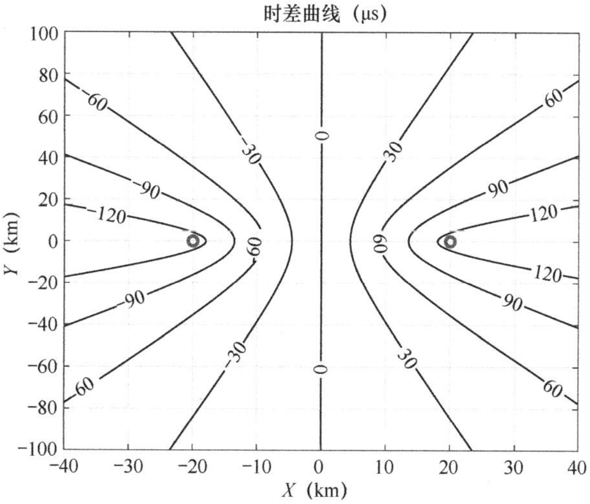

图 5-4　等时差曲线示意

由于未知数的个数为 3，当 $L\geqslant 4$ 时，至少有 3 个独立方程，因此可以求解上面的方程组，从而实现辐射源瞬时定位。当目标为地面辐射源时，$z_{\mathrm{T}}=0$，只需要求取两个未知量，此时只需要 $L\geqslant 3$ 即可实现瞬时定位。

如果没有 $\boldsymbol{x}$ 的先验分布，仅有 $\boldsymbol{\xi}$ 的均值和协方差矩阵 $\boldsymbol{\Sigma}_{\xi}$ 的信息，则可利用式（3-6）的广义最小二乘估计对目标位置进行估计：

$$\hat{\boldsymbol{x}}_{\mathrm{T}}=\arg\min_{\boldsymbol{x}\in\Omega_{\boldsymbol{x}}}\{[\boldsymbol{z}-\boldsymbol{h}(\boldsymbol{x},\boldsymbol{x}_{\mathrm{O}})]^{\mathrm{T}}\boldsymbol{\Sigma}_{\xi}^{-1}[\boldsymbol{z}-\boldsymbol{h}(\boldsymbol{x},\boldsymbol{x}_{\mathrm{O}})]\}\tag{5-4}$$

5.1.2　优化算法

5.1.2.1　网格搜索法

在 $\Omega_{\boldsymbol{x}}$ 范围内进行网格划分，利用网格点位置 $\boldsymbol{x}$ 计算理论时差 $\boldsymbol{h}(\boldsymbol{x},\boldsymbol{x}_{\mathrm{O}})$ 与实测时差 $\boldsymbol{z}$ 的目标函数式（3-15），对目标函数进行二维/三维搜索就可以直接得到目标的位置估计。在实际应用中，需要考虑搜索范围和搜索步进的选取。若目标位置没有先验信息，则搜索范围较大，若想要高精度定位，则会选取较小的搜索步进，此时计算量会很大，可以利用两步搜索法。

第一步：在较大的搜索范围内采取较大的搜索步进 Δr_1 进行网格搜索法搜索，得到目标位置粗搜值 $[\hat{x}_{\Delta r_1},\hat{y}_{\Delta r_1},\hat{z}_{\Delta r_1}]$。

第二步：在粗搜值位置周围每个坐标加减第一步中的搜索步进，确定第二步搜索范围，同时利用较小的搜索步进 Δr_2，得到目标位置精搜值 $[\hat{x}_{\Delta r_2},\hat{y}_{\Delta r_2},\hat{z}_{\Delta r_2}]$。

若目标位置有先验信息，则可以在目标的大致位置附近直接进行精搜。

【例 5.1】　三站时差定位二维目标

三个观测站坐标分别为 $\boldsymbol{x}_1=[0,0]^{\mathrm{T}}$ (km)，$\boldsymbol{x}_2=[-10,5]^{\mathrm{T}}$ (km)，$\boldsymbol{x}_3=[10,5]^{\mathrm{T}}$ (km)，目标辐射源位置为 $\boldsymbol{x}_{\mathrm{T}}=[5410,13270]^{\mathrm{T}}$ (m)。理论时差为 $\boldsymbol{z}=[\tau_{21},\tau_{31}]^{\mathrm{T}}=[10528.2,-16240.1]^{\mathrm{T}}$ (ns)，实测时差为 $\tilde{\boldsymbol{z}}=[10158.8,-16080.5]^{\mathrm{T}}$ (ns)，时差测量误差为 $\boldsymbol{\xi}=[-369.3,159.6]^{\mathrm{T}}$ (ns)。利用 Δr_1=200m 为

间隔计算目标函数式（3-15），得到的粗搜结果如图 5-5（a）所示，在第一步粗搜的最高峰附近再利用 Δr_2 =2m 的间隔进行第二步精搜，可得到如图 5-5（b）所示的结果，提取精搜结果的最大值，可得到目标位置的估计值 $\hat{\boldsymbol{x}}_{\mathrm{T}}=[5344.0,13442.0]^{\mathrm{T}}$ (m)，定位误差为 184.2m。

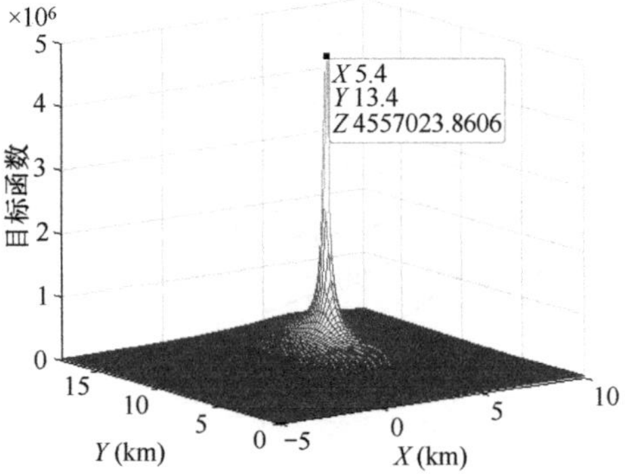

(a) 第一步粗搜结果

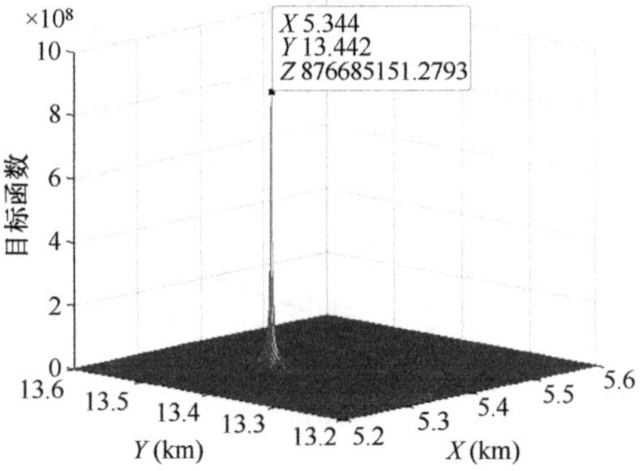

(b) 第二步精搜结果

图 5-5 网格搜索法结果

5.1.2.2 G-N 迭代法

利用时差方程式（5-3）在目标位置 $\boldsymbol{x}_{\mathrm{T}}$ 附近的点 $\boldsymbol{x}_0$ 处进行泰勒展开[1]，保留一次项，忽略高次项，得到目标位置的线性方程组为

$$\boldsymbol{z} \approx \boldsymbol{h}(\boldsymbol{x}_0)+\boldsymbol{J}(\boldsymbol{x}-\boldsymbol{x}_0)+\boldsymbol{\xi} \tag{5-5}$$

式中，$\boldsymbol{z}=[\tilde{\tau}_{21},\tilde{\tau}_{31},\cdots,\tilde{\tau}_{L1}]^{\mathrm{T}}$，$\boldsymbol{h}(\boldsymbol{x}_0)=\left[\dfrac{r_{21}}{c},\dfrac{r_{31}}{c},\cdots,\dfrac{r_{L1}}{c}\right]^{\mathrm{T}}$，$\boldsymbol{J}=\left.\dfrac{\partial \boldsymbol{h}(\boldsymbol{x})}{\partial \boldsymbol{x}^{\mathrm{T}}}\right|_{\boldsymbol{x}=\boldsymbol{x}_0}=\dfrac{1}{c}\left[\dfrac{\boldsymbol{x}_0-\boldsymbol{x}_2}{\hat{r}_2}-\dfrac{\boldsymbol{x}_0-\boldsymbol{x}_1}{\hat{r}_1},\dfrac{\boldsymbol{x}_0-\boldsymbol{x}_3}{\hat{r}_3}-\dfrac{\boldsymbol{x}_0-\boldsymbol{x}_1}{\hat{r}_1},\cdots,\dfrac{\boldsymbol{x}_0-\boldsymbol{x}_L}{\hat{r}_L}-\dfrac{\boldsymbol{x}_0-\boldsymbol{x}_1}{\hat{r}_1}\right]^{\mathrm{T}}$，$\boldsymbol{\xi}=[\Delta\tau_{21},\Delta\tau_{31},\cdots,\Delta\tau_{L1}]^{\mathrm{T}}$。

因此有

$$\boldsymbol{y} \approx \boldsymbol{J}\boldsymbol{\delta}+\boldsymbol{\xi} \tag{5-6}$$

式中，$\boldsymbol{y}=\boldsymbol{z}-\boldsymbol{h}(\boldsymbol{x}_0)=[\tilde{\tau}_{21}-r_{21}/c,\tilde{\tau}_{31}-r_{31}/c,\cdots,\tilde{\tau}_{L1}-r_{L1}/c]^{\mathrm{T}}$，$\boldsymbol{\delta}=\boldsymbol{x}-\boldsymbol{x}_0$ 为目标位置的差值矢量。

对式（5-6）求广义最小二乘解可得

$$\hat{\boldsymbol{\delta}}=(\boldsymbol{J}^{\mathrm{T}}\boldsymbol{\Sigma}_{\xi}^{-1}\boldsymbol{J})^{-1}\boldsymbol{J}^{\mathrm{T}}\boldsymbol{\Sigma}_{\xi}^{-1}\boldsymbol{y} \tag{5-7}$$

令 $\boldsymbol{x}_0=\boldsymbol{x}_0+\hat{\boldsymbol{\delta}}$ 后重复上述过程，直到 $\|\hat{\boldsymbol{\delta}}\|<\varepsilon$ 为止，ε 为设定的一个较小的误差门限值。

上面所述的传统 G-N 迭代法对初值的选取十分关键，需选在靠近目标真值附近，否则有可能导致迭代不收敛，从而无法正确获得目标估计值。出现不收敛情况是由于当目标初始值和目标真值相距较远时，Hessian 矩阵 $\boldsymbol{J}^{\mathrm{T}}\boldsymbol{\Sigma}_{\xi}^{-1}\boldsymbol{J}$ 趋于病态，从而导致其逆矩阵不准确，致使算法迭代发散。导致 Hessian 矩阵病态的原因有两点：①Hessian 矩阵的特征值逐渐降低且趋近于零；②矩阵的条件数，即最大特征值和最小特征值之间的比率较大。利用正则化理论对病态的 Hessian 矩阵进行修正[2,3]，最常用的方法是利用对角加载技术修正 Hessian 矩阵，即可以利用正则化参数 λ 修正式（5-7）中的 $\hat{\boldsymbol{\delta}}$：

$$\hat{\boldsymbol{\delta}}=\frac{1}{1+\lambda}(\boldsymbol{J}^{\mathrm{T}}\boldsymbol{\Sigma}_{\xi}^{-1}\boldsymbol{J})^{-1}\boldsymbol{J}^{\mathrm{T}}\boldsymbol{\Sigma}_{\xi}^{-1}\boldsymbol{y} \tag{5-8}$$

利用传统和修正 G-N 迭代法对例 5.1 求解，初始值选为$[-6300,2400]^{\mathrm{T}}$ (m)，并取$\lambda=0.9$，可得如图 5-6 所示的结果，由图 5-6（a）可知，利用传统 G-N 迭代法时迭代不收敛，而由图 5-6（b）可知，利用修正 G-N 迭代法可以收敛到正确值，目标位置的估计值$\hat{\boldsymbol{x}}_{\mathrm{T}}=[5341.4, 13445.8]^{\mathrm{T}}$ (m)，定位误差为 188.7m。

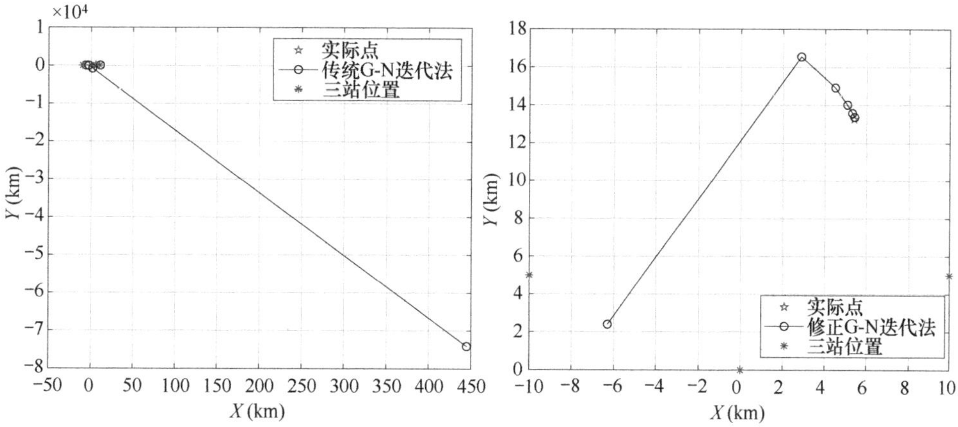

(a) 传统G-N迭代法定位结果　　(b) 修正G-N迭代法定位结果

图 5-6 传统 G-N 迭代法和修正 G-N 迭代法定位结果

5.1.2.3 解析法

多站时差定位的解析法是 Y. T. Chan 和 K. C. Ho 于 1994 年提出的著名算法[4]，也称 Chan 算法。其通过将双曲线方程组转化为线性方程组，并借助一个中间变量得到目标位置的解析解。该方法直接通过方程组解算得到目标位置，因此计算量较小。

将式（5-3）右边$\boldsymbol{h}(\boldsymbol{x}_{\mathrm{T}},\boldsymbol{x}_{\mathrm{O}})$中含有的$r_1$移到左边，两边乘$c$后再平方，可得

$$(c\tilde{\tau}_{l1})^2+2c\tilde{\tau}_{l1}r_1+r_1^2=r_l^2+2r_lc\Delta\tau_{l1}+c^2\Delta\tau_{l1}^2 \tag{5-9}$$

由于$r_l^2=(\boldsymbol{x}_{\mathrm{T}}-\boldsymbol{x}_l)^{\mathrm{T}}(\boldsymbol{x}_{\mathrm{T}}-\boldsymbol{x}_l)$，将式（5-9）重新整理，并写成矩阵形式可得

$$\boldsymbol{Ax}+\boldsymbol{n}=\boldsymbol{b} \tag{5-10}$$

式中，$\boldsymbol{A}=\begin{bmatrix} x_1-x_2 & y_1-y_2 & z_1-z_2 \\ x_1-x_3 & y_1-y_3 & z_1-z_3 \\ \vdots & \vdots & \vdots \\ x_1-x_L & y_1-y_L & z_1-z_L \end{bmatrix}$；$\boldsymbol{x}=[x_{\mathrm{T}},y_{\mathrm{T}},z_{\mathrm{T}}]^{\mathrm{T}}$；$\boldsymbol{n}=\begin{bmatrix} r_2c\Delta\tau_{21}+0.5c^2\Delta\tau_{21}^2 \\ r_3c\Delta\tau_{31}+0.5c^2\Delta\tau_{31}^2 \\ \vdots \\ r_Lc\Delta\tau_{L1}+0.5c^2\Delta\tau_{L1}^2 \end{bmatrix}$；

$\boldsymbol{b}=\begin{bmatrix} k_2+c\tilde{\tau}_{21}r_1 \\ k_3+c\tilde{\tau}_{31}r_1 \\ \vdots \\ k_L+c\tilde{\tau}_{L1}r_1 \end{bmatrix}$，其中$k_l=\dfrac{1}{2}[(c\tilde{\tau}_{l1})^2+(x_1^2+y_1^2+z_1^2)-(x_l^2+y_l^2+z_l^2)]$，$l=2,3,\cdots,L$。

式（5-10）的最小二乘解为

$$\hat{\boldsymbol{x}}=(\boldsymbol{A}^{\mathrm{T}}\boldsymbol{Q}^{-1}\boldsymbol{A})^{-1}\boldsymbol{A}^{\mathrm{T}}\boldsymbol{Q}^{-1}\boldsymbol{b} \tag{5-11}$$

式中，$\boldsymbol{Q}=\mathrm{cov}\{\boldsymbol{n}\}$，由于$\Delta\tau_{l1}\ll 1$，且对于远距离的辐射源有$r_2\approx r_3\approx\cdots\approx r_L$，此时可取$\boldsymbol{Q}=\boldsymbol{\Sigma}_\xi$。如果各观测站接收到的噪声不相关，则$\boldsymbol{Q}=\mathrm{diag}[\sigma_{\Delta\tau_{21}}^2,\sigma_{\Delta\tau_{31}}^2,\cdots,\sigma_{\Delta\tau_{L1}}^2]$，特别地，当各观测站误差一致时，$\boldsymbol{Q}=\sigma_{\Delta\tau}^2\boldsymbol{I}_{L-1}$。

由于坐标系以观测站 1 为原点，因此$r_1^2=\boldsymbol{x}^{\mathrm{T}}\boldsymbol{x}$，所以有

$$r_1^2=[(\boldsymbol{A}^{\mathrm{T}}\boldsymbol{Q}^{-1}\boldsymbol{A})^{-1}\boldsymbol{A}^{\mathrm{T}}\boldsymbol{Q}^{-1}\boldsymbol{b}]^{\mathrm{T}}(\boldsymbol{A}^{\mathrm{T}}\boldsymbol{Q}^{-1}\boldsymbol{A})^{-1}\boldsymbol{A}^{\mathrm{T}}\boldsymbol{Q}^{-1}\boldsymbol{b} \tag{5-12}$$

求解该一元二次方程得到r_1，再代入式（5-11）就可以得到$\hat{\boldsymbol{x}}$。在求解一元二次方程时，有可能会有多个解的情况，此时需要根据时差测量值、各观测站的位置及目标可能出现的区域等信息，对方程解进行去模糊处理。

利用解析法对例 5.1 求解，可得目标位置的估计值$\hat{\boldsymbol{x}}_{\mathrm{T}}=[5343.6,13441.7]^{\mathrm{T}}$ (m)，定位误差为 184.0m。

5.2 定位误差分析

5.2.1 均方误差几何表示

三个观测站对平面二维静止辐射源定位时，三站时差定位的几何表示如图 5-7 所示，设点$\boldsymbol{x}_{\mathrm{T}}$为辐射源真实位置，从点$\boldsymbol{x}_{\mathrm{T}}$到观测站 1（点 A）、观测站 2（点 B）和观测站 3（点 C）的距离分别为r_1、r_2和r_3。假设理论时差分别为τ_{21}和τ_{31}，其对应的理论双曲线分别为$r_{\tau_{21}}$和$r_{\tau_{31}}$，实测时差τ'_{21}和τ'_{31}获得的两条双曲线$r'_{\tau_{21}}$和$r'_{\tau_{31}}$交于点$\hat{\boldsymbol{x}}_{\mathrm{T}}$，则点$\hat{\boldsymbol{x}}_{\mathrm{T}}$为辐射源位置的估计值，其误差为从点$\hat{\boldsymbol{x}}_{\mathrm{T}}$到点$\boldsymbol{x}_{\mathrm{T}}$的距离。

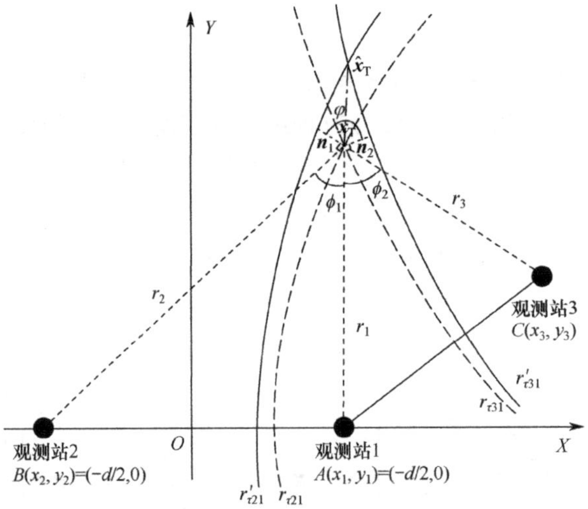

图 5-7 三站时差定位的几何表示

根据上述假设，首先考察观测站 2 与观测站 1 之间的观测量τ_{21}：

$$\tau_{21}=\frac{[\sqrt{(x_{\mathrm{T}}+d/2)^2+y_{\mathrm{T}}^2}-\sqrt{(x_{\mathrm{T}}-d/2)^2+y_{\mathrm{T}}^2}]}{c}\triangleq h_1(\boldsymbol{x}_{\mathrm{T}},d) \tag{5-13}$$

由几何原理知

$$\cos\phi_1=\frac{r_1^2+r_2^2-d^2}{2r_1r_2}=\frac{x^2+y^2-d^2/4}{r_1r_2} \tag{5-14}$$

因此有

$$\|\nabla h_1\|=\left\|\left[\frac{\partial(\tau_{21})}{\partial x_{\mathrm{T}}},\frac{\partial(\tau_{21})}{\partial y_{\mathrm{T}}}\right]\right\|=\frac{1}{c}\sqrt{2(1-\cos\phi_1)}=\frac{2\sin(\phi_1/2)}{c} \tag{5-15}$$

同理

$$\|\nabla h_2\| = \left\| \left[\frac{\partial(\tau_{31})}{\partial x_{\mathrm{T}}}, \frac{\partial(\tau_{31})}{\partial y_{\mathrm{T}}} \right] \right\| = \frac{1}{c}\sqrt{2(1-\cos\phi_2)} = \frac{2\sin(\phi_2/2)}{c} \tag{5-16}$$

若观测矢量 $\boldsymbol{z}=[\tau_{21},\tau_{31}]^{\mathrm{T}}$ 各分量误差满足 $\mathbb{E}\{\boldsymbol{z}\}=\mathbf{0}$，$\mathbb{E}[(\Delta\tau_{l1})^2]=\sigma_{\tau_{l1}}^2$，时差测量误差间的相关系数为 ρ，无观测站位置误差，则代入式（3-29）可得均方距离误差为

$$\sigma_R^2 = \frac{c^2\{\sigma_{\tau_{21}}^2/\sin^2(\phi_1/2)+\sigma_{\tau_{31}}^2/\sin^2(\phi_2/2)-2\rho\sigma_{\tau_{21}}\sigma_{\tau_{31}}\cos\varphi/[\sin(\phi_1/2)\sin(\phi_2/2)]\}}{4\sin^2\varphi} \tag{5-17}$$

当两个时差测量误差不相关（$\rho=0$），且 $\sigma_{\tau_{21}}^2=\sigma_{\tau_{31}}^2=\sigma_\tau^2$ 时

$$\sigma_R^2 = \frac{c^2\sigma_\tau^2[\operatorname{cosec}^2(\phi_1/2)+\operatorname{cosec}^2(\phi_2/2)]}{4\sin^2[(\phi_1+\phi_2)/2]} \tag{5-18}$$

下面利用式（5-18）求定位误差的最小值位置，令 $\partial\sigma_R^2/\partial\phi_1=0$，$\partial\sigma_R^2/\partial\phi_2=0$，经整理可得

$$\frac{\cos(\phi_1/2)}{\sin^3(\phi_1/2)} - \cot\frac{(\phi_1+\phi_2)}{2}[\operatorname{cosec}^2(\phi_1/2)+\operatorname{cosec}^2(\phi_2/2)]=0 \tag{5-19}$$

$$\frac{\cos(\phi_2/2)}{\sin^3(\phi_2/2)} - \cot\frac{(\phi_1+\phi_2)}{2}[\operatorname{cosec}^2(\phi_1/2)+\operatorname{cosec}^2(\phi_2/2)]=0 \tag{5-20}$$

用式（5-19）减式（5-20），并注意到函数 $f(\phi)=\dfrac{\cos(\phi/2)}{\sin^3(\phi/2)}$ 在 $(0,\pi]$ 上递减，可以得到 $\phi_1=\phi_2=109°$，此时，$\sigma_R=0.92c\sigma_\tau$，因此用这样的两条双曲线进行时差定位时，定位误差的最小值位置位于三站内部区域。

当三个观测站坐标为 $\boldsymbol{x}_1=[0,0]^{\mathrm{T}}$ (km)，$\boldsymbol{x}_2=[-10,5]^{\mathrm{T}}$ (km)，$\boldsymbol{x}_3=[10,5]^{\mathrm{T}}$ (km)，时差测量误差为 150ns，无站址误差时，用几何表示计算得到的时差定位绝对误差等值线如图 5-8 所示。图中定位误差的最小值位于 $[0,1.46]^{\mathrm{T}}$ (km)处，与上述理论分析的最小值位置相符合。

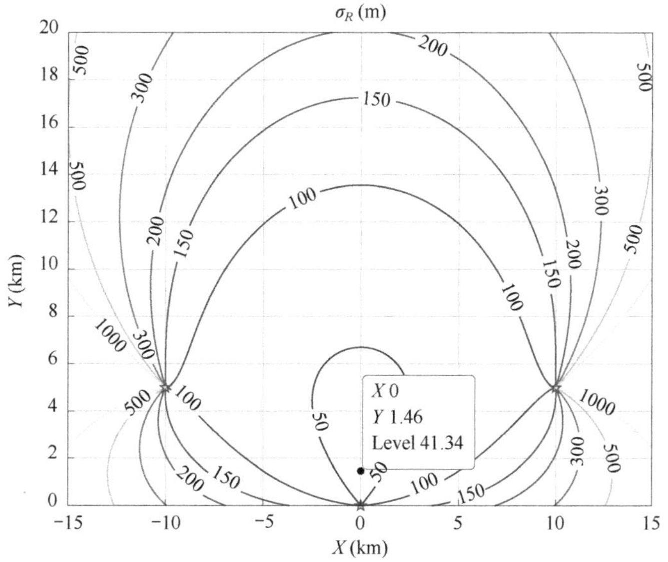

图 5-8　用几何表示计算得到的时差定位绝对误差等值线

时差定位的相对误差定义为绝对误差与观测站基线距离的比值，当三个观测站坐标 $\boldsymbol{x}_1=[0,0]^{\mathrm{T}}$ (km)，$\boldsymbol{x}_2=[-20,0]^{\mathrm{T}}$ (km)，$\boldsymbol{x}_3=[20,0]^{\mathrm{T}}$ (km)，时差测量误差为 150ns，无站址误差时，用几何表示计算得到的时差定位绝对误差和相对误差等值线如图 5-9 所示。

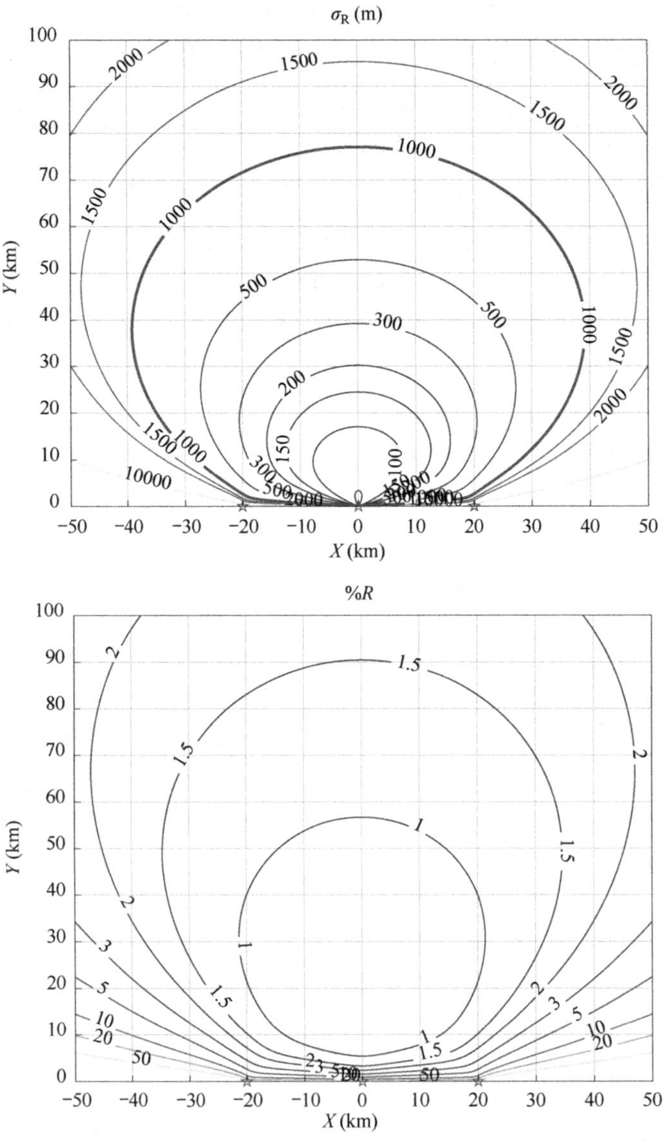

图 5-9 用几何表示计算得到的时差定位绝对误差和相对误差等值线

5.2.2 克拉美-罗下界

下面对基于时差信息定位的 CRLB 进行分析。由式（5-2）可得

$$\tau_{l1}(\boldsymbol{x}_{\mathrm{T}})=\tau_l(\boldsymbol{x}_{\mathrm{T}})-\tau_1(\boldsymbol{x}_{\mathrm{T}})=\frac{1}{c}(\|\boldsymbol{x}_{\mathrm{T}}-\boldsymbol{x}_l\|-\|\boldsymbol{x}_{\mathrm{T}}-\boldsymbol{x}_1\|) \tag{5-21}$$

假设时差定位中所用的时差测量结果 $\boldsymbol{z}=[\tau_{21},\tau_{31},\cdots,\tau_{L1}]^{\mathrm{T}}$，时差测量误差 $\boldsymbol{\xi}\sim\mathbb{N}(\boldsymbol{0},\boldsymbol{\Sigma}_{\xi})$，观测站位置误差 $\boldsymbol{\varepsilon}\sim\mathbb{N}(\boldsymbol{0},\boldsymbol{\Sigma}_{\varepsilon})$，$\boldsymbol{\Sigma}_{\varepsilon}=\mathrm{diag}[\sigma_x^2,\sigma_y^2,\sigma_z^2]\otimes\boldsymbol{I}_L$。根据式（3-41）可知辐射源位置 $\boldsymbol{x}$ 估

计的 CRLB 为

$$\mathrm{CRLB}(\boldsymbol{x})=[\boldsymbol{J}^{\mathrm{T}}(\boldsymbol{\Sigma}_{\xi}+\boldsymbol{J}_2\boldsymbol{\Sigma}_{\varepsilon}\boldsymbol{J}_2^{\mathrm{T}})^{-1}\boldsymbol{J}]^{-1} \tag{5-22}$$

式中，$\boldsymbol{J}=\dfrac{\partial \boldsymbol{h}(\boldsymbol{x},\boldsymbol{x}_{\mathrm{O}})}{\partial \boldsymbol{x}^{\mathrm{T}}}=\dfrac{1}{c}\begin{bmatrix}\dfrac{(\boldsymbol{x}-\boldsymbol{x}_2)^{\mathrm{T}}}{\|\boldsymbol{x}-\boldsymbol{x}_2\|}-\dfrac{(\boldsymbol{x}-\boldsymbol{x}_1)^{\mathrm{T}}}{\|\boldsymbol{x}-\boldsymbol{x}_1\|}\\ \dfrac{(\boldsymbol{x}-\boldsymbol{x}_3)^{\mathrm{T}}}{\|\boldsymbol{x}-\boldsymbol{x}_3\|}-\dfrac{(\boldsymbol{x}-\boldsymbol{x}_1)^{\mathrm{T}}}{\|\boldsymbol{x}-\boldsymbol{x}_1\|}\\ \vdots \\ \dfrac{(\boldsymbol{x}-\boldsymbol{x}_L)^{\mathrm{T}}}{\|\boldsymbol{x}-\boldsymbol{x}_L\|}-\dfrac{(\boldsymbol{x}-\boldsymbol{x}_1)^{\mathrm{T}}}{\|\boldsymbol{x}-\boldsymbol{x}_1\|}\end{bmatrix}$，$\boldsymbol{J}_2=\dfrac{\partial \boldsymbol{h}(\boldsymbol{x},\boldsymbol{x}_{\mathrm{O}})}{\partial \boldsymbol{x}_{\mathrm{O}}^{\mathrm{T}}}=$

$$\frac{1}{c}\begin{bmatrix}\dfrac{(\boldsymbol{x}-\boldsymbol{x}_1)^{\mathrm{T}}}{\|\boldsymbol{x}-\boldsymbol{x}_1\|} & -\dfrac{(\boldsymbol{x}-\boldsymbol{x}_2)^{\mathrm{T}}}{\|\boldsymbol{x}-\boldsymbol{x}_2\|} & \boldsymbol{0} & \cdots & \boldsymbol{0}\\ \dfrac{(\boldsymbol{x}-\boldsymbol{x}_1)^{\mathrm{T}}}{\|\boldsymbol{x}-\boldsymbol{x}_1\|} & \boldsymbol{0} & -\dfrac{(\boldsymbol{x}-\boldsymbol{x}_3)^{\mathrm{T}}}{\|\boldsymbol{x}-\boldsymbol{x}_3\|} & \cdots & \boldsymbol{0}\\ \vdots & \vdots & \vdots & \ddots & \vdots\\ \dfrac{(\boldsymbol{x}-\boldsymbol{x}_1)^{\mathrm{T}}}{\|\boldsymbol{x}-\boldsymbol{x}_1\|} & \boldsymbol{0} & \boldsymbol{0} & \cdots & -\dfrac{(\boldsymbol{x}-\boldsymbol{x}_L)^{\mathrm{T}}}{\|\boldsymbol{x}-\boldsymbol{x}_L\|}\end{bmatrix}。$$

时差定位误差 RMSE 为

$$\mathrm{RMSE}(\hat{\boldsymbol{x}}_{\mathrm{ML}})=\sqrt{\mathrm{tr}[\mathrm{CRLB}(\boldsymbol{x})]} \tag{5-23}$$

当三个观测站坐标 $\boldsymbol{x}_1=[0,0]^{\mathrm{T}}$ (km)，$\boldsymbol{x}_2=[-20,0]^{\mathrm{T}}$ (km)，$\boldsymbol{x}_3=[20,0]^{\mathrm{T}}$ (km)，时差测量误差为 150ns，站址误差 X 和 Y 方向均为 10m 时，时差定位误差 RMSE 等值线如图 5-10 所示。

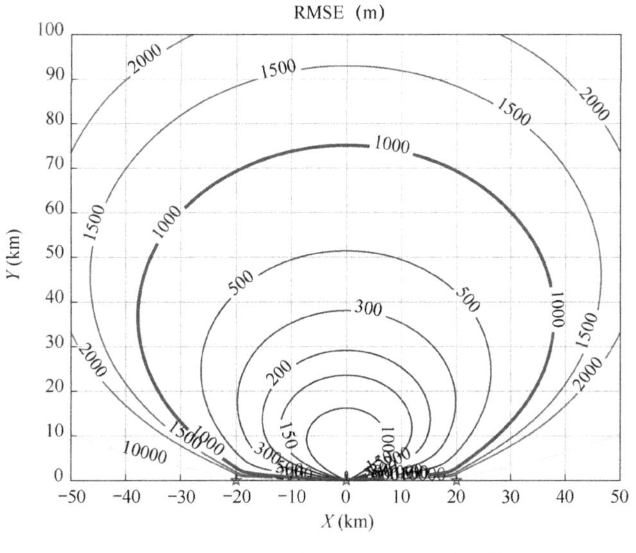

图 5-10　时差定位误差 RMSE 等值线

对比图 5-10 和图 5-8 可知，存在站址误差时的时差定位误差 RMSE 比不存在站址误差时的时差定位误差 RMSE 大。

5.3 工程实现与应用

5.3.1 时差测量

5.3.1.1 连续信号时差测量

假设第 l 个观测站接收到的信号模型如下：

$$y_l(t)=\eta_l s(t-\tau_l)+w_l(t)=\eta_l u(t-\tau_l)\mathrm{e}^{\mathrm{j}2\pi f_0(t-\tau_l)}+w_l(t), l=1,2,\cdots,L \tag{5-24}$$

式中，η_l 为观测站所接收到的信号相对于目标辐射信号的衰减系数，$s(t)$ 为源信号的复包络，τ_l 为第 l 个观测站接收到信号的时差，$w_l(t)$ 为零均值高斯白噪声，$u(t)$ 为辐射源产生的基带信号，f_0 为辐射源发射信号的载波频率。

假设观测站对信号以采样率 f_s 进行采样得到 M 个信号样本，将这 M 个信号样本合并成矢量形式就可以得到如下观测模型：

$$\boldsymbol{y}=\boldsymbol{\eta s}+\boldsymbol{w} \tag{5-25}$$

式中，$\boldsymbol{y}=[\boldsymbol{y}_1^{\mathrm{T}},\boldsymbol{y}_2^{\mathrm{T}},\cdots,\boldsymbol{y}_L^{\mathrm{T}}]^{\mathrm{T}}$，$\boldsymbol{y}_l=[y_l(t_1),y_l(t_2),\cdots,y_l(t_M)]^{\mathrm{T}}$，$\boldsymbol{\eta}=[\mathrm{diag}(\eta_1,\eta_2,\cdots,\eta_L)]\otimes\boldsymbol{I}_M$，$\boldsymbol{s}=[\boldsymbol{s}_1^{\mathrm{T}},\boldsymbol{s}_2^{\mathrm{T}},\cdots,\boldsymbol{s}_L^{\mathrm{T}}]^{\mathrm{T}}$，$\boldsymbol{s}_l=[s(t_1-\tau_l),s(t_2-\tau_l),\cdots,s(t_M-\tau_l)]^{\mathrm{T}}$，$\boldsymbol{w}=[\boldsymbol{w}_1^{\mathrm{T}},\boldsymbol{w}_2^{\mathrm{T}},\cdots,\boldsymbol{w}_L^{\mathrm{T}}]^{\mathrm{T}}$，$\boldsymbol{w}_l=[w_l(t_1),w_l(t_2),\cdots,w_l(t_M)]^{\mathrm{T}}$，$t_m=m\varDelta$，$\varDelta=1/f_s$。

通过对上面不同观测站间的信号进行时差测量，可以获得信号从辐射源到不同观测站的距离差。以测量两个站之间的时差为例，假定 $\tau_1=0$，$\tau_2=\tau$，式（5-25）中 $L=2$，噪声 $w_l(t_m)$ 为独立的圆高斯白噪声 $\mathbb{E}\{w_l(t_m)w_l^*(t_m)\}=\sigma_{w_l}^2$，$\mathbb{E}\{w_l(t_i)w_l(t_j)\}=0$，而信号不限定为圆信号 $\mathbb{E}\{s^2(t_m)\}=\rho\mathrm{e}^{\mathrm{j}\varphi}\mathbb{E}\{s(t_m)s^*(t_m)\}=\rho\mathrm{e}^{\mathrm{j}\varphi}\sigma_s^2$，则观测站 2 与观测站 1 之间时差 τ 的极大似然估计等同于概率密度函数 $p(\boldsymbol{y}|\tau)$ 最大化[5]：

$$p(\boldsymbol{y}|\tau)=\prod_{t_m=t_1}^{t_M}\int_{s_{\mathrm{R}}(t_m)}\int_{s_{\mathrm{I}}(t_m)}p(\boldsymbol{y}(t_m)|\tau,s(t_m))p\left(s(t_m)\right)\mathrm{d}s_{\mathrm{R}}(t_m)\mathrm{d}s_{\mathrm{I}}(t_m) \tag{5-26}$$

式中，$s_{\mathrm{R}}(t_m)$ 为 $s(t_m)$ 的实部，$s_{\mathrm{I}}(t_m)$ 为 $s(t_m)$ 的虚部。

当 $\sigma_{w_1}^2=\sigma_{w_2}^2=\sigma_w^2$ 时，由上面对噪声和信号的假设，似然函数可以简化为

$$L(\tau)=[1+(1-|\gamma|^2)\beta]\mathrm{Re}[\eta R_{12}(\tau)]+\mathrm{Re}[\gamma^*\eta^*\breve{R}_{12}(\tau)] \tag{5-27}$$

式中，$\beta=(1+|\eta|^2)\sigma_s^2/\sigma_w^2$，$\gamma=\rho\mathrm{e}^{\mathrm{j}\varphi}$，$\eta=\eta_2/\eta_1$，$R_{12}(\tau)=y_1(t_m)y_2^*(t_m+\tau)$，$\breve{R}_{12}(\tau)=y_1(t_m)y_2(t_m+\tau)$。

对于给定的时差测量值 $\tilde{\tau}$，可以得到 η、β、γ 的估计值：

$$\begin{aligned}\tilde{\eta}&=1/2(\sqrt{b^2+4}-b)R_{12}^*(\tilde{\tau})/|R_{12}(\tilde{\tau})|\\\tilde{\beta}&=(1+|\tilde{\eta}|^2)|R_{12}(\tilde{\tau})|/|\tilde{\eta}^*R_{11}(0)-R_{12}(\tilde{\tau})|\\\tilde{\gamma}&=|\tilde{\eta}|\breve{R}_{11}(0)/|R_{12}(\tilde{\tau})|\end{aligned} \tag{5-28}$$

式中，$b=(R_{11}(0)-R_{22}(0))/|R_{12}(\tilde{\tau})|$。

圆信号对时差进行极大似然估计等效于用共轭互相关函数对时差进行测量：

$$\tilde{\tau}_{12}=\arg\max_{\tau}|R_{12}(\tau)| \tag{5-29}$$

非圆信号（主要包括 AM、MASK、BPSK、UQPSK 等）对时差进行极大似然估计等效于用非共轭互相关函数对时差进行测量：

$$\tilde{\tau}_{12} = \arg\max_{\tau} \left|\breve{R}_{12}(\tau)\right| \tag{5-30}$$

若接收到的非圆信号不是基带信号，则需要变频到基带信号后再利用非共轭互相关函数进行时差测量，也可以直接利用共轭互相关函数进行时差测量。

1. 互相关法

共轭互相关函数和非共轭互相关函数进行时差测量都属于互相关法测量时差，由于后续步骤一致，这里以共轭互相关函数为例对互相关法进行介绍。互相关法[6]可以利用时域卷积的方法实现：

$$R_{ij}(\tau) = \sum_{m=1}^{M}[y_i(t_m)y_j^*(t_m+\tau)] \tag{5-31}$$

式中，$\tau = n\Delta\ (n \in \mathbf{Z})$。

由于式（5-31）的相关运算实际上是时域的卷积运算，时域的卷积等于频域的相乘，因此也可以利用傅里叶变换后的频域数据进行相乘，再通过傅里叶反变换的方法实现：

$$R_{ij}(\tau) = \sum_{\omega=-\pi}^{\pi}[Y_i(\omega)Y_j^*(\omega)]\mathrm{e}^{\mathrm{j}\omega\tau} \tag{5-32}$$

式中，$Y_i(\omega)$ 为 $y_i(t_m)$ 经过傅里叶变换后的数据。

因此，信号到达观测站 i 与观测站 j 的时差为

$$\tilde{\tau}_{ij} = \arg\max_{\tau} \left|R_{ij}(\tau)\right| \tag{5-33}$$

由式（5-31）可知，$\left|R_{ij}(\tau)\right|$ 只能得到一些离散点处的相关值，把这些点中的最大值作为峰值，其所对应的时间位移量为 τ_n。如果把 τ_n 认为是信号到观测站 i 和信号到观测站 j 之间的时差，就会引入不大于离散点间隔一半的误差。一种方法是对符合奈奎斯特采样定理的信号进行内插恢复高采样信号，再通过相关法测量相位差；另一种方法是采用二次抛物线内插的方法减小这种误差，也可以将这两种方法结合起来使用。

二次抛物线内插的方法是通过把峰值附近的相关函数展开成泰勒级数，当范围足够小时，可以用级数最高项和二次项来近似表示，即相关函数波形可以近似为

$$\left|R_{ij}(\tau)\right| \approx a + b\tau + c\tau^2 \tag{5-34}$$

此时，$\left|R_{ij}(\tau)\right|$ 的理论峰值应该位于 $\tau = -b/(2c)$ 处，由于函数是离散的，因此只能得到 $\left|R_{ij}(\tau)\right|$ 最大值的位置 τ_n。为了求得 b、c 的值，一般取峰值附近等间隔的三个点，记它们的幅值分别为 R_{n-1}、R_n、R_{n+1}，记这三个点的相对 τ_n 位移量分别为 $-\Delta\tau$、0、$\Delta\tau$，$\Delta\tau = 1/f_s$，峰值相对于中间点的偏移量为

$$\tau_0 = \frac{R_{n+1} - R_{n-1}}{2(2R_n - R_{n+1} - R_{n-1})}\Delta\tau \tag{5-35}$$

则理论峰值为

$$\tilde{\tau}_{ij} = \tau_n + \tau_0 \tag{5-36}$$

如果接收信号采用的采样率 f_s 较低，如正好满足奈奎斯特采样条件 $f_s = 2B$，信号带宽 $B = 50\mathrm{kHz}$，累积时长 $T = 15\mathrm{ms}$，对信号时差测量误差进行蒙特卡罗仿真，同一载噪比条件下

统计 1000 次，得到的各类时差测量误差随载噪比的变化曲线如图 5-11（a）所示。提高采样率，取 $f_s = 4B$，再对上述情况进行蒙特卡罗仿真，得到的各类时差测量误差随载噪比的变化曲线如图 5-11（b）所示。由文献[7]可知，对于常规信号如 PSK 信号，当信噪比分别为 γ_1 和 γ_2 时，对其进行匹配带宽滤波后时差测量的 CRLB 约为

$$\mathrm{CRLB}(\tau) = \frac{0.55}{B\sqrt{BT\gamma}} \tag{5-37}$$

式中，$\gamma = \dfrac{2\gamma_1\gamma_2}{1+\gamma_1+\gamma_2}$。

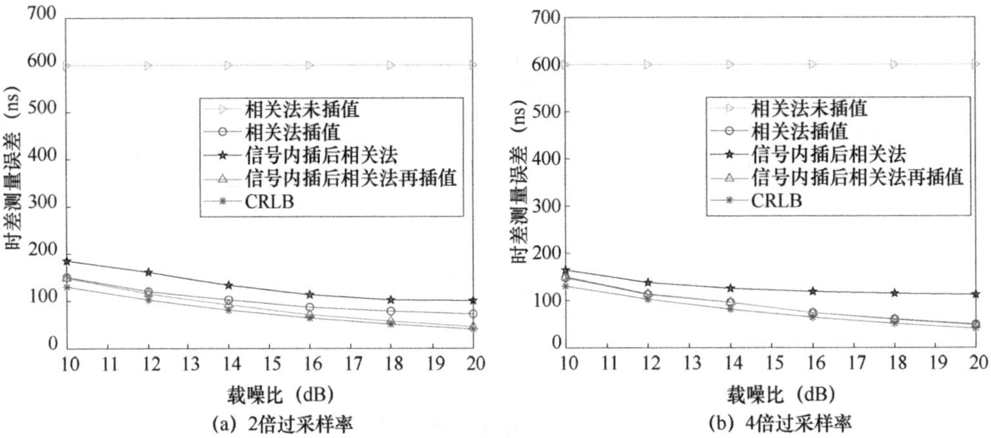

图 5-11 时差测量误差随载噪比的变化曲线

由图 5-11 可知，对相关函数内插可以大幅度改善时差测量精度，当采样率较低时，通过信号内插可以进一步改善时差测量精度，但是当采样率较高时，通过信号内插对时差测量精度改善不明显。通常情况下，接收设备采样率远大于信号带宽，经过抽取滤波后，4 倍过采样率是非常容易实现的，因此只需要对不同观测站接收到的信号进行滑动相关，再利用式（5-37）即可得到时差测量值。

当不同观测站的本地时钟之间存在时钟误差时，信号的接收并不理想，若采用传统的时差测量算法将导致时差测量性能受到影响。非相干时差测量法[8]在充分考虑了时钟误差对信号的影响的前提下，对信号模型进行修正，并基于所修正的信号模型，采用联合最大似然估计的方法建立关于时差测量及时钟误差的目标函数，对目标函数进行搜索，从而得到较精确的时差测量结果。

当辐射源或观测站运动时，不同观测站接收到的信号不但存在时差，还存在频差，因此需要对时频差进行联合估计，具体算法将在 7.3.1 节展开叙述。

2. *差分相关法*

当两路信号存在时差的同时还存在频率的偏差时，通常需要利用交叉模糊函数（见 7.3.1 节）进行时频差测量，也可以对两路信号进行差分相关直接得到时差，但是会有性能损失，当信噪比较高时可以使用该方法直接计算时差。差分相关法测量时差的流程如图 5-12 所示。

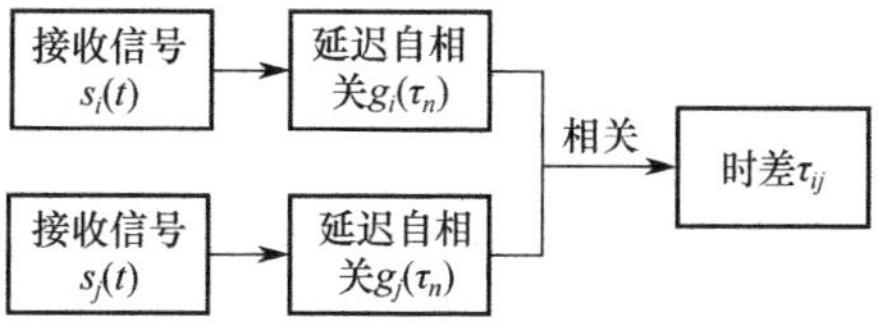

图 5-12 差分相关法测量时差的流程

将式（5-25）定义的 AD 采样后的信号进行延迟自相关：

$$g_i(t_m,\tau_n)=y_i(t_m)y_i^*(t_m+\tau_n) \tag{5-38}$$

在短时间内认为 f_0 恒定，则有

$$g_i(t_m,\tau_n)=k_i^2 s(t_m-\tau_i)s^*(t_m-\tau_i+\tau_n)\mathrm{e}^{-\mathrm{j}2\pi[f_0(\tau_n)]} \tag{5-39}$$

利用 $g_i(t_m,\tau_n)$ 再进行互相关运算可得

$$\begin{aligned}R_{ij}(\tau)&=\sum_{m=1}^{M}[g_i(t_m,\tau_n)g_j^*(t_m+\tau,\tau_n)]\\&=\sum_{m=1}^{M}\{k_i^2 s(t_m-\tau_i+\tau_n)s^*(t_m-\tau_i)[k_j^2 s(t_m-\tau_j+\tau_n+\tau)s^*(t_m-\tau_j+\tau)]^*\}\end{aligned} \tag{5-40}$$

则接收信号 $s_i(t)$ 与接收信号 $s_j(t)$ 之间的时差测量值为

$$\tilde{\tau}_{ij}=\arg\max_{\tau}\left|R_{ij}(\tau)\right| \tag{5-41}$$

利用差分相关法对 4 倍过采样，带宽 $B=25\text{kHz}$，累积时长 $T=10\text{ms}$ 的 BPSK 信号进行仿真，可得如图 5-13 所示的结果，同样利用插值得到时差测量值为−13.7847μs。

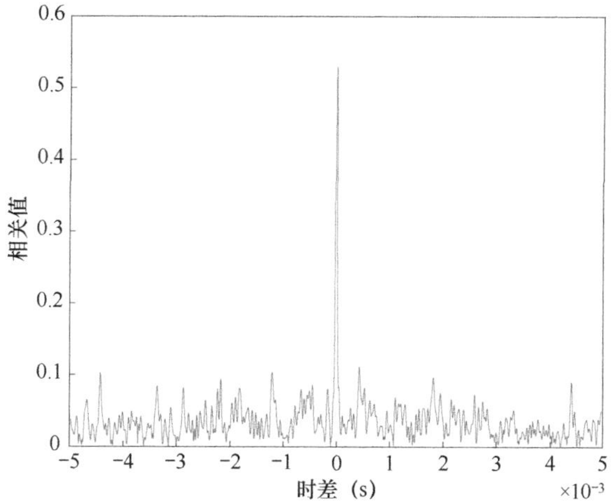

图 5-13 差分相关法结果

同样利用差分相关法对不同载噪比信号进行蒙特卡罗仿真 1000 次，统计得到时差均方根误差随载噪比变化的曲线如图 5-14 所示。

由仿真可知，差分相关法和交叉模糊函数法的时差均方根误差均随信号载噪比的增加而降低，差分相关法比交叉模糊函数法的性能略差。

3. 最小均方误差法

互相关法主要适用于时差值固定的情况，而最小均方误差法可以用于跟踪时变时差。最

小均方误差法采用最小均方误差准则下的 LMS 迭代法，通过设定初值、参数和自适应学习，最终得到时差测量值。三个有代表性的算法是传统最小均方误差法中的 LMSTDE 算法[9, 10]和约束类最小均方误差法中的 ETDE 算法[11]与 ETDGE 算法[12]。

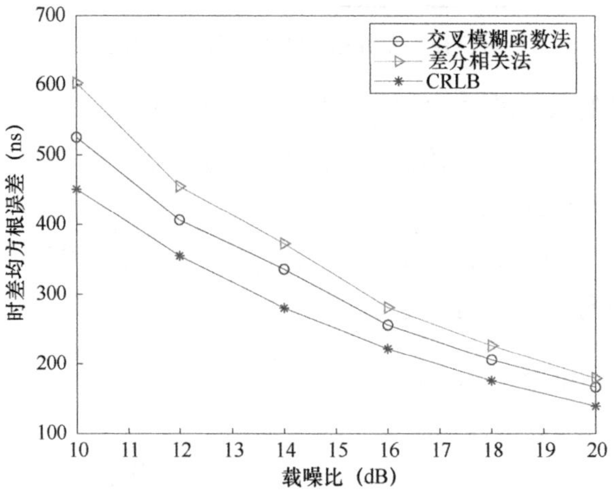

图 5-14　时差均方根误差随载噪比变化的曲线

最小均方误差法就是通过调节自适应滤波器系数 $w_n(m)$（$n=-P,-P+1,\cdots,P-1,P$，$m=1,2,\cdots,M$），将第 i 个观测站的信号 $s_i(m)$ 滤波后的输出与第 j 个观测站的信号 $s_j(m)$ 进行比较，得到残差 $e(m)=s_j(m)-\alpha(m)\sum\limits_{n=-P}^{P} w_n(m)s_i(m-n)$，利用每点计算得到的残差对滤波器系数进行不断更新，最终得到一个收敛的滤波器系数，再通过计算即可得到时差测量值。在 LMSTDE 算法和 ETDE 算法中增益因子 $\alpha(m)\equiv 1$，ETDE 算法和 ETDGE 算法中滤波器系数 $w_n=\text{sinc}[n-\hat{D}(m)]$。

LMSTDE 算法的基本思路是利用形式为 $W(z)=\sum\limits_{n=-P}^{P} w_n z^{-n}$ 的滤波器来拟合两路信号的时差，每个滤波器的系数由 LMS 算法进行迭代：

$$w_k(m+1)=w_k(m)+\mu_w e(m)s_i(m-k) \tag{5-42}$$

式中，μ_w 为一个正的标量，用于控制迭代的收敛速度和稳健性。

假设两个观测站的背景噪声是相互独立的高斯白噪声，噪声功率为 σ_n^2，信号功率为 σ_s^2，则信噪比为 $\text{SNR}=\sigma_s^2/\sigma_n^2$，此时 LMSTDE 算法计算时差的方差为[13]

$$\text{Var}(\hat{\tau})\approx\frac{3\mu_w\sigma_s^2(1+2\text{SNR})(1+\text{SNR})}{2\pi^2\text{SNR}^3} \tag{5-43}$$

根据抽样定理，有

$$s(m-D)=\sum_{n=-\infty}^{\infty}[\text{sinc}(n-D)s(m-n)] \tag{5-44}$$

因此，ETDE 算法将滤波器系数 w_n 定义为 $\text{sinc}[n-\hat{D}(m)]$，其中，$\hat{D}(m)$ 为时差测量值，此时输出误差为

$$e(m)=s_j(m)-\sum_{n=-P}^{P}\text{sinc}[n-\hat{D}(m)]s_i(m-n)=s_j(m)-s_i[m-\hat{D}(m)] \tag{5-45}$$

对瞬时均方根误差 $e^2(m)$ 求关于 $\hat{D}$ 的偏导数，可得

$$\hat{D}(m+1)=\hat{D}(m)-\mu_D\frac{\partial e^2(m)}{\partial\hat{D}(m)}=\hat{D}(m)-2\mu_D e(m)\sum_{n=-P}^{P}s_i(m-n)f[n-\hat{D}(m)] \tag{5-46}$$

式中，$f(x)=\dfrac{\cos(\pi x)-\sin c(x)}{x}$，$\mu_D$ 为控制 $\hat{D}(m)$ 更新的步长因子。

令 $\partial\mathbb{E}\{e^2(m)\}/\partial\hat{D}(m)=0$ 并化简，可得

$$\sum_{n=-P}^{P}\mathrm{sinc}(n-D)f[n-\hat{D}(m)]=(1+\mathrm{SNR}^{-1})\sum_{n=-P}^{P}\mathrm{sinc}[n-\hat{D}(m)]f[n-\hat{D}(m)] \tag{5-47}$$

在 P 为有限值的情况下，式（5-47）是不可能成立的。只有当 $P\to\infty$，且 $\hat{D}(m)=D$ 时，式（5-47）才能成立。因此，在有限阶滤波器下，ETDE 算法得到的时差是有偏的。

ETDE 算法计算时差的方差为[11]

$$\mathrm{Var}(\hat{\tau})=\frac{6\mu_D\sigma_s^2(\mathrm{SNR}+1)}{\mathrm{SNR}[3\mathrm{SNR}-\mu_D\sigma_s^2\pi^2(3\mathrm{SNR}+1)]} \tag{5-48}$$

针对 ETDE 算法在有限长滤波器或低信噪比条件下是有偏估计，且时差的偏差会随着信噪比的降低和滤波器长度的减小而增加这一问题，ETDGE 算法在 ETDE 算法中增加了一个增益控制 $\alpha(m)$，从而获得低信噪比及有限长滤波器长度条件下的无偏时差测量。

ETDGE 算法的输出误差变为

$$e(m)=s_j(m)-\hat{\alpha}(m)\sum_{n=-P}^{P}\mathrm{sinc}[n-\hat{D}(m)]s_i(m-n)=s_j(m)-\hat{\alpha}(m)s_i[m-\hat{D}(m)] \tag{5-49}$$

对均方根误差期望值 $\mathbb{E}\{e^2(m)\}$ 分别求关于 $\hat{\alpha}$ 和 $\hat{D}$ 的偏导数，可得

$$\frac{\partial\mathbb{E}\{e^2(m)\}}{\partial\hat{\alpha}}=2\hat{\alpha}(\sigma_s^2+\sigma_n^2)\sum_{n=-P}^{P}\mathrm{sinc}^2(n-\hat{D})-2\sigma_s^2\sum_{n=-P}^{P}\mathrm{sinc}(n-D)\,\mathrm{sinc}(n-\hat{D}) \tag{5-50}$$

$$\frac{\partial\mathbb{E}\{e^2(m)\}}{\partial\hat{D}}=2\hat{\alpha}\sigma_s^2\sum_{n=-P}^{P}\mathrm{sinc}(n-D)f(n-\hat{D})-2\hat{\alpha}^2(\sigma_s^2+\sigma_n^2)\sum_{n=-P}^{P}\mathrm{sinc}(n-\hat{D})f(n-\hat{D}) \tag{5-51}$$

由式（5-50）和式（5-51）可以得到 ETDGE 算法的迭代公式为

$$\hat{\alpha}(m+1)=\hat{\alpha}(m)-\mu_\alpha\frac{\partial e^2(m)}{\partial\hat{\alpha}(m)}=\hat{\alpha}(m)+2\mu_\alpha e(m)\sum_{n=-P}^{P}\mathrm{sinc}[n-\hat{D}(m)]s_i(m-n) \tag{5-52}$$

$$\hat{D}(m+1)=\hat{D}(m)-\frac{\mu_D}{\hat{\alpha}(m)}\frac{\partial e^2(m)}{\partial\hat{D}(m)}=\hat{D}(m)-2\mu_D e(m)\sum_{n=-P}^{P}s_i(m-n)f[n-\hat{D}(m)] \tag{5-53}$$

式中，μ_α 为控制 $\hat{\alpha}(m)$ 更新的步长因子，应满足 $0<\mu_\alpha<1/(\sigma_s^2+\sigma_n^2)$；$\mu_D$ 为控制 $\hat{D}(m)$ 更新的步长因子，应满足 $0<\mu_D<3/(\sigma_s^2\pi^2)$。

令式（5-50）和式（5-51）等于 0，可得其收敛解为 $\hat{\alpha}=\mathrm{SNR}/(1+\mathrm{SNR})$，$\hat{D}=D$。因此 ETDGE 算法的时差测量是无偏的。

ETDGE 算法计算时差的方差为[12]

$$\mathrm{Var}(\hat{\tau})\approx\frac{\mu_D\sigma_s^2(1+2\mathrm{SNR})}{\mathrm{SNR}^2} \tag{5-54}$$

由于迭代步长因子 μ_D 一般为很小的正数，所以式（5-48）可近似为 $2\mu_D\sigma_s^2(1+\mathrm{SNR})/\mathrm{SNR}^2$。与式（5-54）相比可知，当 $\mathrm{SNR}\gg1$ 时，ETDE 算法和 ETDGE 算法的方差近似相等；当 $\mathrm{SNR}\ll1$

时，ETDGE 算法的方差为 ETDE 算法的一半。

文献[14]还提出了一种 MMLETDE 算法，通过将 sinc 函数和拉格朗日插值相结合得到一种新的自适应时差测量算法，在高信噪比的条件下，能精确地估计出单音信号间的时差，且对滤波器阶数的要求非常低。

在实际工程应用中，对于低频慢速目标在不同站接收的过采样信号可以利用最小均方误差法进行变时差跟踪估计，如果是带通采样的信号，则射频部分时差变化就转化为多普勒频移，此时最小均方误差法会失效，因此只能使用时频差联合估计，具体算法将在 7.3.1 节展开叙述。

5.3.1.2 脉冲信号时差测量

TDOA 测量误差影响辐射源定位误差，对于脉冲信号，TDOA 测量误差受信号带宽的影响很大，带宽越宽，误差越小[15]。由于脉冲信号存在明显的上升沿，因此可以利用上升沿和时间戳信息进行到达时间测量，对各观测站测得的到达时间进行相减就可以得到时差。典型的脉冲信号时差测量方法还有直接计数法和电容积分法。

直接计数法就是在起始脉冲和结束脉冲之间的时间间隔内利用高频率的时钟脉冲进行填充计数，则被测时差为

$$T = nT_0 \tag{5-55}$$

式中，T_0 为计数脉冲周期，n 为完整周期的个数。

计数脉冲的频率和频率稳定度决定了直接计数法测时差的误差，用直接计数法进行脉冲时差测量时的最大误差为 T_0。因此，只要选取较高频率的计数脉冲进行脉冲信号时差测量，即可得到较小的时差测量误差。

电容积分法就是利用电容 C 被恒流源 I 充电，在电容被充电达到的最大电压范围内，存储在电容上的电荷与被测时间间隔成正比，电容充电后的电压为

$$U = I/C \cdot T \tag{5-56}$$

此时只需要测量电容上的电压值即可得到时差测量值。电容积分法测量误差较小，但是时差测量范围不大。因此，可以将直接计数法和电容积分法相结合，利用直接计数法对脉冲时差进行粗估，再利用电容积分法进行精估[16]。

5.3.2 时频同步方法

为了实现对辐射源信号在某一时刻的同步观测，各观测站对各自采样时刻的定义需建立在一个时间基准之上，即时间同步，不同的时间频率源在一段时间内的时间同步等效于相应的频率同步。时频同步是指通过某种手段将处于异地的时钟产生的时频信号进行比对形成统一时频基准的过程。通常实现时间持续同步的同时就建立了频率的同步，因此这里主要介绍时间同步的方法，时间同步的方法主要有三种：搬运钟法[17]、主站授时法[18, 19]和授时中心法[20]。

5.3.2.1 搬运钟法

搬运钟法是指通过搬运时钟来达到各站之间时间同步的方法。通常分为两种搬运方法：一种方法是将所有观测站的时钟搬运到一起，进行对时后再搬运回各个观测站。这种方法实现简单，且短时内可以达到几纳秒量级的时间同步精度，但是时钟对时后，还需要搬运回原来观测站的位置，同步时钟会因此发生变化，所以这种方法并不实用。另一种方法是利用一

台时钟作为中间媒介，将其搬运到各个观测站，与各观测站的时钟进行时间比对。这种方法得到的时间同步精度相比上一种方法较高，但是搬运时钟仍然会受到地域的限制，并且由于各观测站时钟的不稳定性导致每隔一段时间就需要进行一次时间同步，而时差定位系统各观测站间隔的距离很远，可达十几千米甚至更远，使搬运钟法的运用受到了限制。因此，人们仅仅用它来辅助其他的同步方式顺利实现。

5.3.2.2 主站授时法

主站授时法是指以主站为中心，各个副站分别与主站进行时间同步的授时法。在主站授时法中，主站每隔一段时间向各个副站发送时间同步信号，副站根据该信号调节自身时钟以达到与主站同步的目的。实现主站授时法的方式主要有三种：清零法、钟面比对法和基于卫星的双向中继法。

1. 清零法

首先在t_1时刻，主站向副站发送一个测距信号，同时也是在t_1时刻，主站的时钟清零，在t_2时刻副站接收到测距信号并转发给主站，同时在t_2时刻，副站的时钟清零。设主站接收到来自副站转发的测距信号时主站时钟的时刻为τ，τ就是在两个观测站之间测距脉冲来回传输所需的时间，则$\tau/2$就是当前两站之间的时钟差，这种方法的关键在于需要精确测得信号从主站到副站之间来回传输所需的时间τ。

2. 钟面比对法

这种方法也需测得信号从主站与副站之间往返所需的时间τ，与清零法不同的是，在t_2时刻，副站将接收到的来自主站的测距信号转发给主站的同时把副站的时钟时刻一起发送给主站，在主站经过相关的运算后就可以得到两站之间的时钟差。这种方法的关键也在于精确测得信号从主站到副站之间来回传输所需的时间τ。

上述两种方法的原理基本是一致的，都是利用在主站与副站之间传输测距信号来实现的，为了减小由各种误差和不利因素引起的误差累积，可以每隔很短的一段时间（如100ms左右）发一次测距脉冲，进行一次时间同步，同步精度只能达到100ns左右。在主站和副站之间测距时，如果测距信号从测距机直接发送到应答机，则这种方法的作用距离十分有限，并且两站之间不能有阻挡，很容易受到地形的影响。

3. 基于卫星的双向中继法

基于卫星的双向中继法以通信卫星作为中间传播媒介，将主站发射的时间信号经过卫星转发后到达各个副站，各个副站在接收到经过卫星转发的来自主站的信号的同时再分别向卫星发送信号，该信号经过卫星转发后传给主站，从而进行时间比对和同步。需要假定在主站发送信号经过卫星转发到副站，副站再发送信号经卫星转发到主站这段时间内，卫星是相对不动的，可以认为信号在主站经卫星到副站的距离与信号从副站经卫星到主站的距离是不变的。

由于卫星双向中继法并不需要对卫星到观测站之间的距离进行测量，又由于其往返传播可以抵消大气层传输时引起的时延，卫星双向中继时间同步的精度是很高的，可达几纳秒的量级。

5.3.2.3 授时中心法

在授时中心法中，主站与副站分别与授时中心进行时间同步，以达到主站与副站的时间同步，授时中心通常是一个高稳定度的时钟源。可以作为授时中心的有很多，通常选择北斗或 GPS（全球定位系统）。授时中心法可以分为单向授时法和双向授时法，下面对这两种方法分别进行介绍。

基于北斗/GPS 单向授时法是在各观测站分别安装一个北斗/GPS 的授时接收机，若各站位置未知，则需要接收四颗或四颗以上北斗/GPS 导航卫星对观测站位置进行定位解算，授时接收机解析卫星导航电文可以精确计算星地距离和各观测站 1pps 信号与卫星 1pps 信号之间的时钟差，进而实现各观测站之间的时间同步。若各站位置已知，则只需要选择一颗最优共视卫星，利用星地距离和时钟差进行计算实现各观测站的时间同步。在单向授时法中，由于卫星无线电测定业务（RDSS）单向授时法比共视单向授时法增加了中心控制站到卫星上行链路中产生的时延误差，使 RDSS 单向授时法的时间同步精度相比共视单向授时法要低。下面对共视单向授时法原理作简要介绍，其原理如图 5-15 所示。

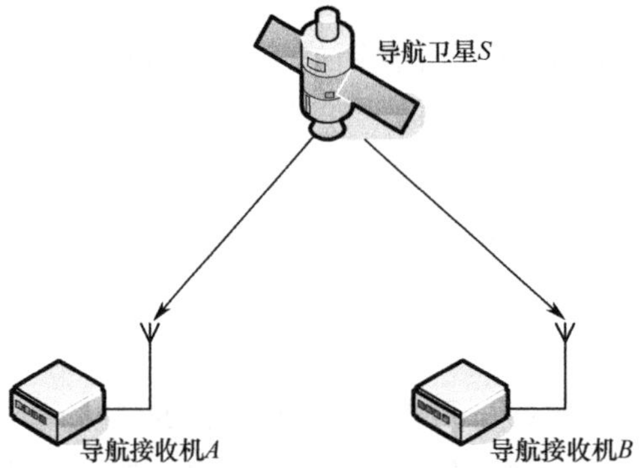

图 5-15 共视单向授时法的原理

设 A 站的钟时间为 t_A，B 站的钟时间为 t_B，导航卫星的钟时间为 t_S。A、B 两站接收机在同一个共视时间表的规定下，在同一时刻接收同一颗导航卫星的信号，接收机输出代表导航卫星的秒脉冲，送至接收机内置的时间间隔计数器，与本地原子钟输出的秒脉冲比较，再扣除导航卫星到各站的传输时延和各站的设备时延，即可得到各站时钟与导航卫星上时钟的偏差：

$$\Delta t_{XS} = t_X - t_S - \tau_{RX} - \tau_X (X = A, B) \tag{5-57}$$

式中，t_X 为接收到导航秒脉冲时各站本地时间，t_S 为导航卫星发射秒脉冲时的星上时间，τ_{RX} 为对应站的设备延迟，$\tau_X = r_{SX}/c$ 为卫星信号到达各站的传输时延。通过式（5-57）可以得到 A、B 两站本地时钟与导航时钟的钟差 Δt_{AS} 和 Δt_{BS}。将 B 站的钟差数据 Δt_{BS} 通过传输到达 A 站，与 A 站的 Δt_{AS} 相减，即可得到 B 站时钟和 A 站时钟之间的钟差：

$$\begin{aligned}\Delta t_{AB} &= t_A - t_B \\ &= (\Delta t_{AS} + t_S + \tau_{RA} + \tau_A) - (\Delta t_{BS} + t_S + \tau_{RB} + \tau_B) \\ &= (\Delta t_{AS} - \Delta t_{BS}) + (\tau_{RA} - \tau_{RB}) + (\tau_A - \tau_B)\end{aligned} \tag{5-58}$$

这样，B 站的时钟就可统一在以 A 站时钟为基准的时间上。

共视单向授时法的时间同步误差主要由时间测量误差、观测站接收设备时延误差、卫星星历误差、卫星转发器误差、观测站位置误差、传播路径时延误差（包括电离层延迟误差、对流层延迟误差）引起，这些误差整体的均方误差约为 10ns，即时间同步精度能达到约 10ns。

由于双向授时法为授权服务，这里仅介绍基于北斗的双向授时法[21]。利用各观测站对接收到的北斗地面中心控制站发射经北斗卫星转发的时标信号进行转发，然后重新经过卫星转发回到中心控制站，由中心控制站测出时标信号的双向传播时延除以 2，得到中心控制站到接收机的单向传播时延值，中心控制站将单向传播时延值发送给观测站，观测站根据时标信号及单向传播时延即可计算出时钟差修正本地钟，从而实现各站间的时间同步，原理如图 5-16 所示。

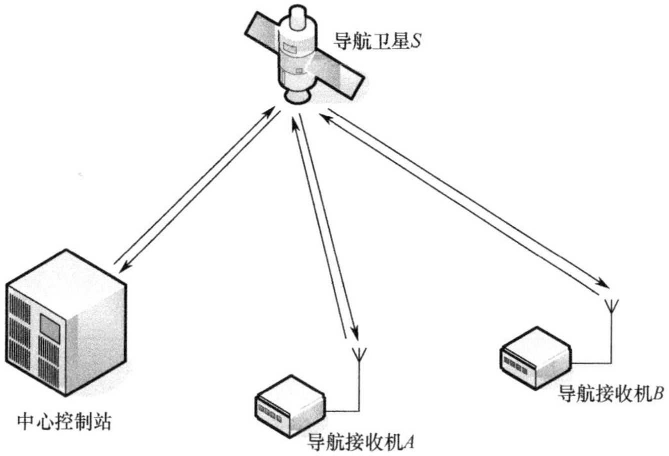

图 5-16　双向授时法原理

双向授时法时延关系示意如图 5-17 所示。由图 5-17 可知，观测站时钟与中心控制系统时钟的钟差 $\Delta\varepsilon$ 为

$$\Delta\varepsilon = 1 - \tau_1 - \tau - n\Delta t \tag{5-59}$$

式中，τ_1 为观测站收到的中心控制站发出第 n 帧询问信号时间与本地钟 1pps 信号时间的间隔；τ 为询问信号从中心控制站到观测站正向传播时延；$n\Delta t$ 为帧号对应时间，$\Delta t = 31.5\text{ms}$。

若忽略信号传播过程中卫星的漂移，则传播时延 τ 为

$$\tau = \tau_{u1} - (\tau_{u2} - \tau_2 - \tau_{out} + \tau_{in})/2 \tag{5-60}$$

式中，τ_{u1} 为信号在正向传播过程中所经设备的总时延（中心控制站→卫星→观测站），τ_{u2} 为信号在正/反向传播过程中所经设备的总时延（中心控制站→卫星→观测站→卫星→中心控制站），τ_2 为中心控制站测得的信号往返时间，τ_{out} 为信号在正向传输过程中的对流层和电离层折射时延值（中心控制站→卫星→观测站），τ_{in} 为信号在反向传输过程中的对流层和电离层折射时延值（观测站→卫星→中心控制站）。

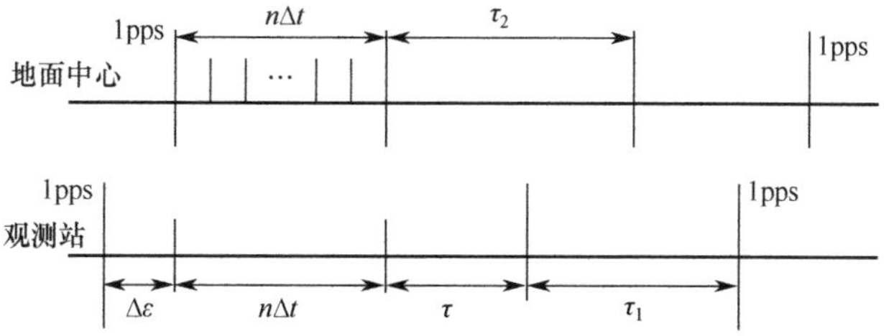

图 5-17　双向授时法时延关系示意

双向授时法无须知道用户机位置和卫星位置，可以避免位置误差和传输模型误差带来的影响，但仍然存在时间测量误差、观测站接收设备时延误差、卫星运动引起的误差、卫星转

发器误差、信号传播上下行频率不同引起的误差，这些误差整体的均方误差约为 10ns，即时间同步精度能达到约 10ns。但双向授时法是通过与中心控制站交互的方式来进行时间同步的，因此会占用系统容量，受到一定的限制。在实际使用中可以组合工作，在多数时间用 RDSS 单向授时法来保持各观测站的时间同步，在一个比较长的周期间隔进行一次双向授时以修正各个环节中可能引入的偏差，用尽可能少的双向授时与单向授时配合使用，从而达到接近双向授时的精度。

5.3.3 消除模糊方法

5.3.3.1 消除镜像模糊方法

当时差定位单个目标时，利用多个观测站得到多个双曲线或双曲面，多个双曲线或双曲面的交点未必只有一个，这就带来了定位镜像模糊的问题，如图 5-18 所示。下面主要介绍两种在多个交点中取得正确交点的解决定位镜像模糊问题[22]的方法。

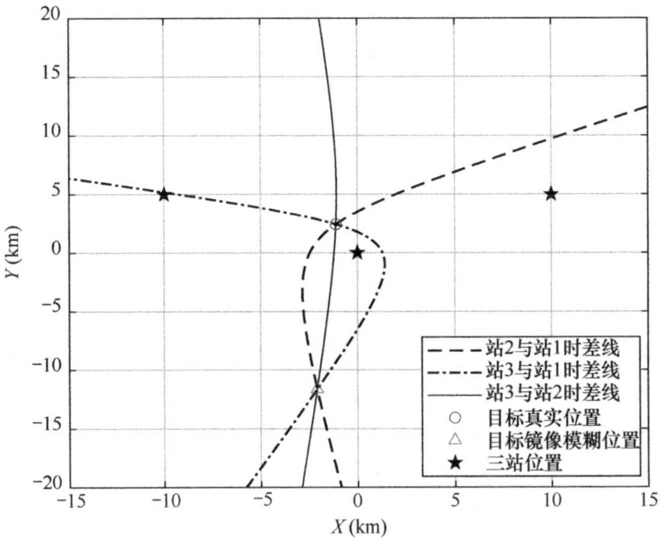

图 5-18　三站时差定位镜像模糊图

第一种方法是通过增加观测站来达到消除定位模糊的目的。可以通过增加的观测站和原有的观测站测得新的时差与原来得到的解进行比较配对，得到正确的解；也可以将增加的观测站与原来的观测站组成新的定位系统，通过增加方程组数量解决定位镜像模糊问题，如图 5-19 所示。若观测站为运动观测站，则也可以通过运动一段时间进行多次观测来消除定位模糊。

第二种方法是对目标辐射源观测额外的信息（如频差、方向角）。例如，将两个方向性天线安装在正、反两个方向，利用这两个天线收到信号幅度较大的方向即为目标正确位置，幅度较小的方向即镜像模糊位置。也可以在其中某一个或多个观测站对目标进行测向，利用测向结果解决定位镜像模糊问题。利用时差定位方法得到的多个目标位置解，求它们到对应测向观测站的理论方向角，将多个理论方向角与测向观测站测量得到的实测方向角进行比较，最接近实测方向角的对应目标位置即正确解。

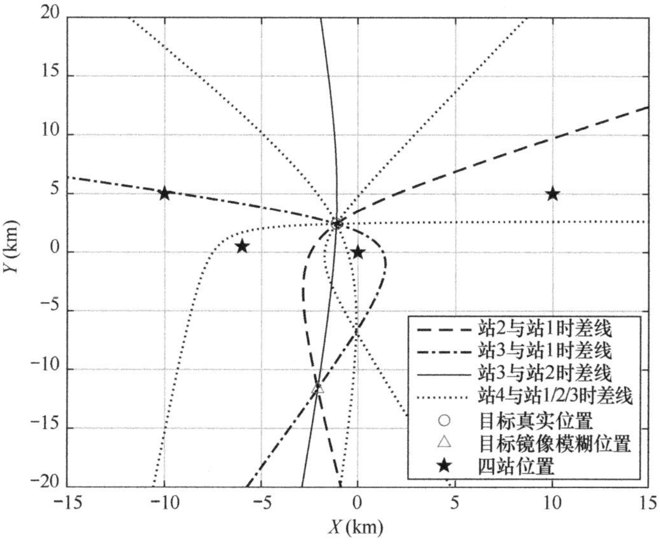

图 5-19　四站时差定位镜像模糊消除

5.3.3.2　消除虚假模糊方法

当时差定位多个目标，并且发射的信号时频重叠时，利用单天线接收的时频重叠信号很难进行信号分离，直接利用两个站的信号进行相关测量将得到多个时差，不同站间的多个时差存在配对问题，将每种组合进行定位再聚类，可以实现多目标定位。图 5-20 所示为三站时差定位两个目标示意，若仅利用站 2 与站 1 得到的两个时差和站 3 与站 1 得到的两个时差分别配对，则可得到两个目标真实位置和两个虚假模糊位置。因此需要再利用站 3 与站 2 间的两个时差和站 2 与站 1 间的两个时差进行定位得到四个定位结果。利用这八个定位结果进行聚类可以得到两个目标的位置，以此消除虚假模糊。

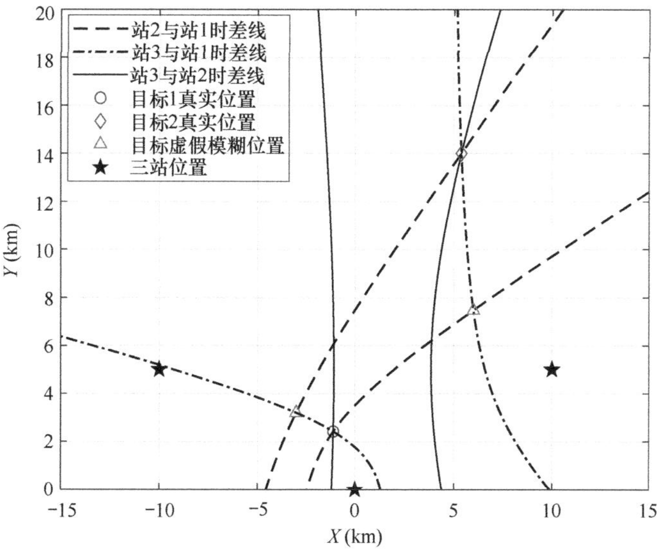

图 5-20　三站时差定位两个目标示意

5.3.4 误差影响与校正

在 5.2 节已经对随机误差引起的定位误差进行了分析，通过选取高稳定数据采集设备或对目标进行多次定位并融合等方法可以减小随机误差对定位精度的影响。因此，本节主要对由固定误差引起的辐射源定位误差影响及其校正方法进行介绍。时差定位中的固定误差主要包括自定位误差和时间同步误差。

考虑一个三站时差定位的场景，观测站的实际位置分别为：$\boldsymbol{x}_1=[0,0]^{\mathrm{T}}$ (km)，$\boldsymbol{x}_2=[50,0]^{\mathrm{T}}$ (km)，$\boldsymbol{x}_3=[0,50]^{\mathrm{T}}$ (km)，辐射源位置 $\boldsymbol{x}_{\mathrm{T}}=[10,20]^{\mathrm{T}}$ (km)。在既没有时差测量误差也没有观测站自定位误差的理想情况下，由观测站 1-2 的等时差曲线和观测站 1-3 的等时差曲线相交可获得辐射源的实际位置。图 5-21（a）给出了引入 15m 的观测站自定位误差，此时观测站

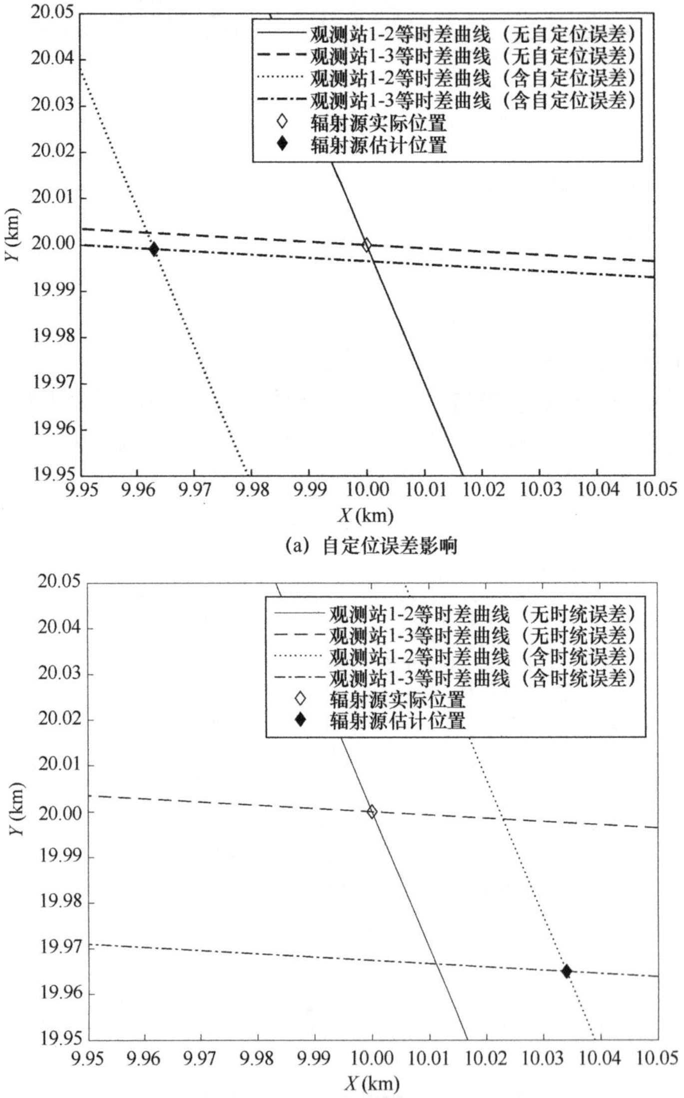

(b) 时统误差影响

图 5-21 固定误差引起定位误差示意

自定位位置分别为 $\tilde{\boldsymbol{x}}_1=[-22.37,-11.13]^{\mathrm{T}}$ (m)，$\tilde{\boldsymbol{x}}_2=[49984.1,35.3]^{\mathrm{T}}$ (m)，$\tilde{\boldsymbol{x}}_3=[-9.0,50011.0]^{\mathrm{T}}$ (m)。由无观测站自定位误差等时差曲线对相交所得的辐射源位置估计结果 $[10000,20000]^{\mathrm{T}}$ (m)和含观测站自定位误差等时差曲线对相交所得的辐射源位置估计结果 $[9963.04,19999.15]^{\mathrm{T}}$ (m)可见，观测站自定位误差也将导致辐射源定位误差。图 5-21（b）给出了理想情况下观测站 1-2、观测站 1-3 的等时差曲线及含时统误差情况下的等时差曲线，其中，观测站 1-2 的时统误差为 100ns，观测站 1-3 的时统误差为−200ns。含时统误差情况下的等时差曲线相交所得辐射源估计位置为 $[10033.99,19965.01]^{\mathrm{T}}$ (m)。可见，观测站之间的时统误差也将导致辐射源定位误差。

固定误差需要通过校正来减小其对定位精度的影响。假设站址偏差引起的固定误差为 $\Delta\boldsymbol{z}_1=[\tau(\Delta\boldsymbol{x}_1,\Delta\boldsymbol{x}_2),\tau(\Delta\boldsymbol{x}_1,\Delta\boldsymbol{x}_3),\cdots,\tau(\Delta\boldsymbol{x}_1,\Delta\boldsymbol{x}_L)]^{\mathrm{T}}$，其中 $\tau(\Delta\boldsymbol{x}_1,\Delta\boldsymbol{x}_l)$ 为观测站 l（$l=2,3,\cdots,L$）与观测站 1 站址偏差引起的固定误差。无站址误差时，时差测量的固定误差为 $\Delta\boldsymbol{z}_2=[d\tau_{21},d\tau_{31},\cdots,d\tau_{L1}]^{\mathrm{T}}$，其中 $d\tau_{l1}$ 为观测站 $l(l=2,3,\cdots,L)$ 与观测站 1 之间的时差测量固定误差，此时时差测量值可以表示为

$$\tilde{\boldsymbol{z}}=\boldsymbol{z}+\Delta\boldsymbol{z}_1+\Delta\boldsymbol{z}_2+\Delta\boldsymbol{z}_3 \tag{5-61}$$

式中，$\Delta\boldsymbol{z}_3=[\Delta\tau_{21},\Delta\tau_{31},\cdots,\Delta\tau_{L1}]^{\mathrm{T}}$，$\Delta\tau_{l1}$ 为观测站 $l(l=2,3,\cdots,L)$ 与观测站 1 之间的时差测量随机误差。

基于外标校源的误差校正技术是常用的一种技术。在位置已知地点设置专门用于误差校正的辐射源（标校源），利用观测站对标校源的观测结果，将固定误差作为未知量建立方程组，若由标校源得到的标校方程组数量小于固定误差未知数个数，即标校方程组为欠定方程组，则可以利用标校方程组与测量方程组结合进行泰勒展开迭代求解辐射源位置[23, 24]；若标校方程组为适定或超定方程组，则可以利用解析法、最大似然估计法等算法对固定误差进行求解，对测量方程组进行校正后求解辐射源位置[25]。

文献[26]针对存在自定位误差的时差定位场景，引入单个标校源，分析了引入标校源后的辐射源定位 CRLB，同时提出一个基于辐射源和标校源 TDOA 测量的闭式解法。对例 5.1 中的场景进行仿真，假设自定位位置分别为 $\boldsymbol{x}_1=[0.182,-0.094]^{\mathrm{T}}$ (km)，$\boldsymbol{x}_2=[-9.912,4.890]^{\mathrm{T}}$ (km)，$\boldsymbol{x}_3=[9.897,4.899]^{\mathrm{T}}$ (km)，引入标校源位置为 $\boldsymbol{x}_{\mathrm{C}}=[-3,10]^{\mathrm{T}}$ (km)，如图 5-22 所示。实测时差为 $\tilde{\boldsymbol{z}}=[10460.4,-16120.4]^{\mathrm{T}}$ (ns)、时差测量误差为 $\boldsymbol{\xi}=[-67.8,119.8]^{\mathrm{T}}$ (ns)时，校正前定位结果如图 5-23 所示，定位误差为 389m，校正后定位结果如图 5-24 所示，定位误差为 80m。

相同条件下统计 200 个样本，时差定位校正前后定位误差直方图如图 5-25 所示，观测站含位置误差但未校正情况下的定位误差为 694m，观测站含位置误差且校正情况下的定位误差为 417m。

多站无源定位系统中各个观测站之间通过站间互发合作信号，互为标校源[27]，也可以对固定误差进行校正。该技术源自两个观测站进行时间传递的双向对比法，随着技术的进步，双向对比法从时间传递与相对测距发展为时间、频率传递与相对测距、测速[28]。

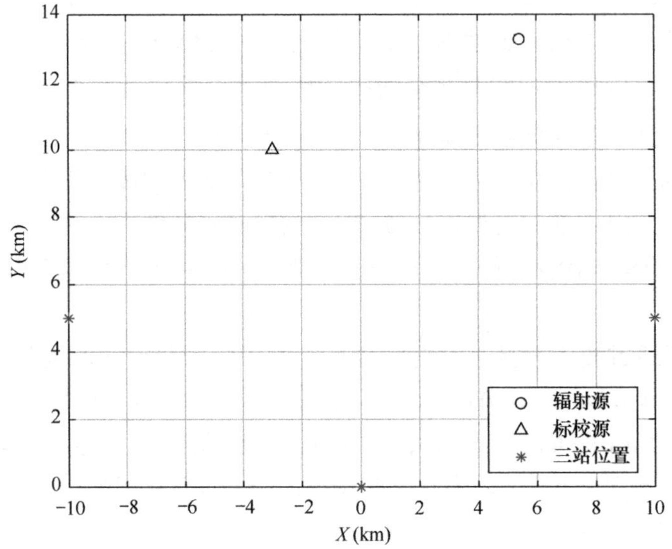

图 5-22　辐射源与标校源及三站位置示意

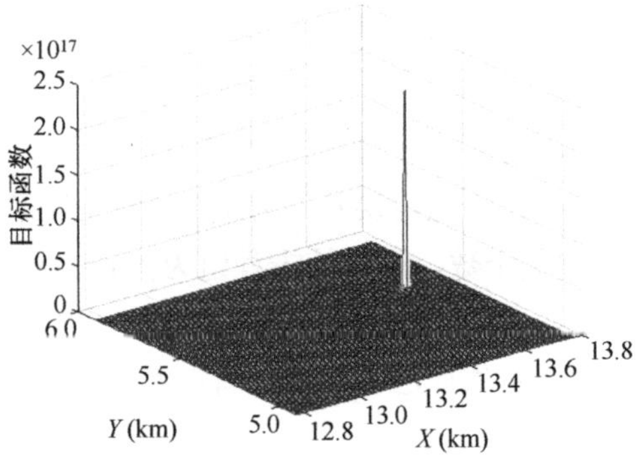

图 5-23　校正前定位结果

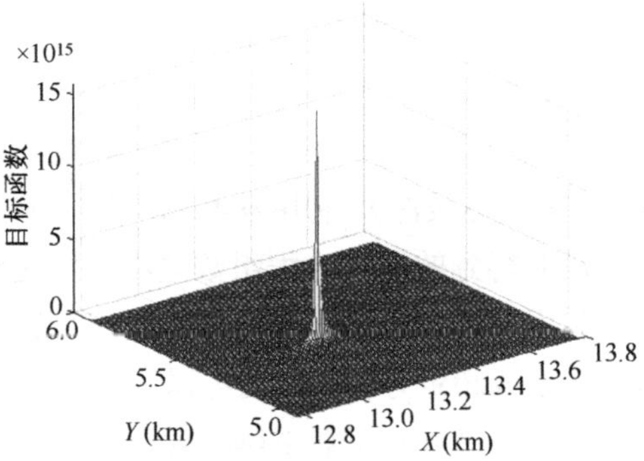

图 5-24　校正后定位结果

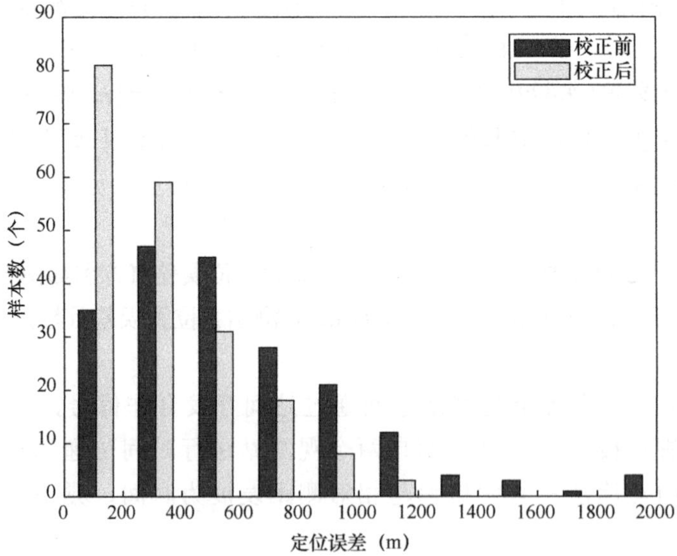

图 5-25　时差定位校正前后定位误差直方图

传统意义上的外标校源要求辐射源的位置是准确已知的。在标校源的位置非准确已知时，在一定条件下也能实现误差校正，由此提出了基于多次观测信息融合的误差校正技术[29, 30]。更加深入的研究表明，即使在不存在标校源的条件下，融合多个辐射源的观测信息，通过多个辐射源联合定位也能够实现误差校正。文献[31]提出了基于多个不相交辐射源的信息融合误差校正技术，采用这种方式抑制了观测站位置随机误差，有效提升了定位精度。

5.3.5　数据压缩方法

时差定位技术是一种高精度定位技术，这些技术通常需要将辅站的采样数据传输至主站进行时差测量。信号带宽宽、采样率高及辅站数量多均可导致主、辅站之间数据的大量交互。采样压缩感知技术对满足奈奎斯特采样率要求的采样信号进行数据压缩处理，是降低数据传输链路带宽压力的可行途径。

令信号 $s(t)$ 满足奈奎斯特采样率的 M 个样本为

$$\boldsymbol{s}_l=[s_l(1),s_l(2),\cdots,s_l(M)]^{\mathrm{T}} \tag{5-62}$$

不失一般性，令 $l=1$ 对应于主站，$l\geqslant 2$ 对应于辅站，下面取 $l=2$。

对于压缩感知样本，有

$$\boldsymbol{y}_l=\boldsymbol{A}\boldsymbol{s}_l \tag{5-63}$$

式中，$\boldsymbol{A}$ 为已知的 $N\times M(M>N)$ 维感知矩阵，其对 $\boldsymbol{s}_l$ 进行线性变换以实现数据降维。如果 $s(t)$ 是稀疏的，基于 L_1 范数最小化准则，$\boldsymbol{y}_l$ 对 $\boldsymbol{s}_l$ 进行重构可实现时差的互相关估计。然而，重构算法是非线性的，当存在噪声时有可能导致很大的重构误差。

一种无须重构的方法要求辅站以满足奈奎斯特采样率的速率进行采样[32]，得到 $\boldsymbol{s}_2$，对 $\boldsymbol{s}_2$ 进行移位及压缩采样，可得

$$\boldsymbol{y}_{2k}=\boldsymbol{A}\boldsymbol{F}_k\boldsymbol{s}_2 \tag{5-64}$$

式中，$\boldsymbol{F}_k$ 为移动 k 位的移位矩阵，$\boldsymbol{y}_{2k}$ 为对移动 k 位后的信号 $\boldsymbol{s}_2$ 进行压缩采样所得到的信号。对时差测量为

$$k^*=\arg\max_{-K\leqslant k\leqslant K}\left(\frac{\boldsymbol{y}_{2k}^{\mathrm{H}}\boldsymbol{y}_1}{|\boldsymbol{y}_{2k}||\boldsymbol{y}_1|}\right) \tag{5-65}$$

式中，K 为可能的最大时差。

随机调制预积分器（RMPI）是一种常用的产生感知矩阵的方法[32]，它以与信号采样率一致的速率产生元素为 ±1 的伪随机二进制序列矩阵与信号相乘，并对乘积积分求和。另一种常用的感知矩阵为 Hadamard 矩阵。

由式（5-65）可见，对 TDOA 的估计精度受限于 $\boldsymbol{s}_l$ 的采样率，即 TDOA 估计总是采样率的整数倍，为了提升 TDOA 的估计精度，可考虑采用分数阶延迟滤波器。一种实现的方案是从基于 sinc 函数的插值公式入手，对于 $\boldsymbol{s}_l$，有

$$s(t)=\sum_{-\infty}^{\infty}s(m)\operatorname{sinc}(tf_s-m) \tag{5-66}$$

因为 sinc 函数是无限延伸的，所以这不是一个实际可行的插值器，在实际中只使用从 $m=1$ 到 $m=M$ 的有限和，这种近似的质量随着 M 的增加而提高，定义矩阵 $\boldsymbol{F}_\upsilon=[f_{ij}]_{M\times M}$ 元素满足

$$f_{ij} = \text{sinc}[(i-1+\upsilon)f_s-(j-1)] \tag{5-67}$$

式中，υ 为对序列 $\boldsymbol{s}_l$ 的时间移动量，既可以是整数，也可以是分数。对 $\boldsymbol{s}_2$ 进行 υ 移位及压缩采样，可得

$$\boldsymbol{y}_{2\upsilon} = \boldsymbol{A}\boldsymbol{F}_\upsilon \boldsymbol{s}_2 \tag{5-68}$$

对时差测量为

$$\upsilon^* = \arg \max_{-K\leqslant\upsilon\leqslant K}\left(\frac{\boldsymbol{y}_{2\upsilon}^{\mathrm{H}}\boldsymbol{y}_1}{|\boldsymbol{y}_{2\upsilon}||\boldsymbol{y}_1|}\right) \tag{5-69}$$

式中，K 为可能的最大时差。

文献[33]指出，时域信号的时差将导致频域的相移。给定两个观测站信号的时差，则在其离散傅里叶变换（DFT）之间存在正比于该时差的相移，且该相移在两个信号压缩采样后的离散傅里叶变换中仍旧保持不变，这就使在频域对时差进行估计变得可行。文献[33]还给出基于压缩采样信号频域信息的时差极大似然估计及其近似。相比文献[33]中的方法，文献[34]中的方法对信号 $\boldsymbol{s}_l$ 进行整段采样即可，数据量可以大大降低。进一步地，文献[34]给出了该方法的 CRLB。

数据压缩的方法同样可以用在时频差定位中。

5.4 实例

考虑三个固定观测站对运动目标进行时差定位的实例，信号频谱如图 5-26 所示，站 2 与站 1 信号进行互相关法测量时差，相关结果如图 5-27 所示，利用站 2 与站 1 和站 3 与站 1 的时差进行网格搜索，可以得到时差定位搜索结果，如图 5-28 所示，单次测量的时差线与定位结果如图 5-29 所示。针对该目标进行持续观测定位，图 5-30 中观测站位置在★处，目标真实位置在 O 处，基于广义最小二乘准则利用网格搜索法进行定位的结果位于*处，计算绝对误差与目标位置到观测站基线距离的比值，得到相对定位误差。同时，根据时差测量精度和布站方式画出时差定位相对误差等值线，如图 5-30 中虚线所示，通过比较发现，实测得到的定位误差相对值接近理论定位误差相对值。

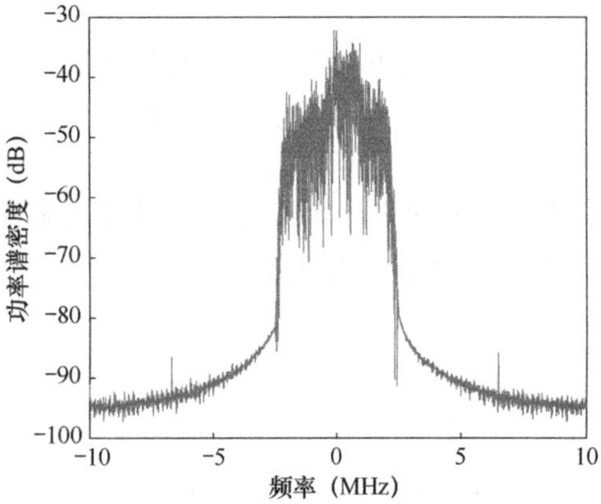

图 5-26　信号频谱

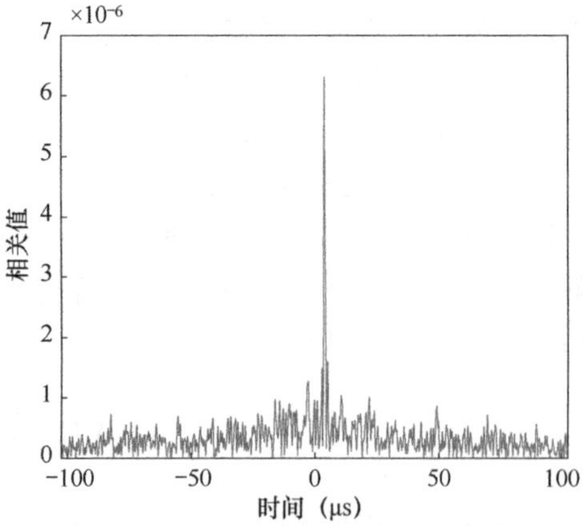

图 5-27　信号相关时差测量结果

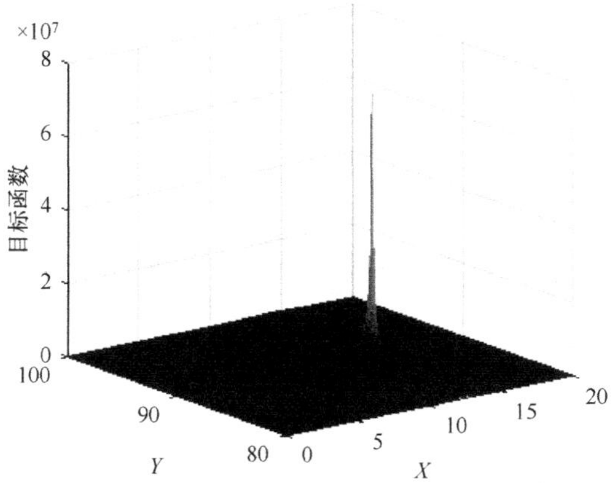

图 5-28 利用网格搜索法结果

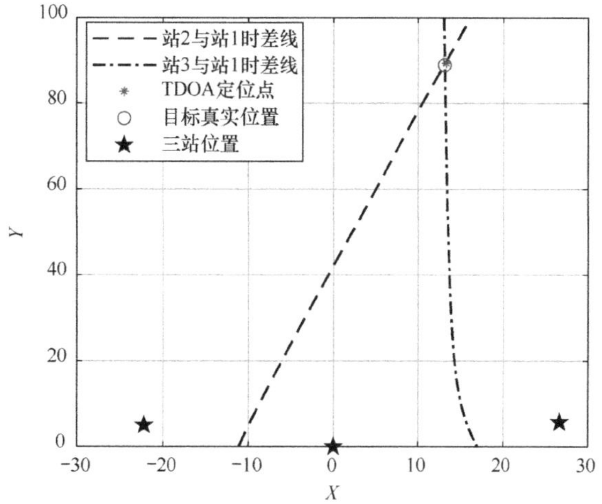

图 5-29 单次测量的时差线与定位结果

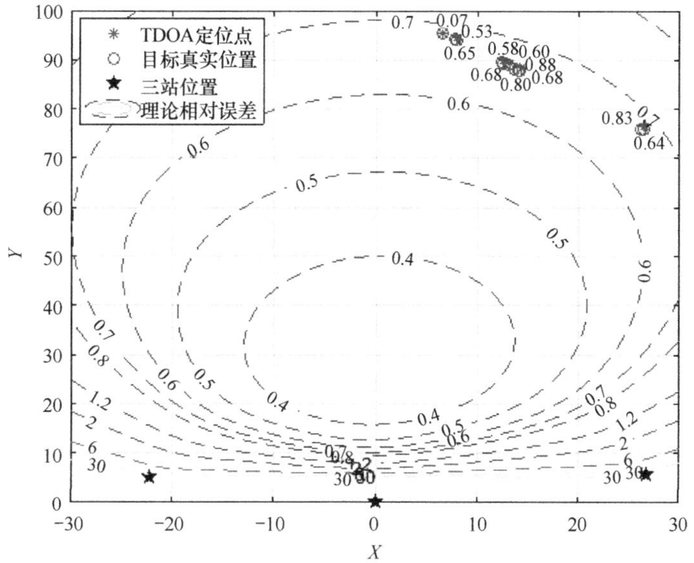

图 5-30 观测站位置及定位结果

5.5 本章小结

本章介绍了时差定位体制的原理、算法、时差测量方法和工程实现过程中的常见问题及解决方法，主要结论有：

（1）时差定位推荐利用极大似然估计或广义最小二乘估计准则结合网格搜索法获得全局最优解，并实现目标函数在感兴趣区域内的可视化，利用粗搜与精搜结合的方法提高搜索效率。

（2）连续信号固定时差测量可以采用互相关法，再利用相关函数内插可以大幅度改善时差测量精度；连续信号时变时差测量可以采用最小均方误差法；脉冲信号时差测量既可以采用互相关法进行，也可以利用上升沿测量到达时间，如利用直接计数法对脉冲时差进行粗估，再利用电容积分法进行精估；当观测站接收到的信号既存在时差也存在频差时，应利用交叉模糊函数法在频差补偿的情况下进行时差测量。

（3）时间同步工程实现建议采用卫星授时中心法中的共视单向授时法或北斗双向授时法，这两种方法的时间同步精度较高，但双向授时法是授权服务，在实际中通常使用 RDSS 单向授时法来保持各观测站的时间同步，在一个比较长的周期间隔可以进行一次双向授时以修正各个环节中可能引入的偏差。

（4）如果存在位置准确已知的外标校源，则可以利用基于外标校源的误差校正技术对观测站站址误差与时统误差进行校正；如果标校源的位置非准确已知，利用多次观测信息融合的误差校正技术也可以实现误差校正。在不存在外标校源的条件下，通过站间互发合作信号，可以互为标校源获得固定误差；通过多个辐射源观测信息融合也能够减小观测站位置随机误差。

本章参考文献

[1] FOY W H. Position-location solutions by Taylor-series estimation[J]. Aerospace and Electronic Systems, IEEE Transactions on, 1976 (2): 187-194.

[2] HANSEN P C. Regularization tools: a matlab package for analysis and solution of discrete ill-posed problems[J]. Numerical Algorithms, 1994, 6(1): 1-35.

[3] 房嘉奇，冯大政，李进. 稳健收敛的时差频差定位技术[J]. 电子与信息学报，2015，37（4）：798-803.

[4] CHAN Y T, HO K C. An efficient closed-form localization solution from time difference of arrival measument[C]. Proceedings of the 1994 IEEE International Conference on Acoustics, Speech, and Signal Processing, 1994: 393-396.

[5] WEN F, WAN Q. Maximum Likelihood and Signal-Selective TDOA Estimation for Noncircular Signals[J]. Journal of Communications and Networks, 2013, 15(3): 245-251.

[6] PAPOULIS A. Probability, Random Variables and Stochastic Processes[M]. New York: McGraw-Bill, 1965.

[7] STEIN S. Algorithms for Ambiguity Function Processing[J]. IEEE Transactions on Acoustics, Speech, and Signal Processing, 1981, 29(3): 588-599.

[8] ZHONG S, XIA W, HE S Z. Time delay estimation in the presence of clock frequency error[C]. 2014 IEEE International Conference on Acoustics, Speech and Signal Processing, 2014: 2977-2981.

[9] REED F A, FEINTUCH P L, BERSHAD N J. Time delay estimation using the LMS adaptive filter-static behavior[J]. IEEE Transactions on Acoustics, Speech, and Signal Processing, 1981, 29(3): 561-571.

[10] FEINTUCH P L, BERSHAD N J, REED F A. Time delay estimation using the LMS adaptive filter-dynamic behavior[J]. IEEE Transactions on Acoustics, Speech, and Signal Processing, 1981, 29(3): 571-576.

[11] SO H C, CHING P C, CHAN Y T. A new algorithm for explicit adaptation of time delay[J]. IEEE Transactions on Signal Processing, 1994, 42(7): 1816-1820.

[12] SO H C, CHING P C, CHAN Y T. An improvement to the explicit time delay estimator[C]. 1995 IEEE International Conference on Acoustics, Speech, and Signal Processing, 1995, 5: 3151-3154.

[13] SO H C, CHING P C. Comparative Study of Five LMS-Based Adaptive Time Delay Estimation[J]. IEEE Proceedings-Radar, Sonar and Navigation, 2001, 148(1): 9-15.

[14] CHENG Z, TJHUNG T T. A new time delay estimator based on ETDE[J]. IEEE Transactions on Signal Processing, 2003, 51(7): 1859-1869.

[15] 王斌. 时差定位系统高精度时间测量技术研究[D]. 南京：南京信息工程大学，2009.

[16] 苗苗，周渭，李智奇，等. 用于时间同步的高精度短时间间隔测量方法[J]. 北京邮电大学学报，2012，35(4): 77-80.

[17] 胡成. 双基地雷达同步技术研究与同步系统设计[D]. 成都：电子科技大学，2003.

[18] 陈仕进. 时间同步方法研究[J]. 无线电工程，2004，1：33-34.

[19] 蔡伟. 双基地激光雷达系统同步方法研究[D]. 西安：西安电子科技大学，2009.

[20] 许国宏. 北斗共视授时技术研究与设计[D]. 哈尔滨：哈尔滨工程大学，2007.

[21] WEI J C, XU D J, DENG J, et al. Synchronization for “Beidou” Satellite Terrestrial Improvement Radio Navigation System[C]. Internation Conference on Intelligent Mechatronics and Automation, IEEE, 2004: 672-676.

[22] 陈晶杰. 基于时差法的无源定位跟踪技术[D]. 西安：西安电子科技大学，2014.

[23] 高谦，郭福成，吴京，等. 一种三星时差定位系统的校正算法研究[J]. 航天电子对抗，2007，23(5)：5-7.

[24] WANG D, YIN J X, CHEN X, et al. On the use of calibration emitters for TDOA source localization in the presence of synchronization clock bias and sensor location errors [J]. EURASIP Journal on Advances in Signal Processing, 2019, 37(11): 1-34.

[25] 王莹桂，李腾，陈振林，等. 三星时差定位系统的四站标定方法[J]. 宇航学报，2010，31(5)：1352-1356.

[26] HO K C, YANG L. On the use of a calibration emitter for source localization in the presence of sensor position uncertainty [J]. IEEE Transactions on Signal Processing, 2008, 56(12): 5758-5772.

[27] 钟兴旺，陈豪. 双向单程距离与时差测量系统及零值标定方法[J]. 电子测量与仪器学报，2009，23(4): 13-17.

[28] 钟兴旺，豪陈，蒙艳松，等. 星座时频测量技术研究[J]. 宇航学报，2010，31(4)：1110-1117.

[29] YANG L, HO K C. Alleviating Sensor Position Error in Source Localization Using Calibration Emitters at Inaccurate Locations[J]. IEEE Transactions on Signal Processing, 2010, 58(1): 67-83.

[30] YANG L, HO K C. On Using Multiple calibration Emitters and their Geometric Effects for Removing sensor position errors in TDOA localization[C]. 2010 IEEE International Conference on Acoustics, Speech and Signal Processing, 2010: 2702-2705.

[31] YANG L, HO K C. An Approximately Efficient TDOA Localization Algorithm in Closed-Form for Locating Multiple Disjoint Sources With Erroneous Sensor Positions[J]. IEEE Transactions on Signal Processing, 2009, 57(12): 4598-4615.

[32] CHAN Y T, CHAN F, RAJAN S, et al. Direct estimation of time difference of arrival from compressive sensing measurements[C]. Proceedings of the 3rd International Workshop on Compressed Sensing Theory and its Applications to Rada, Sonar and Remote Sensing, 2015: 273-276.

[33] CAO H, CHAN Y T, SO H C. Maximum likelihood TDOA estimation from compressed sensing samples without reconstruction[J]. IEEE Signal Processing Letters, 2017, 24(5): 564-568.

[34] CAO H, CHAN Y T, SO H C. Compresive TDOA estimation: Cramer-Rao bound and incoherent processing[J]. IEEE Transactions on Aerospace and Electronic Systems, 2020, 56(4): 3326-3331.

第6章 频 移 定 位

目标与观测站之间的相对运动会产生多普勒频移，该值的大小与目标相对于观测站的运动方向、速度等因素有关，通过三个或以上观测站测量信号频率，利用各测量结果之间存在的频差可实现目标定位，即多站频差定位。在只有一个观测站的情况下，通过在不同位置对静止辐射源的频移多次测量也可实现目标定位，即运动单站频移定位法。

频移定位典型应用场景如图 6-1 所示。多站频差定位的场景中需要将辅站测得的信号原始数据传输至主站进行定位计算，而运动单站频移定位无须进行数据交互，飞机在图中沿着运动轨迹虚线从右向左飞行，在此过程中多次接收目标发射的信号并测量其频率，最后利用测量得到的信号频率值完成目标定位。

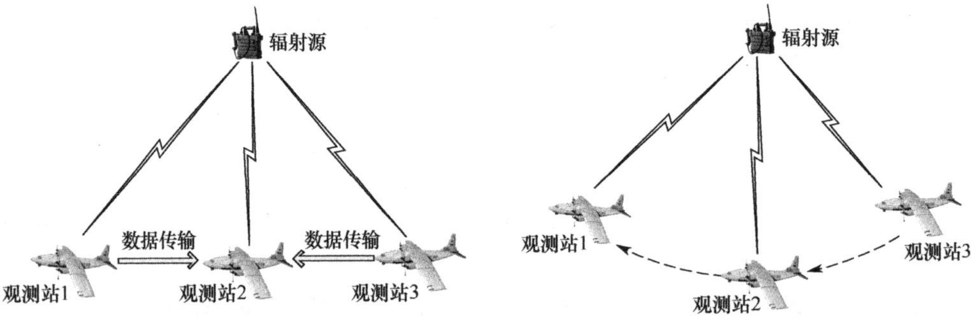

(a) 多站频差定位　　　　(b) 运动单站频移定位

图 6-1　频移定位典型应用场景

本章主要介绍通过测量频移（或频差）信息进行辐射源定位的技术。6.1 节介绍频移定位原理与算法，包括频移定位原理与估计准则、定位优化算法的内容。6.2 节介绍定位误差分析，包括均方误差几何表示和克拉美-罗下界等内容。6.3 节针对频移定位工程实现与应用中可能碰到的实际问题，介绍频率与频差测量、运动单站频移定位模糊及消除方法、运动单站频移定位和多站频差定位误差影响与校正。6.4 节针对单运动平台频移定位的实际案例进行描述。频移定位内容结构示意如图 6-2 所示。

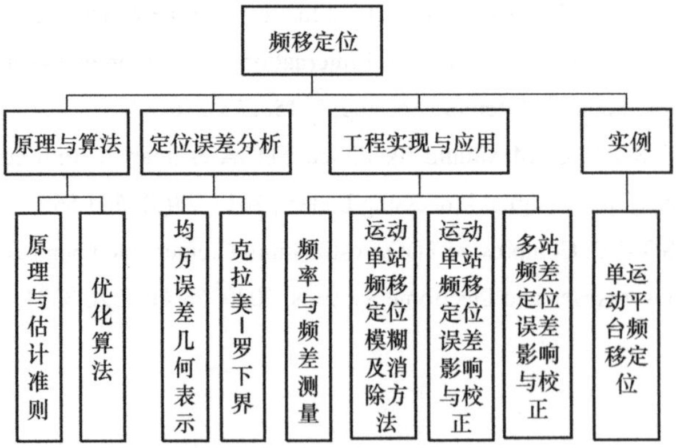

图 6-2　频移定位内容结构示意

6.1 原理与算法

6.1.1 原理与估计准则

本节将分多站频差定位和运动单站频移定位两种情况，对频移定位原理与估计准则进行描述。

6.1.1.1 多站频差定位

在多站频差定位三维场景中，辐射源的位置和速度分别为 $\boldsymbol{u}_{\mathrm{T}}=[x_{\mathrm{T}},y_{\mathrm{T}},z_{\mathrm{T}}]^{\mathrm{T}}$ 和 $\boldsymbol{v}_{\mathrm{T}}=[\dot{x}_{\mathrm{T}},\dot{y}_{\mathrm{T}},\dot{z}_{\mathrm{T}}]^{\mathrm{T}}$，观测站 l 的位置和速度分别为 $\boldsymbol{u}_l=[x_l,y_l,z_l]^{\mathrm{T}}$ 和 $\boldsymbol{v}_l=[\dot{x}_l,\dot{y}_l,\dot{z}_l]^{\mathrm{T}}$（$l=1,2,\cdots,L$）。

辐射源和观测站 l 的距离为

$$r_l=\|\boldsymbol{u}_{\mathrm{T}}-\boldsymbol{u}_l\|=\sqrt{(\boldsymbol{u}_{\mathrm{T}}-\boldsymbol{u}_l)^{\mathrm{T}}(\boldsymbol{u}_{\mathrm{T}}-\boldsymbol{u}_l)} \tag{6-1}$$

式（6-1）对时间求导可得

$$\dot{r}_l=\frac{(\boldsymbol{v}_{\mathrm{T}}^{\mathrm{T}}-\boldsymbol{v}_l^{\mathrm{T}})(\boldsymbol{u}_{\mathrm{T}}-\boldsymbol{u}_l)}{r_l} \tag{6-2}$$

则观测站 1 与观测站 l 接收信号的频差为

$$f_{l1}=-\frac{f_0}{c}(\dot{r}_l-\dot{r}_1)=-\frac{f_0}{c}\dot{r}_{l1} \tag{6-3}$$

式中，f_0 为信号载波频率。

频差定位的观测方程组可表示为

$$\boldsymbol{z}=\boldsymbol{h}(\boldsymbol{x}_{\mathrm{T}},\boldsymbol{x}_{\mathrm{O}})+\boldsymbol{\xi} \tag{6-4}$$

式中，$\boldsymbol{z}=[\tilde{f}_{21},\tilde{f}_{31},\cdots,\tilde{f}_{L1}]^{\mathrm{T}}$ 为频差测量值；$\boldsymbol{h}(\boldsymbol{x}_{\mathrm{T}},\boldsymbol{x}_{\mathrm{O}})=\left[-\frac{f_0}{c}\dot{r}_{21},-\frac{f_0}{c}\dot{r}_{31},\cdots,-\frac{f_0}{c}\dot{r}_{L1}\right]^{\mathrm{T}}$；$\boldsymbol{x}_{\mathrm{T}}=[\boldsymbol{u}_{\mathrm{T}}^{\mathrm{T}},\boldsymbol{v}_{\mathrm{T}}^{\mathrm{T}}]^{\mathrm{T}}$ 为目标的位置和速度；$\boldsymbol{x}_{\mathrm{O}}=[\boldsymbol{u}_1^{\mathrm{T}},\boldsymbol{u}_2^{\mathrm{T}},\cdots,\boldsymbol{u}_L^{\mathrm{T}},\boldsymbol{v}_1^{\mathrm{T}},\boldsymbol{v}_2^{\mathrm{T}},\cdots,\boldsymbol{v}_L^{\mathrm{T}}]^{\mathrm{T}}$ 为观测站的位置和速度；$\boldsymbol{\xi}=[\Delta f_{21},\Delta f_{31},\cdots,\Delta f_{L1}]^{\mathrm{T}}$ 为频差值的观测噪声，假设 $\mathbb{E}(\boldsymbol{\xi})=\boldsymbol{0}$，协方差矩阵为 $\boldsymbol{\Sigma}_{\xi}=\mathbb{E}(\boldsymbol{\xi}\boldsymbol{\xi}^{\mathrm{T}})$。

多普勒频差曲线为经过辐射源位置的复杂二次函数。假定两个观测站所在的位置为 $\boldsymbol{x}_1=[-20,0]^{\mathrm{T}}$ (km)和 $\boldsymbol{x}_2=[20,0]^{\mathrm{T}}$ (km)，假设目标平行于 X 轴匀速运动，速度为 300m/s，辐射源发射信号的频率为 300MHz，则等频差曲线示意如图 6-3 所示。

由式（6-4）可知，多普勒频差主要由信号载波频率和目标与观测站间的径向速度（取决于目标位置及速度、观测站位置及速度）计算得到。从几何关系上，该方程确定了一个包含目标在内的曲面。如果能得到多个这样的曲面，则可以通过这些曲面的交汇点获得目标的位置。若为地面静止目标，则需要求解的未知数为两个，即目标位置 $\boldsymbol{u}_{\mathrm{T}}(x_{\mathrm{T}},y_{\mathrm{T}})$，至少需要三个观测站；若为地面运动目标，则需要求解的未知数为四个，即目标位置 $\boldsymbol{u}_{\mathrm{T}}(x_{\mathrm{T}},y_{\mathrm{T}})$ 及速度 $\boldsymbol{v}_{\mathrm{T}}(\dot{x}_{\mathrm{T}},\dot{y}_{\mathrm{T}})$，至少需要五个观测站。若目标为空中三维运动目标，则仅依靠多普勒频差定位并估计目标速度，至少需要七个观测站。

可利用式（3-6）的广义最小二乘估计对目标位置进行估计：

$$\hat{\boldsymbol{x}}_{\mathrm{T}}=\arg\min_{\boldsymbol{x}\in\boldsymbol{\Omega}_{\boldsymbol{x}}}\{[\boldsymbol{z}-\boldsymbol{h}(\boldsymbol{x},\boldsymbol{x}_{\mathrm{O}})]^{\mathrm{T}}\boldsymbol{\Sigma}_{\xi}^{-1}[\boldsymbol{z}-\boldsymbol{h}(\boldsymbol{x},\boldsymbol{x}_{\mathrm{O}})]\} \tag{6-5}$$

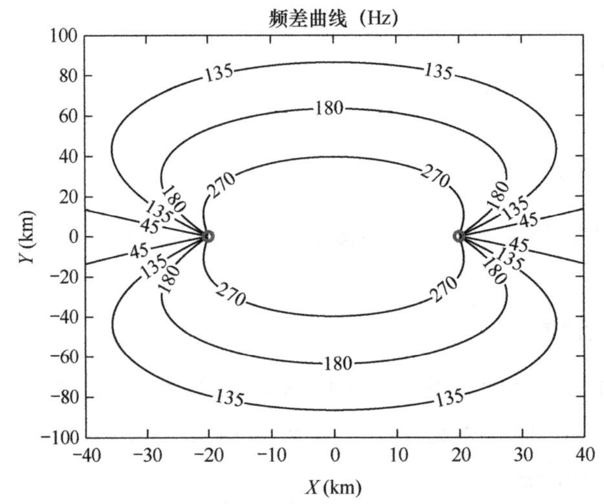

图 6-3　等频差曲线示意

6.1.1.2　运动单站频移定位

运动单站频移定位只针对静止辐射源目标。L 个不同时间可测得 L 个信号到达观测站的频率，与这些频率对应的等频率面是 L 个锥顶在观测站、锥面过辐射源的圆锥面，并且由于观测站是运动的，L 个圆锥面互不相等，如图 6-4 所示。因此，从理论上讲，若信号频率 f_0 已知，那么当 $L \geqslant 2$ 时可以确定地面静止辐射源的位置。若信号频率 f_0 未知，则可以用测量的多普勒频移估计 f_0 值，然后计算辐射源位置。当 $L \geqslant 3$ 时，可以在 f_0 未知的情况下确定地面静止辐射源的位置。下面的讨论都假定 f_0 未知，定位计算时用测量的多普勒频移对位置进行估计[1-2]。在实际定位应用中，定位结果包含两个位置，即辐射源真实位置、辐射源相对于观测站运动轨迹投影线的镜像位置，应采用其他信息剔除该镜像位置。

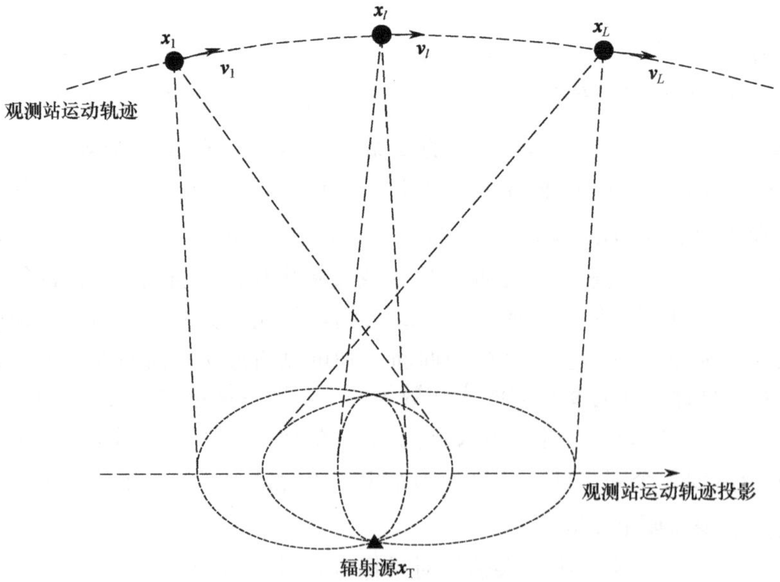

图 6-4　单站频移定位场景

假设地面上静止辐射源的坐标为 $\boldsymbol{u}_{\mathrm{T}}=[x_{\mathrm{T}},y_{\mathrm{T}},0]^{\mathrm{T}}$，观测站进行第 l 次测频时的位置坐标为 $\boldsymbol{u}_l=[x_l,y_l,z_l]^{\mathrm{T}}$（$l=1,2,\cdots,L$），观测站进行第 l 次测频时的速度为 $\boldsymbol{v}_l=[\dot{x}_l,\dot{y}_l,\dot{z}_l]^{\mathrm{T}}$，$r_l$ 为从辐射源到观测站 l 的距离：

$$r_l=\left\|\boldsymbol{u}_{\mathrm{T}}-\boldsymbol{u}_l\right\|=\sqrt{(\boldsymbol{u}_{\mathrm{T}}-\boldsymbol{u}_l)^{\mathrm{T}}(\boldsymbol{u}_{\mathrm{T}}-\boldsymbol{u}_l)} \tag{6-6}$$

观测站 l 测量得到的频率值为

$$f_l=f_0\left(1-\frac{\dot{r}_l}{c}\right) \tag{6-7}$$

式中，$\dot{r}_l=\dfrac{-\boldsymbol{v}_l^{\mathrm{T}}(\boldsymbol{u}_{\mathrm{T}}-\boldsymbol{u}_l)}{r_l}$。

频移定位的观测方程组可表示为

$$\boldsymbol{z}=\boldsymbol{h}(\boldsymbol{x}_{\mathrm{T}},\boldsymbol{x}_{\mathrm{O}})+\boldsymbol{\xi} \tag{6-8}$$

式中，$\boldsymbol{z}=[\tilde{f}_1,\tilde{f}_2,\cdots,\tilde{f}_L]^{\mathrm{T}}$；$\boldsymbol{h}(\boldsymbol{x}_{\mathrm{T}},\boldsymbol{x}_{\mathrm{O}})=[f_0\cdot g_1(\boldsymbol{x}_{\mathrm{T}}),f_0\cdot g_2(\boldsymbol{x}_{\mathrm{T}}),\cdots,f_0\cdot g_L(\boldsymbol{x}_{\mathrm{T}})]^{\mathrm{T}}$，$g_l(\boldsymbol{x}_{\mathrm{T}})=1-\dfrac{\dot{r}_l}{c}$；$\boldsymbol{x}_{\mathrm{T}}=\boldsymbol{u}_{\mathrm{T}}$；$\boldsymbol{x}_{\mathrm{O}}=[\boldsymbol{u}_1^{\mathrm{T}},\boldsymbol{u}_2^{\mathrm{T}},\cdots,\boldsymbol{u}_L^{\mathrm{T}},\boldsymbol{v}_1^{\mathrm{T}},\boldsymbol{v}_2^{\mathrm{T}},\cdots,\boldsymbol{v}_L^{\mathrm{T}}]^{\mathrm{T}}$ 为观测站的位置和速度；$\boldsymbol{\xi}=[\Delta f_1,\Delta f_2,\cdots,\Delta f_L]^{\mathrm{T}}$，假设 $\mathbb{E}(\boldsymbol{\xi})=\mathbf{0}$，协方差矩阵 $\boldsymbol{\Sigma}_{\xi}=\mathbb{E}(\boldsymbol{\xi}\boldsymbol{\xi}^{\mathrm{T}})$。

式（6-8）中接收平台各时刻位置 $\boldsymbol{u}_l$ 及速度 $\boldsymbol{v}_l$ 是已知的，$f_l(l=1,2,\cdots,L)$ 可以通过测量得到，未知的是辐射源的信号频率 f_0 与目标位置 $(x_{\mathrm{T}},y_{\mathrm{T}},0)$。由于未知数的个数为三个，当 $L\geqslant 3$ 时，可以通过对非线性方程组式（6-8）求解实现辐射源定位，可利用式（6-5）的广义最小二乘估计对目标位置进行估计。

6.1.2　优化算法

优化算法同样分为多站频差定位和运动单站频移定位两种情况进行描述。

6.1.2.1　多站频差定位

1. 网格搜索法

以二维场景下三个观测站对静止目标定位为例，对频差定位的网格搜索法进行介绍。将式（6-3）重新表示为

$$f_{l1}=\frac{f_0}{c}\left[\frac{\boldsymbol{v}_l^{\mathrm{T}}(\boldsymbol{u}_{\mathrm{T}}-\boldsymbol{u}_l)}{r_l}-\frac{\boldsymbol{v}_1^{\mathrm{T}}(\boldsymbol{u}_{\mathrm{T}}-\boldsymbol{u}_1)}{r_1}\right]+\xi_{l1} \tag{6-9}$$

式中，$l=2,3$，未知数仅为静止目标的位置 $\boldsymbol{x}_{\mathrm{T}}=\boldsymbol{u}_{\mathrm{T}}=[x_{\mathrm{T}},y_{\mathrm{T}}]^{\mathrm{T}}$。

用 $\boldsymbol{\Omega}_{\boldsymbol{x}}$ 表示包含 $\boldsymbol{x}_{\mathrm{T}}$ 可能位置的集合，$\boldsymbol{x}=[x,y]^{\mathrm{T}}$ 是 $\boldsymbol{\Omega}_{\boldsymbol{x}}$ 中的一个动点，在 $\boldsymbol{\Omega}_{\boldsymbol{x}}$ 范围内进行二维网格划分，将理论频差与实测频差进行比对，通过二维搜索就可以直接得到目标的位置估计。将观测站 2、观测站 3 与观测站 1 接收到的信号进行相关，得到频差测量值 $\boldsymbol{z}=[\tilde{f}_{21},\tilde{f}_{31}]^{\mathrm{T}}$，再利用式（6-5）的广义最小二乘估计对目标位置 $\boldsymbol{x}_{\mathrm{T}}=[x_{\mathrm{T}},y_{\mathrm{T}}]^{\mathrm{T}}$ 进行估计。

在实际应用中需对搜索范围和搜索步进值进行选择。若目标位置没有先验信息，则选取较大的搜索范围；若想提高定位精度，则需选取较小的搜索步进值，此时计算量会很大。若目标位置有先验信息，则可以在目标的大致位置直接进行细搜。

如果目标为二维运动目标，则至少需要五个观测站对目标位置 $\boldsymbol{u}_{\mathrm{T}}(x_{\mathrm{T}},y_{\mathrm{T}})$ 和速度 $\boldsymbol{v}_{\mathrm{T}}(\dot{x}_{\mathrm{T}},\dot{y}_{\mathrm{T}})$ 进行求解。利用观测站 2 至观测站 5 与观测站 1 接收到的信号间的频差测量值 $\boldsymbol{z}=[\tilde{f}_{21},\tilde{f}_{31},\cdots,\tilde{f}_{51}]^{\mathrm{T}}$，可利用式（6-5）的广义最小二乘估计对目标参数 $\boldsymbol{x}_{\mathrm{T}}=(\boldsymbol{u}_{\mathrm{T}}^{\mathrm{T}},\boldsymbol{v}_{\mathrm{T}}^{\mathrm{T}})^{\mathrm{T}}$ 进行估计。

同样可以通过网格搜索法实现目标位置和速度的估计。网格搜索法的介绍详见本书 3.2.1.1 节。

2. G-N 迭代法

以二维静止目标定位场景为例，如果存在 $L\geqslant 3$ 个运动观测站，由式（6-9）可得到 $L-1$ 个多普勒频差方程。多普勒频差方程是有关目标位置的非线性函数，可通过 G-N 迭代法[3-4]求解目标位置。对多普勒频差方程进行泰勒级数展开，得到

$$\boldsymbol{z}\approx\boldsymbol{h}(\boldsymbol{x}_0)+\boldsymbol{J}(\boldsymbol{x}-\boldsymbol{x}_0)+\boldsymbol{\xi} \tag{6-10}$$

式中，$\boldsymbol{z}=[\tilde{f}_{21},\tilde{f}_{31},\cdots,\tilde{f}_{L1}]^{\mathrm{T}}$；$\boldsymbol{h}(\boldsymbol{x}_0)=\left[-\frac{f_0}{c}\dot{r}_{21},-\frac{f_0}{c}\dot{r}_{31},\cdots,-\frac{f_0}{c}\dot{r}_{L1}\right]^{\mathrm{T}}$，$\dot{r}_{l1}=\frac{\boldsymbol{v}_1^{\mathrm{T}}(\boldsymbol{x}_0-\boldsymbol{u}_1)}{r_1}-\frac{\boldsymbol{v}_l^{\mathrm{T}}(\boldsymbol{x}_0-\boldsymbol{u}_l)}{r_l}$（$l=2,3,\cdots,L$）；$\boldsymbol{J}=\left.\frac{\partial\boldsymbol{h}(\boldsymbol{x})}{\partial\boldsymbol{x}^{\mathrm{T}}}\right|_{\boldsymbol{x}=\boldsymbol{x}_0}=\frac{f_0}{c}\left[\frac{(\boldsymbol{x}-\boldsymbol{u}_2)\dot{r}_2}{r_2^2}-\frac{(\boldsymbol{x}-\boldsymbol{u}_1)\dot{r}_1}{r_1^2}+\frac{\boldsymbol{v}_2}{r_2}-\frac{\boldsymbol{v}_1}{r_1},\cdots,\frac{(\boldsymbol{x}-\boldsymbol{u}_L)\dot{r}_L}{r_L^2}-\frac{(\boldsymbol{x}-\boldsymbol{u}_1)\dot{r}_1}{r_1^2}+\frac{\boldsymbol{v}_L}{r_L}-\frac{\boldsymbol{v}_1}{r_1}\right]^{\mathrm{T}}$；$\boldsymbol{\xi}=[\Delta f_{21},\Delta f_{31},\cdots,\Delta f_{L1}]^{\mathrm{T}}$。

因此有

$$\boldsymbol{y}\approx\boldsymbol{J}\boldsymbol{\delta}+\boldsymbol{\xi} \tag{6-11}$$

其中，$\boldsymbol{y}=\boldsymbol{z}-\boldsymbol{h}(\boldsymbol{x}_0)=\left[\tilde{f}_{21}+\frac{f_0}{c}\dot{r}_{21},\ \tilde{f}_{31}+\frac{f_0}{c}\dot{r}_{31},\cdots,\ \tilde{f}_{L1}+\frac{f_0}{c}\dot{r}_{L1}\right]^{\mathrm{T}}$，$\boldsymbol{\delta}=\boldsymbol{x}-\boldsymbol{x}_0$ 为目标位置的差值矢量。

对式（6-11）求广义最小二乘解可得

$$\boldsymbol{\delta}\approx(\boldsymbol{J}^{\mathrm{T}}\boldsymbol{\Sigma}_{\xi}^{-1}\boldsymbol{J})^{-1}\boldsymbol{J}^{\mathrm{T}}\boldsymbol{\Sigma}_{\xi}^{-1}\boldsymbol{y} \tag{6-12}$$

令 $\boldsymbol{x}_0=\boldsymbol{x}_0+\boldsymbol{\delta}$ 后重复上述过程，直到 $\|\boldsymbol{\delta}\|<\varepsilon$ 为止，ε 为设定的一个较小的误差门限值。

可以利用式（5-8）正则化参数 λ 修正式（6-12）中的 $\boldsymbol{\delta}$，从而防止 G-N 迭代法出现发散的情况。

6.1.2.2 运动单站频移定位

在运动单站频移定位地面静止辐射源场景中，推荐使用网格搜索法实现辐射源的位置估计。

由 L 个不同时刻测得的 L 个信号频率如式（6-8）所示，当 $L\geqslant 3$ 时，在辐射源的所有可能位置范围内划分网格[2]，给定网格点集 $\boldsymbol{\Omega}_{\boldsymbol{x}}$。对每个网格点 $\boldsymbol{x}=(x,y,0)\in\boldsymbol{\Omega}_{\boldsymbol{x}}$，通过下式计算 f_0 的测量值：

$$\tilde{f}_0=(\boldsymbol{G}^{\mathrm{T}}\boldsymbol{G})^{-1}\boldsymbol{G}^{\mathrm{T}}\boldsymbol{z} \tag{6-13}$$

式中，$\boldsymbol{G}=[g_1(\boldsymbol{x}),g_2(\boldsymbol{x}),\cdots,g_L(\boldsymbol{x})]^{\mathrm{T}}$，$g_l(\boldsymbol{x})=1-\frac{\dot{r}_l}{c}$。

根据式（6-8）可知，辐射源的位置由下式估计：

$$\hat{\boldsymbol{x}}_{\mathrm{T}} = \arg\min_{\boldsymbol{x}\in\boldsymbol{\Omega}_{\boldsymbol{x}}} \left\| [\boldsymbol{I} - \boldsymbol{G}(\boldsymbol{G}^{\mathrm{T}}\boldsymbol{G})^{-1}\boldsymbol{G}^{\mathrm{T}}]\boldsymbol{z} \right\|^2 \tag{6-14}$$

用以上方法得到的定位结果不唯一，需要利用其他信息剔除虚假点后才能得到唯一的结果，其定位精度依赖测频精度、测频次数、观测站位置与速度的测量精度等因素。

6.2 定位误差分析

6.2.1 均方误差几何表示

在这里从几何原理角度分析二维三站对地面静止辐射源频差定位误差，如图 6-5 所示。设点 $\boldsymbol{x}_{\mathrm{T}} = \boldsymbol{u}_{\mathrm{T}} = (x_{\mathrm{T}}, y_{\mathrm{T}})^{\mathrm{T}}$ 为辐射源真实位置，从点 $\boldsymbol{x}_{\mathrm{T}}$ 到观测站 1（A 点）、观测站 2（B 点）和观测站 3（C 点）的距离分别为 r_1、r_2 和 r_3。假设理论频差分别为 f_{21} 和 f_{31}，频差误差分别为 Δf_{21} 和 Δf_{31}，实测的两条频差曲线交于点 $\hat{\boldsymbol{x}}_{\mathrm{T}}$，则点 $\hat{\boldsymbol{x}}_{\mathrm{T}}$ 为辐射源位置的估计值，其误差为点 $\hat{\boldsymbol{x}}_{\mathrm{T}}$ 到点 $\boldsymbol{x}_{\mathrm{T}}$ 的距离。

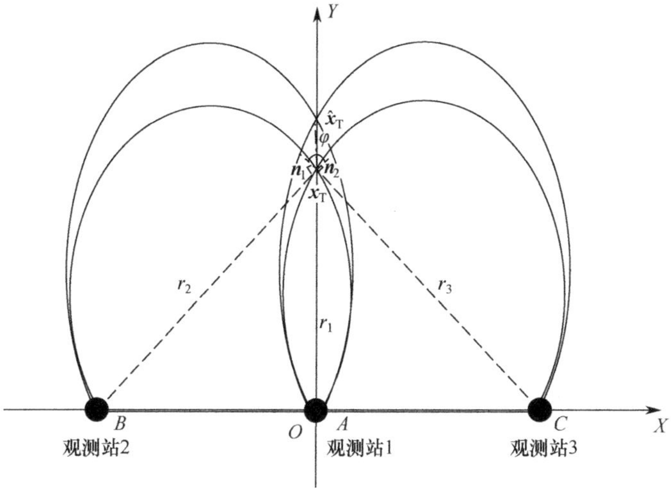

图 6-5　三站频差定位的几何表示

首先考察观测站 l 与观测站 1 之间的观测量 f_{l1}：

$$f_{l1} = \frac{f_0}{c}\left[\frac{\boldsymbol{v}_l^{\mathrm{T}}(\boldsymbol{u}_{\mathrm{T}} - \boldsymbol{u}_l)}{r_l} - \frac{\boldsymbol{v}_1^{\mathrm{T}}(\boldsymbol{u}_{\mathrm{T}} - \boldsymbol{u}_1)}{r_1}\right] = h_{l-1}(\boldsymbol{x}_{\mathrm{T}}, \boldsymbol{x}_{\mathrm{O}}) \tag{6-15}$$

式中，$l = 2,3$。

因此有

$$\nabla h_{l-1} = \frac{1}{c}\left[\frac{(\boldsymbol{u}_{\mathrm{T}} - \boldsymbol{u}_l)^{\mathrm{T}}\dot{r}_l}{r_l^2} - \frac{(\boldsymbol{u}_{\mathrm{T}} - \boldsymbol{u}_1)^{\mathrm{T}}\dot{r}_1}{r_1^2} + \frac{\boldsymbol{v}_l^{\mathrm{T}}}{r_l} - \frac{\boldsymbol{v}_1^{\mathrm{T}}}{r_1}\right] \tag{6-16}$$

若观测误差矢量 $\boldsymbol{z} = (f_{21}, f_{31})^{\mathrm{T}}$ 的各分量误差满足 $\mathbb{E}\{\boldsymbol{z}\} = \boldsymbol{0}$，$\mathbb{E}[(\Delta f_{l1})^2] = \sigma_{f_{l1}}^2$，频差测量误差间的相关系数为 ρ，且不考虑观测站的站址误差与速度矢量误差，则定位误差为

$$\sigma_R^2 = \frac{\|\nabla h_2\|^2 \sigma_{f_{21}}^2 + \|\nabla h_1\|^2 \sigma_{f_{31}}^2 - 2\rho\sigma_{f_{21}}\sigma_{f_{31}}(\nabla h_1 \cdot \nabla h_2)}{\|\nabla h_1\|^2\|\nabla h_2\|^2 - (\nabla h_1 \cdot \nabla h_2)^2} \tag{6-17}$$

当三个观测站坐标为 $\boldsymbol{u}_1=[0,0,5]^{\mathrm{T}}$ (km)，$\boldsymbol{u}_2=[-20,0,5]^{\mathrm{T}}$ (km)，$\boldsymbol{u}_3=[20,0,5]^{\mathrm{T}}$ (km)，速度均为 $\boldsymbol{v}=[300,0,0]^{\mathrm{T}}$ (m/s)，中心频率为 300MHz，频差测量误差为 1Hz，无站址误差和速度误差时，几何表示计算得到地面目标三站频差定位误差等值线，如图 6-6 所示。

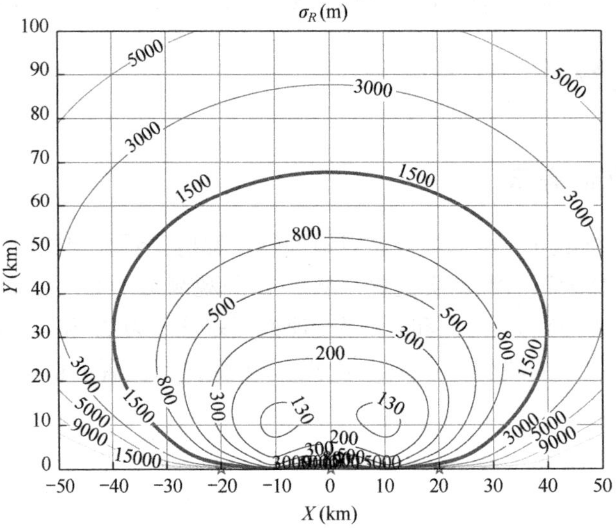

图 6-6　几何表示计算得到的地面目标三站频差定位误差等值线

6.2.2　克拉美-罗下界

6.2.2.1　多站频差定位

在多站频差定位场景下，构建观测方程

$$\begin{pmatrix}\boldsymbol{z}\\\boldsymbol{q}\end{pmatrix}=\begin{bmatrix}\boldsymbol{h}(\boldsymbol{x},\boldsymbol{x}_{\mathrm{O}})\\\boldsymbol{p}(\boldsymbol{x}_{\mathrm{O}})\end{bmatrix}+\begin{pmatrix}\boldsymbol{\xi}\\\boldsymbol{\varepsilon}\end{pmatrix} \tag{6-18}$$

式中，$\boldsymbol{x}=[\boldsymbol{u}^{\mathrm{T}},\boldsymbol{v}^{\mathrm{T}}]^{\mathrm{T}}$，$\boldsymbol{x}_{\mathrm{O}}=[\boldsymbol{u}_{\mathrm{O}}^{\mathrm{T}},\boldsymbol{v}_{\mathrm{O}}^{\mathrm{T}}]^{\mathrm{T}}$，频差测量误差 $\boldsymbol{\xi}\sim\mathbb{N}(\boldsymbol{0},\boldsymbol{\Sigma}_{\xi})$，观测站位置速度误差 $\boldsymbol{\varepsilon}\sim\mathbb{N}(\boldsymbol{0},\boldsymbol{\Sigma}_{\varepsilon})$。此外定义 $\boldsymbol{J}=\dfrac{\partial\boldsymbol{h}(\boldsymbol{x},\boldsymbol{x}_{\mathrm{O}})}{\partial\boldsymbol{x}^{\mathrm{T}}}$，$\boldsymbol{J}_2=\dfrac{\partial\boldsymbol{h}(\boldsymbol{x},\boldsymbol{x}_{\mathrm{O}})}{\partial\boldsymbol{x}_{\mathrm{O}}^{\mathrm{T}}}$，由式（3-41）可知辐射源位置 $\boldsymbol{x}$ 估计的 CRLB 为

$$\mathrm{CRLB}(\boldsymbol{x})=[\boldsymbol{J}^{\mathrm{T}}(\boldsymbol{\Sigma}_{\xi}+\boldsymbol{J}_2\boldsymbol{\Sigma}_{\varepsilon}\boldsymbol{J}_2^{\mathrm{T}})^{-1}\boldsymbol{J}]^{-1} \tag{6-19}$$

对 $\boldsymbol{J}$ 展开可得

$$\frac{\partial\boldsymbol{h}(\boldsymbol{x},\boldsymbol{x}_{\mathrm{O}})}{\partial\boldsymbol{x}^{\mathrm{T}}}=\left[\frac{\partial\boldsymbol{h}(\boldsymbol{x},\boldsymbol{x}_{\mathrm{O}})}{\partial\boldsymbol{u}^{\mathrm{T}}}\ \frac{\partial\boldsymbol{h}(\boldsymbol{x},\boldsymbol{x}_{\mathrm{O}})}{\partial\boldsymbol{v}^{\mathrm{T}}}\right] \tag{6-20}$$

对 $\boldsymbol{J}_2$ 展开可得

$$\frac{\partial\boldsymbol{h}(\boldsymbol{x},\boldsymbol{x}_{\mathrm{O}})}{\partial\boldsymbol{x}_{\mathrm{O}}^{\mathrm{T}}}=\left[\frac{\partial\boldsymbol{h}(\boldsymbol{x},\boldsymbol{x}_{\mathrm{O}})}{\partial\boldsymbol{u}_{\mathrm{O}}^{\mathrm{T}}}\ \frac{\partial\boldsymbol{h}(\boldsymbol{x},\boldsymbol{x}_{\mathrm{O}})}{\partial\boldsymbol{v}_{\mathrm{O}}^{\mathrm{T}}}\right] \tag{6-21}$$

根据式（6-3）将频差的观测值重新表示为

$$f_{l1}=-\frac{f_0}{c}\left(\frac{(\boldsymbol{v}-\boldsymbol{v}_l)^{\mathrm{T}}(\boldsymbol{u}-\boldsymbol{u}_l)}{\|\boldsymbol{u}-\boldsymbol{u}_l\|}-\frac{(\boldsymbol{v}-\boldsymbol{v}_1)^{\mathrm{T}}(\boldsymbol{u}-\boldsymbol{u}_1)}{\|\boldsymbol{u}-\boldsymbol{u}_1\|}\right) \tag{6-22}$$

因此有

$$\frac{\partial \boldsymbol{h}(\boldsymbol{x},\boldsymbol{x}_{\mathrm{O}})}{\partial \boldsymbol{u}^{\mathrm{T}}}=\frac{f_0}{c}\begin{bmatrix} \dfrac{(\boldsymbol{u}-\boldsymbol{u}_2)^{\mathrm{T}}\dot{r}_2}{r_2^2}-\dfrac{(\boldsymbol{u}-\boldsymbol{u}_1)^{\mathrm{T}}\dot{r}_1}{r_1^2}-\dfrac{(\boldsymbol{v}-\boldsymbol{v}_2)^{\mathrm{T}}}{r_2}+\dfrac{(\boldsymbol{v}-\boldsymbol{v}_1)^{\mathrm{T}}}{r_1} \\ \dfrac{(\boldsymbol{u}-\boldsymbol{u}_3)^{\mathrm{T}}\dot{r}_3}{r_3^2}-\dfrac{(\boldsymbol{u}-\boldsymbol{u}_1)^{\mathrm{T}}\dot{r}_1}{r_1^2}-\dfrac{(\boldsymbol{v}-\boldsymbol{v}_3)^{\mathrm{T}}}{r_3}+\dfrac{(\boldsymbol{v}-\boldsymbol{v}_1)^{\mathrm{T}}}{r_1} \\ \vdots \\ \dfrac{(\boldsymbol{u}-\boldsymbol{u}_L)^{\mathrm{T}}\dot{r}_L}{r_L^2}-\dfrac{(\boldsymbol{u}-\boldsymbol{u}_1)^{\mathrm{T}}\dot{r}_1}{r_1^2}-\dfrac{(\boldsymbol{v}-\boldsymbol{v}_L)^{\mathrm{T}}}{r_L}+\dfrac{(\boldsymbol{v}-\boldsymbol{v}_1)^{\mathrm{T}}}{r_1} \end{bmatrix} \tag{6-23}$$

式中，$\dot{r}_l=\dfrac{(\boldsymbol{v}^{\mathrm{T}}-\boldsymbol{v}_l^{\mathrm{T}})(\boldsymbol{u}-\boldsymbol{u}_l)}{r_l}$，$r_l=\|\boldsymbol{u}-\boldsymbol{u}_l\|=\sqrt{(\boldsymbol{u}-\boldsymbol{u}_l)^{\mathrm{T}}(\boldsymbol{u}-\boldsymbol{u}_l)}$。

$$\frac{\partial \boldsymbol{h}(\boldsymbol{x},\boldsymbol{x}_{\mathrm{O}})}{\partial \boldsymbol{v}^{\mathrm{T}}}=\frac{f_0}{c}\left[\frac{(\boldsymbol{u}-\boldsymbol{u}_1)}{r_1}-\frac{(\boldsymbol{u}-\boldsymbol{u}_2)}{r_2}\cdots\frac{(\boldsymbol{u}-\boldsymbol{u}_1)}{r_1}-\frac{(\boldsymbol{u}-\boldsymbol{u}_L)}{r_L}\right]^{\mathrm{T}} \tag{6-24}$$

$$\frac{\partial \boldsymbol{h}(\boldsymbol{x},\boldsymbol{x}_{\mathrm{O}})}{\partial \boldsymbol{u}_{\mathrm{O}}^{\mathrm{T}}}=\frac{f_0}{c}\begin{bmatrix} \dfrac{(\boldsymbol{u}-\boldsymbol{u}_1)^{\mathrm{T}}\dot{r}_1}{r_1^2}-\dfrac{(\boldsymbol{v}-\boldsymbol{v}_1)^{\mathrm{T}}}{r_1}-\dfrac{(\boldsymbol{u}-\boldsymbol{u}_2)^{\mathrm{T}}\dot{r}_2}{r_2^2}+\dfrac{(\boldsymbol{v}-\boldsymbol{v}_2)^{\mathrm{T}}}{r_2} & & 0 & \cdots & 0 \\ \dfrac{(\boldsymbol{u}-\boldsymbol{u}_1)^{\mathrm{T}}\dot{r}_1}{r_1^2}-\dfrac{(\boldsymbol{v}-\boldsymbol{v}_1)^{\mathrm{T}}}{r_1} & 0 & \dfrac{(\boldsymbol{u}-\boldsymbol{u}_3)^{\mathrm{T}}\dot{r}_3}{r_3^2}+\dfrac{(\boldsymbol{v}-\boldsymbol{v}_3)^{\mathrm{T}}}{r_3} & \cdots & 0 \\ \vdots & \vdots & \vdots & \ddots & 0 \\ \dfrac{(\boldsymbol{u}-\boldsymbol{u}_1)^{\mathrm{T}}\dot{r}_1}{r_1^2}-\dfrac{(\boldsymbol{v}-\boldsymbol{v}_1)^{\mathrm{T}}}{r_1} & 0 & 0 & \cdots & \dfrac{(\boldsymbol{u}-\boldsymbol{u}_L)^{\mathrm{T}}\dot{r}_2}{r_L^2}+\dfrac{(\boldsymbol{v}-\boldsymbol{v}_L)^{\mathrm{T}}}{r_L} \end{bmatrix} \tag{6-25}$$

$$\frac{\partial \boldsymbol{h}(\boldsymbol{x},\boldsymbol{x}_{\mathrm{O}})}{\partial \boldsymbol{v}_{\mathrm{O}}^{\mathrm{T}}}=\frac{f_0}{c}\begin{bmatrix} -\dfrac{(\boldsymbol{u}-\boldsymbol{u}_1)^{\mathrm{T}}}{r_1} & \dfrac{(\boldsymbol{u}-\boldsymbol{u}_2)^{\mathrm{T}}}{r_2} & 0 & \cdots & 0 \\ -\dfrac{(\boldsymbol{u}-\boldsymbol{u}_1)^{\mathrm{T}}}{r_1} & 0 & \dfrac{(\boldsymbol{u}-\boldsymbol{u}_3)^{\mathrm{T}}}{r_3} & \cdots & 0 \\ \vdots & \vdots & \vdots & \ddots & \vdots \\ -\dfrac{(\boldsymbol{u}-\boldsymbol{u}_1)^{\mathrm{T}}}{r_1} & 0 & 0 & \cdots & \dfrac{(\boldsymbol{u}-\boldsymbol{u}_L)^{\mathrm{T}}}{r_L} \end{bmatrix} \tag{6-26}$$

二维多站频差定位误差 RMSE 为

$$\mathrm{RMSE}(\hat{\boldsymbol{x}}_{\mathrm{ML}})=\sqrt{\mathrm{CRLB}_{1,1}+\mathrm{CRLB}_{2,2}} \tag{6-27}$$

三维多站频差定位误差 RMSE 为

$$\mathrm{RMSE}(\hat{\boldsymbol{x}}_{\mathrm{ML}})=\sqrt{\mathrm{CRLB}_{1,1}+\mathrm{CRLB}_{2,2}+\mathrm{CRLB}_{3,3}} \tag{6-28}$$

当三个观测站坐标为 $\boldsymbol{u}_1=[0,0,5]^{\mathrm{T}}$ (km)，$\boldsymbol{u}_2=[-20,0,5]^{\mathrm{T}}$ (km)，$\boldsymbol{u}_3=[20,0,5]^{\mathrm{T}}$ (km)，速度均为 $\boldsymbol{v}=[300,0,0]^{\mathrm{T}}$ (m/s)，中心频率为 300MHz，频差测量误差为 1Hz，站址误差 X、Y 和 Z 方向均为 10m，速度误差 X、Y 和 Z 方向均为 1m/s 时，得到地面目标三站频差定位误差 RMSE 等值线，如图 6-7 所示。

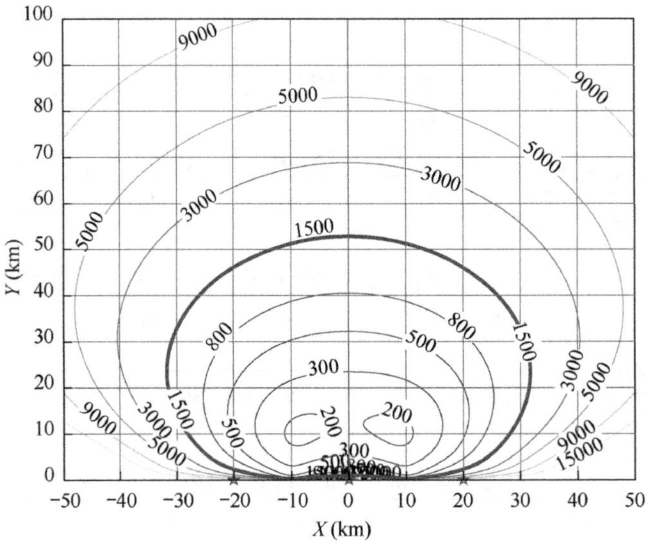

图 6-7　地面目标三站频差定位误差 RMSE 等值线

6.2.2.2　运动单站频移定位

下面对基于频移信息的辐射源定位 CRLB 进行分析。根据式（6-7），频移观测量可表示为

$$\tilde{f}_l = f_0\left(1-\frac{\dot{r}_l}{c}\right)+\xi_l \tag{6-29}$$

式中，$\dot{r}_l = \dfrac{-\boldsymbol{v}_l^{\mathrm{T}}(\boldsymbol{u}_{\mathrm{T}}-\boldsymbol{u}_l)}{r_l}$。

假设频移定位中所用的观测量为 $\boldsymbol{z}=[\tilde{f}_1,\tilde{f}_2,\cdots,\tilde{f}_L]^{\mathrm{T}}$，频移估计误差 $\boldsymbol{\xi}\sim\mathbb{N}(\boldsymbol{0},\boldsymbol{\Sigma}_{\xi})$，观测站位置速度误差 $\boldsymbol{\varepsilon}\sim\mathbb{N}(\boldsymbol{0},\boldsymbol{\Sigma}_{\varepsilon})$，$\boldsymbol{\Sigma}_{\varepsilon}=\mathrm{diag}\{[\sigma_x^2,\sigma_y^2,\sigma_z^2,\sigma_{\dot{x}}^2,\sigma_{\dot{y}}^2,\sigma_{\dot{z}}^2]\}\otimes\boldsymbol{I}_L$，可构建如式（6-18）所示的观测方程，此时式中 $\boldsymbol{x}=\boldsymbol{u}, x_0^{\mathrm{T}}=(\boldsymbol{u}_0^{\mathrm{T}},\boldsymbol{v}_0^{\mathrm{T}})^{\mathrm{T}}$。根据式（3-41）可知，辐射源位置 $\boldsymbol{x}$ 估计的 CRLB 为

$$\mathrm{CRLB}(\boldsymbol{x})=[\boldsymbol{J}^{\mathrm{T}}(\boldsymbol{\Sigma}_{\xi}+\boldsymbol{J}_2\boldsymbol{\Sigma}_{\varepsilon}\boldsymbol{J}_2^{\mathrm{T}})^{-1}\boldsymbol{J}]^{-1} \tag{6-30}$$

式中，$\boldsymbol{J}=\dfrac{\partial\boldsymbol{h}(\boldsymbol{x},\boldsymbol{x}_{\mathrm{O}})}{\partial\boldsymbol{x}^{\mathrm{T}}}=\dfrac{f_0}{c}\left[\dfrac{(\boldsymbol{x}-\boldsymbol{u}_1)\dot{r}_1}{r_1^2}+\dfrac{\boldsymbol{v}_1}{r_1},\dfrac{(\boldsymbol{x}-\boldsymbol{u}_2)\dot{r}_2}{r_2^2}+\dfrac{\boldsymbol{v}_2}{r_2},\cdots,\dfrac{(\boldsymbol{x}-\boldsymbol{u}_L)\dot{r}_L}{r_L^2}+\dfrac{\boldsymbol{v}_L}{r_L}\right]^{\mathrm{T}}$，$\boldsymbol{J}_2=\dfrac{\partial\boldsymbol{h}(\boldsymbol{x},\boldsymbol{x}_{\mathrm{O}})}{\partial\boldsymbol{x}_{\mathrm{O}}^{\mathrm{T}}}$

$$=\frac{f_0}{c}\begin{bmatrix}
-\dfrac{(\boldsymbol{x}-\boldsymbol{u}_1)^{\mathrm{T}}\dot{r}_1}{r_1^2}-\dfrac{\boldsymbol{v}_1^{\mathrm{T}}}{r_1} & \dfrac{(\boldsymbol{x}-\boldsymbol{u}_1)^{\mathrm{T}}}{r_1} & 0 & 0 & \cdots & 0 & 0\\
0 & 0 & -\dfrac{(\boldsymbol{x}-\boldsymbol{u}_2)^{\mathrm{T}}\dot{r}_2}{r_2^2}-\dfrac{\boldsymbol{v}_2^{\mathrm{T}}}{r_2} & \dfrac{(\boldsymbol{x}-\boldsymbol{u}_2)^{\mathrm{T}}}{r_2} & \cdots & 0 & 0\\
\vdots & \vdots & \vdots & \vdots & \ddots & \vdots & \vdots\\
0 & 0 & 0 & 0 & \cdots & -\dfrac{(\boldsymbol{x}-\boldsymbol{u}_L)^{\mathrm{T}}\dot{r}_L}{r_L^2}-\dfrac{\boldsymbol{v}_L^{\mathrm{T}}}{r_L} & \dfrac{(\boldsymbol{x}-\boldsymbol{u}_L)^{\mathrm{T}}}{r_L}
\end{bmatrix}$$

频移定位误差 RMSE 为

$$\mathrm{RMSE}(\hat{\boldsymbol{x}}_{\mathrm{ML}})=\sqrt{\mathrm{tr}[\mathrm{CRLB}(\boldsymbol{x})]} \tag{6-31}$$

当观测站初始时刻坐标位于 $\boldsymbol{x}_1=[-3,0,5]^{\mathrm{T}}$ (km)，速度 $\boldsymbol{v}=[300,0,0]^{\mathrm{T}}$ (m/s)，每隔 1s 进行一次频率测量，连续测量 20 次，中心频率为 300MHz，频率测量误差为 1Hz，无站址误差和速度误差时，得到运动单站对地面目标的频移定位误差 RMSE 等值线，如图 6-8（a）所示。当站址误差 X、Y 和 Z 方向均为 10m，速度误差 X、Y 和 Z 方向均为 1m/s 时，得到运动单站对地面目标的频移定位误差 RMSE 等值线，如图 6-8（b）所示。

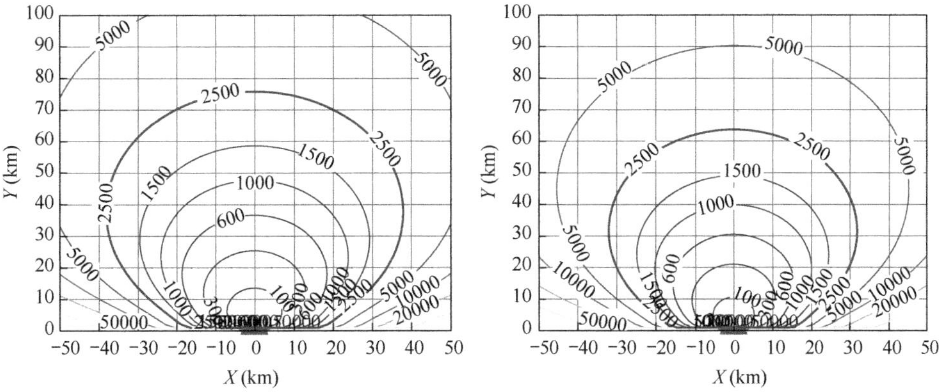

(a) 无站址误差和速度误差　　(b) 有站址误差和速度误差

图 6-8　运动单站对地面目标的频移定位误差 RMSE 等值线

6.3 工程实现与应用

6.3.1 频率与频差测量

6.3.1.1 频率测量

假设接收到的为单音信号，可表示为

$$y(t)=A\mathrm{e}^{\mathrm{j}2\pi f_0 t}+w(t) \tag{6-32}$$

式中，A 为信号幅度，f_0 为信号频率，$w(t)$ 为零均值、方差为 σ^2 的高斯白噪声。

现在考虑对接收到的信号采样 M 点，$t_m=m\varDelta,\ m=1,2,\cdots,M$，$\varDelta=\dfrac{1}{f_s}$ 满足采样定理要求，可以得到

$$y(t_m)=A\mathrm{e}^{\mathrm{j}2\pi f_0 t_m}+w(t_m) \tag{6-33}$$

令 $\boldsymbol{y}=[y(t_1),y(t_2),\cdots,y(t_M)]^{\mathrm{T}}$，$\boldsymbol{w}=[w(t_1),w(t_2),\cdots,w(t_M)]^{\mathrm{T}}$，$\boldsymbol{H}(f_0)=[\mathrm{e}^{\mathrm{j}2\pi f_0 t_1},\mathrm{e}^{\mathrm{j}2\pi f_0 t_2},\cdots,\mathrm{e}^{\mathrm{j}2\pi f_0 t_M}]^{\mathrm{T}}$，则观测信号可以表示成

$$\boldsymbol{y}=\boldsymbol{H}(f_0)A+\boldsymbol{w} \tag{6-34}$$

当 $\boldsymbol{w}$ 服从高斯分布时，利用观测矢量 $\boldsymbol{y}$ 对 A 和 f_0 的最大似然估计等效于关于 A 和 f_0 的最小二乘估计[6]：

$$\arg\min_{A,f_0}\left\|\boldsymbol{y}-\boldsymbol{H}(f_0)A\right\|^2 \tag{6-35}$$

为了对上式进行求解，首先得到关于未知参数 A 的解：

$$\hat{A}=(\boldsymbol{H}^{\mathrm{H}}(f_0)\boldsymbol{H}(f_0))^{-1}\boldsymbol{H}^{\mathrm{H}}(f_0)\boldsymbol{y}=\frac{1}{N}\boldsymbol{H}^{\mathrm{H}}(f_0)\boldsymbol{y} \tag{6-36}$$

将式（6-36）代入式（6-35）可得

$$\begin{aligned}\arg\min_{f_0}\left\|\boldsymbol{y}-\frac{1}{N}\boldsymbol{H}(f_0)\boldsymbol{H}^{\mathrm{H}}(f_0)\boldsymbol{y}\right\|&=\arg\min_{f_0}\left\|\left(\boldsymbol{I}-\frac{1}{N}\boldsymbol{H}(f_0)\boldsymbol{H}^{\mathrm{H}}(f_0)\right)\boldsymbol{y}\right\|^2\\&=\arg\min_{f_0}\left(\|\boldsymbol{y}\|^2-\frac{1}{N}\|\boldsymbol{H}(f_0)\boldsymbol{y}\|^2\right)\end{aligned} \tag{6-37}$$

由于 $\boldsymbol{y}$ 是与 f_0 无关的观测矩阵，要使上式最小，等价于求 $\|\boldsymbol{H}(f_0)\boldsymbol{y}\|^2$ 最大，即

$$\hat{f}_0=\arg\max_{f_0}(\|\boldsymbol{H}^{\mathrm{H}}(f_0)\boldsymbol{y}\|^2)=\arg\max_{f_0}\left(\left|\sum_{t_m=t_1}^{t_M}(y(t_m)\cdot \mathrm{e}^{-\mathrm{j}2\pi f_0 t_m})\right|^2\right) \tag{6-38}$$

式（6-38）为离散傅里叶变换求频率的公式表示，因此对单音信号利用离散傅里叶变换估计频率可以得到其最大似然估计结果。

单音信号频率测量的 CRLB[7]可以由下式确定：

$$\mathrm{CRLB}_{f_0}=\frac{3}{(2\pi)^2\mathrm{SNR}(M+1)[(M+1)^2-1]} \tag{6-39}$$

由于离散傅里叶变换得到的是离散频率值，当信号频率不是傅里叶变换处理分辨率的整数倍时，会引入量化误差，限制了频率测量的精度，只有当信号频率为傅里叶变换处理分辨率的整数倍时，频率测量精度才是最高的。为了提高傅里叶变换频率测量的精度，文献[8]提出将离散傅里叶变换频域曲线变成连续曲线的 FFT 谱连续细化分析方法，文献[9]提出基于复调制的 Zoom-FFT 估计方法，文献[10]提出 FFT 与 CZT 联合估计方法等。

常见的数字调制信号包括幅度调制（ASK）、相位调制（PSK）、正交幅度调制（QAM）等，其中，MASK 的频谱上具有载波分量的谱线，可以直接对 MASK 信号的频谱进行谱峰搜索，从而得到频率测量值。接收到的 MASK 信号经过采样可表示为

$$y(t_m)=A(t_m)\mathrm{e}^{\mathrm{j}2\pi f_0 t_m}+w(t_m) \tag{6-40}$$

式中，$t_m=m\varDelta$，$m=1,2,\cdots,M$，$\varDelta=1/f_s$ 为采样时间间隔；$A(t_m)$ 为信号幅度值，随时间变化；f_0 为信号载波频率；$w(t_m)$ 为零均值高斯白噪声。

图 6-9 是信噪比为 10dB 的 ASK 信号基带波形与频谱，可通过提取频谱中峰值换算得到信号频率值。图中 ASK 信号的原始频率为 215kHz，进行 8192 点 FFT 处理，估计得到的频率为 214947Hz。

对于 QAM 和 PSK 信号，不能直接采用傅里叶变换处理来估计其载波频率，可以采用非线性变换方法估计频率，通过合适的非线性变换信号会产生与载波相关的单频分量，其中，对信号进行 N 次幂运算是常见的非线性变换处理方法[11]。理论上，MPSK 信号和 QAM 信号进行 N 次方（对于 MPSK 信号，$N=M$；对于 QAM 信号，$N=4$）后，其频谱含有 N 倍载频分量的离散谱线，因此可以把 N 次方后的 QAM 信号（$N=4$）和 MPSK 信号（$N=M$）提取载波分量来估计其载频。MPSK 信号的表示式为

$$y_{\mathrm{MPSK}}(t_m)=A\mathrm{e}^{[\mathrm{j}2\pi f_0 t_m+p(t_m)]} \tag{6-41}$$

式中，$p(t_m)$ 为调制相位，具有 N 种取值，且 $p(t_m)=2\pi i/N\,(i=0,1,\cdots,N-1)$，$i$ 取决于基带信号数据取值。例如，对于 BPSK 调制信号，$p(t_m)=\pi i\,(i=0,1)$；对于 QPSK 调制信号，$p(t_m)=\pi i/2\,(i=0,1,2,3)$。下面以 BPSK 信号为例，介绍 N 次方非线性变换估计频率的方法。

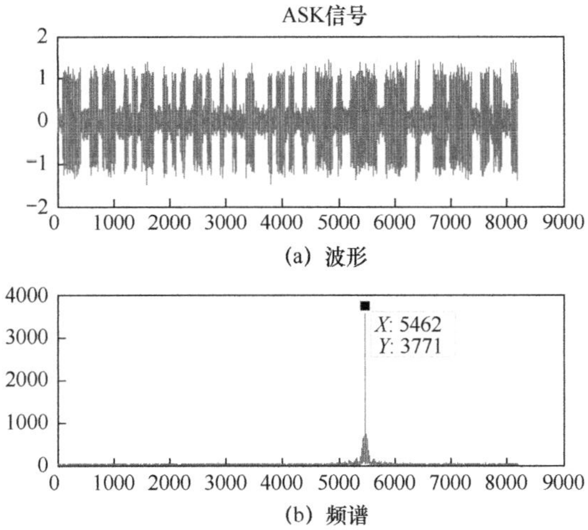

(a) 波形

(b) 频谱

图 6-9　信噪比为 10dB 的 ASK 信号基带波形与频谱

假设接收到的 BPSK 信号为

$$y(t_m)=A\mathrm{e}^{[\mathrm{j}2\pi f_0 t_m+p(t_m)]}+w(t_m) \tag{6-42}$$

式中，$w(t_m)$ 为零均值高斯白噪声。

对上式进行 2 次方处理

$$y^2(t_m)=\{A\mathrm{e}^{[\mathrm{j}2\pi f_0 t_m+p(t_m)]}+w(t_m)\}^2=\{A\mathrm{e}^{[\mathrm{j}2\pi f_0 t_m+p(t_m)]}\}^2+2A\mathrm{e}^{[\mathrm{j}2\pi f_0 t_m+p(t_m)]}w(t_m)+w^2(t_m) \tag{6-43}$$

对上式第一项进行化简得到

$$\{A\mathrm{e}^{[\mathrm{j}2\pi f_0 t_m+p(t_m)]}\}^2=A^2\,\mathrm{e}^{[\mathrm{j}4\pi f_0 t_m+2p(t_m)]} \tag{6-44}$$

由于 $2p(t_m)=0或2\pi$，将上式简化后代入式（6-43）得到

$$y^2(t_m)=A^2\,\mathrm{e}^{(\mathrm{j}4\pi f_0 t_m)}+2A\mathrm{e}^{[\mathrm{j}2\pi f_0 t_m+p(t_m)]}w(t_m)+w^2(t_m) \tag{6-45}$$

令 $A_{sq}=A^2$、$y_{sq}(t_m)=y^2(t_m)$、$f_{sq}=2f_0$，$w_{sq}(t_m)=2A\mathrm{e}^{[\mathrm{j}2\pi f_0 t_m+p(t_m)]}w(t_m)+w^2(t_m)$，将上式重新表示为

$$y_{sq}(t_m)=A_{sq}\,\mathrm{e}^{(\mathrm{j}2\pi f_{sq} t_m)}+w_{sq}(t_m) \tag{6-46}$$

根据最小二乘准则可得

$$\arg\min_{A_{sq},f_{sq}}\left\|\boldsymbol{y}_{sq}-\boldsymbol{H}(f_{sq})A_{sq}\right\|^2 \tag{6-47}$$

对上式进行推导，可得

$$\begin{aligned}\arg\min_{f_{sq}}\left\|\boldsymbol{y}_{sq}-\frac{1}{N}\boldsymbol{H}(f_{sq})\boldsymbol{H}^H(f_{sq})\boldsymbol{z}_{sq}\right\|^2&=\arg\min_{f_{sq}}\left\|\left(\boldsymbol{I}-\frac{1}{N}\boldsymbol{H}(f_{sq})\boldsymbol{H}^{\mathrm{H}}(f_{sq})\right)\boldsymbol{y}_{sq}\right\|^2\\&=\arg\min_{f_{sq}}\left(\left\|\boldsymbol{y}_{sq}\right\|^2-\frac{1}{N}\left\|\boldsymbol{H}(f_{sq})\boldsymbol{y}_{sq}\right\|^2\right)\end{aligned} \tag{6-48}$$

同样，由于 $\boldsymbol{y}_{sq}$ 是与 f_{sq} 无关的观测矩阵，要使上式最小，等价于求 $\left\|\boldsymbol{H}(f_{sq})\boldsymbol{y}_{sq}\right\|^2$ 最大，即

$$\hat{f}_{sq} = \arg\max_{f_{sq}} \left\|\boldsymbol{H}(f_{sq})\boldsymbol{y}_{sq}\right\|^2 = \arg\max_{f_{sq}} \left(\left| \sum_{t_m=t_1}^{t_M} \left(y(t_m)\cdot \mathrm{e}^{-\mathrm{j}2\pi f_{sq} t_m}\right) \right|^2 \right) \tag{6-49}$$

通过式（6-49）可以发现，提取 BPSK 信号的 2 次方谱最大值可以获取信号的 2 倍中心频率值。同样，对其他 MPSK 信号或 QAM 信号作类似处理，可以获取信号的 M 倍中心频率值。

图 6-10 是信噪比为 10dB 的 BPSK 信号的频谱与 2 次方谱，图中可以明显看到 2 次方谱峰值。BPSK 信号的原始频率为 215kHz，进行 8192 点 FFT 处理，估计得到的频率为 214947Hz。图 6-11 是信噪比为 10dB 的 QPSK 信号的频谱与 4 次方谱，图中可以明显看到 4 次方谱峰值。QPSK 信号的原始频率为 215kHz，进行 8192 点 FFT 处理，估计得到的频率为 215013Hz。

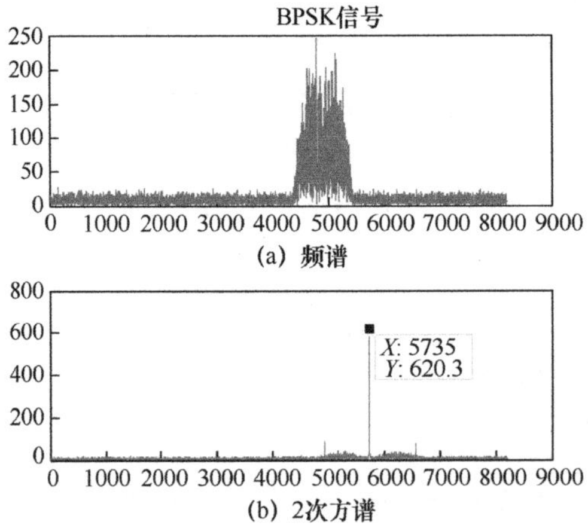

图 6-10 信噪比为 10dB 的 BPSK 信号的频谱与 2 次方谱

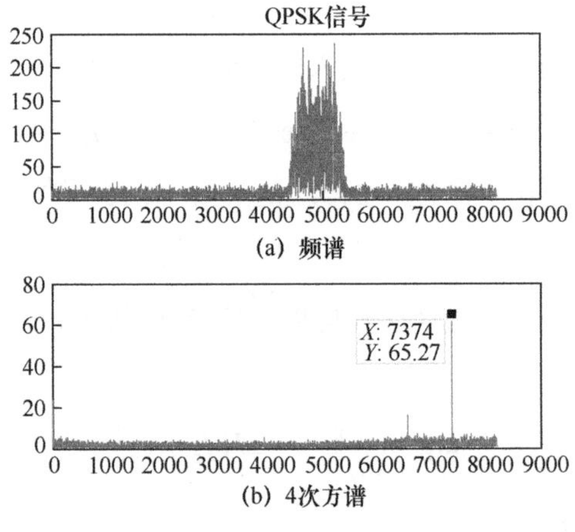

图 6-11 信噪比为 10dB 的 QPSK 信号的频谱与 4 次方谱

图 6-12 是信噪比为 10dB 的 QAM 信号的频谱与 4 次方谱，图中可以明显看到 4 次方谱峰值。图 6-13 是信噪比为 10dB 的 16QAM 信号的频谱与 4 次方谱，图中可以明显看到 4 次方谱峰值。QAM、16QAM 信号的原始频率都为 215kHz，进行 8192 点 FFT 处理，估计得到的频率都为 215013Hz。

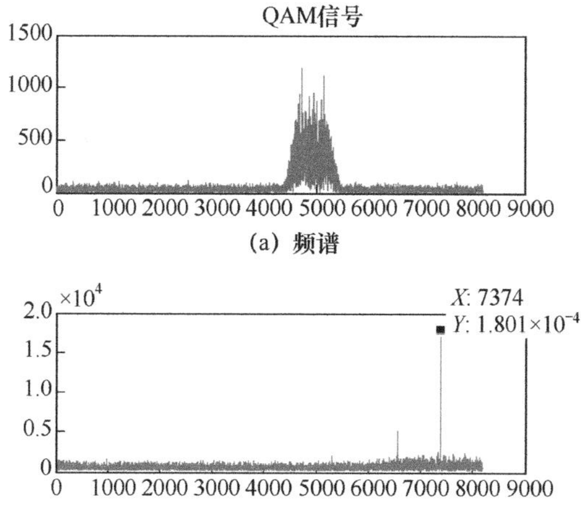

(a) 频谱

(b) 4次方谱

图 6-12 信噪比为 10dB 的 QAM 信号的频谱与 4 次方谱

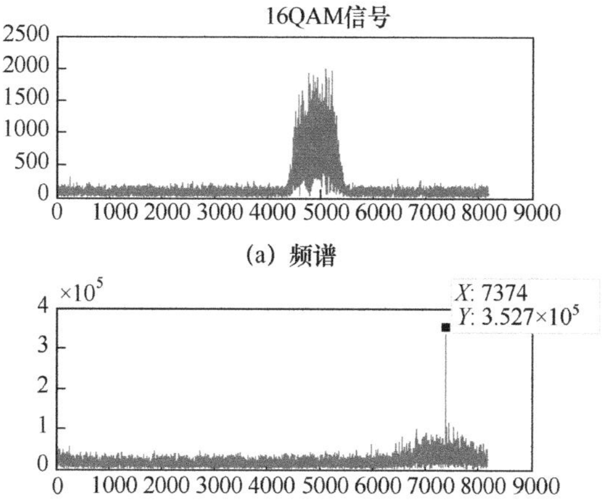

(a) 频谱

(b) 4次方谱

图 6-13 信噪比为 10dB 的 16QAM 信号的频谱与 4 次方谱

6.3.1.2 频差测量

除通过估计信号频率再相减计算频差的方法外，在一些文献中还介绍了其他频差测量方法，如文献[12]介绍了一种针对未知信号时频差的极大似然估计算法，该算法首先建立 FDOA 估计的信号模型，推导得到与时差和频差参数有关的极大似然估计公式，最后在时差和频差参数的二维极大似然估计公式进行搜索计算，得到的最大值即 FDOA 估计结果。文献[13]利用信号的高阶累积量对高斯噪声不敏感，结合信号的高阶累积量与 FDOA 的关系，实现在噪声环境下对 FDOA 的估计，通过研究信号的四阶累积量，可以得到三种基于高斯累积量的估计算法。交叉模糊函数法最初在文献[14]中被提出，交叉模糊函数表示对包含时差和频差的信号进行时域和频域上的二维互相关，通过在交叉模糊函数上二维搜索时差和频差，找到最大的互相关值对应的频差，即估计的频差值。

6.3.2 运动单站频移定位模糊及消除方法

运动单站测频定位方法在求解辐射源位置时，会得到两个解，其中一个为目标的真实位置，另一个为目标镜像模糊点。这个镜像模糊点是由单星测频定位的原理造成的，无法通过算法本身去除，只能在工程实现中借助其他信息来排除模糊点。由图 6-14 可以看到，这两个解是关于观测站运动轨迹投影线两边镜像对称的，▲为辐射源实际位置，△为定位镜像模糊位置。根据这个特点，可以有以下两种去除定位模糊的方法。

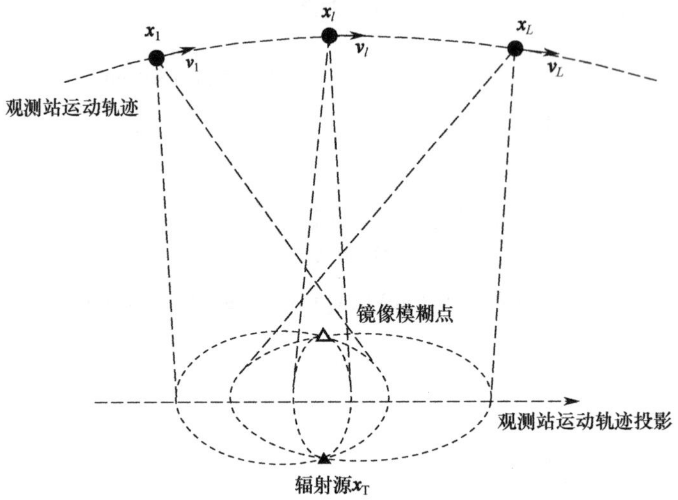

图 6-14 运动单站频移定位模糊点示意

方法 1：增加测向信息或采用定向天线，从而去掉模糊点。可以使运动平台的接收天线主瓣偏向运动方向的任意一侧，另外一侧的定位模糊点则在天线的副瓣方向，从模糊点处辐射的信号无法被接收机有效接收，从而在定位求解过程中去掉模糊点。

方法 2：如果运动平台上采用全向天线，则可以利用多个不同运动轨迹计算的定位结果聚类来解模糊问题。图 6-15（a）和图 6-15（b）是观测站在不同运动轨迹下的频移测量数据计算的定位结果，图中分别能得到两个定位结果，存在镜像模糊问题。通过将两者结果联合，可得到如图 6-16 所示的结果，估计的目标位置非常接近的为正确结果（图中运动轨迹左边区域内的结果），其他估计结果为镜像模糊点。

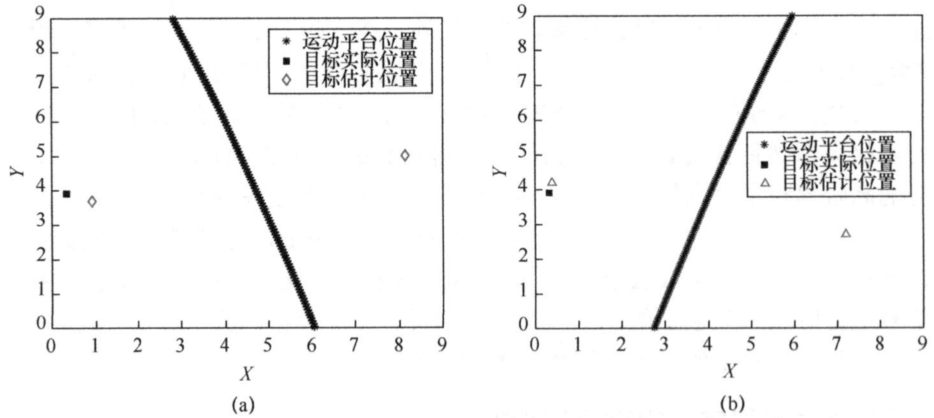

图 6-15 观测站利用不同运动轨迹数据的定位结果

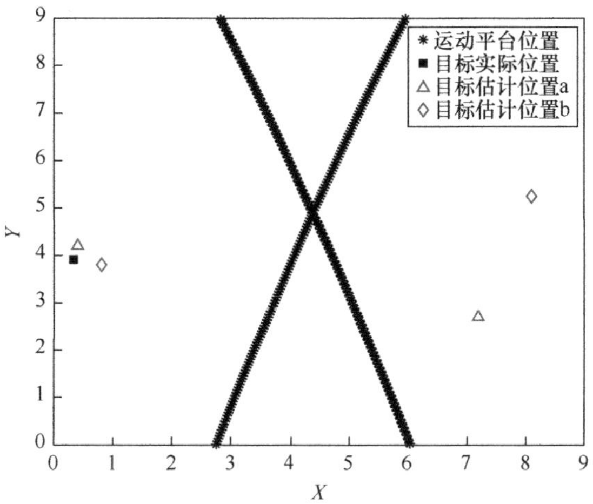

图 6-16　定位结果联合示意

6.3.3　运动单站频移定位误差影响与校正

观测站自定位位置和速度误差将导致辐射源定位误差。考虑一个运动单站频移定位的场景，如图 6-17 所示。图中观测站的位置分别为：$\boldsymbol{u}_1=[0,0]^{\mathrm{T}}$ (m)，$\boldsymbol{u}_2=[50000,0]^{\mathrm{T}}$ (m)，速度为 $\boldsymbol{v}_1=\boldsymbol{v}_2=[500,0]^{\mathrm{T}}$ (m/s)，辐射源位置 $\boldsymbol{x}_{\mathrm{T}}=\boldsymbol{u}_{\mathrm{T}}=[20000,70000]^{\mathrm{T}}$ (m)。在没有观测站自定位误差的情况下，由观测站在位置 1 和位置 2 的等频移曲线相交可获得辐射源位置。引入观测站自定位误差，此时观测站自定位位置分别为 $\tilde{\boldsymbol{u}}_1=[2000,2000]^{\mathrm{T}}$ (m)，$\tilde{\boldsymbol{u}}_2=[51000,3000]^{\mathrm{T}}$ (m)，对应的等频移曲线对相交所得的辐射源位置估计如图 6-17（a）所示。引入−50m/s 的观测站速度误差，此时等频移曲线对相交所得的辐射源位置估计如图 6-17（b）所示。可以看到观测站自定位误差可导致辐射源定位误差。

影响运动单站频移定位精度的误差包括观测站自身位置误差和速度误差等。为了降低这些因素对定位精度的影响，文献[15]提出可以在已知位置部署参考站 $\boldsymbol{x}_{\mathrm{C}}=\boldsymbol{u}_{\mathrm{C}}=[x_{\mathrm{C}},y_{\mathrm{C}}]^{\mathrm{T}}$，向观测站发射特定载频信号，利用测量到的目标信号和参考信号的频率差进行误差校正。参考信号的观测方程为

$$\boldsymbol{z}_{\mathrm{C}}=\boldsymbol{h}_{\mathrm{C}}(\boldsymbol{x}_{\mathrm{C}},\boldsymbol{x}_{\mathrm{O}})+\boldsymbol{\xi}_{\mathrm{C}} \tag{6-50}$$

那么，目标信号和参考信号的频率差方程为

$$\Delta\boldsymbol{z}=\Delta\boldsymbol{h}(\boldsymbol{x},\boldsymbol{\chi}_{\mathrm{O}})+\Delta\boldsymbol{\xi} \tag{6-51}$$

式中，$\Delta\boldsymbol{z}=[\tilde{f}_1-\tilde{f}_{\mathrm{C}1},\tilde{f}_2-\tilde{f}_{\mathrm{C}2},\cdots,\tilde{f}_L-\tilde{f}_{\mathrm{C}L}]^{\mathrm{T}}$，$\tilde{f}_l$、$\tilde{f}_{\mathrm{C}l}$ 分别为第 l 时刻观测站接收到的目标信号与参考信号的频率测量值，$l=1,2,\cdots,L$；$\Delta\boldsymbol{h}(\boldsymbol{x},\boldsymbol{\chi}_{\mathrm{O}})=\boldsymbol{h}(\boldsymbol{x},\boldsymbol{x}_{\mathrm{O}})-\boldsymbol{h}_{\mathrm{C}}(\boldsymbol{x}_{\mathrm{C}},\boldsymbol{x}_{\mathrm{O}})$，$\boldsymbol{\chi}_{\mathrm{O}}=[\boldsymbol{x}_{\mathrm{C}}^{\mathrm{T}}\ \boldsymbol{x}_{\mathrm{O}}^{\mathrm{T}}]^{\mathrm{T}}$，$\boldsymbol{h}(\boldsymbol{x},\boldsymbol{x}_{\mathrm{O}})$ 与式（6-8）定义相同，$\boldsymbol{h}_{\mathrm{C}}(\boldsymbol{x}_{\mathrm{C}},\boldsymbol{x}_{\mathrm{O}})=[f_{\mathrm{C}}\cdot g_1(\boldsymbol{x}_{\mathrm{C}}),f_{\mathrm{C}}\cdot g_2(\boldsymbol{x}_{\mathrm{C}}),\cdots,\ f_{\mathrm{C}}\cdot g_L(\boldsymbol{x}_{\mathrm{C}})]^{\mathrm{T}}$，$f_{\mathrm{C}}$ 为参考站发射信号的频率，$g_l(\boldsymbol{x}_{\mathrm{C}})=1+\dfrac{\boldsymbol{v}_l^{\mathrm{T}}(\boldsymbol{x}_{\mathrm{C}}-\boldsymbol{u}_l)}{c}$；$\Delta\boldsymbol{\xi}=\boldsymbol{\xi}-\boldsymbol{\xi}_{\mathrm{C}}$。利用 6.1.2.2 节介绍的方法对上式进行计算，可以得到目标辐射源的位置，在计算过程中利用参考站的已知信息校正定位误差。

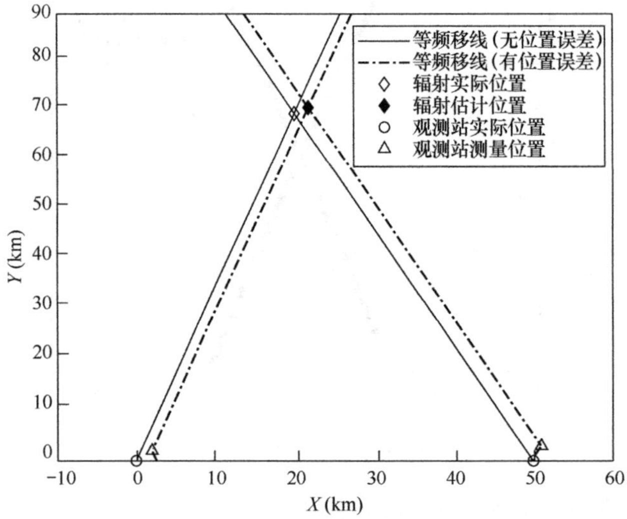

(a) 位置误差影响

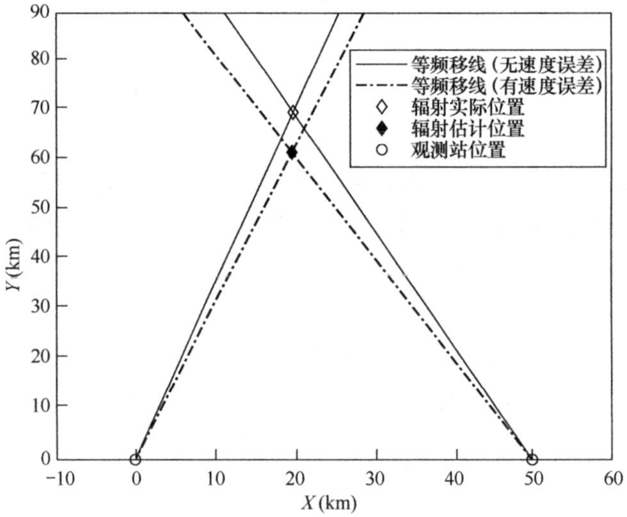

(b) 速度误差影响

图 6-17 自定位误差引起定位误差示意

假设定位场景中，运动单站初始位置为 $\boldsymbol{x}_1=[300,-20]^{\mathrm{T}}$ (km)，分别在 10 个位置进行了观测，如图 6-18 中*所示。目标位置为 $\boldsymbol{x}=[120,150]^{\mathrm{T}}$ (km)，如图 6-18 中○所示，标校源位置为 $\boldsymbol{x}_{\mathrm{C}}=[150,152]^{\mathrm{T}}$ (km)，如图 6-18 中△所示。增加频率测量误差，服从零均值、方差为 5Hz 的正态分布；增加观测站位置误差和速度误差，观测站位置误差服从零均值、方差为 1000m 的正态分布，速度误差服从零均值、方差为 10m/s 的正态分布。校正前定位结果如图 6-19 所示，定位误差约为 2256m；校正后定位结果如图 6-20 所示，定位误差约为 1082m。

相同条件下统计 200 个样本，单站频移定位校正前后定位误差直方图如图 6-21 所示，观测站含位置误差和速度误差但未校正情况下的定位误差为 1964m，观测站含位置误差和速度误差且校正情况下的定位误差为 890m。

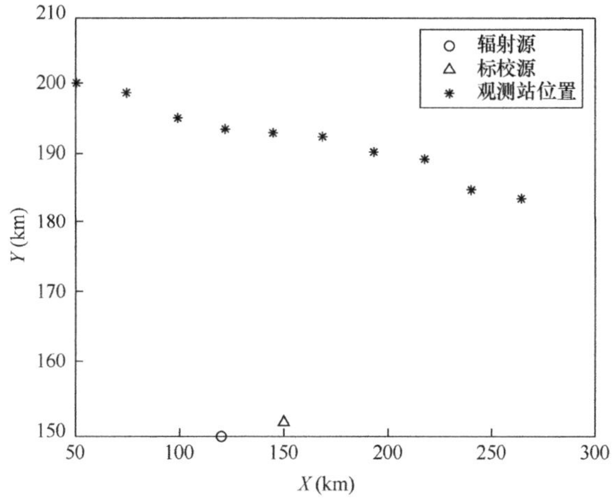

图 6-18　辐射源与标校源及观测站位置示意

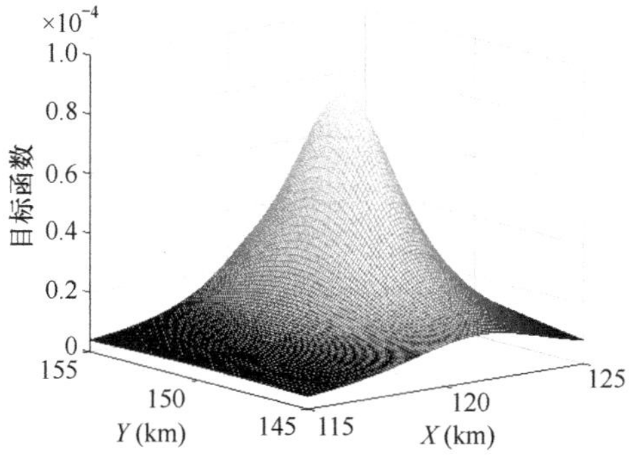

图 6-19　校正前定位结果

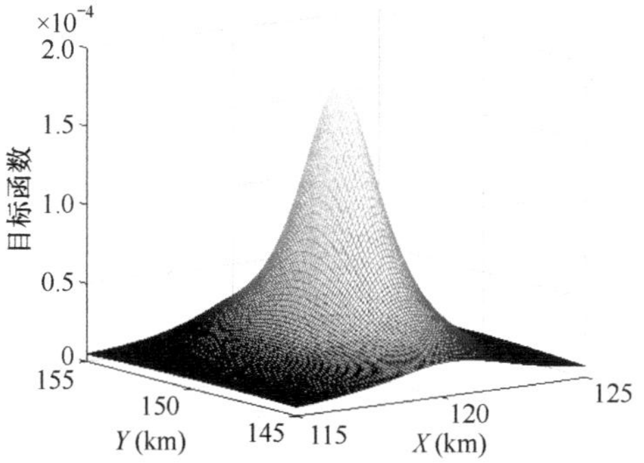

图 6-20　校正后定位结果

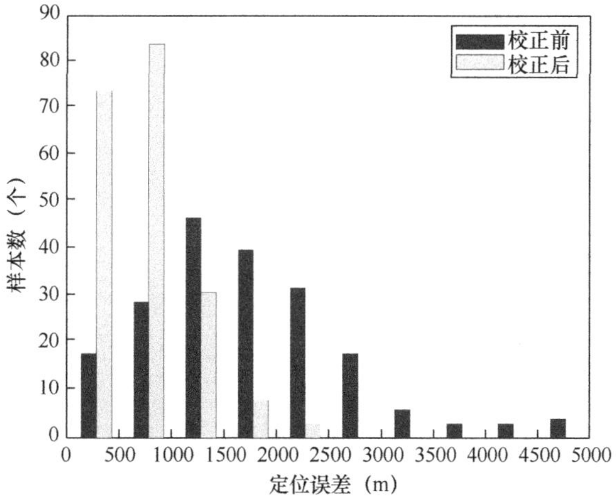

图 6-21　单站频移定位校正前后定位误差直方图

6.3.4　多站频差定位误差影响与校正

观测站自定位位置和速度误差将导致辐射源定位误差。考虑一个三站频移定位的场景，如图 6-22 所示。图中观测站的位置分别为：$\boldsymbol{u}_1 = [0,0]^{\mathrm{T}}$ (m)，$\boldsymbol{u}_2 = [-30000,0]^{\mathrm{T}}$ (m)，

$\boldsymbol{u}_3=[30000,0]^{\mathrm{T}}$ (m)，速度分别为 $\boldsymbol{v}_1=[280,-25]^{\mathrm{T}}$ (m/s)，$\boldsymbol{v}_2=[320,0]^{\mathrm{T}}$ (m/s)，$\boldsymbol{v}_3=[297,41]^{\mathrm{T}}$ (m/s)，辐射源位置 $\boldsymbol{u}_{\mathrm{T}}=[15000,90000]^{\mathrm{T}}$ (m)。在没有观测站自定位误差的情况下，由观测站 1 和观测站 2、观测站 1 和观测站 3 的等频差曲线相交可获得辐射源位置。引入观测站 1 位置误差，此时观测站 1 位置为 $\tilde{\boldsymbol{u}}_1=[-500,3000]^{\mathrm{T}}$ (m)，对应的等频差曲线对相交所得的辐射源位置估计如图 6-22（a）所示。引入观测站 1 速度误差，此时观测站 1 速度为 $\tilde{\boldsymbol{v}}_1=[300,-25]^{\mathrm{T}}$ (m/s)，对应的等频差曲线对相交所得的辐射源位置估计如图 6-22（b）所示，可以看到观测站自定位误差导致辐射源定位误差。

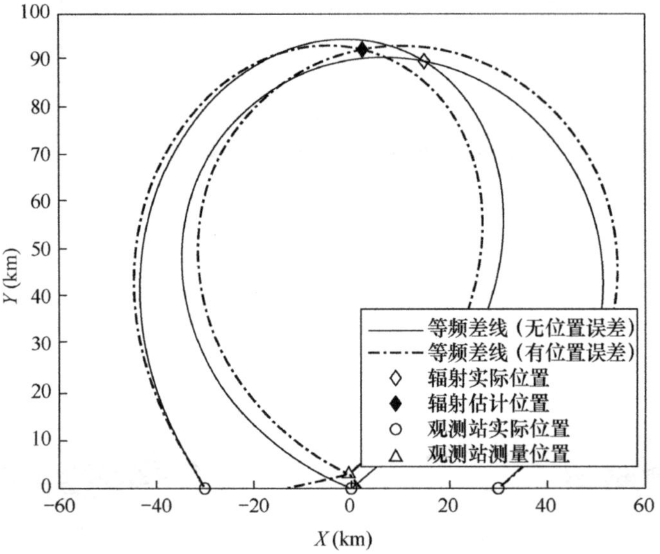

(a) 位置误差影响

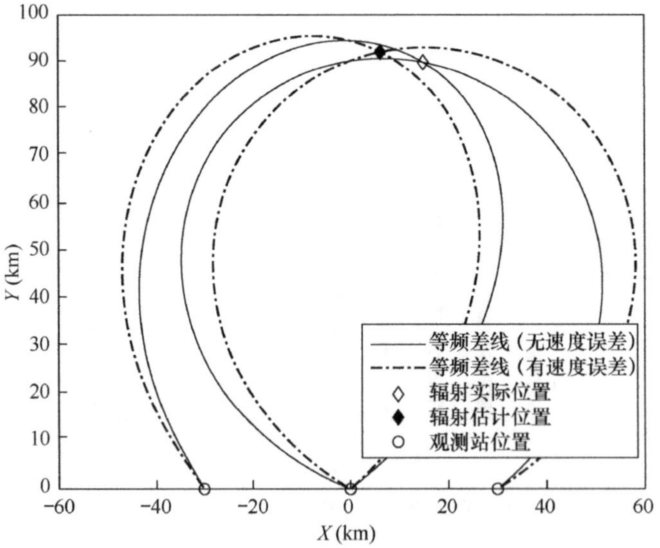

(b) 速度误差影响

图 6-22 自定位误差引起辐射源定位误差示意

多站频差定位误差的校正方法参照 7.3.2 节时频差定位校正的内容。

6.4 实例

考虑一个运动单站对静止目标进行频移定位的实例。运动平台轨迹、目标定位估计与实际位置如图 6-23 所示。目标静止不动且持续发射通信信号，运动平台上的接收机每隔一定的时间接收该调制信号并测量信号频率。

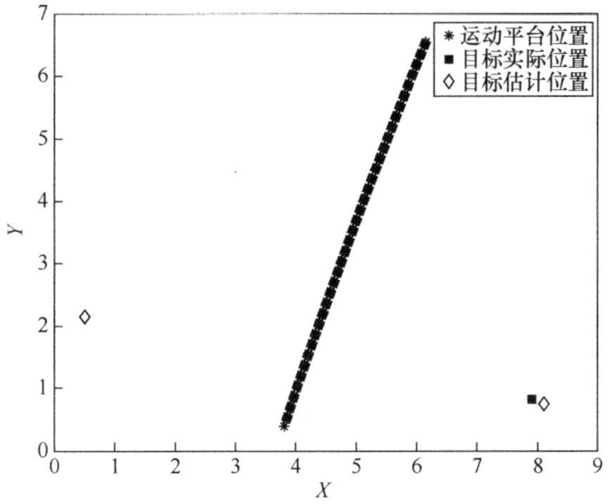

图 6-23 运动平台轨迹、目标定位估计与实际位置

由单站频移定位原理内容可知，通过在辐射源的所有可能位置范围内划分网格，可以对每个网格点计算理论频率曲线。在某一网格点上的理论频率曲线与实测频率曲线比较如图 6-24 所示。通过网格点搜索，利用最小二乘准则式（6-14）计算的定位结果如图 6-25 所示，图中两个峰值位置即频率最优拟合的网格位置点，其中一个在目标实际位置附近，另一个在目标镜像模糊位置附近。

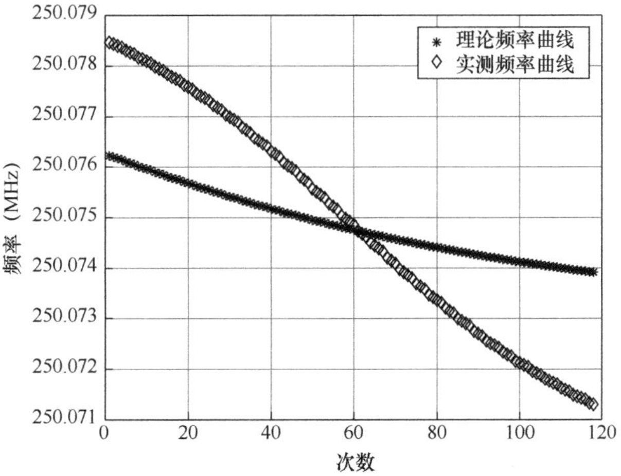

图 6-24 理论频率曲线与实测频率曲线比较

同时，将网格粗搜索得到的两个目标估计位置画在图 6-23 中，用◇表示，可以看到其中一个辐射源目标估计位置与目标实际位置接近，另一个估计位置为模糊点。可以根据“运动

单站频移定位模糊及消除方法”一节中介绍的内容消除镜像模糊点。图 6-26 是去除模糊后，在目标真实位置附近进行网格精搜索的结果。

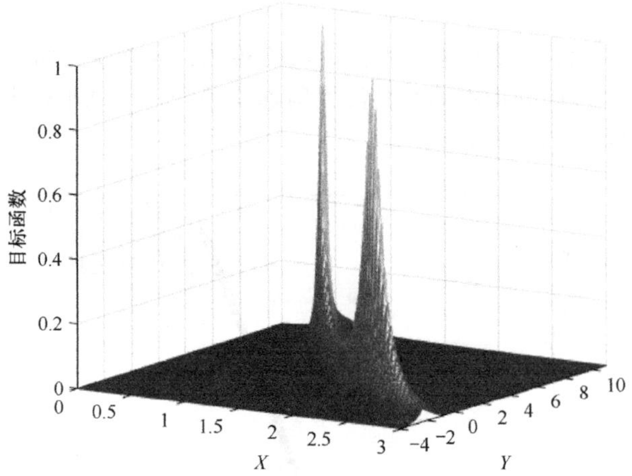

图 6-25 网格粗搜索结果（存在定位模糊点）

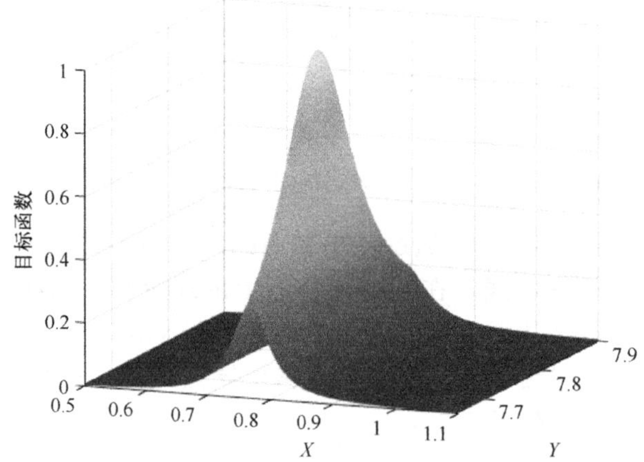

图 6-26 目标真实位置附近网格精搜索结果

最后，根据目标估计位置与目标实际位置计算得到定位绝对误差，除以运动过程中目标与平台间最近距离得到相对定位误差值。利用不同数量的测频数据定位结果及相对定位误差如图 6-27 所示，可以看到随着测频数据量的增加，相对定位误差逐渐减小，并不断逼近相对定位误差理论值。

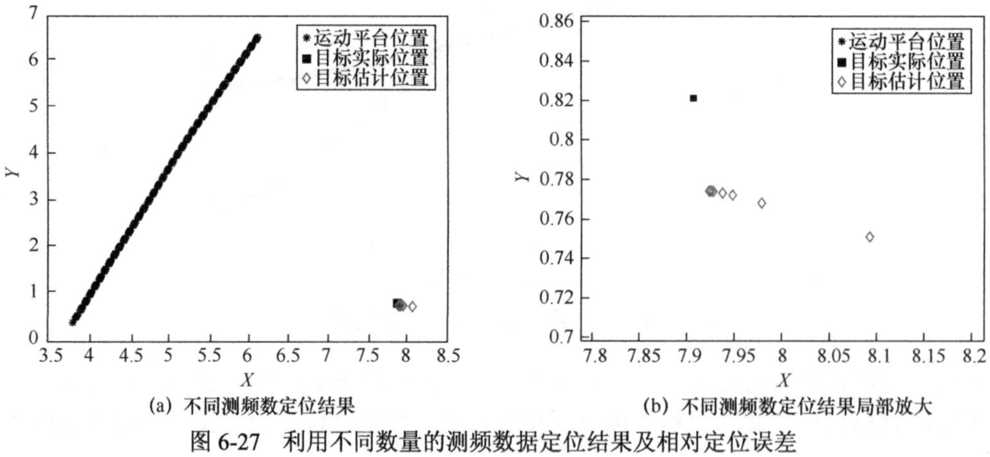

(a) 不同测频数定位结果 (b) 不同测频数定位结果局部放大

图 6-27 利用不同数量的测频数据定位结果及相对定位误差

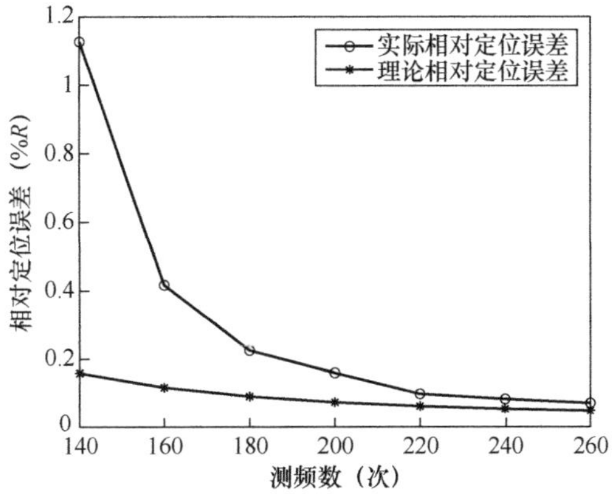

(c) 相对定位误差曲线

图6-27 利用不同数量的测频数据定位结果及相对定位误差（续）

6.5 本章小结

本章介绍了频移（频差）定位体制原理、常用算法和典型信号频率测量方法等内容，并对频移定位在工程实现中面临的问题进行介绍分析，最后描述了一个频移定位的实际案例。主要结论有：

（1）单站仅频移定位方法对定位系统设备要求低，系统仅需配备单天线、单通道接收机即可实现对静止目标的位置计算，在低轨单星对静止目标定位的场景中推荐使用。

（2）推荐将网格搜索法与迭代最小二乘估计法结合使用，通过网格粗搜索获得目标粗略位置，将该粗略位置作为迭代计算的初始值，利用迭代最小二乘估计法获得目标精确位置。

（3）对正弦信号利用傅里叶变换求频率可以得到其最大似然解。但是由于离散傅里叶变换得到的是离散频率值，当信号频率不是傅里叶变换处理分辨率的整数倍时，引入了量化误差，限制了频率测量的精度，需要在此基础上进行频率精估计处理。

（4）对于不能直接采用傅里叶变换处理来估计其载波频率的调制信号，需要先通过相应的非线性变换得到与载波相关的单频分量，然后才能估计其频率。

本章参考文献

[1] CHAN Y T, TOWERS J J. Passive localization from Doppler-shifted frequency measurements[J]. IEEE Trans on SP, 1992, 10(40): 2594-2598.

[2] 陆安南，孔宪正. 单星测频无源定位法[J]. 通信学报，2004，25(9)：160-168.

[3] 郭艳丽，杨绍全. 差分多普勒无源定位[J]. 电子对抗技术，2002，17(6)：20-23.

[4] 张波，石昭详. 差分多普勒定位技术的仿真研究[J]. 电光与控制，2009，16(3)：13-16.

[5] 于振海. 多普勒无源定位[D]. 西安：西安电子科技大学，2007.

[6] LEVY B C. Principles of Signal Detection and Parameter Estimation[M]. Berlin: Springer Science & Business Media, 2008.

[7] KAY S M. Modern Spectral Estimation Theory and Applications[M]. Upper Saddle River, NJ: Prentice Hall,

1998.

[8] 刘进明，应怀樵. FFT 谱连续细化分析的傅里叶变换法[J]. 振动工程学报，1995，8(2)：36-41.

[9] 谢明，丁康. 基于复解析带通滤波器的复调制细化谱分析的算法研究[J]. 振动工程学报，2002，15(4): 179-183.

[10] 万灵达. 基于 FFT 的快速高精度频率估计算法研究[D]. 西安：西安电子科技大学, 2010.

[11] 蔡巧恋. 常用数字通信信号的参数估计研究[D]. 成都: 电子科技大学, 2010.

[12] STEIN S. Differential delay/doppler ML estimation with unknown signals[J]. IEEE Transactions on Signal Processing, 1993, 41(8) : 2717-2719.

[13] SHIN D C, NIKIAS C L. Estimation of frequency-delay of arrival(FDOA) using fourth-order statistics in unknown correlated gaussian noise sources[J]. IEEE Transactions on Signal Processing, 1994, 42(10): 2771-2780.

[14] STEIN S. Algorithms for ambiguity function processing[J]. IEEE Transactions on Acoustics Speech & Signal Processing, 1981, 29(3): 588-599.

[15] 严航，姚山峰. 低轨单星测频定位技术与定位精度 CRLB 分析[J]. 电信技术研究，2012，373(3): 19-27.

第7章　时频差组合定位

在观测站与辐射源之间存在相对运动的情况下，除时差观测量外，还可获得观测站之间的频差观测量。采用频差观测量不仅可以实现更高精度的辐射源定位，又因频差与观测站和辐射源之间的相对径向速度相关，也提供了一种对辐射源速度进行直接解算的可能。因此，在观测站与辐射源之间存在相对运动的场景，时频差组合定位是一种常用的技术体制，通常简称为时频差定位。图 7-1 给出了运动双站时频差定位的一个典型场景示意。目标辐射源为静止的无线电台，观测站为两架运动的飞机，利用其同时采集的信号完成对辐射源的时频差定位。

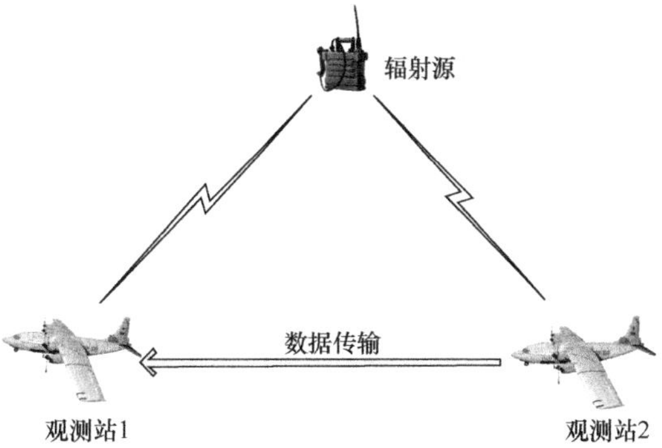

图 7-1　运动双站时频差定位场景示意

本章主要介绍基于辐射源信号到达多个观测站之间的时间差和频率差进行定位的技术。7.1 节介绍时频差定位原理与估计准则，对静止目标定位介绍网格搜索法、几何约束条件下的定位方法，对运动目标定位则介绍 G-N 迭代法、两步加权最小二乘法及新近研究提出的一些其他算法，还介绍基于时频差观测量的目标运动性检验方法。7.2 节介绍时频差定位均方误差的几何表示，推导时频差定位的克拉美−罗下界。7.3 节针对时频差定位的工程实现问题，介绍时频差测量方法，分析时频差定位的误差源及部分误差源的校正方法，介绍观测站优化部署相关研究。7.4 节给出双运动平台时频差定位的实例。时频差定位内容结构示意如图 7-2 所示。

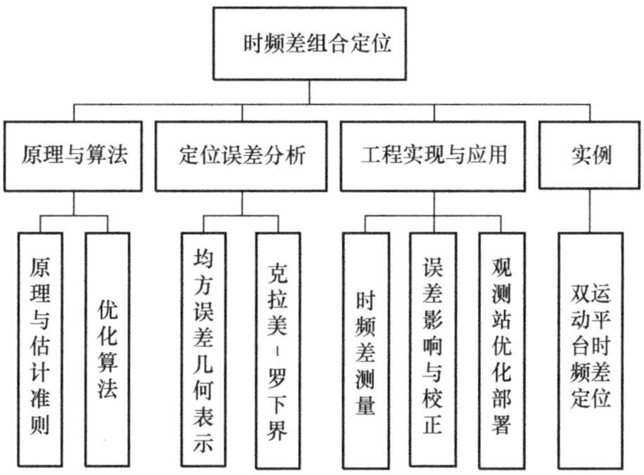

图 7-2　时频差定位内容结构示意

7.1 原理与算法

7.1.1 原理与估计准则

时频差定位的原理是辐射源信号到达 L（$L\geqslant 2$）个空间分开的观测站之间存在着 $L(L-1)/2$ 组时差和频差，每组时差和频差可以绘制经过辐射源位置的一条双曲线（面）和一条频差曲线（面），这些等时差线（面）和等频差曲线（面）的交点就是辐射源的计算位置。

二维双站时频差定位原理示意如图 7-3 所示。对于二维静止目标定位，最少两个站即可完成时频差定位；对于三维静止目标定位，一般至少需要三个观测站。

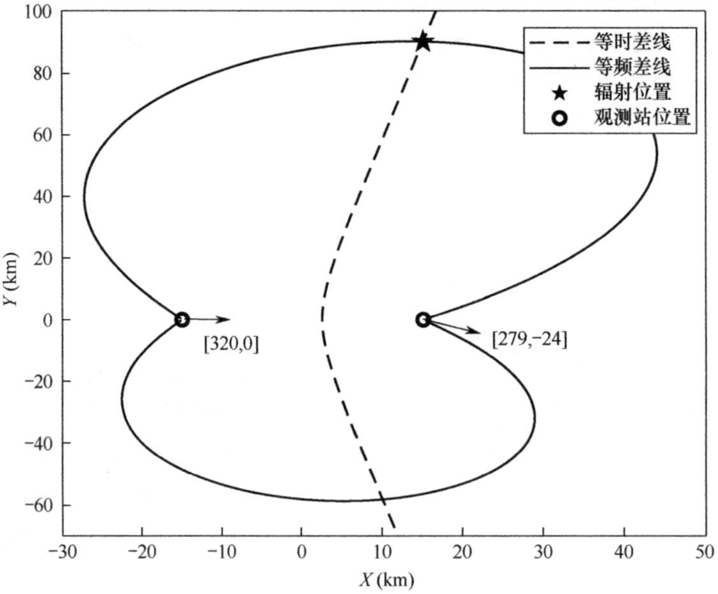

图 7-3 二维双站时频差定位原理示意

考虑一个三维场景，其中采用 L 个运动观测站根据 TDOA 和 FDOA 确定一个辐射源的位置 $\boldsymbol{u}_{\mathrm{T}}=[x_{\mathrm{T}},y_{\mathrm{T}},z_{\mathrm{T}}]^{\mathrm{T}}$ 和速度 $\boldsymbol{v}_{\mathrm{T}}=[\dot{x}_{\mathrm{T}},\dot{y}_{\mathrm{T}},\dot{z}_{\mathrm{T}}]^{\mathrm{T}}$。观测站 l 的位置和速度分别为 $\boldsymbol{u}_l=[x_l,y_l,z_l]^{\mathrm{T}}$ 和 $\boldsymbol{v}_l=[\dot{x}_l,\dot{y}_l,\dot{z}_l]^{\mathrm{T}}$，$l=1,2,\cdots,L$。

辐射源和观测站 l 的距离为

$$r_l=\|\boldsymbol{u}_{\mathrm{T}}-\boldsymbol{u}_l\|=\sqrt{(\boldsymbol{u}_{\mathrm{T}}-\boldsymbol{u}_l)^{\mathrm{T}}(\boldsymbol{u}_{\mathrm{T}}-\boldsymbol{u}_l)} \tag{7-1}$$

如果观测站 1 与观测站 l 接收信号的实际 TDOA 为 τ_{l1}，则有

$$\tau_{l1}=\frac{r_l-r_1}{c}=\frac{r_{l1}}{c} \tag{7-2}$$

式中，r_{l1} 为距离差，$l=2,3,\cdots,L$。

式（7-1）对时间求导可得

$$\dot{r}_l=\frac{(\boldsymbol{v}_{\mathrm{T}}^{\mathrm{T}}-\boldsymbol{v}_l^{\mathrm{T}})(\boldsymbol{u}_{\mathrm{T}}-\boldsymbol{u}_l)}{r_l}+\boldsymbol{o}(\boldsymbol{v})\approx\frac{(\boldsymbol{v}_{\mathrm{T}}^{\mathrm{T}}-\boldsymbol{v}_l^{\mathrm{T}})(\boldsymbol{u}_{\mathrm{T}}-\boldsymbol{u}_l)}{r_l} \tag{7-3}$$

相对于式（7-3），观测站 1 与观测站 l 接收信号的 FDOA 为

$$f_{l1}=-\frac{f_0}{c}(\dot{r}_l-\dot{r}_1)=-\frac{f_0}{c}\dot{r}_{l1} \tag{7-4}$$

式中，f_0 为信号载波频率。

假定两个观测站所在位置为 $\boldsymbol{x}_1=[-20,0]^{\mathrm{T}}$ (km)和 $\boldsymbol{x}_2=[20,0]^{\mathrm{T}}$ (km)，且目标平行于 X 轴匀速运动，速度为 300m/s，辐射源发射信号的频率为 300MHz，图 7-4 给出了不同 TDOA、FDOA 等值线。

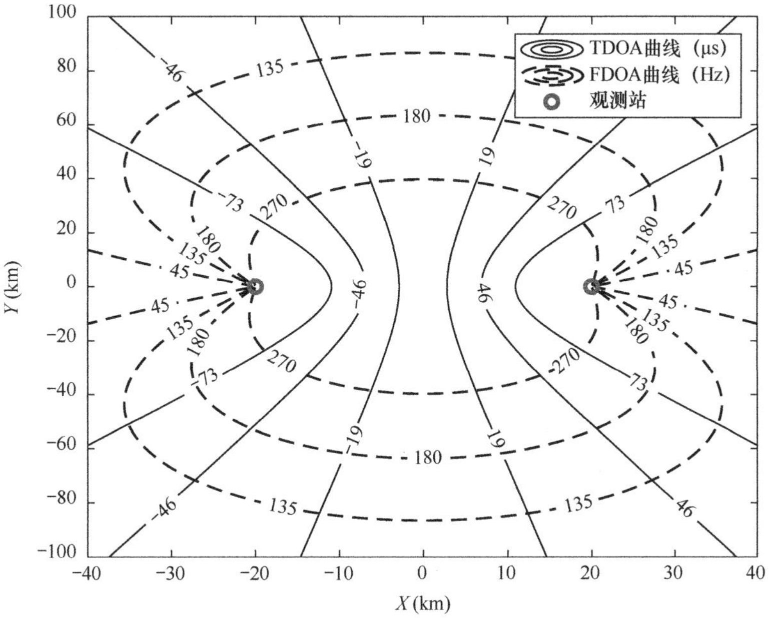

图 7-4　不同 TDOA、FDOA 等值线

时频差定位的观测方程组可表示为

$$\boldsymbol{z}=\boldsymbol{h}(\boldsymbol{x}_{\mathrm{T}},\boldsymbol{x}_{\mathrm{O}})+\boldsymbol{\xi} \tag{7-5}$$

式中，$\boldsymbol{z}=[\tilde{\tau}_{21},\tilde{\tau}_{31},\cdots,\tilde{\tau}_{L1},\tilde{f}_{21},\tilde{f}_{31},\cdots,\tilde{f}_{L1}]^{\mathrm{T}}$ 为时差和频差测量值；$\boldsymbol{h}(\boldsymbol{x}_{\mathrm{T}},\boldsymbol{x}_{\mathrm{O}})=\left[\frac{r_{21}}{c},\frac{r_{31}}{c},\cdots,\frac{r_{L1}}{c},-\frac{f_0}{c}\dot{r}_{21},-\frac{f_0}{c}\dot{r}_{31},\cdots,-\frac{f_0}{c}\dot{r}_{L1}\right]^{\mathrm{T}}$；$\boldsymbol{x}_{\mathrm{T}}=[\boldsymbol{u}_{\mathrm{T}}^{\mathrm{T}},\boldsymbol{v}_{\mathrm{T}}^{\mathrm{T}}]^{\mathrm{T}}$ 为目标的位置和速度；$\boldsymbol{x}_{\mathrm{O}}=[\boldsymbol{u}_1^{\mathrm{T}},\boldsymbol{u}_2^{\mathrm{T}},\cdots,\boldsymbol{u}_L^{\mathrm{T}},\boldsymbol{v}_1^{\mathrm{T}},\boldsymbol{v}_2^{\mathrm{T}},\cdots,\boldsymbol{v}_L^{\mathrm{T}}]^{\mathrm{T}}$ 为观测站的位置和速度；$\boldsymbol{\xi}=[\Delta\boldsymbol{\tau}^{\mathrm{T}},\Delta\boldsymbol{f}^{\mathrm{T}}]^{\mathrm{T}}$ 为时差和频差的观测噪声，$\Delta\boldsymbol{\tau}=[\Delta\tau_{21},\Delta\tau_{31},\cdots,\Delta\tau_{L1}]^{\mathrm{T}}$，$\Delta\boldsymbol{f}=[\Delta f_{21},\Delta f_{31},\cdots,\Delta f_{L1}]^{\mathrm{T}}$ 是 TDOA 和 FDOA 的噪声矢量，且有 $\mathbb{E}(\boldsymbol{\xi})=\boldsymbol{0}$ 及协方差矩阵 $\mathbb{E}(\boldsymbol{\xi}\boldsymbol{\xi}^{\mathrm{T}})=\boldsymbol{\Sigma}_{\xi}$。

由式（7-1）～式（7-5）可知，时频差组合定位的原理就是根据辐射源信号到达观测站的 TDOA 和 FDOA 方程组，求解辐射源的位置和速度。

一般情况下，辐射源未知数个数为 6 个，至少需要 6 个独立方程，因此所需观测站数 $L\geqslant 4$。对于经常考虑的地面静止目标，则只需要求取两个未知量，此时只需要 $L\geqslant 2$ 即可实现瞬时定位。

如果没有 $\boldsymbol{x}$ 的先验分布，仅有 $\boldsymbol{\xi}$ 的均值和协方差矩阵 $\boldsymbol{\Sigma}_{\xi}$ 的信息，通常利用式（3-6）的广义最小二乘估计对目标位置进行估计：

$$\hat{\boldsymbol{x}}_{\mathrm{T}}=\arg\min_{\boldsymbol{x}\in\boldsymbol{\Omega}_x}\{[\boldsymbol{z}-\boldsymbol{h}(\boldsymbol{x},\boldsymbol{x}_{\mathrm{O}})]^{\mathrm{T}}\boldsymbol{\Sigma}_{\xi}^{-1}[\boldsymbol{z}-\boldsymbol{h}(\boldsymbol{x},\boldsymbol{x}_{\mathrm{O}})]\} \tag{7-6}$$

7.1.2 优化算法

7.1.2.1 静止目标定位算法

1. 网格搜索法

对于二维定位的场景（如双机对地面辐射源定位）和三维定位场景（如对空间慢速目标的定位），可直接利用网格搜索法基于式（7-6）得到辐射源位置 $\boldsymbol{u}_{\mathrm{T}}$。

这种情况下，二维或三维搜索的计算代价往往是可以接受的。当然，在三维定位场景中，也可以采用更快速的算法，这将在下一节予以详细阐述。

下面考虑一个三架飞机对地面静止辐射源定位的场景，在某一时刻三个观测站的位置分别为 $\boldsymbol{x}_1=[0,0,10]^{\mathrm{T}}\,(\mathrm{km})$，$\boldsymbol{x}_2=[-10,5,10]^{\mathrm{T}}\,(\mathrm{km})$，$\boldsymbol{x}_3=[10,5,10]^{\mathrm{T}}\,(\mathrm{km})$，速度为 $\boldsymbol{v}_1=\boldsymbol{v}_2=\boldsymbol{v}_3=[300,0,0]^{\mathrm{T}}\,(\mathrm{m/s})$，信号载频为 300MHz，带宽为 25kHz，持续时间为 10ms，信噪比为 15dB，目标辐射源位置为 $\boldsymbol{x}_{\mathrm{T}}=[5410,13270,0]^{\mathrm{T}}\,(\mathrm{m})$。利用 1000m 间隔计算目标函数式（3-15），得到粗搜结果如图 7-5（a）所示，在粗搜的最高峰附近再利用 10m 间隔进行精搜，可得到如图 7-5（b）所示结果，提取精搜结果的最大值，可得到目标位置的估计值为 $\hat{\boldsymbol{x}}_{\mathrm{T}}=[5402.6,13194.2,0]^{\mathrm{T}}\,(\mathrm{m})$，定位误差为 76.2m。

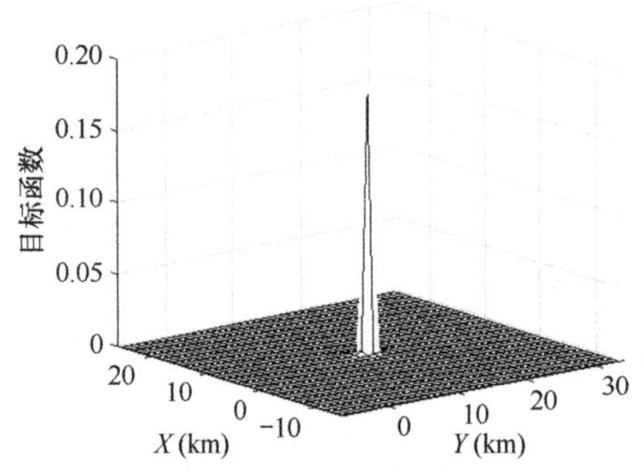

(a) 粗搜结果

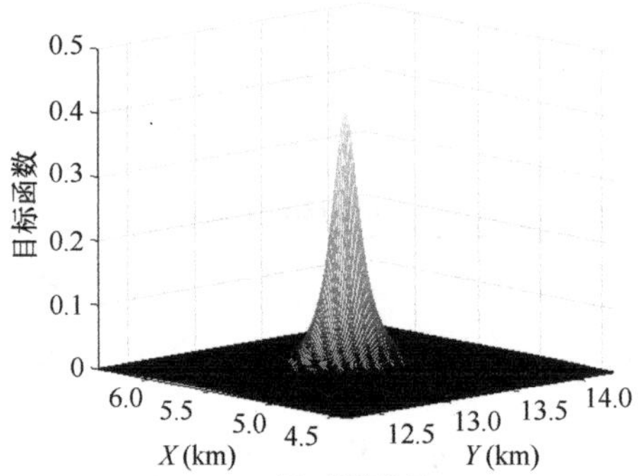

(b) 精搜结果

图 7-5 网格搜索法结果

2. 几何约束下的解析法

在一些特定场景，特别是基于天基平台对地面目标定位的应用场景中，除可获得其 TDOA、FDOA 的观测量外，在地球固连坐标系下还可得到以下等式约束：

$$\boldsymbol{u}_{\mathrm{T}}^{\mathrm{T}}\boldsymbol{u}_{\mathrm{T}}=R^2 \tag{7-7}$$

$$\boldsymbol{u}_{\mathrm{T}}^{\mathrm{T}}\boldsymbol{v}_{\mathrm{T}}=0 \tag{7-8}$$

式中，R 为地球半径。式（7-7）中使用了地球的正球面模型，在椭球面模型下有

$$x^2+y^2+\frac{z^2}{1-e^2}=R^2 \tag{7-9}$$

将式（7-2）重新组织成 $r_{l1}+r_1=r_l$，$l=2,3,\cdots,L$，并对等式两边平方，将式（7-1）代入 r_1 和 r_l 得

$$r_{l1}{}^2+2r_{l1}r_1=\boldsymbol{u}_l^{\mathrm{T}}\boldsymbol{u}_l-\boldsymbol{u}_1^{\mathrm{T}}\boldsymbol{u}_1-2(\boldsymbol{u}_l-\boldsymbol{u}_1)^{\mathrm{T}}\boldsymbol{u}_{\mathrm{T}} \tag{7-10}$$

对式（7-10）求导可得

$$2(\dot{r}_{l1}r_{l1}+\dot{r}_{l1}r_1+r_{l1}\dot{r}_1)=2[\boldsymbol{v}_l^{\mathrm{T}}\boldsymbol{u}_l-\boldsymbol{v}_1^{\mathrm{T}}\boldsymbol{u}_1-(\boldsymbol{v}_l-\boldsymbol{v}_1)^{\mathrm{T}}\boldsymbol{u}_{\mathrm{T}}-(\boldsymbol{u}_l-\boldsymbol{u}_1)^{\mathrm{T}}\boldsymbol{v}_{\mathrm{T}}] \tag{7-11}$$

双星对地面静止目标定位是几何约束下基于时频差定位的典型应用，此时根据式（7-11）可得

$$2(\dot{r}_{l1}r_{l1}+\dot{r}_{l1}r_1+r_{l1}\dot{r}_1)=2[\boldsymbol{v}_l^{\mathrm{T}}\boldsymbol{u}_l-\boldsymbol{v}_1^{\mathrm{T}}\boldsymbol{u}_1-(\boldsymbol{v}_l-\boldsymbol{v}_1)^{\mathrm{T}}\boldsymbol{u}_{\mathrm{T}}] \tag{7-12}$$

这样，辐射源的位置可基于式（7-10）、式（7-12）和高度限制式（7-7）进行求解。求解方法是用临时变量 r_1 和 $\dot{r}_1$ 表述 $\boldsymbol{u}_{\mathrm{T}}$。然后运用式（7-3）将 $\dot{r}_1$ 转换为 r_1 和 $\boldsymbol{u}_{\mathrm{T}}$ 的函数，则 $\boldsymbol{u}_{\mathrm{T}}$ 仅是 r_1 的函数。将这一结果代入式（7-7）则可以得到一个关于 r_1 的多项式。将取值为正的根代回 $\boldsymbol{u}_{\mathrm{T}}$ 关于 r_1 的表达式便可得到辐射源位置的估计结果[1]。

在双星对地面静止目标定位场景下，运用上述思路，$\boldsymbol{u}_{\mathrm{T}}$ 可表示为

$$\begin{aligned}
&\boldsymbol{u}_{\mathrm{T}}=\boldsymbol{G}_1^{-1}\boldsymbol{h}=\boldsymbol{G}_4\boldsymbol{r}_1+\boldsymbol{g}_5\dot{r}_1\\
&\boldsymbol{G}_1=-2\begin{bmatrix}\boldsymbol{u}_1^{\mathrm{T}}\\ \boldsymbol{u}_2^{\mathrm{T}}-\boldsymbol{u}_1^{\mathrm{T}}\\ \boldsymbol{v}_2^{\mathrm{T}}-\boldsymbol{v}_1^{\mathrm{T}}\end{bmatrix}\\
&\boldsymbol{h}=\boldsymbol{G}_2\boldsymbol{r}_1+\boldsymbol{g}_3\dot{r}_1\\
&=\begin{bmatrix}-R^2-\boldsymbol{u}_1^{\mathrm{T}}\boldsymbol{u}_1 & 0 & 1\\ \tilde{r}_{21}^2-\boldsymbol{u}_2^{\mathrm{T}}\boldsymbol{u}_2+\boldsymbol{u}_1^{\mathrm{T}}\boldsymbol{u}_1 & 2\tilde{r}_{21} & 0\\ 2\tilde{r}_{21}\tilde{\dot{r}}_{21}-2\boldsymbol{u}_2^{\mathrm{T}}\boldsymbol{v}_2+2\boldsymbol{u}_1^{\mathrm{T}}\boldsymbol{v}_1 & 2\tilde{\dot{r}}_{21} & 0\end{bmatrix}\cdot\begin{bmatrix}1\\ r_1\\ r_1^2\end{bmatrix}+\begin{bmatrix}0\\0\\2\tilde{r}_{21}\end{bmatrix}\dot{r}_1\\
&\boldsymbol{G}_4=\boldsymbol{G}_1^{-1}\boldsymbol{G}_2,\boldsymbol{g}_5=\boldsymbol{G}_1^{-1}\boldsymbol{g}_3
\end{aligned} \tag{7-13}$$

将式（7-13）代入式（7-3）便可用 r_1 表达 $\dot{r}_1$：

$$\begin{aligned}
&\dot{r}_1=\frac{1}{r_1+p}\boldsymbol{g}_6^{\mathrm{T}}\boldsymbol{r}_1\\
&p=\boldsymbol{v}_1^{\mathrm{T}}\boldsymbol{g}_5\\
&\boldsymbol{g}_6=\begin{bmatrix}\boldsymbol{u}_1^{\mathrm{T}}\boldsymbol{v}_1\\0\\0\end{bmatrix}-\boldsymbol{G}_4^{\mathrm{T}}\boldsymbol{v}_1
\end{aligned} \tag{7-14}$$

这样，式（7-13）变为

$$\begin{aligned}
&\boldsymbol{u}_{\mathrm{T}}=\frac{\boldsymbol{G}_7\boldsymbol{r}_2}{r_1+p}\\
&\boldsymbol{G}_7=[p\boldsymbol{G}_4+\boldsymbol{g}_5\boldsymbol{g}_6^{\mathrm{T}},\boldsymbol{0}_{3\times1}]+[\boldsymbol{0}_{3\times1},\boldsymbol{G}_4]\\
&\boldsymbol{r}_2=[1,r_1,r_1^2,r_1^3]^{\mathrm{T}}
\end{aligned} \tag{7-15}$$

将式（7-15）代入式（7-7），可得

$$\boldsymbol{g}_8^{\mathrm{T}}\boldsymbol{r}_3 = 0 \tag{7-16}$$

式中，

$$\boldsymbol{g}_8 = \begin{bmatrix} \boldsymbol{G}_8(1,1) - \boldsymbol{g}_7(1) \\ \boldsymbol{G}_8(2,1) + \boldsymbol{G}_8(1,2) - \boldsymbol{g}_7(2) \\ \boldsymbol{G}_8(3,1) + \boldsymbol{G}_8(2,2) + \boldsymbol{G}_8(1,3) - \boldsymbol{g}_7(3) \\ \boldsymbol{G}_8(4,1) + \boldsymbol{G}_8(3,2) + \boldsymbol{G}_8(2,3) + \boldsymbol{G}_8(1,4) \\ \boldsymbol{G}_8(4,2) + \boldsymbol{G}_8(3,3) + \boldsymbol{G}_8(2,4) \\ \boldsymbol{G}_8(4,3) + \boldsymbol{G}_8(3,4) \\ \boldsymbol{G}_8(4,4) \end{bmatrix}$$

$$\boldsymbol{G}_8 = \boldsymbol{G}_7^{\mathrm{T}}\boldsymbol{G}_7 \tag{7-17}$$

$$\boldsymbol{g}_7 = R^2[p^2, 2p, 1, 0]^{\mathrm{T}}$$

$$\boldsymbol{r}_3 = [1, r_1, r_1^2, r_1^3, r_1^4, r_1^5, r_1^6]^{\mathrm{T}}$$

将关于 r_1 的齐次方程式（7-17）表示为如下形式：

$$a_6 r_1^6 + a_5 r_1^5 + a_4 r_1^4 + a_3 r_1^3 + a_2 r_1^2 + a_1 r_1 + a_0 = 0 \tag{7-18}$$

构造如下矩阵：

$$\boldsymbol{A} = \begin{bmatrix} -a_5/a_6 & -a_4/a_6 & -a_3/a_6 & -a_2/a_6 & -a_1/a_6 & -a_0/a_6 \\ 1 & 0 & 0 & 0 & 0 & 0 \\ 0 & 1 & 0 & 0 & 0 & 0 \\ 0 & 0 & 1 & 0 & 0 & 0 \\ 0 & 0 & 0 & 1 & 0 & 0 \\ 0 & 0 & 0 & 0 & 1 & 0 \end{bmatrix} \tag{7-19}$$

则矩阵 $\boldsymbol{A}$ 的特征值与式（7-18）的解相同，用数值方法可以计算出矩阵的特征值，解出 r_1 后代入式（7-14）求得 $\dot{r}_1$，再将 r_1 和 $\dot{r}_1$ 代入式（7-13）即可得到 $\boldsymbol{u}_{\mathrm{T}}$ 的估计结果。解式（7-18）能得到 r_1 的六个解，因而有可能产生解的模糊问题。一部分模糊解可以通过检验 r_1 是否为正实数剔除；另一部分模糊解是由于双星定位的定位曲面存在多个交点引入的，需要引入更多的信息（如辐射源位置的可能范围、测向结果等）以剔除模糊解。

在算法推导的过程中，式（7-13）要求矩阵 $\boldsymbol{G}_1$ 可逆，考察 $\boldsymbol{G}_1$ 可知，$\boldsymbol{G}_1$ 可逆等价于：

（1）卫星 1、卫星 2 和地心三者之间不共线。

（2）卫星 2 与卫星 1 之间的相对速度方向既不在地心与卫星 1 或卫星 2 的连线上，也不在卫星 2 与卫星 1 之间的连线上。若两颗卫星距离地面高度相同，则要求两颗卫星必须位于不同的轨道上。

条件（2）意味着：当两颗卫星同轨且间距较近时，$\boldsymbol{G}_1$ 矩阵接近病态，定位效果较差。

对于三颗卫星及更多颗卫星的时频差定位，可以通过最小化受限于三个限制条件的 TDOA 和 FDOA 方程的误差来求得。这三个限制条件分别为

$$r_1^2 = R^2 + \boldsymbol{u}_1^{\mathrm{T}}\boldsymbol{u}_1 - 2\boldsymbol{u}_1^{\mathrm{T}}\boldsymbol{u}_{\mathrm{T}}$$

$$\dot{r}_1 = \frac{(\boldsymbol{u}_1 - \boldsymbol{u}_{\mathrm{T}})^{\mathrm{T}}\boldsymbol{v}_1}{r_1} \tag{7-20}$$

$$\boldsymbol{u}_{\mathrm{T}}^{\mathrm{T}}\boldsymbol{u}_{\mathrm{T}} = R^2$$

而代价函数可以写作

$$\zeta=(\boldsymbol{h}_2-\boldsymbol{G}_9\boldsymbol{u}_{\mathrm{T}}-\boldsymbol{g}_9r_1-\boldsymbol{g}_{10}\dot{r}_1)^{\mathrm{T}}\boldsymbol{W}_4(\boldsymbol{h}_2-\boldsymbol{G}_9\boldsymbol{u}_{\mathrm{T}}-\boldsymbol{g}_9r_1-\boldsymbol{g}_{10}\dot{r}_1)+\\ \lambda_1(2\boldsymbol{u}_1^{\mathrm{T}}\boldsymbol{u}_{\mathrm{T}}-\boldsymbol{u}_1^{\mathrm{T}}\boldsymbol{u}_1-R^2+r_1^2)+\lambda_2(2\boldsymbol{v}_1^{\mathrm{T}}\boldsymbol{u}_{\mathrm{T}}-2\boldsymbol{u}_1^{\mathrm{T}}\boldsymbol{v}_1+2r_1\dot{r}_1)+\lambda_3(\boldsymbol{u}_{\mathrm{T}}^{\mathrm{T}}\boldsymbol{u}_{\mathrm{T}}-R^2) \tag{7-21}$$

式中，$\boldsymbol{h}_2=\begin{bmatrix} r_{21}^2-\boldsymbol{u}_2^{\mathrm{T}}\boldsymbol{u}_2+\boldsymbol{u}_1^{\mathrm{T}}\boldsymbol{u}_1 \\ r_{31}^2-\boldsymbol{u}_3^{\mathrm{T}}\boldsymbol{u}_3+\boldsymbol{u}_1^{\mathrm{T}}\boldsymbol{u}_1 \\ \vdots \\ r_{L1}^2-\boldsymbol{u}_L^{\mathrm{T}}\boldsymbol{u}_L+\boldsymbol{u}_1^{\mathrm{T}}\boldsymbol{u}_1 \\ 2r_{21}\dot{r}_{21}-2\boldsymbol{u}_2^{\mathrm{T}}\boldsymbol{v}_2+2\boldsymbol{u}_1^{\mathrm{T}}\boldsymbol{v}_1 \\ 2r_{31}\dot{r}_{31}-2\boldsymbol{u}_3^{\mathrm{T}}\boldsymbol{v}_3+2\boldsymbol{u}_1^{\mathrm{T}}\boldsymbol{v}_1 \\ \vdots \\ 2r_{L1}\dot{r}_{L1}-2\boldsymbol{u}_L^{\mathrm{T}}\boldsymbol{v}_L+2\boldsymbol{u}_1^{\mathrm{T}}\boldsymbol{v}_1 \end{bmatrix}$，$\boldsymbol{G}_9=-2\begin{bmatrix} \boldsymbol{x}_2^{\mathrm{T}}-\boldsymbol{x}_1^{\mathrm{T}} \\ \boldsymbol{x}_3^{\mathrm{T}}-\boldsymbol{x}_1^{\mathrm{T}} \\ \vdots \\ \boldsymbol{x}_L^{\mathrm{T}}-\boldsymbol{x}_1^{\mathrm{T}} \\ \boldsymbol{v}_2^{\mathrm{T}}-\boldsymbol{v}_1^{\mathrm{T}} \\ \boldsymbol{v}_3^{\mathrm{T}}-\boldsymbol{v}_1^{\mathrm{T}} \\ \vdots \\ \boldsymbol{v}_L^{\mathrm{T}}-\boldsymbol{v}_1^{\mathrm{T}} \end{bmatrix}$，$\boldsymbol{g}_9=-2\begin{bmatrix} r_{21} \\ r_{31} \\ \vdots \\ r_{L1} \\ \dot{r}_{21} \\ \dot{r}_{31} \\ \vdots \\ \dot{r}_{L1} \end{bmatrix}$，$\boldsymbol{g}_{10}=-2\begin{bmatrix} 0 \\ 0 \\ \vdots \\ 0 \\ r_{21} \\ r_{31} \\ \vdots \\ r_{L1} \end{bmatrix}$，$\boldsymbol{W}_4$ 为加权矩阵，λ_1、λ_2、λ_3 为拉格朗日乘子。

令 ζ 相对于 $\boldsymbol{u}_{\mathrm{T}}$ 的导数为 0，可得

$$\boldsymbol{u}_{\mathrm{T}}=\boldsymbol{G}_{10}\boldsymbol{r}_2-\lambda_1\boldsymbol{G}_{11}\boldsymbol{u}_1-\lambda_2\boldsymbol{G}_{11}\boldsymbol{v}_1 \tag{7-22}$$

式中，$\boldsymbol{G}_{10}=\boldsymbol{G}_{11}\boldsymbol{G}_9^{\mathrm{T}}\boldsymbol{W}_4\boldsymbol{G}_{12}$，$\boldsymbol{G}_{11}=(\boldsymbol{G}_9^{\mathrm{T}}\boldsymbol{W}_4\boldsymbol{G}_9+\lambda_3\boldsymbol{I})^{-1}$，$\boldsymbol{G}_{12}=[\boldsymbol{h}_2,-\boldsymbol{g}_9,\boldsymbol{0},-\boldsymbol{g}_{10},\boldsymbol{0}]$。

如果将 $\boldsymbol{u}_{\mathrm{T}}$ 乘 $2\boldsymbol{u}_1^{\mathrm{T}}$ 和 $2\boldsymbol{v}_1^{\mathrm{T}}$ 并采用式（7-20）的前两个限制条件，可得

$$\begin{bmatrix}\lambda_1 \\ \lambda_2\end{bmatrix}=\begin{bmatrix}\boldsymbol{g}_{13}^{\mathrm{T}} \\ \boldsymbol{g}_{14}^{\mathrm{T}}\end{bmatrix}\boldsymbol{r}_{11}=\frac{1}{2}\begin{bmatrix}\boldsymbol{u}_1^{\mathrm{T}}\boldsymbol{G}_{11}\boldsymbol{u}_1 & \boldsymbol{u}_1^{\mathrm{T}}\boldsymbol{G}_{11}\boldsymbol{v}_1 \\ \boldsymbol{v}_1^{\mathrm{T}}\boldsymbol{G}_{11}\boldsymbol{u}_1 & \boldsymbol{v}_1^{\mathrm{T}}\boldsymbol{G}_{11}\boldsymbol{v}_1\end{bmatrix}^{-1}\begin{bmatrix}2\boldsymbol{u}_1^{\mathrm{T}}\boldsymbol{G}_{10}-\boldsymbol{g}_{11}^{\mathrm{T}} \\ 2\boldsymbol{v}_1^{\mathrm{T}}\boldsymbol{G}_{10}-\boldsymbol{g}_{12}^{\mathrm{T}}\end{bmatrix}\boldsymbol{r}_{11} \tag{7-23}$$

式中，$\boldsymbol{r}_{11}=[1,r_1,r_1^2,\dot{r}_1,r_1\dot{r}_1]^{\mathrm{T}}$，$\boldsymbol{g}_{11}=[\boldsymbol{u}_1^{\mathrm{T}}\boldsymbol{u}_1+R^2,0,-1,0,0]^{\mathrm{T}}$，$\boldsymbol{g}_{12}=[2\boldsymbol{v}_1^{\mathrm{T}}\boldsymbol{u}_1,0,0,0,-2]^{\mathrm{T}}$。则可以用 r_1 和 $\dot{r}_1$ 来表示 $\boldsymbol{u}_{\mathrm{T}}$：

$$\boldsymbol{u}_{\mathrm{T}}=\boldsymbol{G}_{13}\boldsymbol{r}_{11} \tag{7-24}$$

式中，$\boldsymbol{G}_{13}=\boldsymbol{G}_{10}-\boldsymbol{G}_{11}(\boldsymbol{u}_1\boldsymbol{g}_{13}^{\mathrm{T}}+\boldsymbol{v}_1\boldsymbol{g}_{14}^{\mathrm{T}})$。

令 ζ 相对于 $\dot{r}_1$ 的导数为 0，可得

$$r_1\boldsymbol{g}_{14}^{\mathrm{T}}\boldsymbol{r}_{11}-\boldsymbol{g}_{10}^{\mathrm{T}}\boldsymbol{W}_4\boldsymbol{G}_{14}\boldsymbol{r}_{11}=0 \tag{7-25}$$

式中，$\boldsymbol{G}_{14}=\boldsymbol{G}_{12}-\boldsymbol{G}_9\boldsymbol{G}_{13}$。

由于 $\boldsymbol{r}_{11}$ 的最后两个元素包含 $\dot{r}_1$，则 $\dot{r}_1$ 可以表示为

$$\dot{r}_1=\frac{\boldsymbol{g}_{15}^{\mathrm{T}}\boldsymbol{r}_{12}}{\boldsymbol{g}_{16}^{\mathrm{T}}\boldsymbol{r}_{12}} \tag{7-26}$$

式中，

$$\begin{aligned}&\boldsymbol{r}_{12}=[1,r_1,r_1^2,r_1^3,r_1^4]^{\mathrm{T}}\\&\boldsymbol{g}_{17}=\boldsymbol{G}_{14}^{\mathrm{T}}\boldsymbol{W}_4^{\mathrm{T}}\boldsymbol{g}_{10}\\&\boldsymbol{g}_{15}=[\boldsymbol{g}_{17}(1),\boldsymbol{g}_{17}(2)-\boldsymbol{g}_{14}(1),\boldsymbol{g}_{17}(3)-\boldsymbol{g}_{14}(2),-\boldsymbol{g}_{14}(3),0]^{\mathrm{T}}\\&\boldsymbol{g}_{16}=[-\boldsymbol{g}_{17}(4),\boldsymbol{g}_{14}(4)-\boldsymbol{g}_{17}(5),\boldsymbol{g}_{14}(5),0,0]^{\mathrm{T}}\end{aligned} \tag{7-27}$$

利用 $\boldsymbol{r}_{11}$ 的定义，由式（7-27）可以得到

$$\begin{aligned}&(\boldsymbol{g}_{16}^{\mathrm{T}}\boldsymbol{r}_{12})\boldsymbol{r}_{11}=\boldsymbol{G}_{15}\boldsymbol{r}_{12}\\&\boldsymbol{G}_{15}=[\boldsymbol{g}_{16},\boldsymbol{C}\boldsymbol{g}_{16},\boldsymbol{C}^2\boldsymbol{g}_{16},\boldsymbol{g}_{15},\boldsymbol{C}\boldsymbol{g}_{15}]^{\mathrm{T}}\end{aligned}$$

$$\boldsymbol{C}=\begin{bmatrix}0&0&0&0&1\\1&0&0&0&0\\0&1&0&0&0\\0&0&1&0&0\\0&0&0&1&0\end{bmatrix} \tag{7-28}$$

令ζ对r_1的导数为0，将所得到的方程乘$(\boldsymbol{g}_{16}^{\mathrm{T}}\boldsymbol{r}_{12})$并代入式（7-23）、式（7-27）和式（7-28）可得

$$\begin{aligned}&r_1\boldsymbol{r}_{12}^{\mathrm{T}}\boldsymbol{G}_{16}\boldsymbol{r}_{12}+\boldsymbol{r}_{12}^{\mathrm{T}}\boldsymbol{G}_{17}\boldsymbol{r}_{12}=0\\&\boldsymbol{G}_{16}=\boldsymbol{g}_{16}\boldsymbol{g}_{13}^{\mathrm{T}}\boldsymbol{G}_{15}\\&\boldsymbol{G}_{17}=(\boldsymbol{g}_{15}\boldsymbol{g}_{14}^{\mathrm{T}}-\boldsymbol{g}_{16}\boldsymbol{g}_{9}^{\mathrm{T}}\boldsymbol{W}_4\boldsymbol{G}_{14})\boldsymbol{G}_{15}\end{aligned} \tag{7-29}$$

由于$\boldsymbol{g}_{15}$的最后一个元素及$\boldsymbol{g}_{16}$的最后两个元素为0，则给定λ_3后，式（7-29）是r_1的7阶多项式。因此，在大多数情况下，方程组只有一个r_1的正根是超定的。

将关于r_1的齐次方程式（7-29）表示为如下形式：

$$b_7r_1^7+b_6r_1^6+b_5r_1^5+b_4r_1^4+b_3r_1^3+b_2r_1^2+b_1r_1+b_0=0 \tag{7-30}$$

式中，$b_0=\boldsymbol{G}_{17}(1,1)$，$b_1=\boldsymbol{G}_{16}(1,1)+\boldsymbol{G}_{17}(2,1)+\boldsymbol{G}_{17}(1,2)$，$b_2=\boldsymbol{G}_{16}(2,1)+\boldsymbol{G}_{16}(1,2)+\boldsymbol{G}_{17}(3,1)+\boldsymbol{G}_{17}(2,2)+\boldsymbol{G}_{17}(1,3)$，$b_3=\boldsymbol{G}_{16}(3,1)+\boldsymbol{G}_{16}(2,2)+\boldsymbol{G}_{16}(1,3)+\boldsymbol{G}_{17}(4,1)+\boldsymbol{G}_{17}(3,2)+\boldsymbol{G}_{17}(2,3)+\boldsymbol{G}_{17}(1,4)$，$b_4=\boldsymbol{G}_{16}(4,1)+\boldsymbol{G}_{16}(3,2)+\boldsymbol{G}_{16}(2,3)+\boldsymbol{G}_{16}(1,4)+\boldsymbol{G}_{17}(4,2)+\boldsymbol{G}_{17}(3,3)+\boldsymbol{G}_{17}(2,4)+\boldsymbol{G}_{17}(1,5)$，$b_5=\boldsymbol{G}_{16}(3,3)+\boldsymbol{G}_{16}(2,4)+\boldsymbol{G}_{16}(1,5)+\boldsymbol{G}_{17}(4,3)+\boldsymbol{G}_{17}(3,4)+\boldsymbol{G}_{17}(2,5)$，$b_6=\boldsymbol{G}_{16}(3,4)+\boldsymbol{G}_{16}(2,5)+\boldsymbol{G}_{17}(4,4)+\boldsymbol{G}_{17}(3,5)$，$b_7=\boldsymbol{G}_{16}(3,5)+\boldsymbol{G}_{17}(4,5)$。

构造如下矩阵：

$$\boldsymbol{B}=\begin{bmatrix}-b_6/b_7&-b_5/b_7&-b_4/b_7&-b_3/b_7&-b_2/b_7&-b_1/b_7&-b_0/b_7\\1&0&0&0&0&0&0\\0&1&0&0&0&0&0\\0&0&1&0&0&0&0\\0&0&0&1&0&0&0\\0&0&0&0&1&0&0\\0&0&0&0&0&1&0\end{bmatrix} \tag{7-31}$$

则矩阵$\boldsymbol{B}$的特征值与式（7-18）的解相同，用数值方法可以计算出矩阵的特征值，将r_1的正根代入式（7-26）可得$\dot{r}_1$，进一步代入式（7-24）可得辐射源位置估计。合理的λ_3应使辐射源位置估计满足式（7-20）的第三个限制。对于$\boldsymbol{W}_4$一般可近似取[1]

$$\boldsymbol{W}_4\approx\frac{1}{c^2}\begin{bmatrix}\boldsymbol{\Sigma}_\tau^{-1}&\boldsymbol{0}\\\boldsymbol{0}&f_0^2\boldsymbol{\Sigma}_f^{-1}\end{bmatrix} \tag{7-32}$$

式中，$\boldsymbol{\Sigma}_\tau=\mathbb{E}(\Delta\boldsymbol{\tau}\Delta\boldsymbol{\tau}^{\mathrm{T}})$，$\boldsymbol{\Sigma}_f=\mathbb{E}(\Delta\boldsymbol{f}\Delta\boldsymbol{f}^{\mathrm{T}})$。对于上述解算方法，文献[1]证明了其协方差矩阵可达其克拉美-罗下界（具体形式将在7.2.2节介绍）。

7.1.2.2 目标运动性检验与定位算法

1. 目标运动性检验

由式（7-3）可知，辐射源的运动将对FDOA造成很大的影响，因此，将运动辐射源作为静止辐射源定位会造成很大的定位误差。为了避免因误判辐射源运动特性导致的定位误差[2]，

需开展以下工作。

（1）在不假设静止目标的条件下计算辐射源位置。

（2）检测辐射源是否运动并估计其程度。

（3）假设辐射源为静止状态并评估这一假设的合理性。

显然，上述工作中，第 3 项是首先应该开展的，这也是前两项工作的基础。对于辐射源运动性检验，属于含多余参数的假设检验问题，即

$$\begin{aligned}\mathcal{H}_0 &: \boldsymbol{v}_{\mathrm{T}} = \boldsymbol{0}, \boldsymbol{u}_{\mathrm{T}} \\ \mathcal{H}_1 &: \boldsymbol{v}_{\mathrm{T}} \neq \boldsymbol{0}, \boldsymbol{u}_{\mathrm{T}}\end{aligned} \tag{7-33}$$

在基于多星时频差观测量的目标运动性检验方面，文献[2]提出了两类方法：静止拟合检验（SFT）及广义似然比检验（GLRT）。SFT 法检验实际时频差观测量对静止目标时频差的拟合程度，GLRT 法则评估采用及不采用静止假设条件下的观测量拟合程度之差。文献[2]中的仿真结果显示，同等条件下 GLRT 法的正确检验率略高于 SFT 法，但计算开销是 SFT 法的 100 多倍。其原因在于：GLRT 法需要评估不采用静止假设的观测量拟合程度，此时需对辐射源的位置和速度进行联合估计，这一过程是极为复杂的。针对这一不足，文献[3]提出两种基于参考源的目标运动性检验法，即 SFT 法及 Rao 法，这两种方法仅需计算 H_0 假设下的目标状态，求解过程简单。文献[3]通过引入参考源并通过泰勒一阶近似，将关于辐射源状态的非线性方程转换为线性方程，简化了求解过程。文献[3]中的 SFT 法与文献[2]中对应的方法一致。而 Rao 法相对于 GLRT 法在大样本观测数据下完全等价，但计算过程大大简化。仿真分析表明，Rao 法略优于 SFT 法，可作为一种目标运动性检验的优选方法。

下面对 SFT 法、GLRT 法及 Rao 法略做介绍。

注意到在卫星对地面目标定位场景中，除观测量 $\tilde{\boldsymbol{r}}$、$\tilde{\dot{\boldsymbol{r}}}$ 外，还有式（7-20）和式（7-21）的约束。定义第 n 次的观测量矢量 $\boldsymbol{g}(n) = [\tilde{\boldsymbol{r}}^{\mathrm{T}}(n), \tilde{\dot{\boldsymbol{r}}}^{\mathrm{T}}(n)]^{\mathrm{T}}$，共观测 N 次，此时观测量矢量集合为 $\boldsymbol{g} = [\boldsymbol{g}^{\mathrm{T}}(1), \boldsymbol{g}^{\mathrm{T}}(2), \cdots, \boldsymbol{g}^{\mathrm{T}}(N)]^{\mathrm{T}}$，对应的协方差矩阵为

$$\boldsymbol{\Sigma}_{\boldsymbol{g}} = \mathbb{E}(\Delta \boldsymbol{g} \Delta \boldsymbol{g}^{\mathrm{T}}) = c^2 \begin{bmatrix} \boldsymbol{\Sigma}_{\tau} & \boldsymbol{0} \\ \boldsymbol{0} & \boldsymbol{\Sigma}_{f} / f_0^2 \end{bmatrix} \tag{7-34}$$

式中，$\Delta \boldsymbol{g} = [\Delta \boldsymbol{g}^{\mathrm{T}}(1), \Delta \boldsymbol{g}^{\mathrm{T}}(2), \cdots, \Delta \boldsymbol{g}^{\mathrm{T}}(N)]^{\mathrm{T}}$ 为观测量 $\boldsymbol{g}$ 的噪声矢量。

则 SFT 法的检验统计量为

$$T_{\mathrm{SFT}}(\boldsymbol{g}) = [\boldsymbol{g} - \boldsymbol{g}(\hat{\boldsymbol{u}}_{\mathrm{T1}}, \boldsymbol{0})]^{\mathrm{T}} \boldsymbol{\Sigma}_{\boldsymbol{g}}^{-1} [\boldsymbol{g} - \boldsymbol{g}(\hat{\boldsymbol{u}}_{\mathrm{T1}}, \boldsymbol{0})] \tag{7-35}$$

式中，$\boldsymbol{g}(\hat{\boldsymbol{u}}_{\mathrm{T1}}, \boldsymbol{0})$ 是假设目标静止条件下估计所得位置 $\hat{\boldsymbol{u}}_{\mathrm{T1}}$ 对应的理论观测矢量，其中 $\hat{\boldsymbol{u}}_{\mathrm{T1}}$ 由下式计算：

$$\hat{\boldsymbol{x}}_{\mathrm{T1}} = \arg\min\{[\boldsymbol{g} - \boldsymbol{g}(\hat{\boldsymbol{u}}_{\mathrm{T1}}, \boldsymbol{0})]^{\mathrm{T}} \boldsymbol{\Sigma}_{\boldsymbol{g}}^{-1} [\boldsymbol{g} - \boldsymbol{g}(\hat{\boldsymbol{u}}_{\mathrm{T1}}, \boldsymbol{0})]\} \tag{7-36}$$

文献[2]指出，在 $\mathcal{H}_0$ 假设下，它是自由度为 $(NL-2)$ 的中心 $\mathcal{X}^2$ 分布，即

$$T_{\mathrm{SFT}}(\boldsymbol{g}) \sim \mathcal{X}^2(NL-2) \tag{7-37}$$

对于显著性水平 α，检测器门限 $\lambda_{\mathrm{SFT}} = Q^{-1}(\alpha, \mathcal{X}^2(NL-2))$，其中 $Q^{-1}(\alpha, \mathcal{X}^2(NL-2))$ 表示显著性水平 α 下的 $\mathcal{X}^2$ 分布右尾概率函数的反函数。基于 λ_{SFT}，若 $T_{\mathrm{SFT}}(\boldsymbol{g}) < \lambda_{\mathrm{SFT}}$ 则判为 $\mathcal{H}_0$，反之则判为 $\mathcal{H}_1$。

对于 GLRT 法，GLRT 的对数似然函数为

$$\begin{aligned}T_{\mathrm{GLRT}}(\boldsymbol{g}) = &[\boldsymbol{g} - \boldsymbol{g}(\hat{\boldsymbol{u}}_{\mathrm{T1}}, \boldsymbol{0})]^{\mathrm{T}} \boldsymbol{\Sigma}_{\boldsymbol{g}}^{-1} [\boldsymbol{g} - \boldsymbol{g}(\hat{\boldsymbol{u}}_{\mathrm{T1}}, \boldsymbol{0})] \\ &- [\boldsymbol{g} - \boldsymbol{g}(\hat{\boldsymbol{u}}_{\mathrm{T2}}, \hat{\boldsymbol{v}}_{\mathrm{T2}})]^{\mathrm{T}} \boldsymbol{\Sigma}_{\boldsymbol{g}}^{-1} [\boldsymbol{g} - \boldsymbol{g}(\hat{\boldsymbol{u}}_{\mathrm{T2}}, \hat{\boldsymbol{v}}_{\mathrm{T2}})]\end{aligned} \tag{7-38}$$

式中，$\boldsymbol{g}(\hat{\boldsymbol{u}}_{\mathrm{T2}},\hat{\boldsymbol{v}}_{\mathrm{T2}})$ 为不假设目标静止条件下（$\mathcal{H}_1$ 假设下）估计所得位置 $\hat{\boldsymbol{u}}_{\mathrm{T2}}$ 和 $\hat{\boldsymbol{v}}_{\mathrm{T2}}$ 对应的理论观测矢量，其中 $\hat{\boldsymbol{u}}_{\mathrm{T2}}$ 和 $\hat{\boldsymbol{v}}_{\mathrm{T2}}$ 由下式计算：

$$(\hat{\boldsymbol{u}}_{\mathrm{T2}},\hat{\boldsymbol{v}}_{\mathrm{T2}})=\arg\min\{[\boldsymbol{g}-\boldsymbol{g}(\boldsymbol{u}_{\mathrm{T}},\boldsymbol{v}_{\mathrm{T}})]^{\mathrm{T}}\boldsymbol{\Sigma}_{\boldsymbol{g}}^{-1}[\boldsymbol{g}-\boldsymbol{g}(\boldsymbol{u}_{\mathrm{T}},\boldsymbol{v}_{\mathrm{T}})]\} \tag{7-39}$$

文献[2]指出，在 $\mathcal{H}_0$ 假设下，$T_{\mathrm{GLRT}}(\boldsymbol{g})$ 应符合自由度为 2 的 $\mathcal{X}^2$ 分布。对于显著性水平 α，检测器门限 $\lambda_{\mathrm{GLRT}}=Q^{-1}(\alpha,\mathcal{X}^2(2))$，若 $T_{\mathrm{GLRT}}(\boldsymbol{g})<\lambda_{\mathrm{GLRT}}$ 则判为 $\mathcal{H}_0$，反之则判为 $\mathcal{H}_1$。

根据 Neyman-Pearson 定理，给定虚警概率，使检测概率最大的检测器是似然比检验。对于含有未知参数的复杂检验问题，通常采用 GLRT 法是最优的，但注意到 GLRT 法在构造检验统计量时，需基于式（7-39）计算 $(\hat{\boldsymbol{u}}_{\mathrm{T2}},\hat{\boldsymbol{v}}_{\mathrm{T2}})$，因而将造成计算量的大幅上升。而 Rao 法相对于 GLRT 法，只需要估计 $\mathcal{H}_0$ 假设下的 $\hat{\boldsymbol{u}}_{\mathrm{T1}}$。并且，在大样本观测数据下，Rao 法与 GLRT 法完全等价。

基于似然比的 Rao 法统计量为

$$T_{\mathrm{Rao}}(\boldsymbol{g})=\boldsymbol{U}^{\mathrm{T}}[\boldsymbol{J}^{-1}(\hat{\boldsymbol{u}}_{\mathrm{T1}})]_{vv}\boldsymbol{U} \tag{7-40}$$

式中，$\boldsymbol{U}=\dfrac{\partial\ln P(\boldsymbol{g},(\boldsymbol{u}_{\mathrm{T}},\boldsymbol{v}_{\mathrm{T}}))}{\partial\boldsymbol{v}_{\mathrm{T}}}\Big|_{\boldsymbol{u}_{\mathrm{T}}=\hat{\boldsymbol{u}}_{\mathrm{T1}}}$，$P(\boldsymbol{g},(\boldsymbol{u}_{\mathrm{T}},\boldsymbol{v}_{\mathrm{T}}))$ 为观测量的概率密度函数，有

$$P(\boldsymbol{g},(\boldsymbol{u}_{\mathrm{T}},\boldsymbol{v}_{\mathrm{T}}))=\frac{1}{(2\pi)^N\left|\boldsymbol{\Sigma}_{\boldsymbol{g}}\right|^{1/2}}\exp\left\{-\frac{1}{2}[\boldsymbol{g}-\boldsymbol{g}(\boldsymbol{u}_{\mathrm{T}},\boldsymbol{v}_{\mathrm{T}})]^{\mathrm{T}}\boldsymbol{\Sigma}_{\boldsymbol{g}}^{-1}[\boldsymbol{g}-\boldsymbol{g}(\boldsymbol{u}_{\mathrm{T}},\boldsymbol{v}_{\mathrm{T}})]\right\} \tag{7-41}$$

$\boldsymbol{J}(\hat{\boldsymbol{u}}_{\mathrm{T1}})$ 为 $\mathcal{H}_0$ 假设下的 Fisher 矩阵，$[\boldsymbol{J}^{-1}(\hat{\boldsymbol{u}}_{\mathrm{T1}})]_{vv}$ 为 Fisher 逆矩阵的速度矢量部分。文献[3]指出，在统计意义下，$T_{\mathrm{Rao}}(\boldsymbol{g})$ 在 $\mathcal{H}_0$ 假设下是自由度为 2 的中心 $\mathcal{X}^2$ 分布。对于显著性水平 α，检测器门限 $\lambda_{\mathrm{Rao}}=Q^{-1}(\alpha,\mathcal{X}^2(2))$。基于 λ_{Rao}，若 $T_{\mathrm{Rao}}(\boldsymbol{g})<\lambda_{\mathrm{Rao}}$ 则判为 $\mathcal{H}_0$，反之则判为 $\mathcal{H}_1$。

文献[2]中的案例，考虑的是双站对目标定位场景。其中，观测站 1 的初始位置和速度分别为 $\boldsymbol{u}_1=[-11650,950,40000]^{\mathrm{T}}$ (m)和 $\boldsymbol{v}_1=[200,0,0]^{\mathrm{T}}$ (m/s)，观测站 2 的初始位置和速度分别为 $\boldsymbol{u}_2=[-12350,-950,40000]^{\mathrm{T}}$ (m) 和 $\boldsymbol{v}_2=[200,0,0]^{\mathrm{T}}$ (m/s)，目标的初始位置和速度分别为 $\boldsymbol{u}_{\mathrm{T}}=[0,4000,0]^{\mathrm{T}}$ (m)和 $\boldsymbol{v}_{\mathrm{T}}=[0,10,0]^{\mathrm{T}}$ (m/s)。在时差测量误差为 50ns 的情况下，图 7-6 给出了三种方法在不同频差测量误差下的动目标检测概率。

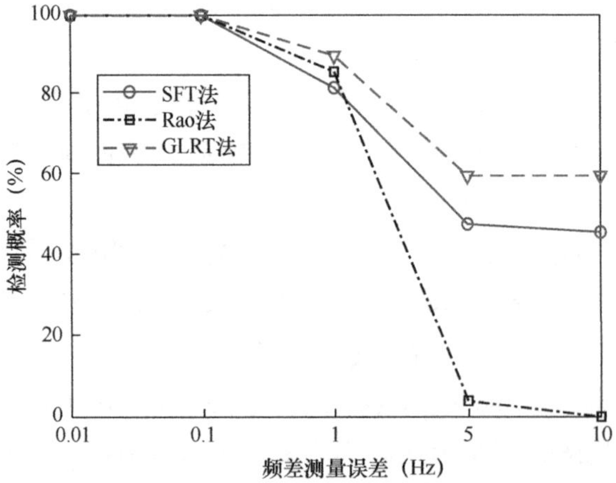

图 7-6　三种方法在不同频差测量误差下的动目标检测概率

其余条件均不变，图 7-7 给出了观测站速度变更为 $\boldsymbol{v}_1=[0.2,0,0]^{\mathrm{T}}$ (m/s)和 $\boldsymbol{v}_2=[0.2,0,0]^{\mathrm{T}}$ (m/s)时，不同频差测量误差情况下的动目标检测概率。由图中结果可见，当频差测量误差较低时

（如小于 1Hz），Rao 法的性能优于 SFT 法，仅略低于 GLRT 法，但其不需要评估 $g(\hat{u}_{T2},\hat{v}_{T2})$，因而计算复杂度可大大降低，这一点与文献[3]的结论是一致的。然而，当频差测量误差较高时（如大于 5Hz），Rao 法的表现快速降低，其表现甚至不如 SFT 法。可见，在应用过程中，还需根据实际信号情况选择合适的方法。

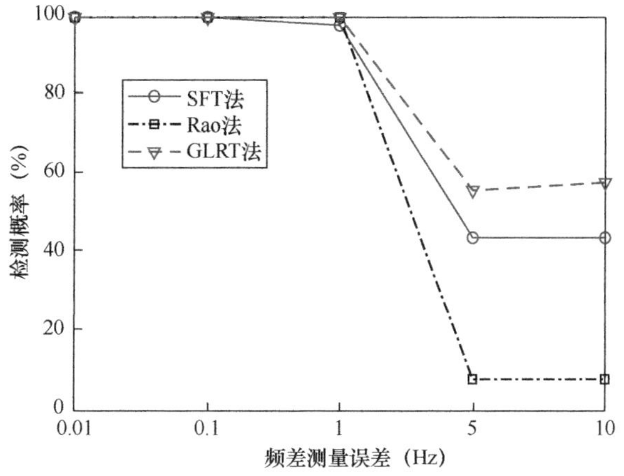

图 7-7　不同频差测量误差下的动目标检测概率

2. 解析法

上一节就目标运动性检验算法进行了介绍，对于运动目标，在适定/超定场景下，可对其位置和速度进行直接解算。最经典的算法就是两步加权最小二乘法（TSWLS）[4]。第一步中，它通过引入中间变量的方法将 TDOA 和 FDOA 方程线性化，并求得含中间变量的参数矢量的加权最小二乘解，这一步骤中假设中间变量与距离差和速度差矢量相互独立，而实际上两者是相关的。因此，第二步中，通过将第一步独立假设所导致的误差最小化以求得辐射源位置和速度。该方法有以下两个假设：假设 1：观测站既非全处于一个平面，也非全处于一条直线；假设 2：TDOA 和 FDOA 的测量噪声方差较小。

定义一个辅助矢量：$\boldsymbol{\theta}_1=[\boldsymbol{u}_{\mathrm{T}}^{\mathrm{T}},r_1,\boldsymbol{v}_{\mathrm{T}}^{\mathrm{T}},\dot{r}_1]^{\mathrm{T}}$，其包含未知的辐射源位置参数及两个中间变量 r_1 和 $\dot{r}_1$，r_1 和 $\dot{r}_1$ 的定义与式（7-10）和式（7-11）中的一致。当 TDOA 和 FDOA 存在测量误差时，将式（7-10）和式（7-11）中的实际距离差和速度差替换为含噪测量值，则可得

$$\boldsymbol{\xi}_1=\begin{bmatrix}\boldsymbol{\xi}_{\tau}\\ \boldsymbol{\xi}_{\dot{\tau}}\end{bmatrix}=\boldsymbol{h}_1-\boldsymbol{G}_1\boldsymbol{\theta}_1 \tag{7-42}$$

式中，$\boldsymbol{h}_1=\begin{bmatrix}\tilde{r}_{21}^2-\boldsymbol{u}_2^{\mathrm{T}}\boldsymbol{u}_2+\boldsymbol{u}_1^{\mathrm{T}}\boldsymbol{u}_1\\ \tilde{r}_{31}^2-\boldsymbol{u}_3^{\mathrm{T}}\boldsymbol{u}_3+\boldsymbol{u}_1^{\mathrm{T}}\boldsymbol{u}_1\\ \vdots\\ \tilde{r}_{L1}^2-\boldsymbol{u}_L^{\mathrm{T}}\boldsymbol{u}_L+\boldsymbol{u}_1^{\mathrm{T}}\boldsymbol{u}_1\\ 2(\tilde{\dot{r}}_{21}\tilde{r}_{21}-\boldsymbol{v}_2^{\mathrm{T}}\boldsymbol{u}_2+\boldsymbol{v}_1^{\mathrm{T}}\boldsymbol{u}_1)\\ 2(\tilde{\dot{r}}_{31}\tilde{r}_{31}-\boldsymbol{v}_3^{\mathrm{T}}\boldsymbol{u}_3+\boldsymbol{v}_1^{\mathrm{T}}\boldsymbol{u}_1)\\ \vdots\\ 2(\tilde{\dot{r}}_{L1}\tilde{r}_{L1}-\boldsymbol{v}_L^{\mathrm{T}}\boldsymbol{u}_L+\boldsymbol{v}_1^{\mathrm{T}}\boldsymbol{u}_1)\end{bmatrix}$；$\boldsymbol{G}_1=-2\begin{bmatrix}(\boldsymbol{u}_2-\boldsymbol{u}_1)^{\mathrm{T}} & \tilde{r}_{21} & \boldsymbol{0}_{3\times1} & 0\\ (\boldsymbol{u}_3-\boldsymbol{u}_1)^{\mathrm{T}} & \tilde{r}_{31} & \boldsymbol{0}_{3\times1} & 0\\ \vdots & \vdots & \vdots & \vdots\\ (\boldsymbol{u}_L-\boldsymbol{u}_1)^{\mathrm{T}} & \tilde{r}_{L1} & \boldsymbol{0}_{3\times1} & 0\\ (\boldsymbol{v}_2-\boldsymbol{v}_1)^{\mathrm{T}} & \tilde{\dot{r}}_{21} & (\boldsymbol{u}_2-\boldsymbol{u}_1)^{\mathrm{T}} & \tilde{r}_{21}\\ (\boldsymbol{v}_3-\boldsymbol{v}_1)^{\mathrm{T}} & \tilde{\dot{r}}_{31} & (\boldsymbol{u}_3-\boldsymbol{u}_1)^{\mathrm{T}} & \tilde{r}_{31}\\ \vdots & \vdots & \vdots & \vdots\\ (\boldsymbol{v}_L-\boldsymbol{v}_1)^{\mathrm{T}} & \dot{r}_{L1} & (\boldsymbol{u}_L-\boldsymbol{u}_1)^{\mathrm{T}} & \tilde{r}_{L1}\end{bmatrix}$；$\boldsymbol{\xi}_{\tau}$、$\boldsymbol{\xi}_{\dot{\tau}}$ 为观测噪声导致的方程残差项，有

$$\begin{aligned}\boldsymbol{\xi}_{\tau} &= c\boldsymbol{B}\Delta\boldsymbol{\tau} + c^2\Delta\boldsymbol{\tau}\odot\Delta\boldsymbol{\tau} \approx c\boldsymbol{B}\Delta\boldsymbol{\tau} \\ \boldsymbol{\xi}_{\dot{\tau}} &= c(\dot{\boldsymbol{B}}\Delta\boldsymbol{\tau} + \boldsymbol{B}\Delta\dot{\boldsymbol{\tau}}) + 2c^2\Delta\boldsymbol{\tau}\odot\Delta\dot{\boldsymbol{\tau}} \approx c(\dot{\boldsymbol{B}}\Delta\boldsymbol{\tau} + \boldsymbol{B}\Delta\dot{\boldsymbol{\tau}})\end{aligned} \tag{7-43}$$

其中，

$$\begin{aligned}\boldsymbol{B} &= 2\mathrm{diag}\{r_2, r_3, \cdots, r_L\} \\ \dot{\boldsymbol{B}} &= 2\mathrm{diag}\{\dot{r}_2, \dot{r}_3, \cdots, \dot{r}_L\}\end{aligned} \tag{7-44}$$

这样有

$$\boldsymbol{\xi}_1 = c\begin{bmatrix}\boldsymbol{B} & \boldsymbol{O} \\ \dot{\boldsymbol{B}} & \boldsymbol{B}\end{bmatrix}\begin{bmatrix}\Delta\boldsymbol{\tau} \\ \Delta\dot{\boldsymbol{\tau}}\end{bmatrix} = c\boldsymbol{B}_1\begin{bmatrix}\Delta\boldsymbol{\tau} \\ \Delta\dot{\boldsymbol{\tau}}\end{bmatrix} \tag{7-45}$$

引入中间变量的目的是使式（7-42）成为一系列关于 $\boldsymbol{\theta}_1$ 的线性方程。最小化 $\boldsymbol{\xi}_1^{\mathrm{T}}\boldsymbol{W}_1\boldsymbol{\xi}_1$ 的 $\boldsymbol{\theta}_1$ 的最小二乘解为

$$\boldsymbol{\theta}_1 = (\boldsymbol{G}_1^{\mathrm{T}}\boldsymbol{W}_1\boldsymbol{G}_1)^{-1}\boldsymbol{G}_1^{\mathrm{T}}\boldsymbol{W}_1\boldsymbol{h}_1 \tag{7-46}$$

式中，$\boldsymbol{W}_1$ 为正定加权矩阵，其最简单的形式就是单位矩阵，当 $\boldsymbol{\Sigma} = \begin{bmatrix}\boldsymbol{\Sigma}_{\tau} & \boldsymbol{0} \\ \boldsymbol{0} & \boldsymbol{\Sigma}_f / f_0^2\end{bmatrix}$ 已知时，$\boldsymbol{\theta}_1$ 方差最小的 $\boldsymbol{W}_1$ 为

$$\boldsymbol{W}_1 = (\boldsymbol{B}_1^{-1})^{\mathrm{T}}\boldsymbol{\Sigma}^{-1}\boldsymbol{B}_1^{-1} \tag{7-47}$$

当满足假设 2 时，式（7-43）中的二阶噪声项随着噪声水平的降低渐进趋近于零，所以当 $\boldsymbol{\theta}_1$ 取其真值时，$\boldsymbol{\xi}_1$ 是渐进零均值的。由加权最小二乘理论，有

$$\mathrm{cov}(\boldsymbol{\theta}_1) = (\boldsymbol{G}_1^{\mathrm{T}}\boldsymbol{W}_1\boldsymbol{G}_1)^{-1} \tag{7-48}$$

在求解 $\boldsymbol{\theta}_1$ 时，假设中间变量 r_1 和 $\dot{r}_1$ 与辐射源的位置和速度不相关，但实际上它们有如下关系：

$$\begin{aligned}r_1^2 &= (\boldsymbol{u}_{\mathrm{T}} - \boldsymbol{u}_1)^{\mathrm{T}}(\boldsymbol{u}_{\mathrm{T}} - \boldsymbol{u}_1) \\ \dot{r}_1 r_1 &= (\boldsymbol{v}_{\mathrm{T}} - \boldsymbol{v}_1)^{\mathrm{T}}(\boldsymbol{u}_{\mathrm{T}} - \boldsymbol{u}_1)\end{aligned} \tag{7-49}$$

辐射源位置和速度的最终估计应尽可能保持式（7-46）的估计结果，同时最小化式（7-48）中的方程误差。令 $\theta_1(i)$ 为 $\boldsymbol{\theta}_1$ 的第 i 个元素，$\boldsymbol{\theta}_{1,\boldsymbol{u}_{\mathrm{T}}} = [\theta_1(1),\ \theta_1(2),\ \theta_1(3)]^{\mathrm{T}}$ 且 $\boldsymbol{\theta}_{1,\boldsymbol{v}_{\mathrm{T}}} = [\theta_1(5),\ \theta_1(6),\ \theta_1(7)]^{\mathrm{T}}$。为此，构建另一组方程：

$$\boldsymbol{\xi}_2 = \boldsymbol{h}_2 - \boldsymbol{G}_2\boldsymbol{\theta}_2 \tag{7-50}$$

式中，

$$\boldsymbol{h}_2 = \begin{bmatrix}(\boldsymbol{\theta}_{1,\boldsymbol{u}_{\mathrm{T}}} - \boldsymbol{u}_1)\odot(\boldsymbol{\theta}_{1,\boldsymbol{u}_{\mathrm{T}}} - \boldsymbol{u}_1) \\ \theta_1(4)^2 \\ (\boldsymbol{\theta}_{1,\boldsymbol{v}_{\mathrm{T}}} - \boldsymbol{v}_1)\odot(\boldsymbol{\theta}_{1,\boldsymbol{u}_{\mathrm{T}}} - \boldsymbol{u}_1) \\ \theta_1(8)\ \theta_1(4)\end{bmatrix},\quad \boldsymbol{G}_2 = \begin{bmatrix}\boldsymbol{I}_{3\times3} & \boldsymbol{0}_{3\times3} \\ \boldsymbol{1}_{3\times1}^{\mathrm{T}} & \boldsymbol{0}_{3\times1}^{\mathrm{T}} \\ \boldsymbol{0}_{3\times3} & \boldsymbol{I}_{3\times3} \\ \boldsymbol{0}_{3\times1}^{\mathrm{T}} & \boldsymbol{1}_{3\times1}^{\mathrm{T}}\end{bmatrix},\quad \boldsymbol{\theta}_2 = \begin{bmatrix}(\boldsymbol{u}_{\mathrm{T}} - \boldsymbol{u}_1)\odot(\boldsymbol{u}_{\mathrm{T}} - \boldsymbol{u}_1) \\ (\boldsymbol{v}_{\mathrm{T}} - \boldsymbol{v}_1)\odot(\boldsymbol{u}_{\mathrm{T}} - \boldsymbol{u}_1)\end{bmatrix} \tag{7-51}$$

$\boldsymbol{\xi}_2$ 为方程残差矢量。令 $\boldsymbol{\theta}_1 = \boldsymbol{\theta}_1^o + \Delta\boldsymbol{\theta}_1$，其中 $\boldsymbol{\theta}_1^o$ 为真值，$\Delta\boldsymbol{\theta}_1$ 为估计误差，将其代入式（7-50），忽略二次项，推导可得

$$\boldsymbol{\xi}_2 \approx \boldsymbol{B}_2\Delta\boldsymbol{\theta}_1 \tag{7-52}$$

式中，

$$\boldsymbol{B}_2=\begin{bmatrix}2\mathrm{diag}(\boldsymbol{u}_\mathrm{T}-\boldsymbol{u}_1) & \boldsymbol{0}_{3\times1} & 0 & \boldsymbol{0}_{3\times1}\\ \boldsymbol{0}_{3\times1}^\mathrm{T} & 2r_1 & \boldsymbol{0}_{3\times1}^\mathrm{T} & 0\\ \mathrm{diag}(\boldsymbol{v}_\mathrm{T}-\boldsymbol{v}_1) & \boldsymbol{0}_{3\times1} & \mathrm{diag}(\boldsymbol{u}_\mathrm{T}-\boldsymbol{u}_1) & \boldsymbol{0}_{3\times1}\\ \boldsymbol{0}_{3\times1}^\mathrm{T} & \dot{r}_1 & \boldsymbol{0}_{3\times1}^\mathrm{T} & r_1\end{bmatrix} \tag{7-53}$$

类似于 $\boldsymbol{\xi}_1$，最小化 $\boldsymbol{\xi}_2^\mathrm{T}\boldsymbol{W}_2\boldsymbol{\xi}_2$ 的 $\boldsymbol{\theta}_2$ 的最小二乘解为

$$\boldsymbol{\theta}_2=(\boldsymbol{G}_2^\mathrm{T}\boldsymbol{W}_2\boldsymbol{G}_2)^{-1}\boldsymbol{G}_2^\mathrm{T}\boldsymbol{W}_2\boldsymbol{h}_2 \tag{7-54}$$

式中，$\boldsymbol{W}_2$ 为正定加权矩阵，文献[4]指出将 $\boldsymbol{\theta}_2$ 的方差最小化的 $\boldsymbol{W}_2$ 为

$$\boldsymbol{W}_2=(\boldsymbol{B}_2^{-1})^\mathrm{T}\mathrm{cov}(\boldsymbol{\theta}_1)^{-1}\boldsymbol{B}_2^{-1} \tag{7-55}$$

采用此加权矩阵时，有

$$\mathrm{cov}(\boldsymbol{\theta}_2)=(\boldsymbol{G}_2^\mathrm{T}\boldsymbol{W}_2\boldsymbol{G}_2)^{-1} \tag{7-56}$$

根据式（7-53）中 $\boldsymbol{\theta}_2$ 的定义，辐射源位置 $\boldsymbol{u}$ 和速度 $\dot{\boldsymbol{u}}$ 的最终估计结果为

$$\begin{aligned}\boldsymbol{u}_\mathrm{T}&=[\sqrt{\theta_2(1)},\sqrt{\theta_2(2)},\sqrt{\theta_2(3)}]^\mathrm{T}+\boldsymbol{u}_1\\ \boldsymbol{v}_\mathrm{T}&=\boldsymbol{U}\left[\frac{\theta_2(4)}{\sqrt{\theta_2(1)}},\frac{\theta_2(5)}{\sqrt{\theta_2(2)}},\frac{\theta_2(6)}{\sqrt{\theta_2(3)}}\right]^\mathrm{T}+\boldsymbol{v}_1\end{aligned} \tag{7-57}$$

式中，$\boldsymbol{U}=\mathrm{diag}\{\mathrm{sgn}(\boldsymbol{\theta}_{1,\boldsymbol{u}_\mathrm{T}}-\boldsymbol{u}_1)\}$。这里保留第一步位置估计的符号以去除开根号带来的符号模糊。

在实际执行过程中，采用式（7-47）和式（7-54）获得最小定位方差时，由于其包含辐射源的真实位置和速度信息，必须作一些近似。由式（7-44）和式（7-45）可知，加权矩阵 $\boldsymbol{W}_1$ 取决于 $\boldsymbol{u}_\mathrm{T}$ 和 $\boldsymbol{v}_\mathrm{T}$。对于低速运动的远场目标而言，$\boldsymbol{B}_1$ 的对角项将起主导作用，因此可近似为对角阵。由于辐射源远离观测站，有 $r_1\approx r_2\approx\cdots\approx r_M$，则 $\boldsymbol{B}_1$ 变为一个数量矩阵。由于加权矩阵的影响与数量矩阵的大小无关，因此式（7-47）可近似为

$$\boldsymbol{W}_1=\boldsymbol{\Sigma}^{-1} \tag{7-58}$$

相反地，如果辐射源运动很快或与观测站距离较近，可先用式（7-58）中的 $\boldsymbol{W}_1$ 获得 $\boldsymbol{\theta}_1$ 的初值，并可据此构造一个更好的加权矩阵 $\boldsymbol{W}_1$ 以获得更好的解。式（7-55）中的 $\boldsymbol{W}_2$ 取决于 $\boldsymbol{u}_\mathrm{T}$ 和 $\boldsymbol{v}_\mathrm{T}$。一开始，可采用 $\boldsymbol{\theta}_1$ 来构造并进行辐射源定位，并可据此构造一个更好的加权矩阵 $\boldsymbol{W}_2$ 以获得更好的解。

令 $\boldsymbol{\theta}=[\boldsymbol{u}_\mathrm{T}^\mathrm{T},\boldsymbol{v}_\mathrm{T}^\mathrm{T}]^\mathrm{T}$ 为包含最终辐射源位置和速度估计的矢量，$\Delta\boldsymbol{\theta}=[\Delta\boldsymbol{u}_\mathrm{T}^\mathrm{T},\Delta\boldsymbol{v}_\mathrm{T}^\mathrm{T}]^\mathrm{T}$ 为相应的估计误差，对式（7-50）中的 $\boldsymbol{\theta}_2$ 求导，整理可得

$$\Delta\boldsymbol{\theta}=\boldsymbol{B}_3^{-1}\Delta\boldsymbol{\theta}_2 \tag{7-59}$$

式中，

$$\boldsymbol{B}_3=\begin{bmatrix}2\mathrm{diag}(\boldsymbol{u}_\mathrm{T}-\boldsymbol{u}_1) & \boldsymbol{0}_{3\times3}\\ \mathrm{diag}(\boldsymbol{v}_\mathrm{T}-\boldsymbol{v}_1) & \mathrm{diag}(\boldsymbol{u}_\mathrm{T}-\boldsymbol{u}_1)\end{bmatrix} \tag{7-60}$$

基于假设 2，如前所述 $\boldsymbol{\theta}_1$ 是渐进无偏的，类似地 $\boldsymbol{\theta}_2$ 也是渐进无偏的。由此，$\boldsymbol{\theta}$ 也是渐进无偏的。由式（7-59）可得

$$\mathrm{cov}(\boldsymbol{\theta})=\boldsymbol{B}_3^{-1}\mathrm{cov}(\boldsymbol{\theta}_2)(\boldsymbol{B}_3^{-1})^\mathrm{T} \tag{7-61}$$

两步加权最小二乘法给出的是超定情况下辐射源位置、速度的解析表达式，计算复杂度低，然而该方法还存在以下问题：①当辐射源靠近参考站任意坐标轴时定位性能急剧恶化；②门限效应出现较早，即当时频差测量误差增大到一定程度时，定位、测速性能急剧恶化。

以两步加权最小二乘法的工作为起点，近年来提出了许多改进的算法或新的思路。

多维尺度（MDS）算法由于在测量误差较大时具有良好的定位性能而得到广泛应用。其中，文献[5]通过引入一维虚数维数，得到四维坐标矢量，由此建立了时频差体制下的标量乘积矩阵，并利用该矩阵特征值分解的相关性质建立关于目标参数的线性方程组，实现对目标的定位。相对于两步加权最小二乘法，由于 MDS 算法仅需一步估计即可完成对目标的定位，减少了分步求解带来的定位性能损失，提高了定位精度。文献[6]进一步考虑了站址误差情况下的 MDS 方法。

由于时频差定位中极大似然估计存在非凸特性，在无法获得一个较好的初值估计的情况下很难得到其全局最优解。为此，文献[7]将定位问题构建成一个加权最小二乘问题，并对其进行半正定松弛以获得一个凸的半正定规划问题。尽管半正定规划是对加权最小二乘问题的松弛，在无须后处理的情况下，该方法仍能获得较精确的定位结果。文献[8]指出，当辐射源初值估计不够精确时，文献[7]中的方法的性能将有所下降。此外，在噪扰程度较高时文献[7]中方法可能导致局部收敛的问题。为此，文献[8]提出一种无任何近似和初值估计的半正定松弛算法。与文献[7]不同的是，文献[8]从无噪扰的 TDOA 和 FDOA 测量出发，基于鲁棒最小二乘准则构建目标函数，并对其松弛成半正定规划问题。仿真结果显示，文献[8]中的方法较其他半正定规划方法更为鲁棒，可在较高噪扰程度下达到 CRLB。

在 TSWLS 的基础上，文献[9]在式（7-42）的基础上，增加了两个二次函数约束以提升定位性能，其中采用拉格朗日乘子以构造一个新的目标函数。文献[10]提出了一种约束加权最小二乘法（CWLS）以显式地考察中间变量与辐射源位置的关系，其核心思想是在构造定位目标函数时，基于中间变量与辐射源和观测站之间的位置、速度的关系，重新去除中间变量。之后采用 G-N 迭代法求取辐射源位置与速度。上述两种方法在中等噪扰程度时的表现均优于 TSWLS，但都采用了 G-N 迭代法，因此除非辐射源位置速度初值足够接近最优解，否则难以保证全局收敛。

文献[11]提出一种解算定位问题的迭代约束加权最小二乘法（ICWLS）。考虑到含有二次约束的二次方程问题的特殊结构，即目标函数是凸的而约束都是齐次非正定二次等式约束，文献[11]通过将前一步的估计结果代入二次项的一边，迭代地将每个非凸约束近似为线性等式约束。之后，便可推导出这一近似问题的闭式解。理论分析显示，如果该方法是收敛的，则可得到全局最优解。蒙特卡罗仿真结果显示，在 20 步迭代内该方法收敛的比例为 96%，且能以更少的计算量获得显著优于先前方法的定位精度。考虑到文献[11]中方法的优良性能，这里略作详述。

考虑式（7-42）及式（7-48）中的约束，辐射源定位问题可构建为下述优化问题

$$
\begin{aligned}
&\min_{\boldsymbol{\theta}_1} (\boldsymbol{h}_1-\boldsymbol{G}_1\boldsymbol{\theta}_1)^{\mathrm{T}}\boldsymbol{W}_1(\boldsymbol{h}_1-\boldsymbol{G}_1\boldsymbol{\theta}_1)\\
&\text{s.t. } r_1^2=(\boldsymbol{u}_{\mathrm{T}}-\boldsymbol{u}_1)^{\mathrm{T}}(\boldsymbol{u}_{\mathrm{T}}-\boldsymbol{u}_1)\\
&\qquad \dot{r}_1 r_1=(\boldsymbol{v}_{\mathrm{T}}-\boldsymbol{v}_1)^{\mathrm{T}}(\boldsymbol{u}_{\mathrm{T}}-\boldsymbol{u}_1)
\end{aligned}
\tag{7-62}
$$

经过一定推导可得，式（7-62）等价于

$$
\begin{aligned}
&\min_{\boldsymbol{\theta}_1} \boldsymbol{\theta}_3^{\mathrm{T}}\boldsymbol{G}_3\boldsymbol{\theta}_3-2\boldsymbol{h}_2^{\mathrm{T}}\boldsymbol{\theta}_3\\
&\text{s.t. } \boldsymbol{\theta}_3^{\mathrm{T}}\boldsymbol{C}_1\boldsymbol{\theta}_3=0\\
&\qquad \boldsymbol{\theta}_3^{\mathrm{T}}\boldsymbol{C}_2\boldsymbol{\theta}_3=0
\end{aligned}
\tag{7-63}
$$

$$\boldsymbol{\theta}_3=\boldsymbol{\theta}_1-\boldsymbol{S}_1$$
$$\boldsymbol{G}_3=\boldsymbol{G}_1^{\mathrm{T}}\boldsymbol{W}_1\boldsymbol{G}_1 \tag{7-64}$$
$$\boldsymbol{h}_3=\boldsymbol{G}_1^{\mathrm{T}}\boldsymbol{W}_1(\boldsymbol{h}_1-\boldsymbol{G}_1\boldsymbol{S}_1)$$

式中，$\boldsymbol{S}_1=[\boldsymbol{u}_1^{\mathrm{T}},0,\boldsymbol{v}_1^{\mathrm{T}},0]^{\mathrm{T}}$，$\boldsymbol{C}_1=\mathrm{diag}[1,1,1,-1,0,0,0,0]$，$\boldsymbol{C}_2=\begin{bmatrix}\boldsymbol{0}_{3\times3} & \boldsymbol{0}_{3\times1} & \boldsymbol{I}_{3\times3} & \boldsymbol{0}_{3\times1}\\ \boldsymbol{0}_{1\times3} & 0 & \boldsymbol{0}_{1\times3} & -1\\ \boldsymbol{0}_{3\times3} & \boldsymbol{0}_{3\times1} & \boldsymbol{0}_{3\times3} & \boldsymbol{0}_{3\times1}\\ \boldsymbol{0}_{1\times3} & 0 & \boldsymbol{0}_{1\times3} & 0\end{bmatrix}$。

式（7-63）中的问题实际上是一个带有二次非正定等式限制的二次规划问题，为了得到$\boldsymbol{\theta}_3$的解析解，在式（7-63）的两个限制中采用一个$\boldsymbol{\theta}_3$的估计值，并不断迭代，具体算法如下。

（1）初始化$k=0$，加权矩阵$\boldsymbol{W}_1^0=\boldsymbol{I}$，$\boldsymbol{G}_3^0=\boldsymbol{G}_1^{\mathrm{T}}\boldsymbol{W}_1^0\boldsymbol{G}_1$，$\boldsymbol{h}_3^0=\boldsymbol{G}_1^{\mathrm{T}}\boldsymbol{W}_1^0(\boldsymbol{h}_1-\boldsymbol{G}_1\boldsymbol{S}_1)$，$\boldsymbol{\theta}_3^0=(\boldsymbol{G}_2^0)^{-1}\boldsymbol{h}_2^0$，其中上标 0 代表初始值。

（2）设$k=k+1$，且将带线性限制的加权最小二乘问题构建为

$$\begin{aligned}&\min_{\boldsymbol{\theta}_1}\ \boldsymbol{\theta}_3^{\mathrm{T}}\boldsymbol{G}_3^{k-1}\boldsymbol{\theta}_3-2(\boldsymbol{h}_2^{k-1})^{\mathrm{T}}\boldsymbol{\theta}_3\\ &\text{s.t. } (\boldsymbol{\theta}_3^{k-1})^{\mathrm{T}}\boldsymbol{C}_1\boldsymbol{\theta}_3=0\\ &\qquad(\boldsymbol{\theta}_3^{k-1})^{\mathrm{T}}\boldsymbol{C}_2\boldsymbol{\theta}_3=0\end{aligned} \tag{7-65}$$

（3）式（7-65）的解析解为

$$\overline{\boldsymbol{\theta}}_3^{k-1}=(\boldsymbol{P}^{k-1}\boldsymbol{G}_2^{k-1}\boldsymbol{P}^{k-1})^{+}\boldsymbol{h}_2^{k-1} \tag{7-66}$$

式中，$\boldsymbol{P}^{k-1}=\boldsymbol{I}-(\boldsymbol{A}^{k-1})^{\mathrm{T}}[\boldsymbol{A}^{k-1}(\boldsymbol{A}^{k-1})^{\mathrm{T}}]^{-1}\boldsymbol{A}^{k-1}$，$\boldsymbol{A}^{k-1}=[(\boldsymbol{\theta}_3^{k-1})^{\mathrm{T}}\boldsymbol{C}_1;(\boldsymbol{\theta}_3^{k-1})^{\mathrm{T}}\boldsymbol{C}_2]_{2\times8}$。

（4）将$\boldsymbol{\theta}_3$的估计更新为

$$\boldsymbol{\theta}_3^{k}=(\overline{\boldsymbol{\theta}}_3^{k-1}+\boldsymbol{\theta}_3^{k-1})/2 \tag{7-67}$$

（5）如果$\|\boldsymbol{\theta}_3^{k}-\boldsymbol{\theta}_3^{k-1}\|/\|\boldsymbol{\theta}_3^{k}\|\leqslant\delta$，则停止迭代；否则，进入下一步，其中$\delta$是一个给定的收敛终止参数。

（6）基于$\boldsymbol{\theta}_3^{k}$，辐射源位置和速度可估计为

$$\boldsymbol{u}_{\mathrm{T}}=\boldsymbol{\theta}_3^{k}(1:3)+\boldsymbol{u}_1,\boldsymbol{v}_{\mathrm{T}}=\boldsymbol{\theta}_3^{k}(5:7)+\boldsymbol{v}_1 \tag{7-68}$$

根据式（7-58）和式（7-64）分别更新$\boldsymbol{W}_1^{k}$、$\boldsymbol{G}_3^{k}$和$\boldsymbol{h}_3^{k}$，并回到步骤（2）。

对于上述算法，文献[11]证明，一旦上述算法收敛，则一定能收敛至全局最优解。然而，对于是否一定能收敛则无法给出理论上的证明，但广泛的仿真分析结果表明，该方法通过少数几次迭代几乎一定收敛。此外，文献[11]还证明，上述解在 TDOA 和 FDOA 测量误差较小的情况下，其协方差可达克拉美-罗下界。

3. G-N 迭代法

采用泰勒级数展开可将 TDOA 和 FDOA 方程近似为辐射源位置和速度的线性方程[12]。值得注意的是，传统泰勒级数线性化的方法通常需要一个在真值附近的初值，这有时并不容易获得。此外，在辐射源和观测站相对位置不理想的情况下，G-N 迭代法可能无法收敛。

下面考虑利用四个观测站的时频差对空中运动目标定位的场景。四个固定站站址位置分别为$\boldsymbol{u}_1=[0,0,0]^{\mathrm{T}}(\mathrm{m})$，$\boldsymbol{u}_2=[40000,-10,-30]^{\mathrm{T}}(\mathrm{m})$，$\boldsymbol{u}_3=[-40000,-10,-30]^{\mathrm{T}}(\mathrm{m})$，$\boldsymbol{u}_4=[20,40000,20]^{\mathrm{T}}(\mathrm{m})$，

辐射源位置为 $\boldsymbol{u}_{\mathrm{T}}=[20000,30000,9000]^{\mathrm{T}}$(m)，速度矢量为 $\boldsymbol{v}_{\mathrm{T}}=[100,100,5]^{\mathrm{T}}$(m/s)，信号载频为 1GHz，时差测量误差为 20ns，频差测量误差为 1Hz。图 7-8 给出了位置初值为 $\boldsymbol{u}_{\mathrm{T}_0}=[29000,38000,8500]^{\mathrm{T}}$ (m)，速度初值为 $\boldsymbol{v}_{\mathrm{T}_0}=[100,100,15]^{\mathrm{T}}$ (m/s)时，8 次迭代过程中的定位误差。图 7-9 给出了位置初值矢量为 $\boldsymbol{u}_{\mathrm{T}_0}=[3000,2000,1280]^{\mathrm{T}}$ (m)，速度初值矢量为 $\boldsymbol{v}_{\mathrm{T}_0}=[100,100,15]^{\mathrm{T}}$ (m/s)时，8 次迭代过程中的定位误差。由图 7-9 所示的结果可见，当初值选取与辐射源实际位置偏差较大时，G-N 迭代法可能存在无法收敛的问题。

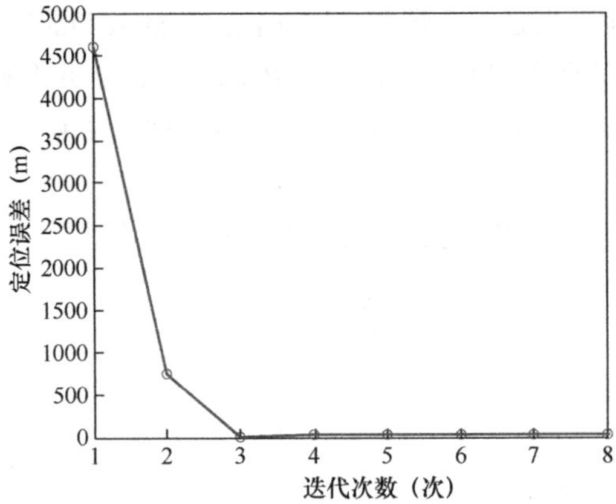

图 7-8 初值偏差较小时迭代过程中的定位误差

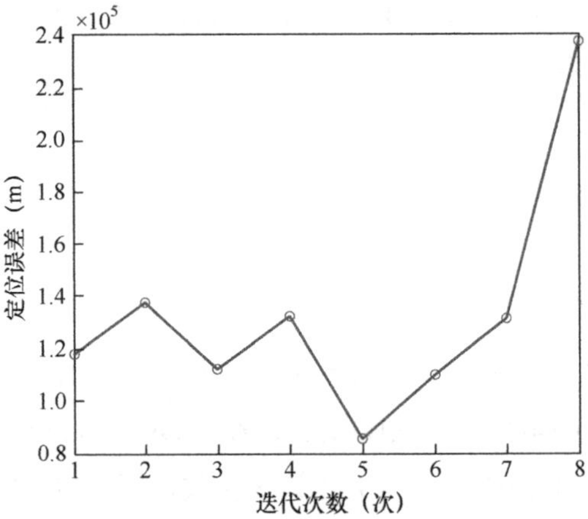

图 7-9 初值偏差较大时迭代过程中的定位误差

近期有一些学者在经典泰勒极数法的基础上作了一些改进，使在初值选取误差较大时算法仍能以较大的概率收敛。例如，一种基于正则化理论的定位方法[13]，首先构建最大似然估计的目标函数［式（7-6）］，然后运用 G-N 迭代法根据时差方程目标位置进行迭代求解，引入正则化理论修正迭代过程中因为初值误差导致的病态 Hess 矩阵，从而使算法在初值的选取上具有稳健性。最后再次运用传统的 G-N 迭代法对目标位置和速度进行联合求解。图 7-10 再次给出了位置初值为 $\boldsymbol{u}_{\mathrm{T}_0}=[3000,2000,1280]^{\mathrm{T}}$ (m)，速度初值为 $\boldsymbol{v}_{\mathrm{T}_0}=[100,100,15]^{\mathrm{T}}$ (m/s)时，8 次迭代过程中的定位误差。由图 7-10 所示的结果可见，该方法改善了 G-N 迭代法对初值选取误差的容忍程度。

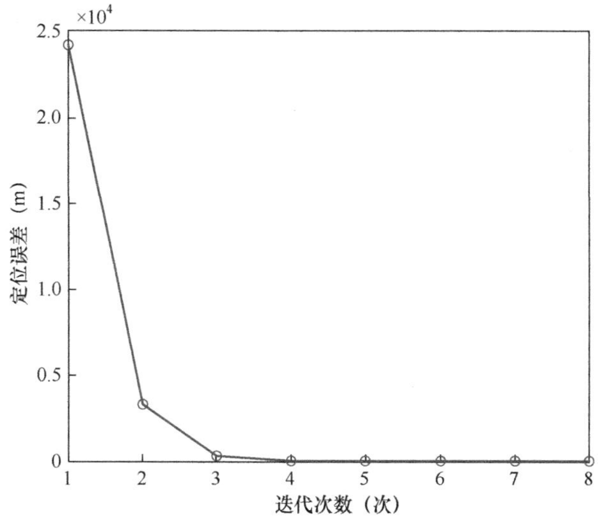

图 7-10　迭代过程中的定位误差

7.2　定位误差分析

7.2.1　均方误差几何表示

TDOA/FDOA 定位法的误差与辐射信号的参数（如带宽、信噪比等）、相关积分时间、辐射源与观测站之间的位置关系、观测站的位置、速度误差等有关，其中有的参数影响 TDOA 的测量精度，有的参数影响 FDOA 的测量精度，还有的参数涉及定位几何配置是否有利。这里从几何原理角度分析 TDOA/ FDOA 定位误差，以得到可用于定位误差评估的表达式。

下面以两个运动观测站为例，介绍 TDOA/FDOA 定位的几何原理[14]。建立如图 7-11 所示的坐标系，设两个运动观测站的初始距离为 $2d$，初速度矢量分别为 $\boldsymbol{v}_1$ 和 $\boldsymbol{v}_2$，目标辐射源位于 $\boldsymbol{x}_{\mathrm{T}}=\boldsymbol{u}_{\mathrm{T}}=(x_{\mathrm{T}},y_{\mathrm{T}})^{\mathrm{T}}$ 点，即图中虚线的交点。当存在误差时，TDOA/FDOA 定位结果为图中实线的交点 $\hat{\boldsymbol{x}}_{\mathrm{T}}$。

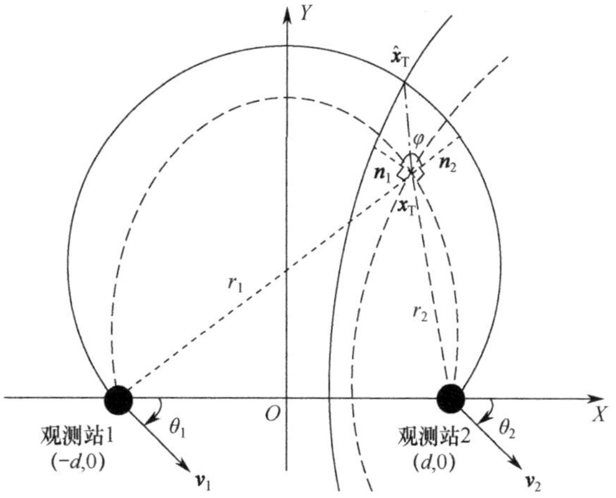

图 7-11　TDOA/ FDOA 定位的几何表示

记 $v_i=\|\boldsymbol{v}_i\|$，两个观测站距离辐射源的初始距离为 r_1 和 r_2。令 $\tau_i=r_i/c$，$i=1,2$，则两个观测站接收到辐射源信号的时差 TDOA 为 $\tau\triangleq(r_1-r_2)/c$。即

$$\tau=h_1=[\sqrt{(x_{\mathrm{T}}+d)^2+y_{\mathrm{T}}^2}-\sqrt{(x_{\mathrm{T}}-d)^2+y_{\mathrm{T}}^2}]/c \tag{7-69}$$

而频差 FDOA 为

$$f = h_2 = \frac{\mathrm{d}\tau}{\mathrm{d}t} = \left[v_1 \left(\frac{x_\mathrm{T} + d}{r_1} \cdot \cos\theta_1 + \frac{y_\mathrm{T}}{r_1} \cdot \sin\theta_1 \right) - v_2 \left(\frac{x_\mathrm{T} - d}{r_2} \cdot \cos\theta_2 + \frac{y_\mathrm{T}}{r_2} \cdot \sin\theta_2 \right) \right] \Big/ c \tag{7-70}$$

其中，θ_l（$l=1,2$）沿逆时针方向为正。

根据两个观测站得到的τ和f，结合观测站自身位置与速度，通过求解由式（7-69）和式（7-70）构成的方程组就可以得到辐射源的位置$(x_\mathrm{T}, y_\mathrm{T})$。

若$v_1 = v_2 = v$，$\theta_1 = \theta_2 = 0°$，由第3章误差分析式（3-17）可知

$$\begin{aligned} \nabla h_1 &= \left[\frac{\partial h_1}{\partial x_\mathrm{T}}, \frac{\partial h_1}{\partial y_\mathrm{T}} \right] = \frac{1}{c} \cdot \left[\frac{x_\mathrm{T} + d}{r_1} - \frac{x_\mathrm{T} - d}{r_2}, \frac{y_\mathrm{T}}{r_1} - \frac{y_\mathrm{T}}{r_2} \right] \\ \nabla h_2 &= \left[\frac{\partial h_2}{\partial x_\mathrm{T}}, \frac{\partial h_2}{\partial y_\mathrm{T}} \right] = \frac{v}{c} \left[\frac{y_\mathrm{T}^2}{r_1^3} - \frac{y_\mathrm{T}^2}{r_2^3}, -\frac{(x_\mathrm{T} + d) y_\mathrm{T}}{r_1^3} + \frac{(x_\mathrm{T} - d) y_\mathrm{T}}{r_2^3} \right] \end{aligned} \tag{7-71}$$

若不考虑观测站的站址误差与速度矢量误差，仅存在TDOA与FDOA估计误差，$\mathbb{E}[(\Delta\tau)^2] = \sigma_\tau^2$，$\mathbb{E}[(\Delta f)^2] = \sigma_f^2$，且均值为0，时差测量结果与频差测量结果误差的相关系数为ρ，则代入式（3-27）可得几何距离均方误差为

$$\sigma_R^2 = \frac{\sigma_\tau^2 \|\nabla h_2\|^2 + \sigma_f^2 \|\nabla h_1\|^2 - 2\rho\sigma_\tau\sigma_f (\nabla h_1 \cdot \nabla h_2)}{\|\nabla h_1\|^2 \|\nabla h_2\|^2 - (\nabla h_1 \cdot \nabla h_2)^2} \tag{7-72}$$

若$\Delta\tau$和Δf不相关（$\rho = 0$），则有

$$\sigma_R^2 = \frac{\|\nabla h_2\|^2 \sigma_\tau^2 + \|\nabla h_1\|^2 \sigma_f^2}{\|\nabla h_1\|^2 \|\nabla h_2\|^2 - (\nabla h_1 \cdot \nabla h_2)^2} \tag{7-73}$$

当两个观测站坐标为$\boldsymbol{u}_1 = [-20, 0, 5]^\mathrm{T}$ (km)，$\boldsymbol{u}_2 = [20, 0, 5]^\mathrm{T}$ (km)，速度均为$\boldsymbol{v} = [300, 0, 0]^\mathrm{T}$ (m/s)，中心频率为300MHz，时差测量误差为150ns，频差测量误差为1Hz，无站址和速度误差时，得到二维地面目标双站时频差定位误差等值线，如图7-12所示。

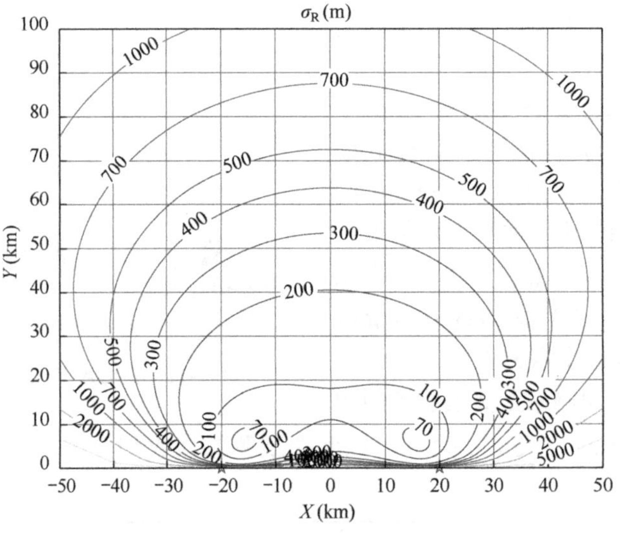

图7-12　二维地面目标双站时频差定位误差等值线

7.2.2　克拉美–罗下界

上面从几何的角度直观地推导了适定条件下双站时频差的定位误差，下面将从代数的角度，就更一般的情形给出时频差定位误差。

首先，构建观测方程

$$\begin{pmatrix} z \\ q \end{pmatrix} = \begin{bmatrix} \boldsymbol{h}(\boldsymbol{x}, \boldsymbol{x}_{\mathrm{O}}) \\ \boldsymbol{p}(\boldsymbol{x}_{\mathrm{O}}) \end{bmatrix} + \begin{pmatrix} \boldsymbol{\xi} \\ \boldsymbol{\varepsilon} \end{pmatrix} \tag{7-74}$$

式中，$\boldsymbol{x} = [\boldsymbol{u}^{\mathrm{T}}, \boldsymbol{v}^{\mathrm{T}}]^{\mathrm{T}}$，$\boldsymbol{x}_{\mathrm{O}} = [\boldsymbol{u}_{\mathrm{O}}^{\mathrm{T}}, \boldsymbol{v}_{\mathrm{O}}^{\mathrm{T}}]^{\mathrm{T}}$。定义 $\boldsymbol{h}(\boldsymbol{x}, \boldsymbol{x}_{\mathrm{O}}) = [\boldsymbol{\tau}^{\mathrm{T}}(\boldsymbol{\theta}), \boldsymbol{f}^{\mathrm{T}}(\boldsymbol{\theta})]^{\mathrm{T}}$，其中 $\boldsymbol{\theta} = [\boldsymbol{x}^{\mathrm{T}}, \boldsymbol{x}_{\mathrm{O}}^{\mathrm{T}}]^{\mathrm{T}}$，$\boldsymbol{\tau}(\boldsymbol{\theta}) = [\tau_{21}(\boldsymbol{\theta}), \tau_{31}(\boldsymbol{\theta}), \cdots, \tau_{L1}(\boldsymbol{\theta})]^{\mathrm{T}}$，$\boldsymbol{f}(\boldsymbol{\theta}) = [f_{21}(\boldsymbol{\theta}), f_{31}(\boldsymbol{\theta}), \cdots, f_{L1}(\boldsymbol{\theta})]^{\mathrm{T}}$，时频差测量误差 $\boldsymbol{\xi} \sim \mathbb{N}(\boldsymbol{0}, \boldsymbol{\Sigma}_{\xi})$，观测站位置速度误差 $\boldsymbol{\varepsilon} \sim \mathbb{N}(\boldsymbol{0}, \boldsymbol{\Sigma}_{\varepsilon})$，此外定义 $\boldsymbol{J} = \dfrac{\partial \boldsymbol{h}(\boldsymbol{x}, \boldsymbol{x}_{\mathrm{O}})}{\partial \boldsymbol{x}^{\mathrm{T}}}$，$\boldsymbol{J}_2 = \dfrac{\partial \boldsymbol{h}(\boldsymbol{x}, \boldsymbol{x}_{\mathrm{O}})}{\partial \boldsymbol{x}_{\mathrm{O}}^{\mathrm{T}}}$，根据式（3-41）可知辐射源位置和速度 $\boldsymbol{x}$ 估计的 CRLB 为

$$\mathrm{CRLB}(\boldsymbol{x}) = [\boldsymbol{J}^{\mathrm{T}}(\boldsymbol{\Sigma}_{\xi} + \boldsymbol{J}_2 \boldsymbol{\Sigma}_{\varepsilon} \boldsymbol{J}_2^{\mathrm{T}})^{-1} \boldsymbol{J}]^{-1} \tag{7-75}$$

对 $\boldsymbol{J}$ 展开可得

$$\frac{\partial \boldsymbol{h}(\boldsymbol{x}, \boldsymbol{x}_{\mathrm{O}})}{\partial \boldsymbol{x}^{\mathrm{T}}} = \begin{bmatrix} \dfrac{\partial \boldsymbol{\tau}(\boldsymbol{\theta})}{\partial \boldsymbol{u}^{\mathrm{T}}} & \dfrac{\partial \boldsymbol{\tau}(\boldsymbol{\theta})}{\partial \boldsymbol{v}^{\mathrm{T}}} \\ \dfrac{\partial \boldsymbol{f}(\boldsymbol{\theta})}{\partial \boldsymbol{u}^{\mathrm{T}}} & \dfrac{\partial \boldsymbol{f}(\boldsymbol{\theta})}{\partial \boldsymbol{v}^{\mathrm{T}}} \end{bmatrix} \tag{7-76}$$

对 $\boldsymbol{J}_2$ 展开可得

$$\frac{\partial \boldsymbol{h}(\boldsymbol{x}, \boldsymbol{x}_{\mathrm{O}})}{\partial \boldsymbol{x}_{\mathrm{O}}^{\mathrm{T}}} = \begin{bmatrix} \dfrac{\partial \boldsymbol{\tau}(\boldsymbol{\theta})}{\partial \boldsymbol{u}_{\mathrm{O}}^{\mathrm{T}}} & \dfrac{\partial \boldsymbol{\tau}(\boldsymbol{\theta})}{\partial \boldsymbol{v}_{\mathrm{O}}^{\mathrm{T}}} \\ \dfrac{\partial \boldsymbol{f}(\boldsymbol{\theta})}{\partial \boldsymbol{u}_{\mathrm{O}}^{\mathrm{T}}} & \dfrac{\partial \boldsymbol{f}(\boldsymbol{\theta})}{\partial \boldsymbol{v}_{\mathrm{O}}^{\mathrm{T}}} \end{bmatrix} \tag{7-77}$$

由式（7-1）可得

$$\tau_{l1}(\boldsymbol{\theta}) = \tau_l(\boldsymbol{\theta}) - \tau_1(\boldsymbol{\theta}) = \frac{1}{c}(\|\boldsymbol{u} - \boldsymbol{u}_l\| - \|\boldsymbol{u} - \boldsymbol{u}_1\|) \tag{7-78}$$

由式（7-4）可得

$$f_{l1}(\boldsymbol{\theta}) = -\frac{f_0}{c}\left(\frac{(\boldsymbol{v} - \boldsymbol{v}_l)^{\mathrm{T}}(\boldsymbol{u} - \boldsymbol{u}_l)}{r_l} - \frac{(\boldsymbol{v} - \boldsymbol{v}_1)^{\mathrm{T}}(\boldsymbol{u} - \boldsymbol{u}_1)}{r_1} \right) \tag{7-79}$$

式中，$r_l = \|\boldsymbol{u} - \boldsymbol{u}_l\| = \sqrt{(\boldsymbol{u} - \boldsymbol{u}_l)^{\mathrm{T}}(\boldsymbol{u} - \boldsymbol{u}_l)}$。

因此有

$$\frac{\partial \boldsymbol{\tau}(\boldsymbol{\theta})}{\partial \boldsymbol{u}^{\mathrm{T}}} = \frac{1}{c} \begin{bmatrix} \dfrac{(\boldsymbol{u} - \boldsymbol{u}_2)^{\mathrm{T}}}{r_2} - \dfrac{(\boldsymbol{u} - \boldsymbol{u}_1)^{\mathrm{T}}}{r_1} \\ \dfrac{(\boldsymbol{u} - \boldsymbol{u}_3)^{\mathrm{T}}}{r_3} - \dfrac{(\boldsymbol{u} - \boldsymbol{u}_1)^{\mathrm{T}}}{r_1} \\ \vdots \\ \dfrac{(\boldsymbol{u} - \boldsymbol{u}_L)^{\mathrm{T}}}{r_L} - \dfrac{(\boldsymbol{u} - \boldsymbol{u}_1)^{\mathrm{T}}}{r_1} \end{bmatrix} \tag{7-80}$$

$$\frac{\partial \boldsymbol{\tau}(\boldsymbol{\theta})}{\partial \boldsymbol{v}^{\mathrm{T}}}=\mathbf{0}_{(L-1)\times 3} \tag{7-81}$$

$$\frac{\partial \boldsymbol{f}(\boldsymbol{\theta})}{\partial \boldsymbol{u}^{\mathrm{T}}}=\frac{f_0}{c}\begin{bmatrix} \frac{(\boldsymbol{u}-\boldsymbol{u}_2)^{\mathrm{T}}\dot{r}_2}{r_2^2}-\frac{(\boldsymbol{u}-\boldsymbol{u}_1)^{\mathrm{T}}\dot{r}_1}{r_1^2}-\frac{(\boldsymbol{v}-\boldsymbol{v}_2)^{\mathrm{T}}}{r_2}+\frac{(\boldsymbol{v}-\boldsymbol{v}_1)^{\mathrm{T}}}{r_1} \\ \frac{(\boldsymbol{u}-\boldsymbol{u}_3)^{\mathrm{T}}\dot{r}_3}{r_3^2}-\frac{(\boldsymbol{u}-\boldsymbol{u}_1)^{\mathrm{T}}\dot{r}_1}{r_1^2}-\frac{(\boldsymbol{v}-\boldsymbol{v}_3)^{\mathrm{T}}}{r_3}+\frac{(\boldsymbol{v}-\boldsymbol{v}_1)^{\mathrm{T}}}{r_1} \\ \vdots \\ \frac{(\boldsymbol{u}-\boldsymbol{u}_L)^{\mathrm{T}}\dot{r}_L}{r_L^2}-\frac{(\boldsymbol{u}-\boldsymbol{u}_1)^{\mathrm{T}}\dot{r}_1}{r_1^2}-\frac{(\boldsymbol{v}-\boldsymbol{v}_L)^{\mathrm{T}}}{r_L}+\frac{(\boldsymbol{v}-\boldsymbol{v}_1)^{\mathrm{T}}}{r_1} \end{bmatrix} \tag{7-82}$$

式中，$\dot{r}_l=\frac{(\boldsymbol{v}^{\mathrm{T}}-\boldsymbol{v}_l^{\mathrm{T}})(\boldsymbol{u}-\boldsymbol{u}_l)}{r_l}$。

$$\frac{\partial \boldsymbol{f}(\boldsymbol{\theta})}{\partial \boldsymbol{v}^{\mathrm{T}}}=-f_0\frac{\partial \boldsymbol{\tau}(\boldsymbol{\theta})}{\partial \boldsymbol{u}^{\mathrm{T}}} \tag{7-83}$$

$$\frac{\partial \boldsymbol{\tau}(\boldsymbol{\theta})}{\partial \boldsymbol{u}_{\mathrm{O}}^{\mathrm{T}}}=\frac{1}{c}\begin{bmatrix} \frac{(\boldsymbol{u}-\boldsymbol{u}_1)^{\mathrm{T}}}{r_1} & -\frac{(\boldsymbol{u}-\boldsymbol{u}_2)^{\mathrm{T}}}{r_2} & 0 & \cdots & 0 \\ \vdots & 0 & 0 & -\frac{(\boldsymbol{u}-\boldsymbol{u}_l)^{\mathrm{T}}}{r_l} & 0 \\ \frac{(\boldsymbol{u}-\boldsymbol{u}_1)^{\mathrm{T}}}{r_1} & 0 & 0 & \cdots & -\frac{(\boldsymbol{u}-\boldsymbol{u}_L)^{\mathrm{T}}}{r_L} \end{bmatrix} \tag{7-84}$$

$$\frac{\partial \boldsymbol{\tau}(\boldsymbol{\theta})}{\partial \boldsymbol{v}_{\mathrm{O}}^{\mathrm{T}}}=\mathbf{0}_{(L-1)\times 3L} \tag{7-85}$$

$$\frac{\partial \boldsymbol{f}(\boldsymbol{\theta})}{\partial \boldsymbol{u}_{\mathrm{O}}^{\mathrm{T}}}=\frac{f_0}{c}\begin{bmatrix} \frac{(\boldsymbol{u}-\boldsymbol{u}_1)^{\mathrm{T}}\dot{r}_1}{r_1^2}-\frac{(\boldsymbol{v}-\boldsymbol{v}_1)^{\mathrm{T}}}{r_1} & -\frac{(\boldsymbol{u}-\boldsymbol{u}_2)^{\mathrm{T}}\dot{r}_2}{r_2^2}+\frac{(\boldsymbol{v}-\boldsymbol{v}_2)^{\mathrm{T}}}{r_2} & \cdots & 0 \\ \vdots & \vdots & \ddots & \vdots \\ \frac{(\boldsymbol{u}-\boldsymbol{u}_1)^{\mathrm{T}}\dot{r}_1}{r_1^2}-\frac{(\boldsymbol{v}-\boldsymbol{v}_1)^{\mathrm{T}}}{r_1} & 0 & \cdots & -\frac{(\boldsymbol{u}-\boldsymbol{u}_L)^{\mathrm{T}}\dot{r}_2}{r_L^2}+\frac{(\boldsymbol{v}-\boldsymbol{v}_L)^{\mathrm{T}}}{r_L} \end{bmatrix} \tag{7-86}$$

$$\frac{\partial \boldsymbol{f}(\boldsymbol{\theta})}{\partial \boldsymbol{v}_{\mathrm{O}}^{\mathrm{T}}}=-f_0\frac{\partial \boldsymbol{\tau}(\boldsymbol{\theta})}{\partial \boldsymbol{u}_{\mathrm{O}}^{\mathrm{T}}} \tag{7-87}$$

将式（7-80）～式（7-87）进一步代入式（7-75）则可得到 $\mathrm{CRLB}(\boldsymbol{x})$。

二维时频差定位误差 RMSE 为

$$\mathrm{RMSE}(\hat{\boldsymbol{x}}_{\mathrm{ML}})=\sqrt{\mathrm{CRLB}_{1,1}+\mathrm{CRLB}_{2,2}} \tag{7-88}$$

三维时频差定位误差 RMSE 为

$$\mathrm{RMSE}(\hat{\boldsymbol{x}}_{\mathrm{ML}})=\sqrt{\mathrm{CRLB}_{1,1}+\mathrm{CRLB}_{2,2}+\mathrm{CRLB}_{3,3}} \tag{7-89}$$

当三个观测站坐标分别为 $\boldsymbol{u}_1=[0,0,5]^{\mathrm{T}}\,(\mathrm{km})$，$\boldsymbol{u}_2=[-20,0,5]^{\mathrm{T}}\,(\mathrm{km})$，$\boldsymbol{u}_3=[20,0,5]^{\mathrm{T}}\,(\mathrm{km})$，速度均为 $\boldsymbol{v}=[300,0,0]^{\mathrm{T}}\,(\mathrm{m/s})$，中心频率为 300MHz，时差测量误差为 150ns，频差测量误差为

1Hz，无观测站站址误差和速度误差时，得到二维地面目标三站时频差定位误差 RMSE 等值线，如图 7-13（a）所示。当观测站站址误差 X、Y 和 Z 方向均为 10m，速度误差 X、Y 和 Z 方向均为 1m/s 时，得到二维地面目标三站时频差定位误差 RMSE 等值线，如图 7-13（b）所示。

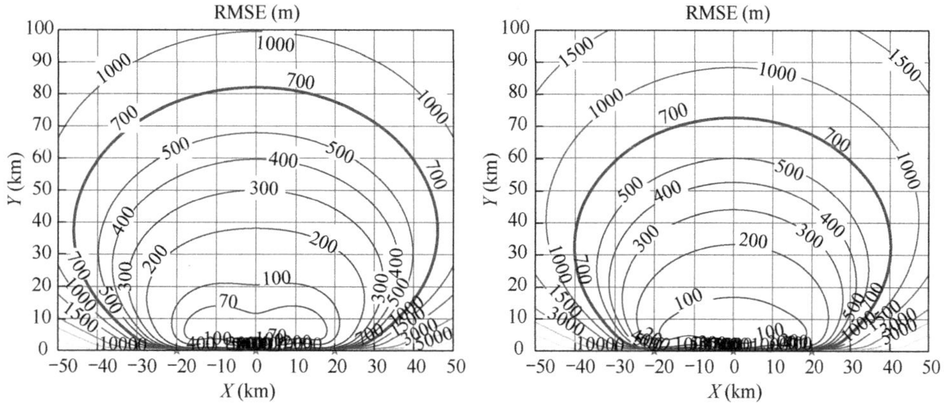

(a) 无站址误差和速度误差　　(b) 有站址误差和速度误差

图 7-13　二维地面目标三站时频差定位 RMSE 等值线

对于 7.1.2.1 节中几何约束下的地面静止目标 $\boldsymbol{x}$，其受限的 CRLB 为

$$\mathrm{CRLB}_{\boldsymbol{F}}(\boldsymbol{x}) = \boldsymbol{I}^{-1}(\boldsymbol{x}) - \boldsymbol{I}^{-1}(\boldsymbol{x})\boldsymbol{F}[\boldsymbol{F}^{\mathrm{T}}\boldsymbol{I}^{-1}(\boldsymbol{x})\boldsymbol{F}]^{-1}\boldsymbol{F}^{\mathrm{T}}\boldsymbol{I}^{-1}(\boldsymbol{x}) \leqslant \boldsymbol{I}^{-1}(\boldsymbol{x}) \tag{7-90}$$

式中，$\boldsymbol{I}(\boldsymbol{x})$ 为 Fisher 信息矩阵，$\boldsymbol{F}$ 为限制方程相对于未知参数的梯度矩阵。对于无限制情况，其 CRLB 即 $\boldsymbol{I}^{-1}(\boldsymbol{x})$。可见，引入限制条件总是可以降低 CRLB 的。

7.3　工程实现与应用

7.3.1　时频差测量

考虑 L（$L \geqslant 2$）个观测站 l（$l=1,2,\cdots,L$），同时在 t 时刻测量静止辐射源信号 $s(t)$，且各观测站位置 $\boldsymbol{u}_l = (x_l, y_l)^{\mathrm{T}}$ 和速度 $\boldsymbol{v}_l = (\dot{x}_l, \dot{y}_l)^{\mathrm{T}}$ 已知。$s(t)$ 可表示为

$$s(t) = u(t)\mathrm{e}^{\mathrm{j}2\pi f_0 t} \tag{7-91}$$

式中，$u(t)$ 为目标辐射源信号的复包络，f_0 为发射信号载频。

设第 l 个观测站接收的含噪信号为 $y_l(t)$，辐射源位置为 $\boldsymbol{u}_{\mathrm{T}} = (x_{\mathrm{T}}, y_{\mathrm{T}})^{\mathrm{T}}$，并用 $\boldsymbol{\Omega}$ 表示包含 $\boldsymbol{u}_{\mathrm{T}}$ 可能位置的集合，$\boldsymbol{x} = (x, y)^{\mathrm{T}}$ 是 $\boldsymbol{\Omega}$ 中的一个动点，可以取 $\boldsymbol{x} = \boldsymbol{u}_{\mathrm{T}}$，则观测站 l 接收到的含噪信号为

$$y_l(t) = \eta_l(t)s[t-\tau_l(t)] + w_l(t) = \eta_l(t)u[t-\tau_l(t)]\mathrm{e}^{\mathrm{j}2\pi f_0[t-\tau_l(t)]} + w_l(t) \tag{7-92}$$

式中，$t=0,1,\cdots,T$，$l=1,2,\cdots,L$。不失一般性，假定信号在 $t=0$ 时开始辐射，$\tau_l(t)$ 为观测站 l 接收到的信号相对于目标辐射信号的时差，增益系数 $\eta_l(t)$ 与观测站到辐射源的距离、辐射源天线方向图、观测站接收天线方向图、观测站接收机增益、传播链路环境，以及 $s(t)$ 能量归一化值有关，且在相对短的一段观测时间里视为未知常数，即 $\eta_l(t) = \eta_l$，$w_l(t_i)$ 与 $w_l(t_j)$ 不相关（对所有 i,j），$\mathbb{E}\{w_l(t)\} = 0$，$\mathbb{E}\{w_l^2(t)\} = \sigma_w^2$，$\sigma_w^2$ 视为已知，且 $w_l(t)$ 与信号也不相关。

由附录 E 可知，在窄带信号条件下，式（7-92）可以近似表示为

$$y_l(t) \approx \eta_l s(t-\tau_l(0))\mathrm{e}^{\mathrm{j}2\pi f_{\mathrm{d}l}t} + w_l(t) \tag{7-93}$$

当相对速度 v 较大或者信号带宽 B 较宽导致式（7-93）不再成立时，窄带模型不再适用。此时，接收信号复包络的伸缩效应不能被忽略，则称这种情况下的信号为宽带信号。在宽带模型下，观测站接收到的信号模型仍沿用式（E-4）。在实际应用中，多数情况下窄带模型是近似成立的。

对第 l 个观测站收到的信号［式（7-93）］进行采样，采样率为 f_s，可得到采样信号

$$y_l(m\Delta) = \eta_l s[m\Delta - \tau_l(0)]\mathrm{e}^{\mathrm{j}2\pi f_{\mathrm{d}l}m\Delta} + w_l(m\Delta) \tag{7-94}$$

式中，$\Delta = 1/f_s$，$m = 0,1,\cdots,M$。

由附录 F 分析可知，对两个观测站的情况，在一定条件下，基于式（7-94）所示接收信号的辐射源位置极大似然估计可等效为两个步骤：第一步，对观测站间的时差、频差进行极大似然估计，等效为对式（7-94）用交叉模糊函数估计时频差；第二步，根据时差、频差测量值及其与辐射源位置的映射关系求解辐射源位置。

7.3.1.1 交叉模糊函数法

第 i 个观测站收到的信号 $y_i(m\Delta)$ 和第 j 个观测站收到的信号 $y_j(m\Delta)$［式（7-94）］，$m = 0,1,\cdots,M$，$i,j = 1,2,\cdots,L$，$i \neq j$，其交叉模糊函数可表示[15]为

$$h_{ij}(\tau,f) = \left|\sum_{m=0}^{M}\left[y_i(m\Delta+\tau)\cdot y_j^*(m\Delta)\mathrm{e}^{-\mathrm{j}2\pi fm\Delta}\right]\right| \tag{7-95}$$

式中，$\tau = n\Delta$ 为时差变量，$n \in \mathbf{Z}$，f 为频差变量。

则时差、频差联合估计值为

$$(\hat{\tau}_{ij},\hat{f}_{ij}) = \arg\max_{\tau,f} h_{ij}(\tau,f) \tag{7-96}$$

若令 $r(m\Delta) = y_i(m\Delta+\tau)\cdot y_j^*(m\Delta)$，当 τ 一定时，式（7-95）可以看成关于函数 $r(m\Delta)$ 的傅里叶变换。这是快速计算交叉模糊函数的方法之一。

在实际工程中，可以根据观测站间距离 d 计算出最大可能时差 $\tau_{\max} = \dfrac{d}{c}$；根据观测站或者定位目标的最高速度 $v_{\max}$ 和信号频点 f_0 计算出最大可能频差 $f_{\max} = \dfrac{f_0 v_{\max}}{c}$。

虽然根据最大可能时差和最大可能频差可以将搜索范围缩小，但是由于时差、频差的估计精度直接影响到定位精度，时差、频差的搜索步进不能太大，这将导致时频差二维搜索的计算量较大。文献[15]中提出可以利用粗搜和精搜相结合的方式，同时可以利用 5.3.1.1 节互相关法中的插值公式（5-35）进一步提升时频差测量精度。

下面利用交叉模糊函数对时频差测量进行仿真，观测站坐标为 $\boldsymbol{u}_1 = [0,0,0]^{\mathrm{T}}(\mathrm{m})$，$\boldsymbol{u}_2 = [10000,10000,0]^{\mathrm{T}}(\mathrm{m})$，观测站速度为 $\boldsymbol{v}_1 = \boldsymbol{v}_2 = [157,191,0]^{\mathrm{T}}(\mathrm{m/s})$，在某一时刻辐射源的位置为 $\boldsymbol{x}_{\mathrm{T}} = [-18000,16000,10000]^{\mathrm{T}}(\mathrm{m})$，信号载频为 470MHz，BPSK 信号带宽为 25kHz，载噪比为 10dB，理论时差为-14.184μs，理论频差为 181.680Hz，采样率为 250kHz，取时长为 10ms 的信号进行时频差测量。经过时频差粗搜得到的时差测量值为 0μs，频差测量值为 200Hz，再对粗搜结果附近进行精搜（见图 7-14），同时对最大值对应的时差函数 $h_{ij}(\tau,\hat{f}_{ij})$、频差函数 $h_{ij}(\hat{\tau}_{ij},f)$ 插值得到的时差测量值为-13.473μs，频差测量值为 181.554Hz。

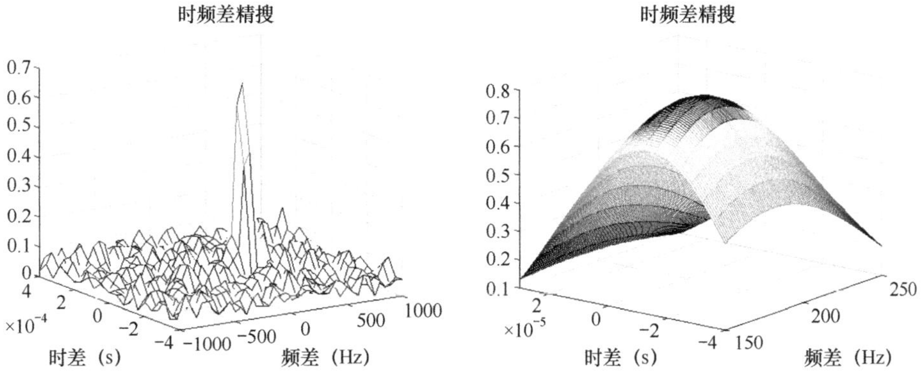

图 7-14　时频差搜索结果

7.3.1.2　时频差测量误差分析

文献[15]针对时差和频差测量误差不相关性的高斯/平稳信号（如典型的通信信号），推导出信号时频差测量的 CRLB 公式［见式（7-97）］，但是针对非平稳信号（如线性调频信号），其时差和频差测量误差相关性较强，由公式估计信号的时频差 CRLB 值并不适用。为此，文献[16]中给出了一个通用的时频差测量 CRLB 公式，该 CRLB 对信号的时频差测量误差的相关性不敏感，对平稳和非平稳信号皆适用。

为了验证上述内容，对不同信号时频差测量值与理论值匹配情况进行了仿真，得到图 7-15 所示结果，其中实线表示利用文献[15]给出的 CRLB 公式得到的时频差测量 90%置信椭圆，虚线表示利用文献[16]给出的 CRLB 公式得到的时频差测量 90%置信椭圆，图中各个点表示时频差测量的蒙特卡罗仿真结果。图 7-15（a）是针对线性调频信号的仿真结果，可以看到，文献[15]给出的置信椭圆区域无法体现时差和频差测量误差的相关性，不能很好地覆盖时频差测量点；而文献[16]给出的置信椭圆区域体现了时差和频差测量误差的相关性，且较好地覆盖时频差测量点。图 7-15（b）是针对 QPSK 通信信号的仿真结果，该信号时频差测量误差是不相关的，两种方法得出的置信椭圆区域都较好地覆盖时频差测量点。经过仿真发现，针对常用的通信信号如 BPSK、QPSK、16QAM、2FSK 等信号，两种方法的置信椭圆基本是等价的。

根据上述对不同信号时频差测量误差相关性的描述，对最优加权时频差定位算法进行完善。针对时频差测量误差相关性较强的信号进行定位时，采用文献[16]中的时频差测量 CRLB 对观测量进行最优加权；针对时频差测量误差相关性弱的信号进行定位时，采用文献[15]和[16]中的时频差测量 CRLB 都可以对观测量进行最优加权。

因此，对于常用的通信信号，噪声带宽为 B，累积时间为 T，接收信号 1 的信噪比为 γ_1，接收信号 2 的信噪比为 γ_2 时，时频差的 CRLB[15]为

$$
\begin{aligned}
\mathrm{CRLB}(\tau) &= \frac{1}{\beta\sqrt{BT\gamma}} \\
\mathrm{CRLB}(f) &= \frac{1}{T_e\sqrt{BT\gamma}}
\end{aligned}
\tag{7-97}
$$

式中，$\beta = 2\pi\left[\dfrac{\int_{-\infty}^{\infty} f^2 W_S(f)\mathrm{d}f}{\int_{-\infty}^{\infty} W_S(f)\mathrm{d}f}\right]^{1/2}$，$W_S(f)$ 为信号 $s(t)$ 的功率谱密度；$T_e = 2\pi\left[\dfrac{\int_{-\infty}^{\infty} t^2 |s(t)|^2\,\mathrm{d}t}{\int_{-\infty}^{\infty} |s(t)|^2\,\mathrm{d}t}\right]^{1/2}$；

$\gamma=\dfrac{2\gamma_1\gamma_2}{1+\gamma_1+\gamma_2}$。特别地，当信号频谱接近矩形时，$\beta=\dfrac{\pi}{\sqrt{3}}B_S$，$B_S$ 为信号带宽；当信号能量恒定时，$\beta=\dfrac{\pi}{\sqrt{3}}T$。

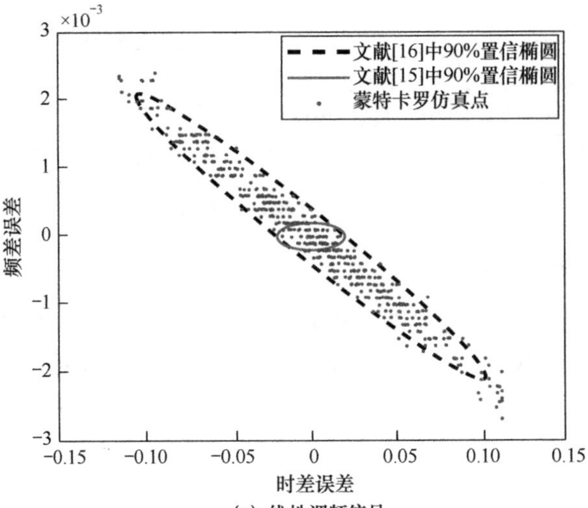

(a) 线性调频信号

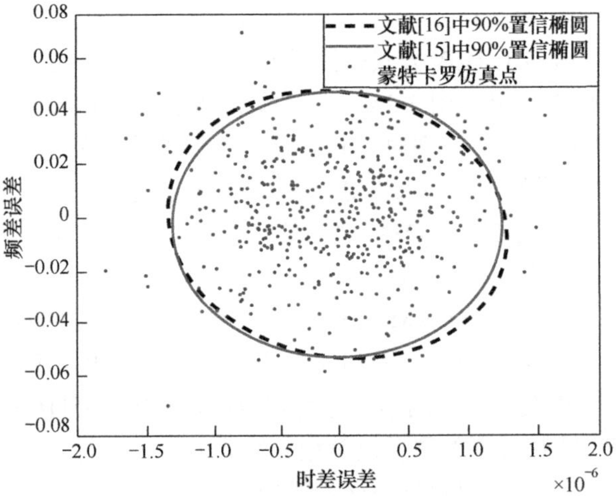

(b) QPSK通信信号

图 7-15　不同信号时频差误差比较

对 4 倍过采样，带宽 $B=25\text{kHz}$，累积时长 $T=10\text{ms}$，不同载噪比的 BPSK 信号进行蒙特卡罗仿真 1000 次，统计得到时差、频差均方根误差随载噪比变化曲线，如图 7-16 所示。

由仿真可知，时差、频差均方根误差均随信号载噪比的增加而降低，时差测量误差略高于 CRLB，而频差测量误差接近于 CRLB。

上述时频差测量仿真和 CRLB 计算都是在时频差为无偏估计的条件下进行的，即时频差在这段时间内是稳定不变的，但是在实际场景中，恒定时频差场景不多见，多数情况下，时频差都是不断变化的，由此会使利用交叉模糊函数估计得到的时频差是有偏的，具体解决方法将在 7.4 节及 9.2.1.1 节的变时差法直接定位原理中进行介绍。

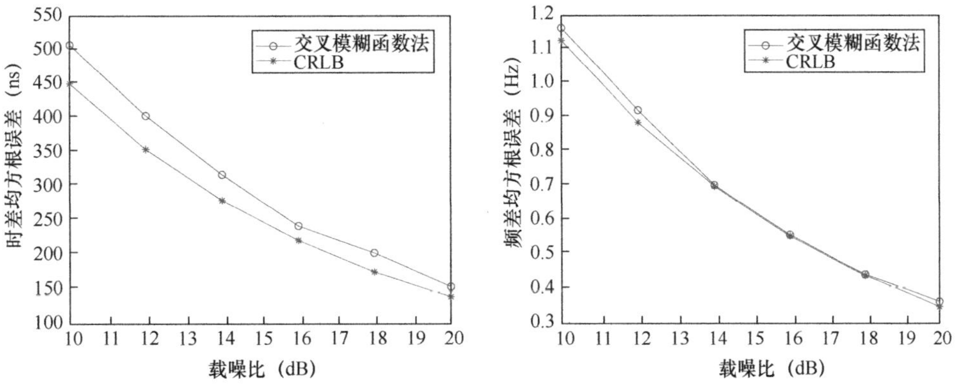

图 7-16　时差、频差均方根误差随载噪比变化曲线

7.3.1.3　时间频率扩展效益补偿

式（7-95）中的交叉模糊函数是基于窄带信号假设建立的，假设内容主要如下。

（1）TDOA 的扭曲是可以忽略的，即相对时间扩展不应对信号的自相关造成严重影响。文献[17]显示这一假设对交叉模糊函数的积分时间限制为

$$T \leqslant c/10Bv \tag{7-98}$$

否则，TDOA 估计的性能将急剧下降，这是由于时间扩展不仅会降低交叉模糊函数的信噪比，还会对交叉模糊函数的形状造成扭曲。

（2）FDOA 的扭曲是可以忽略的，即相对多普勒扩展不应对信号的自相关造成严重影响。这一假设导致对交叉模糊函数积分实现的另一限制[17]：

$$T \leqslant \sqrt{c/10 f_0 \dot{v}} \tag{7-99}$$

式中，$\dot{v}$ 为观测站对辐射源的径向加速度。如果上述条件无法满足，相对多普勒扩展将导致交叉模糊函数信噪比的下降和形状扭曲，进而导致 FDOA 估计精度显著下降。

为了同时对 TDOA 扭曲和 FDOA 扭曲问题进行补偿，文献[18]提出将一段时间内的时差变化建模为一个匀加速运动，即

$$\tau(t) = \tau_0 + a_1 t + \frac{1}{2} a_2 t^2 = \tau_0 + \frac{f_{\mathrm{d}l}}{f_0} t + \frac{1}{2} \frac{\dot{f}_{\mathrm{d}l}}{f_0} t^2 \tag{7-100}$$

式中，$f_{\mathrm{d}l} = \dfrac{f_0}{c}\left[\dfrac{\boldsymbol{v}_l^{\mathrm{T}}(\boldsymbol{u}_{\mathrm{T}} - \boldsymbol{u}_l)}{r_l}\right]$。

文献[18]提出，将观测时间等间隔地划分为长度为 T 的 K 小段，其中每段数据均满足式（7-98）和式（7-99）的条件。记基于小段数据测量得到的时差频差分别为 $\tilde{\tau}_k$、$\tilde{f}_k$，则有

$$\begin{aligned} \tilde{\tau}_k &= \tau_0 + \frac{f_{\mathrm{d}l}}{f_0}(k-1)T + \frac{1}{2}\frac{\dot{f}_{\mathrm{d}l}}{f_0}[(k-1)T]^2 + n_{\tau k} \\ \tilde{f}_k &= f_{\mathrm{d}l} + \dot{f}_{\mathrm{d}l}(k-1)T + n_{fk} \end{aligned} \tag{7-101}$$

式中，$n_{\tau k} \sim \mathbb{N}(0, \sigma_\tau^2)$、$n_{fk} \sim \mathbb{N}(0, \sigma_f^2)$ 分别为时差、频差测量噪声，$k = 1,2,\cdots K$。记 $\boldsymbol{z} = [\tau_0, f_{\mathrm{d}l}, \dot{f}_{\mathrm{d}l}]^{\mathrm{T}}$，将式（7-101）重新写为

$$\boldsymbol{A}\boldsymbol{z} = \boldsymbol{b} + \boldsymbol{n} \tag{7-102}$$

式中，$\boldsymbol{A} = \begin{bmatrix} 1 & (0\cdot T)/f_0 & (0\cdot T)/f_0 \\ \vdots & \vdots & \vdots \\ 1 & (K-1)\cdot T/f_0 & [(K-1)\cdot T]^2/f_0 \\ 0 & 1 & 0\cdot T \\ \vdots & \vdots & \vdots \\ 0 & 1 & (K-1)\cdot T \end{bmatrix}$，$\boldsymbol{b} = [\tilde{\tau}_1, \tilde{\tau}_2, \cdots, \tilde{\tau}_K, \tilde{f}_1, \tilde{f}_2, \cdots, \tilde{f}_K]^{\mathrm{T}}$，$\boldsymbol{n} = [n_{\tau 1}, n_{\tau 2}, \cdots, n_{\tau K}, n_{f1}, n_{f2}, \cdots, n_{fK}]^{\mathrm{T}}$。

则 $\boldsymbol{z}$ 的加权最小二乘解为

$$\boldsymbol{z} = (\boldsymbol{A}^{\mathrm{T}}\boldsymbol{\Sigma}^{-1}\boldsymbol{A})^{-1}\boldsymbol{A}^{\mathrm{T}}\boldsymbol{\Sigma}^{-1}\boldsymbol{b} \tag{7-103}$$

式中，$\boldsymbol{\Sigma}$ 为时频差测量误差的协方差矩阵。

文献[19]给出了一种简便、快速的时变 TDOA/FDOA 估计方法，可以较小的时频差测量性能损失为代价降低估计算法的复杂度。

7.3.1.4 多信号时频差优化估计方法

当时频重叠的多信号进行时频差测量时，若不同目标的信号间时差或频差差距较大，则直接利用交叉模糊函数提取多个峰值即可进行多信号的时频差测量，如图 7-17 所示。

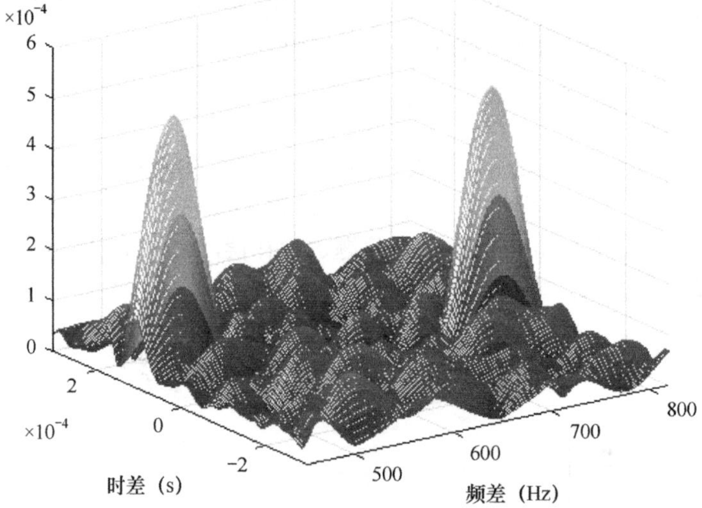

图 7-17 多信号交叉模糊函数

文献[20]指出，在多信号场景下，由码间串扰问题会导致基于交叉模糊函数的时频差测量精度下降，因此在计算交叉模糊函数之前应尽可能降低码间串扰的影响。文献[20]还提出采用测向的方法来分离多个信号，并考虑能够成功分离和无法成功分离的情况推导多信号时频差测量的 CRLB。

文献[21]提出了一种借鉴 MUSIC 法的时频差测量方法，利用 MUSIC 法超分辨、抗噪声的性能，该方法有望在实际工况中给出更好的时频差测量结果。

7.3.2 误差影响与校正

5.3.4 节介绍了自定位误差对时差定位的影响，而时频差定位体制利用了多普勒效应，多普勒效应又与观测站相对于辐射源的速度有关。因此，对观测站自身速度的测量误差也将导致定位误差。考虑一个双站时频差定位的场景（见图 7-18）。时刻 1，观测站的位置分别为 $\boldsymbol{u}_1=[-15,0]^{\mathrm{T}}$ (km)和 $\boldsymbol{u}_2=[15,0]^{\mathrm{T}}$ (km)，观测站速度为 $v_1=320$ (m/s)，$\beta_1=0°$，$v_2=280$ (m/s)，$\beta_2=-5°$，辐射源位置为 $\boldsymbol{x}_{\mathrm{T}}=\boldsymbol{u}_{\mathrm{T}}=[15,90]^{\mathrm{T}}$ (km)，信号频率为 300MHz。图 7-19 给出了理想场景下的等时差曲线和等频差曲线，两条曲线相交可得辐射源的准确位置。若此时观测站的速度测量值为 $\tilde{v}_1=300$ (m/s)，$\tilde{v}_2=280$ (m/s)，则方向无误差。图 7-19 也给出了含速度测量误差的等频差曲线，与等时差曲线相交得出辐射源估计位置为 $[14.03,84.02]^{\mathrm{T}}$ (km)。可见，对观测站自身速度的测量误差也将导致定位误差。

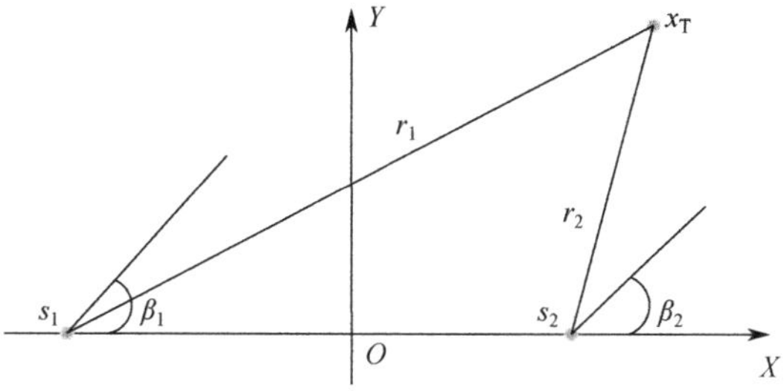

图 7-18　双站时频差定位场景

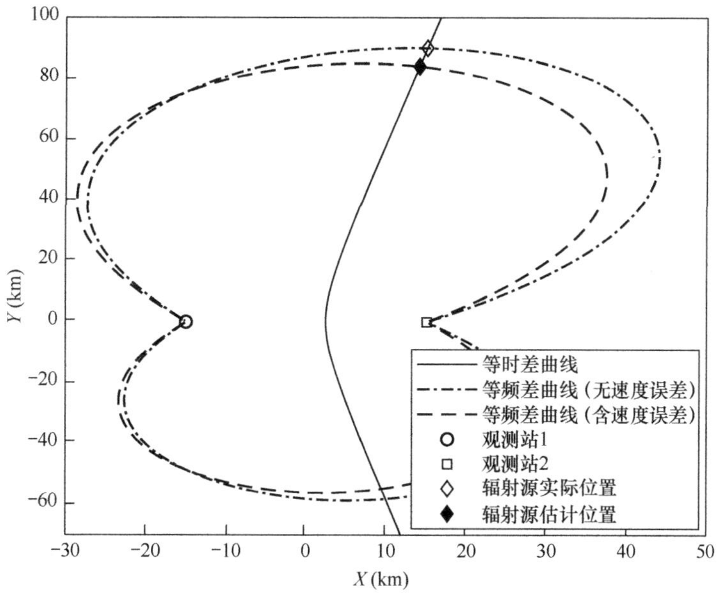

图 7-19　速度测量误差引起定位误差示意

观测站之间的时间频率不同步将影响到观测站之间频差的测量，进而导致定位误差。仍以上面的场景为例，假设射频频率为 300MHz，两个系统之间存在 10Hz 的频率同步误差和 2μs 的时间同步误差，图 7-20 给出了理想场景下的等时差曲线和等频差曲线，两条曲线相交可得出辐射源的准确位置。图 7-20 也给出了含频率同步误差的等频差曲线，与等时差曲线相交可得出辐射源估计位置为 $[15.25,80.92]^{\mathrm{T}}$ (km)。

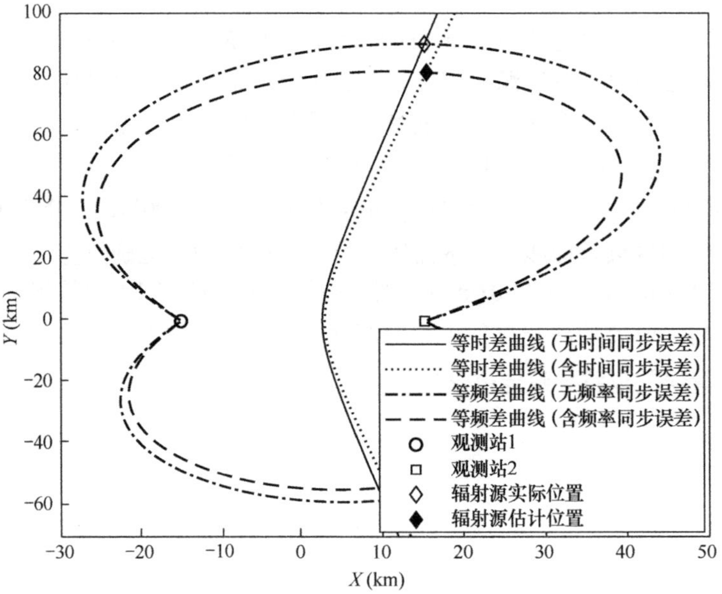

图 7-20 时频同步误差引起定位误差示意图

由 7.2.2 节 CRLB 的推导及上述介绍可见，观测站的位置、速度是影响时频差定位 CRLB 的重要因素之一，当观测站存在位置误差、速度误差（以下简称站址误差）时，显然将直接影响时频差定位误差。此外，观测站之间存在固定时差及频偏也是工程中常见的问题之一。由于固定时差及频偏的存在，时频差观测量将在随机观测噪声之外，在时频差上叠加一个线性误差项，显然也将影响时频差定位误差。当然，当站址误差和时频不同步问题同时存在时，将给高精度时频差定位带来更大的挑战。为此，本节主要介绍站址误差与时频不同步对时频差定位的影响及一些应对方法。

文献[22]分析了观测站存在站址误差时的时频差定位性能，推导了对单个辐射源定位的 CRLB。结果证明：当时频差定位系统存在站址误差时，辐射源位置速度的 CRLB 大于不存在站址误差时的 CRLB。同时，文献[22]还证明了如果简单地忽略站址误差，则定位均方根误差将达不到考虑站址误差的 CRLB，为此文献[22]提出了一个类似于 TSWLS 法的定位方法，结果证明在噪声较小时辐射源定位误差可达存在站址误差时的 CRLB。

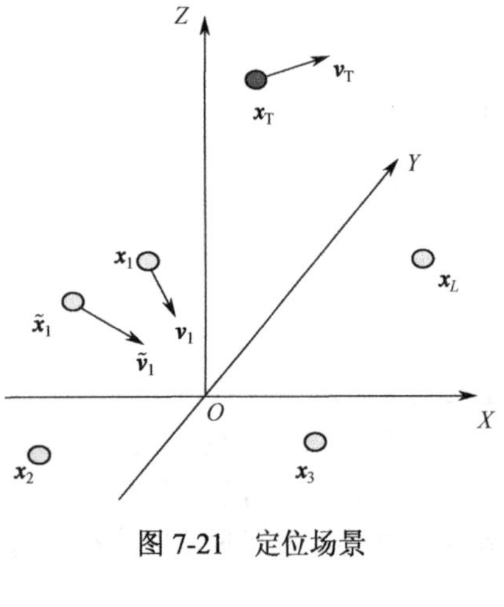

图 7-21 定位场景

文献[23]考虑了一种站间存在时频不同步问题的场景，指出在辐射源或某个观测站存在相对移动的情况下，可实现对辐射源的精确定位。基于双站时频差的多次观测，文献[23]给出了辐射源位置和固定时频偏差的极大似然估计方法。同时，其给出了此时的 CRLB，有助于判断这样的定位系统是否可满足使用需求。

下面，本书将推导在站址误差和时频不同步问题同时存在的情况下，辐射源定位的 CRLB。定位场景如图 7-21 所示，其中 L 个观测站位于 $\boldsymbol{u}_l=[x_l,y_l,z_l]^{\mathrm{T}}$，其速度为

$\boldsymbol{v}_l=[\dot{x}_l,\dot{y}_l,\dot{z}_l]^{\mathrm{T}}$，用于对位置为 $\boldsymbol{u}_{\mathrm{T}}=[x_{\mathrm{T}},y_{\mathrm{T}},z_{\mathrm{T}}]^{\mathrm{T}}$，速度为 $\boldsymbol{v}_{\mathrm{T}}=[\dot{x}_{\mathrm{T}},\dot{y}_{\mathrm{T}},\dot{z}_{\mathrm{T}}]^{\mathrm{T}}$ 的辐射源进行时频差定位。观测站的位置和速度存在随机扰动，位置和速度分别为 $\tilde{\boldsymbol{u}}_l=[\tilde{x}_l,\tilde{y}_l,\tilde{z}_l]^{\mathrm{T}}$ 和 $\tilde{\boldsymbol{v}}_l=[\tilde{\dot{x}}_l,\tilde{\dot{y}}_l,\tilde{\dot{z}}_l]^{\mathrm{T}}$。$\boldsymbol{u}_l$、$\boldsymbol{v}_l$ 是未知的，仅有 $\tilde{\boldsymbol{u}}_l$、$\tilde{\boldsymbol{v}}_l$ 是已知的。

定义 $\boldsymbol{x}_{\mathrm{O}}=[\boldsymbol{u}_{\mathrm{O}}^{\mathrm{T}},\boldsymbol{v}_{\mathrm{O}}^{\mathrm{T}}]^{\mathrm{T}}$，其中 $\boldsymbol{u}_{\mathrm{O}}^{\mathrm{T}}=[\boldsymbol{u}_1^{\mathrm{T}},\boldsymbol{u}_2^{\mathrm{T}},\cdots,\boldsymbol{u}_L^{\mathrm{T}}]$，$\boldsymbol{v}_{\mathrm{O}}^{\mathrm{T}}=[\boldsymbol{v}_1^{\mathrm{T}},\boldsymbol{v}_2^{\mathrm{T}},\cdots,\boldsymbol{v}_L^{\mathrm{T}}]$，则观测站位置误差矢量为 $\boldsymbol{\varepsilon}=\tilde{\boldsymbol{x}}_{\mathrm{O}}-\boldsymbol{x}_{\mathrm{O}}=[\Delta\boldsymbol{u}_{\mathrm{O}}^{\mathrm{T}},\Delta\boldsymbol{v}_{\mathrm{O}}^{\mathrm{T}}]^{\mathrm{T}}$，其中 $\Delta\boldsymbol{u}_{\mathrm{O}}^{\mathrm{T}}=[\Delta\boldsymbol{u}_1^{\mathrm{T}},\Delta\boldsymbol{u}_2^{\mathrm{T}},\cdots,\Delta\boldsymbol{u}_L^{\mathrm{T}}]$，$\Delta\boldsymbol{v}_{\mathrm{O}}^{\mathrm{T}}=[\Delta\boldsymbol{v}_1^{\mathrm{T}},\Delta\boldsymbol{v}_2^{\mathrm{T}},\cdots,\Delta\boldsymbol{v}_L^{\mathrm{T}}]$，$\Delta\boldsymbol{u}_l=\tilde{\boldsymbol{u}}_l-\boldsymbol{u}_l$，$\Delta\boldsymbol{v}_l=\tilde{\boldsymbol{v}}_l-\boldsymbol{v}_l$。通常，假设 $\boldsymbol{\varepsilon}$ 满足零均值高斯分布，且有

$$\mathbb{E}[\boldsymbol{\varepsilon}\boldsymbol{\varepsilon}^{\mathrm{T}}]=\boldsymbol{\Sigma}_{\varepsilon} \tag{7-104}$$

式（7-5）给出了站间时频同步时的 TDOA/FDOA 观测方程，将式（7-5）中 TDOA 方程组两边均乘光速 c，FDOA 方程组两边乘 c/f_0，可得

$$\begin{aligned}\tilde{\boldsymbol{r}}&=\boldsymbol{r}+\Delta\boldsymbol{r}\\ \tilde{\dot{\boldsymbol{r}}}&=\dot{\boldsymbol{r}}+\Delta\dot{\boldsymbol{r}}\end{aligned} \tag{7-105}$$

式中，$\tilde{\boldsymbol{r}}=c[\tilde{\tau}_{21},\tilde{\tau}_{31},\cdots,\tilde{\tau}_{L1}]^{\mathrm{T}}$，$\boldsymbol{r}=c[\tau_{21},\tau_{31},\cdots,\tau_{L1}]^{\mathrm{T}}$，$\Delta\boldsymbol{r}=c[\Delta\tau_{21},\Delta\tau_{31},\cdots,\Delta\tau_{L1}]^{\mathrm{T}}$，$\tilde{\dot{\boldsymbol{r}}}=\dfrac{c}{f_0}[\tilde{f}_{21},\tilde{f}_{31},\cdots,\tilde{f}_{L1}]^{\mathrm{T}}$，$\dot{\boldsymbol{r}}=\dfrac{c}{f_0}[f_{21},f_{31},\cdots,f_{L1}]^{\mathrm{T}}$，$\Delta\dot{\boldsymbol{r}}=\dfrac{c}{f_0}[\Delta f_{21},\Delta f_{31},\cdots,\Delta f_{L1}]^{\mathrm{T}}$。

当存在固定时频不同步时，式（7-105）可扩展为

$$\begin{aligned}\tilde{\boldsymbol{r}}&=\boldsymbol{r}+\boldsymbol{d}_{\tau}+\Delta\boldsymbol{r}\\ \tilde{\dot{\boldsymbol{r}}}&=\dot{\boldsymbol{r}}+\boldsymbol{d}_{f}+\Delta\dot{\boldsymbol{r}}\end{aligned} \tag{7-106}$$

式中，$\boldsymbol{d}_{\tau}=c[d\tau_{21},d\tau_{31},\cdots,d\tau_{L1}]^{\mathrm{T}}$，$d\tau_{l1}$ 为观测站 l 与观测站 1 之间的固定时差量；$\boldsymbol{d}_{f}=\dfrac{c}{f_0}[df_{21},df_{31},\cdots,df_{L1}]^{\mathrm{T}}$，$df_{l1}$ 为观测站 l 与观测站 1 之间的固定频偏量。

将两组测量值放在一起，得到测量矢量 $\boldsymbol{z}=[\tilde{\boldsymbol{r}}^{\mathrm{T}},\tilde{\dot{\boldsymbol{r}}}^{\mathrm{T}}]^{\mathrm{T}}$，而相应的测量误差矢量 $\boldsymbol{\xi}=[\Delta\boldsymbol{r}^{\mathrm{T}},\Delta\dot{\boldsymbol{r}}^{\mathrm{T}}]^{\mathrm{T}}$ 满足零均值高斯分布，且有

$$\mathbb{E}[\boldsymbol{\xi}\boldsymbol{\xi}^{\mathrm{T}}]=\boldsymbol{\Sigma}_{\xi} \tag{7-107}$$

通常，假设 $\boldsymbol{\varepsilon}$ 与 $\boldsymbol{\xi}$ 是相互独立的。

为表述简便，令 $\boldsymbol{H}=[\boldsymbol{z}^{\mathrm{T}},\tilde{\boldsymbol{x}}_{\mathrm{O}}^{\mathrm{T}}]^{\mathrm{T}}$，$\boldsymbol{d}=[\boldsymbol{d}_{\tau}^{\mathrm{T}},\boldsymbol{d}_{f}^{\mathrm{T}}]^{\mathrm{T}}$，$\boldsymbol{\theta}=[\boldsymbol{x}_{\mathrm{T}}^{\mathrm{T}},\boldsymbol{d}^{\mathrm{T}},\boldsymbol{x}_{\mathrm{O}}^{\mathrm{T}}]^{\mathrm{T}}$，由式（2-40）可知，$\boldsymbol{\theta}$ 的 Fisher 信息矩阵为

$$\boldsymbol{I}(\boldsymbol{\theta})=\left[\frac{\partial\boldsymbol{H}}{\partial\boldsymbol{\theta}}\right]^{\mathrm{T}}\boldsymbol{\Sigma}^{-1}\left[\frac{\partial\boldsymbol{H}}{\partial\boldsymbol{\theta}}\right] \tag{7-108}$$

式中，$\boldsymbol{\Sigma}=\begin{bmatrix}\boldsymbol{\Sigma}_{\xi} & \boldsymbol{0}\\ \boldsymbol{0} & \boldsymbol{\Sigma}_{\varepsilon}\end{bmatrix}$，$\dfrac{\partial\boldsymbol{H}}{\partial\boldsymbol{\theta}}=\begin{bmatrix}\dfrac{\partial\boldsymbol{H}}{\partial\boldsymbol{x}_{\mathrm{T}}} & \dfrac{\partial\boldsymbol{H}}{\partial\boldsymbol{d}} & \dfrac{\partial\boldsymbol{H}}{\partial\boldsymbol{x}_{\mathrm{O}}}\end{bmatrix}=\begin{bmatrix}\dfrac{\partial\boldsymbol{z}}{\partial\boldsymbol{x}_{\mathrm{T}}} & \dfrac{\partial\boldsymbol{z}}{\partial\boldsymbol{d}} & \dfrac{\partial\boldsymbol{z}}{\partial\boldsymbol{x}_{\mathrm{O}}}\\ \boldsymbol{0} & \boldsymbol{0} & \boldsymbol{I}\end{bmatrix}$。

则有

$$\boldsymbol{I}(\boldsymbol{\theta})=\begin{bmatrix}\boldsymbol{X} & \boldsymbol{A} & \boldsymbol{B}\\ \boldsymbol{A}^{\mathrm{T}} & \boldsymbol{Y} & \boldsymbol{C}\\ \boldsymbol{B}^{\mathrm{T}} & \boldsymbol{C}^{\mathrm{T}} & \boldsymbol{Z}\end{bmatrix} \tag{7-109}$$

式中，$\boldsymbol{X}=\left(\dfrac{\partial\boldsymbol{z}}{\partial\boldsymbol{x}_{\mathrm{T}}}\right)^{\mathrm{T}}\boldsymbol{\Sigma}_{\xi}^{-1}\left(\dfrac{\partial\boldsymbol{z}}{\partial\boldsymbol{x}_{\mathrm{T}}}\right)$，$\boldsymbol{Y}=\left(\dfrac{\partial\boldsymbol{z}}{\partial\boldsymbol{d}}\right)^{\mathrm{T}}\boldsymbol{\Sigma}_{\xi}^{-1}\left(\dfrac{\partial\boldsymbol{z}}{\partial\boldsymbol{d}}\right)$，$\boldsymbol{Z}=\left(\dfrac{\partial\boldsymbol{z}}{\partial\boldsymbol{x}_{\mathrm{O}}}\right)^{\mathrm{T}}\boldsymbol{\Sigma}_{\xi}^{-1}\left(\dfrac{\partial\boldsymbol{z}}{\partial\boldsymbol{x}_{\mathrm{O}}}\right)+\boldsymbol{\Sigma}_{\varepsilon}^{-1}$，

$\boldsymbol{A}=\left(\frac{\partial z}{\partial \boldsymbol{x}_{\mathrm{T}}}\right)^{\mathrm{T}}\boldsymbol{\Sigma}_{\xi}^{-1}\left(\frac{\partial z}{\partial \boldsymbol{d}}\right)$，$\boldsymbol{B}=\left(\frac{\partial z}{\partial \boldsymbol{x}_{\mathrm{T}}}\right)^{\mathrm{T}}\boldsymbol{\Sigma}_{\xi}^{-1}\left(\frac{\partial z}{\partial \boldsymbol{x}_{\mathrm{O}}}\right)$，$\boldsymbol{C}=\left(\frac{\partial z}{\partial \boldsymbol{d}}\right)^{\mathrm{T}}\boldsymbol{\Sigma}_{\xi}^{-1}\left(\frac{\partial z}{\partial \boldsymbol{x}_{\mathrm{O}}}\right)$。其中，$\boldsymbol{X}$ 为 6×6 的方阵，$\boldsymbol{Y}$ 为 $2(L-1)\times 2(L-1)$ 的方阵，$\boldsymbol{Z}$ 为 $6L\times 6L$ 的方阵。由三阶块矩阵求逆的公式，可得

$$\mathrm{CRLB}_4(\boldsymbol{x}_{\mathrm{T}})=[(\boldsymbol{X}-\boldsymbol{B}\boldsymbol{Z}^{-1}\boldsymbol{B}^{\mathrm{T}})-(\boldsymbol{A}-\boldsymbol{B}\boldsymbol{Z}^{-1}\boldsymbol{C}^{\mathrm{T}})(\boldsymbol{Y}-\boldsymbol{C}\boldsymbol{Z}^{-1}\boldsymbol{C}^{\mathrm{T}})^{-1}(\boldsymbol{A}^{\mathrm{T}}-\boldsymbol{C}\boldsymbol{Z}^{-1}\boldsymbol{B}^{\mathrm{T}})]^{-1} \tag{7-110}$$

作为比较，当不考虑固定时差及频偏，也不考虑站址误差时，有

$$\mathrm{CRLB}_1(\boldsymbol{x}_{\mathrm{T}})=\boldsymbol{X}^{-1} \tag{7-111}$$

当仅考虑站址误差时，有

$$\mathrm{CRLB}_2(\boldsymbol{x}_{\mathrm{T}})=(\boldsymbol{X}-\boldsymbol{B}\boldsymbol{Z}^{-1}\boldsymbol{B}^{\mathrm{T}})^{-1} \tag{7-112}$$

当仅考虑固定时差及频偏时，有

$$\mathrm{CRLB}_3(\boldsymbol{x}_{\mathrm{T}})=(\boldsymbol{X}-\boldsymbol{A}\boldsymbol{Y}^{-1}\boldsymbol{A}^{\mathrm{T}})^{-1} \tag{7-113}$$

文献[23]的研究表明，对于存在固定时差及频偏的场景，如不引入校正单元，则对于一对时频差观测站需进行多次观测方能对固定时差及频偏进行估计。若对于全部观测站均仅进行一次观测，则有

$$\left(\frac{\partial z}{\partial \boldsymbol{d}}\right)=\boldsymbol{I}_{2(L-1)\times 2(L-1)} \tag{7-114}$$

进而有

$$\begin{aligned}\boldsymbol{A}\boldsymbol{Y}^{-1}\boldsymbol{A}^{\mathrm{T}}&=\left[\left(\frac{\partial z}{\partial \boldsymbol{x}_{\mathrm{T}}}\right)^{\mathrm{T}}\boldsymbol{\Sigma}_{\xi}^{-1}\left(\frac{\partial z}{\partial \boldsymbol{d}}\right)\right]\left[\left(\frac{\partial z}{\partial \boldsymbol{d}}\right)^{\mathrm{T}}\boldsymbol{\Sigma}_{\xi}^{-1}\left(\frac{\partial z}{\partial \boldsymbol{d}}\right)\right]^{-1}\left[\left(\frac{\partial z}{\partial \boldsymbol{x}_{\mathrm{T}}}\right)^{\mathrm{T}}\boldsymbol{\Sigma}_{\xi}^{-1}\left(\frac{\partial z}{\partial \boldsymbol{d}}\right)\right]^{\mathrm{T}}\\&=\left(\frac{\partial z}{\partial \boldsymbol{x}_{\mathrm{T}}}\right)^{\mathrm{T}}\boldsymbol{\Sigma}_{\xi}^{-1}\boldsymbol{\Sigma}_{\xi}\boldsymbol{\Sigma}_{\xi}^{-1}\left(\frac{\partial z}{\partial \boldsymbol{x}_{\mathrm{T}}}\right)=\left(\frac{\partial z}{\partial \boldsymbol{x}_{\mathrm{T}}}\right)^{\mathrm{T}}\boldsymbol{\Sigma}_{\xi}^{-1}\left(\frac{\partial z}{\partial \boldsymbol{x}_{\mathrm{T}}}\right)=\boldsymbol{X}\end{aligned} \tag{7-115}$$

此时观察式（7-113），有

$$\mathrm{CRLB}(\boldsymbol{x}_{\mathrm{T}})\to\infty \tag{7-116}$$

可以这样理解，若对任意观测站仅观测一次，则无法判断是否存在固定时差及频偏，而任意大的时差及频偏可能导致对辐射源估计的误差无穷大。

为了比较直观地观察站址误差和固定时差及频偏对定位误差的影响，考虑一个双站时频差定位的场景，其中观测站 1 有：$\boldsymbol{u}_1=[0,0]^{\mathrm{T}}$ (km)和 $\boldsymbol{v}_1=[1000,0]^{\mathrm{T}}$ (m/s)，观测站 2 有：$\boldsymbol{u}_2=[100,0]^{\mathrm{T}}$ (km)和 $\boldsymbol{v}_2=[0,1000]^{\mathrm{T}}$ (m/s)，静止辐射源位于 $\boldsymbol{x}_{\mathrm{T}}=\boldsymbol{u}_{\mathrm{T}}=[50,50]^{\mathrm{T}}$ (km)。按照典型工程参数，假定时差测量误差 $\sigma_\tau=100\mathrm{ns}$，$\sigma_f/f_0=0.1\sigma_\tau$，观测站位置误差为 10m，速度误差为 10m/s。图 7-22 给出了无误差因素、存在观测站位置误差、存在固定时差频偏和同时存在观测站位置误差和固定时差频偏四种情况下，不同观测次数的辐射源位置 CRLB。由图中结果可见，在观测次数较少时，固定时差频偏因素占主导地位，在不引入校正单元的情况下，将极大地增大辐射源定位误差，而这一影响随着观测次数的增加而削弱较快。观测站位置误差对定位精度的影响随着观测次数的增加而削弱较慢，在观测次数较多时成为主导因素。此外，无误差因素情况下的辐射源位置 CRLB 始终是最低的，而同时存在两种误差因素情况下的辐射源位置 CRLB 始终是最高的。图 7-23 给出了 50 次观测情况下，不同时频差测量误差情况下的辐射源位置 CRLB。由图中结果可见，当观测次数一定，在时频差测量精度较高时，位置误差的影响更大，而当时频差测量精度降低到一定程度时，由于将影响到固定时差及频偏的估计，固定时差及频偏导致的 CRLB 将高于存在位置误差时的 CRLB。同样地，在各种

时频差测量误差情况下，无误差因素情况下的辐射源位置 CRLB 始终是最低的，而同时存在两种误差因素情况下的辐射源位置 CRLB 始终是最高的。

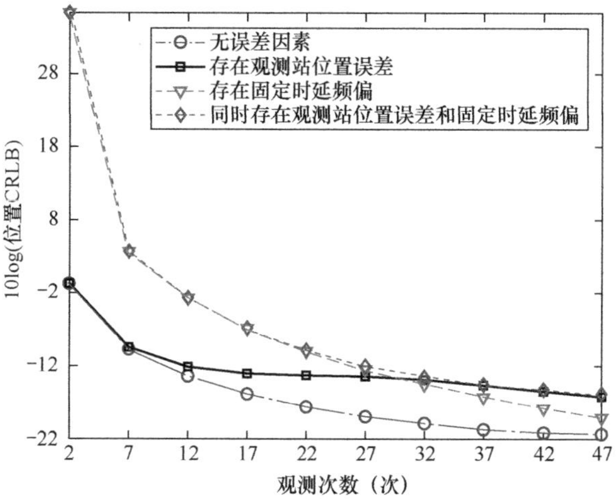

图 7-22　不同观测次数的辐射源位置 CRLB

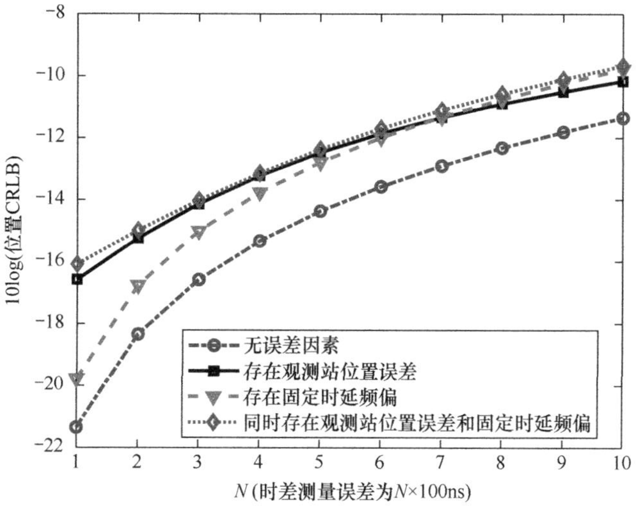

图 7-23　不同时频差测量误差情况下的辐射源位置 CRLB（50 次观测）

值得指出的是，参照文献[24]，上述推导过程可以很容易地直接推广到多目标的情况。

另外，对于存在观测站位置误差的多个分离辐射源的时频差定位也有一些研究成果（注意，对于多个分离辐射源可以简单地运用在 7.1.2 节介绍的算法进行逐个定位）。而关于多分离辐射源定位的一个重要观点在于它们是对应同样的观测站位置误差。因而，通过联合多目标定位有可能降低观测站位置不确定性所带来的性能损失。文献[24]提出了一种存在观测站位置不确定情况下同时定位多个辐射源的解析算法，在观测噪声较小时可以证明该算法达到 CRLB。文献[25]提出了一种基于迭代受限加权最小二乘的分离多辐射源定位算法，可实现对辐射源和观测站的定位，且门限效应出现得更晚。

为了在存在观测站位置误差和时频不同步场景下进一步优化定位性能，可以引入一些事先已知位置、速度的校正单元。文献[26]考虑在存在观测站位置不确定的时差定位场景，引入单个校正单元，分析了引入校正单元后的辐射源定位 CRLB，同时提出了一个基于辐射源和校正单元 TDOA 测量的闭式解法。文献[27]考虑了校正单元位置不确知的场景，从中可以观察到，引入校正单元所带来的收益取决于其位置。相应地，可通过改进辐射源定位的 Fisher 信息矩阵来优化校正单元的位置。文献[29]研究了多个校正单元的运用及其位置对校正性能的影响，并给出了通过多个校正单元可完全消除观测站位置误差的解析条件。在时差偏差和观测站位置误差同时存在的情况下，文献[30]提出了一种基于 G-N 迭代法的时差定位方法。此外，文献[31]和文献[32]还研究了引入标校源后对运动目标定位的情况。文献[33]研究了一种基于无人机校正单元的多辐射源定位方法。该方法分为两个阶段：第一个阶段，利用对观测站位置的先验知识和校正观测量改善对观测站位置的估计；第二个阶段，利用第一个阶段的结果和辐射源观测量，基于迭代受限加权最小二乘算法进行辐射源定位。

下面推导站址误差和时频不同步同时存在时，引入单个位置、速度已知的校正单元时辐射源定位的 CRLB，其定位场景如图 7-24 所示。关于此场景的描述，图 7-24 与图 7-21 的不同之处在于引入了校正单元 c，其位置 $\boldsymbol{u}_c$、速度 $\boldsymbol{v}_c$ 已知。参照式（7-106），关于标校源的测量值为

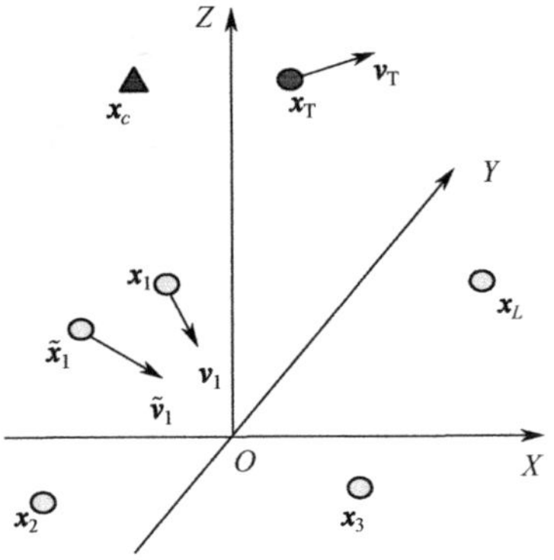

图 7-24　定位场景

$$\begin{aligned}\tilde{\boldsymbol{r}}_c &= \boldsymbol{r}_c + \boldsymbol{d}_\tau + \Delta\boldsymbol{r}_c \\ \tilde{\dot{\boldsymbol{r}}}_c &= \dot{\boldsymbol{r}}_c + \boldsymbol{d}_f + \Delta\dot{\boldsymbol{r}}_c\end{aligned} \tag{7-117}$$

将两组测量值放在一起，得到测量矢量 $\tilde{\boldsymbol{\gamma}} = [\tilde{\boldsymbol{r}}_c^{\mathrm{T}}, \tilde{\dot{\boldsymbol{r}}}_c^{\mathrm{T}}]^{\mathrm{T}}$，而相应的测量误差矢量 $\Delta\boldsymbol{\gamma} = [\Delta\boldsymbol{r}_c^{\mathrm{T}}, \Delta\dot{\boldsymbol{r}}_c^{\mathrm{T}}]^{\mathrm{T}}$ 满足零均值高斯分布，且有

$$\mathbb{E}[\Delta\boldsymbol{\gamma}\Delta\boldsymbol{\gamma}^{\mathrm{T}}] = \boldsymbol{\Sigma}_\gamma \tag{7-118}$$

为表述简便，令 $\boldsymbol{H}_c = [\boldsymbol{z}^{\mathrm{T}}, \boldsymbol{\gamma}^{\mathrm{T}}, \boldsymbol{x}_{\mathrm{O}}^{\mathrm{T}}]^{\mathrm{T}}$，则由式（2-40）可知，$\boldsymbol{\theta}$ 的 Fisher 信息矩阵为

$$\boldsymbol{I}(\boldsymbol{\theta}) = \left[\frac{\partial \boldsymbol{H}_c}{\partial \boldsymbol{\theta}}\right]^{\mathrm{T}} \boldsymbol{\Sigma}_c^{-1} \left[\frac{\partial \boldsymbol{H}_c}{\partial \boldsymbol{\theta}}\right] \tag{7-119}$$

式中，$\boldsymbol{\Sigma}_c = \begin{bmatrix} \boldsymbol{\Sigma}_\xi & \boldsymbol{0} & \boldsymbol{0} \\ \boldsymbol{0} & \boldsymbol{\Sigma}_\gamma & \boldsymbol{0} \\ \boldsymbol{0} & \boldsymbol{0} & \boldsymbol{\Sigma}_\varepsilon \end{bmatrix}$，$\dfrac{\partial \boldsymbol{H}_c}{\partial \boldsymbol{\theta}} = \begin{bmatrix} \dfrac{\partial \boldsymbol{H}_c}{\partial \boldsymbol{x}_{\mathrm{T}}} & \dfrac{\partial \boldsymbol{H}_c}{\partial \boldsymbol{d}} & \dfrac{\partial \boldsymbol{H}_c}{\partial \boldsymbol{x}_{\mathrm{O}}} \end{bmatrix} = \begin{bmatrix} \dfrac{\partial \boldsymbol{z}}{\partial \boldsymbol{x}_{\mathrm{T}}} & \dfrac{\partial \boldsymbol{z}}{\partial \boldsymbol{d}} & \dfrac{\partial \boldsymbol{z}}{\partial \boldsymbol{x}_{\mathrm{O}}} \\ \boldsymbol{0} & \dfrac{\partial \boldsymbol{\gamma}}{\partial \boldsymbol{d}} & \dfrac{\partial \boldsymbol{\gamma}}{\partial \boldsymbol{x}_{\mathrm{O}}} \\ \boldsymbol{0} & \boldsymbol{0} & \boldsymbol{I} \end{bmatrix}$。

这样，有

$$\boldsymbol{I}(\boldsymbol{\theta}) = \begin{bmatrix} \dfrac{\partial \boldsymbol{z}}{\partial \boldsymbol{x}_{\mathrm{T}}} & \dfrac{\partial \boldsymbol{z}}{\partial \boldsymbol{d}} & \dfrac{\partial \boldsymbol{z}}{\partial \boldsymbol{x}_{\mathrm{O}}} \\ \boldsymbol{0} & \dfrac{\partial \boldsymbol{\gamma}}{\partial \boldsymbol{d}} & \dfrac{\partial \boldsymbol{\gamma}}{\partial \boldsymbol{x}_{\mathrm{O}}} \\ \boldsymbol{0} & \boldsymbol{0} & \boldsymbol{I} \end{bmatrix}^{\mathrm{T}} \begin{bmatrix} \boldsymbol{\Sigma}_\xi^{-1} & \boldsymbol{0} & \boldsymbol{0} \\ \boldsymbol{0} & \boldsymbol{\Sigma}_\gamma^{-1} & \boldsymbol{0} \\ \boldsymbol{0} & \boldsymbol{0} & \boldsymbol{\Sigma}_\varepsilon^{-1} \end{bmatrix} \begin{bmatrix} \dfrac{\partial \boldsymbol{z}}{\partial \boldsymbol{x}_{\mathrm{T}}} & \dfrac{\partial \boldsymbol{z}}{\partial \boldsymbol{d}} & \dfrac{\partial \boldsymbol{z}}{\partial \boldsymbol{x}_{\mathrm{O}}} \\ \boldsymbol{0} & \dfrac{\partial \boldsymbol{\gamma}}{\partial \boldsymbol{d}} & \dfrac{\partial \boldsymbol{\gamma}}{\partial \boldsymbol{x}_{\mathrm{O}}} \\ \boldsymbol{0} & \boldsymbol{0} & \boldsymbol{I} \end{bmatrix} = \begin{bmatrix} \boldsymbol{X}_c & \boldsymbol{A}_c & \boldsymbol{B}_c \\ \boldsymbol{A}_c^{\mathrm{T}} & \boldsymbol{Y}_c & \boldsymbol{C}_c \\ \boldsymbol{B}_c^{\mathrm{T}} & \boldsymbol{C}_c^{\mathrm{T}} & \boldsymbol{Z}_c \end{bmatrix} \tag{7-120}$$

式中，$\boldsymbol{X}_c = \left(\dfrac{\partial \boldsymbol{z}}{\partial \boldsymbol{x}_{\mathrm{T}}}\right)^{\mathrm{T}} \boldsymbol{\Sigma}_\xi^{-1} \left(\dfrac{\partial \boldsymbol{z}}{\partial \boldsymbol{x}_{\mathrm{T}}}\right)$，$\boldsymbol{Y}_c = \left(\dfrac{\partial \boldsymbol{z}}{\partial \boldsymbol{d}}\right)^{\mathrm{T}} \boldsymbol{\Sigma}_\xi^{-1} \left(\dfrac{\partial \boldsymbol{z}}{\partial \boldsymbol{d}}\right) + \left(\dfrac{\partial \boldsymbol{\gamma}}{\partial \boldsymbol{d}}\right)^{\mathrm{T}} \boldsymbol{\Sigma}_\gamma^{-1} \left(\dfrac{\partial \boldsymbol{\gamma}}{\partial \boldsymbol{d}}\right)$，$\boldsymbol{Z}_c = \left(\dfrac{\partial \boldsymbol{z}}{\partial \boldsymbol{x}_{\mathrm{O}}}\right)^{\mathrm{T}} \boldsymbol{\Sigma}_\xi^{-1} \left(\dfrac{\partial \boldsymbol{z}}{\partial \boldsymbol{x}_{\mathrm{O}}}\right) +$

$\left(\dfrac{\partial\gamma}{\partial\boldsymbol{x}_\mathrm{O}}\right)^\mathrm{T}\boldsymbol{\Sigma}_\gamma^{-1}\left(\dfrac{\partial\gamma}{\partial\boldsymbol{x}_\mathrm{O}}\right)+\boldsymbol{\Sigma}_\varepsilon^{-1}$，$\boldsymbol{A}_c=\left(\dfrac{\partial z}{\partial\boldsymbol{x}_\mathrm{T}}\right)^\mathrm{T}\boldsymbol{\Sigma}_\xi^{-1}\left(\dfrac{\partial z}{\partial\boldsymbol{d}}\right)$，$\boldsymbol{B}_c=\left(\dfrac{\partial z}{\partial\boldsymbol{x}_\mathrm{T}}\right)^\mathrm{T}\boldsymbol{\Sigma}_\xi^{-1}\left(\dfrac{\partial z}{\partial\boldsymbol{x}_\mathrm{O}}\right)$，$\boldsymbol{C}_c=\left(\dfrac{\partial z}{\partial\boldsymbol{d}}\right)^\mathrm{T}\boldsymbol{\Sigma}_\xi^{-1}\left(\dfrac{\partial z}{\partial\boldsymbol{x}_\mathrm{O}}\right)+\left(\dfrac{\partial\gamma}{\partial\boldsymbol{d}}\right)^\mathrm{T}\boldsymbol{\Sigma}_\gamma^{-1}\left(\dfrac{\partial\gamma}{\partial\boldsymbol{x}_\mathrm{O}}\right)$。

由三阶块矩阵求逆的公式，可得

$$\mathrm{CRLB}_{4c}(\boldsymbol{u})=\left[(\boldsymbol{X}_c-\boldsymbol{B}_c\boldsymbol{Z}_c^{-1}\boldsymbol{B}_c^\mathrm{T})-(\boldsymbol{A}_c-\boldsymbol{B}_c\boldsymbol{Z}_c^{-1}\boldsymbol{C}_c^\mathrm{T})(\boldsymbol{Y}_c-\boldsymbol{C}_c\boldsymbol{Z}_c^{-1}\boldsymbol{C}_c^\mathrm{T})^{-1}(\boldsymbol{A}_c^\mathrm{T}-\boldsymbol{C}_c\boldsymbol{Z}_c^{-1}\boldsymbol{B}_c^\mathrm{T})\right]^{-1} \tag{7-121}$$

作为比较，当不考虑固定时差及频偏，也不考虑站址误差时，有

$$\mathrm{CRLB}_{1c}(\boldsymbol{x}_\mathrm{T})=\boldsymbol{X}_c^{-1}=\boldsymbol{X}^{-1} \tag{7-122}$$

当仅考虑站址误差时，有

$$\mathrm{CRLB}_{2c}(\boldsymbol{x}_\mathrm{T})=(\boldsymbol{X}_c-\boldsymbol{B}_c\boldsymbol{Z}_c^{-1}\boldsymbol{B}_c^\mathrm{T})^{-1} \tag{7-123}$$

当仅考虑固定时差及频偏时，有

$$\mathrm{CRLB}_{3c}(\boldsymbol{x}_\mathrm{T})=(\boldsymbol{X}_c-\boldsymbol{A}_c\boldsymbol{Y}_c^{-1}\boldsymbol{A}_c^\mathrm{T})^{-1} \tag{7-124}$$

若对于全部观测站均仅进行一次观测，则有

$$\begin{gathered}\left(\frac{\partial z}{\partial\boldsymbol{d}}\right)=\boldsymbol{I}_{2(L-1)\times2(L-1)}\\\left(\frac{\partial\gamma}{\partial\boldsymbol{d}}\right)=\boldsymbol{I}_{2(L-1)\times2(L-1)}\end{gathered} \tag{7-125}$$

进而有

$$\begin{aligned}\boldsymbol{A}_c\boldsymbol{Y}_c^{-1}\boldsymbol{A}_c^\mathrm{T}&=\left[\left(\frac{\partial z}{\partial\boldsymbol{x}_\mathrm{T}}\right)^\mathrm{T}\boldsymbol{\Sigma}_\xi^{-1}\left(\frac{\partial z}{\partial\boldsymbol{d}}\right)\right]\left[\left(\frac{\partial z}{\partial\boldsymbol{d}}\right)^\mathrm{T}\boldsymbol{\Sigma}_\xi^{-1}\left(\frac{\partial z}{\partial\boldsymbol{d}}\right)+\left(\frac{\partial\gamma}{\partial\boldsymbol{d}}\right)^\mathrm{T}\boldsymbol{\Sigma}_\gamma^{-1}\left(\frac{\partial\gamma}{\partial\boldsymbol{d}}\right)\right]^{-1}\left[\left(\frac{\partial z}{\partial\boldsymbol{x}_\mathrm{T}}\right)^\mathrm{T}\boldsymbol{\Sigma}_\xi^{-1}\left(\frac{\partial z}{\partial\boldsymbol{d}}\right)\right]^\mathrm{T}\\&=\left(\frac{\partial z}{\partial\boldsymbol{x}_\mathrm{T}}\right)^\mathrm{T}\boldsymbol{\Sigma}_\xi^{-1}\left(\boldsymbol{\Sigma}_\xi^{-1}+\boldsymbol{\Sigma}_\gamma^{-1}\right)^{-1}\boldsymbol{\Sigma}_\xi^{-1}\left(\frac{\partial z}{\partial\boldsymbol{x}_\mathrm{T}}\right)\end{aligned} \tag{7-126}$$

考虑典型情况下对标校源的时频差测量误差均小于对辐射源的时频差测量误差，设 $\boldsymbol{\Sigma}_\gamma=m\boldsymbol{\Sigma}_\xi$，$0<m<1$，则有

$$\begin{aligned}\boldsymbol{A}_c\boldsymbol{Y}_c^{-1}\boldsymbol{A}_c^\mathrm{T}&=\left(\frac{\partial z}{\partial\boldsymbol{x}_\mathrm{T}}\right)^\mathrm{T}\boldsymbol{\Sigma}_\xi^{-1}\left(\boldsymbol{\Sigma}_\xi^{-1}+\frac{1}{m}\boldsymbol{\Sigma}_\xi^{-1}\right)^{-1}\boldsymbol{\Sigma}_\xi^{-1}\left(\frac{\partial z}{\partial\boldsymbol{x}_\mathrm{T}}\right)\\&=\frac{m}{m+1}\left(\frac{\partial z}{\partial\boldsymbol{x}_\mathrm{T}}\right)^\mathrm{T}\boldsymbol{\Sigma}_\xi^{-1}\left(\frac{\partial z}{\partial\boldsymbol{x}_\mathrm{T}}\right)\end{aligned} \tag{7-127}$$

代入式（7-124），可得

$$\begin{aligned}\mathrm{CRLB}_{3c}(\boldsymbol{u})&=(\boldsymbol{X}_c-\boldsymbol{A}_c\boldsymbol{Y}_c^{-1}\boldsymbol{A}_c^\mathrm{T})^{-1}\\&=(m+1)\left[\left(\frac{\partial z}{\partial\boldsymbol{x}_\mathrm{T}}\right)^\mathrm{T}\boldsymbol{\Sigma}_\xi^{-1}\left(\frac{\partial z}{\partial\boldsymbol{x}_\mathrm{T}}\right)\right]^{-1}=(m+1)\mathrm{CRLB}_{1c}(\boldsymbol{x}_\mathrm{T})=(m+1)\mathrm{CRLB}_1(\boldsymbol{x}_\mathrm{T})\end{aligned} \tag{7-128}$$

可见，在引入标校源后，若仅存在固定时差及频偏，即使仅进行一次观测，辐射源定位

$\mathrm{CRLB}_{3c}(\boldsymbol{x}_\mathrm{T})$ 也仅为无误差因素 $\mathrm{CRLB}_1(\boldsymbol{x}_\mathrm{T})$ 的 $(m+1)$ 倍，而 m 通常是比较小的，因而使 $\mathrm{CRLB}_{3c}(\boldsymbol{x}_\mathrm{T})$ 达到逼近 $\mathrm{CRLB}_1(\boldsymbol{x}_\mathrm{T})$ 的水平，这一点与无标校源时的情况［见式（7-116）］不同。

为了比较直观地观察标校源的作用，同样考虑一个双站时频差定位的场景，其中观测站和静止辐射源的位置及速度设置与前述一样。引入静止标校源 $\boldsymbol{x}_c=[20,30]^\mathrm{T}$ (km)，假定标校源的时差测量误差 $\sigma_\tau=20\mathrm{ns}$，且 $\sigma_f/f_0=0.1\sigma_\tau$。图 7-25 给出了引入一个标校源后，无误差因素、存在观测站位置误差、存在固定时差频偏和同时存在观测站位置误差和固定时差频偏四种情况下，不同观测次数的辐射源位置 CRLB。对比图 7-22 与图 7-25 的结果可见，引入标校源可极大地降低固定时差频偏对辐射源定位 CRLB 的影响，使单纯存在固定时差频偏情况下的辐射源定位 CRLB 逼近无误差因素时辐射源定位的 CRLB。此外，引入标校源也可有效削弱观测站位置误差的影响，但效果不如针对固定时差及频偏因素显著。在各种时频差测量误差情况下，无误差因素的辐射源位置 CRLB 始终是最低的，而同时存在两种误差因素的辐射源位置 CRLB 始终是最高的。图 7-26 给出了 50 次观测情况下，不同时频差测量误差因素的辐射源位置 CRLB。其中，对于给定误差系数 ρ，标校源的时差测量误差为 10ρ ns，频差测量 $\sigma_f/f_0=0.1\sigma_\tau$，而对辐射源的时频差测量误差约定为对标校源的 10 倍。由于引入标校源，在各时频差测量误差情况下，位置误差的影响始终比固定时差频偏更大，这是与图 7-23 不一样的地方。同样地，在各种时频差测量误差的情况下，无误差因素的辐射源位置 CRLB 始终是最低的，而同时存在两种误差因素的辐射源位置 CRLB 始终是最高的。

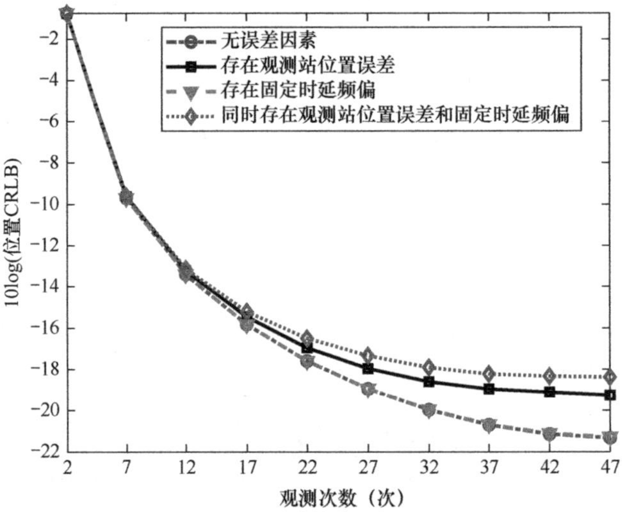

图 7-25 引入一个标校源后不同观测次数的辐射源位置 CRLB

【例 7.1】 基于单个标校源的站址误差校正。

考虑一个四站时频差定位场景，观测站位置分别为 $\boldsymbol{x}_1=[50,0]^\mathrm{T}$ (km)，$\boldsymbol{x}_2=[0,50]^\mathrm{T}$ (km)，$\boldsymbol{x}_3=[-50,0]^\mathrm{T}$ (km)，$\boldsymbol{x}_4=[0,-50]^\mathrm{T}$ (km)，观测站速度分别为 $\boldsymbol{v}_1=[358,0]^\mathrm{T}$ (m/s)，$\boldsymbol{v}_2=[350,0]^\mathrm{T}$ (m/s)，$\boldsymbol{v}_3=[200,-250]^\mathrm{T}$ (m/s)，$\boldsymbol{v}_4=[200,-250]^\mathrm{T}$ (m/s)。静止目标位于 $\boldsymbol{x}_\mathrm{T}=[100,200]^\mathrm{T}$ (km)。假设四个观测站均存在位置误差 56.5m 及速度误差 11.30m/s。为了缓解站址误差对定位精度的影响，引入一个静止标校源，位于 $\boldsymbol{x}_c=[20,200]^\mathrm{T}$ (km)，如图 7-27 所示。考虑目标信号与校正信号均符合以下条件：带宽为 50kHz，过采样率为 4，各站同步采集 5000 点信号。

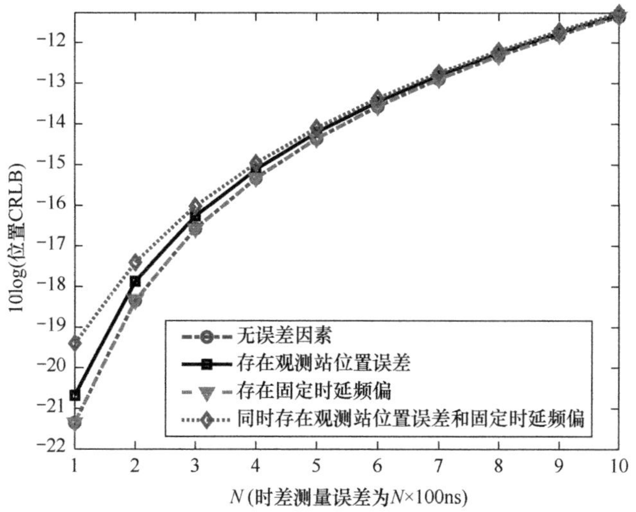

图 7-26　不同时频差测量误差情况下的辐射源位置 CRLB（50 次观测）

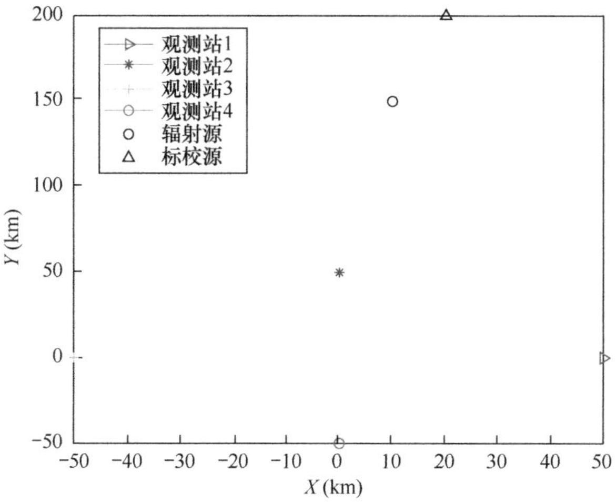

图 7-27　辐射源与标校源及四站位置示意

图 7-28、图 7-29 分别展示了观测站含位置速度、误差校正前和校正后，对同一辐射源的网格搜索法定位结果。本例中，观测站含位置、速度误差但未校正情况下的定位误差为

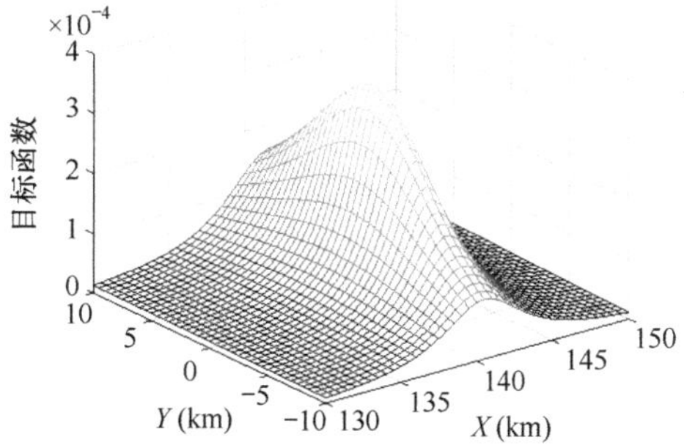

图 7-28　校正前定位结果

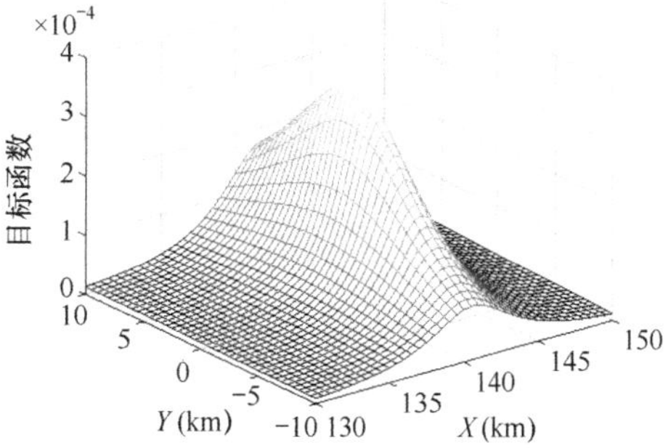

图 7-29　校正后定位结果

4.16km，如图 7-28 所示，观测站含位置误差、速度误差且采用文献[36]所述站址误差校正方法校正后的定位误差为 2.55km，如图 7-29 所示。

相同条件下统计 200 个样本，校正前与校正后定位误差直方图如图 7-30 所示，观测站含位置误差、速度误差但未校正情况下的定位误差为 10.2km，观测站含位置误差、速度误差且校正情况下的定位误差为 8.3km。

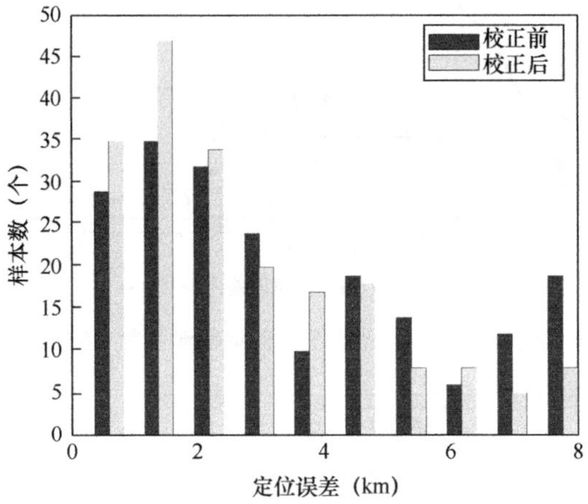

图 7-30 观测站含位置误差、速度误差未校正与校正情况下的定位误差直方图

7.3.3 观测站优化部署

由时频差定位 CRLB 的推导过程可见，时频差定位精度不仅与时频差测量误差有关，还与辐射源和观测站的相对位置和速度有关。因此，如果在辐射源定位的过程中有条件改变观测站的位置和速度，就有可能获得更好的定位精度，而对观测站位置速度优化的研究，通常是从 Fisher 信息矩阵或 CRLB 入手的。

文献[34]基于时频差定位的 CRLB，研究了观测站与辐射源相对位置对时频差定位精度的影响。基于此分析给出了安装在以同样速度高速飞行的飞机上的观测站几何构型及运动方式的建议。对于三站对静止辐射源定位，当观测站对的基线不重合时，可取得较高的定位精度。对于运动辐射源三站定位，呈一条直线的几何构型有助于减小沿着每个观测站对基线方向的性能恶化区域。

针对静止辐射源时频差定位问题，文献[35]对观测站速度优化进行了理论研究，提出了两个基于 Fisher 信息矩阵的方法。一个方法通过最大化 Fisher 信息矩阵的行列式以获得观测站最优速度，另一个方法通过最小化 CRLB 的迹以获得观测站最优速度。

下面以一个例子说明观测站位置优化的作用。

考虑两个运动观测站对地面静止辐射源定位的场景，在笛卡儿坐标系内，地面静止辐射源位置为 $\boldsymbol{x}_{\mathrm{T}}=[20,-50,0]^{\mathrm{T}}$ (km)，两个运动观测站的初始位置分别为：$\boldsymbol{u}_1=[5,5,1]^{\mathrm{T}}$ (km)，$\boldsymbol{u}_2=[0,0,1]^{\mathrm{T}}$ (km)，初始速度为 $\boldsymbol{v}_1=\boldsymbol{v}_2=v\cdot[1,0,0]^{\mathrm{T}}$ (m/s)，构建状态转移方程

$$\boldsymbol{x}_{\mathrm{T},k}=\boldsymbol{F}\boldsymbol{x}_{\mathrm{T},k-1}+\boldsymbol{w}_k \tag{7-129}$$

式中，$\boldsymbol{F}=\begin{bmatrix}1 & 0\\ 0 & 1\end{bmatrix}$，$\mathbb{E}[\boldsymbol{w}_k]=\boldsymbol{0}_{4\times 1}$，$\boldsymbol{\Sigma}_w=\mathrm{cov}(\boldsymbol{w}_k)=0.5\cdot\begin{bmatrix}\Delta T & 0\\ 0 & \Delta T\end{bmatrix}$。

观测方程为

$$z_k = h(\boldsymbol{x}_{\mathrm{T},k}, \boldsymbol{w}_k) = [\tilde{r}_{21,k}, \tilde{\dot{r}}_{21,k}]^{\mathrm{T}} \tag{7-130}$$

式中，$\tilde{r}_{21,k} = c\tilde{\tau}_{21,k}$，$\tilde{\tau}_{21,k}$ 为 k 时刻观测站 2 与观测站 1 之间的 TDOA 观测值；$\tilde{\dot{r}}_{21,k} = \dfrac{c}{f_0}\tilde{f}_{21,k}$，$\tilde{f}_{21,k}$ 为 k 时刻观测站 2 与观测站 1 之间的 FDOA 观测值，有

$$\begin{aligned} \tilde{r}_{21,k} &= \left[\|\boldsymbol{u}_{2k} - \boldsymbol{x}_{\mathrm{T}}\| - \|\boldsymbol{u}_{1k} - \boldsymbol{x}_{\mathrm{T}}\|\right] + \Delta r_k \\ \tilde{\dot{r}}_{21,k} &= \left[\frac{-\boldsymbol{v}_{2k}{}^{\mathrm{T}}(\boldsymbol{u}_{2k} - \boldsymbol{x}_{\mathrm{T}})}{\|\boldsymbol{u}_{2k} - \boldsymbol{x}_{\mathrm{T}}\|} - \frac{-\boldsymbol{v}_{1k}{}^{\mathrm{T}}(\boldsymbol{u}_{1k} - \boldsymbol{x}_{\mathrm{T}})}{\|\boldsymbol{u}_{1k} - \boldsymbol{x}_{\mathrm{T}}\|}\right] + \Delta \dot{r}_k \end{aligned} \tag{7-131}$$

式中，$\boldsymbol{u}_{1k}$、$\boldsymbol{u}_{2k}$ 分别为 k 时刻两个运动观测站的位置，$\boldsymbol{v}_{1k}$、$\boldsymbol{v}_{2k}$ 分别为 k 时刻两个运动观测站的速度，Δr_k、$\Delta \dot{r}_k$ 分别为 k 时刻距离差和距离差变化率的测量误差。

观测量的协方差矩阵为

$$\boldsymbol{\Sigma}_k = \begin{bmatrix} c\sigma_\tau^2 & 0 \\ 0 & \dfrac{c}{f_0}\sigma_f^2 \end{bmatrix} \tag{7-132}$$

在每个观测时刻，两个运动观测站均可以改变运动方向，有助于在下一个观测时刻获得更好的构型，即将运动速度调整为

$$\boldsymbol{v}_{1k} = \boldsymbol{v}_{2k} = v[\cos\theta, \sin\theta, 0]^{\mathrm{T}}, 0^\circ \leqslant \theta < 360^\circ \tag{7-133}$$

根据式（2-40）可得（$k+1$）时刻辐射源定位的估计 Fisher 信息矩阵为

$$\boldsymbol{I}_{k+1}(\boldsymbol{x}_{\mathrm{T}}) = \left(\frac{\partial r_{21(k+1)}}{\partial \boldsymbol{x}_{\mathrm{T}}}\right)^{\mathrm{T}} \sigma_\tau^{-2} \left(\frac{\partial r_{21(k+1)}}{\partial \boldsymbol{x}_{\mathrm{T}}}\right) + \left(\frac{\partial \dot{r}_{21(k+1)}}{\partial \boldsymbol{x}_{\mathrm{T}}}\right)^{\mathrm{T}} \sigma_f^{-2} \left(\frac{\partial \dot{r}_{21(k+1)}}{\partial \boldsymbol{x}_{\mathrm{T}}}\right) \tag{7-134}$$

将 $\boldsymbol{x}_{\mathrm{T}} = \boldsymbol{x}_{\mathrm{T},k}$，$x_{1(k+1)} = x_{1k} + \dot{x}_{1k}\Delta t = x_{1k} + v\cos\theta \cdot \Delta t$，$x_{2(k+1)} = x_{2k} + \dot{x}_{2k}\Delta t = x_{2k} + v\cos\theta \cdot \Delta t$，$\dot{x}_{1k} = \dot{x}_{2k} = v\cos\theta$，$y_{1(k+1)} = y_{1k} + \dot{y}_{1k}\Delta t = y_{1k} + v\sin\theta \cdot \Delta t$，$y_{2(k+1)} = y_{2k} + \dot{y}_{2k}\Delta t = y_{2k} + v\sin\theta \cdot \Delta t$，$\dot{y}_{1k} = \dot{y}_{2k} = v\sin\theta$ 代入式（7-134）便可得到（$k+1$）时刻的估计 Fisher 信息矩阵，其中 $\boldsymbol{x}_{\mathrm{T},k}$ 为 k 时刻估计所得的辐射源位置矢量，x_{ik}、y_{ik} 分别为 k 时刻观测站 i 的 x 轴和 y 轴位置，$\dot{x}_{ik}$、$\dot{y}_{ik}$ 分别为 k 时刻观测站 i 的 x 轴和 y 轴速度。由 $\boldsymbol{I}_{k+1}(\boldsymbol{x}_{\mathrm{T}})$ 便可得到

$$\mathrm{CRLB}_{k+1}(\boldsymbol{x}_{\mathrm{T}}) = \boldsymbol{I}_{k+1}^{-1}(\boldsymbol{x}_{\mathrm{T}}) \tag{7-135}$$

根据式（7-135），则 k 时刻无人机编队最优航向角计算为

$$\theta^* = \arg\min[\mathrm{CRLB}_{k+1}(\boldsymbol{x}_{\mathrm{T}})] \tag{7-136}$$

以下给出了辐射源定位的算法。

（1）$k=1$ 时刻，粗估辐射源位置的初始估计。

（2）根据式（7-136）计算 $k=1$ 时刻的最佳航向角。

（3）基于 UKF 滤波算法计算 $k+1$ 时刻的辐射源位置。

（4）根据式（7-136）计算 $k+1$ 时刻的最佳航线角。

（5）若观测时刻满足最大任务时间则终止，若未满足最大任务时间则重复步骤（3）和步骤（4）。

令 $v = 50\text{m/s}$，辐射源粗估位置为 $\boldsymbol{x}_{T,1} = \boldsymbol{x}_T + [1,1]^T$，图 7-31 给出了不同迭代次数时进行航向优化和未进行航向优化情况下的辐射源定位误差，图 7-32 给出第 100 次迭代时不同航向角对应的 CRLB 的倒数，可见此时最优航向角为 34° 左右。由图 7-31 和图 7-32 的结果可见，结合对辐射源位置的估计不断优化航向角有望得到更高的定位精度。

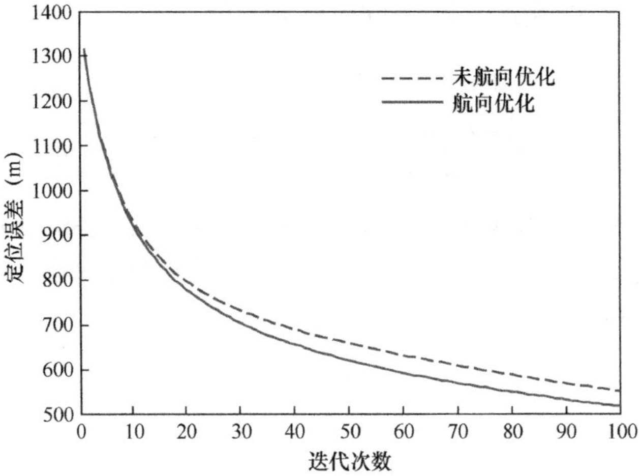

图 7-31　迭代过程中的辐射源定位误差

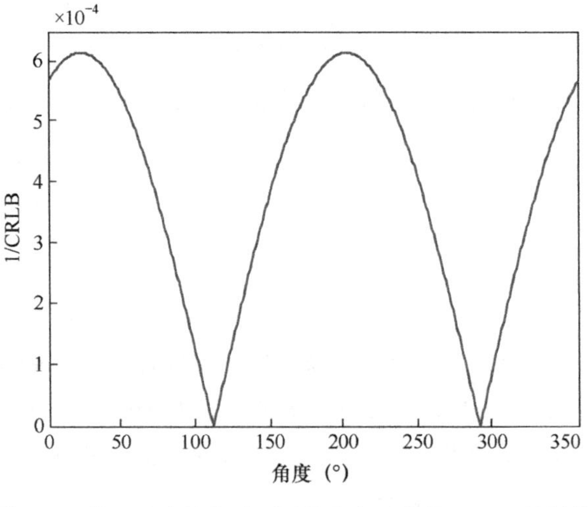

图 7-32　第 100 次迭代时不同航向角对应的 CRLB 的倒数

7.4　实例

考虑两个运动观测站对地面辐射源进行时频差定位的实例，为补偿两个运动观测站之间的时频偏差，采用一个位置已知的标校源辐射校正信号。图 7-33 给出了运动观测站 1 和 2 接收信号的频谱，图 7-34 给出了运动观测站 1 和 2 接收信号的交叉模糊函数，图 7-35 给出了两步法定位目标函数，图 7-36 给出了两个运动观测站对地面辐射源时频差定位结果，辐射源真实位置与定位点间的相对误差为 0.099%R，在该场景下定位相对误差理论值为 0.104%R。

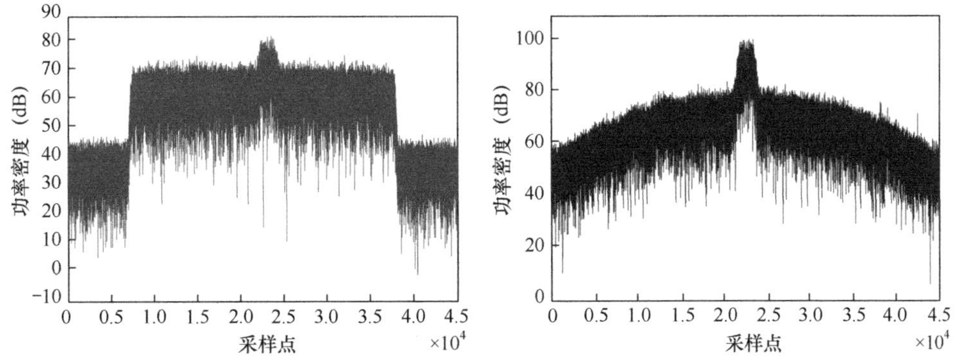

图 7-33　运动观测站 1 和 2 接收信号频谱

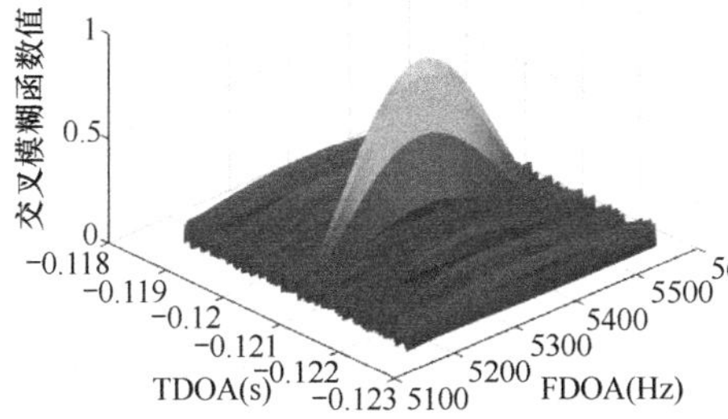

图 7-34　运动观测站 1 和 2 接收信号的交叉模糊函数

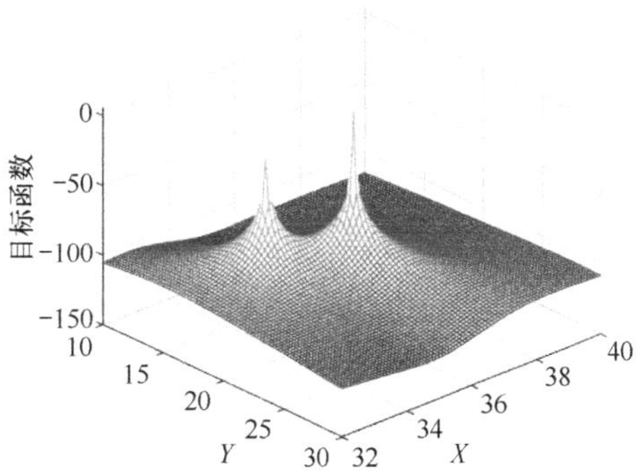

图 7-35　两步法定位目标函数

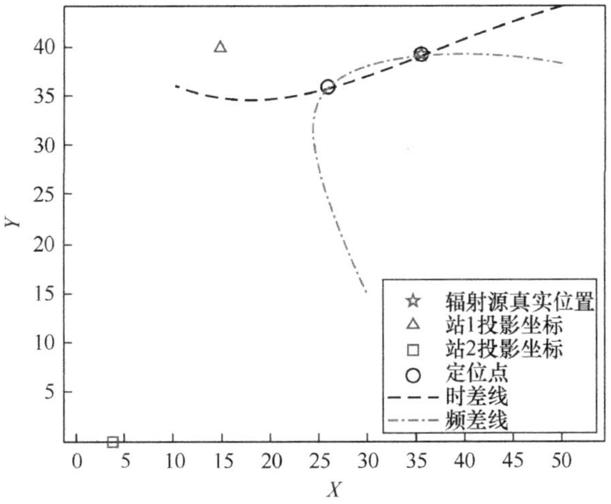

图 7-36　两个运动观测站对地面辐射源时频差定位结果

7.5　本章小结

本章介绍了时差/频差定位体制的原理、算法、参数估计方法和工程实现过程中常见问题及解决方法，主要结论有：

（1）对于静止辐射源的位置解算，推荐采用基于极大似然原则的搜索法，以获得全局最优解，并实现目标函数在感兴趣区域内的可视化。

（2）在适定/超定场景下的运动辐射源定位测速，对于实时性要求较高且信噪比较高的场景，推荐采用TSWLS算法；而对于实时性要求相对较低或信噪比较低的场景，推荐采用ICWLS算法以获得更高的定位精度。

（3）在多星/多机对地面辐射源定位场景下，地球表面约束提供了一个额外的约束方程，即使在观测量适定/超定场景下也有助于定位精度的提升。

（4）站址误差与时频不同步均会影响辐射源定位精度，在单个辐射源或多个辐射源定位时应充分考虑站址误差统计特性，引入校正单元可有效降低上述误差因素的影响。给出的站址误差与时频不同步情况下的 CRLB 为不同信噪比、不同观测次数情况下校正单元数量、位置和速度的选取提供了理论分析手段。

（5）宽带、高速相对运动、长时累积都是导致时频扩展效应的因素，一种可行的时频差测量补偿方法是对短时时差的变化规律进行建模，并基于多段时差测量进行模型参数估计。

本章参考文献

[1] HO K C, CHAN Y T. Geolocation of a known altitude object from TDOA and FDOA measurements [J]. IEEE Transactions on Aerospace and Electronic Systems, 1997, 33(3): 770-783.

[2] ULMAN R J, GERANIOTIS E. Motion detection using TDOA and FDOA measurements [J]. IEEE Transactions on Aerospace and Electronic Systems, 2001, 37(2): 759-764.

[3] 魏合文，夏畅雄，叶尚福. 双星定位系统中目标移动性检测与仿真[J]. 系统仿真学报，2007, 19(11): 2543-2546.

[4] HO K C, XU W W. An accurate algebraic solution for moving source location using TDOA and FDOA measurements [J]. IEEE Transactions on Signal Processing, 2004, 52(9): 2453-2463.

[5] WEI H W, PENG R, WAN Q, et al. Multidimensional scaling analysis for passive moving target localization with TDOA and FDOA measurements [J]. IEEE Transactions on Signal Processing, 2010, 58(3): 677-688.

[6] 吴魏. 多站无源时频差高精度定位技术研究[D]. 郑州：解放军信息工程大学，2015.

[7] WANG G, LI Y, ANSARI N. A semidefinite relaxation method for source localization using TDOA and FDOA measurements [J]. IEEE Transactions on Vehicular Technology, 2013, 62(2): 853-862.

[8] WANG Y, WU Y. An efficient semidefinite relaxation algorithm for moving source localization using TDOA and FDOA measurements [J]. IEEE Communications Letters, 2017, 21(1): 80-83.

[9] GUO F, HO K C. A quadratic constraint solution method for TDOA and FDOA localization [C]. Proceedings of ICASSP, 2011: 2588-2591.

[10] YU H, HUANG G, GAO J, et al. An efficient constrained weighted least squares algorithm fir moving source location using TDOA and FDOA measurements [J]. IEEE Transactions on Wireless Communications, 2012, 11(1): 44-47.

[11] QU X, XIE L, TAN W. Iterartive constrained weighted least squares source localization using TDOA and FDOA measurements [J]. IEEE Transactions on Signal Processing, 2017, 65(15): 3990-4003.

[12] FOY W H. Position-location solutions by Taylor-series estimation [J]. IEEE Transactions on Aerospace and Electronic Systems, 2007, 12: 187-194.

[13] 房嘉奇，冯大政，李进. 稳健收敛的时差频差定位技术[J]. 电子与信息学报, 2015, 37(4): 798-803.

[14] 陆安南. 双机 TDOA/DD 定位方法[J]. 电子科技大学学报, 2006,35(1): 17-20.

[15] STEIN S. Algorithms for Ambiguity Function Processing[J]. IEEE Transactions on Acoustics, Speech, and Signal Processing, 1981, 29(3): 588-599.

[16] YEREDOR A, ANGEL E. Joint TDOA and FDOA estimation: A conditional bound and its use for optimally weighted localization [J]. IEEE Transactions on Signal Processing, 2011, 59(4): 1612-1623.

[17] RIHAZEK A W. Delay-doppler ambiguity function for wideband signals [J]. IEEE Transactions on Aerospace and Electronic Systems, 1967, 3(4): 705-711.

[18] HU D, LUO L, HUANG D, et al. A joint TDOA, FDOA and Doppler rate parameters estimation method and its performance analysis [C]. IEEE 21st International Conference on High Performance Computing and Communications, 2019: 2482-2486.

[19] 张冕. 高低轨双星被动定位系统中时变 TDOA/FDOA 估计方法研究[D]. 西安: 西安电子科技大学，2017.

[20] LEE Y K, YANG S H, LEE C B, et al. Evaluation of performance enhancement on CRLB of CAF under multiple emitters [J]. Electronics Letters, 2016, 52(3): 235-237.

[21] ZHAO Y S, HU D, ZHAO Y J, et al. Multipath TDOA and FDOA estimation in passive bistatic radar via multiple signal classification [C]. The 20th The International Radar Symposium, 2019: 1-6.

[22] HO K C, LU X, KOWAVISARUCH L. Source localization using TDOA and FDOA measurments in the presence of receiver location errors: analysis and soltion [J]. IEEE Transactions on Signal Processing, 2007, 55(2): 684-696.

[23] YEREDOR A. On Passive TDOA and FDOA Localization using Two Sensors with no time or Frequency Synchronization[C]. 2013 IEEE International Conference on Acoustics, Speech and Signal Processing, 2013: 4066-4070.

[24] SUN M, HO K C. An asymptoticallu efficient estimator for TDOA and FDOA positioning of multiple disjoint sources in the presence of sensor location uncertainties [J]. IEEE Transactions on Signal Processing, 2011, 59(7): 3434-3440.

[25] WANG D, YIN J X, ZHANG T, et al. Interative constrainted weighted least squares estimator for TDOA and FDOA positioning of multiple disjoint sources in the presence of sensor position and velocity uncertainties [J]. Digital Signal Processing, 2019, 92: 179-205.

[26] HO K C, YANG L. On the use of a calibration emitter for source localization in the presence of sensor position uncertainty [J]. IEEE Transactions on Signal Processing, 2008, 56(12): 5758-5772.

[27] YANG L, HO K C. Alleviating sensor position error in source localization using calibration emitters in inaccurate locations [J]. IEEE Transactions on Signal Processing, 2010, 58(1): 67-83.

[28] MA Z, HO K C. A study on the effects of sensor position error and the placement of calibration emitter for source localization [J]. IEEE Transactions on Wireless Communications, 2014, 13(10): 5440-5452.

[29] YANG L, HO K C. On using multiple calibration emitters and their geometric effects for removing sensor position errors for removing sensor position errors in TDOA localization [C]. 2010 IEEE International Conference on Acoustics, Speech and Signal Processing, 2010: 2702-2705.

[30] WANG D, YIN J X, CHEN X, et al. On the use of calibration emitters for TDOA source localization in the presence of synchronization clock bias and sensor location errors [J]. EURASIP Journal on Advances in Signal Processing, 2019, 37: 1-34.

[31] LI J Z, GUO F C, JIANG W L. Source localization and calibration using TDOA and FDOA measurements in the presence of sensor location uncertainty [J]. Science China Information Sciences, 2014, 57(4): 1-12.

[32] LI J Z, GUO F C, YANG L, et al. On the use of calibration sensors in source localization using TDOA and FDOA measurements [J]. Digital Signal Processing, 2014, 27: 33-43.

[33] WANG D, ZHANG P, YANG Z, et al. A novel estimator for TDOA and FDOA positioning of multiple disjoint sources in the presence of calibration emitters [J]. IEEE Access, 2020, 8: 1613-1643.

[34] KIM Y, KIM D, HAN J, et al. Analysis of sensor-emitter geometry for emitter localisation using TDOA and FDOA measurements [J]. IET Radar, Sonar & Navigation, 2017, 11(2): 341-349.

[35] HMAM H. Optimal sensor velocity configuration for TDOA-FDOA Geolocation [J]. IEEE Transactions on Signal Processing, 2016, 65(3): 628-637.

[36] LI J, GUO F, JIANG W. Source localization and calibration using TDOA and FDOA measurements in the presence of sensor location uncertainty [J]. Science China Information Sciences, 2014, 57(4): 1-12.

第 8 章　其他组合定位

第 4 章到第 6 章介绍了测向定位、时差定位、频移定位等同类参数定位体制，第 7 章介绍了组合定位体制（也称异类参数定位体制）中的时频差定位技术。除此之外，还有很多其他组合定位体制。在观测站数量少于同类参数定位体制所必需的数量时，可以利用异类参数定位（组合定位），此时组合定位能够减少观测站数目。在满足最少观测站数量的情况下，通过增加观测参数类型也可以改善定位的几何交角[1]，从而提升定位精度。本章具体内容结构示意如图 8-1 所示。

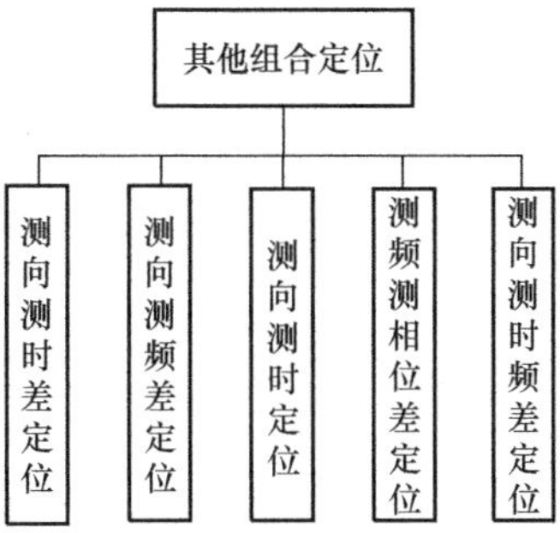

图 8-1　其他组合定位内容结构示意

8.1　测向测时差定位

在第 4 章和第 5 章介绍了测向定位和时差定位的方法，当两个具备时间同步的观测站中有一个具有测向功能就可以利用测得的方向和时差对辐射源进行定位。测向测时差定位还可以利用外辐射源照射目标上反射到观测站信号的方向和该反射信号与外辐射源直接到达观测站信号间的时差进行定位。

8.1.1　测向测时差（双曲线或双曲面）定位

针对三维目标定位的情况，测向定位仅需要两个观测站，系统对时间的同步要求不高，但其定位误差较大；时差定位可获得较高的定位精度，但至少需要四个观测站，且对各站的时间同步要求较高。与时差定位相比，测向测时差定位减少了观测站的数量，降低了系统的复杂度；与测向定位相比，测向测时差定位由于综合利用了目标辐射源的方向信息和时差信息，提升了定位精度。

8.1.1.1　原理与算法

假设在以正北方向为 Y 轴的坐标系中，目标的位置为 $\boldsymbol{x}_{\mathrm{T}}=[x_{\mathrm{T}},y_{\mathrm{T}},z_{\mathrm{T}}]^{\mathrm{T}}$，观测站的信息为 $\boldsymbol{x}_{\mathrm{O}}=[\boldsymbol{x}_1^{\mathrm{T}},\boldsymbol{x}_2^{\mathrm{T}}]^{\mathrm{T}}$，$\boldsymbol{x}_1=[x_1,y_1,z_1]^{\mathrm{T}}$，$\boldsymbol{x}_2=[x_2,y_2,z_2]^{\mathrm{T}}$，其中一个作为主站，另一个作为辅站。只有主站具备测向功能，可测得目标相对观测站的方位角 α 和俯仰角 β，同时主站还可测得目

标信号到达两站的时差 τ 。根据测量得到的时差 τ 可计算得出目标到达两站的距离差 $\Delta r = r_2 - r_1 = c\tau$ ， $r_1 = \|\boldsymbol{x}_\mathrm{T} - \boldsymbol{x}_1\|$ ， $r_2 = \|\boldsymbol{x}_\mathrm{T} - \boldsymbol{x}_2\|$ 。

测得的方位角、俯仰角和两站时差可表示为矩阵形式：

$$\boldsymbol{z} = \boldsymbol{h}(\boldsymbol{x}_\mathrm{T}, \boldsymbol{x}_\mathrm{O}) + \boldsymbol{\xi} \tag{8-1}$$

式中， $\boldsymbol{z} = \left[\tilde{\tau}, \tilde{\alpha}, \tilde{\beta}\right]^\mathrm{T}$ ； $\boldsymbol{h}(\boldsymbol{x}_\mathrm{T}, \boldsymbol{x}_\mathrm{O}) = \left[h_\tau, h_\alpha, h_\beta\right]^\mathrm{T}$ ， $h_\tau = \Delta r/c$ ， $h_\alpha = \arctan 2[(y_\mathrm{T} - y_1),\ (x_\mathrm{T} - x_1)]$ ， $h_\beta = \arctan\left[\dfrac{z_\mathrm{T} - z_1}{\sqrt{(x_\mathrm{T} - x_1)^2 + (y_\mathrm{T} - y_1)^2}}\right]$ ； $\boldsymbol{\xi} = [\Delta\tau, \Delta\alpha, \Delta\beta]^\mathrm{T}$ 为观测噪声，假设 $\mathbb{E}(\boldsymbol{\xi}) = \boldsymbol{0}$ ，协方差矩阵为 $\boldsymbol{\Sigma}_\xi = \mathbb{E}(\boldsymbol{\xi}\boldsymbol{\xi}^\mathrm{T})$ 。

那么，测向测时差定位问题可以描述为：根据已知的观测站位置 $\boldsymbol{x}_1$ 和 $\boldsymbol{x}_2$ ，以及测量得到的方位角 α 、俯仰角 β 和时差 τ ，对目标位置 $\boldsymbol{x}_\mathrm{T}$ 进行解算。

图 8-2 所示为二维空间中测向测时差定位示意，求解目标位置即求解测向角度确定的方向线与时差确定的双曲线的交点。

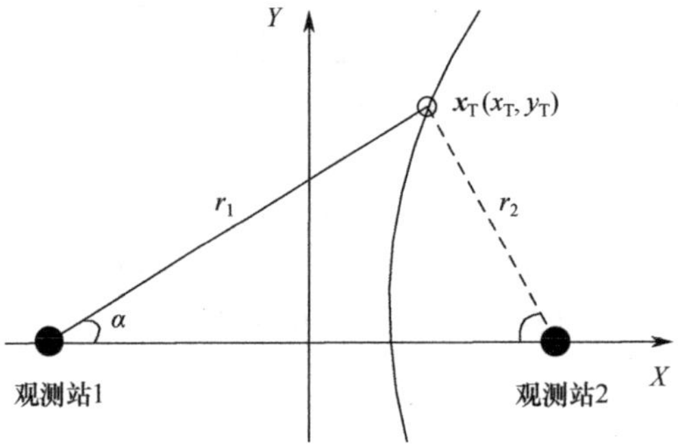

图 8-2 二维空间中测向测时差定位示意

文献[2]和文献[3]给出测向测时差定位解析法。对观测量方程组进行变换得到如下形式：

$$\boldsymbol{x}_\mathrm{T} = \boldsymbol{x}_1 + \boldsymbol{F} \tag{8-2}$$

式中， $\boldsymbol{F} = r_1\begin{bmatrix}\cos\alpha\cos\beta \\ \cos\beta\sin\alpha \\ \sin\beta\end{bmatrix}$ 。

由 $\Delta r = r_2 - r_1 = c\tau$ ，可得

$$r_1 = \frac{(x_1 - x_2)^2 + (y_1 - y_2)^2 + (z_1 - z_2)^2 - \Delta r^2}{-2\Delta r + 2(z_2 - z_1)\sin\beta + 2[(x_2 - x_1)\cos\alpha + (y_2 - y_1)\sin\alpha]\cos\beta} \tag{8-3}$$

根据式（8-3）得到 r_1 ，再代入式（8-2）中，即可计算得到目标的位置。

8.1.1.2 定位误差分析

下面以两个观测站为例，基于测向测时差定位的几何原理（见图 8-3），设两个观测站的初始距离为 $2d$，目标辐射源位于 $\boldsymbol{x}_\mathrm{T}(x_\mathrm{T}, y_\mathrm{T})$ 点，测向结果为图 8-3 中射线，时差结果为图 8-3 中双曲线，当无误差时，图 8-3 中实线的交点即辐射源位置。当存在误差时，测向测时差定位结果为图 8-3 中虚线的交点 $\hat{\boldsymbol{x}}_\mathrm{T}$ 。

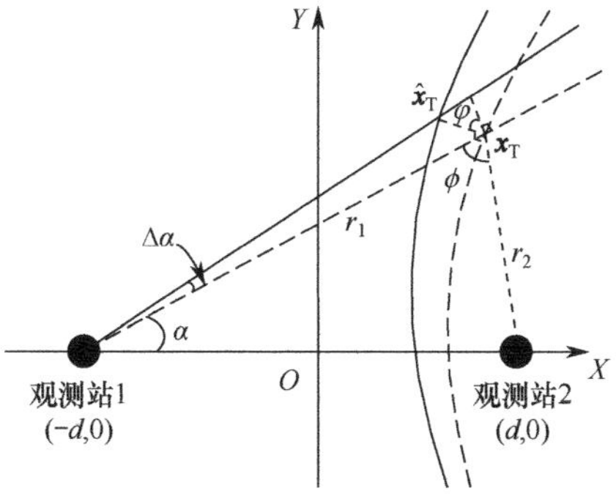

图 8-3 测向测时差定位的几何原理

记两个观测站距离辐射源 $\boldsymbol{x}_T$ 的初始距离分别为 r_1 和 r_2。令 $\tau_i = r_i/c$，$i=1,2$。则两个观测站接收到辐射源 $\boldsymbol{x}_T$ 信号的时差 TDOA 为 $\tau=(r_1-r_2)/c$。另外，仅考虑观测站 1 对辐射源进行测向，则两个观测站得到的观测量为

$$\begin{cases} \tau = \left[\sqrt{(x_T+d)^2+y_T^2}-\sqrt{(x_T-d)^2+y_T^2}\right]\Big/c = h_1(x_T,y_T,d) \\ \alpha = \arctan\left(\dfrac{y_T}{x_T+d}\right) = h_2(x_T,y_T,d) \end{cases} \tag{8-4}$$

由第 3 章误差分析公式（3-17）可知

$$\begin{aligned} \nabla h_1 &= \left[\frac{\partial h_1}{\partial x_T},\frac{\partial h_1}{\partial y_T}\right] = \frac{1}{c}\left(\frac{x_T+d}{r_1}-\frac{x_T-d}{r_2},\frac{y_T}{r_1}-\frac{y_T}{r_2}\right) \\ \nabla h_2 &= \left[\frac{\partial h_2}{\partial x_T},\frac{\partial h_2}{\partial y_T}\right] = \left(-\frac{y_T}{r_1^2},\frac{x_T+d}{r_1^2}\right) \end{aligned} \tag{8-5}$$

若不考虑观测站的站址误差，仅存在时差测量误差与测向估计误差，时差测量结果与测向结果误差的相关系数为 ρ，且均值为 0，方差分别为 $\mathbb{E}[(\Delta\tau)^2]=\sigma_\tau^2$，$\mathbb{E}[(\Delta\alpha)^2]=\sigma_\alpha^2$，则代入式（3-27）可得几何距离均方误差为

$$\begin{aligned} \sigma_R^2 &= \frac{\sigma_\tau^2\|\nabla h_2\|^2+\sigma_\alpha^2\|\nabla h_1\|^2-2\rho\sigma_\tau\sigma_\alpha(\nabla h_1\cdot\nabla h_2)}{\|\nabla h_1\|^2\|\nabla h_2\|^2-(\nabla h_1\cdot\nabla h_2)^2} \\ &= \frac{r_1^2\sigma_\alpha^2+c^2\sigma_\tau^2/[4\sin^2(\phi/2)]-\rho c\sigma_\tau\sigma_\alpha\cos\varphi/\sin(\phi/2)}{\sin^2\varphi} \end{aligned} \tag{8-6}$$

式中，$\cos\varphi=\dfrac{\nabla h_1\nabla h_2^T}{\|\nabla h_1\|\|\nabla h_2\|}$，$\sin(\phi/2)=\sqrt{1-\cos\phi}=\sqrt{1-\dfrac{x_T^2+y_T^2-4d^2}{r_1r_2}}$。

若 σ_τ 和 σ_α 不相关，$\rho=0$，则代入式（3-30）有

$$\sigma_R^2 = \frac{\|\nabla h_2\|^2\sigma_\tau^2+\|\nabla h_1\|^2\sigma_\alpha^2}{\|\nabla h_1\|^2\|\nabla h_2\|^2-(\nabla h_1\cdot\nabla h_2)^2} = \frac{r_1^2\sigma_\alpha^2+c^2\sigma_\tau^2/[4\sin^2(\phi/2)]}{\sin^2\varphi} \tag{8-7}$$

上面从几何的角度直观地推导了适定条件下双站测向测时差的定位误差，下面将从代数的角度，就更一般的情形给出测向测时差定位的克拉美–罗下界[4, 5]。构建观测方程

$$\begin{pmatrix} \boldsymbol{z} \\ \boldsymbol{q} \end{pmatrix} = \begin{bmatrix} \boldsymbol{h}(\boldsymbol{x},\boldsymbol{x}_O) \\ \boldsymbol{p}(\boldsymbol{x}_O) \end{bmatrix} + \begin{pmatrix} \boldsymbol{\xi} \\ \boldsymbol{\varepsilon} \end{pmatrix} \tag{8-8}$$

式中，$\boldsymbol{h}(\boldsymbol{x},\boldsymbol{x}_{\mathrm{O}})=[h_\alpha(\boldsymbol{\theta}),h_\tau(\boldsymbol{\theta})]^{\mathrm{T}}$，$\boldsymbol{\theta}=[\boldsymbol{x}^{\mathrm{T}},\boldsymbol{x}_{\mathrm{O}}^{\mathrm{T}}]^{\mathrm{T}}$；$\boldsymbol{x}=[x,y]^{\mathrm{T}}$ 为目标位置；$\boldsymbol{x}_{\mathrm{O}}=[\boldsymbol{x}_1^{\mathrm{T}},\boldsymbol{x}_2^{\mathrm{T}}]^{\mathrm{T}}$ 为观测站位置；$\boldsymbol{\xi}\sim\mathbb{N}(\boldsymbol{0},\boldsymbol{\Sigma}_\xi)$；$\boldsymbol{\varepsilon}\sim\mathbb{N}(\boldsymbol{0},\boldsymbol{\Sigma}_\varepsilon)$。此外，定义 $\boldsymbol{J}=\dfrac{\partial\boldsymbol{h}(\boldsymbol{x},\boldsymbol{x}_{\mathrm{O}})}{\partial\boldsymbol{x}^{\mathrm{T}}}$，$\boldsymbol{J}_2=\dfrac{\partial\boldsymbol{h}(\boldsymbol{x},\boldsymbol{x}_{\mathrm{O}})}{\partial\boldsymbol{x}_{\mathrm{O}}^{\mathrm{T}}}$，根据式（3-41）可知辐射源位置 $\boldsymbol{x}$ 估计的 CRLB 为

$$\mathrm{CRLB}(\boldsymbol{x})=[\boldsymbol{J}^{\mathrm{T}}(\boldsymbol{\Sigma}_\xi+\boldsymbol{J}_2\boldsymbol{\Sigma}_{\boldsymbol{\varepsilon}}\boldsymbol{J}_2^{\mathrm{T}})^{-1}\boldsymbol{J}]^{-1} \tag{8-9}$$

对 $\boldsymbol{J}$ 展开可得

$$\frac{\partial\boldsymbol{h}(\boldsymbol{x},\boldsymbol{x}_{\mathrm{O}})}{\partial\boldsymbol{x}^{\mathrm{T}}}=\begin{bmatrix}\dfrac{\partial h_\alpha(\boldsymbol{\theta})}{\partial\boldsymbol{x}} & \dfrac{\partial h_\tau(\boldsymbol{\theta})}{\partial\boldsymbol{x}}\end{bmatrix}^{\mathrm{T}} \tag{8-10}$$

式中，$\dfrac{\partial h_\alpha(\boldsymbol{\theta})}{\partial\boldsymbol{x}}=\begin{bmatrix}-\dfrac{(y-y_1)}{\|\boldsymbol{x}-\boldsymbol{x}_1\|^2} & \dfrac{(x-x_1)}{\|\boldsymbol{x}-\boldsymbol{x}_1\|^2}\end{bmatrix}^{\mathrm{T}}$，$\dfrac{\partial h_\tau(\boldsymbol{\theta})}{\partial\boldsymbol{x}}=\dfrac{1}{c}\begin{bmatrix}\dfrac{(\boldsymbol{x}-\boldsymbol{x}_2)}{\|\boldsymbol{x}-\boldsymbol{x}_2\|}-\dfrac{(\boldsymbol{x}-\boldsymbol{x}_1)}{\|\boldsymbol{x}-\boldsymbol{x}_1\|}\end{bmatrix}$。

对 $\boldsymbol{J}_2$ 展开可得

$$\frac{\partial\boldsymbol{h}(\boldsymbol{x},\boldsymbol{x}_{\mathrm{O}})}{\partial\boldsymbol{x}_{\mathrm{O}}^{\mathrm{T}}}=\begin{bmatrix}\dfrac{\partial h_\alpha(\boldsymbol{\theta})}{\partial\boldsymbol{x}_{\mathrm{O}}} & \dfrac{\partial h_\tau(\boldsymbol{\theta})}{\partial\boldsymbol{x}_{\mathrm{O}}}\end{bmatrix}^{\mathrm{T}} \tag{8-11}$$

式中，$\dfrac{\partial h_\alpha(\boldsymbol{\theta})}{\partial\boldsymbol{x}_{\mathrm{O}}}=\begin{bmatrix}\dfrac{(y-y_1)}{\|\boldsymbol{x}-\boldsymbol{x}_1\|^2} & -\dfrac{(x-x_1)}{\|\boldsymbol{x}-\boldsymbol{x}_1\|^2} & 0 & 0\end{bmatrix}^{\mathrm{T}}$，$\dfrac{\partial h_\tau(\boldsymbol{\theta})}{\partial\boldsymbol{x}_{\mathrm{O}}}=\dfrac{1}{c}\begin{bmatrix}\dfrac{(\boldsymbol{x}-\boldsymbol{x}_1)^{\mathrm{T}}}{\|\boldsymbol{x}-\boldsymbol{x}_1\|} & -\dfrac{(\boldsymbol{x}-\boldsymbol{x}_2)^{\mathrm{T}}}{\|\boldsymbol{x}-\boldsymbol{x}_2\|}\end{bmatrix}^{\mathrm{T}}$。

定位误差 RMSE 为

$$\mathrm{RMSE}(\hat{\boldsymbol{x}}_{\mathrm{ML}})=\sqrt{\mathrm{tr}[\mathrm{CRLB}(\boldsymbol{x})]} \tag{8-12}$$

当测向误差为 1°，时差测量误差为 150ns，无观测站站址误差时，对观测站间距不同的情况计算定位误差。观测站位置位于 $\boldsymbol{x}_1=[-10,0]^{\mathrm{T}}$ (km)和 $\boldsymbol{x}_2=[10,0]^{\mathrm{T}}$ km 时如图 8-4（a）所示，观测站位置位于 $\boldsymbol{x}_1=[-20,0]^{\mathrm{T}}$ (km)和 $\boldsymbol{x}_2=[20,0]^{\mathrm{T}}$ km 时如图 8-4（b）所示。

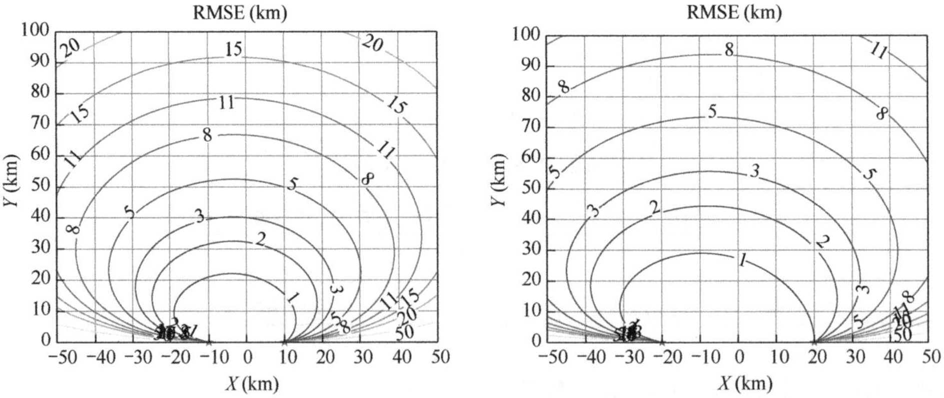

(a) 观测站位置相距20km (b) 观测站位置相距40km

图 8-4 测向测时差定位 RMSE 等值线

假设观测站位置位于 $\boldsymbol{x}_1=[-20,0]^{\mathrm{T}}$ (km)和 $\boldsymbol{x}_2=[20,0]^{\mathrm{T}}$ km，测向误差为 0.5°，时差误差为 150ns 时，如图 8-5（a）所示；测向误差为 1°，时差误差为 100ns 时，如图 8-5（b）所示。

由上述仿真可以得出：观测站位置、测向误差和测时误差是影响该组合定位方法精度的因素。其中，当测向误差固定时，时差测量误差越小，则定位精度越高；当时差测量固定时，

测向误差越小，则定位精度越高。但是总体而言，定位精度受测向误差影响比较大，时差测量误差对定位精度也有一定影响，但影响不如测向误差明显。

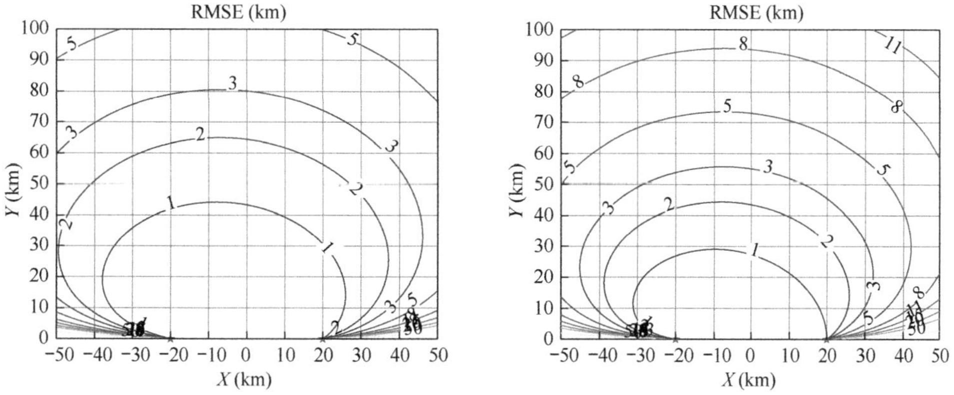

(a) 测向误差为0.5°，时差误差为150ns　　(b) 测向误差为1°，时差误差为100ns

图 8-5　测向测时差定位 RMSE 等值线

假设观测站位于 $\boldsymbol{x}_1=[-20,0]^{\mathrm{T}}$ (km)和 $\boldsymbol{x}_2=[20,0]^{\mathrm{T}}$ (km)，辐射源位置为 $\boldsymbol{x}_{\mathrm{T}}=[5,15]^{\mathrm{T}}$ (km)，同样假设测向误差 $\sigma_\alpha=0.5°$，时差误差 $\sigma_\tau=150\mathrm{ns}$，开展 1000 次蒙特卡罗仿真，可得如图 8-6 所示的定位误差椭圆结果，理论定位误差为 647m，仿真定位误差为 654m。

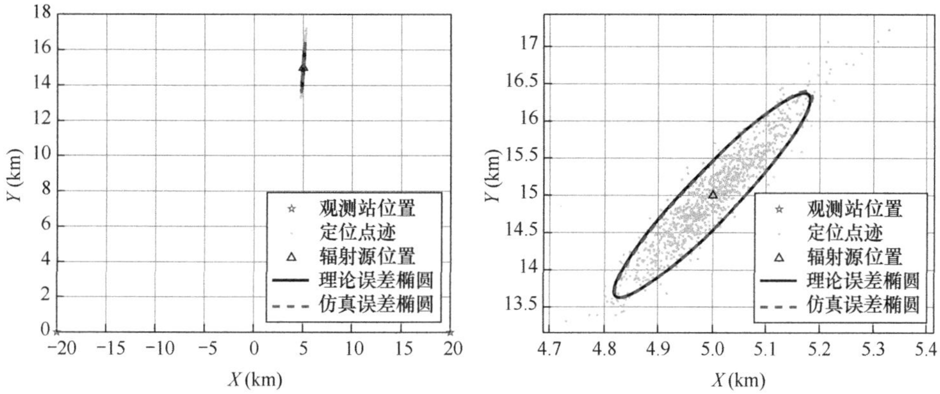

(a) 定位误差椭圆结果　　(b) 定位误差椭圆局部放大

图 8-6　定位误差椭圆

8.1.2　外辐射源测向测时差（椭球面）定位

外辐射源定位指将第三方辐射源作为机会照射源，通过接收目标反射该辐射源的电磁波信号对其进行定位。其中，可利用的第三方辐射源包括调频广播、数字电视、移动通信基站、无线网络（WiFi）、卫星通信、卫星导航等信号。

8.1.2.1　原理与算法

外辐射源定位对目标的观测量包括 τ、α、β，其中 τ 为信号经目标反射到达观测站的时间与直接到达观测站的时间差值，α 为目标与观测站的方位角，β 为目标与观测站的俯仰角。典型的单站单外辐射源定位空间几何关系如图 8-7 所示[6, 7]。图中观测站坐标为 $\boldsymbol{x}_{\mathrm{O}}=\boldsymbol{x}_1=$

$[x_1, y_1, z_1]^{\mathrm{T}}$，外辐射源坐标为 $\boldsymbol{x}_w = [x_w, y_w, z_w]^{\mathrm{T}}$，在外辐射源定位场景中观测站和外辐射源的位置是已知的；目标坐标为 $\boldsymbol{x}_{\mathrm{T}} = [x_{\mathrm{T}}, y_{\mathrm{T}}, z_{\mathrm{T}}]^{\mathrm{T}}$；$r_{wt} = \|\boldsymbol{x} - \boldsymbol{x}_w\|$，$r_{1t} = \|\boldsymbol{x} - \boldsymbol{x}_1\|$ 分别为从目标到外辐射源和观测站的距离；$D = \|\boldsymbol{x}_w - \boldsymbol{x}_1\|$ 为观测站与外辐射源之间的距离。

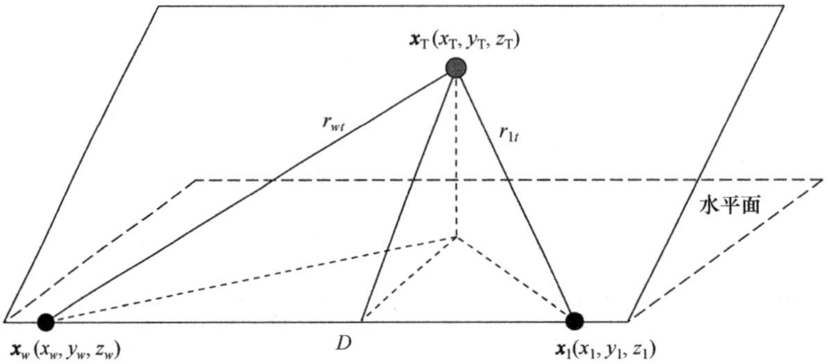

图 8-7　典型的单站单外辐射源定位空间几何关系

观测量方程可以表示如下：

$$\boldsymbol{z} = \boldsymbol{h}(\boldsymbol{x}_{\mathrm{T}}, \boldsymbol{x}_{\mathrm{O}}, \boldsymbol{x}_w) + \boldsymbol{\xi} \tag{8-13}$$

式中，$\boldsymbol{z} = [\tilde{\tau}, \tilde{\alpha}, \tilde{\beta}]^{\mathrm{T}}$；$\boldsymbol{h}(\boldsymbol{x}_{\mathrm{T}}, \boldsymbol{x}_{\mathrm{O}}, \boldsymbol{x}_w) = [h_\tau, h_\alpha, h_\beta]^{\mathrm{T}}$，$h_\tau = \dfrac{\|\boldsymbol{x}_{\mathrm{T}} - \boldsymbol{x}_w\| + \|\boldsymbol{x}_{\mathrm{T}} - \boldsymbol{x}_1\| - \|\boldsymbol{x}_w - \boldsymbol{x}_1\|}{c}$，

$h_\alpha = \arctan 2(y_{\mathrm{T}} - y_1, x_{\mathrm{T}} - x_1)$，$h_\beta = \arctan\left[\dfrac{z_{\mathrm{T}} - z_1}{\sqrt{(x_{\mathrm{T}} - x_1)^2 + (y_{\mathrm{T}} - y_1)^2}}\right]$；$\boldsymbol{\xi} = [\Delta\tau, \Delta\alpha, \Delta\beta]^{\mathrm{T}}$ 为观测噪声，假设 $\mathbb{E}(\boldsymbol{\xi}) = \boldsymbol{0}$，协方差矩阵 $\boldsymbol{\Sigma}_\xi = \mathbb{E}(\boldsymbol{\xi}\boldsymbol{\xi}^{\mathrm{T}})$。

外辐射源定位三维（或二维）场景中，由于目标到外辐射源和观测站的距离之和 $r_{wt} + r_{1t}$ 不变，那么目标可能的位置构成了一个等距离和椭球面（或椭圆曲线），等距离和椭球面示意如图 8-8 所示，由椭球面与测向线的交点可得到目标的位置。

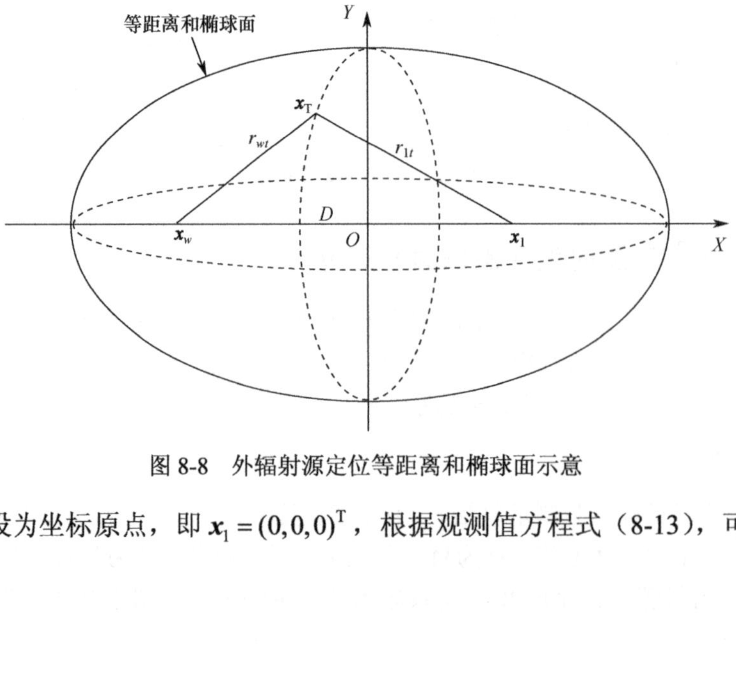

图 8-8　外辐射源定位等距离和椭球面示意

将观测站设为坐标原点，即 $\boldsymbol{x}_1 = (0,0,0)^{\mathrm{T}}$，根据观测值方程式（8-13），可以计算得到目标位置为

$$\begin{cases} x_{\mathrm{T}} = \dfrac{[(R+D)^2 - x_w^2 - y_w^2 - z_w^2]\cos(\alpha)\cos(\beta)}{2[R+D-x_w\cos(\alpha)\cos(\beta)-y_w\sin(\alpha)\cos(\beta)-z_w\sin(\beta)]} \\ y_{\mathrm{T}} = \dfrac{[(R+D)^2 - x_w^2 - y_w^2 - z_w^2]\sin(\alpha)\cos(\beta)}{2[R+D-x_w\cos(\alpha)\cos(\beta)-y_w\sin(\alpha)\cos(\beta)-z_w\sin(\beta)]} \\ z_{\mathrm{T}} = \dfrac{[(R+D)^2 - x_w^2 - y_w^2 - z_w^2]\sin(\beta)}{2[R+D-x_w\cos(\alpha)\cos(\beta)-y_w\sin(\alpha)\cos(\beta)-z_w\sin(\beta)]} \end{cases} \tag{8-14}$$

式中，$R=\tau c=r_{wt}+r_{1t}-D$。

外辐射源定位场景除上述单站单源外，还存在单站多外辐射源、多站单外辐射源等应用场景。文献[9]提出了一种仅利用 FDOA 的单站多外辐射源目标定位算法，文献[10]提出了一种利用 TDOA 和 FDOA 的单站多外辐射源目标定位算法，文献[11]提出了一种联合角度和时差的单站多外辐射源加权最小二乘定位算法。文献[12]则在多站单外辐射源场景下，根据“空–时–频”域观测量归纳了四种联合定位体制，并给出了统一的约束总体最小二乘定位算法及其理论性能分析。文献[13]提出了一种在多站多外辐射源定位场景下，利用三步加权最小二乘的定位算法。

8.1.2.2　定位误差分析

考虑在二维场景下，单站单外辐射源通过测向测时差（信号经目标反射到达观测站的时间与直接到达观测站的时间的差值）进行外辐射源目标定位。将观测量公式重新写为

$$\begin{pmatrix} \boldsymbol{z} \\ \boldsymbol{q} \end{pmatrix} = \begin{bmatrix} \boldsymbol{h}(\boldsymbol{x},\boldsymbol{x}_{\mathrm{O}}) \\ \boldsymbol{p}(\boldsymbol{x}_{\mathrm{O}}) \end{bmatrix} + \begin{pmatrix} \boldsymbol{\xi} \\ \boldsymbol{\varepsilon} \end{pmatrix} \tag{8-15}$$

式中，$\boldsymbol{h}(\boldsymbol{x},\boldsymbol{x}_{\mathrm{O}})=[h_\alpha(\boldsymbol{\theta}),h_\tau(\boldsymbol{\theta})]^{\mathrm{T}}$，$\boldsymbol{\theta}=[\boldsymbol{x}^{\mathrm{T}},\boldsymbol{x}_{\mathrm{O}}^{\mathrm{T}}]^{\mathrm{T}}$；$\boldsymbol{x}=[x,y]^{\mathrm{T}}$ 为目标位置；$\boldsymbol{x}_{\mathrm{O}}=[x_1,y_1]^{\mathrm{T}}$ 为观测站位置；$\boldsymbol{\xi}\sim\mathbb{N}(\boldsymbol{0},\boldsymbol{\Sigma}_\xi)$；$\boldsymbol{\varepsilon}\sim\mathbb{N}(\boldsymbol{0},\boldsymbol{\Sigma}_\varepsilon)$。此外，定义 $\boldsymbol{J}=\dfrac{\partial\boldsymbol{h}(\boldsymbol{x},\boldsymbol{x}_{\mathrm{O}})}{\partial\boldsymbol{x}^{\mathrm{T}}}$，$\boldsymbol{J}_2=\dfrac{\partial\boldsymbol{h}(\boldsymbol{x},\boldsymbol{x}_{\mathrm{O}})}{\partial\boldsymbol{x}_{\mathrm{O}}^{\mathrm{T}}}$，根据式（3-41）可知辐射源位置 $\boldsymbol{x}$ 估计的 CRLB 为

$$\mathrm{CRLB}(\boldsymbol{x})=[\boldsymbol{J}^{\mathrm{T}}(\boldsymbol{\Sigma}_\xi+\boldsymbol{J}_2\boldsymbol{\Sigma}_\varepsilon\boldsymbol{J}_2^{\mathrm{T}})^{-1}\boldsymbol{J}]^{-1} \tag{8-16}$$

对 $\boldsymbol{J}$ 展开可得

$$\frac{\partial\boldsymbol{h}(\boldsymbol{x},\boldsymbol{x}_{\mathrm{O}})}{\partial\boldsymbol{x}^{\mathrm{T}}}=\left[\left(\frac{\partial h_\alpha(\boldsymbol{\theta})}{\partial\boldsymbol{x}^{\mathrm{T}}}\right)^{\mathrm{T}},\left(\frac{\partial h_\tau(\boldsymbol{\theta})}{\partial\boldsymbol{x}^{\mathrm{T}}}\right)^{\mathrm{T}}\right]^{\mathrm{T}} \tag{8-17}$$

式中，$\dfrac{\partial h_\alpha(\boldsymbol{\theta})}{\partial\boldsymbol{x}^{\mathrm{T}}}=\left[-\dfrac{(y-y_1)}{\|\boldsymbol{x}-\boldsymbol{x}_1\|^2}\quad\dfrac{(x-x_1)}{\|\boldsymbol{x}-\boldsymbol{x}_1\|^2}\right]$，$\dfrac{\partial h_\tau(\boldsymbol{\theta})}{\partial\boldsymbol{x}^{\mathrm{T}}}=\dfrac{1}{c}\left[\dfrac{(\boldsymbol{x}-\boldsymbol{x}_w)}{\|\boldsymbol{x}-\boldsymbol{x}_w\|}+\dfrac{(\boldsymbol{x}-\boldsymbol{x}_1)}{\|\boldsymbol{x}-\boldsymbol{x}_1\|}\right]$。

对 $\boldsymbol{J}_2$ 展开可得

$$\frac{\partial\boldsymbol{h}(\boldsymbol{x},\boldsymbol{x}_{\mathrm{O}})}{\partial\boldsymbol{x}_1^{\mathrm{T}}}=\left[\left(\frac{\partial h_\alpha(\boldsymbol{\theta})}{\partial\boldsymbol{x}_1^{\mathrm{T}}}\right)^{\mathrm{T}},\left(\frac{\partial h_\tau(\boldsymbol{\theta})}{\partial\boldsymbol{x}_1^{\mathrm{T}}}\right)^{\mathrm{T}}\right]^{\mathrm{T}} \tag{8-18}$$

式中，$\dfrac{\partial h_\alpha(\boldsymbol{\theta})}{\partial\boldsymbol{x}_1^{\mathrm{T}}}=\left[\dfrac{(y-y_1)}{\|\boldsymbol{x}-\boldsymbol{x}_1\|^2}\quad-\dfrac{(x-x_1)}{\|\boldsymbol{x}-\boldsymbol{x}_1\|^2}\right]$，$\dfrac{\partial h_\tau(\boldsymbol{\theta})}{\partial\boldsymbol{x}_1^{\mathrm{T}}}=\dfrac{1}{c}\left[-\dfrac{(\boldsymbol{x}-\boldsymbol{x}_1)}{\|\boldsymbol{x}-\boldsymbol{x}_1\|}+\dfrac{(\boldsymbol{x}_w-\boldsymbol{x}_1)}{\|\boldsymbol{x}_w-\boldsymbol{x}_1\|}\right]$。

定位误差 RMSE 为

$$\mathrm{RMSE}(\hat{\boldsymbol{x}}_{\mathrm{ML}})=\sqrt{\mathrm{tr}[\mathrm{CRLB}(\boldsymbol{x})]} \tag{8-19}$$

观测站位于 $\boldsymbol{x}_1=[0,0]^{\mathrm{T}}$ (km)，外辐射源位于 $\boldsymbol{x}_w=[-40,0]^{\mathrm{T}}$ (km)，测向误差为 1°，时差误差为 150ns，无站址误差时，外辐射源测向测时差定位 RMSE 等值线如图 8-9 所示。

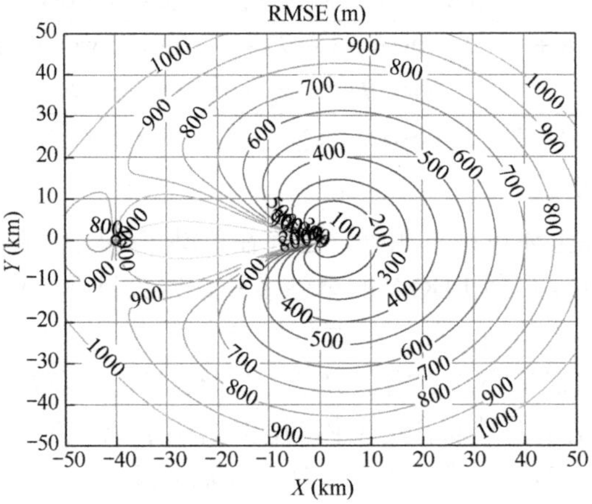

图 8-9 外辐射源测向测时差定位 RMSE 等值线

假设观测站位于 $\boldsymbol{x}_1=[0,0]^{\mathrm{T}}$ (km)，外辐射源位于 $\boldsymbol{x}_w=[-40,0]^{\mathrm{T}}$ (km)，辐射源位置为 $\boldsymbol{x}_{\mathrm{T}}=[5,15]^{\mathrm{T}}$ (km)，同样假设测向误差 $\sigma_\alpha=1°$，时差误差 $\sigma_\tau=150\text{ns}$，开展 1000 次蒙特卡罗仿真，可得如图 8-10 所示的定位误差椭圆，理论定位误差为 154m，仿真定位误差为 156m。

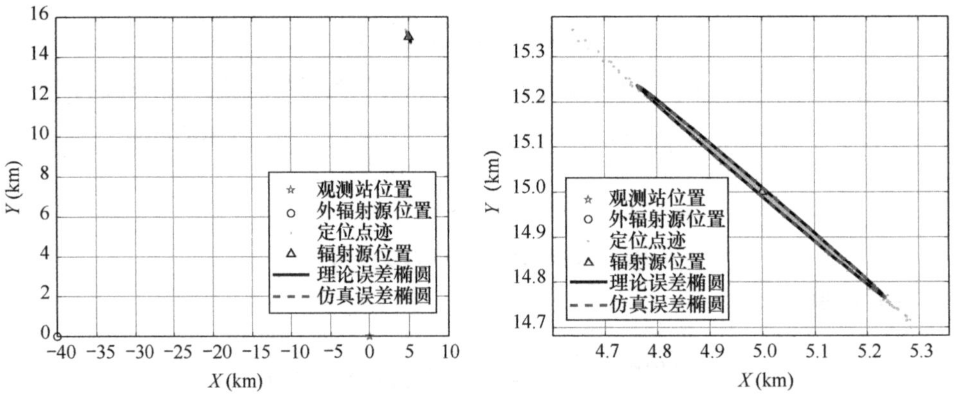

(a) 定位误差椭圆结果 (b) 定位误差椭圆局部放大

图 8-10 定位误差椭圆

8.1.2.3 参数估计

外辐射源定位的观测值包括 τ（信号经目标反射到达观测站的时间与直接到达观测站的时间的差值）、α（目标与观测站的方位角）、β（目标与观测站的俯仰角），其中 α 和 β 观测值的估计方法在第 4 章中已详细介绍，下面介绍如何实现 τ 的估计。

外辐射源定位的观测站一般设计了目标回波接收通道和直达波（又称参考信号）辅助接收通道，通过将辅助接收通道截获外辐射源的直达波信号 $z_{\mathrm{ref}}(t)$，与目标回波信号 $z_{\mathrm{echo}}(t)$ 进行相关处理，测量目标回波的相对时延值 τ，即

$$h(\tau,f)=\int_0^T z_{\mathrm{echo}}(t)z_{\mathrm{ref}}(t-\tau)\,\mathrm{e}^{-\mathrm{j}2\pi ft}\mathrm{d}t \tag{8-20}$$

式中，T 为进行相关处理时截取的参考信号时间长度，f 为目标运动引起的多普勒频移。

但是，回波接收通道天线主瓣接收到的不仅含有目标的回波成分，同时还有通过天线副瓣接收到的直达波等干扰成分，后者的能量仍远强于目标回波。干扰信号在经过匹配滤波后会产生很高的杂波峰，导致回波峰值被完全掩盖，从而难以正确获取目标信息。所以，必须采取措施抑制回波信号中混叠的直达波等干扰信号的影响。

对回波接收通道中的干扰信号进行抑制是外辐射源定位参数估计的关键技术点之一。最初的方法包括：对回波通道和参考通道天线进行物理屏蔽，或者进行直达波模拟域对消。但是这些方法对直达波抑制的效果有限，实际中更多的是采用数字域的杂波抑制技术，包括空域波束抑制方法、时域滤波抑制方法。

空域波束抑制方法指根据不同的最优化准则建立相应的数学模型，对阵列天线的每个阵元的加权系数进行调整，使在干扰方向上形成波束“零点”，从而实现对干扰信号的空域抑制的效果。文献[14-16]介绍了利用阵列波束形成对干扰信号来波方向上实施零陷处理的方法。

时域滤波抑制方法指基于参考通道和回波通道信号强相关的特性，通过幅相调整抑制回波信号中的直达波干扰分量。应用较广泛的方法为时域自适应滤波抑制方法，其原理如图 8-11 所示。

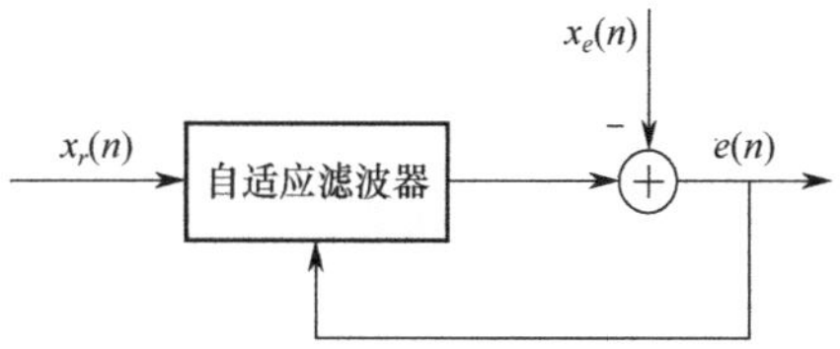

图 8-11　时域自适应滤波抑制的原理

其中，$x_r(n)$ 为参考信号，是滤波器的信号输入；$x_e(n)$ 为回波信号；$e(n)$ 为误差量。时域自适应滤波抑制的原理是通过自适应滤波器对输入信号 $x_r(n)$ 进行迭代加权处理，使滤波器输出与回波信号 $x_e(n)$ 的差异最小，即使 $e(n)$ 最小化。

最小均方（LMS）算法和递归最小二乘（RLS）算法[6, 17]是经典的自适应滤波抑制方法，其中 LMS 算法是使滤波器的输出信号与期望信号之间的均方误差最小，而 RLS 算法是使估计误差的加权平均和最小。

1. LMS 算法

LMS 算法的计算流程如下。

（1）初始化：

$$\boldsymbol{\omega}(0) = [0,0,\cdots,0]^{\mathrm{T}}_{1\times M} \tag{8-21}$$

（2）滤波处理：当 $n = 1,2,\cdots$ 时

$$\begin{cases} e(n) = x_e(n) - \boldsymbol{\omega}^{\mathrm{H}}(n-1)\boldsymbol{x}_r(n) \\ \boldsymbol{\omega}(n) = \boldsymbol{\omega}(n-1) + \mu(n)e^*(n)\boldsymbol{x}_r(n) \end{cases} \tag{8-22}$$

式中，$\boldsymbol{\omega}(n)$ 为 $1\times M$ 阶滤波器系数矢量，M 为滤波器阶数；$\boldsymbol{x}_r(n) = [x_r(n), x_r(n-1), \cdots, x_r(n-M+1)]^{\mathrm{T}}$。

基本 LMS 算法中，步长 $\mu(n)$ 为常数，它的大小决定算法的收敛速度和达到稳态的失调量的大小，要根据实际情况来选择步长 $\mu(n)$。归一化最小均方（NLMS）算法，将固定步长改为可变步长；而可变步长最小均方（VSSLMS）算法对 NLMS 算法的更新迭代公式进行修改，提高了跟踪性能且具有较小的稳态失调量。文献[18]针对存在多个直达波信号的干扰抑制问题，分析了传统自适应滤波存在的缺陷，并提出了一种基于 LMS 算法的多干扰信号联合对消方法。

2. RLS 算法

RLS 算法的计算流程如下。

（1）初始化：

$$\begin{aligned}\boldsymbol{\omega}(0)&=[0,0,\cdots,0]_{1\times M}^{\mathrm{T}}\\ \boldsymbol{P}(0)&=\gamma^{-1}\boldsymbol{I}_{M\times M}\end{aligned} \tag{8-23}$$

式中，γ 是一个很小的值，典型取值为 0.01 或更小；$\boldsymbol{I}_{M\times M}$ 为单位阵。

（2）滤波处理：当 $n=1,2,\cdots$ 时

$$\begin{cases}e(n)=x_e(n)-\boldsymbol{\omega}^{\mathrm{H}}(n-1)\boldsymbol{x}_r(n)\\ \boldsymbol{k}(n)=\dfrac{\boldsymbol{P}(n-1)\boldsymbol{x}_r(n)}{\lambda_{\mathrm{RLS}}+\boldsymbol{x}_r^{\mathrm{H}}(n)\boldsymbol{P}(n-1)\boldsymbol{x}_r(n)}\\ \boldsymbol{\omega}(n)=\boldsymbol{\omega}(n-1)+\boldsymbol{k}(n)e^{*}(n)\\ \boldsymbol{P}(n)=\dfrac{[\boldsymbol{P}(n-1)-\boldsymbol{k}(n)\boldsymbol{x}_r^{\mathrm{H}}(n)\boldsymbol{P}(n-1)]}{\lambda_{\mathrm{RLS}}}\end{cases} \tag{8-24}$$

式中，λ_{RLS} 为加权因子，$0<\lambda_{\mathrm{RLS}}<1$；$M$ 是滤波器阶数；$\boldsymbol{x}_r(n)=[x_r(n),x_r(n-1),\cdots,x_r(n-M+1)]^{\mathrm{T}}$。

对外辐射源定位场景下，直达波抑制后的参数估计效果进行仿真。假设仿真条件为：外辐射源的位置坐标为[10000,0](m)，观测站的位置坐标为[−10000,0](m)且观测站静止，目标的位置坐标为[1800,8200](m)且目标的速度为[−70,70](m/s)。外辐射源信号为 QPSK 调制，观测站参考通道接收的直达波信噪比为 25dB，回波通道接收的直达波信噪比为 15dB，回波通道接收的反射波信噪比为−35dB。图 8-12 给出了直达波抑制前后回波通道接收信号的频谱，上图是抑制前回波通道接收信号的频谱；下图是抑制后回波通道接收信号的频谱，可以看到经过处理后直达波信号被完全抑制。图 8-13 为直达波抑制前的交叉模糊计算结果，得到的最高峰值对应直达波信号的时频参数。图 8-14 为直达波抑制后的交叉模糊计算结果，得到的最高峰值对应反射波信号的时频参数，而直达波信号被完全抑制掉，已无法看到其对应的相关峰。

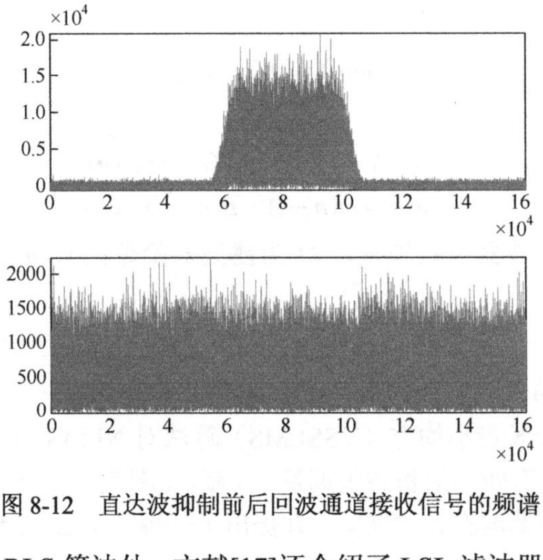

图 8-12　直达波抑制前后回波通道接收信号的频谱

除上述 LMS 算法和 RLS 算法外，文献[17]还介绍了 LSL 滤波器抑制方法，文献[19]介绍了 ECA 方法。

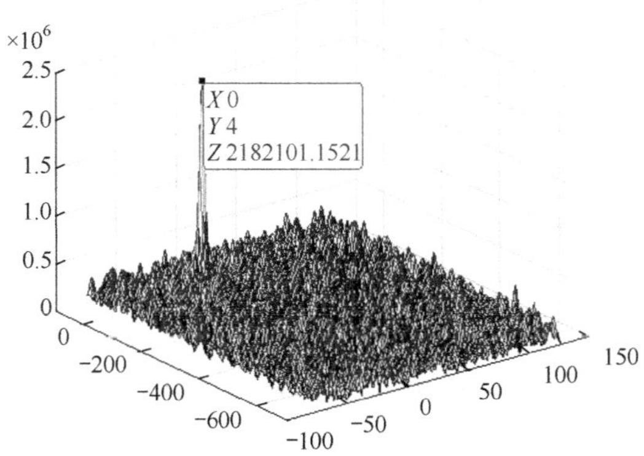

图 8-13　直达波抑制前的交叉模糊计算结果

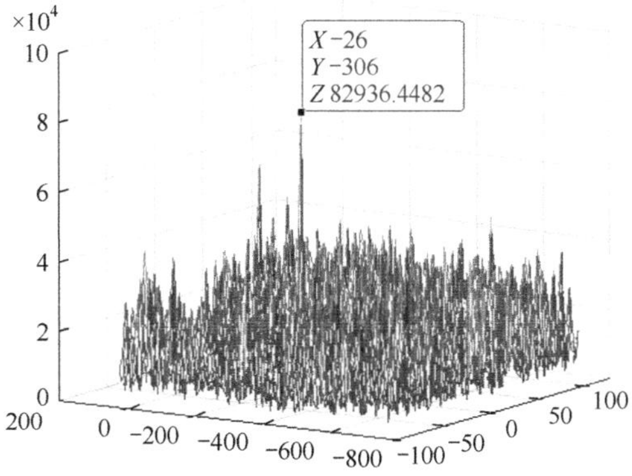

图 8-14　直达波抑制后的交叉模糊计算结果

8.2　测向测频差定位

当辐射源目标和观测平台之间存在相对运动时，可以利用观测到的多普勒频移信息结合来波方向实现对目标定位。

8.2.1　运动单站

在单个运动平台上利用两套天线/接收机组测得的方向和频差信息进行定位的方法，与传统仅测向定位技术相比，可以实时给出定位结果，耗时少。运动观测平台上安装测得的多普勒频移信息可以确定一个椭圆，另外结合测向信息，即一条方向线与该椭圆相交，即可确定辐射源位置[20]，如图 8-15 所示。

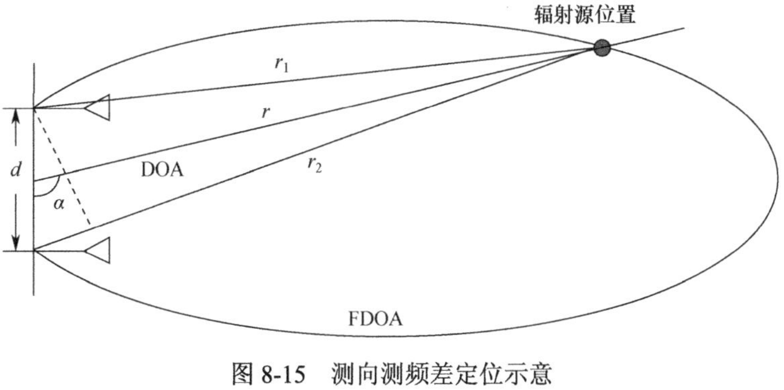

图 8-15　测向测频差定位示意

8.2.1.1　原理与算法

假设辐射源位置为 $\boldsymbol{x}_{\mathrm{T}}=[x_{\mathrm{T}},y_{\mathrm{T}}]^{\mathrm{T}}$，观测站位置与速度为 $\boldsymbol{x}_{\mathrm{O}}=[x_1,y_1,\dot{x}_1,\dot{y}_1]^{\mathrm{T}}$。角度和频差观测值可表示为

$$\boldsymbol{z}=\boldsymbol{h}(\boldsymbol{x}_{\mathrm{T}},\boldsymbol{x}_{\mathrm{O}})+\boldsymbol{\xi} \tag{8-25}$$

式中，$\boldsymbol{z}=[\tilde{\alpha},\tilde{f}_d]^{\mathrm{T}}$；$\boldsymbol{h}(\boldsymbol{x}_{\mathrm{T}},\boldsymbol{x}_{\mathrm{O}})=[h_\alpha,h_{f_{\mathrm{d}}}]^{\mathrm{T}}$，$h_\alpha=\arctan 2(y_1-y_{\mathrm{T}},x_1-x_{\mathrm{T}})$，$h_{f_{\mathrm{d}}}=\dfrac{\dot{r}_2-\dot{r}_1}{\lambda}=\dfrac{d\sin\alpha}{\lambda}\cdot\dot{\alpha}$，$r_1$ 和 r_2 为从辐射源信号到达两个天线的距离，λ 为信号波长，d 为观测平台上两

个天线构成的基线长度，$\dot{\alpha}=\dfrac{\dot{x}_1(y_T-y_1)-\dot{y}_1(x_T-x_1)}{(x_T-x_1)^2+(y_T-y_1)^2}$；$\xi=[\Delta\alpha,\Delta f_d]^T$ 为观测误差，假设 $\mathbb{E}(\xi)=\mathbf{0}$，协方差矩阵 $\boldsymbol{\Sigma}_\xi=\mathbb{E}(\xi\xi^T)$。

通过对辐射源的测向角度和到达频差的测量，加上观测平台自身的速度矢量，可以得到观测平台与辐射源的距离为

$$r=\frac{d(\dot{x}_1\sin\alpha-\dot{y}_1\cos\alpha)\sin\alpha}{\lambda f_d} \tag{8-26}$$

式（8-26）就是基于质点运动学原理得到的测距方程，结合几何学原理可对辐射源进行定位：

$$\begin{cases}x_T=x_1+r\cos\alpha\\ y_T=y_1+r\sin\alpha\end{cases} \tag{8-27}$$

8.2.1.2 定位误差分析

针对静止目标辐射源，设观测站做匀速直线运动，利用式（8-25）构建观测方程［见式（8-8）］，根据式（3-41）可知辐射源位置 $\boldsymbol{x}$ 估计的 CRLB 为

$$\mathrm{CRLB}(\boldsymbol{x})=[\boldsymbol{J}^T(\boldsymbol{\Sigma}_\xi+\boldsymbol{J}_2\boldsymbol{\Sigma}_\varepsilon\boldsymbol{J}_2^T)^{-1}\boldsymbol{J}]^{-1} \tag{8-28}$$

对 $\boldsymbol{J}$ 展开可得

$$\boldsymbol{J}=\frac{\partial\boldsymbol{h}(\boldsymbol{x},\boldsymbol{x}_O)}{\partial\boldsymbol{x}^T}=\left[\frac{\partial h_\alpha}{\partial\boldsymbol{x}},\frac{\partial h_{f_d}}{\partial\boldsymbol{x}}\right]^T \tag{8-29}$$

式中，$\dfrac{\partial h_\alpha}{\partial\boldsymbol{x}}=\left[-\dfrac{(y-y_1)}{\|\boldsymbol{x}-\boldsymbol{x}_O\|^2},\dfrac{(x-x_1)}{\|\boldsymbol{x}-\boldsymbol{x}_O\|^2}\right]^T$，$\dfrac{\partial h_{f_d}}{\partial\boldsymbol{x}}=\left[\dfrac{\partial h_{f_d}}{\partial x},\dfrac{\partial h_{f_d}}{\partial y}\right]^T$，

$$\frac{\partial h_{f_d}}{\partial x}=\frac{d}{\lambda}\left[\frac{2\dot{y}_1(x-x_1)^2(y-y_1)-3\dot{x}_1(x-x_1)(y-y_1)^2-\dot{y}_1(y-y_1)^3}{\|\boldsymbol{x}-\boldsymbol{x}_O\|^5}\right],$$

$$\frac{\partial h_{f_d}}{\partial y}=\frac{d}{\lambda}\left[\frac{2\dot{x}_1(x-x_1)^2(y-y_1)-\dot{y}_1(x-x_1)^3-\dot{x}_1(y-y_1)^3+2\dot{y}_1(x-x_1)(y-y_1)^2}{\|\boldsymbol{x}-\boldsymbol{x}_O\|^5}\right]。$$

对 $\boldsymbol{J}_2$ 展开可得

$$\boldsymbol{J}_2=\frac{\partial\boldsymbol{h}(\boldsymbol{x},\boldsymbol{x}_O)}{\partial\boldsymbol{x}_O^T}=\left[\frac{\partial h_\alpha}{\partial\boldsymbol{x}_O},\frac{\partial h_{f_d}}{\partial\boldsymbol{x}_O}\right]^T \tag{8-30}$$

式中，$\dfrac{\partial h_\alpha}{\partial\boldsymbol{x}_O}=\left[\dfrac{(y-y_1)}{\|\boldsymbol{x}-\boldsymbol{x}_O\|^2},-\dfrac{(x-x_1)}{\|\boldsymbol{x}-\boldsymbol{x}_O\|^2},0,0\right]^T$，$\dfrac{\partial h_{f_d}}{\partial\boldsymbol{x}_O}=\left[\dfrac{\partial h_{f_d}}{\partial x_1},\dfrac{\partial h_{f_d}}{\partial y_1},\dfrac{\partial h_{f_d}}{\partial\dot{x}_1},\dfrac{\partial h_{f_d}}{\partial\dot{y}_1}\right]^T$，$\dfrac{\partial h_{f_d}}{\partial x_O}=-\dfrac{\partial h_{f_d}}{\partial x}$，$\dfrac{\partial h_{f_d}}{\partial y_O}=-\dfrac{\partial h_{f_d}}{\partial y}$，$\dfrac{\partial h_{f_d}}{\partial\dot{x}_O}=\dfrac{d}{\lambda}\dfrac{(y-y_1)^2}{\|\boldsymbol{x}-\boldsymbol{x}_O\|^3}$，$\dfrac{\partial h_{f_d}}{\partial\dot{y}_O}=-\dfrac{d}{\lambda}\dfrac{(x-x_1)(y-y_1)}{\|\boldsymbol{x}-\boldsymbol{x}_O\|^3}$。

定位误差 RMSE 为 $\mathrm{RMSE}(\hat{\boldsymbol{x}}_{ML})=\sqrt{\mathrm{tr}[\mathrm{CRLB}(\boldsymbol{x})]}$。

该方法需要两个天线之间具备较高的频差估计精度，更适用于高频段目标信号定位。

假设辐射源目标频率为 10GHz，观测站运动速度为 300m/s，观测站上安装的基线长度为 10m，测向误差 $\sigma_\alpha=0.5°$，测频误差 $\sigma_f=0.5\mathrm{Hz}$，无站址误差时，根据观测站不同的运动

方向对静止辐射源进行定位误差仿真，运动单站测向测频差定位 RMSE 等值线如图 8-16 所示。

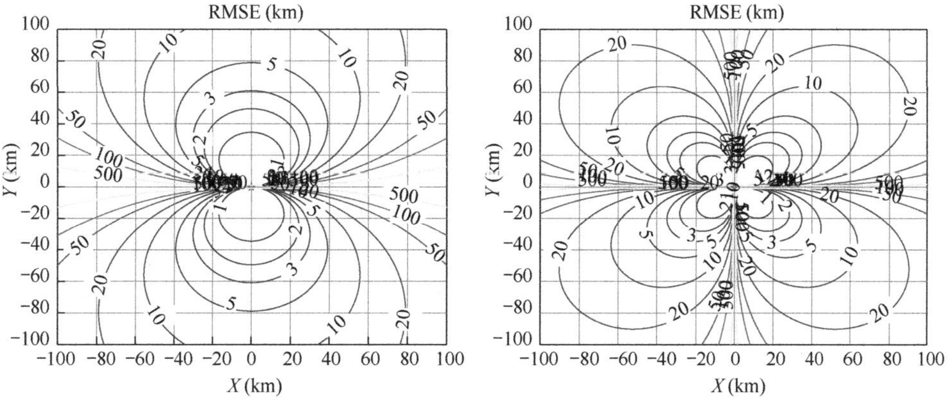

(a) 沿X轴方向运动　　(b) 沿Y轴方向运动

图 8-16　运动单站测向测频差定位 RMSE 等值线

假设观测站位置与速度为 $\boldsymbol{x}_{\mathrm{O}}=[0,0,300\,\mathrm{m/s},0]^{\mathrm{T}}$，辐射源位置为 $\boldsymbol{x}_{\mathrm{T}}=[5,15]^{\mathrm{T}}\,(\mathrm{km})$，同样假设目标频率为 10GHz，测向误差 $\sigma_\alpha=0.5°$，测频误差 $\sigma_f=0.5\mathrm{Hz}$，开展 1000 次蒙特卡罗仿真，可得如图 8-17 所示的定位误差椭圆，理论定位误差为 1399m，仿真定位误差为 1458m。

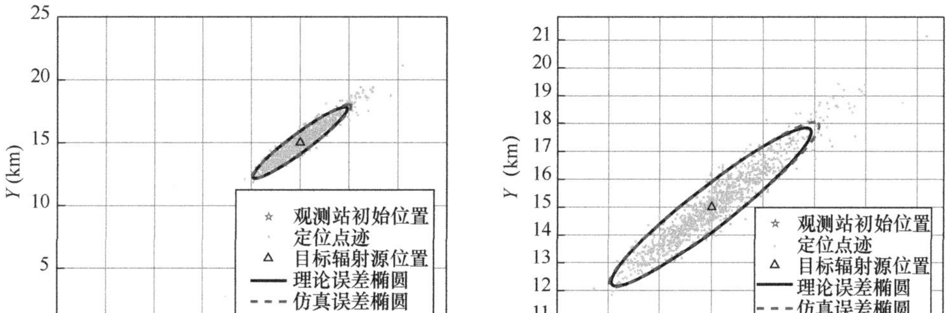

(a) 定位误差椭圆结果　　(b) 定位误差椭圆局部放大

图 8-17　定位误差椭圆

8.2.2　固定单站

在一些应用场景中，需要利用单个固定观测站对运动辐射源目标进行定位。文献[21]提出了一种测向测多普勒频移组合定位方法，可实现固定单站对运动辐射源的位置估算。

8.2.2.1　原理与算法

假设在二维平面中，固定观测站位于坐标原点 $\boldsymbol{x}_{\mathrm{O}}=[x_1,y_1,0,0]^{\mathrm{T}}$。辐射源目标做匀速直线运动，其运动速度在 X 轴、Y 轴方向上的投影分别为 $\dot{x}_{\mathrm{T}}$ 和 $\dot{y}_{\mathrm{T}}$，则在 t_K 时刻的目标可表示为 $\boldsymbol{x}_{\mathrm{T}}=[x_{\mathrm{T}},y_{\mathrm{T}},\dot{x}_{\mathrm{T}},\dot{y}_{\mathrm{T}}]^{\mathrm{T}}$，此时地面固定观测站对辐射源目标的测向角度与多普勒频移可表示为

$$\boldsymbol{z}=\boldsymbol{h}(\boldsymbol{x}_\mathrm{T},\boldsymbol{x}_\mathrm{O})+\boldsymbol{\xi} \tag{8-31}$$

式中，$\boldsymbol{z}=[\tilde{\alpha}_1,\tilde{\alpha}_2,\cdots,\tilde{\alpha}_K,\tilde{f}_{\mathrm{d},1},\tilde{f}_{\mathrm{d},2},\cdots,\tilde{f}_{\mathrm{d},K}]^\mathrm{T}$；$\boldsymbol{h}(\boldsymbol{x},\boldsymbol{x}_\mathrm{O})=[h_{\alpha_1},h_{\alpha_2},\cdots,h_{\alpha_K},h_{f_{\mathrm{d},1}},h_{f_{\mathrm{d},2}},\cdots,h_{f_{\mathrm{d},K}}]^\mathrm{T}$，$h_{\alpha_k}=\arctan 2[y_\mathrm{T}-(t_K-t_k)\dot{y}_\mathrm{T}-y_1,x_\mathrm{T}-(t_K-t_k)\dot{x}_\mathrm{T}-x_1]$，$h_{f_{\mathrm{d},k}}=-\dfrac{\dot{x}_\mathrm{T}\cos\alpha_k+\dot{y}_\mathrm{T}\sin\alpha_k}{\lambda}$，$\lambda$ 为目标辐射信号波长；$\boldsymbol{\xi}=[\Delta\alpha_1,\Delta\alpha_2,\cdots,\Delta\alpha_K,\Delta f_{\mathrm{d},1},\Delta f_{\mathrm{d},2},\cdots,\Delta f_{\mathrm{d},K}]^\mathrm{T}$ 为观测噪声，假设 $\mathbb{E}(\boldsymbol{\xi})=\boldsymbol{0}$，协方差矩阵 $\boldsymbol{\Sigma}_\xi=\mathbb{E}(\boldsymbol{\xi}\boldsymbol{\xi}^\mathrm{T})$，$\mathbb{E}(\Delta\alpha_k^2)=\sigma_\alpha^2$，$\mathbb{E}(\Delta f_{\mathrm{d},k}^2)=\sigma_f^2$，$k=1,2,\cdots,K$。

将在 t_k 时刻的方位角测量方程与多普勒频移方程改写成线性形式：

$$[\sin\alpha_k,-\cos\alpha_k,(t_k-t_K)\sin\alpha_k,(t_K-t_k)\cos\alpha_k]\cdot\boldsymbol{x}_\mathrm{T}=x_1\sin\alpha_k-y_1\cos\alpha_k \tag{8-32}$$

$$[0,0,\cos\alpha_k,\sin\alpha_k]\cdot\boldsymbol{x}_\mathrm{T}=-\lambda\cdot f_{\mathrm{d},k} \tag{8-33}$$

在观测了 K 次之后，利用全部 K 个矩阵方程对 $\boldsymbol{x}_\mathrm{T}$ 进行估计时，联合式(8-32)和式(8-33)构成矩阵方程形式：

$$\tilde{\boldsymbol{H}}\cdot\boldsymbol{x}_\mathrm{T}+\boldsymbol{\xi}=\tilde{\boldsymbol{b}} \tag{8-34}$$

式中，$\tilde{\boldsymbol{H}}=[\tilde{\boldsymbol{H}}_1^\mathrm{T},\tilde{\boldsymbol{H}}_2^\mathrm{T},\cdots,\tilde{\boldsymbol{H}}_K^\mathrm{T}]^\mathrm{T}$，$\tilde{\boldsymbol{H}}_k=\begin{bmatrix}\sin\tilde{\alpha}_k & -\cos\tilde{\alpha}_k & (t_k-t_K)\sin\tilde{\alpha}_k & (t_K-t_k)\cos\tilde{\alpha}_k\\ 0 & 0 & \cos\tilde{\alpha}_k & \sin\tilde{\alpha}_k\end{bmatrix}$；$\boldsymbol{\xi}=[\boldsymbol{\xi}_1^\mathrm{T},\boldsymbol{\xi}_2^\mathrm{T},\cdots,\boldsymbol{\xi}_K^\mathrm{T}]^\mathrm{T}$，$\boldsymbol{\xi}_k=\begin{bmatrix}\Delta\alpha_k\cdot r(t_k)\\ \Delta\alpha_k\cdot(\dot{y}_\mathrm{T}\cos\tilde{\alpha}_k-\dot{x}_\mathrm{T}\sin\tilde{\alpha}_k)-\Delta f_{\mathrm{d},k}\cdot\lambda\end{bmatrix}$，$r(t_k)=\sqrt{[x_\mathrm{T}(t_k)-x_1]^2+[y_\mathrm{T}(t_k)-y_1]^2}$；$\tilde{\boldsymbol{b}}=[\tilde{\boldsymbol{b}}_1^\mathrm{T},\tilde{\boldsymbol{b}}_2^\mathrm{T},\cdots,\tilde{\boldsymbol{b}}_K^\mathrm{T}]^\mathrm{T}$，$\tilde{\boldsymbol{b}}_k=\begin{bmatrix}x_1\sin\tilde{\alpha}_k-y_1\cos\tilde{\alpha}_k\\ -\lambda\cdot\tilde{f}_{\mathrm{d},k}\end{bmatrix}$。$\boldsymbol{\xi}$ 的协方差矩阵为 $\boldsymbol{\Sigma}_\xi=\mathrm{diag}[\boldsymbol{\Sigma}_1,\boldsymbol{\Sigma}_2,\cdots,\boldsymbol{\Sigma}_K]$，

$$\boldsymbol{\Sigma}_k=\begin{bmatrix}\sigma_\alpha^2\cdot(r(t_k))^2 & \sigma_\alpha^2\cdot r(t_k)\cdot(\dot{y}_\mathrm{T}\cos\tilde{\alpha}_k-\dot{x}_\mathrm{T}\sin\tilde{\alpha}_k)\\ \sigma_\alpha^2\cdot r(t_k)\cdot(\dot{y}_\mathrm{T}\cos\tilde{\alpha}_k-\dot{x}_\mathrm{T}\sin\tilde{\alpha}_k) & \sigma_\alpha^2\cdot(\dot{y}_\mathrm{T}\cos\tilde{\alpha}_k-\dot{x}_\mathrm{T}\sin\tilde{\alpha}_k)^2+\sigma_f^2\cdot\lambda^2\end{bmatrix}。$$

由式（8-34）得到对 $\boldsymbol{x}_\mathrm{T}$ 的加权最小二乘估计为

$$\begin{aligned}\hat{\boldsymbol{x}}_\mathrm{T}&=(\tilde{\boldsymbol{H}}^\mathrm{T}\boldsymbol{\Sigma}_\xi^{-1}\tilde{\boldsymbol{H}})^{-1}\tilde{\boldsymbol{H}}^\mathrm{T}\boldsymbol{\Sigma}_\xi^{-1}\tilde{\boldsymbol{b}}\\ &=\left(\sum_{k=1}^K\tilde{\boldsymbol{H}}_k^\mathrm{T}\boldsymbol{\Sigma}_k^{-1}\tilde{\boldsymbol{H}}_k\right)^{-1}\left(\sum_{k=1}^K\tilde{\boldsymbol{H}}_k^\mathrm{T}\boldsymbol{\Sigma}_k^{-1}\tilde{\boldsymbol{b}}_k\right)\end{aligned} \tag{8-35}$$

可通过迭代过程来求解式（8-35）。

（1）利用式（8-34）求 $\boldsymbol{x}_\mathrm{T}$ 的最小二乘估计，即 $\hat{\boldsymbol{x}}_\mathrm{T}^{(0)}=(\tilde{\boldsymbol{H}}^\mathrm{T}\tilde{\boldsymbol{H}})^{-1}\tilde{\boldsymbol{H}}^\mathrm{T}\tilde{\boldsymbol{b}}$，得到相应的 $\hat{r}(t_K)$、$\hat{\dot{x}}_\mathrm{T}$、$\hat{\dot{y}}_\mathrm{T}$。

（2）根据第（1）步得到的 $\hat{r}(t_K)$、$\hat{\dot{x}}_\mathrm{T}$、$\hat{\dot{y}}_\mathrm{T}$ 计算 $\boldsymbol{\Sigma}_k$。

（3）利用式（8-35）求加权最小二乘法解 $\hat{\boldsymbol{x}}_\mathrm{T}^{(m)}$，同时得到新的 $\hat{r}(t_K)$、$\hat{\dot{x}}_\mathrm{T}$、$\hat{\dot{y}}_\mathrm{T}$。

（4）若 $\left\|\hat{\boldsymbol{x}}_\mathrm{T}^{(m)}-\hat{\boldsymbol{x}}_\mathrm{T}^{(m-1)}\right\|_2$ 足够小，则得到的 $\hat{\boldsymbol{x}}_\mathrm{T}^{(m)}$ 为所求的解，否则返回第（2）步。

8.2.2.2 定位误差分析

定位的误差主要来源于测向角度和多普勒频移的测量误差，下面从代数角度就更一般的情形给出定位性能界。利用式（8-31）构建观测方程［见式（8-8）］。根据式（3-41）可知辐射源位置 $\boldsymbol{x}$ 估计的 CRLB 为

$$\mathrm{CRLB}(\boldsymbol{x})=[\boldsymbol{J}^\mathrm{T}(\boldsymbol{\Sigma}_\xi+\boldsymbol{J}_2\boldsymbol{\Sigma}_\varepsilon\boldsymbol{J}_2^\mathrm{T})^{-1}\boldsymbol{J}]^{-1} \tag{8-36}$$

对 $\boldsymbol{J}$ 展开可得

$$\boldsymbol{J}=\frac{\partial \boldsymbol{h}(\boldsymbol{x},\boldsymbol{x}_{\mathrm{O}})}{\partial \boldsymbol{x}^{\mathrm{T}}}=\left[\frac{\partial \alpha_1}{\partial \boldsymbol{x}},\frac{\partial \alpha_2}{\partial \boldsymbol{x}},\cdots,\frac{\partial \alpha_K}{\partial \boldsymbol{x}},\frac{\partial f_{\mathrm{d},1}}{\partial \boldsymbol{x}},\frac{\partial f_{\mathrm{d},2}}{\partial \boldsymbol{x}},\cdots,\frac{\partial f_{\mathrm{d},K}}{\partial \boldsymbol{x}}\right]^{\mathrm{T}} \tag{8-37}$$

式中，$\frac{\partial \alpha_k}{\partial \boldsymbol{x}}=\left[\frac{\partial \alpha_k}{\partial x},\frac{\partial \alpha_k}{\partial y},\frac{\partial \alpha_k}{\partial \dot{x}},\frac{\partial \alpha_k}{\partial \dot{y}}\right]^{\mathrm{T}}$，$\frac{\partial f_{\mathrm{d},k}}{\partial \boldsymbol{x}}=\left[\frac{\partial f_{\mathrm{d},k}}{\partial x},\frac{\partial f_{\mathrm{d},k}}{\partial y},\frac{\partial f_{\mathrm{d},k}}{\partial \dot{x}},\frac{\partial f_{\mathrm{d},k}}{\partial \dot{y}}\right]^{\mathrm{T}}$，

$\frac{\partial \alpha_k}{\partial x}=\frac{-[y-(t_K-t_k)\dot{y}-y_1]}{r_i^2}$，$\frac{\partial \alpha_k}{\partial y}=\frac{x-(t_K-t_k)\dot{x}-x_1}{r_i^2}$，$\frac{\partial \alpha_k}{\partial \dot{x}_{\mathrm{T}}}=\frac{[y_{\mathrm{T}}-(t_K-t_k)\dot{y}_{\mathrm{T}}-y_1](t_K-t_k)}{r_k^2}$，

$\frac{\partial \alpha_k}{\partial \dot{y}}=\frac{-[x-(t_K-t_k)\dot{x}-x_1](t_K-t_k)}{r_k^2}$，$r_k=\sqrt{[x-(t_K-t_k)\dot{x}-x_1]^2+[y-(t_K-t_k)\dot{y}-y_1]^2}$，

$\frac{\partial f_{\mathrm{d},k}}{\partial x}=\frac{\dot{y}[y-(t_K-t_k)\dot{y}-y_1][x-(t_K-t_k)\dot{x}-x_1]-\dot{x}[y-(t_K-t_k)\dot{y}-y_1]^2}{\lambda\cdot r_k^3}$，

$\frac{\partial f_{\mathrm{d},k}}{\partial y}=\frac{\dot{x}[y-(t_K-t_k)\dot{y}-y_1][x-(t_K-t_k)\dot{x}-x_1]-\dot{y}[x-(t_K-t_k)\dot{x}-x_1]^2}{\lambda\cdot r_k^3}$，

$\frac{\partial f_{\mathrm{d},k}}{\partial \dot{x}}=\frac{-(t_K-t_k)\{\dot{y}[y-(t_K-t_k)\dot{y}-y_1][x-(t_K-t_k)\dot{x}-x_1]+\dot{x}[x-(t_K-t_k)\dot{x}-x_1]^2\}}{\lambda\cdot r_k^3}-\frac{[x-2(t_K-t_k)\dot{x}-x_1]}{\lambda\cdot r_k}$，

$\frac{\partial f_{\mathrm{d},k}}{\partial \dot{y}}=\frac{-(t_K-t_k)\{\dot{x}[y-(t_K-t_k)\dot{y}-y_1][x-(t_K-t_k)\dot{x}-x_1]+\dot{y}[y-(t_K-t_k)\dot{y}-y_1]^2\}}{\lambda\cdot r_k^3}-\frac{[y-2(t_K-t_k)\dot{y}-y_1]}{\lambda\cdot r_k}$。

对 $\boldsymbol{J}_2$ 展开可得

$$\boldsymbol{J}_2=\frac{\partial \boldsymbol{h}(\boldsymbol{x},\boldsymbol{x}_{\mathrm{O}})}{\partial \boldsymbol{x}_{\mathrm{O}}^{\mathrm{T}}}=\left[\frac{\partial \alpha_1}{\partial \boldsymbol{x}_{\mathrm{O}}},\frac{\partial \alpha_2}{\partial \boldsymbol{x}_{\mathrm{O}}},\cdots,\frac{\partial \alpha_K}{\partial \boldsymbol{x}_{\mathrm{O}}},\frac{\partial f_{\mathrm{d},1}}{\partial \boldsymbol{x}_{\mathrm{O}}},\frac{\partial f_{\mathrm{d},2}}{\partial \boldsymbol{x}_{\mathrm{O}}},\cdots,\frac{\partial f_{\mathrm{d},K}}{\partial \boldsymbol{x}_{\mathrm{O}}}\right]^{\mathrm{T}} \tag{8-38}$$

式中，$\frac{\partial \alpha_k}{\partial \boldsymbol{x}_{\mathrm{O}}}=\left[\frac{\partial \alpha_k}{\partial x_1},\frac{\partial \alpha_k}{\partial y_1},0,0\right]^{\mathrm{T}}$，$\frac{\partial f_{\mathrm{d},k}}{\partial \boldsymbol{x}_{\mathrm{O}}}=\left[\frac{\partial f_{\mathrm{d},k}}{\partial x_1},\frac{\partial f_{\mathrm{d},k}}{\partial y_1},0,0\right]^{\mathrm{T}}$，$\frac{\partial \alpha_k}{\partial x_1}=-\frac{\partial \alpha_k}{\partial x_{\mathrm{T}}}$，$\frac{\partial \alpha_k}{\partial y_1}=-\frac{\partial \alpha_k}{\partial y_{\mathrm{T}}}$，

$\frac{\partial f_{\mathrm{d},k}}{\partial x_0}=-\frac{\partial f_{\mathrm{d},k}}{\partial x_{\mathrm{T}}}$，$\frac{\partial f_{\mathrm{d},k}}{\partial y_0}=-\frac{\partial f_{\mathrm{d},k}}{\partial y_{\mathrm{T}}}$。

定位误差 RMSE 为

$$\mathrm{RMSE}(\hat{\boldsymbol{x}}_{\mathrm{ML}})=\sqrt{\mathrm{CRLB}_{1,1}+\mathrm{CRLB}_{2,2}} \tag{8-39}$$

假设辐射源目标频率为 10GHz，速度为 300m/s，测向误差 $\sigma_\alpha=0.5^\circ$，测频误差 $\sigma_f=0.5\mathrm{Hz}$，观测周期为 1s，观测时间为 20s，无站址误差时，对目标不同的运动方向进行仿真，固定单站测向测频差定位 RMSE 等值线如图 8-18 所示。

假设辐射源初始信息为 $\boldsymbol{x}_{\mathrm{T}}=[5\mathrm{km},15\mathrm{km},300\,\mathrm{m/s},0]^{\mathrm{T}}$，观测站位置为 $\boldsymbol{x}_{\mathrm{O}}=[0,0]^{\mathrm{T}}$，每秒观测一次，累计观测 20s 后辐射源理论位置速度为 $\boldsymbol{x}_{\mathrm{T}}=[11\mathrm{km},15\mathrm{km},300\,\mathrm{m/s},0]^{\mathrm{T}}$，同样假设辐射源信号频率为 10GHz，测向误差 $\sigma_\alpha=0.5^\circ$，多普勒频率测量误差 $\sigma_{f_{\mathrm{d}}}=0.5\mathrm{Hz}$，开展 1000 次蒙特卡罗仿真，可得如图 8-19 所示的定位误差椭圆，理论定位误差为 53m，仿真定位误差为 55m。

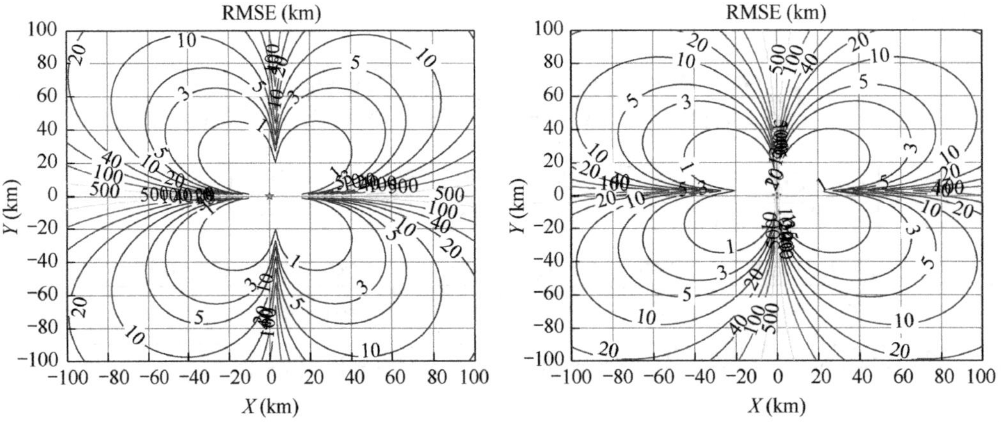

(a) 沿X轴方向运动　　(b) 沿Y轴方向运动

图 8-18　固定单站测向测频差定位 RMSE 等值线

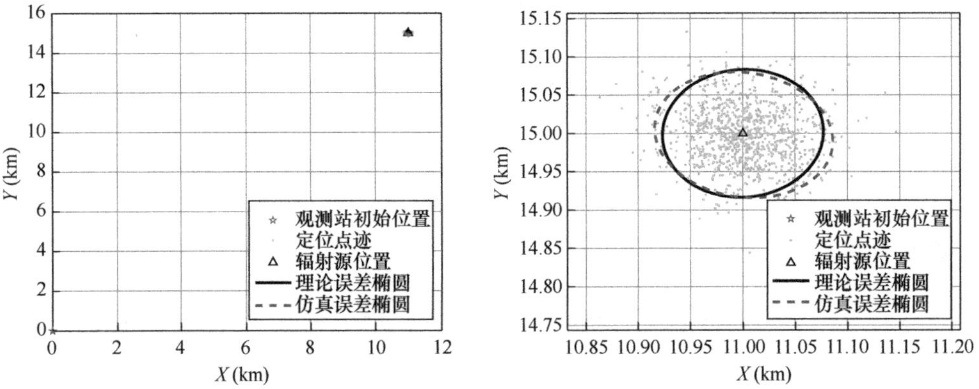

(a) 定位误差椭圆结果　　(b) 定位误差椭圆局部放大

图 8-19　定位误差椭圆

8.2.3　测向测相位差变化率定位

在单站无源定位中，当辐射源目标和观测平台之间存在相对运动时，可以利用信号的到达方向和相位变化率实现目标定位。针对静止或慢速辐射源，利用运动观测站对其进行定位，这种基于相位差变化率的无源定位技术与传统仅测向定位技术相比，增加了相位差变化率观测量，解决测向定位需要较大交会角、定位时间长等问题。

8.2.3.1　原理与算法

观测站上安装的两单元相位干涉仪对应的相位差变化率可以确定一个圆，观测站位置与目标辐射源位置均位于该圆周上，另外结合测向信息，即一条方向线与该圆相交，即可确定辐射源位置[22, 23]，如图 8-20 所示。

以单基线为例考虑二维定位的情形，静止辐射源的位置为 $\boldsymbol{x}_{\mathrm{T}}=[x_{\mathrm{T}},y_{\mathrm{T}}]^{\mathrm{T}}$ ，单个运动观测站在某时刻的位置速度表示为 $\boldsymbol{x}_{\mathrm{O}}=[x_1,y_1,\dot{x}_1,\dot{y}_1]^{\mathrm{T}}$ 。

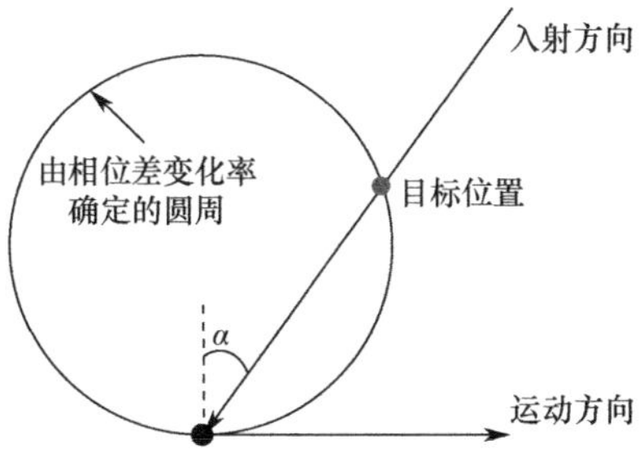

图 8-20　测向相位差变化率定位几何原理

测得的方位角与相位差变化率可表示为矩阵形式

$$z = \boldsymbol{h}(\boldsymbol{x}_\mathrm{T}, \boldsymbol{x}_\mathrm{O}) + \boldsymbol{\xi} \tag{8-40}$$

式中，$\boldsymbol{z}=[\tilde{\alpha},\tilde{\dot{\varphi}}]^\mathrm{T}$；$\boldsymbol{h}(\boldsymbol{x},\boldsymbol{x}_\mathrm{O})=[h_\alpha,h_{\dot{\varphi}}]^\mathrm{T}$，$h_{\dot{\varphi}}=-\dfrac{2\pi d\sin\alpha}{\lambda}\dot{\alpha}$，$\dot{\alpha}=\dfrac{\dot{x}_1(y_\mathrm{T}-y_1)-\dot{y}_1(x_\mathrm{T}-x_1)}{(x_\mathrm{T}-x_1)^2+(y_\mathrm{T}-y_1)^2}$，$h_\alpha=\arctan 2[(y_\mathrm{T}-y_1),(x_\mathrm{T}-x_1)]$；$\boldsymbol{\xi}=[\Delta\alpha,\Delta\dot{\varphi}]^\mathrm{T}$ 为观测噪声，假设 $\mathbb{E}(\boldsymbol{\xi})=\boldsymbol{0}$，协方差矩阵为 $\boldsymbol{\Sigma}_\xi=\mathbb{E}(\boldsymbol{\xi}\boldsymbol{\xi}^\mathrm{T})$。

对 $\dot{\alpha}$ 表达式整理后可得

$$\left(x_\mathrm{T}-x_1+\frac{\dot{y}_1}{2\dot{\alpha}}\right)^2+\left(y_\mathrm{T}-y_1-\frac{\dot{x}_1}{2\dot{\alpha}}\right)^2=\frac{\dot{x}_1^2+\dot{y}_1^2}{4\dot{\alpha}^2} \tag{8-41}$$

容易看出，式（8-41）为过点 $(x_\mathrm{T},y_\mathrm{T})$、$(x_1,y_1)$，圆心为 $\left(x-\dfrac{\dot{y}_1}{2\dot{\alpha}},y+\dfrac{\dot{x}_1}{2\dot{\alpha}}\right)$，半径为 $\sqrt{\dfrac{\dot{x}_1^2+\dot{y}_1^2}{4\dot{\alpha}^2}}$ 的圆，目标位置为该圆与测向线的交点。

联立测向结果与相位差变化率公式构成方程组，可以求得辐射源与观测站之间的距离 $\tilde{r}_\mathrm{T}$ 为

$$\tilde{r}_\mathrm{T}=\frac{2\pi d\sin\tilde{\alpha}}{\lambda}\cdot\frac{-\dot{x}_1\sin\tilde{\alpha}+\dot{y}_1\cos\tilde{\alpha}}{\tilde{\dot{\varphi}}} \tag{8-42}$$

根据 $\tilde{r}_\mathrm{T}$ 与测向结果 $\tilde{\alpha}$ 可以计算出辐射源位置：

$$\begin{cases} x_\mathrm{T}=x_1+\tilde{r}_\mathrm{T}\cdot\cos\tilde{\alpha} \\ y_\mathrm{T}=y_1+\tilde{r}_\mathrm{T}\cdot\sin\tilde{\alpha} \end{cases} \tag{8-43}$$

8.2.3.2　定位误差分析

针对静止目标辐射源，设运动观测站做匀速直线运动，利用式（8-40）构建观测方程［见式（8-8）］。根据式（3-41）可知辐射源位置 $\boldsymbol{x}$ 估计的 CRLB 为

$$\mathrm{CRLB}(\boldsymbol{x})=[\boldsymbol{J}^\mathrm{T}(\boldsymbol{\Sigma}_\xi+\boldsymbol{J}_2\boldsymbol{\Sigma}_\varepsilon\boldsymbol{J}_2^\mathrm{T})^{-1}\boldsymbol{J}]^{-1} \tag{8-44}$$

对 $\boldsymbol{J}$ 展开可得

$$\frac{\partial\boldsymbol{h}(\boldsymbol{x},\boldsymbol{x}_\mathrm{O})}{\partial\boldsymbol{x}^\mathrm{T}}=\left[\frac{\partial\alpha}{\partial\boldsymbol{x}},\frac{\partial\dot{\varphi}}{\partial\boldsymbol{x}}\right]^\mathrm{T} \tag{8-45}$$

式中，$\dfrac{\partial\alpha}{\partial\boldsymbol{x}}=\left[-\dfrac{(y-y_1)}{\|\boldsymbol{x}-\boldsymbol{x}_\mathrm{O}\|^2},\dfrac{(x-x_1)}{\|\boldsymbol{x}-\boldsymbol{x}_\mathrm{O}\|^2}\right]^\mathrm{T}$，$\dfrac{\partial\dot{\varphi}}{\partial\boldsymbol{x}}=\left[\dfrac{\partial\dot{\varphi}}{\partial x},\dfrac{\partial\dot{\varphi}}{\partial y}\right]^\mathrm{T}$，

$$\frac{\partial\dot{\varphi}}{\partial x}=\frac{2\pi d}{\lambda}\left[\frac{3\dot{x}_1(x-x_1)(y-y_1)^2-2\dot{y}_1(x-x_1)^2(y-y_1)+\dot{y}_1(y-y_1)^3}{\|\boldsymbol{x}-\boldsymbol{x}_{\rm O}\|^5}\right],$$

$$\frac{\partial\dot{\varphi}}{\partial y}=\frac{2\pi d}{\lambda}\left[\frac{\dot{y}_1(x-x_1)^3+\dot{x}_1(y-y_1)^3-2\dot{x}_1(x-x_1)^2(y-y_1)-2\dot{y}_1(x-x_1)(y-y_1)^2}{\|\boldsymbol{x}-\boldsymbol{x}_{\rm O}\|^5}\right]。$$

对 $\boldsymbol{J}_2$ 展开可得

$$\frac{\partial\boldsymbol{h}(\boldsymbol{x},\boldsymbol{x}_{\rm O})}{\partial\boldsymbol{x}_{\rm O}^{\rm T}}=\left[\frac{\partial\alpha}{\partial\boldsymbol{x}_{\rm O}},\frac{\partial\dot{\varphi}}{\partial\boldsymbol{x}_{\rm O}}\right]^{\rm T} \tag{8-46}$$

式中，$\frac{\partial\alpha}{\partial\boldsymbol{x}_{\rm O}}=\left[\frac{(y-y_1)}{\|\boldsymbol{x}-\boldsymbol{x}_{\rm O}\|^2},-\frac{(x-x_1)}{\|\boldsymbol{x}-\boldsymbol{x}_{\rm O}\|^2},0,0\right]^{\rm T}$，$\frac{\partial\dot{\varphi}}{\partial\boldsymbol{x}_{\rm O}}=\left[\frac{\partial\dot{\varphi}}{\partial x_{\rm O}},\frac{\partial\dot{\varphi}}{\partial y_{\rm O}},\frac{\partial\dot{\varphi}}{\partial\dot{x}_{\rm O}},\frac{\partial\dot{\varphi}}{\partial\dot{y}_{\rm O}}\right]^{\rm T}$，$\frac{\partial\dot{\varphi}}{\partial x_{\rm O}}=-\frac{\partial\dot{\varphi}}{\partial x}$，$\frac{\partial\dot{\varphi}}{\partial y_{\rm O}}=-\frac{\partial\dot{\varphi}}{\partial y}$，$\frac{\partial\dot{\varphi}}{\partial\dot{x}_{\rm O}}=-\frac{2\pi d}{\lambda}\cdot\frac{(y-y_1)^2}{\|\boldsymbol{x}-\boldsymbol{x}_{\rm O}\|^3}$，$\frac{\partial\dot{\varphi}}{\partial\dot{y}_{\rm O}}=\frac{2\pi d}{\lambda}\cdot\frac{(x-x_1)(y-y_1)}{\|\boldsymbol{x}-\boldsymbol{x}_{\rm O}\|^3}$。

定位误差 RMSE 为

$$\text{RMSE}(\hat{\boldsymbol{x}}_{\rm ML})=\sqrt{\text{tr}[\text{CRLB}(\boldsymbol{x})]}$$

在二维情形下，单个观测站运动速度为 300m/s，观测站上安装的基线长度为 10m，信号频率为 1GHz，相位差变化率估计精度为 1° /s，测向误差为 0.5° ，无站址误差时，根据观测站不同的运动方向对静止辐射源进行测向测相位差变化率定位 RMSE 等值线，如图 8-21 所示。

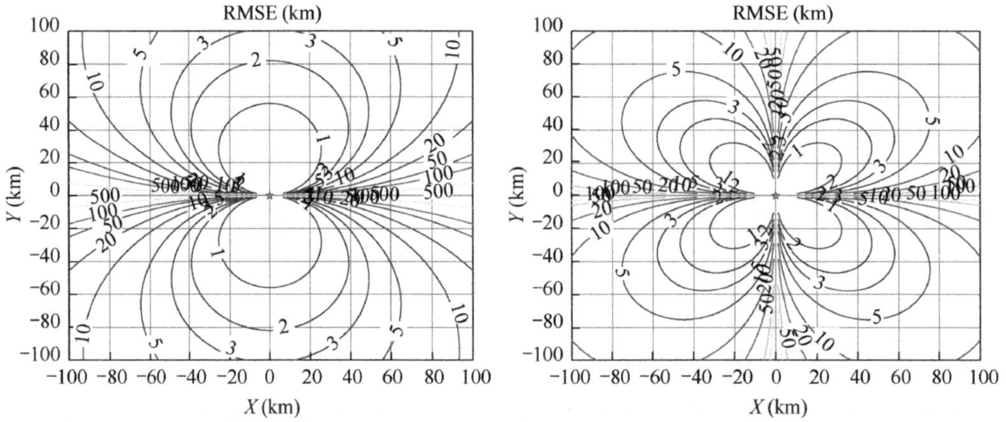

(a) 沿X轴方向运动 (b) 沿Y轴方向运动

图 8-21 测向测相位差变化率定位 RMSE 等值线

假设观测站位置速度为 $\boldsymbol{x}_{\rm O}=[0,0,0,300]^{\rm T}$ (m/s)，辐射源位置为 $\boldsymbol{x}_{\rm T}=[5,15]^{\rm T}$ (km)，同样假设基线长度为 10m，信号频率为 1GHz，测向误差 $\sigma_\alpha=0.5°$，测相位差变化率误差 $\sigma_{\dot{\varphi}}=1°/\text{s}$，开展 1000 次蒙特卡罗仿真，可得如图 8-22 所示的定位误差椭圆，理论定位误差为 456m，仿真定位误差为 497m。

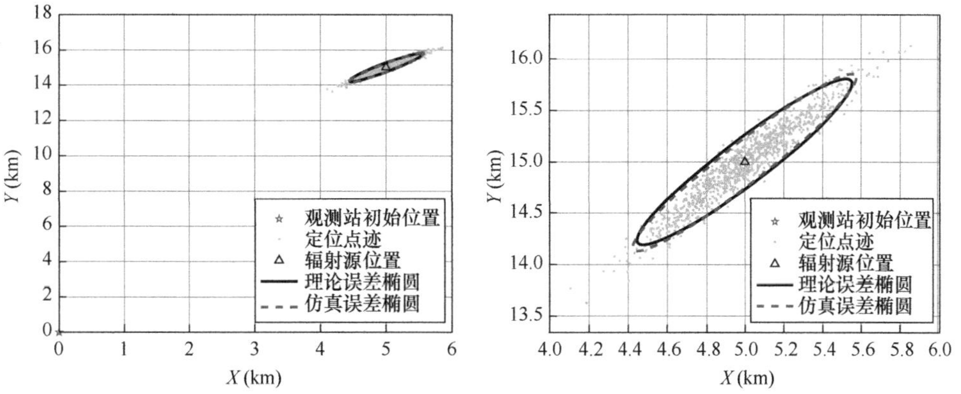

(a) 定位误差椭圆结果　　(b) 定位误差椭圆局部放大

图 8-22　定位误差椭圆

8.2.3.3　参数估计

相位差变化率主要通过测量得到的相位差来估计，关于相位差的参数估计可以参考文献[14]。利用测得的相位差序列，可以利用差分、卡尔曼滤波、线性拟合等方法对相位差变化率进行估计。

将相位差数据按时间片划分成两份，对后一时刻的相位差和前一时刻的相位差进行差分运算可得

$$\Delta\varphi(i) = \varphi_{N+1}(i) - \varphi_N(i) \tag{8-47}$$

将上述得到的计算结果除以时间间隔 Δt 取平均，即得相位差变化率 $\dot{\varphi}$。

相位差变化率就是相位差在时间上的微分。如果得到一组相位差的值，对其进行线性拟合或最小二乘或卡尔曼滤波来获取这组值的斜率，可以认为该斜率就是该时间段内的相位差变化率。

对相位差变化率的测量还需要解决模糊问题，而此时只需要得到相位差序列的“斜率”，这样就不需要解出相位差的具体值，而要用常规的方法监测相邻的相位差是否超过 π，如果超过，则需要将相位差值加上（或减去）2π。而一般的干涉仪系统需要通过相位差信息得到角度信息，所以解模糊还是需要的。

以卡尔曼滤波为例，因为在一定的观测时间内，相位差变化率的变化幅度很小，因此在建立卡尔曼状态方程时，可以近似地认为相位差变化率是恒定不变的，只是每个时刻在其上都会有一个随机的高斯白噪声。

这里，选取状态变量为：$\boldsymbol{x}_i = (\varphi_{xi}, \dot{\varphi}_{xi}, \varphi_{yi}, \dot{\varphi}_{yi})^{\mathrm{T}}$，建立如下方程：

$$\boldsymbol{x}_{i+1} = \begin{bmatrix} 1 & T & 0 & 0 \\ 0 & 1 & 0 & 0 \\ 0 & 0 & 1 & T \\ 0 & 0 & 0 & 1 \end{bmatrix} \begin{bmatrix} \varphi_{xi} \\ \dot{\varphi}_{xi} \\ \varphi_{yi} \\ \dot{\varphi}_{yi} \end{bmatrix} + \begin{bmatrix} T & 0 \\ 1 & 0 \\ 0 & T \\ 0 & 1 \end{bmatrix} \begin{bmatrix} \Delta\dot{\varphi}_{xi} \\ \Delta\dot{\varphi}_{yi} \end{bmatrix} \triangleq \boldsymbol{F}\boldsymbol{x}_i + \boldsymbol{B}\boldsymbol{w}_i \tag{8-48}$$

式中，$\boldsymbol{w}_i$ 为相位差变化率的瞬时扰动噪声，$\Delta\dot{\varphi}_{xi}$、$\Delta\dot{\varphi}_{yi}$ 均为零均值协方差矩阵为 $\boldsymbol{Q}_i$ 的高斯白噪声。

选取观测量为 $\boldsymbol{z}_i = (\varphi_{oxi}, \varphi_{oyi})^{\mathrm{T}}$，观测方程为

$$z_i = \begin{bmatrix} 1 & 0 & 0 & 0 \\ 0 & 0 & 1 & 0 \end{bmatrix} \begin{bmatrix} \varphi_{x_i} \\ \dot{\varphi}_{x_i} \\ \varphi_{y_i} \\ \dot{\varphi}_{y_i} \end{bmatrix} + \begin{bmatrix} n_{x_i} \\ n_{y_i} \end{bmatrix} \triangleq \boldsymbol{H}\boldsymbol{x}_i + \boldsymbol{n}_i \tag{8-49}$$

式中，$\boldsymbol{n}_i$ 为零均值协方差矩阵为 $\boldsymbol{R}_i$ 的高斯白噪声。由此，可列出相应的卡尔曼滤波方程

$$\begin{aligned} &\hat{\boldsymbol{x}}_{i,i-1} = \boldsymbol{F}\hat{\boldsymbol{x}}_{i-1} \\ &\boldsymbol{P}_{i,i-1} = \boldsymbol{F}\boldsymbol{P}_{i-1,i-1}\boldsymbol{F}^{\mathrm{T}} + \boldsymbol{B}\boldsymbol{Q}_i\boldsymbol{B}^{\mathrm{T}} \\ &\boldsymbol{K}_i = \boldsymbol{P}_{i,i-1}\boldsymbol{H}^{\mathrm{T}}(\boldsymbol{H}\boldsymbol{P}_{i,i-1}\boldsymbol{H}^{\mathrm{T}} + \boldsymbol{R}_i)^{-1} \\ &\hat{\boldsymbol{x}}_i = \hat{\boldsymbol{x}}_{i,i-1} + \boldsymbol{K}_i(z_i - \boldsymbol{H}\hat{\boldsymbol{x}}_{i,i-1}) \\ &\boldsymbol{P}_i = (\boldsymbol{I} - \boldsymbol{K}_i\boldsymbol{H})\boldsymbol{P}_{i,i-1} \end{aligned} \tag{8-50}$$

式中，$\boldsymbol{P}_{0,0} = \mathbb{E}(\boldsymbol{x}_0\boldsymbol{x}_0^{\mathrm{T}})$。滤波初值的设定，一是可以通过前一段相位差数据的大致处理，得到其斜率，从而得到其变化率；二是通过已知的数据（如信号频率、基线长度、信号入射角等信息）来大致估计目标的相位差变化率值。

8.2.4 逆无源定位

8.2.3 节介绍的测向测相位差变化率定位需要观测站运动实现对目标辐射源的定位，文献[20]和文献[24]针对机载雷达脉冲信号提出了一种逆无源定位方法，该方法将多普勒频差与测向测相位差变化率结合使用，可实现单个固定观测站对飞行的辐射源进行位置估计。

8.2.4.1 原理与算法

逆无源定位要求测量三个观测参数，包括来波方向、两阵元之间的相位差变化率、不同观测时刻的多普勒频差，以二维平面固定单站对该定位模型进行介绍，二维逆无源定位场景如图 8-23 所示。假设固定单个观测站位置为 $\boldsymbol{x}_{\mathrm{O}} = [x_1, y_1]^{\mathrm{T}}$，两个天线单元构成观测站的测向天线阵，阵元间距为 d，辐射源位置速度为 $\boldsymbol{x}_{\mathrm{T}} = [x_{\mathrm{T}}, y_{\mathrm{T}}, \dot{x}_{\mathrm{T}}, \dot{y}_{\mathrm{T}}]^{\mathrm{T}}$，信号波长为 λ。辐射源相对于观测站的距离为 r，测得的方位角为 α。

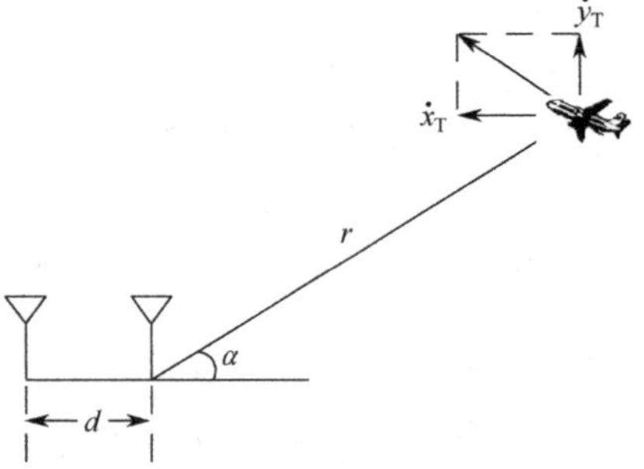

图 8-23 二维逆无源定位场景

观测站获得的观测值可表示为

$$\boldsymbol{z} = \boldsymbol{h}(\boldsymbol{x}_{\mathrm{T}}, \boldsymbol{x}_{\mathrm{O}}) + \boldsymbol{\xi} \tag{8-51}$$

式中，$\boldsymbol{z} = \left[\tilde{\alpha}, \tilde{\dot{\varphi}}, \tilde{\dot{f}}_{\mathrm{d}}\right]^{\mathrm{T}}$，$\dot{\varphi}$ 为相位差变化率值，f_d 为多普勒频移值，$\dot{f}_{\mathrm{d}}$ 为多普勒变化率值；

$\boldsymbol{h}(\boldsymbol{x}_{\mathrm{T}},\boldsymbol{x}_{\mathrm{O}})=\left[\alpha,\dot{\varphi},\dot{f}_d\right]^{\mathrm{T}}$，$\alpha=\arctan 2[(y_{\mathrm{T}}-y_1),(x_{\mathrm{T}}-x_1)]$，$\dot{\alpha}=\dfrac{\dot{y}_{\mathrm{T}}(x_{\mathrm{T}}-x_1)-\dot{x}_{\mathrm{T}}(y_{\mathrm{T}}-y_1)}{(x_{\mathrm{T}}-x_1)^2+(y_{\mathrm{T}}-y_1)^2}$，

$\dot{\varphi}=-\dfrac{2\pi d\sin\alpha}{\lambda}\cdot\dot{\alpha}$，$f_{\mathrm{d}}=-\dfrac{\dot{x}_{\mathrm{T}}\cos\alpha+\dot{y}_{\mathrm{T}}\sin\alpha}{\lambda}$，$\dot{f}_{\mathrm{d}}=\dfrac{(\dot{x}_{\mathrm{T}}\sin\alpha-\dot{y}_{\mathrm{T}}\cos\alpha)}{\lambda}\cdot\dot{\alpha}=-\dfrac{r}{\lambda}\dot{\alpha}^2$，

$r=\sqrt{(x_{\mathrm{T}}-x_1)^2+(y_{\mathrm{T}}-y_1)^2}$；$\boldsymbol{\xi}=[\Delta\alpha,\Delta\dot{\varphi},\Delta\dot{f}_{\mathrm{d}}]^{\mathrm{T}}$ 为测量误差矩阵，假设 $\mathbb{E}(\boldsymbol{\xi})=\boldsymbol{0}$，协方差矩阵 $\boldsymbol{\Sigma}_{\xi}=\mathbb{E}(\boldsymbol{\xi}\boldsymbol{\xi}^{\mathrm{T}})$。

利用单个固定观测站测向结果 α、相位差变化率 $\dot{\varphi}$、多普勒变化率 $\dot{f}_{\mathrm{d}}$ 可建立如下测距方程：

$$r=-\frac{(2\pi d\sin\alpha)^2\dot{f}_{\mathrm{d}}}{\lambda\dot{\varphi}^2} \tag{8-52}$$

结合测向结果可以对运动辐射源实现定位：

$$\begin{cases}x_{\mathrm{T}}=x_1+r\cos\alpha\\ y_{\mathrm{T}}=y_1+r\sin\alpha\end{cases} \tag{8-53}$$

8.2.4.2　定位误差分析

下面从代数角度就更一般的情形给出定位性能界，利用式（8-51）构建观测方程［见式（8-8）］。令 $\boldsymbol{\theta}=[\boldsymbol{x}^{\mathrm{T}},\dot{\alpha}]^{\mathrm{T}}$，其中 $\boldsymbol{x}=[x,y]^{\mathrm{T}}$，根据式（3-41）可知矢量 $\boldsymbol{\theta}$ 估计的 CRLB 为

$$\mathrm{CRLB}(\boldsymbol{x})=[\boldsymbol{J}^{\mathrm{T}}(\boldsymbol{\Sigma}_{\xi}+\boldsymbol{J}_2\boldsymbol{\Sigma}_{\varepsilon}\boldsymbol{J}_2^{\mathrm{T}})^{-1}\boldsymbol{J}]^{-1} \tag{8-54}$$

对 $\boldsymbol{J}$ 展开可得

$$\boldsymbol{J}=\frac{\partial\boldsymbol{h}(\boldsymbol{x},\boldsymbol{x}_{\mathrm{O}})}{\partial\boldsymbol{\theta}^{\mathrm{T}}}=\left[\frac{\partial\alpha}{\partial\boldsymbol{\theta}},\frac{\partial\dot{\varphi}}{\partial\boldsymbol{\theta}},\frac{\partial\dot{f}_{\mathrm{d}}}{\partial\boldsymbol{\theta}}\right]^{\mathrm{T}} \tag{8-55}$$

式中，$\dfrac{\partial\alpha}{\partial\boldsymbol{\theta}}=\left[-\dfrac{(y-y_1)}{\|\boldsymbol{x}-\boldsymbol{x}_{\mathrm{O}}\|^2},\dfrac{(x-x_1)}{\|\boldsymbol{x}-\boldsymbol{x}_{\mathrm{O}}\|^2},0\right]^{\mathrm{T}}$；$\dfrac{\partial\dot{\varphi}}{\partial\boldsymbol{\theta}}=\left[\dfrac{\partial\dot{\varphi}}{\partial x},\dfrac{\partial\dot{\varphi}}{\partial y},\dfrac{\partial\dot{\varphi}}{\partial\dot{\alpha}}\right]^{\mathrm{T}}$，$\dfrac{\partial\dot{\varphi}}{\partial x}=\dfrac{2\pi d(x-x_1)(y-y_1)}{\lambda\|\boldsymbol{x}-\boldsymbol{x}_{\mathrm{O}}\|^3}\cdot\dot{\alpha}$，

$\dfrac{\partial\dot{\varphi}}{\partial y}=-\dfrac{2\pi d(x-x_1)^2}{\lambda\|\boldsymbol{x}-\boldsymbol{x}_{\mathrm{O}}\|^3}\cdot\dot{\alpha}$，$\dfrac{\partial\dot{\varphi}}{\partial\dot{\alpha}}=-\dfrac{2\pi d(y-y_1)}{\lambda\|\boldsymbol{x}-\boldsymbol{x}_{\mathrm{O}}\|}$；$\dfrac{\partial\dot{f}_{\mathrm{d}}}{\partial\theta}=\left[\dfrac{\partial\dot{f}_{\mathrm{d}}}{\partial x},\dfrac{\partial\dot{f}_{\mathrm{d}}}{\partial y},\dfrac{\partial\dot{f}_{\mathrm{d}}}{\partial\dot{\alpha}}\right]^{\mathrm{T}}$，$\dfrac{\partial\dot{f}_{\mathrm{d}}}{\partial x}=\dfrac{-\dot{\alpha}^2(x-x_1)}{\lambda\|\boldsymbol{x}-\boldsymbol{x}_{\mathrm{O}}\|}$，

$\dfrac{\partial\dot{f}_{\mathrm{d}}}{\partial y}=\dfrac{-\dot{\alpha}^2(y-y_1)}{\lambda\|\boldsymbol{x}-\boldsymbol{x}_{\mathrm{O}}\|}$，$\dfrac{\partial\dot{f}_{\mathrm{d}}}{\partial\dot{\alpha}}=-\dfrac{2\dot{\alpha}\|\boldsymbol{x}-\boldsymbol{x}_{\mathrm{O}}\|}{\lambda}$。

对 $\boldsymbol{J}_2$ 展开可得

$$\boldsymbol{J}_2=\frac{\partial\boldsymbol{h}(\boldsymbol{x},\boldsymbol{x}_{\mathrm{O}})}{\partial\boldsymbol{x}_{\mathrm{O}}^{\mathrm{T}}}=\left[\frac{\partial\alpha}{\partial\boldsymbol{x}_{\mathrm{O}}},\frac{\partial\dot{\varphi}}{\partial\boldsymbol{x}_{\mathrm{O}}},\frac{\partial\dot{f}_{\mathrm{d}}}{\partial\boldsymbol{x}_{\mathrm{O}}}\right]^{\mathrm{T}} \tag{8-56}$$

式中，$\dfrac{\partial\alpha}{\partial\boldsymbol{x}_{\mathrm{O}}}=\left[\dfrac{(y-y_1)}{\|\boldsymbol{x}-\boldsymbol{x}_{\mathrm{O}}\|^2},-\dfrac{(x-x_1)}{\|\boldsymbol{x}-\boldsymbol{x}_{\mathrm{O}}\|^2}\right]^{\mathrm{T}}$；$\dfrac{\partial\dot{\varphi}}{\partial\boldsymbol{x}_{\mathrm{O}}}=\left[\dfrac{\partial\dot{\varphi}}{\partial x_{\mathrm{O}}},\dfrac{\partial\dot{\varphi}}{\partial y_{\mathrm{O}}}\right]^{\mathrm{T}}$，$\dfrac{\partial\dot{\varphi}}{\partial x_{\mathrm{O}}}=-\dfrac{\partial\dot{\varphi}}{\partial x}$，$\dfrac{\partial\dot{\varphi}}{\partial y_{\mathrm{O}}}=-\dfrac{\partial\dot{\varphi}}{\partial y}$；

$\dfrac{\partial\dot{f}_{\mathrm{d}}}{\partial\boldsymbol{x}_{\mathrm{O}}}=\left[\dfrac{\partial\dot{f}_{\mathrm{d}}}{\partial x_{\mathrm{O}}},\dfrac{\partial\dot{f}_{\mathrm{d}}}{\partial y_{\mathrm{O}}}\right]^{\mathrm{T}}$，$\dfrac{\partial\dot{f}_{\mathrm{d}}}{\partial x_{\mathrm{O}}}=-\dfrac{\partial\dot{f}_{\mathrm{d}}}{\partial x}$，$\dfrac{\partial\dot{f}_{\mathrm{d}}}{\partial y_{\mathrm{O}}}=-\dfrac{\partial\dot{f}_{\mathrm{d}}}{\partial y}$。

定位误差 RMSE 为

$$\mathrm{RMSE}(\hat{\boldsymbol{x}}_{\mathrm{ML}})=\sqrt{\mathrm{CRLB}_{1,1}+\mathrm{CRLB}_{2,2}}$$

假设辐射源目标频率为 10GHz，速度为 300m/s，测向误差$\sigma_\alpha = 0.5°$，多普勒变化率误差$\sigma_{\dot{f}_d} = 0.5\text{Hz/s}$，相位差变化率误差$\sigma_{\dot{\varphi}} = 1°/\text{s}$，无站址误差时，对目标不同的运动方向进行仿真，逆无源定位 RMSE 等值线如图 8-24 所示。

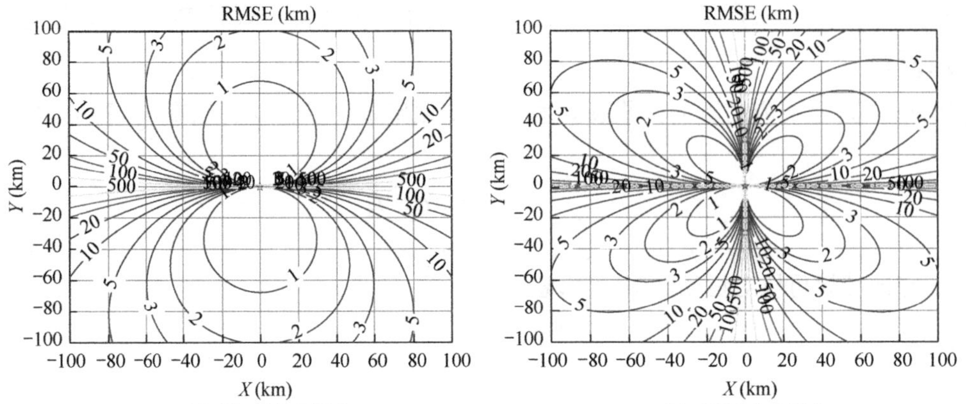

(a) 沿X轴方向运动　　(b) 沿Y轴方向运动

图 8-24　逆无源定位 RMSE 等值线

假设辐射源位置速度为$\boldsymbol{x}_T = [5\text{km}, 15\text{km}, 0, 300\,\text{m/s}]^T$，观测站位置为$\boldsymbol{x}_O = [0,0]^T$，同样假设辐射源信号频率为 10GHz，测向误差$\sigma_\alpha = 0.5°$，多普勒变化率误差$\sigma_{\dot{f}_d} = 0.5\text{Hz/s}$，相位差变化率误差$\sigma_{\dot{\varphi}} = 1°/\text{s}$，开展 1000 次蒙特卡罗仿真，可得如图 8-25 所示的定位误差椭圆，理论定位误差为 451m，仿真定位误差为 460m。

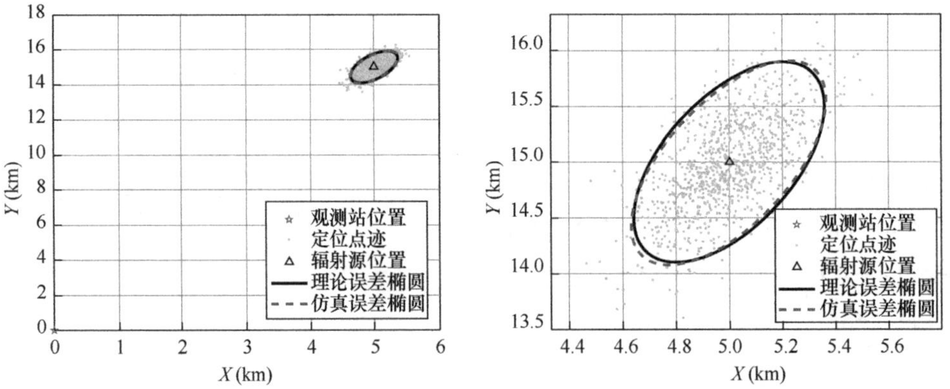

(a) 定位误差椭圆结果　　(b) 定位误差椭圆局部放大

图 8-25　定位误差椭圆

8.3 测向测时定位

时分多址（TDMA）是现代通信系统中一种实用的多址技术。TDMA 系统中的各个终端以帧/时隙的方式共享无线信道资源。帧是最小分配周期，时隙是最小分配单元，一帧被划分为多个时隙，每个时隙持续时间一般是固定的。在 TDMA 系统中，所有终端与系统时间保持同步，不同终端之间发射信号的时间相差时隙间隔的整数倍，且在每个时隙中仅允许一个终端进行无线信号发射。在无线通信结束前，终端都占用该周期性重复的时隙单元。时分多址通信系统的终端都具备导航级别的定时精度，从而保证不同终端间进行无线传输时的时隙不会出现混叠。

文献[25]介绍了一种利用单站 TOA 和 DOA 信息对匀速直线运动的 TDMA 系统终端的定位方法；文献[26]利用了酋矩阵束算法估计信号的 TOA 和最小二乘估计信号的 DOA，在此基础上提出了一种针对超宽带（UWB）信号的单站 TOA-DOA 联合定位方法；文献[27]介绍了一种基于 MP 算法的单站 TOA 和 DOA 联合估计方法。下面针对 TDMA 体制的通信目标，介绍一种单站测向测时（测距）组合的定位方法。

8.3.1 原理与算法

测向测时定位方法的基本原理为：根据通信系统的时分多址特点，观测站可以估计得到每个时隙信号的传输到达时间，如果能够获得某个时隙辐射源相对观测站的距离，那么可以计算出其他任意时隙内发射信号的辐射源与观测站之间的距离。同时，通过测向获取每个时隙辐射源信号的到达方位，就可以观测站为原点计算出每个时隙发射信号辐射源的位置，从而实现对观测区域内所有辐射源的定位。

TDMA 体制信号时隙关系示意如图 8-26 所示，假设观测站接收到第 i 个时隙的信号，那么观测站接收到信号的时间 T_i、终端发射信号的时间 t_i、观测站和终端之间距离 r_i 的关系为

$$T_i = t_i + \tau_i = t_i + r_i/c，\quad i = 1,2,\cdots,n \tag{8-57}$$

式中，τ_i 为时隙 i 的信号从发射端到接收端的传播时间，c 为电磁信号自由空间传播速度。

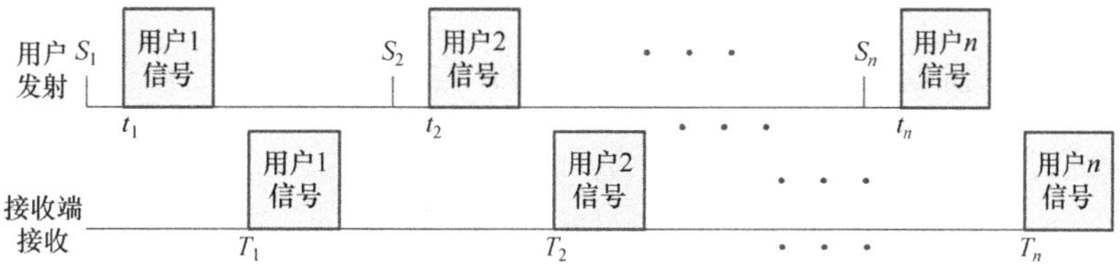

图 8-26 TDMA 体制信号时隙关系示意

假设观测站接收到其中两个时隙的时间为 T_i 和 T_{i+m}，那么它们之间的传播时差为

$$\begin{aligned} T_{i+m} - T_i &= (t_{i+m} + \tau_{i+m}) - (t_i + \tau_i) \\ &= (t_{i+m} - t_i) + (\tau_{i+m} - \tau_i) \\ &= m\Delta t + (r_{i+m} - r_i)/c \end{aligned} \tag{8-58}$$

式中，m 为大于 0 的整数；t_i、t_{i+m} 分别为时隙 i 和时隙 $i+m$ 发射精确起始时间，$t_{i+m} = t_i + m\Delta t$；$\Delta t$ 为两个相邻时隙的发射时间间隔，是一个已知固定值。

将式（8-58）进行转换，得到

$$r_{i+m} = [(T_{i+m} - T_i) - m\Delta t]c + r_i \tag{8-59}$$

通过文献[26]和文献[28]的方法可以获得时隙 i 对应的辐射源与定位观测站间的测距信息 r_i。那么根据上式可以求得时隙 $i+m$ 辐射源与定位观测站之间的距离。需要注意的是，如果 $(T_{i+m} - T_i) \geqslant \Delta t$，就会出现待解算辐射源测距结果的模糊问题；但在实际应用中，$(T_{i+m} - T_i) < \Delta t$ 较容易满足，所以不会出现待解算辐射源测距结果的模糊问题，通过式（8-59）可以直接计算测距结果。

如图 8-27 所示，定义观测站为原点，目标辐射源位置为 $\boldsymbol{x}_\mathrm{T}(x_\mathrm{T}, y_\mathrm{T})$，参考辐射源位置为

$\boldsymbol{x}_{\text{ref}}(x_{\text{ref}}, y_{\text{ref}})$，测量到的目标信号到达时间为 t_n，参考信号的到达时间为 t_m，对目标辐射源的方位角测量信息为 α，可得

$$z = \boldsymbol{h}(\boldsymbol{x}_{\text{T}}, \boldsymbol{x}_{\text{O}}) + \boldsymbol{\xi} \tag{8-60}$$

式中，$z = \left[\tilde{\alpha}, \tilde{t}_n, \tilde{t}_m\right]^{\text{T}}$；$\boldsymbol{h}(\boldsymbol{x}_{\text{T}}, \boldsymbol{x}_{\text{O}}) = [h_\alpha, h_{t_n}, h_{t_m}]^{\text{T}}$，$h_\alpha = \arctan 2(y_{\text{T}}, x_{\text{T}})$，$h_{t_n} = \dfrac{\|\boldsymbol{x}_{\text{T}}\|}{c} + t_0$，$h_{t_m} = \dfrac{\|\boldsymbol{x}_{\text{ref}}\|}{c} + t_0 + (m-n)\Delta t$，其中 $\|\boldsymbol{x}_{\text{T}}\|$ 为目标与观测站之间的距离，$\|\boldsymbol{x}_{\text{ref}}\|$ 为参考源与观测站之间的距离，t_0 为目标信号时隙的发射时间，$(m-n)\Delta t$ 为已知的目标信号与参考站信号的时隙间隔时间；$\boldsymbol{\xi} = [\Delta\alpha, \Delta t_n, \Delta t_m]^{\text{T}}$ 为观测噪声，假设 $\mathbb{E}(\boldsymbol{\xi}) = \boldsymbol{0}$，协方差矩阵 $\boldsymbol{\Sigma}_{\xi} = \mathbb{E}(\boldsymbol{\xi}\boldsymbol{\xi}^{\text{T}})$。

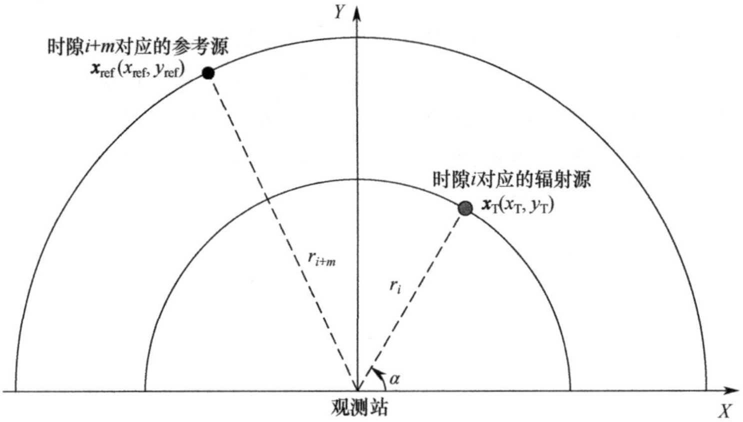

图 8-27 TDMA 信号单站测向测时（测距）组合定位示意

通过解上述方程可得目标辐射源位置为

$$\begin{bmatrix} x \\ y \end{bmatrix} = \begin{bmatrix} \pm\dfrac{(\tau-(m-n)\Delta t)c + \|\boldsymbol{x}_{\text{ref}}\|}{\sqrt{1+(\tan\alpha)^2}} \\ \pm\dfrac{((\tau-(m-n)\Delta t)c + \|\boldsymbol{x}_{\text{ref}}\|)\cdot\tan\alpha}{\sqrt{1+(\tan\alpha)^2}} \end{bmatrix} \tag{8-61}$$

根据辐射源的方位角测量信息 α 可以判断式（8-61）中“±”的选取。

8.3.2 定位误差分析

为了给出单站测向测时定位场景下定位误差的一般表达式，将观测方程重新写为

$$\begin{pmatrix} z \\ q \end{pmatrix} = \begin{bmatrix} \boldsymbol{h}(\boldsymbol{x}, \boldsymbol{x}_{\text{O}}) \\ \boldsymbol{p}(\boldsymbol{x}_{\text{O}}) \end{bmatrix} + \begin{pmatrix} \boldsymbol{\xi} \\ \boldsymbol{\varepsilon} \end{pmatrix} \tag{8-62}$$

式中，$\boldsymbol{h}(\boldsymbol{x}, \boldsymbol{x}_{\text{O}}) = [h_\alpha(\boldsymbol{\theta}), h_{t_n}(\boldsymbol{\theta}), h_{t_m}(\boldsymbol{\theta})]^{\text{T}}$，$\boldsymbol{\theta} = [\boldsymbol{x}^{\text{T}}, \boldsymbol{x}_{\text{O}}^{\text{T}}]^{\text{T}}$，$\boldsymbol{x} = [x, y]^{\text{T}}$ 为目标位置，$h_\alpha = \arctan 2(y-y_1, x-x_1)$, $h_{t_n}(\boldsymbol{\theta}) = \dfrac{\|\boldsymbol{x}-\boldsymbol{x}_1\|}{c} + t_0$, $h_{t_m}(\boldsymbol{\theta}) = \dfrac{\|\boldsymbol{x}_{\text{ref}}-\boldsymbol{x}_1\|}{c} + t_0 + (m-n)\Delta t$; $\boldsymbol{\xi} \sim \mathbb{N}(\boldsymbol{0}, \boldsymbol{\Sigma}_{\xi})$，$\boldsymbol{\varepsilon} \sim \mathbb{N}(\boldsymbol{0}, \boldsymbol{\Sigma}_{\varepsilon})$。此外，定义 $\boldsymbol{J} = \dfrac{\partial \boldsymbol{h}(\boldsymbol{x}, \boldsymbol{x}_{\text{O}})}{\partial \boldsymbol{x}^{\text{T}}}$，$\boldsymbol{J}_2 = \dfrac{\partial \boldsymbol{h}(\boldsymbol{x}, \boldsymbol{x}_{\text{O}})}{\partial \boldsymbol{x}_{\text{O}}^{\text{T}}}$，根据式（3-41）可知辐射源位置 $\boldsymbol{x}$ 估计的 CRLB 为

$$\mathrm{CRLB}(\boldsymbol{x})=[\boldsymbol{J}^{\mathrm{T}}(\boldsymbol{\Sigma}_{\xi}+\boldsymbol{J}_2\boldsymbol{\Sigma}_{\varepsilon}\boldsymbol{J}_2^{\mathrm{T}})^{-1}\boldsymbol{J}]^{-1} \tag{8-63}$$

对 $\boldsymbol{J}$ 展开可得

$$\frac{\partial \boldsymbol{h}(\boldsymbol{x},\boldsymbol{x}_{\mathrm{O}})}{\partial \boldsymbol{x}^{\mathrm{T}}}=\left[\frac{\partial h_{\alpha}(\boldsymbol{\theta})}{\partial \boldsymbol{x}},\frac{\partial h_{t_n}(\boldsymbol{\theta})}{\partial \boldsymbol{x}},\boldsymbol{0}\right]^{\mathrm{T}} \tag{8-64}$$

式中，$\dfrac{\partial h_{\alpha}(\boldsymbol{\theta})}{\partial \boldsymbol{x}}=\left[-\dfrac{(y-y_1)}{\|\boldsymbol{x}-\boldsymbol{x}_1\|^2},\dfrac{(x-x_1)}{\|\boldsymbol{x}-\boldsymbol{x}_1\|^2}\right]^{\mathrm{T}}$，$\dfrac{\partial h_{t_n}(\boldsymbol{\theta})}{\partial \boldsymbol{x}}=\dfrac{1}{c}\left[\dfrac{(x-x_1)}{\|\boldsymbol{x}-\boldsymbol{x}_1\|},\dfrac{(y-y_1)}{\|\boldsymbol{x}-\boldsymbol{x}_1\|}\right]^{\mathrm{T}}$。

对 $\boldsymbol{J}_2$ 展开可得

$$\frac{\partial \boldsymbol{h}(\boldsymbol{x},\boldsymbol{x}_{\mathrm{O}})}{\partial \boldsymbol{x}_{\mathrm{O}}^{\mathrm{T}}}=\left[\frac{\partial h_{\alpha}(\boldsymbol{\theta})}{\partial \boldsymbol{x}_{\mathrm{O}}},\frac{\partial h_{t_n}(\boldsymbol{\theta})}{\partial \boldsymbol{x}_{\mathrm{O}}},\frac{\partial h_{t_m}(\boldsymbol{\theta})}{\partial \boldsymbol{x}_{\mathrm{O}}}\right]^{\mathrm{T}} \tag{8-65}$$

式中，$\dfrac{\partial h_{\alpha}(\boldsymbol{\theta})}{\partial \boldsymbol{x}_{\mathrm{O}}}=\left[\dfrac{(y-y_1)}{\|\boldsymbol{x}-\boldsymbol{x}_1\|^2}\quad -\dfrac{(x-x_1)}{\|\boldsymbol{x}-\boldsymbol{x}_1\|^2}\right]^{\mathrm{T}}$，$\dfrac{\partial h_{t_n}(\boldsymbol{\theta})}{\partial \boldsymbol{x}_{\mathrm{O}}}=\dfrac{1}{c}\left[-\dfrac{(x-x_1)}{\|\boldsymbol{x}-\boldsymbol{x}_1\|}\quad -\dfrac{(y-y_1)}{\|\boldsymbol{x}-\boldsymbol{x}_1\|}\right]^{\mathrm{T}}$，$\dfrac{\partial h_{t_m}(\boldsymbol{\theta})}{\partial \boldsymbol{x}_{\mathrm{O}}}=$
$\dfrac{1}{c}\left[-\dfrac{(x_{\mathrm{ref}}-x_1)}{\|\boldsymbol{x}_{\mathrm{ref}}-\boldsymbol{x}_1\|}\quad -\dfrac{(y_{\mathrm{ref}}-y_1)}{\|\boldsymbol{x}_{\mathrm{ref}}-\boldsymbol{x}_1\|}\right]^{\mathrm{T}}$。

定位误差 RMSE 为

$$\mathrm{RMSE}(\hat{\boldsymbol{x}})=\sqrt{\mathrm{tr}[\mathrm{CRLB}(\boldsymbol{x})]} \tag{8-66}$$

在二维情形下，观测站位于 $\boldsymbol{x}_1=[5,0.1]^{\mathrm{T}}$ (km)，如图 8-28 中☆所示，参考站位于 $\boldsymbol{x}_{\mathrm{ref}}=[30,30]^{\mathrm{T}}$ (km)，如图 8-28 中○所示，测向误差为 1°，时差误差为 150ns，无站址误差时，单站测向测时定位 RMSE 等值线如图 8-28 所示。

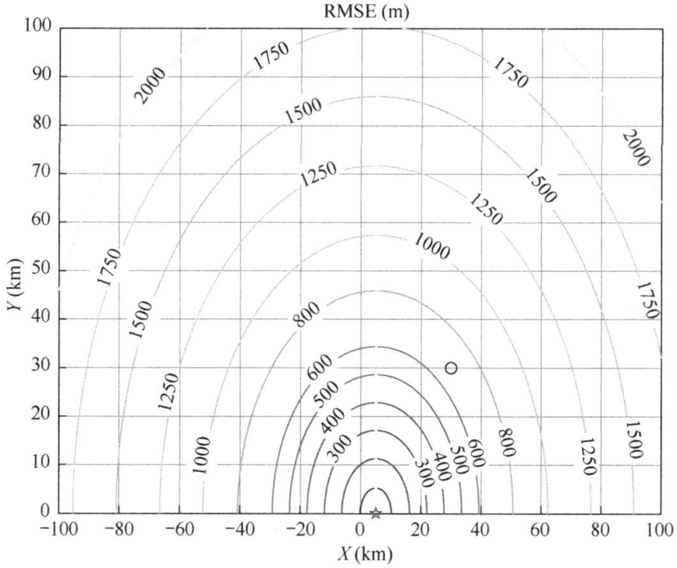

图 8-28　单站测向测时定位 RMSE 等值线

假设观测站位于 $\boldsymbol{x}_1=[0,0]^{\mathrm{T}}$ (km)，参考站位于 $\boldsymbol{x}_{\mathrm{ref}}=[5,30]^{\mathrm{T}}$ (km)，辐射源位置为 $\boldsymbol{x}_{\mathrm{T}}=[15,50]^{\mathrm{T}}$ (km)，同样假设测向误差 $\sigma_{\alpha}=1°$，时差误差 $\sigma_{\tau}=150\mathrm{ns}$，开展 1000 次蒙特卡罗仿真，可得如图 8-29 所示的定位误差椭圆，理论定位误差为 912m，仿真定位误差为 951m。

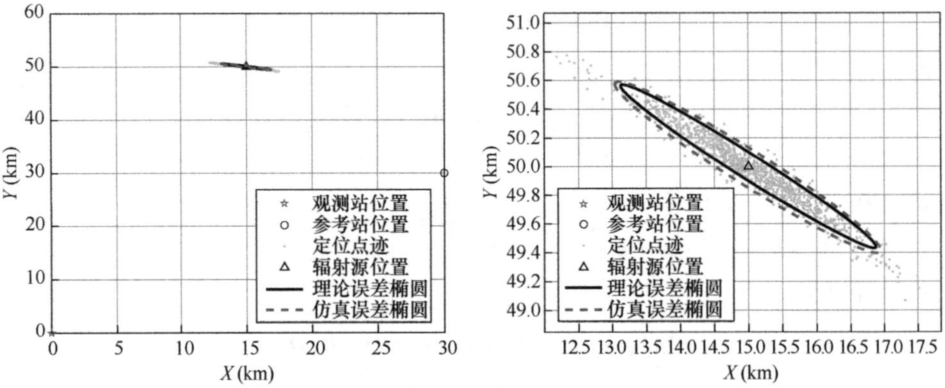

(a) 定位误差椭圆结果　　(b) 定位误差椭圆局部放大

图 8-29　定位误差椭圆

8.4　测频测相位差定位

在 6.1.1 节介绍了运动单站用仅测频定位方法对辐射源进行定位，得到的定位结果存在镜像模糊问题，且对靠近平台运动轨迹下方区域的辐射源的定位精度低。而运动单站仅测相位差定位方法一般无定位模糊问题，且该方法的定位精度与仅测频定位方法的定位精度情况相反，对靠近平台运动轨迹下方区域的辐射源的定位精度高[29]。

8.4.1　原理与算法

假设辐射源位置为 $\boldsymbol{x}_{\mathrm{T}}=[x_{\mathrm{T}},y_{\mathrm{T}},z_{\mathrm{T}}]^{\mathrm{T}}$，观测站信息为 $\boldsymbol{x}_{\mathrm{O}}=[\boldsymbol{u}_1^{\mathrm{T}},\boldsymbol{u}_2^{\mathrm{T}},\cdots,\boldsymbol{u}_K^{\mathrm{T}},\boldsymbol{v}_1^{\mathrm{T}},\boldsymbol{v}_2^{\mathrm{T}},\cdots,\boldsymbol{v}_K^{\mathrm{T}}]^{\mathrm{T}}$，$\boldsymbol{u}_k=[x_k,y_k,z_k]^{\mathrm{T}}$ 为第 k 次测量时观测站的位置，$\boldsymbol{v}_k=[\dot{x}_k,\dot{y}_k,\dot{z}_k]^{\mathrm{T}}$ 为第 k 次测量时观测站的速度，观测站测得的频移和相位差可表示为

$$\boldsymbol{z}=\boldsymbol{h}(\boldsymbol{x}_{\mathrm{T}},\boldsymbol{x}_{\mathrm{O}})+\boldsymbol{\xi} \tag{8-67}$$

式中，$\boldsymbol{z}=[\boldsymbol{f}^{\mathrm{T}},\boldsymbol{\varphi}^{\mathrm{T}}]^{\mathrm{T}}$，$\boldsymbol{f}=(\tilde{f}_1,\tilde{f}_2,\cdots,\tilde{f}_K)^{\mathrm{T}}$，$f_k$ 表示第 k 次测量信号频率，$k=1,2,\cdots,K$，$\boldsymbol{\varphi}=(\tilde{\varphi}_{1,1},\tilde{\varphi}_{1,2},\cdots,\tilde{\varphi}_{1,M},\cdots,\tilde{\varphi}_{K,1},\tilde{\varphi}_{K,2},\cdots,\tilde{\varphi}_{K,M})^{\mathrm{T}}$，$\varphi_{k,m}$ 表示观测站第 k 次测量的第 m 条基线的相位差，$m=1,2,\cdots,M$；$\boldsymbol{h}(\boldsymbol{x}_{\mathrm{T}},\boldsymbol{x}_{\mathrm{O}})=[\boldsymbol{h}_{\boldsymbol{f}}^{\mathrm{T}},\boldsymbol{h}_{\boldsymbol{\varphi}}^{\mathrm{T}}]^{\mathrm{T}}$，$\boldsymbol{h}_{\boldsymbol{f}}=[f_0\cdot g_1,f_0\cdot g_2,\cdots,f_0\cdot g_K]^{\mathrm{T}}$，$f_0$ 为信号频率，$g_k=1+\dfrac{(\boldsymbol{v}_k^{\mathrm{T}}\cdot\boldsymbol{r}_k)}{c\|\boldsymbol{r}_k\|}$，$\boldsymbol{r}_k=\boldsymbol{x}_{\mathrm{T}}-\boldsymbol{u}_k$，$\boldsymbol{h}_{\boldsymbol{\varphi}}=[h_{1,1},h_{1,2},\cdots,h_{1,M},\cdots,h_{K,1},h_{K,2},\cdots,h_{K,M}]^{\mathrm{T}}$，$h_{k,m}=\varphi_{k,m}=2\pi(\boldsymbol{a}_{k,m}^{\mathrm{T}}\boldsymbol{r}_k)/(\lambda\|\boldsymbol{r}_k\|)$，$\boldsymbol{a}_{k,m}$ 表示第 k 次观测的第 m 条基线两阵元位置构成的指向矢量，λ 表示辐射源信号波长；$\boldsymbol{\xi}=[\Delta\boldsymbol{f}^{\mathrm{T}},\Delta\boldsymbol{\varphi}^{\mathrm{T}}]^{\mathrm{T}}$ 为观测噪声，$\Delta\boldsymbol{f}=[\Delta f_1,\Delta f_2,\cdots,\Delta f_K]^{\mathrm{T}}$，$\Delta\boldsymbol{\varphi}=[\Delta\varphi_{1,1},\Delta\varphi_{1,2},\cdots,\Delta\varphi_{1,M},\cdots,\Delta\varphi_{K,1},\Delta\varphi_{K,2},\cdots,\Delta\varphi_{K,M}]^{\mathrm{T}}$，假设 $\mathbb{E}(\boldsymbol{\xi})=\boldsymbol{0}$，协方差矩阵 $\boldsymbol{\Sigma}_{\xi}=\mathbb{E}(\boldsymbol{\xi}\boldsymbol{\xi}^{\mathrm{T}})$。

为了减小运动平台无源定位误差，文献[29]提出基于最小二乘准则的测频与测相位差组合定位方法。它将测频和测相位差定位组合在一起，得到

$$\boldsymbol{z}\approx\boldsymbol{h}(\boldsymbol{x}_0,\boldsymbol{x}_{\mathrm{O}})+\boldsymbol{J}(\boldsymbol{x}-\boldsymbol{x}_0)+\boldsymbol{\xi} \tag{8-68}$$

式中，$\boldsymbol{h}(\boldsymbol{x}_0,\boldsymbol{x}_{\mathrm{O}})$ 为在目标位置 $\boldsymbol{x}_{\mathrm{T}}$ 附近 $\boldsymbol{x}_0=[x_0,y_0,z_0]^{\mathrm{T}}$ 处的频移和相位差值，初值 $\boldsymbol{x}_0$ 可利用文

献[30]介绍的最小相位误差定位法求得，$\boldsymbol{J}=\dfrac{\partial \boldsymbol{h}(\boldsymbol{x},\boldsymbol{x}_{\text{O}})}{\partial \boldsymbol{x}^{\text{T}}}\Big|_{\boldsymbol{x}=\boldsymbol{x}_0}=\left[\dfrac{\partial \boldsymbol{h}_f(\boldsymbol{x},\boldsymbol{x}_{\text{O}})}{\partial \boldsymbol{x}^{\text{T}}},\dfrac{\partial \boldsymbol{h}_\varphi(\boldsymbol{x},\boldsymbol{x}_{\text{O}})}{\partial \boldsymbol{x}^{\text{T}}}\right]^{\text{T}}$，它为 $\boldsymbol{h}(\boldsymbol{x},\boldsymbol{x}_{\text{O}})$ 在 $\boldsymbol{x}_0$ 处的雅可比矩阵。

因此有

$$\boldsymbol{y}\approx \boldsymbol{J}\boldsymbol{\delta}+\boldsymbol{\xi} \tag{8-69}$$

式中，$\boldsymbol{y}=\boldsymbol{z}-\boldsymbol{h}(\boldsymbol{x}_0,\boldsymbol{x}_{\text{O}})$，$\boldsymbol{\delta}=\boldsymbol{x}-\boldsymbol{x}_0$ 为目标位置的差值矢量。

对式（8-69）求广义最小二乘解可得

$$\hat{\boldsymbol{\delta}}=(\boldsymbol{J}^{\text{T}}\boldsymbol{\Sigma}_\xi^{-1}\boldsymbol{J})^{-1}\boldsymbol{J}^{\text{T}}\boldsymbol{\Sigma}_\xi^{-1}\boldsymbol{y} \tag{8-70}$$

式中，$\boldsymbol{\Sigma}_\xi=\begin{bmatrix}\boldsymbol{\Sigma}_f & \boldsymbol{0}\\ \boldsymbol{0} & \boldsymbol{\Sigma}_\varphi\end{bmatrix}=\begin{bmatrix}\sigma_f^2\boldsymbol{I}_K & \boldsymbol{0}\\ \boldsymbol{0} & \sigma_\varphi^2\boldsymbol{I}_{KM}\end{bmatrix}$，其中 σ_f 和 σ_φ 分别是测量频率和相位差的均方根误差。

令 $\boldsymbol{x}_0=\boldsymbol{x}_0+\hat{\boldsymbol{\delta}}$ 后重复上述过程，直到 $\|\hat{\boldsymbol{\delta}}\|<\varepsilon$ 为止，ε 为设定的一个较小的误差门限值。

8.4.2　定位误差分析

对运动单站测频测相位差定位方法利用式（8-67）构建如式（8-8）所示的观测方程。根据式（3-41）可知辐射源位置 $\boldsymbol{x}$ 估计的 CRLB 为

$$\text{CRLB}(\boldsymbol{x})=[\boldsymbol{J}^{\text{T}}(\boldsymbol{\Sigma}_\xi+\boldsymbol{J}_2\boldsymbol{\Sigma}_\varepsilon\boldsymbol{J}_2^{\text{T}})^{-1}\boldsymbol{J}]^{-1} \tag{8-71}$$

对 $\boldsymbol{J}$ 展开可得

$$\boldsymbol{J}=\frac{\partial \boldsymbol{h}(\boldsymbol{x},\boldsymbol{x}_{\text{O}})}{\partial \boldsymbol{x}^{\text{T}}}=\left[\frac{\partial \boldsymbol{h}_f}{\partial \boldsymbol{x}},\frac{\partial \boldsymbol{h}_\varphi}{\partial \boldsymbol{x}}\right]^{\text{T}} \tag{8-72}$$

式中，$\dfrac{\partial \boldsymbol{h}_f}{\partial \boldsymbol{x}}=\dfrac{f_0}{c}\left[-\dfrac{(\boldsymbol{x}-\boldsymbol{u}_1)(\boldsymbol{v}_1^{\text{T}}\cdot\boldsymbol{r}_1)}{r_1^3}+\dfrac{\boldsymbol{v}_1}{r_1},-\dfrac{(\boldsymbol{x}-\boldsymbol{u}_2)(\boldsymbol{v}_2^{\text{T}}\cdot\boldsymbol{r}_2)}{r_2^3}+\dfrac{\boldsymbol{v}_2}{r_2},\cdots,-\dfrac{(\boldsymbol{x}-\boldsymbol{u}_K)(\boldsymbol{v}_K^{\text{T}}\cdot\boldsymbol{r}_K)}{r_K^3}+\dfrac{\boldsymbol{v}_K}{r_K}\right]$，$\dfrac{\partial \boldsymbol{h}_\varphi}{\partial \boldsymbol{x}}=\left[\dfrac{2\pi\boldsymbol{a}_{1,1}}{\lambda r_1}-\dfrac{2\pi(\boldsymbol{a}_{1,1}^{\text{T}}\boldsymbol{r}_1)\boldsymbol{r}_1}{\lambda r_1^3},\dfrac{2\pi\boldsymbol{a}_{1,2}}{\lambda r_2}-\dfrac{2\pi(\boldsymbol{a}_{1,2}^{\text{T}}\boldsymbol{r}_1)\boldsymbol{r}_1}{\lambda r_2^3},\cdots,\dfrac{2\pi\boldsymbol{a}_{K,M}}{\lambda r_K}-\dfrac{2\pi(\boldsymbol{a}_{K,M}^{\text{T}}\boldsymbol{r}_K)\boldsymbol{r}_K}{\lambda r_K^3}\right]$。

对 $\boldsymbol{J}_2$ 展开可得

$$\boldsymbol{J}_2=\frac{\partial \boldsymbol{h}(\boldsymbol{x},\boldsymbol{x}_{\text{O}})}{\partial \boldsymbol{x}_{\text{O}}^{\text{T}}}=\begin{bmatrix}\dfrac{\partial \boldsymbol{h}_f}{\partial \boldsymbol{u}_{\text{O}}^{\text{T}}} & \dfrac{\partial \boldsymbol{h}_f}{\partial \boldsymbol{v}_{\text{O}}^{\text{T}}}\\ \dfrac{\partial \boldsymbol{h}_\varphi}{\partial \boldsymbol{u}_{\text{O}}^{\text{T}}} & \boldsymbol{0}\end{bmatrix} \tag{8-73}$$

式中，$\boldsymbol{u}_{\text{O}}=[\boldsymbol{u}_1^{\text{T}},\boldsymbol{u}_2^{\text{T}},\cdots,\boldsymbol{u}_K^{\text{T}}]^{\text{T}}$，$\boldsymbol{v}_{\text{O}}=[\boldsymbol{v}_1^{\text{T}},\boldsymbol{v}_2^{\text{T}},\cdots,\boldsymbol{v}_K^{\text{T}}]^{\text{T}}$，$\dfrac{\partial \boldsymbol{h}_f}{\partial \boldsymbol{u}_{\text{O}}^{\text{T}}}=\dfrac{f_0}{c}\text{blkdiag}\left[\dfrac{(\boldsymbol{x}-\boldsymbol{u}_1)(\boldsymbol{v}_1^{\text{T}}\cdot\boldsymbol{r}_1)}{r_1^3}-\dfrac{\boldsymbol{v}_1}{r_1},\dfrac{(\boldsymbol{x}-\boldsymbol{u}_2)(\boldsymbol{v}_2^{\text{T}}\cdot\boldsymbol{r}_2)}{r_2^3}-\dfrac{\boldsymbol{v}_2}{r_2},\cdots,\dfrac{(\boldsymbol{x}-\boldsymbol{u}_K)(\boldsymbol{v}_K^{\text{T}}\cdot\boldsymbol{r}_K)}{r_K^3}-\dfrac{\boldsymbol{v}_K}{r_K}\right]^{\text{T}}$，$\dfrac{\partial \boldsymbol{h}_f}{\partial \boldsymbol{v}_{\text{O}}^{\text{T}}}=\dfrac{f_0}{c}\text{blkdiag}\left[\dfrac{(\boldsymbol{x}-\boldsymbol{u}_1)}{r_1},\dfrac{(\boldsymbol{x}-\boldsymbol{u}_2)}{r_2},\cdots,\dfrac{(\boldsymbol{x}-\boldsymbol{u}_K)}{r_K}\right]^{\text{T}}$，$\dfrac{\partial \boldsymbol{h}_\varphi}{\partial \boldsymbol{u}_{\text{O}}^{\text{T}}}=\text{blkdiag}\left[-\dfrac{2\pi\boldsymbol{a}_{1,1}}{\lambda r_1}+\dfrac{2\pi(\boldsymbol{a}_{1,1}^{\text{T}}\boldsymbol{r}_1)\boldsymbol{r}_1}{\lambda r_1^3},-\dfrac{2\pi\boldsymbol{a}_{1,2}}{\lambda r_1}+\dfrac{2\pi(\boldsymbol{a}_{1,2}^{\text{T}}\boldsymbol{r}_1)\boldsymbol{r}_1}{\lambda r_1^3},\cdots,-\dfrac{2\pi\boldsymbol{a}_{K,1}}{\lambda r_K}+\dfrac{2\pi(\boldsymbol{a}_{K,1}^{\text{T}}\boldsymbol{r}_K)\boldsymbol{r}_K}{\lambda r_K^3},-\dfrac{2\pi\boldsymbol{a}_{K,2}}{\lambda r_K}+\dfrac{2\pi(\boldsymbol{a}_{K,2}^{\text{T}}\boldsymbol{r}_K)\boldsymbol{r}_K}{\lambda r_K^3},\cdots,-\dfrac{2\pi\boldsymbol{a}_{K,M}}{\lambda r_K}+\dfrac{2\pi(\boldsymbol{a}_{K,M}^{\text{T}}\boldsymbol{r}_K)\boldsymbol{r}_K}{\lambda r_K^3}\right]^{\text{T}}$。

定位误差 RMSE 为

$$\mathrm{RMSE}(\hat{\boldsymbol{x}}_{\mathrm{ML}})=\sqrt{\mathrm{tr}[\mathrm{CRLB}(\boldsymbol{x})]} \tag{8-74}$$

假设辐射源目标频率为 300MHz，观测站初始位置为 $\boldsymbol{u}_1=[-3,0,5]^{\mathrm{T}}$ (km)，运动速度为 $\boldsymbol{v}=[300,0,0]^{\mathrm{T}}$ (m/s)，测频误差 $\sigma_f=1\mathrm{Hz}$，采用一条位于 X 轴方向的半波长基线进行相位差测量，测相位差误差 $\sigma_\varphi=10°$，观测周期为 1s，观测时间为 20s，无站址误差时，运动单站测频测相位差定位 RMSE 等值线如图 8-30 所示。

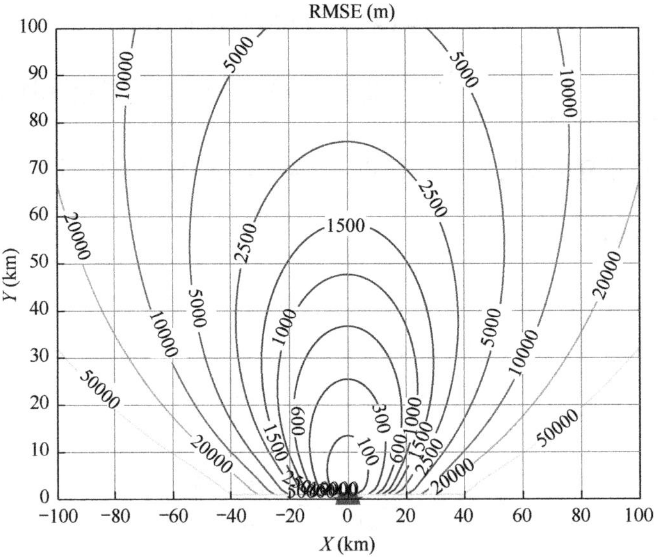

图 8-30 运动单站测频测相位差定位 RMSE 等值线

假设观测站初始位置为 $\boldsymbol{u}_1=[-3,0,5]^{\mathrm{T}}$ (km)，运动速度为 $\boldsymbol{v}=[300,0,0]^{\mathrm{T}}$ (m/s)，中心频率为 300MHz，辐射源位置为 $\boldsymbol{x}_{\mathrm{T}}=[5,15,0]^{\mathrm{T}}$ (km)，同样假设测频误差 $\sigma_f=1\mathrm{Hz}$，采用一条 X 轴方向的半波长基线进行相位差测量，测相位差误差 $\sigma_\varphi=10°$，观测周期为 1s，观测时间为 20s，开展 1000 次蒙特卡罗仿真，可得如图 8-31 所示的定位误差椭圆，理论定位误差为 141m，仿真定位误差为 154m。

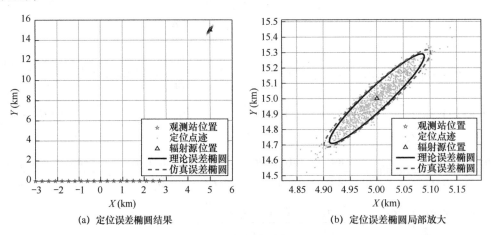

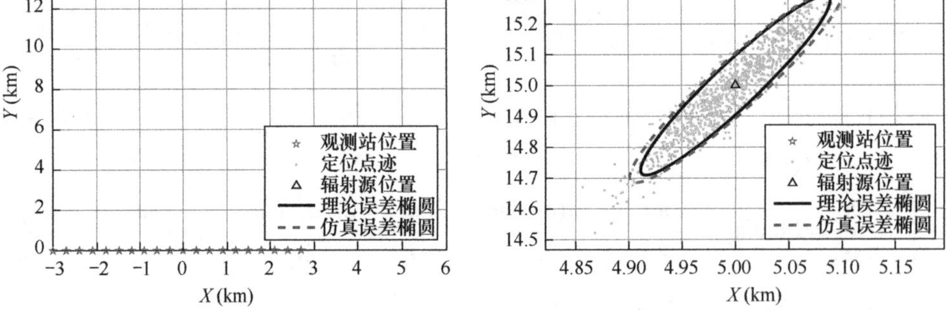

(a) 定位误差椭圆结果 (b) 定位误差椭圆局部放大

图 8-31 定位误差椭圆

8.5　测向测时频差定位

对双站 TDOA/FDOA 定位系统存在定位盲区及定位模糊，同时对短持续信号和窄带信号定位适应性差问题，可以采用 TDOA/FDOA/DOA 定位算法解决，通过求 TDOA、FDOA、DOA 组成的测量值分别与某地理位置的理论 TDOA、FDOA 和 DOA 值最小二乘误差最小值处得到辐射源位置，其中只需要一个观测站具备测向能力[31]。

8.5.1　原理与算法

假设辐射源的位置为 $\boldsymbol{x}_{\mathrm{T}}(x_{\mathrm{T}},y_{\mathrm{T}},z_{\mathrm{T}})$，观测站信息为 $\boldsymbol{x}_{\mathrm{O}}=[\boldsymbol{u}_1^{\mathrm{T}},\boldsymbol{u}_2^{\mathrm{T}},\boldsymbol{v}_1^{\mathrm{T}},\boldsymbol{v}_2^{\mathrm{T}}]^{\mathrm{T}}$，观测站的位置和速度分别为 $\boldsymbol{u}_l(x_l,y_l,z_l)$、$\boldsymbol{v}_l(\dot{x}_l,\dot{y}_l,\dot{z}_l),l=1,2$。

由 TDOA、FDOA 和 DOA 可以得到

$$\boldsymbol{z}=\boldsymbol{h}(\boldsymbol{x}_{\mathrm{T}},\boldsymbol{x}_{\mathrm{O}})+\boldsymbol{\xi} \tag{8-75}$$

式中，$\boldsymbol{z}=\left[\tilde{\alpha},\tilde{\beta},\tilde{\tau},\tilde{f}\right]^{\mathrm{T}}$，$\tilde{\alpha}$ 为测向方位角，$\tilde{\beta}$ 为测向俯仰角，$\tilde{\tau}$ 为观测站间的时差测量值，$\tilde{f}$ 为观测站间的频差测量值；$\boldsymbol{h}(\boldsymbol{x}_{\mathrm{T}},\boldsymbol{x}_{\mathrm{O}})=[h_\alpha,h_\beta,h_\tau,h_f]^{\mathrm{T}}$，其具体展开公式分别见第 4 章和第 7 章；$\boldsymbol{\xi}$ 为测量误差矢量。

根据式（3-6）可以对辐射源位置进行广义最小二乘估计，利用网格搜索法和 G-N 迭代法进行解算，下面简要介绍测向测时频差定位的 G-N 迭代法。将式（8-75）在 $\boldsymbol{x}_{\mathrm{T}}$ 附近 $\boldsymbol{x}_0=[x_0,y_0,z_0]^{\mathrm{T}}$ 处作线性近似，有

$$\boldsymbol{z}\approx\boldsymbol{h}(\boldsymbol{x}_0,\boldsymbol{x}_{\mathrm{O}})+\boldsymbol{J}(\boldsymbol{x}-\boldsymbol{x}_0)+\boldsymbol{\xi} \tag{8-76}$$

式中，$\boldsymbol{h}(\boldsymbol{x}_0,\boldsymbol{x}_{\mathrm{O}})$ 为在目标位置 $\boldsymbol{x}_{\mathrm{T}}$ 附近 $\boldsymbol{x}_0=[x_0,y_0,z_0]^{\mathrm{T}}$ 处的方向和时频差值，$\boldsymbol{J}=\left.\dfrac{\partial\boldsymbol{h}(\boldsymbol{x},\boldsymbol{x}_{\mathrm{O}})}{\partial\boldsymbol{x}}\right|_{\boldsymbol{x}=\boldsymbol{x}_0}$ 为 $\boldsymbol{h}(\boldsymbol{x},\boldsymbol{x}_{\mathrm{O}})$ 在 $\boldsymbol{x}_0$ 处的雅可比矩阵。

因此有

$$\boldsymbol{y}\approx\boldsymbol{J}\boldsymbol{\delta}+\boldsymbol{\xi} \tag{8-77}$$

式中，$\boldsymbol{y}=\boldsymbol{z}-\boldsymbol{h}(\boldsymbol{x}_0,\boldsymbol{x}_{\mathrm{O}})$，$\boldsymbol{\delta}=\boldsymbol{x}-\boldsymbol{x}_0$ 为目标位置的差值矢量。

对式（8-77）求广义最小二乘解可得

$$\widehat{\boldsymbol{\delta}}=(\boldsymbol{J}^{\mathrm{T}}\boldsymbol{\Sigma}_\xi^{-1}\boldsymbol{J})^{-1}\boldsymbol{J}^{\mathrm{T}}\boldsymbol{\Sigma}_\xi^{-1}\boldsymbol{y} \tag{8-78}$$

式中，$\boldsymbol{\Sigma}_\xi=\mathbb{E}(\boldsymbol{\xi}\boldsymbol{\xi}^{\mathrm{T}})$。

令 $\boldsymbol{x}_0=\boldsymbol{x}_0+\widehat{\boldsymbol{\delta}}$ 后重复上述过程，直到 $\|\widehat{\boldsymbol{\delta}}\|<\varepsilon$ 为止，ε 为设定的一个较小的误差门限值。

8.5.2　定位误差分析

对于测向测时频差组合定位方法，构建观测方程

$$\begin{pmatrix}\boldsymbol{z}\\ \boldsymbol{q}\end{pmatrix}=\begin{bmatrix}\boldsymbol{h}(\boldsymbol{x},\boldsymbol{x}_{\mathrm{O}})\\ \boldsymbol{p}(\boldsymbol{x}_{\mathrm{O}})\end{bmatrix}+\begin{pmatrix}\boldsymbol{\xi}\\ \boldsymbol{\varepsilon}\end{pmatrix} \tag{8-79}$$

式中，$\boldsymbol{x}_{\mathrm{O}}=[\boldsymbol{u}_{\mathrm{O}}^{\mathrm{T}},\boldsymbol{v}_{\mathrm{O}}^{\mathrm{T}}]^{\mathrm{T}}$，$\boldsymbol{u}_{\mathrm{O}}=[\boldsymbol{u}_1^{\mathrm{T}},\boldsymbol{u}_2^{\mathrm{T}}]^{\mathrm{T}}$，$\boldsymbol{v}_{\mathrm{O}}=[\boldsymbol{v}_1^{\mathrm{T}},\boldsymbol{v}_2^{\mathrm{T}}]^{\mathrm{T}}$，$\boldsymbol{h}(\boldsymbol{x},\boldsymbol{x}_{\mathrm{O}})=[h_\alpha,h_\tau,h_f]^{\mathrm{T}}$，$\boldsymbol{\xi}\sim\mathbb{N}(\boldsymbol{0},\boldsymbol{\Sigma}_\xi)$，$\boldsymbol{\varepsilon}\sim\mathbb{N}(\boldsymbol{0},\boldsymbol{\Sigma}_\varepsilon)$。根据式（3-41）可知辐射源位置 $\boldsymbol{x}$ 估计的 CRLB 为

$$\mathrm{CRLB}(\boldsymbol{x})=[\boldsymbol{J}^{\mathrm{T}}(\boldsymbol{\Sigma}_{\xi}+\boldsymbol{J}_2\boldsymbol{\Sigma}_{\varepsilon}\boldsymbol{J}_2^{\mathrm{T}})^{-1}\boldsymbol{J}]^{-1} \tag{8-80}$$

对 $\boldsymbol{J}$ 展开可得

$$\frac{\partial \boldsymbol{h}(\boldsymbol{x},\boldsymbol{x}_{\mathrm{O}})}{\partial \boldsymbol{x}^{\mathrm{T}}}=\begin{bmatrix}\dfrac{\partial h_{\alpha}}{\partial \boldsymbol{x}^{\mathrm{T}}}\\ \dfrac{\partial h_{\tau}}{\partial \boldsymbol{x}^{\mathrm{T}}}\\ \dfrac{\partial h_{f}}{\partial \boldsymbol{x}^{\mathrm{T}}}\end{bmatrix} \tag{8-81}$$

式中，$\dfrac{\partial h_{\alpha}}{\partial \boldsymbol{x}^{\mathrm{T}}}=\left[-\dfrac{(y-y_1)}{\|\boldsymbol{x}-\boldsymbol{u}_1\|^2}\;\dfrac{(x-x_1)}{\|\boldsymbol{x}-\boldsymbol{u}_1\|^2}\right]$，$\dfrac{\partial h_{\tau}}{\partial \boldsymbol{x}^{\mathrm{T}}}=\dfrac{1}{c}\left[\dfrac{(\boldsymbol{x}-\boldsymbol{u}_2)^{\mathrm{T}}}{\|\boldsymbol{x}-\boldsymbol{u}_2\|}-\dfrac{(\boldsymbol{x}-\boldsymbol{u}_1)^{\mathrm{T}}}{\|\boldsymbol{x}-\boldsymbol{u}_1\|}\right]$，$\dfrac{\partial h_{f}}{\partial \boldsymbol{x}^{\mathrm{T}}}=\dfrac{f_0}{c}\left[\dfrac{(\boldsymbol{x}-\boldsymbol{u}_2)^{\mathrm{T}}\dot{r}_2}{r_2^2}-\dfrac{(\boldsymbol{x}-\boldsymbol{u}_1)^{\mathrm{T}}\dot{r}_1}{r_1^2}-\dfrac{(\boldsymbol{v}-\boldsymbol{v}_2)^{\mathrm{T}}}{r_2}+\dfrac{(\boldsymbol{v}-\boldsymbol{v}_1)^{\mathrm{T}}}{r_1}\right]$。

对 $\boldsymbol{J}_2$ 展开可得

$$\frac{\partial \boldsymbol{h}(\boldsymbol{x},\boldsymbol{x}_{\mathrm{O}})}{\partial \boldsymbol{x}_{\mathrm{O}}^{\mathrm{T}}}=\begin{bmatrix}\dfrac{\partial h_{\alpha}}{\partial \boldsymbol{u}_{\mathrm{O}}^{\mathrm{T}}} & \boldsymbol{0}\\ \dfrac{\partial h_{\tau}}{\partial \boldsymbol{u}_{\mathrm{O}}^{\mathrm{T}}} & \boldsymbol{0}\\ \dfrac{\partial h_{f}}{\partial \boldsymbol{u}_{\mathrm{O}}^{\mathrm{T}}} & \dfrac{\partial h_{f}}{\partial \boldsymbol{v}_{\mathrm{O}}^{\mathrm{T}}}\end{bmatrix} \tag{8-82}$$

式中，$\dfrac{\partial h_{\alpha}}{\partial \boldsymbol{u}_{\mathrm{O}}^{\mathrm{T}}}=\left[\dfrac{(y-y_1)}{\|\boldsymbol{x}-\boldsymbol{u}_1\|^2},-\dfrac{(x-x_1)}{\|\boldsymbol{x}-\boldsymbol{u}_1\|^2},0,0\right]$，$\dfrac{\partial h_{\tau}}{\partial \boldsymbol{u}_{\mathrm{O}}^{\mathrm{T}}}=\dfrac{1}{c}\left[\dfrac{(\boldsymbol{x}-\boldsymbol{u}_1)^{\mathrm{T}}}{\|\boldsymbol{x}-\boldsymbol{u}_1\|}-\dfrac{(\boldsymbol{x}-\boldsymbol{u}_2)^{\mathrm{T}}}{\|\boldsymbol{x}-\boldsymbol{u}_2\|}\right]$，$\dfrac{\partial h_{f}}{\partial \boldsymbol{u}_{\mathrm{O}}^{\mathrm{T}}}=\dfrac{f_0}{c}\left[\dfrac{(\boldsymbol{x}-\boldsymbol{u}_1)^{\mathrm{T}}\dot{r}_1}{r_1^2}-\dfrac{(\boldsymbol{v}-\boldsymbol{v}_1)^{\mathrm{T}}}{r_1}\;-\dfrac{(\boldsymbol{x}-\boldsymbol{u}_2)^{\mathrm{T}}\dot{r}_2}{r_2^2}+\dfrac{(\boldsymbol{v}-\boldsymbol{v}_2)^{\mathrm{T}}}{r_2}\right]$，$\dfrac{\partial h_{f}}{\partial \boldsymbol{v}_{\mathrm{O}}^{\mathrm{T}}}=\dfrac{f_0}{c}\left[-\dfrac{(\boldsymbol{x}-\boldsymbol{u}_1)^{\mathrm{T}}}{r_1},\dfrac{(\boldsymbol{x}-\boldsymbol{u}_2)^{\mathrm{T}}}{r_2}\right]$。

定位误差 RMSE 为

$$\mathrm{RMSE}(\hat{\boldsymbol{x}}_{\mathrm{ML}})=\sqrt{\mathrm{tr}[\mathrm{CRLB}(\boldsymbol{x})]} \tag{8-83}$$

当两个观测站坐标为 $\boldsymbol{u}_1=[-20,0,5]^{\mathrm{T}}$ (km)，$\boldsymbol{u}_2=[20,0,5]^{\mathrm{T}}$ (km)，速度均为 $\boldsymbol{v}=[300,0,0]^{\mathrm{T}}$ (m/s)，中心频率为 300MHz，测向误差为 0.5°，时差测量误差为 150ns，频差测量误差为 1Hz，无观测站站址和速度误差时，得到二维地面目标测向测时频差定位误差 RMSE 等值线，如图 8-32 所示。

假设观测站位于 $\boldsymbol{u}_1=[-20,0,5]^{\mathrm{T}}$ (km)，$\boldsymbol{u}_2=[20,0,5]^{\mathrm{T}}$ (km)，速度均为 $\boldsymbol{v}=[300,0,0]^{\mathrm{T}}$ (m/s)，中心频率为 300MHz，辐射源位置为 $\boldsymbol{x}_{\mathrm{T}}=[5,15,0]^{\mathrm{T}}$ (km)，同样假设测向误差 $\sigma_{\alpha}=0.5°$，时差误差 $\sigma_{\tau}=150\mathrm{ns}$，频差误差 $\sigma_f=1\mathrm{Hz}$，开展 1000 次蒙特卡罗仿真，可得如图 8-33 所示的定位误差椭圆，理论定位误差为 90m，仿真定位误差为 98m。

8.5.3 双星测向测时频差定位

假设辐射源的位置为 $\boldsymbol{u}_{\mathrm{T}}(x_{\mathrm{T}},y_{\mathrm{T}},z_{\mathrm{T}})$，速度为 $\boldsymbol{v}_{\mathrm{T}}(\dot{x}_{\mathrm{T}},\dot{y}_{\mathrm{T}},\dot{z}_{\mathrm{T}})$，卫星 l 第 k 次测量时的位置和速度分别为 $\boldsymbol{u}_{l,k}(x_{l,k},y_{l,k},z_{l,k})$ 和 $\boldsymbol{v}_{l,k}(\dot{x}_{l,k},\dot{y}_{l,k},\dot{z}_{l,k})$，$l=1,2$，$k=1,2,\cdots,K$，如图 8-34 所示。记

$\boldsymbol{a}_{l,k}=\boldsymbol{u}_{l,k}/\|\boldsymbol{u}_{l,k}\|$，$\boldsymbol{r}_{l,k}=\boldsymbol{u}_{l,k}-\boldsymbol{u}_{\mathrm{T}}$，$\boldsymbol{a}_{0l,k}=\boldsymbol{r}_{l,k}/\|\boldsymbol{r}_{l,k}\|$。

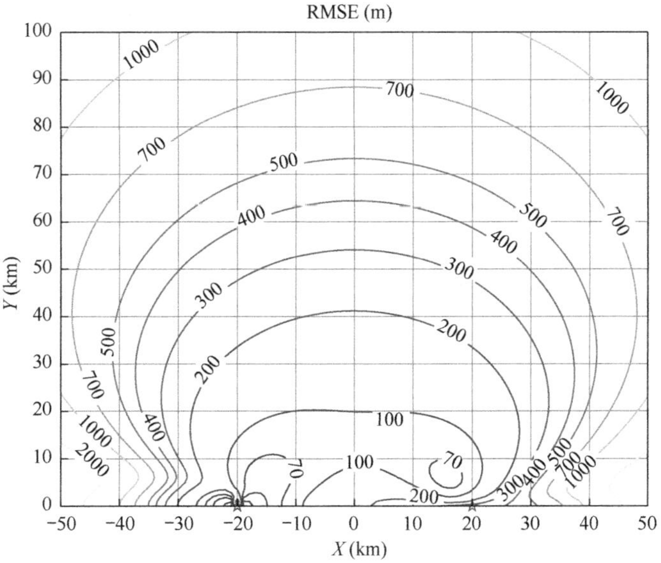

图 8-32　二维地面目标测向测时频差定位 RMSE 等值线

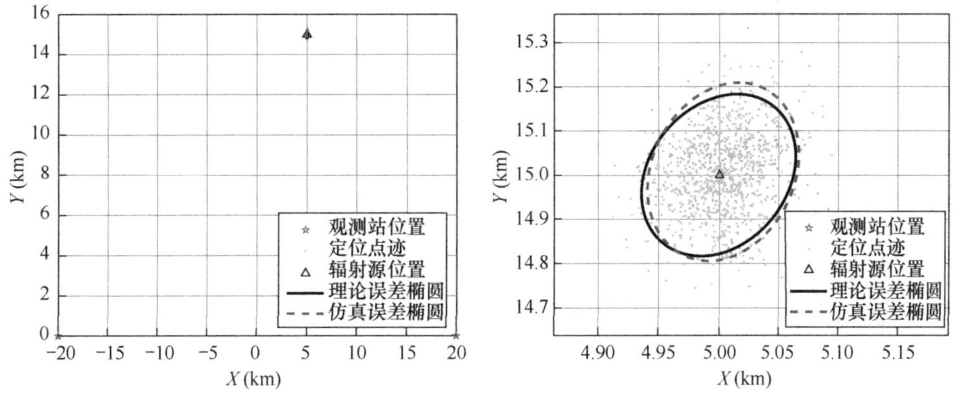

(a) 定位误差椭圆结果　(b) 定位误差椭圆局部放大

图 8-33　定位误差椭圆

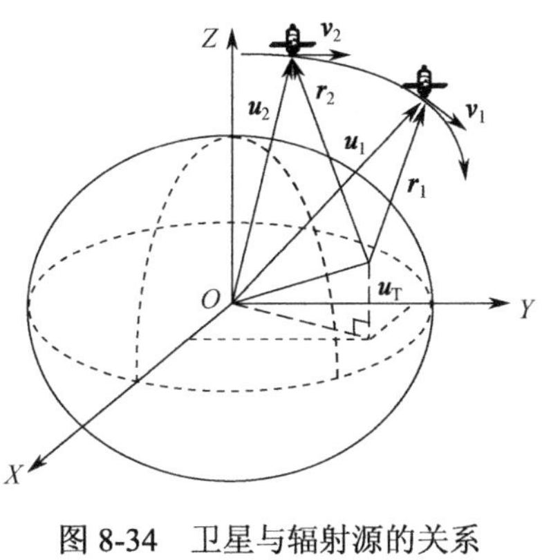

图 8-34　卫星与辐射源的关系

在卫星上的测向坐标系 $O'X'Y'Z'$ 中，$O'X'$ 与卫星飞行方向重合，$O'Z'$ 指向地心，$\alpha(\zeta)$

和$\beta(\eta)$的意义如图 8-35 所示。

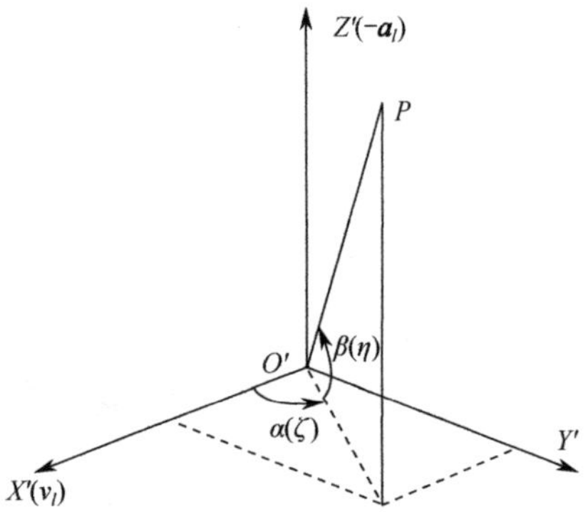

图 8-35 方位角、仰角在卫星测向坐标系

TDOA/FDOA /DOA 定位可以表示为

$$\boldsymbol{z}=\boldsymbol{h}(\boldsymbol{x}_{\mathrm{T}},\boldsymbol{x}_{\mathrm{O}})+\boldsymbol{\xi} \tag{8-84}$$

式中，$\boldsymbol{z}=[\boldsymbol{z}_1^{\mathrm{T}},\boldsymbol{z}_2^{\mathrm{T}},\boldsymbol{z}_3^{\mathrm{T}}]^{\mathrm{T}}$为观测量，$\boldsymbol{z}_1=\left[\tilde{\tau}_1,\tilde{\tau}_2,\cdots,\tilde{\tau}_K,\tilde{f}_{\mathrm{d},1},\tilde{f}_{\mathrm{d},2},\cdots,\tilde{f}_{\mathrm{d},K}\right]^{\mathrm{T}}$是双星飞行过程中 K 次 TDOA/FDOA 测量值，$\boldsymbol{z}_2=[\tilde{\alpha}_1,\tilde{\alpha}_2,\cdots,\tilde{\alpha}_K,\tilde{\beta}_1,\tilde{\beta}_2,\cdots,\tilde{\beta}_K]^{\mathrm{T}}$是卫星 1 飞行过程中 K 次 DOA 测量值，$\boldsymbol{z}_3=\left[\tilde{\zeta}_1,\tilde{\zeta}_2,\cdots,\tilde{\zeta}_K,\tilde{\eta}_1,\tilde{\eta}_2,\cdots,\tilde{\eta}_K\right]^{\mathrm{T}}$是卫星 2 飞行过程中 K 次 DOA 测量值；$\boldsymbol{h}(\boldsymbol{x}_{\mathrm{T}},\boldsymbol{x}_{\mathrm{O}})=[\boldsymbol{h}_1^{\mathrm{T}},\boldsymbol{h}_2^{\mathrm{T}},\boldsymbol{h}_3^{\mathrm{T}}]^{\mathrm{T}}$是测量函数，$\boldsymbol{h}_1=[h_{\tau_1},h_{\tau_2},\cdots,h_{\tau_K},h_{f_{\mathrm{d},1}},h_{f_{\mathrm{d},2}},\cdots,h_{f_{\mathrm{d},K}}]^{\mathrm{T}}$，$h_{\tau_k}=\dfrac{1}{c}(\|\boldsymbol{r}_{2,k}\|-\|\boldsymbol{r}_{1,k}\|)$，$h_{f_{\mathrm{d},k}}=\dfrac{f_0}{c}[(\boldsymbol{v}_{1,k}-\boldsymbol{v}_{\mathrm{T}})^{\mathrm{T}}\cdot\boldsymbol{a}_{01,k}-(\boldsymbol{v}_{2,k}-\boldsymbol{v}_{\mathrm{T}})^{\mathrm{T}}\cdot\boldsymbol{a}_{02,k}]$，$\boldsymbol{h}_2=[h_{\alpha_1},h_{\alpha_2},\cdots,h_{\alpha_K},h_{\beta_1},h_{\beta_2},\cdots,h_{\beta_K}]^{\mathrm{T}}$，$h_{\alpha_k}=\tan^{-1}\left[\dfrac{(\boldsymbol{v}_{1,k}\cdot\boldsymbol{a}_{1,k})\cdot\boldsymbol{a}_{01,k}}{\boldsymbol{v}_{1,k}\cdot\boldsymbol{a}_{01,k}}\right]$，$h_{\beta_k}=\arcsin(\boldsymbol{a}_{01,k}\cdot\boldsymbol{a}_{1,k})$，$\boldsymbol{h}_3=[h_{\zeta_1},h_{\zeta_2},\cdots,h_{\zeta_K},h_{\eta_1},h_{\eta_2},\cdots,h_{\eta_K}]^{\mathrm{T}}$，$h_{\zeta_k}=\tan^{-1}\left[\dfrac{(\boldsymbol{v}_{2,k}\cdot\boldsymbol{a}_{2,k})\cdot\boldsymbol{a}_{02,k}}{\boldsymbol{v}_{2,k}\cdot\boldsymbol{a}_{02,k}}\right]$，$h_{\eta_k}=\arcsin(\boldsymbol{a}_{02,k}\cdot\boldsymbol{a}_{2,k})$；$\boldsymbol{\xi}=[\boldsymbol{\xi}_1^{\mathrm{T}},\boldsymbol{\xi}_2^{\mathrm{T}},\boldsymbol{\xi}_3^{\mathrm{T}}]^{\mathrm{T}}$是测量误差，并且假定$\boldsymbol{\xi}\sim\mathbb{N}(\boldsymbol{0},\boldsymbol{\Sigma})$，$\boldsymbol{\Sigma}=\begin{bmatrix}\boldsymbol{\Sigma}_1&\boldsymbol{0}&\boldsymbol{0}\\\boldsymbol{0}&\boldsymbol{\Sigma}_2&\boldsymbol{0}\\\boldsymbol{0}&\boldsymbol{0}&\boldsymbol{\Sigma}_3\end{bmatrix}$，其中$\boldsymbol{\Sigma}_j=\mathrm{diag}[\boldsymbol{\Sigma}_{j1},\boldsymbol{\Sigma}_{j2},\cdots,\boldsymbol{\Sigma}_{jK}]$，$j=1,2,3$，$\boldsymbol{\Sigma}_{1k}=\begin{bmatrix}\sigma_{\tau_k}^2&\rho_k\sigma_{\tau_k}\sigma_{f_k}\\\rho_k\sigma_{\tau_k}\sigma_{f_k}&\sigma_{f_k}^2\end{bmatrix}$，$\boldsymbol{\Sigma}_{2k}=\begin{bmatrix}\sigma_{\alpha_k}^2&\lambda_k\sigma_{\beta_k}\sigma_{\alpha_k}\\\lambda_k\sigma_{\beta_k}\sigma_{\alpha_k}&\sigma_{\beta_k}^2\end{bmatrix}$，$\boldsymbol{\Sigma}_{3k}=\begin{bmatrix}\sigma_{\zeta_k}^2&\mu_k\sigma_{\eta_k}\sigma_{\zeta_k}\\\mu_k\sigma_{\eta_k}\sigma_{\zeta_k}&\sigma_{\eta_k}^2\end{bmatrix}$，$k=1,2,\cdots,K$。对于均匀圆阵有$\lambda_k=\mu_k=0$，$\boldsymbol{\Sigma}$的上述表示考虑了不同时刻 TDOA、FDOA 和 DOA 的测量精度可以不同。

约束条件

$$\frac{x^2}{a^2}+\frac{y^2}{a^2}+\frac{z^2}{b^2}=1 \tag{8-85}$$

式中，a、b 分别表示地球的长、短半轴。

根据约束条件，可以得到$\Delta\boldsymbol{u}=\boldsymbol{R}\cdot\Delta\boldsymbol{w}$，$\Delta\boldsymbol{u}=[\Delta x,\Delta y,\Delta z]^{\mathrm{T}}$，$\boldsymbol{R}=\begin{bmatrix}1&0\\0&1\\-b^2x/(a^2z)&-b^2y/(a^2z)\end{bmatrix}$。

式（8-82）近似到一阶，有

$$z \approx h_0 + J \cdot \Delta w + n \tag{8-86}$$

式中，$h_0 = [h_{1,0}^T, h_{2,0}^T, h_{3,0}^T]^T$ 表示 h 在辐射源位置 u_T 附近 $u_0 = [x_0, y_0, z_0]^T$ 处的值；$J = \left.\frac{\partial h}{\partial w}\right|_{w=w_0} = \left.\frac{\partial h}{\partial u}\right|_{u=u_0} \cdot R \triangleq [J_1^T, J_2^T, J_3^T]^T$ 是 h 在 w_0 处的雅可比矩阵，J 中 $\frac{\partial h}{\partial u}$ 的分量具体表达式见附录 G；$w = [x, y]^T$，$w_0 = [x_0, y_0]^T$，$\Delta w = [\Delta x, \Delta y]^T$，$J_1 = \left.\frac{\partial h_1}{\partial w}\right|_{w=w_0}$，$J_2 = \left.\frac{\partial h_2}{\partial w}\right|_{w=w_0}$，$J_3 = \left.\frac{\partial h_3}{\partial w}\right|_{w=w_0}$。

TDOA/FDOA/DOA 定位的 CRLB 为

$$\mathrm{CRLB}(x) = (J^T \Sigma^{-1} J)^{-1} \tag{8-87}$$

TDOA/FDOA/DOA 定位的均方根误差（RMSE）为

$$\mathrm{RMSE}(\hat{x}_{\mathrm{ML}}) = \sqrt{\mathrm{tr}[\mathrm{CRLB}(x)]} \tag{8-88}$$

易知 TDOA/FDOA 定位的 CRLB 为

$$\mathrm{CRLB}(x) = (J_1^T \Sigma_1^{-1} J_1)^{-1}$$

卫星 1 的 DOA 定位的 CRLB 为

$$\mathrm{CRLB}(x) = (J_2^T \Sigma_2^{-1} J_2)^{-1}$$

用更一般的测量方程来评估卫星位置和速度测量误差对定位精度的影响，为简便计算以下取 $K=1$，对于 $K>1$ 的情况可以类似讨论（需要注意相关的雅可比矩阵，如 J_1 是分块对角阵，对角线上有 K 个 2×3 子阵，则 Δu_1 有 $3K$ 个分量）。

$$z \approx h_0 + J \cdot \Delta w + \delta \tag{8-89}$$

式中，$\delta = \begin{bmatrix} \frac{\partial h_{\tau_1}}{\partial u_1} & \frac{\partial h_{\tau_1}}{\partial u_2} & 0 & 0 \\ \frac{\partial h_{f_{d,1}}}{\partial u_1} & \frac{\partial h_{f_{d,1}}}{\partial u_2} & \frac{\partial h_{f_{d,1}}}{\partial v_1} & \frac{\partial h_{f_{d,1}}}{\partial v_2} \\ \frac{\partial h_{\alpha_1}}{\partial u_1} & 0 & \frac{\partial h_{\alpha_1}}{\partial v_1} & 0 \\ \frac{\partial h_{\beta_1}}{\partial u_1} & 0 & 0 & 0 \\ 0 & \frac{\partial h_{\zeta_1}}{\partial u_2} & 0 & \frac{\partial h_{\zeta_1}}{\partial v_2} \\ 0 & \frac{\partial h_{\eta_1}}{\partial u_2} & 0 & 0 \end{bmatrix} \begin{bmatrix} \Delta u_1 \\ \Delta u_2 \\ \Delta v_1 \\ \Delta v_2 \end{bmatrix} + n = A\Delta x_O + n$ 为测量误差，δ 中分量的具体表达式见附录 G，且有 $\mathbb{E}\{\delta\} = 0$，$\mathbb{E}\{\delta\delta^T\} = A\mathbb{E}\{\Delta x_O \Delta x_O^T\}A^T + \mathbb{E}\{\xi\xi^T\} = A\mathrm{diag}[\sigma_u^2 I_{6\times6}, \sigma_v^2 I_{6\times6}]A^T + \mathrm{diag}[\Sigma_1, \Sigma_2, \Sigma_3]$，$\sigma_u^2$ 和 σ_v^2 分别是卫星位置分量和速度分量的误差方差，这里假定测量误差独立同分布，并考虑了测量 TDOA/FDOA 和 DOA 同时进行，$\Sigma_1 = \begin{bmatrix} \sigma_\tau^2 & \rho\sigma_\tau\sigma_f \\ \rho\sigma_\tau\sigma_f & \sigma_f^2 \end{bmatrix}$，$\Sigma_2 = \begin{bmatrix} \sigma_\alpha^2 & \lambda\sigma_\alpha\sigma_\beta \\ \lambda\sigma_\alpha\sigma_\beta & \sigma_\beta^2 \end{bmatrix}$，$\Sigma_3 = \begin{bmatrix} \sigma_\xi^2 & \mu\sigma_\xi\sigma_\eta \\ \mu\sigma_\xi\sigma_\eta & \sigma_\eta^2 \end{bmatrix}$，可以假定 $\lambda = 0$，$\mu = 0$。

由于 Σ 是分块对角矩阵，易得到

$$(\boldsymbol{J}^{\mathrm{T}}\boldsymbol{\Sigma}^{-1}\boldsymbol{J})^{-1}=(\boldsymbol{J}_1^{\mathrm{T}}\boldsymbol{\Sigma}_1^{-1}\boldsymbol{J}_1+\boldsymbol{J}_2^{\mathrm{T}}\boldsymbol{\Sigma}_2^{-1}\boldsymbol{J}_2+\boldsymbol{J}_3^{\mathrm{T}}\boldsymbol{\Sigma}_3^{-1}\boldsymbol{J}_3)^{-1}<\min\{(\boldsymbol{J}_1^{\mathrm{T}}\boldsymbol{\Sigma}_1^{-1}\boldsymbol{J}_1)^{-1},(\boldsymbol{J}_2^{\mathrm{T}}\boldsymbol{\Sigma}_2^{-1}\boldsymbol{J}_2+\boldsymbol{J}_3^{\mathrm{T}}\boldsymbol{\Sigma}_3^{-1}\boldsymbol{J}_3)^{-1}\} \tag{8-90}$$

这表明 TDOA/FDOA/DOA 定位精度优于 TDOA/FDOA 和 DOA 的定位精度。

当地面上的辐射源是运动的，将运动的辐射源作为静止源处理时，辐射源运动产生的频移将转化为频差测量的额外误差，误差值为 $q=\boldsymbol{v}_{\mathrm{T}}\cdot(\boldsymbol{a}_{02}-\boldsymbol{a}_{01})$，TDOA/FDOA/DOA 定位模型变为

$$\boldsymbol{z}\approx\boldsymbol{h}_0+\boldsymbol{J}\cdot\mathrm{d}\boldsymbol{w}+\boldsymbol{Q}+\boldsymbol{n} \tag{8-91}$$

式中，$\boldsymbol{Q}=[\boldsymbol{0}_K,\boldsymbol{Q}_1,\boldsymbol{0}_K,\boldsymbol{0}_K]^{\mathrm{T}}$，$\boldsymbol{Q}_1=[q_1,q_2,\cdots,q_K]^{\mathrm{T}}$，$\boldsymbol{0}_K$ 表示 K 行一列全 0 矢量，q_k 表示第 k 次测量的 q 值。

用 $\mathrm{d}\hat{\boldsymbol{w}}=(\boldsymbol{J}^{\mathrm{T}}\boldsymbol{\Sigma}^{-1}\boldsymbol{J})^{-1}\boldsymbol{J}^{\mathrm{T}}\boldsymbol{\Sigma}^{-1}(\boldsymbol{z}-\boldsymbol{h}_0)$ 估计 $\mathrm{d}\boldsymbol{w}$ 的协方差为

$$\mathrm{cov}(\mathrm{d}\hat{\boldsymbol{w}})=(\boldsymbol{J}^{\mathrm{T}}\boldsymbol{\Sigma}^{-1}\boldsymbol{J})^{-1}+(\boldsymbol{J}^{\mathrm{T}}\boldsymbol{\Sigma}^{-1}\boldsymbol{J})^{-1}\boldsymbol{J}^{\mathrm{T}}\boldsymbol{\Sigma}^{-1}\boldsymbol{Q}\boldsymbol{Q}^{\mathrm{T}}\boldsymbol{\Sigma}^{-1}\boldsymbol{J}(\boldsymbol{J}^{\mathrm{T}}\boldsymbol{\Sigma}^{-1}\boldsymbol{J})^{-1} \tag{8-92}$$

同理，TDOA/FDOA 定位用 $\mathrm{d}\hat{\boldsymbol{w}}=(\boldsymbol{J}_1^{\mathrm{T}}\boldsymbol{\Sigma}_1^{-1}\boldsymbol{J}_1)^{-1}\boldsymbol{J}_1^{\mathrm{T}}\boldsymbol{\Sigma}_1^{-1}(\boldsymbol{z}_1-\boldsymbol{h}_{1,0})$ 估计 $\mathrm{d}\boldsymbol{w}$ 的协方差为

$$\mathrm{cov}(\mathrm{d}\hat{\boldsymbol{w}})=(\boldsymbol{J}_1^{\mathrm{T}}\boldsymbol{\Sigma}_1^{-1}\boldsymbol{J}_1)^{-1}+(\boldsymbol{J}_1^{\mathrm{T}}\boldsymbol{\Sigma}_1^{-1}\boldsymbol{J}_1)^{-1}\boldsymbol{J}_1^{\mathrm{T}}\boldsymbol{\Sigma}_1^{-1}\boldsymbol{Q}_2\boldsymbol{Q}_2^{\mathrm{T}}\boldsymbol{\Sigma}_1^{-1}\boldsymbol{J}_1(\boldsymbol{J}_1^{\mathrm{T}}\boldsymbol{\Sigma}_1^{-1}\boldsymbol{J}_1)^{-1} \tag{8-93}$$

式中，$\boldsymbol{Q}_2=[\boldsymbol{0}_K,\boldsymbol{Q}_1]^{\mathrm{T}}$。

设置辐射源频率为 1GHz，到双星的信噪比均为 15dB，测向基线长度为 1.5m，卫星位置分量误差为 30m，速度分量误差为 3cm/s，进行测向的那颗卫星折算到方位向和俯仰向的姿态误差均为 0.035°。考虑带宽为 50kHz，信号相关时间长度为 2ms 的信号定位。三种方法的定位结果显示在图 8-36 中，其中等值线上标注的数字是定位圆概率误差。从图 8-36 中可以看到，TDOA/FDOA/DOA 定位消除了 TDOA/FDOA 定位中双星飞行轨迹地面投影附近的定位盲区（优于 5km），并且在 TDOA/FDOA 定位的基础上进一步提高了定位精度，如 RMSE 小于 6km 的区域明显扩大。

在辐射源位置为 X 轴 2877km、Z 轴 362km 处进行蒙特卡罗仿真 1000 次，得到如图 8-37 所示的双星测向测时频差定位误差曲线。由仿真结果可知，蒙特卡罗仿真得到的定位误差与式（8-86）计算得到的定位均方根误差相符。

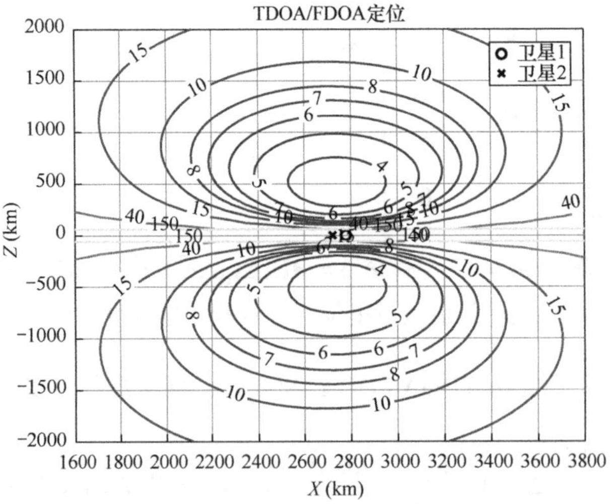

图 8-36 三种定位方法的定位误差分布

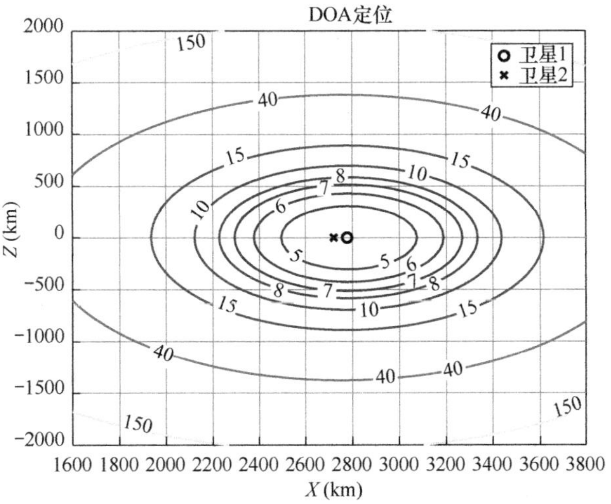

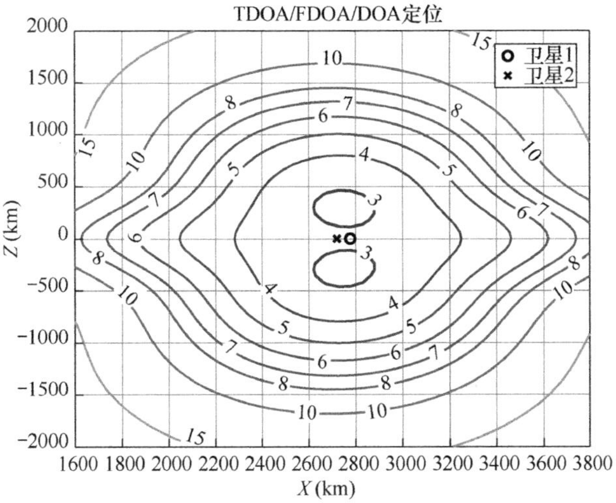

图 8-36　三种定位方法的定位误差分布（续）

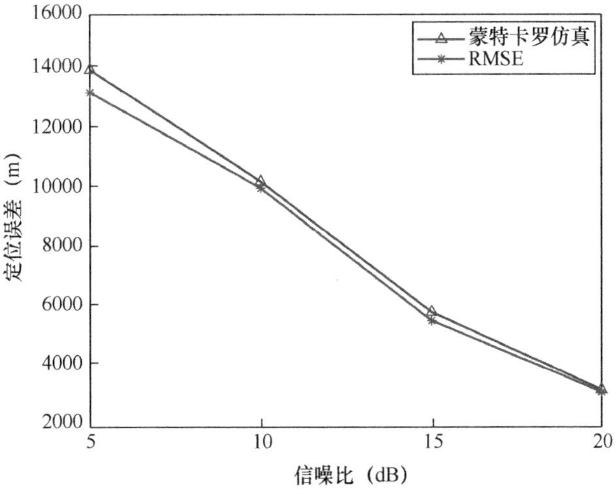

图 8-37　双星测向测时频差定位误差曲线

测向测时频差定位优点主要包括可以消除定位盲区，受辐射源机动影响小，在 TDOA/FDOA 定位方法的基础上进一步提高了定位精度。

8.6 本章小结

本章介绍了几种组合定位体制的原理、参数估计和定位误差分析等内容，主要结论有：

（1）测向测时差组合定位与时差定位相比，减少了观测站的数量，降低了系统的复杂度；与测向定位相比，由于综合利用了目标辐射源的方向信息和时差信息，提高了定位精度。

（2）运动单站测向测频差组合定位与传统仅测向定位（或仅测频定位）技术相比，可以实时给出定位结果；该方法需要两个天线之间具备较高的频差估计精度，更适用于高频段目标信号定位。

（3）固定单站测向测时定位方法利用信号时分多址特点和参考站位置信息，获得目标辐射源的距离和方向信息，从而实现对辐射源定位。

（4）测向测时频差组合定位可以解决时频差定位存在定位盲区及定位模糊的问题，同时对短持续信号和窄带信号定位相比时频差定位具备更好的适应性，与双站时频差定位系统相比，只需要增加一个观测站测向能力。

本章参考文献

[1] BECKER K. An efficient method of passive emitter location[J]. IEEE Transactions on Aerospace and Electronic Systems, 1992, 28(4): 1091-1104.

[2] 刘云辉，姚敏，赵敏. 双无人机协同测向时差定位的优化仿真[J]. 信息技术，2018，4(29)：113-116.

[3] 王亚涛. 基于余弦定理的无源测向测时差定位方法[J]. 现代雷达，2015，37(5)：41-46.

[4] 陈玲，李少洪. 无源测向测时差定位算法研究[J]. 电子与信息学报，2003，25(6)：771-776.

[5] 刘云辉. 双无人机协同测向时差定位误差分析研究[D]. 南京：南京航空航天大学，2017.

[6] 郑恒，王俊，江胜利，等. 外辐射源雷达[M]. 北京：国防工业出版社，2017.

[7] MALANOWSKI M. Siganl Processing for Passive Bistatic Radar[M]. Boston: Artech House, 2019.

[8] ORTENZI L, TIMMONERI L, VIGILANTE D. Unscented Kalman Filter (UKF) Applied to FM Band Passive Radar[C]. 2009 International Radar Conference “Surveillance for a Safer World”, 2009: 1-6.

[9] 梁加洋，赵拥军，赵闯，等. 仅利用 FDOA 的单站外辐射源定位算法[J]. 信息工程大学学报，2018，19(2)：203-208.

[10] 赵勇胜，赵闯，赵拥军. 利用 TDOA 和 FDOA 的单站多外辐射源目标定位算法[J]. 四川大学学报（工程科学版），2016，48(1)：170-177.

[11] 赵勇胜，赵拥军，赵闯. 联合角度和时差的单站无源相干定位加权最小二乘算法[J]. 雷达学报，2016，5(3)：302-311.

[12] 王鼎，魏帅. 基于外辐射源的约束总体最小二乘定位算法及其理论性能分析[J]. 中国科学：信息科学，2015，45(11)：1466-1489.

[13] 赵勇胜，赵拥军，赵闯. 基于双基地距离的多站多辐射源无源定位算法[J]. 电子学报，2018，46(12)：2840-2847.

[14] 陆安南，尤明懿，江斌，等. 无线电测向理论与工程实践[M]. 北京：电子工业出版社，2020.

[15] VEEN B D V, BUKLEY K M. Beamforming: a versatile approach to spatial filtering[J]. IEEE ASSP Magazine, 1988, 5(2): 4-24.

[16] DENG J H, HWANG J K, LIN C Y, et al. Adaptive space-time beamforming technique for passive radar system with Ultra Low signal to interference ratio[C]. 2010 IEEE International Conference on Wireless Information Technology and Systems, 2010: 1-4.

[17] HAYKIN S. Adaptive Filter Theory[M]. Upper Saddle River, NJ: Prentice Hall, 1996.

[18] 朱佳伟. 外辐射源雷达多直达波干扰联合对消技术研究[J]. 通信对抗, 2017, 36(4): 17-20.

[19] COLONE F, O'HAGAN D W, LOMBARDO P, et al. A multistage processing algorithm for disturbance removal and target detection in passive bistatic radar[J]. IEEE Transactions on aerospace and electronic systems, 2009, 45(2): 698-722.

[20] MARTINO A D. 现代电子战系统导论 [M]. 2 版. 姜道安, 等译. 北京：电子工业出版社，2020.

[21] 王杰贵. 基于 DOA/多普勒信息的单站无源定位[J]. 火力与指挥控制，2007，32(6)：87-90.

[22] 朱伟强，黄培康，马琴. 基于相位差变化率测量的单站定位方法[J]. 系统工程与电子技术，2008，30(11)：2108-2111.

[23] 单月晖，孙仲康，皇甫堪. 基于相位差变化率方法的单站无源定位技术[J]. 国防科技大学学报，2001，23(6)：74-77.

[24] 万方，丁建江，郁春来. 利用空频域信息的固定单站无源探测定位方法[J]. 探测与控制学报，2010，32(3)：91-95.

[25] 王旭. TDMA 系统目标多站定位理论与算法研究[D]. 成都：电子科技大学，2011.

[26] 杨小凤，陈铁军，黄志文，李琼. 基于超宽带的 TOA-DOA 联合定位方法[J]. 重庆邮电大学学报（自然科学版），2016，28(2)：194-198.

[27] 丁锐，钱志鸿，王雪. 基于 TOA 和 DOA 联合估计的 UWB 定位方法[J]. 电子与信息学报，2010，32(2)：313-317.

[28] 蒋春山，邵国峰. 无参考点 Link16 信号定位方法研究[J]. 中国电子科学研究院学报，2015，10(4)：42-46.

[29] 陆安南，杨小牛. 单星测频测相位差无源定位[J]. 系统工程与电子技术，2010，32(2)：244-247.

[30] 陆安南，杨小牛. 最小相位误差单星无源定位法[J]. 上海航空，2007，3：6-9.

[31] 陆安南，缪善林，邱炎. 双星阵列信号处理技术研究[J]. 通信对抗，2014，33(1)：1-6.

第9章 无线电定位新方法

随着定位技术的不断研究和发展，出现了一些定位线参数智能估计、定位误差智能校正和定位新算法。本章选取其中具有代表性的智能定位和直接定位进行介绍。本章具体内容结构示意如图 9-1 所示。

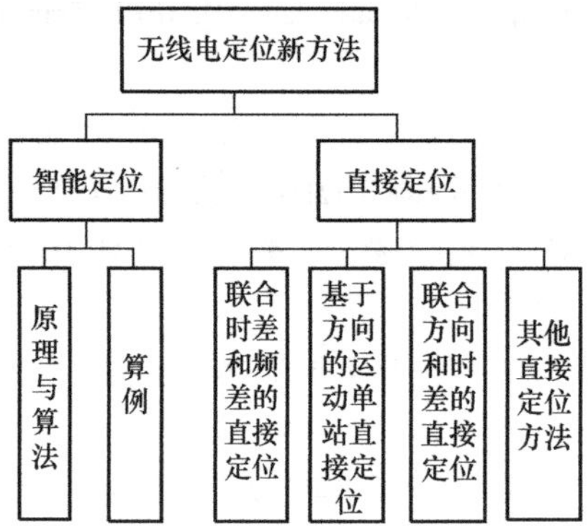

图 9-1 无线电定位新方法内容结构示意

9.1 智能定位

随着机器学习、人工智能技术的发展，逐步有学者开始关注机器学习技术的定位应用。近年来，深度神经网络强大的建模能力吸引了一些学者研究如何运用深度学习技术解决目标定位领域的困难问题。深度学习技术的室外定位应用尚处于起步阶段，成果比较分散和零星，但既有的应用结果无疑展示了深度学习技术在这一问题上广阔的应用前景。后面的仿真算例将表明，在大信噪比差条件下的时差测量、多误差源场景下的快速定位、统计特性未知情况下的定位结果决策级融合等方面，信号级/参数级/决策级智能定位方法均能发挥较好的作用。

9.1.1 原理与算法

9.1.1.1 智能参数估计

2019 年，针对改进 EKF 算法在对高速目标跟踪时跟踪阈值难以自适应更新而可能导致跟踪发散的问题，文献[1]提出一种基于深度学习的跟踪阈值自适应调整方法。该方法选用循环神经网络模型，将目标在当前及之前数步的位置估计结果作为模型输入，将目标所处区域作为模型输出，如基于改进扩展卡尔曼滤波（EKF）方法对目标区域估计与神经网络模型不一致，则对跟踪阈值进行调整直至两者一致。

2017 年，文献[2]给出了基于浅层与深层神经网络开展测距的研究成果，其方法适用于单一传感器的场景。文献[2]所采用的深度神经网络有 AlexNet、VGG-16 和 VGG-19。

9.1.1.2 智能位置估计

文献[3]将自适应卡尔曼滤波得到的状态估值、状态一步预测值、增益矩阵及信息矢量作为输入，滤波估值的残差作为输出设计 BP 神经网络。他们利用基于该神经网络的自适应卡尔曼滤波对某滑坡沉降监测资料进行处理和分析，相较于自适应卡尔曼滤波器预测精度和稳定性得到显著提高。由于自适应卡尔曼滤波经常用于辐射源定位跟踪，类似的思路也可用于辐射源定位跟踪精度和稳定性的提升。

文献[4]指出现有的基于“指纹”特征的方法主要存在以下不足：①对感兴趣的区域需划分为较细的等间隔网格；②定位精度对测量精度（如 TDOA 测量精度）十分敏感；③需要大量的“指纹”样本数据库；④一次只能定位一个目标。对此，文献[4]中给出了一种基于核的机器学习定位方法，该方法利用信号首次到达时间（无论是视距路径还是非视距路径），基于非均匀分布的参考站实现对目标的高精度定位。其之所以能降低对参考站（训练样本）的需求，是参考了核回归的算法，而很多基于“指纹”的定位方法采用的是分类体制。

现有的基于移动通信数据定位方法受到以下问题的挑战：定位误差较大或需要大量数据样本或对于含噪记录数据非常敏感。针对上述问题，文献[5]提出了一个移动通信数据定位框架，该框架主要包括三个主要部分：定位模型、解决数据稀疏性问题的方法与修复含噪数据的方法。其中，定位模型包括基于单点数据及基于序列数据的模型。数据稀疏性问题采用迁移学习的思路进行解决。此外，文献[5]提出采用置信水平的方式检测定位野值，进而对预测的目标位置进行修正。

9.1.1.3 智能融合

针对无线传感器网络节点定位问题，文献[7]提出了一种基于最小二乘支持向量机（LS-SVM）的多种测量值融合方法，针对多个无线网络节点可能获得的到达时间（TOA）、到达时间差（TDOA）、往返时间（RTOF），采用多级融合架构实现节点定位，其融合模型如图 9-2 所示，其中 N_1,N_2,N_3,N_4 分别为 TOA、RTOF、TDOA、TDOA′的测量值数量，TDOA′指从 TOA 或 RTOF 转换所得的 TDOA 值。测试结果显示，经融合后所得的定位结果较基于 TOA 的定位结果精度更高。

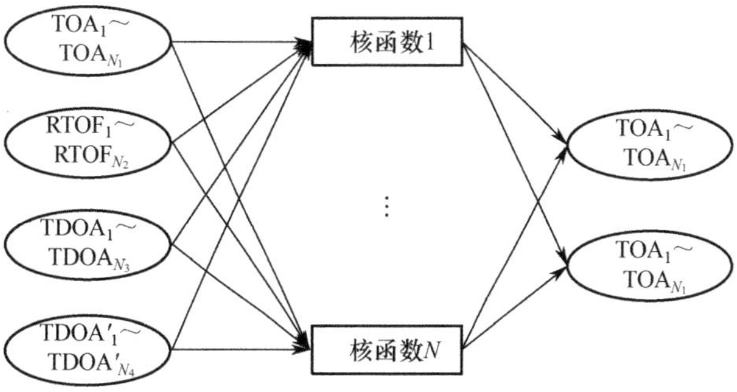

图 9-2　基于 LS-SVM 的定位融合模型

文献[8]针对多站时差定位存在野值的情况，提出一种基于神经网络的野值检测方法。该方法将各观测站的时差及基于各种时差组合的定位结果作为网络输入矢量，将各组时差是否为野值作为输出矢量，对前馈反向传播神经网络进行训练。训练后的神经网络则用于对测试样本是否存在野值进行检测，如存在野值，则将野值剔除并基于剩余时差信息进行辐射源定位。仿真结果显示，该方法可以较高的正确检测率和较低的虚警率对野值进行检测，而相应的定位精度则接近 CRLB。

9.1.2 算例

9.1.2.1 智能时差测量

时差测量是时差定位、组合定位体制中的重要环节，时差测量的精度直接影响时差定位、组合定位的精度。在参考站与其他观测站信噪比接近的情况下，第 5 章和第 7 章介绍的方法已能较好地进行时差测量。在一些特定场景下（如参考站与其他观测站存在大信噪比差的情况），能否进一步提升传统时差测量方法的性能仍是比较开放的问题。本例就基于深度学习模型的时差测量应用进行探索，分别提出一种深度分类网络（见图 9-3）和一种深度回归网络（见图 9-4）进行时差测量。

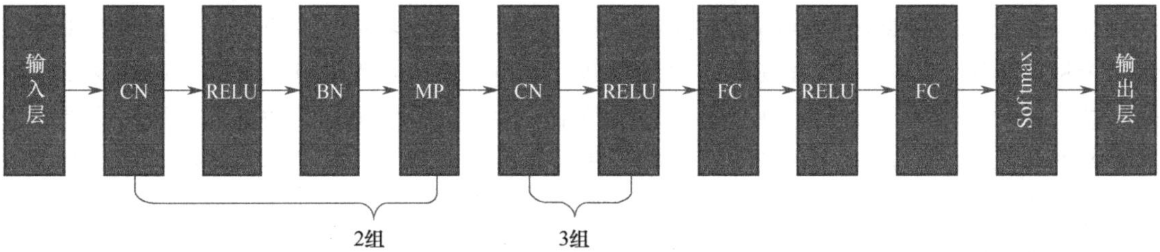

图 9-3 深度分类网络结构

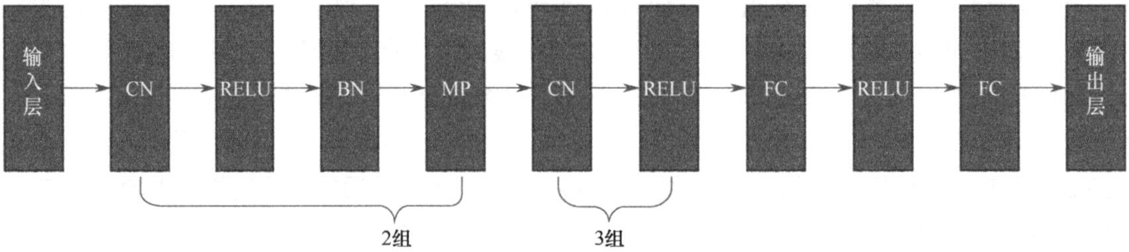

图 9-4 深度回归网络结构

试验一中，仿真产生一组正交相移键控（QPSK）信号，带宽为 25kHz，过采样率为 8，每组信号有 128 个采样点。试验一中考虑 1～30 个采样点的时差，每种时差场景下主站信噪比为 10dB，辅站信噪比为–5dB，每种时差产生 2000 个样本。测试样本主辅站信噪比同训练样本，对于每种时差产生 1000 个样本。图 9-5 给出了不同时差情况下的 TDOA 均方根估计误差，由图中结果可见：在时差较小的情况下深度分类网络的表现不如传统相关法，而当时差较大时其表现优于传统相关法。另外，深度回归网络仅在时差为 1 个采样点的场景下表现不如传统相关法，其他场景下均优于传统相关法。总体上，传统相关法的时差均方根估计误差为 1.6193 个采样点，深度分类网络的时差均方根估计误差为 1.3685 个采样点，深度回归网络的时差均方根估计误差为 0.9193 个采样点。可见，在给定主辅站信号信噪比的情况下，深度回归网络时差测量误差最小。

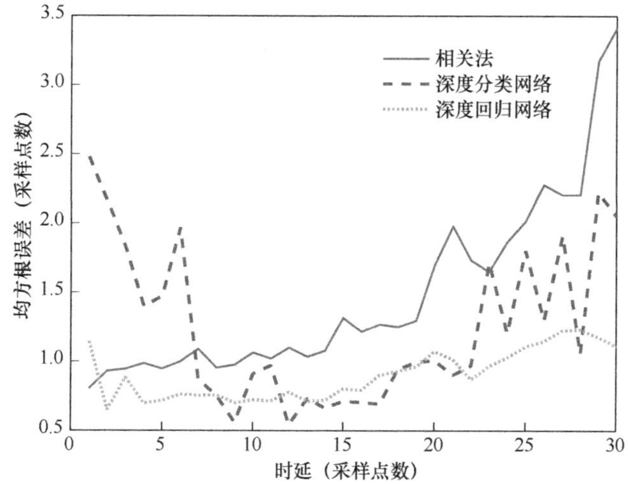

图 9-5　不同时差情况下的 TDOA 均方根估计误差

试验二中，同样考虑 1～30 个采样点的时差，每种时差场景下主站时域信噪比为 10dB，辅站时域信噪比在−5～20dB 中随机产生，步进为 1dB，每种时差产生 2000 个样本。测试样本覆盖了辅站信噪比−5～20dB 的场景。对于每个场景的试验样本产生方式同试验一。图 9-6 给出了不同辅站信噪比场景下的 TDOA 均方根估计误差。由图 9-6 中结果可见，基于深度学习分类网络的方法在辅站低信噪比场景下 TDOA 估计精度不如传统相关法，而基于深度学习回归网络的方法在各场景始终优于传统相关法，在主辅站信噪比可能在较大范围内变化的场景，推荐使用基于深度回归网络的 TDOA 估计方法。

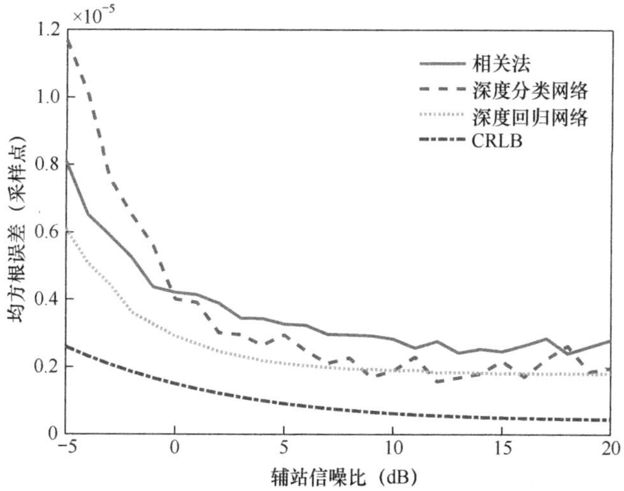

图 9-6　不同辅站信噪比场景下的 TDOA 均方根估计误差

9.1.2.2　辐射源快速定位

对于三维辐射源定位而言，无论是多站时差定位、时频差定位还是其他组合定位手段，对于每组测量数据均有一个比较冗长的解算过程，而智能定位模型为解决这一问题提供了一种新思路。考虑一个基于四站且存在固定时差偏差的辐射源定位场景，如图 9-7 所示。每个观测站的间距约为 50km，且均具有二维测向能力并给出测向结果(α_i,β_i)，$i=1,2,3,4$。其中，

α_i、β_i分别为观测站 i 的方位角和俯仰角测量结果，测向误差与来波信噪比有关，假设方位角和俯仰角测量误差相等且处于 0°～1°范围。此外，观测站之间存在固定未知时统偏差，且有$\Delta d_{12}=500\text{m}$，$\Delta d_{13}=600\text{m}$，$\Delta d_{14}=700\text{m}$，$\Delta d_{ij}$为观测站 i 与观测站 j 之间的时统偏差乘光速，即固定时差将导致观测站 2 与观测站 1 的距离差测量值增加 500m，以此类推。另外，假设各观测站方位、俯仰方向均存在 5°～25°不等的固定测向偏差。假设时差测量误差各站相同且处于 0～100ns。在感兴趣的区域内随机产生 70000 个样本，另以同样的方式产生 7000 个测试样本。对于每个样本，以四个观测站的方位角、俯仰角测量结果，以站 1 为参考站的三组时差测量结果，以及该样本对应的角度、时差测量误差共计 13 个特征作为智能模型的输入；而以地固系下目标的三维坐标位置为模型输出。基于 Pytorch 框架构建了一个两层卷积神经网络（见图 9-8），并基于训练样本对网络进行训练，1000 次迭代过程中的训练误差情况如图 9-9 所示。基于训练误差最低对应的网络参数对测试样本进行测试，7000 个测试样本在 1s 之内均给出定位结果，而传统的定位算法在未经修正情况下难以应对时差、测向偏差问题，且存在解定位模糊判断环节，这都大大影响了其定位解算时效性。图 9-10 给出了全部测试样本的定位误差分布情况，图 9-11 给出了全部测试样本的相对定位误差 CDF。由图中结果可见，在定位系统存在时差偏差及测向偏差时，基于深度卷积神经网络的智能定位模型在训练样本无须遍历感兴趣区域内全部位置的情况下，可实现较高精度的快速定位。

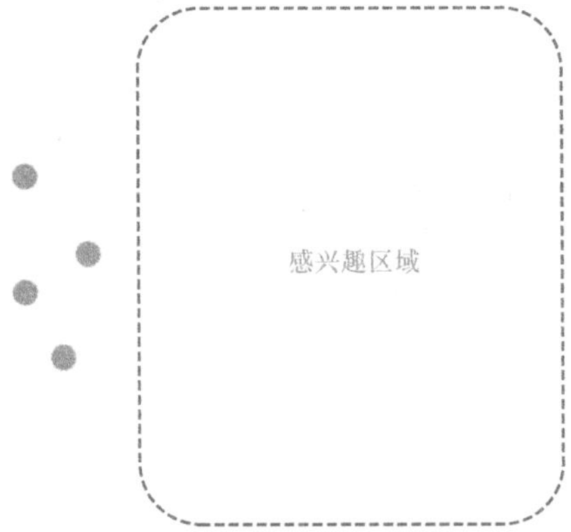

图 9-7　基于四站且存在固定时差偏差的辐射源定位场景

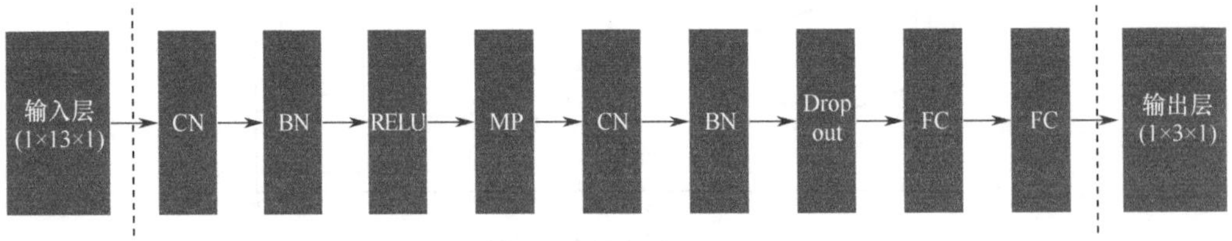

图 9-8　两层卷积神经网络模型

9.1.2.3　决策级定位融合

当同一辐射源多组定位结果的协方差矩阵已知时，文献[9]给出了决策级定位的解析方法。然而，当多组定位结果的协方差矩阵未知或因定位结果之间的相关性难以准确给出时，就无法有效使用该解析方法，下面考虑使用神经网络解决这一问题。

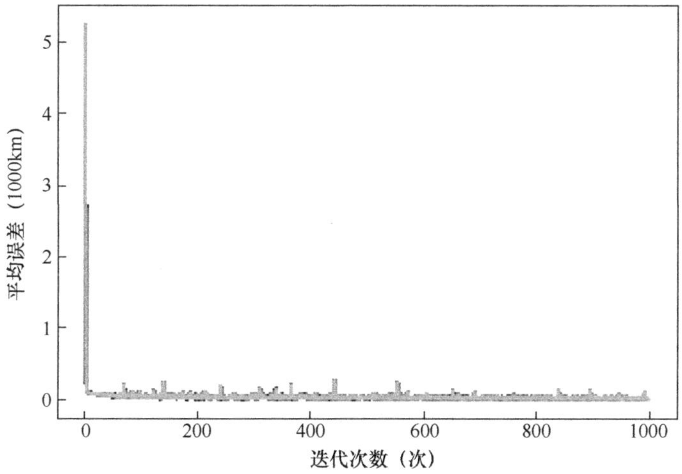

图 9-9　迭代过程中的训练误差情况

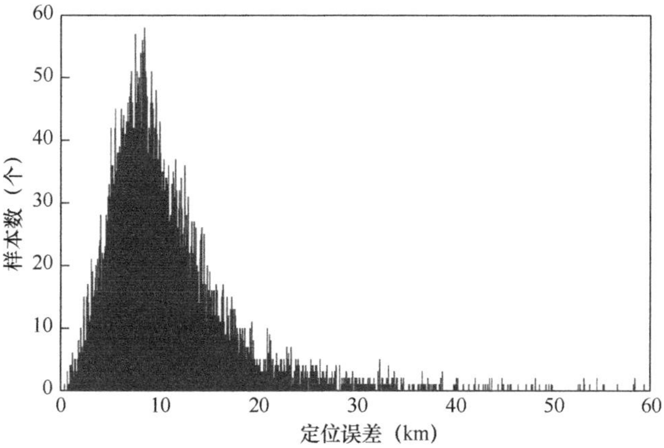

图 9-10　全部测试样本的定位误差分布情况

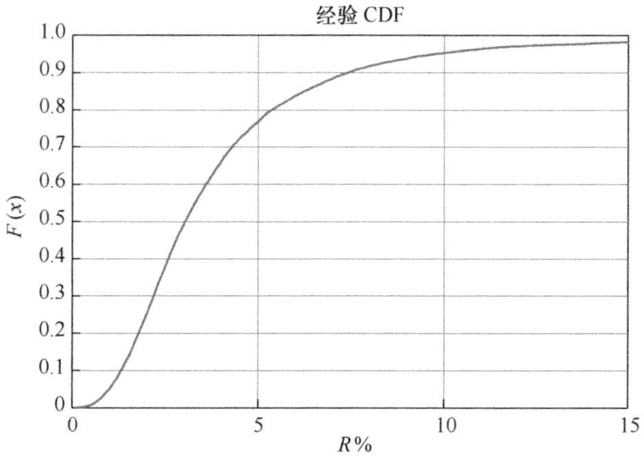

图 9-11　全部测试样本的相对定位误差 CDF

考虑一个决策级融合的场景，六个观测站的站址分别为：[0, 0, 0]、[50, 0, 0]、[100, −20, 0]、[150, 20, 0]、[200, 50, 0]、[250, 100, 0]，单位为 km。每个观测站的测距误差分别为 15m、15m、150m、36m、24m、30m。采用 TDOA 定位体制进行辐射源定位，共报出 6 组定位结果，结果 1、2、4、5、6 分别以观测站 1、2、4、5、6 为参考站，其余观测站为从站；结果 3 以观测站 3 为参考站，观测站 4、5 为从站。一共产生了 525 组样本，其中 70%的样本用于训练，其余样本用于测试。构建了结构如图 9-8 所示的卷积神经网络，基于训练样本对模型参数进行训练。图 9-12 给出了三种方法测试样本的定位误差概率直方图，图 9-13 给出了三种方法测试样本的定位误差概率分布函数，其中 s1 为基于深度神经网络的融合结果，s2 为基于全部定位结果平均的融合结果，s3 为排除参考站 3 定位结果后剩余定位结果平均的融合结果。由图 9-13 中结果可见，基于深度神经网络的融合取得了更好的融合效果，其定位精度远优于基于全部定位结果平均的方法，也略优于排除定位方差最大的那组结果后对剩余结果取平均的方法。

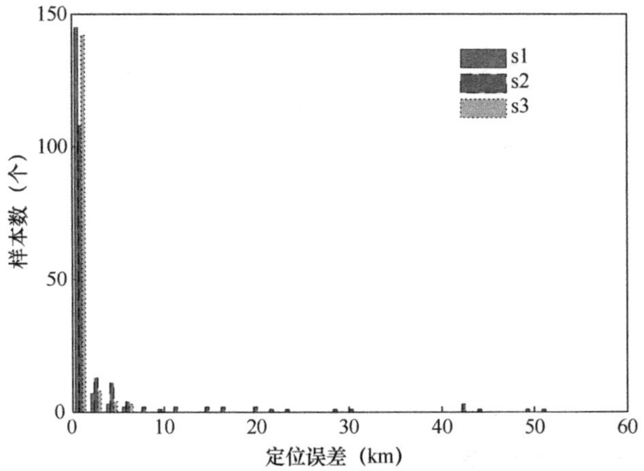

图 9-12　三种方法测试样本的定位误差概率直方图

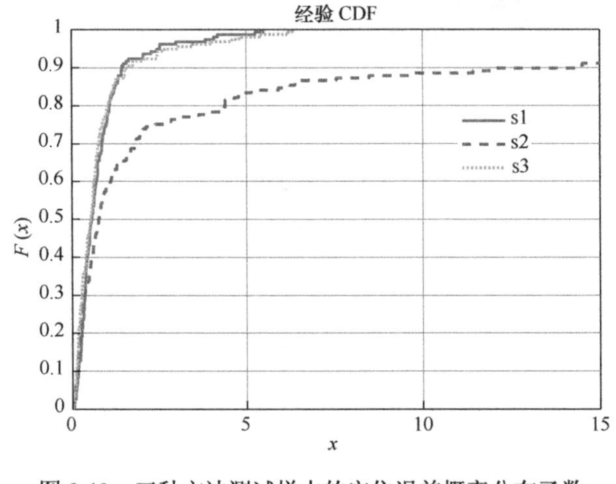

图 9-13　三种方法测试样本的定位误差概率分布函数

9.2　直接定位

第 4 章到第 8 章介绍的是传统的两步定位法，本节主要介绍联合时差和频差的直接定位、基于方向的直接定位及联合方向和时差的直接定位三种直接定位方法。

定位的优化算法中两步法是通过逐次优化→定位线参数最优估计→位置最优估计，其结果可能只是局部最优；而直接定位是通过一次性优化→直接位置最优估计，其结果是整体最优。

1985 年，Wax 等提出了直接定位的思想[10]，利用采集数据直接估计目标位置而不经过定位线参数独立估计这一过程，以避开传统方法中的多站数据关联问题。2004 年，Weiss 正式提出了直接定位的概念和多种直接定位算法[11]。

直接定位技术一般利用观测信号来构造定位的目标函数，即利用式（3-5）基于最优准则直接估计辐射源位置，在计算过程中通过等价的数学变换消除多余变量，在限定的二维（或三维）网格中进行搜索，直接估计得到目标的位置。相比传统两步定位技术方法，直接定位技术不再进行定位线（面）参数估计，避免了因两步分离造成的信息损失，从而在低信噪比条件下具备更好的性能。Weiss 针对单个窄带辐射源的直接定位进行了研究，利用接收到的阵列信号入射角和时差信息，提出了直接定位算法[11,12]。在单个目标辐射源与多个运动观测站场景下，文献[13]和文献[14]分别利用时差和多普勒频移信息对宽带（窄带）信号进行直接定位。当各观测站为单通道且观测站与辐射源相对静止时，Naresh 等提出仅利用时差信息的最大似然直接定位方法[15]。当信号为窄带信号且站间距离较短时，Amar 等提出仅利用频差信息的最大似然直接定位方法[16]。在单目标直接定位研究的基础上，Weiss 等也对多目标的直接定位方法进行了研究[17, 18]。

9.2.1 联合时差和频差的直接定位

在多站联合定位时，传统时频差定位先对两两观测站间的时频差进行测量，在不同时间段内独立测量时频差，再利用独立估计的时频差值进行定位，因此在两步法多站时频差定位过程中不受同一辐射源位置限制，从而导致定位性能下降。针对两步法的不足，Weiss 提出了联合时差和频差的直接定位技术，文献[13]是在时域形成目标函数进行直接定位的，将采样后的信号[式（7-94）]分成 K 段，并改写为

$$\boldsymbol{z}_{l,k}=\eta_{l,k}\boldsymbol{A}_{l,k}\boldsymbol{F}_{l,k}\boldsymbol{s}_k+\boldsymbol{w}_{l,k} \tag{9-1}$$

式中，$\boldsymbol{z}_{l,k}=[z_{l,k}(t_{k,0}),z_{l,k}(t_{k,1}),\cdots,z_{l,k}(t_{k,M})]^{\mathrm{T}}$，$k=1,2,\cdots,K$，$t_{k,m}=t_{k,0}+(m-1)\varDelta$，$m=0,1,\cdots,M$，$\varDelta$ 为采样时间间隔；$\eta_{l,k}$ 为增益系数；$\boldsymbol{A}_{l,k}=\mathrm{diag}[\mathrm{e}^{\mathrm{j}2\pi f_{l,k}t_{k,0}},\mathrm{e}^{\mathrm{j}2\pi f_{l,k}t_{k,1}},\cdots,\mathrm{e}^{\mathrm{j}2\pi f_{l,k}t_{k,M}}]^{\mathrm{T}}$；$\boldsymbol{F}_{l,k}$ 为移位矩阵；$\boldsymbol{F}_{l,k}\boldsymbol{s}_k$ 表示将 $\boldsymbol{s}_k$ 移位 $\lfloor \tau_{l,k}/\varDelta \rfloor$；$\boldsymbol{s}_k=[s_k(t_{k,0}),s_k(t_{k,1}),\cdots,s_k(t_{k,M})]^{\mathrm{T}}$；$\boldsymbol{w}_{l,k}=[w_{l,k}(t_{k,0}),w_{l,k}(t_{k,1}),\cdots,w_{l,k}(t_{k,M})]^{\mathrm{T}}$，$\mathbb{E}\{\boldsymbol{w}\}=\boldsymbol{0}$，$\mathbb{E}\{\boldsymbol{w}\boldsymbol{w}^{\mathrm{H}}\}=\sigma_w^2\boldsymbol{I}_{(M+1)}$。

根据式（9-1）得到如下目标函数：

$$C_1(\boldsymbol{x})=\sum_{k=1}^{K}\sum_{l=1}^{L}\left\|\boldsymbol{z}_{l,k}-\eta_{l,k}\boldsymbol{A}_{l,k}\boldsymbol{F}_{l,k}\boldsymbol{s}_k\right\| \tag{9-2}$$

通过对式（9-2）进行变换，得到等价目标函数

$$C_2(\boldsymbol{x})=\sum_{k=1}^{K}\lambda_{\max}(\boldsymbol{Q}_k^{\mathrm{H}}\boldsymbol{Q}_k) \tag{9-3}$$

式中，$\boldsymbol{Q}_k=[\boldsymbol{A}_{1,k}^{\mathrm{H}}\boldsymbol{F}_{1,k}^{\mathrm{H}}\boldsymbol{z}_{1,k},\boldsymbol{A}_{2,k}^{\mathrm{H}}\boldsymbol{F}_{2,k}^{\mathrm{H}}\boldsymbol{z}_{2,k},\cdots,\boldsymbol{A}_{L,k}^{\mathrm{H}}\boldsymbol{F}_{L,k}^{\mathrm{H}}\boldsymbol{z}_{L,k}]$。

文献[14]是在频域形成目标函数进行直接定位的，因此将接收数据 $\boldsymbol{z}_{l,k}(t)$ 进行傅里叶变换，得到

$$\breve{\boldsymbol{z}}_{l,k}(f_n)=\frac{1}{T}\int_{-T/2}^{T/2}\boldsymbol{z}_{l,k}(t)\mathrm{e}^{-\mathrm{j}2\pi f_n t}\mathrm{d}t \tag{9-4}$$

式中，$f_n=n/T$，$n=0,\pm1,\cdots,\pm N$ 为频率系数。

则式（9-1）可以写成

$$\breve{\boldsymbol{z}}_{l,k}=\boldsymbol{\eta}_{l,k}\breve{\boldsymbol{A}}_{l,k}\breve{\boldsymbol{F}}_{l,k}\breve{\boldsymbol{s}}_k+\breve{\boldsymbol{w}}_{l,k} \tag{9-5}$$

式中，$\breve{\boldsymbol{z}}_{l,k}=[\breve{z}_{l,k}(f_{-N}),\breve{z}_{l,k}(f_{-N+1}),\cdots,\breve{z}_{l,k}(f_{N-1}),\breve{z}_{l,k}(f_N)]^{\mathrm{T}}$，$\breve{\boldsymbol{A}}_{l,k}=\mathrm{diag}[\mathrm{e}^{-\mathrm{j}2\pi\tau_{l,k}f_{-N}},\mathrm{e}^{-\mathrm{j}2\pi\tau_{l,k}f_{-N+1}},\cdots,\mathrm{e}^{-\mathrm{j}2\pi\tau_{l,k}f_{N-1}},\mathrm{e}^{-\mathrm{j}2\pi\tau_{l,k}f_N}]^{\mathrm{T}}$。$\breve{\boldsymbol{F}}_{l,k}$ 是将单位阵向下循环移位 $\lfloor Tf_{l,k}\rfloor$ 行后得到的 $(2N+1)\times(2N+1)$ 维矩阵，$\breve{\boldsymbol{s}}_k=[\breve{s}_k(f_{-N}),\breve{s}_k(f_{-N+1}),\cdots,\breve{s}_k(f_{N-1}),\breve{s}_k(f_N)]^{\mathrm{T}}$，$\breve{\boldsymbol{w}}_{l,k}=[\breve{w}_{l,k}(f_{-N}),\breve{w}_{l,k}(f_{-N+1}),\cdots,\breve{w}_{l,k}(f_{N-1}),\breve{w}_{l,k}(f_N)]^{\mathrm{T}}$。

根据式（9-5）得到如下目标函数：

$$C_3(\boldsymbol{x})=\sum_{k=1}^{K}\sum_{l=1}^{L}\left\|\breve{\boldsymbol{z}}_{l,k}-\eta_{l,k}\breve{\boldsymbol{A}}_{l,k}\breve{\boldsymbol{F}}_{l,k}\breve{\boldsymbol{s}}_k\right\| \tag{9-6}$$

通过对式（9-6）进行变换，得到等价目标函数

$$C_4(\boldsymbol{x})=\sum_{k=1}^{K}\lambda_{\max}(\breve{\boldsymbol{Q}}_k) \tag{9-7}$$

式中，$\breve{\boldsymbol{Q}}_k=\boldsymbol{H}_k^{\mathrm{H}}\boldsymbol{H}_k$，$\boldsymbol{H}_k=[\breve{\boldsymbol{A}}_{1,k}^{\mathrm{H}}\breve{\boldsymbol{F}}_{1,k}^{\mathrm{H}}\breve{\boldsymbol{r}}_{1,k},\breve{\boldsymbol{A}}_{2,k}^{\mathrm{H}}\breve{\boldsymbol{F}}_{2,k}^{\mathrm{H}}\breve{\boldsymbol{r}}_{2,k},\cdots,\breve{\boldsymbol{A}}_{L,k}^{\mathrm{H}}\breve{\boldsymbol{F}}_{L,k}^{\mathrm{H}}\breve{\boldsymbol{r}}_{L,k}]$。

但是文献[13]和文献[14]中的直接定位法利用了移位矩阵进行时差或频移补偿，因此存在量化的过程，从而导致定位误差增大。其他一些学者在文献[19]和文献[20]中对时频差矩阵进行了改进，利用时域卷积等价于频域相乘的性质先将信号进行 FFT，然后进行时差补偿，再进行逆快速傅里叶变换（IFFT）回时域信号，最后进行频差补偿。将采样后的信号［式（7-94）］分成 K 段，并改写为

$$\boldsymbol{z}_{l,k}=\eta_{l,k}\boldsymbol{B}_{\Delta f_{l,k}}\boldsymbol{V}^{\mathrm{H}}\boldsymbol{B}_{\Delta\tau_{l,k}}\boldsymbol{V}\boldsymbol{s}_k+\boldsymbol{w}_{l,k} \tag{9-8}$$

式中，$k=1,2,\cdots,K$，$\boldsymbol{B}_{\Delta f_{l,k}}=\mathrm{diag}[\mathrm{e}^{\mathrm{j}2\pi f_{l,k}t_{k,0}},\mathrm{e}^{\mathrm{j}2\pi f_{l,k}t_{k,1}},\cdots,\mathrm{e}^{\mathrm{j}2\pi f_{l,k}t_{k,M}}]^{\mathrm{T}}$，$\boldsymbol{V}=1/\sqrt{(M+1)}\ \exp[-\mathrm{j}2\pi/(M-1)\ \boldsymbol{m}\boldsymbol{m}^{\mathrm{T}}]$，$\boldsymbol{m}=[0,1,\cdots,M]^{\mathrm{T}}$，$\boldsymbol{B}_{\Delta\tau_{l,k}}=\mathrm{diag}[\mathrm{e}^{-\mathrm{j}2\pi\tau_{l,k}\boldsymbol{m}/(M+1)/\Delta}]$。

根据式（9-8）得到如下目标函数：

$$C(\boldsymbol{x})=\sum_{l_1=1}^{L}\sum_{\substack{l_2=1\\ l_1\neq l_2}}^{L}\sum_{k=1}^{K}\eta_{l_1,l_2,k}\left\|\boldsymbol{z}_{l_1,k}^{\mathrm{H}}\boldsymbol{H}_{l_1,k}\boldsymbol{H}_{l_2,k}^{\mathrm{H}}\boldsymbol{z}_{l_2,k}\right\| \tag{9-9}$$

式中，$\boldsymbol{H}_{l,k}=\boldsymbol{B}_{\Delta f_{l,k}}\boldsymbol{V}^{\mathrm{H}}\boldsymbol{B}_{\Delta\tau_{l,k}}\boldsymbol{V}$；$\eta_{l_1,l_2,k}=\dfrac{\sigma_{l_1,k}^{-2}\sigma_{l_2,k}^{-2}}{\sum_{l=1}^{L}\sigma_{l,k}^{-2}}$，$\sigma_{l,k}^{-2}\boldsymbol{I}_{M+1}=\boldsymbol{H}_{l,k}^{\mathrm{H}}\boldsymbol{\Sigma}_{l,k}^{-1}\boldsymbol{H}_{l,k}$，$\boldsymbol{\Sigma}_{l,k}=\mathbb{E}\{\boldsymbol{w}_{l,k}\boldsymbol{w}_{l,k}^{\mathrm{H}}\}$。

根据辐射源搜索范围各位置 $\boldsymbol{\Omega}$ 的目标函数可计算得到辐射源位置的估计值

$$\hat{\boldsymbol{x}}_{\mathrm{T}}=\arg\max_{\boldsymbol{x}\in\boldsymbol{\Omega}_{\boldsymbol{x}}}C(\boldsymbol{x}) \tag{9-10}$$

考虑一个三架飞机对地面静止辐射源定位的场景，在起始时刻三架飞机的位置分别为[40, 1, 10]（km），[0, 0, 10]（km），[−10, 5, 10]（km），速度分别为[358, 0, 0]（m/s），[350, 0, 0]（m/s），[200, −250, 0]（m/s），地面辐射源位置为[14.5, 102.6, 10]（km）。BPSK 信号带宽为 25kHz，载频为 303MHz，累积时长为 20ms，利用式（7-6）的时频差测量两步定位法，式（9-10）的直接定位，每个信噪比统计 100 次，得到如图 9-14 所示结果。

时频差测量两步定位法和文献[19]的联合时差和频差直接定位法通常假定在短时间内时差和频差是不变的，但在实际应用中，时差和频差是不断变化的，并且当累积时间比较长或者观测站做机动型运动时，时频差变化比较显著，如图 9-15 所示。文献[21]提出分段进行时

频差测量再线性拟合的方法进行定位，但是当频差变化为曲线（见图 9-15）时，线性拟合时频差测量的误差变大，从而导致定位精度降低。文献[19]提出相干累积直接定位方法，但是由于时差的影响每段都会有一定信息损失，从而导致定位性能下降。上面两种定位方法还存在分段数过多或过少都不利于定位精度提升的问题，若分的段数较多，则每段观测时间比较短，容易引起门限效应或者信息损失过多；若分的段数较少，则每段时间内时频差变化仍然较显著，使得站间数据拟合不准确，产生模型失配问题，从而导致定位精度达不到要求。

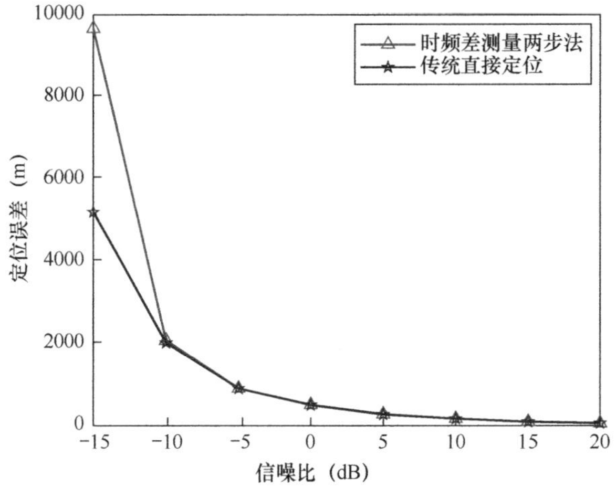

图 9-14　三机对静止目标定位方法比较

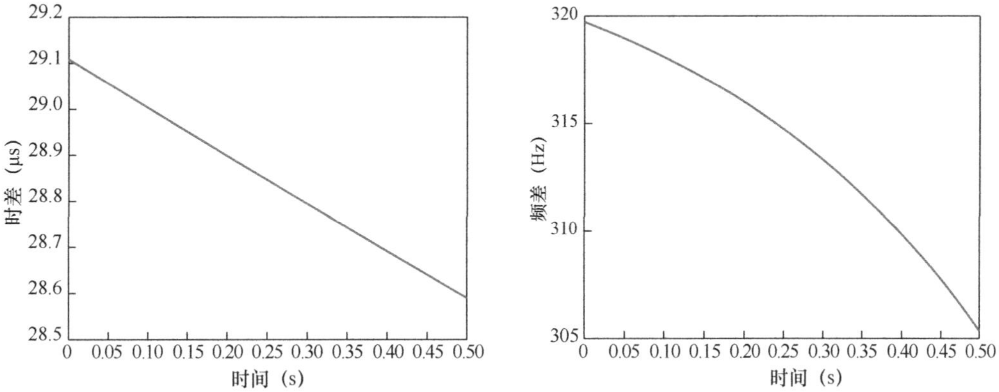

图 9-15　时差、频差变化曲线

因此，两步定位法和文献[19]的直接定位方法都需要寻找定位性能最优的分段数，这主要是由模型失配问题引起的，下面介绍变时差法直接定位，利用 sinc 函数插值的方法，对每个采样点进行相应的时间延迟，从而模拟了实际传输过程中的真实模型，使直接定位效果得到进一步提升。

9.2.1.1　变时差法直接定位原理

由于观测站的运动，从辐射源 $\boldsymbol{x}_{\mathrm{T}}$ 到观测站的时差随时间变化，各观测站的位置记为 $\boldsymbol{x}_{l,m}$，$l=1,2,\cdots,L$，$m=0,1,\cdots,M$。现在考虑各观测站对接收到的信号 $s[t-\tau_l(t)]$ 同时采样 M+1 点，$t_m=\tau_{\max}+m\varDelta$，$\tau_{\max}=\max\{\tau_1(0),\tau_2(0),\cdots,\tau_L(0)\}$，$m=0,1,\cdots,M$，$\tau_l(t)$ 为 t 时刻观测站 l 接收

到的信号相对于目标辐射信号的时差，由式（7-92）知

$$z_l(t_m)=\eta_l s[t_m-\tau_l(t_m)]+w_l(t_m)=\eta_l u[t_m-\tau_l(t_m)]\mathrm{e}^{\mathrm{j}2\pi f_0[t_m-\tau_l(t_m)]}+w_l(t_m) \tag{9-11}$$

式中，$l=1,2,\cdots,L$，η_l 为增益系数，$\tau_l(t_m)=\frac{1}{c}\|\boldsymbol{x}_\mathrm{T}-\boldsymbol{x}_{l,m}\|$，$w_l(t_i)$ 与 $w_l(t_j)$ 不相关（对所有 $i,j=0,1,\cdots,M$），$\mathbb{E}\{w_l(t_m)\}=0$，$\mathbb{E}\{w_l^2(t_m)\}=\sigma_w^2$，且 $w_l(t_m)$ 与信号也不相关。

根据抽样定理 $s(t\varDelta)=\sum_{n=-\infty}^{\infty}s(n\varDelta)\cdot\mathrm{sinc}(t-n)$，以及 $\left|\frac{\tau_l(t_m)-\tau_{\max}}{\varDelta}\right|\ll M$，有

$$s[t_m-\tau_l(t_m)]\approx\sum_{n=0}^{M}s(n\varDelta)\cdot\mathrm{sinc}\left[m-\frac{\tau_l(t_m)-\tau_{\max}}{\varDelta}-n\right] \tag{9-12}$$

式中，$\mathrm{sinc}(x)=\frac{\sin(\pi x)}{\pi x}$。因此根据式（9-12），有

$$\eta_l s[t_m-\tau_l(t_m)]\approx\eta_l\sum_{n=0}^{M}s_n\cdot\mathrm{sinc}(m-\tau_{l,m}-n) \tag{9-13}$$

式中，$s_n=s(t_n)$，$n=0,1,\cdots,M$，$\tau_{l,m}=\frac{\tau_l(t_m)-\tau_{\max}}{\varDelta}$。

式（9-13）表示第 l 个观测站收到的无噪信号可以用辐射源信号通过抽样函数重构出来。则式（9-11）可写为

$$z_{l,m}=\eta_l s_{m-\tau_{l,m}}+w_{l,m}\approx\eta_l(\boldsymbol{\Theta}_{l,m}\boldsymbol{s})+w_{l,m} \tag{9-14}$$

式中，$z_{l,m}=z_l(t_m)$；$\tau_{l,m}=\tau_l(t_m)/\varDelta$；$w_{l,m}=w_l(t_m)$；$\boldsymbol{\Theta}_{l,m}=[\Theta_{l,m,0},\Theta_{l,m,1},\cdots,\Theta_{l,m,M}]$，$\Theta_{l,m,n}=\mathrm{sinc}(m-\tau_{l,m}-n)$，$m=0,1,\cdots,M$；$\boldsymbol{s}=[s_0,s_1,\cdots,s_M]^\mathrm{T}$，$\|\boldsymbol{s}\|=1$。

令 $\boldsymbol{G}_l=\eta_l\boldsymbol{\Theta}_l$，$\boldsymbol{\Theta}_l=[\boldsymbol{\Theta}_{l,1},\boldsymbol{\Theta}_{l,2},\cdots,\boldsymbol{\Theta}_{l,M}]^\mathrm{T}$，$\boldsymbol{z}_l=[z_{l,0},z_{l,1},\cdots,z_{l,M}]^\mathrm{T}$，$\boldsymbol{w}_l=[w_{l,0},w_{l,1},\cdots,w_{l,M}]^\mathrm{T}$，则 $\boldsymbol{z}_l=\boldsymbol{G}_l\boldsymbol{s}+\boldsymbol{w}_l$，记 $\boldsymbol{z}=[\boldsymbol{z}_1^\mathrm{T},\boldsymbol{z}_2^\mathrm{T},\cdots,\boldsymbol{z}_L^\mathrm{T}]^\mathrm{T}$，$\boldsymbol{G}=[\boldsymbol{G}_1^\mathrm{T},\boldsymbol{G}_2^\mathrm{T},\cdots,\boldsymbol{G}_L^\mathrm{T}]^\mathrm{T}$，$\boldsymbol{w}=[\boldsymbol{w}_1^\mathrm{T},\boldsymbol{w}_2^\mathrm{T},\cdots,\boldsymbol{w}_L^\mathrm{T}]^\mathrm{T}$，可将式（9-14）写成矢量形式：

$$\boldsymbol{z}=\boldsymbol{G}\boldsymbol{s}+\boldsymbol{w} \tag{9-15}$$

式中，$\mathbb{E}\{\boldsymbol{w}\}=\boldsymbol{0}$，$\mathbb{E}\{\boldsymbol{w}\boldsymbol{w}^\mathrm{H}\}=\sigma_w^2\boldsymbol{I}_{L(M+1)}$，$\mathbb{E}\{\boldsymbol{w}\boldsymbol{w}^\mathrm{T}\}=\boldsymbol{0}_{L(M+1)\times L(M+1)}$。

记 $\boldsymbol{\zeta}_\mathrm{T}=[\boldsymbol{\eta}^\mathrm{T},\boldsymbol{s}^\mathrm{T},\boldsymbol{x}_\mathrm{T}^\mathrm{T}]^\mathrm{T},\boldsymbol{\zeta}=[\boldsymbol{\eta}^\mathrm{T},\boldsymbol{s}^\mathrm{T},\boldsymbol{x}^\mathrm{T}]^\mathrm{T},\boldsymbol{\eta}=[\eta_1,\eta_2,\cdots,\eta_L]^\mathrm{T}$，由式（9-15）得到 $\boldsymbol{\zeta}_\mathrm{T}$ 的最小二乘估计为

$$\hat{\boldsymbol{\zeta}}_\mathrm{T}=\arg\min_{\zeta\in\boldsymbol{\Omega}_\zeta}\|\boldsymbol{z}-\boldsymbol{G}\boldsymbol{s}\|^2 \tag{9-16}$$

由于

$$\min_{\zeta}\|\boldsymbol{z}-\boldsymbol{G}\boldsymbol{s}\|^2=\min_{\boldsymbol{s},\boldsymbol{x}}\sum_{l=1}^{L}\left\|\boldsymbol{z}_l-\boldsymbol{\Theta}_l\boldsymbol{s}(\boldsymbol{\Theta}_l\boldsymbol{s})^\mathrm{H}\boldsymbol{z}_l\right\|^2=\min_{\boldsymbol{s},\boldsymbol{x}}\sum_{l=1}^{L}\left[\|\boldsymbol{z}_l\|^2-\left\|(\boldsymbol{\Theta}_l\boldsymbol{s})^\mathrm{H}\boldsymbol{z}_l\right\|^2\right] \tag{9-17}$$

忽略式（9-17）中的常数项 $\sum_{l=1}^{L}\|\boldsymbol{z}_l\|^2$，记 $\varsigma_\mathrm{T}=[\boldsymbol{s}^\mathrm{T},\boldsymbol{x}_\mathrm{T}^\mathrm{T}]^\mathrm{T}$，$\varsigma=[\boldsymbol{s}^\mathrm{T},\boldsymbol{x}^\mathrm{T}]^\mathrm{T}$，知式（9-16）等价于

$$\hat{\varsigma}_\mathrm{T}=\arg\max_{\varsigma\in\boldsymbol{\Omega}_\varsigma}\left[\boldsymbol{s}^\mathrm{H}\left(\sum_{l=1}^{L}\boldsymbol{\Theta}_l^\mathrm{H}\boldsymbol{z}_l\boldsymbol{z}_l^\mathrm{H}\boldsymbol{\Theta}_l\right)\boldsymbol{s}\right] \tag{9-18}$$

记 $\boldsymbol{Q}_1(\boldsymbol{x})=\sum_{l=1}^{L}\boldsymbol{\Theta}_l^\mathrm{H}\boldsymbol{z}_l\boldsymbol{z}_l^\mathrm{H}\boldsymbol{\Theta}_l$，则有特征表示 $\boldsymbol{Q}_1(\boldsymbol{x})=\boldsymbol{U}\boldsymbol{\Lambda}\boldsymbol{U}^\mathrm{H}$，其中，$\boldsymbol{U}=[\boldsymbol{u}_1,\boldsymbol{u}_2,\cdots,\boldsymbol{u}_{M+1}]$ 是正交矩阵，$\boldsymbol{\Lambda}=\mathrm{diag}(\lambda_1,\lambda_2,\cdots,\lambda_{M+1})$，$\lambda_m$ 按降序排列，记 $\lambda_1(\boldsymbol{x})=\lambda_{\max}[\boldsymbol{Q}_1(\boldsymbol{x})]$，对于给定的 $\boldsymbol{x}$，

$s^{\mathrm{H}}\left(\sum_{l=1}^{L}\boldsymbol{\Theta}_l^{\mathrm{H}}z_l z_l^{\mathrm{H}}\boldsymbol{\Theta}_l\right)s$ 的最大值在取 $s=u_1$ 时达到 $\lambda_1(x)$，即有

$$\hat{x}_{\mathrm{T}}=\arg\max_{x\in\Omega}\{\lambda_{\max}[Q_1(x)]\} \tag{9-19}$$

考虑到计算 $Q_1(x)$ 的特征值时，矩阵维数为 $(M+1)\times(M+1)$ 往往很大，因此用与 $Q_1(x)$ 有相同非零特征值的维数较小的 $L\times L$ 矩阵 $Q_2(x)=\mathrm{blkdiag}(z_1^{\mathrm{H}},z_2^{\mathrm{H}},\cdots,z_L^{\mathrm{H}})\boldsymbol{\Theta}\boldsymbol{\Theta}^{\mathrm{H}}\,\mathrm{blkdiag}(z_1,z_2,\cdots,z_L)$ 代替，得到

$$\hat{x}_{\mathrm{T}}=\arg\max_{x\in\Omega}\{\lambda_{\max}[Q_2(x)]\} \tag{9-20}$$

此外，由最大特征值定义可知，特征值可由式（9-21）求解得到

$$\left|\lambda I_L-Q_2(x)\right|=0 \tag{9-21}$$

作为特例，考虑 L=2 时，式（9-21）可以表示为

$$\left|\lambda I_2-\begin{pmatrix}z_1^{\mathrm{H}}\boldsymbol{\Theta}_1\\ z_2^{\mathrm{H}}\boldsymbol{\Theta}_2\end{pmatrix}(\boldsymbol{\Theta}_1^{\mathrm{H}}z_1,\boldsymbol{\Theta}_2^{\mathrm{H}}z_2)\right|=0 \tag{9-22}$$

由式（9-22）结合附录 H 中式（H-8）可知

$$\begin{aligned}\left|\lambda I_2-\begin{pmatrix}z_1^{\mathrm{H}}\boldsymbol{\Theta}_1\\ z_2^{\mathrm{H}}\boldsymbol{\Theta}_2\end{pmatrix}(\boldsymbol{\Theta}_1^{\mathrm{H}}z_1,\boldsymbol{\Theta}_2^{\mathrm{H}}z_2)\right|&=\begin{vmatrix}\lambda-\|z_1\|^2 & z_1^{\mathrm{H}}\boldsymbol{\Theta}_1\boldsymbol{\Theta}_2^{\mathrm{H}}z_2\\ z_2^{\mathrm{H}}\boldsymbol{\Theta}_2\boldsymbol{\Theta}_1^{\mathrm{H}}z_1 & \lambda-\|z_2\|^2\end{vmatrix}\\ &=\lambda^2-\lambda(\|z_1\|^2+\|z_2\|^2)+\|z_1\|^2\|z_2\|^2-(z_1^{\mathrm{H}}\boldsymbol{\Theta}_1\boldsymbol{\Theta}_2^{\mathrm{H}}z_2)(z_2^{\mathrm{H}}\boldsymbol{\Theta}_2\boldsymbol{\Theta}_1^{\mathrm{H}}z_1)=0\end{aligned} \tag{9-23}$$

$$\lambda_{1,2}=\frac{1}{2}\left\{(\|z_1\|^2+\|z_2\|^2)\pm\sqrt{(\|z_1\|^2+\|z_2\|^2)^2-4\left[\|z_1\|^2\|z_2\|^2-(z_1^{\mathrm{H}}\boldsymbol{\Theta}_1\boldsymbol{\Theta}_2^{\mathrm{H}}z_2)(z_2^{\mathrm{H}}\boldsymbol{\Theta}_2\boldsymbol{\Theta}_1^{\mathrm{H}}z_1)\right]}\right\} \tag{9-24}$$

$$\lambda_{\max}=\frac{1}{2}\left\{(\|z_1\|^2+\|z_2\|^2)+\sqrt{(\|z_1\|^2+\|z_2\|^2)^2-4\left[\|z_1\|^2\|z_2\|^2-(z_1^{\mathrm{H}}\boldsymbol{\Theta}_1\boldsymbol{\Theta}_2^{\mathrm{H}}z_2)(z_2^{\mathrm{H}}\boldsymbol{\Theta}_2\boldsymbol{\Theta}_1^{\mathrm{H}}z_1)\right]}\right\} \tag{9-25}$$

因此式（9-20）等价于

$$\hat{x}_{\mathrm{T}}=\arg\max_{x\in\Omega}\left|z_1^{\mathrm{H}}\boldsymbol{\Theta}_{1\_2}z_2\right| \tag{9-26}$$

式中，$\boldsymbol{\Theta}_{1\_2}=\boldsymbol{\Theta}_1\boldsymbol{\Theta}_2^{\mathrm{H}}$，$\boldsymbol{\Theta}_{1\_2}$ 中的元素为 $\boldsymbol{\Theta}_{1\_2}(m+1,n+1)=\sum_{k=0}^{M}\mathrm{sinc}(m-\tau_{1,m}-k)\cdot\mathrm{sinc}(n-\tau_{2,n}-k)\approx\mathrm{sinc}[m-(\tau_{1,m}-\tau_{2,n})-n]$，$m,n=0,1,\cdots,M$。

9.2.1.2　带通信号变时差法直接定位

通常辐射源信号是由基带信号上变频到载波频率进行传播的，因此辐射源信号可表示为 $s(t)=u(t)\mathrm{e}^{\mathrm{j}2\pi f_0 t}$，其中载波频率 f_0 假设已知，$u(t)$ 为基带信号。在实际应用中，当载波频率较高时，通常会把接收到的信号下变频到某一中心频率后进行带通滤波及 AD 采样，以下假定将射频信号下变频到零中频得到基带信号。

$$y_l(t_m)=z_l(t_m)\mathrm{e}^{-\mathrm{j}2\pi f_0 t_m}=\eta_l u[t_m-\tau_l(t_m)]\nu^{-\tau_{l,m}}+\varepsilon_l(t_m) \tag{9-27}$$

式中，$\nu^m=\mathrm{e}^{\mathrm{j}2\pi f_0 m\Delta}$，$\varepsilon_l(t_m)=\mathrm{e}^{-\mathrm{j}2\pi f_0 t_m}\cdot w_l(t_m)$。

由式（9-27），参照式（9-12）可得

$$\begin{aligned}y_l(t_m)&=\eta_l\nu^{-\tau_{l,0}}\nu^{-(\tau_{l,m}-\tau_{l,0})}u[t_m-\tau_l(t_m)]+\varepsilon_l(t_m)\\ &=\tilde{\eta}_l\nu^{-(\tau_{l,m}-\tau_{l,0})}\sum_{n=0}^{M}u(n\Delta)\cdot\mathrm{sinc}(m-\tau_{l,m}-n)+\varepsilon_l(t_m)\end{aligned} \tag{9-28}$$

式中，$\tilde{\eta}_l=\eta_l\nu^{-\tau_{l,0}}$。

记$\boldsymbol{\Phi}=\mathrm{diag}[\mathrm{e}^{-\mathrm{j}2\pi f_0 t_0},\mathrm{e}^{-\mathrm{j}2\pi f_0 t_1},\cdots,\mathrm{e}^{-\mathrm{j}2\pi f_0 t_M}]=\mathrm{e}^{-\mathrm{j}2\pi f_0\tau_{\max}}\mathrm{diag}[1,2,\cdots,\mathrm{e}^{-\mathrm{j}2\pi f_0 M\Delta}]$，$\boldsymbol{\psi}=\mathrm{blkdiag}[\boldsymbol{\psi}_1,\boldsymbol{\psi}_2,\cdots,\boldsymbol{\psi}_L]$，$\boldsymbol{\psi}_l=\mathrm{diag}[1,\nu^{-(\tau_{l,1}-\tau_{l,0})},\nu^{-(\tau_{l,2}-\tau_{l,0})},\cdots,\nu^{-(\tau_{l,M}-\tau_{l,0})}]$，$\boldsymbol{\Theta}=[\boldsymbol{\Theta}_1^{\mathrm{T}},\boldsymbol{\Theta}_2^{\mathrm{T}},\cdots,\boldsymbol{\Theta}_L^{\mathrm{T}}]^{\mathrm{T}}$，再记$\boldsymbol{G}(\boldsymbol{x})\triangleq\boldsymbol{G}=\tilde{\boldsymbol{\eta}}\boldsymbol{\psi}\boldsymbol{\Theta}\boldsymbol{\Phi}$，则有$\boldsymbol{G}_l=\tilde{\eta}_l\boldsymbol{\psi}_l\boldsymbol{\Theta}_l\boldsymbol{\Phi}$，记$\boldsymbol{y}=[\boldsymbol{y}_1^{\mathrm{T}},\boldsymbol{y}_2^{\mathrm{T}},\cdots,\boldsymbol{y}_L^{\mathrm{T}}]^{\mathrm{T}}$，$\boldsymbol{y}_l=[y_l(t_0),y_l(t_1),\cdots,y_l(t_M)]^{\mathrm{T}}$，$\boldsymbol{\varepsilon}=[\boldsymbol{\varepsilon}_1^{\mathrm{T}},\boldsymbol{\varepsilon}_2^{\mathrm{T}},\cdots,\boldsymbol{\varepsilon}_L^{\mathrm{T}}]^{\mathrm{T}}$，$\boldsymbol{\varepsilon}_l=[\varepsilon_l(t_0),\varepsilon_l(t_1),\cdots,\varepsilon_l(t_M)]^{\mathrm{T}}$，则根据式（9-28），有位置估计方程

$$\boldsymbol{y}=\boldsymbol{G}(\boldsymbol{x})\boldsymbol{s}+\boldsymbol{\varepsilon}\tag{9-29}$$

式中，$\boldsymbol{s}=[s_0,s_1,\cdots,s_M]^{\mathrm{T}}$，$\|\boldsymbol{s}\|=1,s_m=u(t_m)\mathrm{e}^{\mathrm{j}2\pi f_0 t_m},m=1,2,\cdots,M$。

由$\boldsymbol{\varepsilon}=(\boldsymbol{I}_L\otimes\boldsymbol{\Phi})\boldsymbol{w}$，知$\mathbb{E}\{\boldsymbol{\varepsilon}\}=\boldsymbol{0}$，$\mathbb{E}\{\boldsymbol{\varepsilon}\boldsymbol{\varepsilon}^{\mathrm{H}}\}=(\boldsymbol{I}_L\otimes\boldsymbol{\Phi})\mathbb{E}\{\boldsymbol{w}\boldsymbol{w}^{\mathrm{H}}\}(\boldsymbol{I}_L\otimes\boldsymbol{\Phi}^{\mathrm{H}})=\sigma_w^2\boldsymbol{I}_{L(M+1)}$，$\sigma_\varepsilon^2=\sigma_w^2$，$\mathbb{E}\{\boldsymbol{\varepsilon}\boldsymbol{\varepsilon}^{\mathrm{T}}\}=\boldsymbol{0}_{L(M+1)\times L(M+1)}$。式（9-29）的最小二乘解为

$$\hat{\boldsymbol{\zeta}}_{\mathrm{T}}=\arg\min_{\boldsymbol{\zeta}\in\boldsymbol{\Omega}_{\zeta}}\|\boldsymbol{y}-\boldsymbol{G}(\boldsymbol{x})\boldsymbol{s}\|^2\tag{9-30}$$

式中，$\boldsymbol{\zeta}_{\mathrm{T}}=[\tilde{\boldsymbol{\eta}}^{\mathrm{T}},\boldsymbol{s}^{\mathrm{T}},\boldsymbol{x}_{\mathrm{T}}^{\mathrm{T}}]^{\mathrm{T}}$，$\boldsymbol{\zeta}=[\tilde{\boldsymbol{\eta}}^{\mathrm{T}},\boldsymbol{s}^{\mathrm{T}},\boldsymbol{x}^{\mathrm{T}}]^{\mathrm{T}}$，$\boldsymbol{\eta}=[\eta_1,\eta_2,\cdots,\eta_L]^{\mathrm{T}}$。

由式（9-20）可知

$$\hat{\boldsymbol{x}}_{\mathrm{T}}=\arg\max_{\boldsymbol{x}\in\boldsymbol{\Omega}}\{\lambda_{\max}[\boldsymbol{Q}_2(\boldsymbol{x})]\}\tag{9-31}$$

式中，$\boldsymbol{Q}_2(\boldsymbol{x})=\mathrm{blkdiag}[\boldsymbol{y}_1^{\mathrm{H}},\boldsymbol{y}_2^{\mathrm{H}},\cdots,\boldsymbol{y}_L^{\mathrm{H}}]\boldsymbol{\psi}\boldsymbol{\Theta}\boldsymbol{\Theta}^{\mathrm{H}}\boldsymbol{\psi}^{\mathrm{H}}\mathrm{blkdiag}[\boldsymbol{y}_1,\boldsymbol{y}_2,\cdots,\boldsymbol{y}_L]$。

下面考虑一个三颗卫星对地面静止辐射源定位的场景，在地固系中，某一时刻三颗卫星的位置分别为[−2746.058, 5574.998, 3691.142]（km），[−2762.516, 5628.662, 3596.197]（km），[−2834.025, 5559.496, 3647.776]（km），速度分别为[1.536, −3.457, 6.364]（km/s），[1.497, −3.368, 6.421]（km/s），[1.567, −3.394, 6.390]（km/s），地面辐射源为经度 120°，纬度 30°。BPSK 信号带宽为 25kHz，载频为 303MHz，累积时长为 100ms，每个信噪比统计 100 次，得到如图 9-16 所示结果。

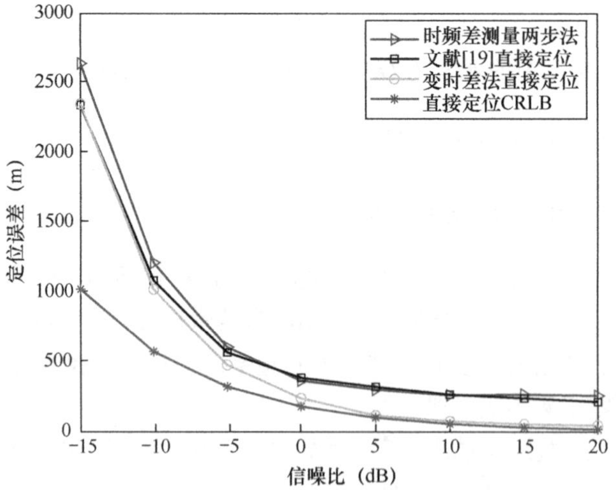

图 9-16　三星对静止目标定位方法比较

由图 9-16 仿真结果可知，由于不同卫星相对于辐射源的相对速度变化大，导致接收信号的时频差变化大；又由于较长观测时间的时频差不适合用两个常数表示，导致时频差测量两步法在信噪比增高时定位误差不再下降的结果。若将该时间段观测数据分段定位，由于时间

缩短导致时频差测量精度下降，最终导致定位精度没有提升，仿真中时频差测量两步法和文献[19]的直接定位均为最优分段的定位误差，而变时差法直接定位对每个采样点时差进行拟合，能够不受观测站运动影响，长时间连续聚焦辐射源位置，因此变时差直接定位不管在低信噪比还是在高信噪比，都能取得更为优异的定位效果。

对 7.4 节的应用实例采用变时差法直接定位算法进行定位，图 9-17 给出了直接定位目标函数，为方便比较再次给出了图 9-18 所示的两步法定位目标函数。由于该实例为双运动平台采集的短时间信号样本，直接定位与两步法定位结果基本一致。

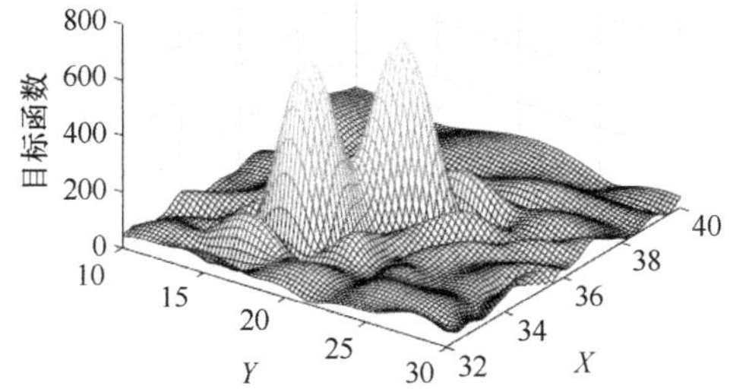

图 9-17　直接定位目标函数

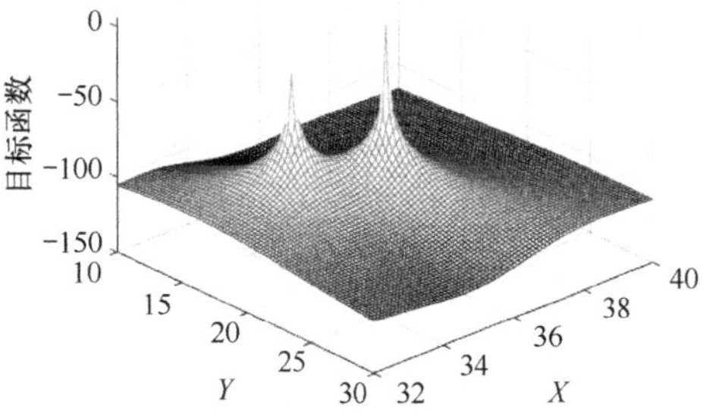

图 9-18　两步法定位目标函数

如果对同一辐射源依次进行了 K 个非连续时段的观测，第 k 段观测数据采样数为 M_k+1，第 k 段的采样为 $t_{k,m}=t_{k,0}+m\Delta$，$m=0,1,\cdots,M_k$，且 $t_{k,0}=\max\{\tau_{1,k,0},\tau_{2,k,0},\cdots,\tau_{L,k,0}\}$，$t_{k+1,0}\geqslant t_{k,M_k}+\Delta$，$k=1,2,\cdots,K$。由于除观测时段未区别外，式（9-29）可以表示任何观测时段的方程，可以用 $\boldsymbol{y}^{(k)}=\boldsymbol{G}^{(k)}(\boldsymbol{x})\boldsymbol{s}^{(k)}+\boldsymbol{\varepsilon}^{(k)}$ 表示第 k 次观测的方程，即在式（9-29）及其关联量上适当增加上标 (k) 可以表示各段观测方程，其中 $\boldsymbol{y}^{(k)}=[\boldsymbol{y}_{1,k}^{\mathrm{T}},\boldsymbol{y}_{2,k}^{\mathrm{T}},\cdots,\boldsymbol{y}_{L,k}^{\mathrm{T}}]^{\mathrm{T}}$，$\boldsymbol{y}_{l,k}=[y_{l,k}(t_{k,0}),y_{l,k}(t_{k,1}),\cdots,y_{l,k}(t_{k,M_k})]^{\mathrm{T}}$，$\boldsymbol{G}^{(k)}=[\boldsymbol{G}_{1,k}^{\mathrm{T}},\boldsymbol{G}_{2,k}^{\mathrm{T}},\cdots,\boldsymbol{G}_{L,k}^{\mathrm{T}}]^{\mathrm{T}}$，$\boldsymbol{G}_{l,k}=\tilde{\eta}_{l,k}\boldsymbol{\psi}_{l,k}\boldsymbol{\Theta}_{l,k}\boldsymbol{\Phi}_k$，$\boldsymbol{\psi}_{l,k}=\mathrm{diag}[1,\nu^{-(\tau_{l,k,1}-\tau_{l,k,0})},\nu^{-(\tau_{l,k,2}-\tau_{l,k,0})},\cdots,\nu^{-(\tau_{l,k,M_k}-\tau_{l,k,0})}]$，$\boldsymbol{\Theta}_{l,k}=[\boldsymbol{\Theta}_{l,k,1},\boldsymbol{\Theta}_{l,k,2},\cdots,\boldsymbol{\Theta}_{l,k,M_k}]^{\mathrm{T}}$，$\boldsymbol{\Theta}_{l,k,m}=[\Theta_{l,k,m,0},\Theta_{l,k,m,1},\cdots,\Theta_{l,k,m,M_k}]$，$\Theta_{l,k,m,n}=\mathrm{sinc}(m-\tau_{l,k,m}-n)$，$\boldsymbol{\Phi}_k=\mathrm{diag}[\mathrm{e}^{-\mathrm{j}2\pi f_0 t_{k,0}},\mathrm{e}^{-\mathrm{j}2\pi f_0 t_{k,1}},\cdots,\mathrm{e}^{-\mathrm{j}2\pi f_0 t_{k,M_k}}]$，$\boldsymbol{s}^{(k)}=[s_k(t_{k,0}),s_k(t_{k,1}),\cdots,s_k(t_{k,M_k})]^{\mathrm{T}}$，$\boldsymbol{\varepsilon}^{(k)}=[\boldsymbol{\varepsilon}_{1,k}^{\mathrm{T}},\boldsymbol{\varepsilon}_{2,k}^{\mathrm{T}},\cdots,\boldsymbol{\varepsilon}_{L,k}^{\mathrm{T}}]^{\mathrm{T}}$，$\boldsymbol{\varepsilon}_{l,k}=[\varepsilon_{l,k}(t_{k,0}),\varepsilon_{l,k}(t_{k,1}),\cdots,\varepsilon_{l,k}(t_{k,M_k})]^{\mathrm{T}}$，由 $\boldsymbol{y}^{(k)}=\boldsymbol{G}^{(k)}(\boldsymbol{x})\boldsymbol{s}^{(k)}+\boldsymbol{\varepsilon}^{(k)}$，$k=1,2,\cdots,K$，可得位置估计方程

$$\begin{bmatrix}\boldsymbol{y}^{(1)}\\ \boldsymbol{y}^{(2)}\\ \vdots\\ \boldsymbol{y}^{(K)}\end{bmatrix}=\begin{bmatrix}\boldsymbol{G}^{(1)}(\boldsymbol{x}) & \boldsymbol{0} & \cdots & \boldsymbol{0}\\ \boldsymbol{0} & \boldsymbol{G}^{(2)}(\boldsymbol{x}) & \cdots & \boldsymbol{0}\\ \vdots & \vdots & \ddots & \vdots\\ \boldsymbol{0} & \boldsymbol{0} & \cdots & \boldsymbol{G}^{(K)}(\boldsymbol{x})\end{bmatrix}\begin{bmatrix}\boldsymbol{s}^{(1)}\\ \boldsymbol{s}^{(2)}\\ \vdots\\ \boldsymbol{s}^{(K)}\end{bmatrix}+\begin{bmatrix}\boldsymbol{\varepsilon}^{(1)}\\ \boldsymbol{\varepsilon}^{(2)}\\ \vdots\\ \boldsymbol{\varepsilon}^{(K)}\end{bmatrix}\tag{9-32}$$

由于假定 $\mathbb{E}\begin{bmatrix}\boldsymbol{\varepsilon}^{(1)}\\ \boldsymbol{\varepsilon}^{(2)}\\ \vdots\\ \boldsymbol{\varepsilon}^{(K)}\end{bmatrix}=\boldsymbol{0}$，$\mathbb{E}\left\{\begin{bmatrix}\boldsymbol{\varepsilon}^{(1)}\\ \boldsymbol{\varepsilon}^{(2)}\\ \vdots\\ \boldsymbol{\varepsilon}^{(K)}\end{bmatrix}\begin{bmatrix}\boldsymbol{\varepsilon}^{(1)}\\ \boldsymbol{\varepsilon}^{(2)}\\ \vdots\\ \boldsymbol{\varepsilon}^{(K)}\end{bmatrix}^{\mathrm{H}}\right\}=\mathrm{blkdiag}[\sigma_{\varepsilon_1}^2\boldsymbol{I}_{L(M_1+1)},\sigma_{\varepsilon_1}^2\boldsymbol{I}_{L(M_2+1)},\cdots,\sigma_{\varepsilon_K}^2\boldsymbol{I}_{L(M_K+1)}]$，

因此式（9-32）的最小二乘解为

$$\hat{\zeta}_{\mathrm{T}}=\arg\min_{\zeta\in\Omega_\zeta}\left\{\sum_{k=1}^{K}\left\|\boldsymbol{y}^{(k)}-\boldsymbol{G}^{(k)}(\boldsymbol{x})\boldsymbol{s}^{(k)}\right\|^2\right\} \tag{9-33}$$

式中，$\boldsymbol{\zeta}_{\mathrm{T}}=(\tilde{\boldsymbol{\eta}}^{\mathrm{T}},\boldsymbol{s}^{\mathrm{T}},\boldsymbol{x}_{\mathrm{T}}^{\mathrm{T}})^{\mathrm{T}}$，$\boldsymbol{\zeta}=(\tilde{\boldsymbol{\eta}}^{\mathrm{T}},\boldsymbol{s}^{\mathrm{T}},\boldsymbol{x}^{\mathrm{T}})^{\mathrm{T}}$，$\boldsymbol{\eta}=(\eta_1,\eta_2,\cdots,\eta_L)^{\mathrm{T}}$。

$$\hat{\boldsymbol{x}}_{\mathrm{T}}=\arg\max_{\boldsymbol{x}\in\boldsymbol{\Omega}}\left\{\sum_{k=1}^{K}\lambda_{\max}[\boldsymbol{Q}_2^{(k)}(\boldsymbol{x})]\right\} \tag{9-34}$$

式中，$\boldsymbol{Q}_2^{(k)}(\boldsymbol{x})=\mathrm{blkdiag}[(\boldsymbol{y}_1^{(k)})^{\mathrm{H}},(\boldsymbol{y}_2^{(k)})^{\mathrm{H}},\cdots,(\boldsymbol{y}_L^{(k)})^{\mathrm{H}}]\boldsymbol{\psi}^{(k)}\boldsymbol{\Theta}^{(k)}[\boldsymbol{\Theta}^{(k)}]^{\mathrm{H}}[\boldsymbol{\psi}^{(k)}]^{\mathrm{H}}\mathrm{blkdiag}[\boldsymbol{y}_1^{(k)},\boldsymbol{y}_2^{(k)},\cdots,\boldsymbol{y}_L^{(k)}]$ 。

9.2.1.3 变时差法直接定位 CRLB

当噪声服从高斯分布时，可以由观测模型式（9-29）推导变时差法直接定位的 CRLB。

1. 运动观测站对平面静止辐射源定位 CRLB

若 $s(t)$ 为确定性已知信号，$\hat{\boldsymbol{\eta}}$ 为已知接收增益，考虑仅有未知参数矢量 $\boldsymbol{\theta}=(x,y)^{\mathrm{T}}$，则根据式（9-29），有

$$\begin{aligned}\boldsymbol{\mu}&=\mathbb{E}\{\boldsymbol{z}\}=\boldsymbol{Gs}\\ \boldsymbol{R}&=\mathrm{cov}\{\boldsymbol{y}\}=\sigma_w^2\boldsymbol{I}_{L(M+1)}\end{aligned} \tag{9-35}$$

$f(\boldsymbol{y}|\boldsymbol{\theta})=\dfrac{1}{(\pi)^{L(M+1)}\sigma_w^{2L(M+1)}}\mathrm{e}^{-\frac{(\boldsymbol{y}-\boldsymbol{\mu})^{\mathrm{H}}(\boldsymbol{y}-\boldsymbol{\mu})}{\sigma_w^2}}$，因此根据式（2-44）有

$$\boldsymbol{P}_{\mathrm{CR}}^{-1}(\boldsymbol{\theta})=\frac{2}{\sigma_w^2}\mathrm{Re}\left[\left(\frac{\partial\boldsymbol{\mu}}{\partial\boldsymbol{\theta}^{\mathrm{T}}}\right)^{\mathrm{H}}\frac{\partial\boldsymbol{\mu}}{\partial\boldsymbol{\theta}^{\mathrm{T}}}\right] \tag{9-36}$$

由 $\boldsymbol{\mu}=\boldsymbol{Gs}=\tilde{\boldsymbol{\eta}}\boldsymbol{\psi}\boldsymbol{\Theta}\boldsymbol{\Phi}\boldsymbol{s}$ 知

$$\begin{aligned}\boldsymbol{D}&=\frac{\partial\boldsymbol{\mu}}{\partial\boldsymbol{\theta}^{\mathrm{T}}}=\tilde{\boldsymbol{\eta}}\frac{\partial(\boldsymbol{\psi\Theta})}{\partial\boldsymbol{\theta}^{\mathrm{T}}}\boldsymbol{\Phi}\boldsymbol{s}=\tilde{\boldsymbol{\eta}}\left[\frac{\partial(\boldsymbol{\psi\Theta})}{\partial x}\quad\frac{\partial(\boldsymbol{\psi\Theta})}{\partial y}\right](\boldsymbol{I}_2\otimes\boldsymbol{\Phi}\boldsymbol{s})\\&=\tilde{\boldsymbol{\eta}}[\dot{\boldsymbol{\psi}}_x\boldsymbol{\Theta}+\boldsymbol{\psi}\dot{\boldsymbol{\Theta}}_x\quad\dot{\boldsymbol{\psi}}_y\boldsymbol{\Theta}+\boldsymbol{\psi}\dot{\boldsymbol{\Theta}}_y](\boldsymbol{I}_2\otimes\boldsymbol{\Phi}\boldsymbol{s})\end{aligned} \tag{9-37}$$

式中，$\dot{\boldsymbol{\psi}}_x=\dfrac{\partial\boldsymbol{\psi}}{\partial x}=\mathrm{blkdiag}[\dot{\boldsymbol{\psi}}_{1,x},\dot{\boldsymbol{\psi}}_{2,x},\cdots,\dot{\boldsymbol{\psi}}_{L,x}]$，$\dot{\boldsymbol{\psi}}_{l,x}=-\mathrm{j}2\pi f_0\boldsymbol{\psi}_l\boldsymbol{U}_{l,x}$，$\boldsymbol{U}_{l,x}=\mathrm{diag}\left[\dfrac{x-x_{l,0}}{c\|\boldsymbol{r}_{l,0}\|}-\dfrac{x-x_{l,0}}{c\|\boldsymbol{r}_{l,0}\|},\dfrac{x-x_{l,1}}{c\|\boldsymbol{r}_{l,1}\|}-\dfrac{x-x_{l,0}}{c\|\boldsymbol{r}_{l,0}\|},\cdots,\dfrac{x-x_{l,M}}{c\|\boldsymbol{r}_{l,M}\|}-\dfrac{x-x_{l,0}}{c\|\boldsymbol{r}_{l,0}\|}\right]$；$\dot{\boldsymbol{\psi}}_y=\dfrac{\partial\boldsymbol{\psi}}{\partial y}=\mathrm{blkdiag}[\dot{\boldsymbol{\psi}}_{1,y},\dot{\boldsymbol{\psi}}_{2,y},\cdots,\dot{\boldsymbol{\psi}}_{L,y}]$，$\dot{\boldsymbol{\psi}}_{l,y}=-\mathrm{j}2\pi f_0\boldsymbol{\psi}_l\boldsymbol{U}_{l,y}$，$\boldsymbol{U}_{l,y}=\mathrm{diag}\left[\dfrac{y-y_{l,0}}{c\|\boldsymbol{r}_{l,0}\|}-\dfrac{y-y_{l,0}}{c\|\boldsymbol{r}_{l,0}\|},\dfrac{y-y_{l,1}}{c\|\boldsymbol{r}_{l,1}\|}-\dfrac{y-y_{l,0}}{c\|\boldsymbol{r}_{l,0}\|},\cdots,\dfrac{y-y_{l,M}}{c\|\boldsymbol{r}_{l,M}\|}-\dfrac{y-y_{l,0}}{c\|\boldsymbol{r}_{l,0}\|}\right]$。$\dfrac{\partial\boldsymbol{\Theta}}{\partial x}=\begin{bmatrix}\dot{\boldsymbol{\Theta}}_{1,x}\\\dot{\boldsymbol{\Theta}}_{2,x}\\\vdots\\\dot{\boldsymbol{\Theta}}_{L,x}\end{bmatrix}$，$\dot{\boldsymbol{\Theta}}_{l,x}=\left[-\dfrac{x-x_{l,m}}{c\Delta\|\boldsymbol{r}_{l,m}\|}\mathrm{sinc}'(m-\tau_{l,m}-n)\right]_{\substack{m=0:M\\n=0:M}}$，$\mathrm{sinc}'(x)=\left[\pi\cot(\pi x)-\dfrac{1}{x}\right]\mathrm{sinc}(x)$，$\dfrac{\partial\boldsymbol{\Theta}}{\partial y}=\begin{bmatrix}\dot{\boldsymbol{\Theta}}_{1,y}\\\dot{\boldsymbol{\Theta}}_{2,y}\\\vdots\\\dot{\boldsymbol{\Theta}}_{L,y}\end{bmatrix}$，

$$\dot{\boldsymbol{\Theta}}_{l,y}=\left[-\frac{y-y_{l,m}}{c\varDelta\left\|\boldsymbol{r}_{l,m}\right\|}\operatorname{sinc}'(m-\tau_{l,m}-n)\right]_{\substack{m=0:M\\n=0:M}}$$ 。

由于

$$\begin{aligned}\boldsymbol{D}^{\mathrm{H}}\boldsymbol{D}&=(\boldsymbol{I}_2\otimes\boldsymbol{s}^{\mathrm{H}}\boldsymbol{\Phi}^{\mathrm{H}})\begin{bmatrix}\boldsymbol{\Theta}^{\mathrm{T}}\bar{\dot{\boldsymbol{\psi}}}_x+\dot{\boldsymbol{\Theta}}_x^{\mathrm{T}}\bar{\boldsymbol{\psi}}\\\boldsymbol{\Theta}^{\mathrm{T}}\bar{\dot{\boldsymbol{\psi}}}_y+\dot{\boldsymbol{\Theta}}_y^{\mathrm{T}}\bar{\boldsymbol{\psi}}\end{bmatrix}\tilde{\boldsymbol{\eta}}^{\mathrm{H}}\tilde{\boldsymbol{\eta}}[\dot{\boldsymbol{\psi}}_x\boldsymbol{\Theta}+\boldsymbol{\psi}\dot{\boldsymbol{\Theta}}_x\quad\dot{\boldsymbol{\psi}}_y\boldsymbol{\Theta}+\boldsymbol{\psi}\dot{\boldsymbol{\Theta}}_y](\boldsymbol{I}_2\otimes\boldsymbol{\Phi}\boldsymbol{s})\\&=(\boldsymbol{I}_2\otimes\tilde{\boldsymbol{s}}^{\mathrm{H}})\begin{bmatrix}\boldsymbol{\Theta}^{\mathrm{T}}\bar{\dot{\boldsymbol{\psi}}}_x+\dot{\boldsymbol{\Theta}}_x^{\mathrm{T}}\bar{\boldsymbol{\psi}}\\\boldsymbol{\Theta}^{\mathrm{T}}\bar{\dot{\boldsymbol{\psi}}}_y+\dot{\boldsymbol{\Theta}}_y^{\mathrm{T}}\bar{\boldsymbol{\psi}}\end{bmatrix}\tilde{\boldsymbol{\eta}}^2[\dot{\boldsymbol{\psi}}_x\boldsymbol{\Theta}+\boldsymbol{\psi}\dot{\boldsymbol{\Theta}}_x\quad\dot{\boldsymbol{\psi}}_y\boldsymbol{\Theta}+\boldsymbol{\psi}\dot{\boldsymbol{\Theta}}_y](\boldsymbol{I}_2\otimes\tilde{\boldsymbol{s}})\\&\triangleq\begin{bmatrix}d_{11}&d_{12}\\d_{21}&d_{22}\end{bmatrix}\end{aligned}\tag{9-38}$$

式中，$\tilde{\boldsymbol{s}}=\boldsymbol{\Phi}\boldsymbol{s}$，$\tilde{\boldsymbol{\eta}}^2=\tilde{\boldsymbol{\eta}}^{\mathrm{H}}\tilde{\boldsymbol{\eta}}=\operatorname{diag}[1,\|y_1\|^2,\|y_2\|^2,\cdots,\|\eta_L\|^2]$，而

$$\begin{aligned}d_{11}&=\tilde{\boldsymbol{s}}^{\mathrm{H}}(\boldsymbol{\Theta}^{\mathrm{T}}\bar{\dot{\boldsymbol{\psi}}}_x\tilde{\boldsymbol{\eta}}^2\dot{\boldsymbol{\psi}}_x\boldsymbol{\Theta}+\dot{\boldsymbol{\Theta}}_x^{\mathrm{T}}\bar{\boldsymbol{\psi}}\tilde{\boldsymbol{\eta}}^2\boldsymbol{\psi}\dot{\boldsymbol{\Theta}}_x+\boldsymbol{\Theta}^{\mathrm{T}}\bar{\dot{\boldsymbol{\psi}}}_x\tilde{\boldsymbol{\eta}}^2\boldsymbol{\psi}\dot{\boldsymbol{\Theta}}_x+\dot{\boldsymbol{\Theta}}_x^{\mathrm{T}}\bar{\boldsymbol{\psi}}\tilde{\boldsymbol{\eta}}^2\dot{\boldsymbol{\psi}}_x\boldsymbol{\Theta})\tilde{\boldsymbol{s}}\\&=\tilde{\boldsymbol{s}}^{\mathrm{H}}\sum_{l=1}^{L}\|\tilde{\eta}_l\|^2(\boldsymbol{\Theta}_l^{\mathrm{T}}\bar{\dot{\boldsymbol{\psi}}}_{l,x}\dot{\boldsymbol{\psi}}_{l,x}\boldsymbol{\Theta}_l+\dot{\boldsymbol{\Theta}}_{l,x}^{\mathrm{T}}\dot{\boldsymbol{\Theta}}_{l,x}+\boldsymbol{\Theta}_l^{\mathrm{T}}\bar{\dot{\boldsymbol{\psi}}}_{l,x}\boldsymbol{\psi}_l\dot{\boldsymbol{\Theta}}_{l,x}+\dot{\boldsymbol{\Theta}}_{l,x}^{\mathrm{T}}\bar{\boldsymbol{\psi}}_l\dot{\boldsymbol{\psi}}_{l,x}\boldsymbol{\Theta}_l)\tilde{\boldsymbol{s}}\\&=\tilde{\boldsymbol{s}}^{\mathrm{H}}\sum_{l=1}^{L}\|\tilde{\eta}_l\|^2[(2\pi f_0)^2\boldsymbol{\Theta}_l^{\mathrm{T}}\boldsymbol{U}_{l,x}^2\boldsymbol{\Theta}_l+\dot{\boldsymbol{\Theta}}_{l,x}^{\mathrm{T}}\dot{\boldsymbol{\Theta}}_{l,x}+\mathrm{j}2\pi f_0(\boldsymbol{\Theta}_l^{\mathrm{T}}\boldsymbol{U}_{l,x}\dot{\boldsymbol{\Theta}}_{l,x}-\dot{\boldsymbol{\Theta}}_{l,x}^{\mathrm{T}}\boldsymbol{U}_{l,x}\boldsymbol{\Theta}_l)]\tilde{\boldsymbol{s}}\end{aligned}\tag{9-39}$$

$$\operatorname{Re}(d_{11})=\tilde{\boldsymbol{s}}^{\mathrm{H}}\sum_{l=1}^{L}\|\tilde{\eta}_l\|^2[(2\pi f_0)^2\boldsymbol{\Theta}_l^{\mathrm{T}}\boldsymbol{U}_{l,x}^2\boldsymbol{\Theta}_l+\dot{\boldsymbol{\Theta}}_{l,x}^{\mathrm{T}}\dot{\boldsymbol{\Theta}}_{l,x}]\tilde{\boldsymbol{s}}\tag{9-40}$$

$$\operatorname{Re}(d_{22})=\tilde{\boldsymbol{s}}^{\mathrm{H}}\sum_{l=1}^{L}\|\tilde{\eta}_l\|^2[(2\pi f_0)^2\boldsymbol{\Theta}_l^{\mathrm{T}}\boldsymbol{U}_{l,y}^2\boldsymbol{\Theta}_l+\dot{\boldsymbol{\Theta}}_{l,y}^{\mathrm{T}}\dot{\boldsymbol{\Theta}}_{l,y}]\tilde{\boldsymbol{s}}\tag{9-41}$$

$$\begin{aligned}d_{12}&=\tilde{\boldsymbol{s}}^{\mathrm{H}}(\boldsymbol{\Theta}^{\mathrm{T}}\bar{\dot{\boldsymbol{\psi}}}_x\tilde{\boldsymbol{\eta}}^2\dot{\boldsymbol{\psi}}_y\boldsymbol{\Theta}+\dot{\boldsymbol{\Theta}}_x^{\mathrm{T}}\bar{\boldsymbol{\psi}}\tilde{\boldsymbol{\eta}}^2\boldsymbol{\psi}\dot{\boldsymbol{\Theta}}_y+\boldsymbol{\Theta}^{\mathrm{T}}\bar{\dot{\boldsymbol{\psi}}}_x\tilde{\boldsymbol{\eta}}^2\boldsymbol{\psi}\dot{\boldsymbol{\Theta}}_y+\dot{\boldsymbol{\Theta}}_x^{\mathrm{T}}\bar{\boldsymbol{\psi}}\tilde{\boldsymbol{\eta}}^2\dot{\boldsymbol{\psi}}_y\boldsymbol{\Theta})\tilde{\boldsymbol{s}}\\&=\tilde{\boldsymbol{s}}^{\mathrm{H}}\sum_{l=1}^{L}\|\tilde{\eta}_l\|^2(\boldsymbol{\Theta}_l^{\mathrm{T}}\bar{\dot{\boldsymbol{\psi}}}_{l,x}\dot{\boldsymbol{\psi}}_{l,y}\boldsymbol{\Theta}_l+\dot{\boldsymbol{\Theta}}_{l,x}^{\mathrm{T}}\dot{\boldsymbol{\Theta}}_{l,y}+\boldsymbol{\Theta}_l^{\mathrm{T}}\bar{\dot{\boldsymbol{\psi}}}_{l,x}\boldsymbol{\psi}_l\dot{\boldsymbol{\Theta}}_{l,y}+\dot{\boldsymbol{\Theta}}_{l,x}^{\mathrm{T}}\bar{\boldsymbol{\psi}}_l\dot{\boldsymbol{\psi}}_{l,y}\boldsymbol{\Theta}_l)\tilde{\boldsymbol{s}}\\&=\tilde{\boldsymbol{s}}^{\mathrm{H}}\sum_{l=1}^{L}\|\tilde{\eta}_l\|^2[(2\pi f_0)^2\boldsymbol{\Theta}_l^{\mathrm{T}}\boldsymbol{U}_{l,x}\boldsymbol{U}_{l,y}\boldsymbol{\Theta}_l+\dot{\boldsymbol{\Theta}}_{l,x}^{\mathrm{T}}\dot{\boldsymbol{\Theta}}_{l,y}+\mathrm{j}2\pi f_0(\boldsymbol{\Theta}_l^{\mathrm{T}}\boldsymbol{U}_{l,x}\dot{\boldsymbol{\Theta}}_{l,x}-\dot{\boldsymbol{\Theta}}_{l,x}^{\mathrm{T}}\boldsymbol{U}_{l,y}\boldsymbol{\Theta}_l)]\tilde{\boldsymbol{s}}\end{aligned}\tag{9-42}$$

$$d_{21}=d_{12}^{*}\tag{9-43}$$

$$\boldsymbol{P}_{\mathrm{CR}}(\boldsymbol{\theta})=\frac{\sigma_w^2}{2}[\operatorname{Re}(\boldsymbol{D}^{\mathrm{H}}\boldsymbol{D})]^{-1}\tag{9-44}$$

$\boldsymbol{P}_{\mathrm{CR}}(\boldsymbol{\theta})$ 即 $\mathrm{CRLB}(\boldsymbol{\theta})$。

对于未知辐射源位置 $\boldsymbol{\theta}$、未知确定性信号 $\boldsymbol{s}$ 和未知接收增益 $\tilde{\boldsymbol{\eta}}=[\tilde{\eta}_1,\tilde{\eta}_2,\cdots,\tilde{\eta}_L]^{\mathrm{T}}$ 的情况，可设 $\boldsymbol{\beta}=[\operatorname{Re}(\boldsymbol{s})^{\mathrm{T}},\operatorname{Im}(\boldsymbol{s})^{\mathrm{T}},\operatorname{Re}(\tilde{\boldsymbol{\eta}})^{\mathrm{T}},\operatorname{Im}(\tilde{\boldsymbol{\eta}})^{\mathrm{T}},\boldsymbol{\theta}^{\mathrm{T}}]^{\mathrm{T}}$，并且有

$$\frac{\partial\boldsymbol{\mu}}{\partial\boldsymbol{\beta}^{\mathrm{T}}}=\left[\frac{\partial\boldsymbol{\mu}}{\partial\operatorname{Re}(\boldsymbol{s})^{\mathrm{T}}},\frac{\partial\boldsymbol{\mu}}{\partial\operatorname{Im}(\boldsymbol{s})^{\mathrm{T}}},\frac{\partial\boldsymbol{\mu}}{\partial\operatorname{Re}(\tilde{\boldsymbol{\eta}})^{\mathrm{T}}},\frac{\partial\boldsymbol{\mu}}{\partial\operatorname{Im}(\tilde{\boldsymbol{\eta}})^{\mathrm{T}}},\frac{\partial\boldsymbol{\mu}}{\partial\boldsymbol{\theta}^{\mathrm{T}}}\right]=[\boldsymbol{G},\mathrm{j}\boldsymbol{G},\boldsymbol{C},\mathrm{j}\boldsymbol{C},\boldsymbol{D}]\tag{9-45}$$

记 $\boldsymbol{\mu}\triangleq\begin{bmatrix}\boldsymbol{\mu}_1\\\boldsymbol{\mu}_2\\\vdots\\\boldsymbol{\mu}_L\end{bmatrix}$，$\boldsymbol{\mu}_l=\boldsymbol{G}_l\boldsymbol{s}=\tilde{\eta}_l\boldsymbol{\psi}_l\boldsymbol{\Theta}_l\boldsymbol{\Phi}\boldsymbol{s}$，$\|\tilde{\eta}_1\|=1$，则有

$$\frac{\partial \boldsymbol{\mu}}{\partial \mathrm{Re}(\boldsymbol{s})^{\mathrm{T}}}=\frac{\partial \boldsymbol{\mu}}{\partial \boldsymbol{s}^{\mathrm{T}}}\cdot\frac{\partial \boldsymbol{s}}{\partial \mathrm{Re}(\boldsymbol{s})^{\mathrm{T}}}=\boldsymbol{G} \tag{9-46}$$

$$\frac{\partial \boldsymbol{\mu}}{\partial \mathrm{Im}(\boldsymbol{s})^{\mathrm{T}}}=\frac{\partial \boldsymbol{\mu}}{\partial \boldsymbol{s}^{\mathrm{T}}}\cdot\frac{\partial \boldsymbol{s}}{\partial \mathrm{Im}(\boldsymbol{s})^{\mathrm{T}}}=(\mathrm{j}\boldsymbol{I}_{M+1})\cdot\boldsymbol{G}=\mathrm{j}\boldsymbol{G} \tag{9-47}$$

$$\boldsymbol{G}^{\mathrm{H}}\boldsymbol{G}=[(\tilde{\eta}_1\psi_1\boldsymbol{\Theta}_1\boldsymbol{\Phi})^{\mathrm{H}},(\tilde{\eta}_2\psi_2\boldsymbol{\Theta}_2\boldsymbol{\Phi})^{\mathrm{H}},\cdots,(\tilde{\eta}_L\psi_L\boldsymbol{\Theta}_L\boldsymbol{\Phi})^{\mathrm{H}}]\cdot\begin{bmatrix}\tilde{\eta}_1\psi_1\boldsymbol{\Theta}_1\boldsymbol{\Phi}\\ \tilde{\eta}_2\psi_2\boldsymbol{\Theta}_2\boldsymbol{\Phi}\\ \vdots\\ \tilde{\eta}_L\psi_L\boldsymbol{\Theta}_L\boldsymbol{\Phi}\end{bmatrix}=\|\tilde{\boldsymbol{\eta}}\|^2\cdot\boldsymbol{I}_{M+1} \tag{9-48}$$

$$\boldsymbol{C}=\frac{\partial \boldsymbol{\mu}}{\partial \mathrm{Re}(\tilde{\boldsymbol{\eta}})^{\mathrm{T}}}=\begin{bmatrix}\psi_1\boldsymbol{\Theta}_1\boldsymbol{\Phi}\boldsymbol{s} & \boldsymbol{0} & \cdots & \boldsymbol{0}\\ \boldsymbol{0} & \psi_2\boldsymbol{\Theta}_2\boldsymbol{\Phi}\boldsymbol{s} & \cdots & \boldsymbol{0}\\ \vdots & \vdots & \ddots & \vdots\\ \boldsymbol{0} & \boldsymbol{0} & \cdots & \psi_L\boldsymbol{\Theta}_L\boldsymbol{\Phi}\boldsymbol{s}\end{bmatrix}_{L(M+1)\times L} \tag{9-49}$$

$$\boldsymbol{C}^{\mathrm{H}}\boldsymbol{C}=\boldsymbol{I}_L \tag{9-50}$$

$$\boldsymbol{G}^{\mathrm{H}}\boldsymbol{C}=[\bar{\tilde{\eta}}_1\bar{\boldsymbol{\Phi}}\boldsymbol{\Theta}_1^{\mathrm{T}}\bar{\psi}_1,\bar{\tilde{\eta}}_2\bar{\boldsymbol{\Phi}}\boldsymbol{\Theta}_2^{T}\bar{\psi}_2,\cdots,\bar{\tilde{\eta}}_L\bar{\boldsymbol{\Phi}}\boldsymbol{\Theta}_L^{\mathrm{T}}\bar{\psi}_L]\begin{bmatrix}\psi_1\boldsymbol{\Theta}_1\boldsymbol{\Phi}\boldsymbol{s} & \boldsymbol{0} & \cdots & \boldsymbol{0}\\ \boldsymbol{0} & \psi_2\boldsymbol{\Theta}_2\boldsymbol{\Phi}\boldsymbol{s} & \cdots & \boldsymbol{0}\\ \vdots & \vdots & \ddots & \vdots\\ \boldsymbol{0} & \boldsymbol{0} & \cdots & \psi_L\boldsymbol{\Theta}_L\boldsymbol{\Phi}\boldsymbol{s}\end{bmatrix}=\tilde{\boldsymbol{\eta}}^{\mathrm{H}}\otimes\boldsymbol{s} \tag{9-51}$$

$$\boldsymbol{C}^{\mathrm{H}}\boldsymbol{G}=\tilde{\boldsymbol{\eta}}\otimes\boldsymbol{s}^{\mathrm{H}} \tag{9-52}$$

$$\begin{aligned}\boldsymbol{P}_{\mathrm{CR}}^{-1}(\boldsymbol{\beta})&=\frac{2}{\sigma_w^2}\mathrm{Re}\left\{\left(\frac{\partial \boldsymbol{\mu}}{\partial \boldsymbol{\beta}^{\mathrm{T}}}\right)^{\mathrm{H}}\frac{\partial \boldsymbol{\mu}}{\partial \boldsymbol{\beta}^{\mathrm{T}}}\right\}\\
&=\frac{2}{\sigma_w^2}\mathrm{Re}\begin{bmatrix}\boldsymbol{G}^{\mathrm{H}}\boldsymbol{G} & \mathrm{j}\boldsymbol{G}^{\mathrm{H}}\boldsymbol{G} & \boldsymbol{G}^{\mathrm{H}}\boldsymbol{C} & \mathrm{j}\boldsymbol{G}^{\mathrm{H}}\boldsymbol{C} & \boldsymbol{G}^{\mathrm{H}}\boldsymbol{D}\\ -\mathrm{j}\boldsymbol{G}^{\mathrm{H}}\boldsymbol{G} & \boldsymbol{G}^{\mathrm{H}}\boldsymbol{G} & -\mathrm{j}\boldsymbol{G}^{\mathrm{H}}\boldsymbol{C} & \boldsymbol{G}^{\mathrm{H}}\boldsymbol{C} & -\mathrm{j}\boldsymbol{G}^{\mathrm{H}}\boldsymbol{D}\\ \boldsymbol{C}^{\mathrm{H}}\boldsymbol{G} & \mathrm{j}\boldsymbol{C}^{\mathrm{H}}\boldsymbol{G} & \boldsymbol{C}^{\mathrm{H}}\boldsymbol{C} & \mathrm{j}\boldsymbol{C}^{\mathrm{H}}\boldsymbol{C} & \boldsymbol{C}^{\mathrm{H}}\boldsymbol{D}\\ -\mathrm{j}\boldsymbol{C}^{\mathrm{H}}\boldsymbol{G} & \boldsymbol{C}^{\mathrm{H}}\boldsymbol{G} & -\mathrm{j}\boldsymbol{C}^{\mathrm{H}}\boldsymbol{C} & \boldsymbol{C}^{\mathrm{H}}\boldsymbol{C} & -\mathrm{j}\boldsymbol{C}^{\mathrm{H}}\boldsymbol{D}\\ \boldsymbol{D}^{\mathrm{H}}\boldsymbol{G} & \mathrm{j}\boldsymbol{D}^{\mathrm{H}}\boldsymbol{G} & \boldsymbol{D}^{\mathrm{H}}\boldsymbol{C} & \mathrm{j}\boldsymbol{D}^{\mathrm{H}}\boldsymbol{C} & \boldsymbol{D}^{\mathrm{H}}\boldsymbol{D}\end{bmatrix}\\
&=\frac{2}{\sigma_w^2}\mathrm{Re}\begin{bmatrix}\|\tilde{\boldsymbol{\eta}}\|^2\cdot\boldsymbol{I}_{M+1} & \boldsymbol{0} & \boldsymbol{G}^{\mathrm{H}}\boldsymbol{C} & \mathrm{j}\boldsymbol{G}^{\mathrm{H}}\boldsymbol{C} & \boldsymbol{G}^{\mathrm{H}}\boldsymbol{D}\\ \boldsymbol{0} & \|\tilde{\boldsymbol{\eta}}\|^2\cdot\boldsymbol{I}_{M+1} & -\mathrm{j}\boldsymbol{G}^{\mathrm{H}}\boldsymbol{C} & \boldsymbol{G}^{\mathrm{H}}\boldsymbol{C} & -\mathrm{j}\boldsymbol{G}^{\mathrm{H}}\boldsymbol{D}\\ \boldsymbol{C}^{\mathrm{H}}\boldsymbol{G} & \mathrm{j}\boldsymbol{C}^{\mathrm{H}}\boldsymbol{G} & \boldsymbol{I}_L & \boldsymbol{0} & \boldsymbol{C}^{\mathrm{H}}\boldsymbol{D}\\ -\mathrm{j}\boldsymbol{C}^{\mathrm{H}}\boldsymbol{G} & \boldsymbol{C}^{\mathrm{H}}\boldsymbol{G} & \boldsymbol{0} & \boldsymbol{I}_L & -\mathrm{j}\boldsymbol{C}^{\mathrm{H}}\boldsymbol{D}\\ \boldsymbol{D}^{\mathrm{H}}\boldsymbol{G} & \mathrm{j}\boldsymbol{D}^{\mathrm{H}}\boldsymbol{G} & \boldsymbol{D}^{\mathrm{H}}\boldsymbol{C} & \mathrm{j}\boldsymbol{D}^{\mathrm{H}}\boldsymbol{C} & \boldsymbol{D}^{\mathrm{H}}\boldsymbol{D}\end{bmatrix}\\
&\triangleq\frac{2}{\sigma_w^2}\begin{bmatrix}\boldsymbol{V}_{11} & \boldsymbol{V}_{12}\\ \boldsymbol{V}_{21} & \boldsymbol{V}_{22}\end{bmatrix}\end{aligned} \tag{9-53}$$

式中，$\boldsymbol{V}_{11}=\begin{bmatrix}\boldsymbol{P} & \boldsymbol{E}\\ \boldsymbol{E}^{\mathrm{H}} & \boldsymbol{Q}\end{bmatrix}=\begin{bmatrix}\|\tilde{\boldsymbol{\eta}}\|^2\cdot\boldsymbol{I}_{2(M+1)} & \boldsymbol{E}\\ \boldsymbol{E}^{\mathrm{H}} & \boldsymbol{I}_{2L}\end{bmatrix}$，$\boldsymbol{E}=\begin{bmatrix}\mathrm{Re}(\boldsymbol{G}^{\mathrm{H}}\boldsymbol{C}) & -\mathrm{Im}(\boldsymbol{G}^{\mathrm{H}}\boldsymbol{C})\\ \mathrm{Im}(\boldsymbol{G}^{\mathrm{H}}\boldsymbol{C}) & \mathrm{Re}(\boldsymbol{G}^{\mathrm{H}}\boldsymbol{C})\end{bmatrix}$；$\boldsymbol{V}_{12}=\begin{bmatrix}\mathrm{Re}(\boldsymbol{G}^{\mathrm{H}}\boldsymbol{D})\\ \mathrm{Im}(\boldsymbol{G}^{\mathrm{H}}\boldsymbol{D})\\ \mathrm{Re}(\boldsymbol{G}^{\mathrm{H}}\boldsymbol{D})\\ \mathrm{Im}(\boldsymbol{G}^{\mathrm{H}}\boldsymbol{D})\end{bmatrix}$；$\boldsymbol{V}_{21}=\boldsymbol{V}_{12}^{\mathrm{T}}$；$\boldsymbol{V}_{22}=\mathrm{Re}(\boldsymbol{D}^{\mathrm{H}}\boldsymbol{D})$。

$$P_{\mathrm{CR}}(\boldsymbol{\beta})=\frac{\sigma_w^2}{2}\begin{bmatrix}(\boldsymbol{V}_{11}-\boldsymbol{V}_{12}\boldsymbol{V}_{22}^{-1}\boldsymbol{V}_{21})^{-1} & -\boldsymbol{V}_{11}^{-1}\boldsymbol{V}_{12}(\boldsymbol{V}_{22}-\boldsymbol{V}_{21}\boldsymbol{V}_{11}^{-1}\boldsymbol{V}_{12})^{-1}\\ -\boldsymbol{V}_{22}^{-1}\boldsymbol{V}_{21}(\boldsymbol{V}_{11}-\boldsymbol{V}_{12}\boldsymbol{V}_{22}^{-1}\boldsymbol{V}_{21})^{-1} & (\boldsymbol{V}_{22}-\boldsymbol{V}_{21}\boldsymbol{V}_{11}^{-1}\boldsymbol{V}_{12})^{-1}\end{bmatrix} \tag{9-54}$$

式（9-54）与辐射源位置估计误差有关的是

$$P_{\mathrm{CR}}(\boldsymbol{\theta})=\frac{\sigma_w^2}{2}(\boldsymbol{V}_{22}-\boldsymbol{V}_{21}\boldsymbol{V}_{11}^{-1}\boldsymbol{V}_{12})^{-1} \tag{9-55}$$

式（9-55）中$\boldsymbol{V}_{11}$是$2(L+M+1)$维方阵，M很大时，直接求逆有困难，通过以下分块矩阵求逆，可以将其转变为维数仅为$2L$的矩阵求逆。

$$\begin{aligned}\boldsymbol{V}_{11}^{-1}&=\begin{bmatrix}(\boldsymbol{P}-\boldsymbol{E}\boldsymbol{Q}^{-1}\boldsymbol{E}^{\mathrm{H}})^{-1} & -\boldsymbol{P}^{-1}\boldsymbol{E}(\boldsymbol{Q}-\boldsymbol{E}^{\mathrm{H}}\boldsymbol{P}^{-1}\boldsymbol{E})^{-1}\\ -\boldsymbol{Q}^{-1}\boldsymbol{E}^{\mathrm{H}}(\boldsymbol{P}-\boldsymbol{E}\boldsymbol{Q}^{-1}\boldsymbol{E}^{\mathrm{H}})^{-1} & (\boldsymbol{Q}-\boldsymbol{E}^{\mathrm{H}}\boldsymbol{P}^{-1}\boldsymbol{E})^{-1}\end{bmatrix}\\ &=\begin{bmatrix}(\|\tilde{\boldsymbol{\eta}}\|^2\cdot\boldsymbol{I}_{2(M+1)}-\boldsymbol{E}\boldsymbol{E}^{\mathrm{H}})^{-1} & -\|\tilde{\boldsymbol{\eta}}\|^{-2}\boldsymbol{E}(\boldsymbol{I}_{2L}-\|\tilde{\boldsymbol{a}}\|^{-2}\boldsymbol{E}^{\mathrm{H}}\boldsymbol{E})^{-1}\\ -\boldsymbol{E}^{\mathrm{H}}(\|\tilde{\boldsymbol{\eta}}\|^2\cdot\boldsymbol{I}_{2(M+1)}-\boldsymbol{E}\boldsymbol{E}^{\mathrm{H}})^{-1} & (\boldsymbol{I}_{2L}-\|\tilde{\boldsymbol{\eta}}\|^{-2}\boldsymbol{E}^{\mathrm{H}}\boldsymbol{E})^{-1}\end{bmatrix}\end{aligned}$$

$$(\|\tilde{\boldsymbol{\eta}}\|^2\cdot\boldsymbol{I}_{2(M+1)}-\boldsymbol{E}\boldsymbol{E}^{\mathrm{H}})^{-1}=\|\tilde{\boldsymbol{\eta}}\|^{-2}\cdot\boldsymbol{I}_{2(M+1)}+\|\tilde{\boldsymbol{\eta}}\|^{-4}\boldsymbol{E}(\boldsymbol{I}_{2L}-\|\tilde{\boldsymbol{\eta}}\|^{-2}\boldsymbol{E}^{\mathrm{H}}\boldsymbol{E})^{-1}\boldsymbol{E}^{\mathrm{H}}$$

$$-\boldsymbol{E}^{\mathrm{H}}(\|\tilde{\boldsymbol{\eta}}\|^2\cdot\boldsymbol{I}_{2(M+1)}-\boldsymbol{E}\boldsymbol{E}^{\mathrm{H}})^{-1}=-\|\tilde{\boldsymbol{\eta}}\|^{-2}[\boldsymbol{E}(\boldsymbol{I}_{2L}-\|\tilde{\boldsymbol{\eta}}\|^{-2}\boldsymbol{E}^{\mathrm{H}}\boldsymbol{E})^{-1}]^{\mathrm{T}}$$

下面推导观测K个非连续时段的变时差法直接定位 CRLB，将式（9-32）记为

$$\boldsymbol{y}=\boldsymbol{G}(\boldsymbol{x})\boldsymbol{s}+\boldsymbol{\varepsilon} \tag{9-56}$$

式中，$\boldsymbol{y}=\begin{bmatrix}\boldsymbol{y}^{(1)}\\ \boldsymbol{y}^{(2)}\\ \vdots\\ \boldsymbol{y}^{(K)}\end{bmatrix}$；$\boldsymbol{G}(\boldsymbol{x})=\begin{bmatrix}\boldsymbol{G}^{(1)}(\boldsymbol{x}) & \boldsymbol{0} & \cdots & \boldsymbol{0}\\ \boldsymbol{0} & \boldsymbol{G}^{(2)}(\boldsymbol{x}) & \cdots & \boldsymbol{0}\\ \vdots & \vdots & \ddots & \vdots\\ \boldsymbol{0} & \boldsymbol{0} & \cdots & \boldsymbol{G}^{(K)}(\boldsymbol{x})\end{bmatrix}$；$\boldsymbol{s}=\begin{bmatrix}\boldsymbol{s}^{(1)}\\ \boldsymbol{s}^{(2)}\\ \vdots\\ \boldsymbol{s}^{(K)}\end{bmatrix}$；$\boldsymbol{\varepsilon}=\begin{bmatrix}\boldsymbol{\varepsilon}^{(1)}\\ \boldsymbol{\varepsilon}^{(2)}\\ \vdots\\ \boldsymbol{\varepsilon}^{(K)}\end{bmatrix}$，$\mathbb{E}\{\boldsymbol{\varepsilon}\}=\boldsymbol{0}$，

$\boldsymbol{\Sigma}_{\varepsilon}=\mathbb{E}[\boldsymbol{\varepsilon}\boldsymbol{\varepsilon}^{\mathrm{H}}]=\mathrm{blkdiag}[\sigma_{\varepsilon_1}^2\boldsymbol{I}_{L(M_1+1)},\sigma_{\varepsilon_2}^2\boldsymbol{I}_{L(M_2+1)},\cdots,\sigma_{\varepsilon_K}^2\boldsymbol{I}_{L(M_K+1)}]$。

对于$\boldsymbol{\mu}=\boldsymbol{G}\boldsymbol{s}=\begin{bmatrix}\boldsymbol{\mu}^{(1)}\\ \boldsymbol{\mu}^{(2)}\\ \vdots\\ \boldsymbol{\mu}^{(K)}\end{bmatrix}$，$\boldsymbol{\mu}^{(k)}=\boldsymbol{G}^{(k)}\boldsymbol{s}^{(k)}$，未知辐射源位置$\boldsymbol{\theta}$、未知确定性信号$\boldsymbol{s}^{(1)},\boldsymbol{s}^{(2)},\cdots,\boldsymbol{s}^{(K)}$和未知接收增益$\tilde{\boldsymbol{\eta}}^{(1)},\tilde{\boldsymbol{\eta}}^{(2)},\cdots,\tilde{\boldsymbol{\eta}}^{(K)}$，$\tilde{\boldsymbol{\eta}}^{(k)}=[\tilde{\eta}_1^{(k)},\tilde{\eta}_2^{(k)},\cdots,\tilde{\eta}_L^{(k)}]^{\mathrm{T}}$的情况，可设$\boldsymbol{\beta}=[\boldsymbol{\beta}^{(1)},\boldsymbol{\beta}^{(2)},\cdots,\boldsymbol{\beta}^{(K)},\boldsymbol{\theta}^{\mathrm{T}}]^{\mathrm{T}}$，$\boldsymbol{\beta}^{(k)}=[\mathrm{Re}(\boldsymbol{s}^{(k)})^{\mathrm{T}},\mathrm{Im}(\boldsymbol{s}^{(k)})^{\mathrm{T}},\mathrm{Re}(\tilde{\boldsymbol{\eta}}^{(k)})^{\mathrm{T}},\mathrm{Im}(\tilde{\boldsymbol{\eta}}^{(k)})^{\mathrm{T}}]^{\mathrm{T}}$，并且有

$$\frac{\partial\boldsymbol{\mu}}{\partial\boldsymbol{\beta}^{\mathrm{T}}}=\begin{bmatrix}\dfrac{\partial\boldsymbol{\mu}^{(1)}}{\partial(\boldsymbol{\beta}^{(1)})^{\mathrm{T}}} & \boldsymbol{0} & \cdots & \boldsymbol{0} & \dfrac{\partial\boldsymbol{\mu}^{(1)}}{\partial\boldsymbol{\theta}^{\mathrm{T}}}\\ \boldsymbol{0} & \dfrac{\partial\boldsymbol{\mu}^{(2)}}{\partial(\boldsymbol{\beta}^{(2)})^{\mathrm{T}}} & \cdots & \boldsymbol{0} & \dfrac{\partial\boldsymbol{\mu}^{(2)}}{\partial\boldsymbol{\theta}^{\mathrm{T}}}\\ \vdots & \vdots & \ddots & \vdots & \vdots\\ \boldsymbol{0} & \boldsymbol{0} & \cdots & \dfrac{\partial\boldsymbol{\mu}^{(K)}}{\partial(\boldsymbol{\beta}^{(K)})^{\mathrm{T}}} & \dfrac{\partial\boldsymbol{\mu}^{(K)}}{\partial\boldsymbol{\theta}^{\mathrm{T}}}\end{bmatrix}\triangleq\begin{bmatrix}\boldsymbol{A}_1 & \boldsymbol{0} & \cdots & \boldsymbol{0} & \boldsymbol{B}_1\\ \boldsymbol{0} & \boldsymbol{A}_2 & \cdots & \boldsymbol{0} & \boldsymbol{B}_2\\ \vdots & \vdots & \ddots & \vdots & \vdots\\ \boldsymbol{0} & \boldsymbol{0} & \cdots & \boldsymbol{A}_K & \boldsymbol{B}_K\end{bmatrix} \tag{9-57}$$

式中，$\boldsymbol{A}_k=\dfrac{\partial\boldsymbol{\mu}^{(k)}}{\partial(\boldsymbol{\beta}^{(k)})^{\mathrm{T}}}$，$\boldsymbol{B}_k=\dfrac{\partial\boldsymbol{\mu}^{(k)}}{\partial\boldsymbol{\theta}^{\mathrm{T}}}$。那么有

$$I(\boldsymbol{\beta})=2\mathrm{Re}\left[\left(\frac{\partial\boldsymbol{\mu}}{\partial\boldsymbol{\beta}^{\mathrm{T}}}\right)^{\mathrm{H}}\boldsymbol{\Sigma}_{\varepsilon}^{-1}\frac{\partial\boldsymbol{\mu}}{\partial\boldsymbol{\beta}^{\mathrm{T}}}\right]=2\mathrm{Re}\begin{bmatrix}\frac{\boldsymbol{A}_1^{\mathrm{H}}\boldsymbol{A}_1}{\sigma_{\varepsilon_1}^2} & \boldsymbol{0} & \cdots & \boldsymbol{0} & \frac{\boldsymbol{A}_1^{\mathrm{H}}\boldsymbol{B}_1}{\sigma_{\varepsilon_1}^2}\\ \boldsymbol{0} & \frac{\boldsymbol{A}_2^{\mathrm{H}}\boldsymbol{A}_2}{\sigma_{\varepsilon_2}^2} & \cdots & \boldsymbol{0} & \frac{\boldsymbol{A}_2^{\mathrm{H}}\boldsymbol{B}_2}{\sigma_{\varepsilon_2}^2}\\ \vdots & \vdots & \ddots & \vdots & \vdots\\ \boldsymbol{0} & \boldsymbol{0} & \cdots & \frac{\boldsymbol{A}_K^{\mathrm{H}}\boldsymbol{A}_K}{\sigma_{\varepsilon_K}^2} & \frac{\boldsymbol{A}_K^{\mathrm{H}}\boldsymbol{B}_K}{\sigma_{\varepsilon_K}^2}\\ \frac{\boldsymbol{B}_1^{\mathrm{H}}\boldsymbol{A}_1}{\sigma_{\varepsilon_1}^2} & \frac{\boldsymbol{B}_2^{\mathrm{H}}\boldsymbol{A}_2}{\sigma_{\varepsilon_2}^2} & \cdots & \frac{\boldsymbol{B}_K^{\mathrm{H}}\boldsymbol{A}_K}{\sigma_{\varepsilon_K}^2} & \sum_{k=1}^{K}\frac{\boldsymbol{B}_k^{\mathrm{H}}\boldsymbol{B}_k}{\sigma_{\varepsilon_k}^2}\end{bmatrix}\triangleq 2\begin{bmatrix}\boldsymbol{C} & \boldsymbol{E}\\ \boldsymbol{E}^{\mathrm{T}} & \boldsymbol{D}\end{bmatrix}\tag{9-58}$$

式中，$\boldsymbol{C}=\mathrm{Re}\begin{bmatrix}\frac{\boldsymbol{A}_1^{\mathrm{H}}\boldsymbol{A}_1}{\sigma_{\varepsilon_1}^2} & \boldsymbol{0} & \cdots & \boldsymbol{0}\\ \boldsymbol{0} & \frac{\boldsymbol{A}_2^{\mathrm{H}}\boldsymbol{A}_2}{\sigma_{\varepsilon_2}^2} & \cdots & \boldsymbol{0}\\ \vdots & \vdots & \ddots & \vdots\\ \boldsymbol{0} & \boldsymbol{0} & \cdots & \frac{\boldsymbol{A}_K^{\mathrm{H}}\boldsymbol{A}_K}{\sigma_{\varepsilon_K}^2}\end{bmatrix}$，$\boldsymbol{D}=\mathrm{Re}\left(\sum_{k=1}^{K}\frac{\boldsymbol{B}_k^{\mathrm{H}}\boldsymbol{B}_k}{\sigma_{\varepsilon_k}^2}\right)$，$\boldsymbol{E}=\mathrm{Re}\begin{bmatrix}\frac{\boldsymbol{A}_1^{\mathrm{H}}\boldsymbol{B}_1}{\sigma_{\varepsilon_1}^2}\\ \frac{\boldsymbol{A}_2^{\mathrm{H}}\boldsymbol{B}_2}{\sigma_{\varepsilon 2}^2}\\ \vdots\\ \frac{\boldsymbol{A}_K^{\mathrm{H}}\boldsymbol{B}_K}{\sigma_{\varepsilon_K}^2}\end{bmatrix}$。

因此，有

$$\boldsymbol{I}^{-1}(\boldsymbol{\beta})=\frac{1}{2}\begin{bmatrix}\boldsymbol{C} & \boldsymbol{E}\\ \boldsymbol{E}^{\mathrm{T}} & \boldsymbol{D}\end{bmatrix}^{-1}=\frac{1}{2}\begin{bmatrix}* & *\\ * & (\boldsymbol{D}-\boldsymbol{E}^{\mathrm{T}}\boldsymbol{C}^{-1}\boldsymbol{E})^{-1}\end{bmatrix}\tag{9-59}$$

故

$$\begin{aligned}\boldsymbol{I}^{-1}(\boldsymbol{\theta})&=\frac{1}{2}(\boldsymbol{D}-\boldsymbol{E}^{\mathrm{T}}\boldsymbol{C}^{-1}\boldsymbol{E})^{-1}\\ &=\frac{1}{2}\times\left\{\sum_{k=1}^{K}\mathrm{Re}\left(\frac{\boldsymbol{B}_k^{\mathrm{H}}\boldsymbol{B}_k}{\sigma_{\varepsilon_k}^2}\right)-\begin{bmatrix}\mathrm{Re}\left(\frac{\boldsymbol{A}_1^{\mathrm{H}}\boldsymbol{B}_1}{\sigma_{\varepsilon_1}^2}\right)\\ \mathrm{Re}\left(\frac{\boldsymbol{A}_2^{\mathrm{H}}\boldsymbol{B}_2}{\sigma_{\varepsilon_2}^2}\right)\\ \vdots\\ \mathrm{Re}\left(\frac{\boldsymbol{A}_K^{\mathrm{H}}\boldsymbol{B}_K}{\sigma_{\varepsilon_K}^2}\right)\end{bmatrix}^{\mathrm{T}}\mathrm{blkdiag}\begin{bmatrix}\sigma_{\varepsilon_1}^2\left[\mathrm{Re}(\boldsymbol{A}_1^{\mathrm{H}}\boldsymbol{A}_1)\right]^{-1}\\ \sigma_{\varepsilon_2}^2\left[\mathrm{Re}(\boldsymbol{A}_2^{\mathrm{H}}\boldsymbol{A}_2)\right]^{-1}\\ \vdots\\ \sigma_{\varepsilon_K}^2\left[\mathrm{Re}(\boldsymbol{A}_K^{\mathrm{H}}\boldsymbol{A}_K)\right]^{-1}\end{bmatrix}\begin{bmatrix}\mathrm{Re}\left(\frac{\boldsymbol{A}_1^{\mathrm{H}}\boldsymbol{B}_1}{\sigma_{\varepsilon_1}^2}\right)\\ \mathrm{Re}\left(\frac{\boldsymbol{A}_2^{\mathrm{H}}\boldsymbol{B}_2}{\sigma_{\varepsilon_2}^2}\right)\\ \vdots\\ \mathrm{Re}\left(\frac{\boldsymbol{A}_K^{\mathrm{H}}\boldsymbol{B}_K}{\sigma_{\varepsilon_K}^2}\right)\end{bmatrix}\right\}^{-1}\\ &=\left\{\sum_{k=1}^{K}\frac{2}{\sigma_{\varepsilon_k}^2}[\mathrm{Re}(\boldsymbol{B}_k^{\mathrm{H}}\boldsymbol{B}_k)-\mathrm{Re}(\boldsymbol{B}_k^{\mathrm{H}}\boldsymbol{A}_k)(\mathrm{Re}(\boldsymbol{A}_k^{\mathrm{H}}\boldsymbol{A}_k))^{-1}\mathrm{Re}(\boldsymbol{A}_k^{\mathrm{H}}\boldsymbol{B}_k)]\right\}^{-1}\\ &=\left[\sum_{k=1}^{K}\boldsymbol{I}_k(\boldsymbol{\theta})\right]^{-1}\end{aligned}\tag{9-60}$$

特别地，若 $K=1$，取 $M_1=M$，$\sigma_{\varepsilon_1}^2=\sigma_w^2$，式（9-60）即式（9-55），式（9-60）还表明，增加观测次数，可以减小定位误差。

2. 卫星对地面静止辐射源定位 CRLB

卫星在地球固连坐标系下的位置可记为 $\boldsymbol{x}_l(t)=[x_l(t),y_l(t),z_l(t)]^{\mathrm{T}}$ [$z_l(t)$ 不同于式（9-11）的含义]和速度 $\boldsymbol{v}_l(t)=[\dot{x}_l(t),\dot{y}_l(t),\dot{z}_l(t)]^{\mathrm{T}}$，辐射源的位置为 $\boldsymbol{x}_{\mathrm{T}}=[x_{\mathrm{T}},y_{\mathrm{T}},z_{\mathrm{T}}]^{\mathrm{T}}$，由于动点 $\boldsymbol{x}=[x,y,z]^{\mathrm{T}}$ 在地面上，因此也可以将其位置用 $[\lambda,\phi]^{\mathrm{T}}$ 表示，其中 $\lambda\in[-\pi,\pi]$ 是 $\boldsymbol{x}$ 的地理经度，$\phi\in\left[-\dfrac{\pi}{2},\dfrac{\pi}{2}\right]$ 是 $\boldsymbol{x}$ 的地理纬度，在 WGS-84 地球模型下，有

$$\begin{aligned}x&=a\cos\phi\cos\lambda\\ y&=a\cos\phi\sin\lambda\\ z&=b\sin\phi\end{aligned}\tag{9-61}$$

式中，$a=\dfrac{6378137}{\sqrt{1-e^2\sin\phi}}$，$e^2=0.00669438$，$b=a(1-e^2)$。

取 $\boldsymbol{\theta}_0=(\lambda,\phi)^{\mathrm{T}}$，将 $\dfrac{\partial\boldsymbol{\mu}}{\partial\boldsymbol{\theta}_0}=\begin{bmatrix}\dfrac{\partial\mu_{1,0}}{\partial\lambda} & \dfrac{\partial\mu_{1,0}}{\partial\phi}\\ \vdots & \vdots\\ \dfrac{\partial\mu_{L,M}}{\partial\lambda} & \dfrac{\partial\mu_{L,M}}{\partial\phi}\end{bmatrix}\triangleq\boldsymbol{D}_0$ 代替式（9-44）和式（9-53）中的 $\boldsymbol{D}$

$$\begin{aligned}\boldsymbol{D}_0&=\frac{\partial\boldsymbol{\mu}}{\partial\boldsymbol{\theta}_0}=\tilde{\boldsymbol{\eta}}\frac{\partial(\boldsymbol{\psi\Theta})}{\partial\boldsymbol{\theta}_0}\boldsymbol{\Phi s}=\tilde{\boldsymbol{\eta}}\begin{bmatrix}\dfrac{\partial(\boldsymbol{\psi\Theta})}{\partial\lambda} & \dfrac{\partial(\boldsymbol{\psi\Theta})}{\partial\phi}\end{bmatrix}(\boldsymbol{I}_2\otimes\boldsymbol{\Phi s})\\ &=\tilde{\boldsymbol{\eta}}(\dot{\boldsymbol{\psi}}_\lambda\boldsymbol{\Theta}+\boldsymbol{\psi}\dot{\boldsymbol{\Theta}}_\lambda\quad \dot{\boldsymbol{\psi}}_\phi\boldsymbol{\Theta}+\boldsymbol{\psi}\dot{\boldsymbol{\Theta}}_\phi)(\boldsymbol{I}_2\otimes\boldsymbol{\Phi s})\end{aligned}\tag{9-62}$$

式（9-62）中分量的具体表达式见附录 I。

由于 $\boldsymbol{\theta}=[x,y,z]^{\mathrm{T}}$，因此有

$$\boldsymbol{P}_{\mathrm{CR}}(\boldsymbol{\theta})=\boldsymbol{H}^{\mathrm{H}}\cdot\boldsymbol{P}_{\mathrm{CR}}(\boldsymbol{\theta}_0)\cdot\boldsymbol{H}\tag{9-63}$$

式中，$\boldsymbol{H}=\begin{bmatrix}\dot{x}_\lambda & \dot{y}_\lambda & \dot{z}_\lambda\\ \dot{x}_\phi & \dot{y}_\phi & \dot{z}_\phi\end{bmatrix}$，$\dot{x}_\lambda=-a\cos\phi\sin\lambda$，$\dot{x}_\phi=-a\sin\phi\cos\lambda$，$\dot{y}_\lambda=a\cos\phi\cos\lambda$，$\dot{y}_\phi=-a\sin\phi\sin\lambda$，$\dot{z}_\lambda=0$，$\dot{z}_\phi=b\cos\phi$。

9.2.1.4　多目标变时差法直接定位

当存在 Q 个静止辐射源 $\boldsymbol{x}_{\mathrm{T}q}(x_{\mathrm{T}q},y_{\mathrm{T}q},z_{\mathrm{T}q})$，$q=1,2,\cdots,Q$ 时，假设每个观测站都能接收到这 Q 个辐射源的直达波，且这 Q 个辐射源发射的信号是时频重叠的独立信号 $s_q(t)$，则观测站 l（$l=1,2,\cdots,L$）所接收到的信号 $z_l(t)$ 为

$$z_l(t)=\sum_{q=1}^{Q}\eta_{l,q}(t)s_q(t-\tau_{l,q}(t))+w_l(t_m)\tag{9-64}$$

由于各信号 $s_q(t)$ 之间是相互独立的，可以利用变时差直接定位技术进行多目标变时差直接定位。对接收信号进行下变频及采样得到的基带信号为

$$
\begin{aligned}
y_l(t_m) &= z_l(t_m)\mathrm{e}^{-\mathrm{j}2\pi\hat{f}_0 t_m} \\
&= \sum_{q=1}^{Q}\eta_{l,q}(t_m)u_q[t_m-\tau_{l,q}(t_m)]\mathrm{e}^{\mathrm{j}2\pi(f_0 t_m-\hat{f}_0 t_m)-\mathrm{j}2\pi f_0\tau_{l,q}(t_m)}+w_l(t_m)
\end{aligned} \tag{9-65}
$$

利用式（9-31）同样可以对多个独立的辐射源进行直接定位。

下面仍然考虑上面三星定位地面两个静止目标的场景，其他条件不变，将累积时长变为50ms。利用两步法得到的单次定位结果如图 9-19 所示。两步法由于两两卫星间的交叉模糊函数均存在两个时频差峰值，不同卫星间测量的时频差又没法匹配，因此只能遍历各个双星时频差分别进行定位，双星测量时频差在定位时存在对称模糊点，因此利用 6 组时频差会定位出 12 个定位结果，当两个目标相距较远时，利用最邻近的三个定位点进行聚类，可以定位出两个目标，如图 9-19 中○所示。

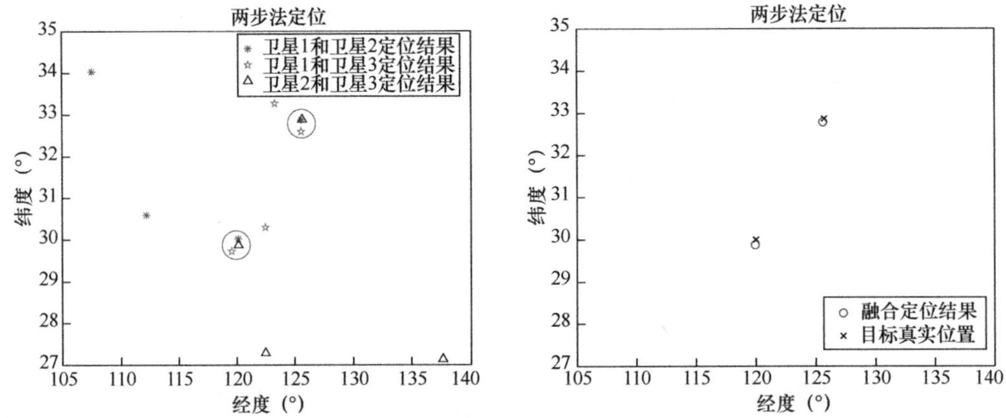

图 9-19　三星对两个辐射源两步法定位结果

利用变时差法直接定位得到的单次定位结果如图 9-20 所示。由图 9-20 可知，变时差法直接定位不存在配对及模糊的问题，可以直接定位出两个目标辐射源的位置，并且比上述两步法定位结果精度更高。

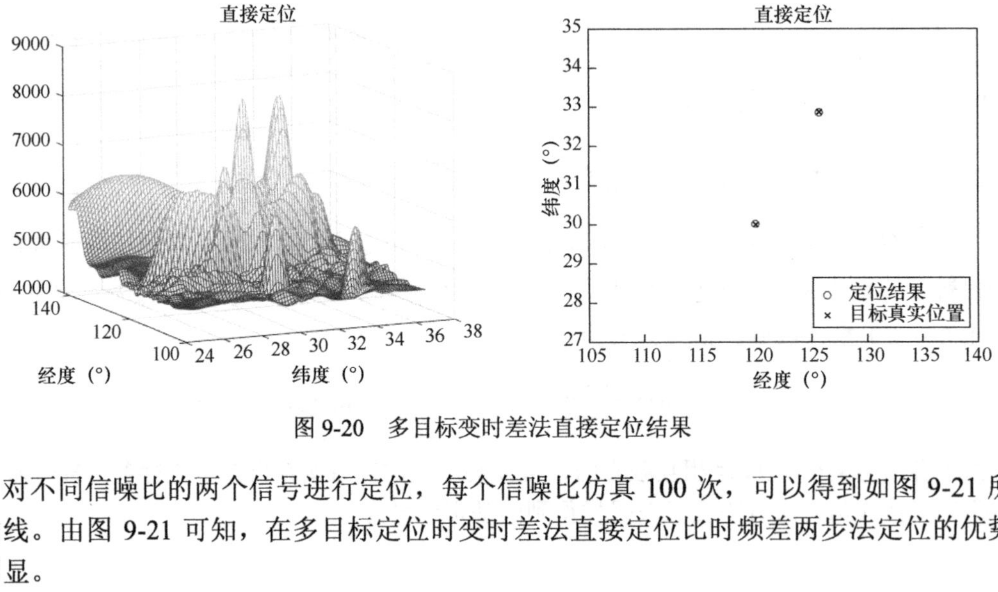

图 9-20　多目标变时差法直接定位结果

对不同信噪比的两个信号进行定位，每个信噪比仿真 100 次，可以得到如图 9-21 所示的曲线。由图 9-21 可知，在多目标定位时变时差法直接定位比时频差两步法定位的优势更为明显。

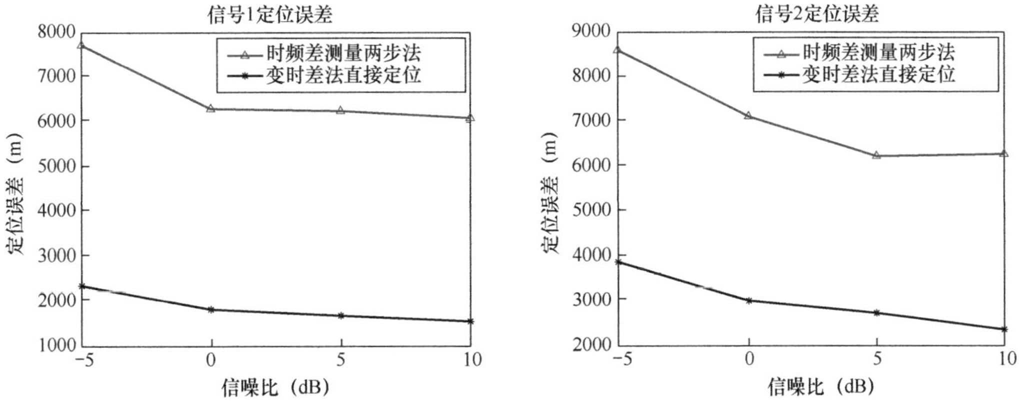

图 9-21　多目标变时差法直接定位与时频差测量两步法定位误差比较

当目标和观测站均静止时，可以采用时差直接定位[11,15]，在变时差法直接定位法中只需要考虑式（9-29）中的 $\boldsymbol{\Theta}$ 矩阵，不考虑 $\boldsymbol{\psi}$ 矩阵即可。对于一些特殊的信号，利用信号的特点结合时差直接定位能够获得更好的定位效果。

1. OFDM 信号

OFDM 信号在发射机中通过快速傅里叶逆变换（IFFT）产生，在接收机中使用快速傅里叶变换（FFT）转换回频域，并且 OFDM 信号中的导频信号通常是已知的，因此可以利用已知的导频和其他未知数据在频域分别计算目标函数，再将两部分目标函数相加进行时差直接定位[22]，在低信噪比时，相比两步法的定位精度更高。

2. 跳频信号

由于跳频信号多个子带只在频带范围内占用部分带宽，即频域有限分布特性[23]，用跳频信号的离散谱建立截获信号模型，利用时差直接定位[24,25]相比传统两步法可以明显提高目标位置估计精度。

9.2.2　基于方向的运动单站直接定位

9.2.2.1　原理

考虑 Q 个静止辐射源入射到单个运动观测站的 N 元天线阵，并且用 N 通道调谐器同时接收信号。通过运动观测站在不同时刻对辐射源信号的 K 次观测，基于噪声子空间算法可实现对辐射源定位。则在第 k 个观测时刻，观测站的 N 元天线阵输出响应为

$$\boldsymbol{z}_k(t)=\boldsymbol{A}_k(\boldsymbol{x}_{\mathrm{T}})\boldsymbol{s}_k(t)+\boldsymbol{w}_k(t)，\quad 1\leqslant k\leqslant K \tag{9-66}$$

式中，$\boldsymbol{s}_k(t)=[s_{1,k}(t),s_{2,k}(t),\cdots,s_{Q,k}(t)]^{\mathrm{T}}$，$s_{q,k}(t)$ 表示第 q 个辐射源信号在第 k 个观测时刻的复包络，$q=1,2,\cdots,Q$，流形矩阵 $\boldsymbol{A}_k(\boldsymbol{x}_{\mathrm{T}})=[\boldsymbol{a}_k(\boldsymbol{x}_{\mathrm{T1}}),\boldsymbol{a}_k(\boldsymbol{x}_{\mathrm{T2}}),\cdots,\boldsymbol{a}_k(\boldsymbol{x}_{\mathrm{T}Q})]$，$\boldsymbol{a}_k(\boldsymbol{x}_{\mathrm{T}q})$ 表示导向矢量，$\boldsymbol{x}_{\mathrm{T}}=[\boldsymbol{x}_{\mathrm{T1}},\boldsymbol{x}_{\mathrm{T2}},\cdots,\boldsymbol{x}_{\mathrm{T}Q}]$，$\boldsymbol{x}_{\mathrm{T}q}=[x_{\mathrm{T}q},y_{\mathrm{T}q}]^{\mathrm{T}}$ 表示第 q 个辐射源的位置；$\boldsymbol{w}_k(t)$ 表示第 k 个观测时刻的噪声矢量，一般假定为高斯白噪声 $\boldsymbol{w}_k(t)\sim\mathbb{N}(\boldsymbol{0},\sigma_w^2\boldsymbol{I}_N)$。

阵列接收数据的协方差矩阵为

$$\boldsymbol{R}_{z_k z_k}=\mathbb{E}[\boldsymbol{z}_k(t)\boldsymbol{z}_k^{\mathrm{H}}(t)]=\boldsymbol{A}_k(\boldsymbol{x}_{\mathrm{T}})\mathbb{E}[\boldsymbol{s}_k(t)\boldsymbol{s}_k^{\mathrm{H}}(t)]\boldsymbol{A}_k^{\mathrm{H}}(\boldsymbol{x}_{\mathrm{T}})+\sigma_w^2\boldsymbol{I}_N \tag{9-67}$$

对 $\boldsymbol{R}_{z_k z_k}$ 进行特征值分解可得

$$\boldsymbol{R}_{z_k z_k} = \boldsymbol{U}_{\mathrm{S},k}\boldsymbol{\Lambda}_{\mathrm{S},k}\boldsymbol{U}_{\mathrm{S},k}^{\mathrm{H}} + \boldsymbol{U}_{\mathrm{N},k}\boldsymbol{\Lambda}_{\mathrm{N},k}\boldsymbol{U}_{\mathrm{N},k}^{\mathrm{H}} \tag{9-68}$$

式中，$\boldsymbol{U}_{\mathrm{S},k}$ 表示信号子空间，$\boldsymbol{U}_{\mathrm{N},k}$ 表示噪声子空间，$\boldsymbol{\Lambda}_{\mathrm{S},k}$ 为 Q 个大特征值构成的对角阵，$\boldsymbol{\Lambda}_{\mathrm{N},k}$ 为 N-Q 个小特征值构成的对角阵。

由噪声子空间算法的基本原理可知，导向矢量与噪声子空间相互正交，由此可知，对于辐射源位置估计的目标函数可表示为

$$P(\hat{\boldsymbol{x}}_{\mathrm{T}}) = \arg\max_{x} \frac{1}{\sum_{k=1}^{K} \boldsymbol{a}_k^{\mathrm{H}}(\boldsymbol{x})\boldsymbol{U}_{\mathrm{N},k}\boldsymbol{U}_{\mathrm{N},k}^{\mathrm{H}}\boldsymbol{a}_k(\boldsymbol{x})} \tag{9-69}$$

下面给出基于噪声子空间算法定位的计算步骤。

（1）由阵列的接收数据计算得到数据的协方差矩阵 $\boldsymbol{R}_{z_k z_k}$；

（2）对 $\boldsymbol{R}_{z_k z_k}$ 进行特征值分解；

（3）根据已知的辐射源个数 Q，利用 $N-Q$ 个小特征值对应的特征向量构成噪声子空间 $\hat{\boldsymbol{U}}_{\mathrm{N},k}$；

（4）在可能的范围内搜索提取目标函数从大到小 Q 个极大值对应的坐标位置确定为辐射源位置。

假设存在两个目标辐射源，其位置分别为[−0.6, 1]和[0.6, 1]，其辐射的窄带信号被单个运动观测站接收到，其运动轨迹如图 9-22 所示。观测站安装有 8 元均匀线阵，其相邻阵元间距与波长比为 $d/\lambda=0.5$，测向阵列共在 11 个时隙段采集信号，每个时隙段采集的样本点数为 200，信噪比为 5dB。

利用本节介绍的算法得到定位结果如图 9-23 所示，在目标位置处会形成明显的谱峰，选取两个峰值位置即目标的位置估计结果。

上面描述的直接定位算法利用接收信号协方差矩阵的噪声子空间实现位置估计，对于单个静止辐射源，通过运动单站多次测向的直接定位方法，可以利用式（9-66）仿 9.2.1.1 节变时差直接定位方法，在极大似然准则下直接估计得到辐射源的位置，或者也可以参考文献[26]进行位置估计。对于多个静止辐射源，可以利用极大似然准则结合交替投影迭代算法进行定位解算[27]。

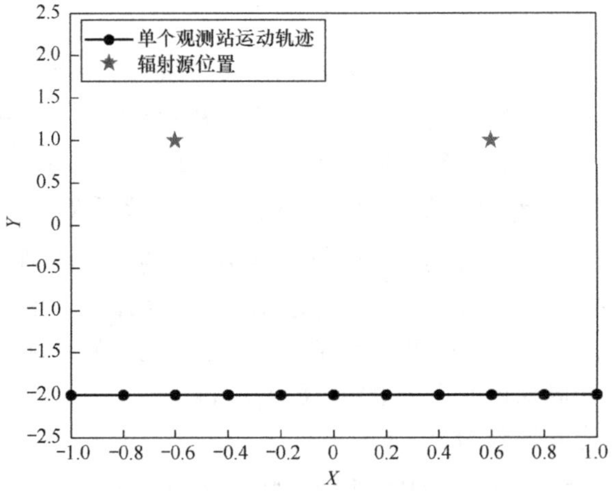

图 9-22 单个观测站运动轨迹与目标位置示意

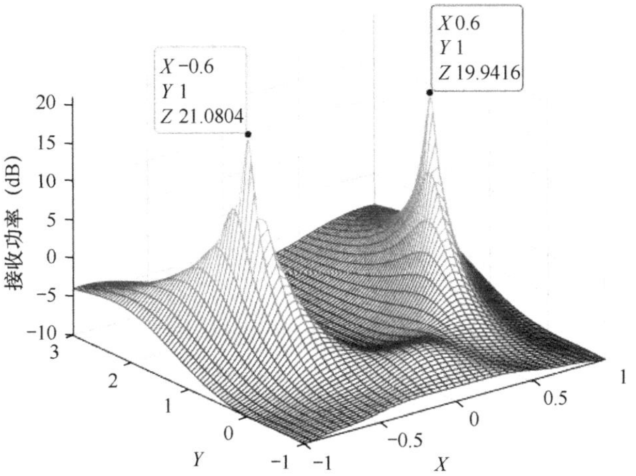

图 9-23　基于方向的运动单站直接定位结果

对于一些特殊的信号，利用信号的特点结合直接定位能够获得更好的定位效果。

1. 非圆信号

利用非圆信号子空间具有正交性，采用基于 SDF（子空间数据融合）[28]的直接定位：通过构造和分解扩展协方差矩阵，得到运动阵列所有位置的扩展噪声子空间，然后通过融合扩展的噪声子空间来直接估计源的位置。该方法采用了低复杂度的 SDF（只需要进行低维优化），同时利用非圆信号的特殊性，最终具有对噪声和传感器误差的高鲁棒性。

2. 恒模信号

依据最大似然准则和信号的恒包络特征，建立直接定位优化模型[29]，接着根据优化函数的代数特征提出一种有效的多参量交替迭代算法以获取其最优数值解。该算法的统计性能可以渐近逼近相应的 CRLB，并且通过利用恒模信号的恒包络特征可以明显提高目标位置估计精度（相比未利用信号恒模特征的直接定位算法）。

9.2.2.2　基于方向的直接定位 CRLB

假设单个运动观测站在不同时刻的每次观测采样 M 个数据，令 $\boldsymbol{z}=[\boldsymbol{z}_1^{\mathrm{T}}(t_1),\cdots,\boldsymbol{z}_1^{\mathrm{T}}(t_M),\cdots,\boldsymbol{z}_K^{\mathrm{T}}(t_1),\cdots,\boldsymbol{z}_K^{\mathrm{T}}(t_M)]^{\mathrm{T}}$，$\boldsymbol{s}=[\boldsymbol{s}_1^{\mathrm{T}}(t_1),\cdots,\boldsymbol{s}_1^{\mathrm{T}}(t_M),\cdots,\boldsymbol{s}_K^{\mathrm{T}}(t_1),\cdots,\boldsymbol{s}_K^{\mathrm{T}}(t_M)]^{\mathrm{T}}$。由于观测噪声 $w_i(t)$ 服从零均值高斯分布 $\mathbb{N}(0,\sigma_w^2)$，则 $\boldsymbol{z}$ 的数学期望为

$$\begin{aligned}\boldsymbol{\mu}_s&=\mathbb{E}(\boldsymbol{z})\\&=[(\boldsymbol{A}_1(\boldsymbol{x}_{\mathrm{T}})\boldsymbol{s}_1(t_1))^{\mathrm{T}},\cdots,(\boldsymbol{A}_1(\boldsymbol{x}_{\mathrm{T}})\boldsymbol{s}_1(t_M))^{\mathrm{T}},\cdots,(\boldsymbol{A}_K(\boldsymbol{x}_{\mathrm{T}})\boldsymbol{s}_K(t_1))^{\mathrm{T}},\cdots,(\boldsymbol{A}_K(\boldsymbol{x}_{\mathrm{T}})\boldsymbol{s}_K(t_M))^{\mathrm{T}}]^{\mathrm{T}}\end{aligned}\tag{9-70}$$

考虑未知参数矢量 $\boldsymbol{\theta}=[\mathrm{Re}(\boldsymbol{s}),\mathrm{Im}(\boldsymbol{s}),\boldsymbol{x}_{\mathrm{T}}]^{\mathrm{T}}$，则未知参数联合估计方差的 CRLB 可以表示为

$$\mathrm{CRLB}(\boldsymbol{\theta})=\frac{\sigma_w^2}{2}\mathrm{Re}\left\{\left(\frac{\partial\boldsymbol{\mu}_s}{\partial\boldsymbol{\theta}^{\mathrm{T}}}\right)^{\mathrm{H}}\frac{\partial\boldsymbol{\mu}_s}{\partial\boldsymbol{\theta}^{\mathrm{T}}}\right\}\tag{9-71}$$

式中，

$$\frac{\partial \boldsymbol{\mu}_s}{\partial(\mathrm{Re}(\boldsymbol{s}))^{\mathrm{T}}}=\left[\frac{\partial \boldsymbol{\mu}_s}{\partial(\mathrm{Re}[\boldsymbol{s}_1(t_1)])^{\mathrm{T}}},\cdots,\frac{\partial \boldsymbol{\mu}_s}{\partial(\mathrm{Re}[\boldsymbol{s}_1(t_M)])^{\mathrm{T}}},\cdots,\frac{\partial \boldsymbol{\mu}_s}{\partial(\mathrm{Re}[\boldsymbol{s}_K(t_1)])^{\mathrm{T}}},\cdots,\frac{\partial \boldsymbol{\mu}_s}{\partial(\mathrm{Re}[\boldsymbol{s}_K(t_M)])^{\mathrm{T}}}\right],$$
$$=\mathrm{blkdiag}[\boldsymbol{I}_M\otimes \boldsymbol{A}_1(\boldsymbol{x}_{\mathrm{T}}),\cdots,\boldsymbol{I}_M\otimes \boldsymbol{A}_K(\boldsymbol{x}_{\mathrm{T}})]$$

$$\frac{\partial \boldsymbol{\mu}_s}{\partial(\mathrm{Im}(\boldsymbol{s}))^{\mathrm{T}}}=\left[\frac{\partial \boldsymbol{\mu}_s}{\partial(\mathrm{Im}[\boldsymbol{s}_1(t_1)])^{\mathrm{T}}},\cdots,\frac{\partial \boldsymbol{\mu}_s}{\partial(\mathrm{Im}[\boldsymbol{s}_1(t_M)])^{\mathrm{T}}},\cdots,\frac{\partial \boldsymbol{\mu}_s}{\partial(\mathrm{Im}[\boldsymbol{s}_K(t_1)])^{\mathrm{T}}},\cdots,\frac{\partial \boldsymbol{\mu}_s}{\partial(\mathrm{Im}[\boldsymbol{s}_K(t_M)])^{\mathrm{T}}}\right],$$
$$=\mathrm{j}\cdot\mathrm{blkdiag}[\boldsymbol{I}_M\otimes \boldsymbol{A}_1(\boldsymbol{x}_{\mathrm{T}}),\cdots,\boldsymbol{I}_M\otimes \boldsymbol{A}_K(\boldsymbol{x}_{\mathrm{T}})]=\mathrm{j}\cdot\frac{\partial \boldsymbol{\mu}_s}{\partial(\mathrm{Re}(\boldsymbol{s}))^{\mathrm{T}}}$$

$$\frac{\partial \boldsymbol{\mu}_s}{\partial \boldsymbol{x}_{\mathrm{T}}}=[(\dot{\boldsymbol{A}}_1(\boldsymbol{x}_{\mathrm{T}})(\mathrm{diag}[\boldsymbol{s}_1(t_1)]\otimes \boldsymbol{I}_2))^{\mathrm{T}},\cdots,(\dot{\boldsymbol{A}}_K(\boldsymbol{x}_{\mathrm{T}})(\mathrm{diag}[\boldsymbol{s}_K(t_M)]\otimes \boldsymbol{I}_2))^{\mathrm{T}}]^{\mathrm{T}},$$

$$\dot{\boldsymbol{A}}_k(\boldsymbol{x}_{\mathrm{T}})=\left[\frac{\partial \boldsymbol{a}_k(\boldsymbol{x}_{\mathrm{T}1})}{\partial \boldsymbol{x}_{\mathrm{T}1}^{\mathrm{T}}},\cdots,\frac{\partial \boldsymbol{a}_k(\boldsymbol{x}_{\mathrm{T}Q})}{\partial \boldsymbol{x}_{\mathrm{T}Q}^{\mathrm{T}}}\right],\quad k=1,2,\cdots,K\text{。}$$

9.2.3 联合方向和时差的直接定位

9.2.3.1 单目标联合方向和时差的直接定位

考虑存在一个目标辐射源和 L 个观测站的场景，每个观测站配备 N 元阵列天线。假设辐射源的位置为 $\boldsymbol{x}_{\mathrm{T}}=(x_{\mathrm{T}},y_{\mathrm{T}})$，则第 L 个观测站的观测信号模型可描述为

$$\boldsymbol{z}_l(t)=\eta_l\boldsymbol{a}_l(\boldsymbol{x}_{\mathrm{T}})s(t-\tau_l)+\boldsymbol{w}_l(t),\ 0\leqslant t\leqslant T \tag{9-72}$$

式中，$\boldsymbol{z}_l(t)$ 为 $N\times 1$ 维的观测矢量，η_l 为未知确定参数，表示从辐射源到第 l 个观测站的复信道衰落因子，$\boldsymbol{a}_l(\boldsymbol{x}_{\mathrm{T}})$ 表示第 l 个观测站对从 $\boldsymbol{x}_{\mathrm{T}}$ 发出信号的阵列响应，$s(t-\tau_l)$ 为信号波形，τ_l 为信号从辐射源 $\boldsymbol{x}_{\mathrm{T}}$ 传播到观测站 $\boldsymbol{x}_l$ 的传输时差，$\boldsymbol{w}_l(t)$ 表示观测数据中的零均值复高斯白噪声，T 为观测时间。式（9-72）中的两个变量与目标辐射源的位置信息密切相关：首先，阵列响应 $\boldsymbol{a}_l(\boldsymbol{x}_{\mathrm{T}})$ 在远场情况下是到达角（DOA）的函数；其次，时差 τ_l 也与位置 $\boldsymbol{x}_{\mathrm{T}}$ 有关，它反映了信号从辐射源到达观测站阵列之间的距离信息。因此，可以联合方向和时差对目标进行直接定位[17]。

将信号数据分为 K 段，每段数据长度为 $M=T/K$，且假设 $T/K>>\max\limits_l\{\tau_l\}$。每段采样数据经过离散傅里叶变换后可以重新描述为

$$\breve{\boldsymbol{z}}_{l,k}(m)=\eta_l\boldsymbol{a}_l(\boldsymbol{x}_{\mathrm{T}})\breve{s}_k(m)\mathrm{e}^{-\mathrm{j}2\pi f_m\tau_l}+\breve{\boldsymbol{w}}_{l,k}(m),\ k=1,2,\cdots,K,\ m=1,2,\cdots,M \tag{9-73}$$

式中，f_m 为第 m 根谱线对应的频率。定义

$$\boldsymbol{b}_l(m,\boldsymbol{x}_{\mathrm{T}},\eta_l)=\eta_l\boldsymbol{a}_l(\boldsymbol{x}_{\mathrm{T}})\mathrm{e}^{-\mathrm{j}2\pi f_m\tau_l(\boldsymbol{x}_{\mathrm{T}})} \tag{9-74}$$

则辐射源位置的所有信息包含在矢量 $\boldsymbol{b}_l(m,\boldsymbol{x}_{\mathrm{T}},\eta_l)$ 中，因此可将式（9-73）重写为

$$\breve{\boldsymbol{z}}_{l,k}(m)=\boldsymbol{b}_l(m,\boldsymbol{x}_{\mathrm{T}},\eta_l)\breve{s}_k(m)+\breve{\boldsymbol{w}}_{l,k}(m) \tag{9-75}$$

令 $\breve{\boldsymbol{z}}_k(m)=[\breve{\boldsymbol{z}}_{1,k}^{\mathrm{T}}(m),\breve{\boldsymbol{z}}_{2,k}^{\mathrm{T}}(m),\cdots,\breve{\boldsymbol{z}}_{L,k}^{\mathrm{T}}(m)]^{\mathrm{T}}$，$\boldsymbol{b}(m,\boldsymbol{x}_{\mathrm{T}},\boldsymbol{\eta})=[\boldsymbol{b}_1^{\mathrm{T}}(m,\boldsymbol{x}_{\mathrm{T}},\eta_1),\boldsymbol{b}_2^{\mathrm{T}}(m,\boldsymbol{x}_{\mathrm{T}},\eta_2),\cdots,\boldsymbol{b}_L^{\mathrm{T}}(m,\boldsymbol{x}_{\mathrm{T}},\eta_L)]^{\mathrm{T}}$，$\boldsymbol{\eta}=[\eta_1,\eta_2,\cdots,\eta_L]^{\mathrm{T}}$，$\breve{\boldsymbol{w}}_k(m)=[\breve{\boldsymbol{w}}_{1,k}^{\mathrm{T}}(m),\ \breve{\boldsymbol{w}}_{2,k}^{\mathrm{T}}(m),\cdots,\breve{\boldsymbol{w}}_{L,k}^{\mathrm{T}}(m)]^{\mathrm{T}}$。

可得

$$\breve{\boldsymbol{z}}_k(m)=\boldsymbol{b}(m,\boldsymbol{x}_{\mathrm{T}},\boldsymbol{\eta})\breve{s}_k(m)+\breve{\boldsymbol{w}}_k(m) \tag{9-76}$$

辐射源位置的最大似然估计可通过最小化以下目标函数得到

$$C_{\mathrm{ML}}(\boldsymbol{x})=\min\sum_{k=1}^{K}\sum_{m=1}^{M}\left\|\breve{\boldsymbol{z}}_k(m)-\boldsymbol{b}(m,\boldsymbol{x},\boldsymbol{\eta})\breve{s}_k(m)\right\|^2 \tag{9-77}$$

当到达每个观测站的信号幅度接近时，假设$\|\boldsymbol{\eta}\|=1$。由式（9-77）可得

$$\begin{aligned}\hat{\breve{s}}_k(m)&=(\boldsymbol{b}^{\mathrm{H}}(m,\boldsymbol{x},\boldsymbol{\eta})\boldsymbol{b}(m,\boldsymbol{x},\boldsymbol{\eta}))^{-1}\boldsymbol{b}^{\mathrm{H}}(m,\boldsymbol{x},\boldsymbol{\eta})\breve{\boldsymbol{z}}_k(m)\\&=\frac{1}{\|\boldsymbol{b}(m,\boldsymbol{x},\boldsymbol{\eta})\|^2}\boldsymbol{b}^{\mathrm{H}}(m,\boldsymbol{x},\boldsymbol{\eta})\breve{\boldsymbol{z}}_k(m)\end{aligned} \tag{9-78}$$

将式（9-78）代入式（9-77）中可得

$$C_{\mathrm{ML}}(\boldsymbol{x})=\min_{\boldsymbol{x},\boldsymbol{\eta}}\sum_{k=1}^{K}\sum_{m=1}^{M}(\|\breve{\boldsymbol{z}}_k(m)\|^2-|\boldsymbol{b}^{\mathrm{H}}(m,\boldsymbol{x},\boldsymbol{\eta})\breve{\boldsymbol{z}}_k(m)|^2) \tag{9-79}$$

由于$\|\breve{\boldsymbol{z}}_k(m)\|^2$与$\boldsymbol{x}$无关，有

$$\begin{aligned}C_{\mathrm{ML}}(\boldsymbol{x})&=\max_{\boldsymbol{x},\boldsymbol{\eta}}\sum_{k=1}^{K}\sum_{m=1}^{M}(|\boldsymbol{b}^{\mathrm{H}}(m,\boldsymbol{x},\boldsymbol{\eta})\breve{\boldsymbol{z}}_k(m)|^2)\\&=K\cdot\max_{\boldsymbol{x},\boldsymbol{\eta}}\sum_{m=1}^{M}\boldsymbol{b}^{\mathrm{H}}(m,\boldsymbol{x},\boldsymbol{\eta})\boldsymbol{R}_m\boldsymbol{b}(m,\boldsymbol{x},\boldsymbol{\eta})\end{aligned} \tag{9-80}$$

式中，$\boldsymbol{R}_m=\frac{1}{K}\sum_{k=1}^{K}\breve{\boldsymbol{z}}_k(m)\breve{\boldsymbol{z}}_k^{\mathrm{H}}(m)$是$LN\times LN$维数据协方差矩阵。矢量$\boldsymbol{b}(m,\boldsymbol{x},\boldsymbol{\eta})$可以表示为

$$\boldsymbol{b}(m,\boldsymbol{x},\boldsymbol{\eta})=\boldsymbol{\Lambda}_m(\boldsymbol{x})\boldsymbol{\Gamma}\boldsymbol{\eta} \tag{9-81}$$

式中，$\boldsymbol{\Lambda}_m(\boldsymbol{x})=\mathrm{diag}[\boldsymbol{a}_1^{\mathrm{T}}(\boldsymbol{x})\mathrm{e}^{-\mathrm{j}2\pi f_m\tau_1},\boldsymbol{a}_2^{\mathrm{T}}(\boldsymbol{x})\mathrm{e}^{-\mathrm{j}2\pi f_m\tau_2},\cdots,\boldsymbol{a}_L^{\mathrm{T}}(\boldsymbol{x})\mathrm{e}^{-\mathrm{j}2\pi f_m\tau_L}]$，$\boldsymbol{\Gamma}=\boldsymbol{I}_L\otimes\boldsymbol{1}_N$。

将式（9-81）代入式（9-80）可得

$$C_{\mathrm{ML}}(\boldsymbol{x})=\max_{\boldsymbol{x},\boldsymbol{\eta}}\boldsymbol{\eta}^{\mathrm{H}}\boldsymbol{\Gamma}^{\mathrm{H}}\left(\sum_{m=1}^{M}\boldsymbol{\Lambda}_m^{\mathrm{H}}(\boldsymbol{x})\boldsymbol{R}_m\boldsymbol{\Lambda}_m(\boldsymbol{x})\right)\boldsymbol{\Gamma}\boldsymbol{\eta} \tag{9-82}$$

假设$\|\boldsymbol{\eta}\|=1$，求式（9-82）中的最大值对应的$\boldsymbol{x}_{\mathrm{T}}$值可以等效于求下式最大特征值对应的$\boldsymbol{x}_{\mathrm{T}}$值

$$\hat{\boldsymbol{x}}_{\mathrm{T}}=\arg\max_{\boldsymbol{x}\in\boldsymbol{\Omega}_{\boldsymbol{x}}}\left\{\lambda_{\max}\left[\boldsymbol{\Gamma}^{\mathrm{H}}\left(\sum_{m=1}^{M}\boldsymbol{\Lambda}_m^{\mathrm{H}}(\boldsymbol{x})\hat{\boldsymbol{R}}_m\boldsymbol{\Lambda}_m(\boldsymbol{x})\right)\boldsymbol{\Gamma}\right]\right\} \tag{9-83}$$

式中，$\lambda_{\max}(\cdot)$表示括号中矩阵的最大特征值。

9.2.3.2 多目标联合方向和时差的直接定位

文献[18]提出基于多个静止观测站对多个静止辐射源的定位方法，该方法利用不同测向站采样信号之间的相关性，且其相关性通过傅里叶变换可转化为信号到达不同观测站的时差信息。

假设有L个静止观测站，考虑Q个静止辐射源入射到观测站的N元天线阵，并且每个观测站均有N通道调谐器同时接收信号。则第l个观测站的N元天线阵输出响应为

$$\boldsymbol{z}_l(t)=\sum_{q=1}^{Q}\eta_{l,q}\boldsymbol{a}_l(\boldsymbol{x}_{\mathrm{T}q})s_q(t-\tau_{l,q})+\boldsymbol{w}_l(t),\ \ l=1,2,\cdots,L,\ 0\leqslant t\leqslant T \tag{9-84}$$

式中，$\boldsymbol{z}_l(t)$为$N\times1$维的观测矢量；$\eta_{l,q}$为从第q个辐射源信号到达第l个观测站的复衰减系数；$\boldsymbol{a}_l(\boldsymbol{x}_{\mathrm{T}q})$为从第$q$个辐射源信号到达第$l$个观测站的天线阵导向矢量；$\boldsymbol{x}_{\mathrm{T}q}=[x_{\mathrm{T}q},y_{\mathrm{T}q}]^{\mathrm{T}}$为第$q$

个辐射源的位置；$s_q(t-\tau_{l,q})$ 为第 q 个信号的复包络；$\tau_{l,q}$ 为从第 q 个辐射源信号达到第 l 个观测站的传播时延；$\boldsymbol{w}_l(t)$ 为第 l 个观测站的噪声矢量，一般假定为高斯白噪声；T 为观测时间。

将信号采样数据分为 K 段，每段数据长度为 $M=T/K$，且假设 $T/K >> \max\limits_{l}\{\tau_l\}$。对每段采样数据分别进行傅里叶变换，则对第 l 个观测站第 k 个数据段进行傅里叶变换后可得如下形式：

$$
\begin{aligned}
\breve{z}_{l,k}(m) &= \sum_{q=1}^{Q} \eta_{l,q}\boldsymbol{a}_l(\boldsymbol{x}_{\mathrm{T}q})\breve{s}_{q,k}(m)\mathrm{e}^{-\mathrm{j}2\pi f_m \tau_{l,q}} + \breve{\boldsymbol{w}}_{l.k}(m) \\
&= \sum_{q=1}^{Q} \boldsymbol{b}_l(m,\boldsymbol{x}_{\mathrm{T}q},\eta_{l,q})\breve{s}_{q,k}(m) + \breve{\boldsymbol{w}}_{l.k}(m)
\end{aligned} \tag{9-85}
$$

式中，f_m 为第 m 根谱线对应的频率，$\boldsymbol{b}_l(m,\boldsymbol{x}_{\mathrm{T}q},\eta_{l,q}) = \eta_{l,q}\boldsymbol{a}_l(\boldsymbol{x}_{\mathrm{T}q})\mathrm{e}^{-\mathrm{j}2\pi f_m \tau_{l,q}}$。

现将 L 个观测站的频域数据进行合并可得

$$
\breve{\boldsymbol{z}}_k = \boldsymbol{B}\breve{\boldsymbol{s}}_k + \breve{\boldsymbol{w}}_k \tag{9-86}
$$

式中，$\breve{\boldsymbol{z}}_k = [\breve{\boldsymbol{z}}_{1,k}^{\mathrm{T}}(m), \breve{\boldsymbol{z}}_{2,k}^{\mathrm{T}}(m), \cdots, \breve{\boldsymbol{z}}_{L,k}^{\mathrm{T}}(m)]^{\mathrm{T}}$；$\breve{\boldsymbol{s}}_k = [\breve{s}_{1,k}(m), \breve{s}_{2,k}(m), \cdots, \breve{s}_{Q,k}(m)]^{\mathrm{T}}$；$\boldsymbol{B} = [\boldsymbol{B}_1^{\mathrm{T}}, \boldsymbol{B}_2^{\mathrm{T}}, \cdots, \boldsymbol{B}_L^{\mathrm{T}}]^{\mathrm{T}}$，$\boldsymbol{B}_l = [\boldsymbol{b}_l(m,\boldsymbol{x}_{\mathrm{T}1},\eta_{l,1}), \boldsymbol{b}_l(m,\boldsymbol{x}_{\mathrm{T}2},\eta_{l,2}), \cdots, \boldsymbol{b}_l(m,\boldsymbol{x}_{\mathrm{T}Q},\eta_{l,Q})]$；$\breve{\boldsymbol{w}}_k = [\breve{\boldsymbol{w}}_{1,k}^{\mathrm{T}}(m), \breve{\boldsymbol{w}}_{2,k}^{\mathrm{T}}(m), \cdots, \breve{\boldsymbol{w}}_{L,k}^{\mathrm{T}}(m)]^{\mathrm{T}}$。

对 K 段数据取平均可得关于频率 f_m 的阵列输出自相关矩阵为

$$
\boldsymbol{R}_{\breve{z}\breve{z}} = \mathbb{E}[\breve{\boldsymbol{z}}_k\breve{\boldsymbol{z}}_k^{\mathrm{H}}] = \boldsymbol{B}\boldsymbol{R}_{\breve{s}\breve{s}}\boldsymbol{B}^{\mathrm{H}} + \sigma_{\breve{w}}^2\boldsymbol{I}_{NL} \tag{9-87}
$$

式中，$\boldsymbol{R}_{\breve{s}\breve{s}} = \mathbb{E}[\breve{\boldsymbol{s}}_k\breve{\boldsymbol{s}}_k^{\mathrm{H}}]$，$\mathbb{E}[\breve{\boldsymbol{w}}_k\breve{\boldsymbol{w}}_k^{\mathrm{H}}] = \sigma_{\breve{w}}^2\boldsymbol{I}_{NL}$。

如果存在相干信号，则应该利用解相干[31]后的协方差矩阵进行后续计算。

假设各观测站各通道之间的噪声是高斯白噪声且互不相关，则 $\boldsymbol{B}$ 与 $\boldsymbol{R}_{\breve{z}\breve{z}}$ 的信号子空间是相关的。因此定义如下目标函数：

$$
C(\boldsymbol{x},\boldsymbol{\eta}) = \max_{\boldsymbol{x},\boldsymbol{\eta}} \boldsymbol{b}^{\mathrm{H}}(m,\boldsymbol{x},\boldsymbol{\eta})\boldsymbol{U}_{\mathrm{S}}\boldsymbol{U}_{\mathrm{S}}^{\mathrm{H}}\boldsymbol{b}(m,\boldsymbol{x}_{\mathrm{T}},\boldsymbol{\eta}) \tag{9-88}
$$

式中，$\boldsymbol{b}(m,\boldsymbol{x},\boldsymbol{\eta}) = [\boldsymbol{b}_1^{\mathrm{T}}(m,\boldsymbol{x},\eta_1), \boldsymbol{b}_2^{\mathrm{T}}(m,\boldsymbol{x},\eta_2), \cdots, \boldsymbol{b}_L^{\mathrm{T}}(m,\boldsymbol{x},\eta_L)]^{\mathrm{T}}$；$\boldsymbol{\eta} = [\eta_1,\eta_2,\cdots,\eta_L]^{\mathrm{T}}$；$\boldsymbol{U}_{\mathrm{S}}$ 表示将 $\boldsymbol{R}_{\breve{z}\breve{z}}$ 特征分解后由 Q 个大特征值对应特征向量构成的信号子空间，为 $NL\times Q$ 维矩阵。

上述目标函数可以转换如下形式：

$$
C(\boldsymbol{x},\boldsymbol{\eta}) = \max_{\boldsymbol{x},\boldsymbol{\eta}} \boldsymbol{\eta}^{\mathrm{H}}\boldsymbol{\Gamma}^{\mathrm{H}}(\boldsymbol{\Lambda}^{\mathrm{H}}\boldsymbol{U}_{\mathrm{S}}\boldsymbol{U}_{\mathrm{S}}^{\mathrm{H}}\boldsymbol{\Lambda})\boldsymbol{\Gamma}\boldsymbol{\eta} \tag{9-89}
$$

式中，$\boldsymbol{\Lambda} = \mathrm{diag}[\boldsymbol{a}_1^{\mathrm{T}}(\boldsymbol{x})\mathrm{e}^{-\mathrm{j}2\pi f_m\tau_1}, \boldsymbol{a}_2^{\mathrm{T}}(\boldsymbol{x})\mathrm{e}^{-\mathrm{j}2\pi f_m\tau_2}, \cdots, \boldsymbol{a}_L^{\mathrm{T}}(\boldsymbol{x})\mathrm{e}^{-\mathrm{j}2\pi f_m\tau_L}]$，$\boldsymbol{\Gamma} = \boldsymbol{I}_L \otimes \boldsymbol{1}_N$。

由于式（9-89）中的目标函数 $C(\boldsymbol{x},\boldsymbol{\eta})$ 是关于 $\boldsymbol{\eta}$ 的二次型，因此可以实现 $\boldsymbol{x}$ 和 $\boldsymbol{\eta}$ 的解耦合估计。首先 $\boldsymbol{\eta}$ 的最优解可表示为

$$
\hat{\boldsymbol{\eta}} = \boldsymbol{u}_{\max}\{\boldsymbol{\Gamma}^{\mathrm{H}}(\boldsymbol{\Lambda}^{\mathrm{H}}\boldsymbol{U}_{\mathrm{S}}\boldsymbol{U}_{\mathrm{S}}^{\mathrm{H}}\boldsymbol{\Lambda})\boldsymbol{\Gamma}\} \tag{9-90}
$$

式中，$\boldsymbol{u}_{\max}\{\boldsymbol{\Gamma}^{\mathrm{H}}(\boldsymbol{\Lambda}^{\mathrm{H}}\boldsymbol{U}_{\mathrm{S}}\boldsymbol{U}_{\mathrm{S}}^{\mathrm{H}}\boldsymbol{\Lambda})\boldsymbol{\Gamma}\}$ 表示求矩阵 $\boldsymbol{\Gamma}^{\mathrm{H}}(\boldsymbol{\Lambda}^{\mathrm{H}}\boldsymbol{U}_{\mathrm{S}}\boldsymbol{U}_{\mathrm{S}}^{\mathrm{H}}\boldsymbol{\Lambda})\boldsymbol{\Gamma}$ 最大特征值对应的单位特征向量。

将式（9-90）代入式（9-89）可得辐射源的位置估计

$$
\hat{\boldsymbol{x}}_{\mathrm{T}} = \arg\max_{\boldsymbol{x}\in\boldsymbol{\Omega}_{\boldsymbol{x}}} \lambda_{\max}\{\boldsymbol{\Gamma}^{\mathrm{H}}(\boldsymbol{\Lambda}^{\mathrm{H}}\boldsymbol{U}_{\mathrm{S}}\boldsymbol{U}_{\mathrm{S}}^{\mathrm{H}}\boldsymbol{\Lambda})\boldsymbol{\Gamma}\} \tag{9-91}
$$

式中，$\lambda_{\max}\{\boldsymbol{\Gamma}^{\mathrm{H}}(\boldsymbol{\Lambda}^{\mathrm{H}}\boldsymbol{U}_{\mathrm{S}}\boldsymbol{U}_{\mathrm{S}}^{\mathrm{H}}\boldsymbol{\Lambda})\boldsymbol{\Gamma}\}$ 表示矩阵 $\boldsymbol{\Gamma}^{\mathrm{H}}(\boldsymbol{\Lambda}^{\mathrm{H}}\boldsymbol{U}_{\mathrm{S}}\boldsymbol{U}_{\mathrm{S}}^{\mathrm{H}}\boldsymbol{\Lambda})\boldsymbol{\Gamma}$ 的最大特征值。

由于 $\boldsymbol{B}$ 与 $\boldsymbol{R}_{\bar{z}\bar{z}}$ 的噪声子空间相互正交，也可以用 $\boldsymbol{R}_{\bar{z}\bar{z}}$ 特征分解后 $N-Q$ 个小特征值对应特征向量构成的噪声子空间 $\boldsymbol{U}_{\mathrm{N}}$ 求辐射源的位置：

$$\hat{\boldsymbol{x}}_{\mathrm{T}} = \arg\min_{\boldsymbol{x}\in\boldsymbol{\Omega}_{\boldsymbol{x}}} \lambda_{\min}\{\boldsymbol{\Gamma}^{\mathrm{H}}(\boldsymbol{\Lambda}^{\mathrm{H}}\boldsymbol{U}_{\mathrm{N}}\boldsymbol{U}_{\mathrm{N}}^{\mathrm{H}}\boldsymbol{\Lambda})\boldsymbol{\Gamma}\} \tag{9-92}$$

式中，$\lambda_{\min}\{\boldsymbol{\Gamma}^{\mathrm{H}}(\boldsymbol{\Lambda}^{\mathrm{H}}\boldsymbol{U}_{\mathrm{N}}\boldsymbol{U}_{\mathrm{N}}^{\mathrm{H}}\boldsymbol{\Lambda})\boldsymbol{\Gamma}\}$ 为矩阵 $\boldsymbol{\Gamma}^{\mathrm{H}}(\boldsymbol{\Lambda}^{\mathrm{H}}\boldsymbol{U}_{\mathrm{N}}\boldsymbol{U}_{\mathrm{N}}^{\mathrm{H}}\boldsymbol{\Lambda})\boldsymbol{\Gamma}$ 的最小特征值。

假设存在两个目标辐射源，其位置分别为[2, 2]和[4, 4]，其辐射的窄带信号被三个观测站接收到，其位置坐标分别为[−6, 6]，[6, 6]和[6, −6]，相对位置示意如图 9-24 所示。观测站安装有 8 元均匀线阵，其相邻阵元间距与波长比为 $d/\lambda = 0.5$，点数为 512，信噪比为 5dB。

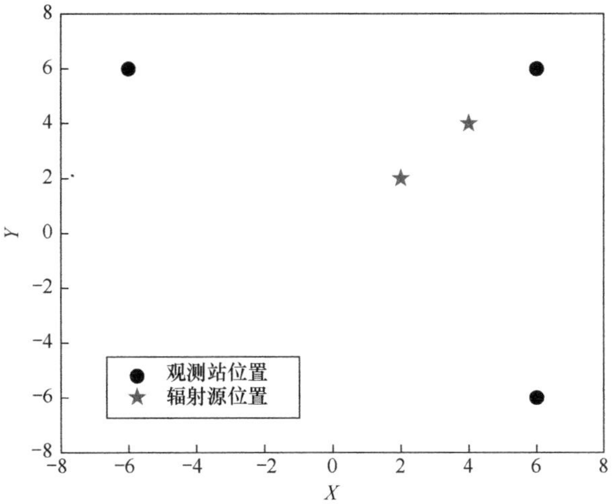

图 9-24　三个观测站与两个目标位置示意

利用本节介绍的算法得到的定位结果如图 9-25 所示，在目标位置处会形成明显的谱峰，选取两个峰值位置即目标的位置估计结果。

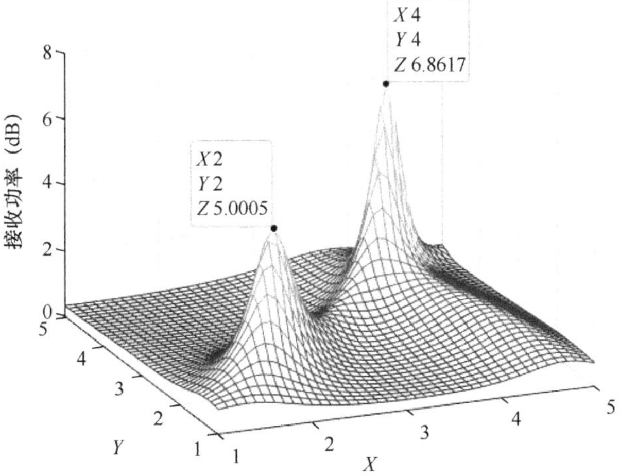

图 9-25　联合方向和时差的直接定位结果

9.2.4 其他直接定位方法

在基于外辐射源的直接定位方面，文献[40]研究了在 MIMO 雷达系统中外辐射源直接定位技术，分别研究了信号已知、信号确定但未知、信号随机三种情况。在文献[40]中，针对匀速运动的单目标定位问题，提出一种基于时延和多普勒频移的运动目标直接定位技术。在此基础上，提出基于牛顿法的优化迭代模型，计算复杂度显著低于网格搜索法。仿真分析结果表明，在信噪比较低的场景，由于噪声使得目标函数局部极值点增加，基于牛顿法的优化迭代模型性能低于网格搜索法，而随着信噪比的提升，两者性能接近。针对基于外辐射源的多目标联合定位问题，文献[41]研究了一种基于 MUSIC 准则的多目标直接定位算法及一种基于 MVDR 准则的多目标直接定位算法，并提出了一种基于改进模拟退火的多目标被动快速定位算法。文献[42]研究了以全球导航卫星系统（GNSS）信号为外辐射源的直接定位算法，讨论了基于广义似然比检验的定位算法和基于交叉模糊函数的定位算法。

在对运动目标直接定位方面，文献[43]提出了一种针对匀速运动目标的多普勒频移直接定位方法。文中首先基于最大似然准则推导了直接估计目标初始位置和运动速度的优化模型，并提出了一种基于矩阵特征值扰动定理的 G-N 迭代算法，可避免多维参数网格搜索所导致的庞大运算量。针对运动目标直接定位高维未知参数联合搜索的困难，文献[44]提出了一种基于多粒子滤波器的直接定位方法，该方法相较于传统粒子滤波器所需粒子数更少，且其收敛性可在理论上予以证明。

9.3 本章小结

本章介绍了智能定位方法的典型应用场景并给出了信号级、参数级、决策级智能定位应用案例，介绍了直接定位算法和工程实现过程中不同场景的实现算法，主要结论有：

（1）在大信噪比差条件下，基于深度学习回归网络的时差测量方法相对于传统相关法优势显著。

（2）在多种固定误差共存场景，基于深度学习的智能定位方法提供了一种快速求解辐射源位置的方案，但在应用之前应关注训练样本的可获得性。

（3）基于深度学习的决策级融合方法提供了一种融合多类统计属性不明的定位结果的高效方案。

（4）直接定位属于相干算法，因此其理论定位误差不大于相应技术体制的两步法定位误差，定位线参数变化越大，直接定位相对于两步法的定位精度优势越大。

（5）对于多辐射源定位问题，直接定位无须进行配对剔除虚假位置，可直接求得多个辐射源的位置。

本章参考文献

[1] CHANG S. A deep learning approach for localization systems of high-speed objects[J]. IEEE Access, 2019, 7: 96521-96530.

[2] HOUÉGNIGAN L, SAFARI P, NADEU C, et al. Machine and deep learning approaches to localization and range estimation of underwater acoustic sources[C]. 2017 IEEE/OES Acoustics in Underwater Geosciences

Symposium (RIO Acoustics). IEEE, 2017: 1-6.

[3] 胡海洋，邹进贵，张艺航. 基于 BP 神经网络的自适应 Kalman 滤波在滑坡沉降监测中的应用研究[J]. 测绘与空间地理信息，2019，42(6)：236-239.

[4] LI J, LU I T, LU J S, et al. Robust kernel-based machine learning localization using NLOS TOAs or TDOAs [C]. 2017 IEEE Long Island Systems, Applications and Technology Conference (LISAT). IEEE, 2017: 1-6.

[5] ZHANG Y. Outdoor localization framework with telco data [C]. 2019 20th IEEE International Conference on Mobile Data Management (MDM). IEEE, 2019: 395-396.

[6] CHEN Y S, HSU C S, HUANG C Y, et al. Outdoor localization for LoRaWans using semi-supervised transfer learning with grid segmentation[C]. 2019 IEEE VTS Asia Pacific Wireless Communications Symposium (APWCS). IEEE, 2019: 1-5.

[7] WANG W, HUANG T, LIU H, et al. Localization algorithm based on SVM-data fusion in wireless sensor networks[C]. 2009 Third International Conference on Genetic and Evolutionary Computing. IEEE, 2009: 447-450.

[8] AL-SAMAHI S S A, HO K C, ISLAM N. E. Improving elliptic/hyperbolic localization under multipath environment using neural network for ourlier detection [C]. IEEE INFOCOM 2019-IEEE Conference on Computer Communications Workshops. IEEE, 2019: 933-938.

[9] ROECKER J A. On combining multidimensional target location ellipsoids [J]. IEEE Transactions on Areospace and Electronic Systems, 1991, 27(1): 175-178.

[10] WAX M, KAILATH T. Decentralized processing in sensor arrays[J]. IEEE Transactions on Acoustics, Speech, and Signal Processing, 1985, 33(4): 1123-1129.

[11] WEISS A J. Direct position determination of narrowband radio frequency transmitters[J]. IEEE Signal Processing Letters, 2004, 11(5): 513-516.

[12] WEISS A J. Direct position determination of narrowband radio transmitters[C]. 2004 IEEE International Conference on Acoustics, Speech, and Signal Processing. IEEE, 2004, 2: 249-252.

[13] WEISS A J, AMAR A. Direct Geolocation of Stationary Wideband Radio Signal Based on Time Delays and Doppler shifts[C]. IEEE/SP 15th Workshop on Statistical Signal Processing, 2009: 101-104.

[14] WEISS A J. Direct geolocation of wideband emitters based on delay and Doppler[J]. IEEE Transactions on Signal Processing, 2011, 59(6): 2513-2521.

[15] VANKAYALAPATI N, KAY S, DING Q. TDOA based direct positioning maximum likelihood estimator and the Cramer-Rao bound[J]. IEEE Transactions on Aerospace and Electronic Systems, 2014, 50(3): 1616-1635.

[16] AMAR A, WEISS A J. Localizaiton of narrowband radio emitters based on Doppler frequency shift[J]. IEEE Transactions on Signal Processing, 2008, 56(11): 5500-5508.

[17] WEISS A J, AMAR A. Direct position determination of multiple radio signals[J]. EURASIP Journal on Applied Signal Processing, 2005(1): 37-49.

[18] AMAR A, WEISS A J. Direct position determination of multiple radio signals[C]. 2004 IEEE International Conference on Acoustics, Speech, and Signal Processing (proceedings), 2004: 81-84.

[19] LI J Z, YANG L, GUO F C, et al. Coherent summation of multiple short-time signals for direct positioning of a wideband source based on delay and Doppler[J]. Digital Signal Processing, 2016, 48: 58-70.

[20] LU Z Y, BA B, WANG J H, et al. A direct position determination method with combined TDOA and FDOA

based on particle filter[J]. Chinese Journal of Aeronautics, 2018, 31(1): 161-168.

[21] HU D X, LUO L P, HUANG D H, et al. A Joint TDOA, FDOA and Doppler Rate Parameters Estimation Method and Its Performance Analysis[C]. 2019 IEEE 21st International Conference on High Performance Computing and Communications; IEEE 17th International Conference on Smart City; IEEE 5th International Conference on Data Science and Systems, 2019: 2482-2486.

[22] BAR-SHALOM O, WEISS A J. Direct position determination of OFDM signals[C]. 2007 IEEE 8th Workshop on Signal Processing Advances in Wireless Communications. IEEE, 2007: 1-5.

[23] 欧阳鑫信，万群，曹景敏，等. 跳频信号的时差直接定位[J]. 电子学报，2017，45(4)：820-825.

[24] VANKAYA N, KAY S, DING Q. TDOA based direct positioning maximum likelihood estimator and the Cramer-Rao bound[J]. IEEE Transactions on Aerospace and Electronic Systems, 2014, 50(3): 1616-1635.

[25] 张贤达. 矩阵分析与应用[M]. 北京：清华大学出版社，2004.

[26] WU G Z, ZHANG M, GUO F C, et al. Self-Calibration direct position determination using a single moving array with sensor gain and phase errors[J]. Signal Procession, 2020, 107587: 1-11.

[27] OISPUU M, NICKEL U. Direct detection and position determination of multiple sources with intermittent emission[J]. Signal Processing, 2010, 90(12): 3056-3064.

[28] ZHANG Y, BA B, WANG D, et al. Direct position determination of multiple non-circular sources with a moving coprime Array[J]. Sensors, 2018, 18(5): 1479.

[29] 王鼎，张刚，沈彩耀，等. 一种针对恒模信号的运动单站直接定位算法[J]. 航空学报，2016，37(5)：1622-1633.

[30] TIRER T, WEISS A J. High resolution direct position determination of radio frequency sources[J]. IEEE Signal Processing Letter, 2016, 23(2): 192-196.

[31] 郭林朋，曲长文，冯奇，等. 基于解相干 MUSIC 的相干信源直接定位法研究[J]. 舰船电子工程，2019，39(2)：52-55，65.

[32] AMAR A, WEISS A J. Analysis of direct position determination approach in the presence of model errors [C]. IEEE/SP 13th Workshop on Statistical Signal Processing. IEEE, 2005: 521-524.

[33] WEISS A J. Direct grolocation of wideband emitters based on delay and Doppler[J]. IEEE Tansactions on Singal Processing, 2011, 59(6): 2513-2521.

[34] BAR-SHALOM O, WEISS A J. Transponder-aided signle platform geolocation[J]. IEEE Transactions on signal processing , 2013, 61(5): 1239-1248.

[35] JEAN O, WEISS A J. Synchronization via arbitrary satellite signals[J]. IEEE Transactions on Signal Processing, 2014, 62(8): 2042-2055.

[36] JEAN O, WEISS A J. Passive localization and synchronization using arbitray signals[J]. IEEE Transactions on Signal Processing, 2014, 62(8): 2143-2150.

[37] SIDI A Y, WEISS A J. Delay and Doppler induced direct tracking by particle filter[J]. IEEE Transactions on Aerospace and Electronic Systems, 2014, 50(1): 559-572.

[38] AMAR A, WEISS A J. Direct position determination (DPD) of multiple known and unknown radio-frequency signals [C]. 2004 12th European Signal Processing Conference. IEEE, 2004: 1115-1118.

[39] VANKAYALAPATI N, KAY S, DING Q. TDOA based direct positioning maximum likelihood estimator and the Cramer-Rao bound [J]. IEEE Transactions on Aerospace and Electronic Systems, 2014, 5(3): 1616-1635.

[40] 薛文丽. 无源定位中的直接定位技术研究[D]. 成都：电子科技大学，2020.

[41] 梁志宇. 基于外辐射源的被动定位技术研究[D]. 成都：电子科技大学，2020.

[42] 卢铭迪. 以卫星信号为外辐射源的直接定位方法研究[D]. 成都：电子科技大学，2019.

[43] 王鼎，张刚. 一种基于窄带信号多普勒频率测量的运动目标直接定位方法[J]. 电子学报，2017，3(3)：591-598.

[44] MA F, GUO F, YANG L. Direct position determination of moving sources based on delay and Doppler [J]. IEEE Sensors Journal, 2020, 20(14): 7859-7869.

第 10 章　运动目标跟踪

第 4～9 章主要介绍了对静止目标的定位方法，在第 7 章还介绍了观测方程适定/超定情况下对运动目标的瞬时定位测速方法。在实际应用过程中，还可能存在以下需求：①观测方程蕴含目标速度，但是欠定的，无法通过一次观测就求解出目标的位置和速度；②观测方程并不蕴含目标速度，但希望对此予以估计；③观测方程是适定/超定的，但希望基于当前时刻之前的多次观测降低当前时刻的定位误差；④希望获得运动目标的相对连续、平滑的运动轨迹；⑤希望预测目标未来某一时刻的状态。当目标运动遵循一定规律时，采用运动辐射源跟踪方法就有可能满足上述需求。本章即对运动目标的跟踪方法予以简单介绍，10.1 节结合测向定位、时差定位、时频差组合定位等具体应用场景介绍对单目标的实用跟踪方法，10.2 节介绍应用广泛且仍不断涌现最新研究成果的随机有限集多目标跟踪方法。运动目标跟踪内容结构示意如图 10-1 所示。

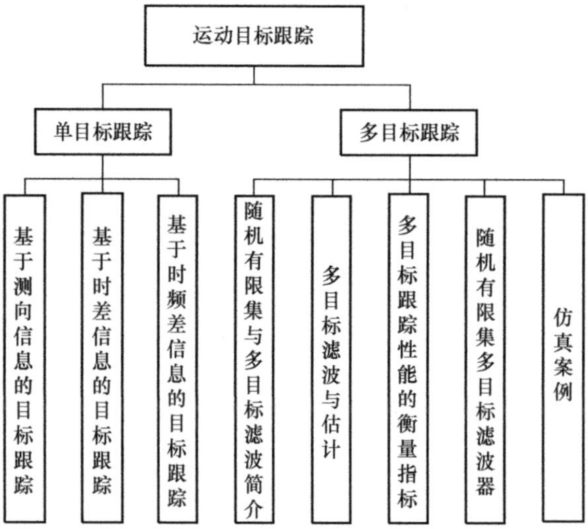

图 10-1　运动目标跟踪内容结构示意

10.1　单目标跟踪

对于单个运动目标的定位跟踪问题，主流的单目标跟踪算法主要有卡尔曼滤波（KF）算法、扩展卡尔曼滤波（EKF）算法、无迹卡尔曼滤波（UKF）算法、粒子滤波（PF）算法等。在状态转移方程和观测方程近似线性变换，且相应的过程噪声和观测噪声均为加性高斯噪声的情况下，可得到贝叶斯递归的闭合解。由于来波方向、时差等观测值是未知目标状态的非线性函数，对于非线性滤波问题，一般得不到最优解。EKF 算法利用线性化技术将非线性滤波问题转化为一个近似的线性滤波问题，再借鉴 KF 算法进行求解，是一种次优解决方案。然而，EKF 算法需要求解雅可比矩阵，限制了其应用范围。UKF 算法基于不敏变换，采用有限的参数来近似随机量的统计特性。不同于 EKF 算法对非线性动态和（或）非线性测量模型进行线性化近似，UKF 算法是对状态矢量的概率密度函数进行近似。由于 UKF 算法无须推导和计算复杂的雅可比矩阵或更高阶的海森矩阵，且估计精度可达 2 阶，得到广泛应用。以上算法均假设目标状态矢量及观测矢量服从高斯或高斯混合分布，对于非高斯系统，一般可采用 PF 算法，其基本原理是使用随机样本（粒子）来近似感兴趣的概率分布，该算法是对贝叶斯递归数值近似的一类解决方案。

对于单目标跟踪这里主要介绍基于测向信息、时差信息和时频差信息的目标跟踪。基于测向信息的目标跟踪介绍了基于测向信息的运动辐射源的可观测性、基于运动单站测向信息的跟踪算法和基于多站测向信息的跟踪算法。基于时差信息的目标跟踪算法介绍 IMM 算法在机动目标跟踪方面的应用。在基于时频差信息的运动目标跟踪算法中，基于三站空中动目标场景介绍 UKF 算法在基于时频差的动目标跟踪方面的应用，还介绍自适应 UKF 算法的应用；基于四星对空中动目标定位跟踪场景介绍 EKF 算法在基于时频差的动目标跟踪方面的应用。

10.1.1 基于测向信息的目标跟踪

10.1.1.1 基于测向信息的运动辐射源的可观测性

对于运动辐射源，利用测向信息可以实现对其定位和跟踪，但需要分析其可观测性，即仅利用测向信息能否唯一地确定辐射源的运动轨迹[1, 2]。下面给出一些仅利用测向信息对运动辐射源的可观测性结论，具体证明过程见文献[3]。

（1）对于单站测向定位系统，只有当测向站的运动阶数大于辐射源的运动阶数时，且辐射源不是沿着观测站的径向方向运动，才有可能唯一确定辐射源的运动轨迹；

（2）对于多个观测站组成的测向定位系统，当观测站不全部共线，或测向站共线但辐射源并不在该连线上运动时，可以唯一确定辐射源的运动轨迹。

10.1.1.2 基于运动单站测向信息的跟踪算法

以二维空间辐射源为例，假设运动辐射源做匀速直线运动，则观测站需要做机动型运动，每隔时间 T 进行一次观测，在第 k 个观测时刻，观测站的状态为 $\boldsymbol{x}_{\mathrm{O},k}=[x_{1,k},y_{1,k},\dot{x}_{1,k},\dot{y}_{1,k}]^{\mathrm{T}}$，辐射源的状态为 $\boldsymbol{x}_k=[x_k,y_k,\dot{x}_k,\dot{y}_k]^{\mathrm{T}}$，且测得的方位角为 α_k。则观测站对于辐射源的观测方程为

$$\alpha_k=\arctan\left(\frac{y_k-y_{1,k}}{x_k-x_{1,k}}\right) \tag{10-1}$$

当辐射源运动存在扰动时，辐射源的状态转移方程为

$$\boldsymbol{x}_k=\boldsymbol{F}_k\boldsymbol{x}_{k-1}+\boldsymbol{\varepsilon}_k \tag{10-2}$$

式中，$\boldsymbol{\varepsilon}_k$ 为状态扰动矢量，假设其服从零均值高斯分布，且协方差矩阵为 $\boldsymbol{Q}_k=\mathbb{E}(\boldsymbol{\varepsilon}_k\boldsymbol{\varepsilon}_k^{\mathrm{T}})$，状态转移矩阵 $\boldsymbol{F}_k=\begin{bmatrix}\boldsymbol{I}_2 & T\boldsymbol{I}_2\\ \boldsymbol{0} & \boldsymbol{I}_2\end{bmatrix}$。

实际观测站得到的测向结果总是含有误差，则其观测方程为

$$z_k=\arctan\left(\frac{y_k-y_{1,k}}{x_k-x_{1,k}}\right)+\xi_k=h_k(\boldsymbol{x}_k,\boldsymbol{x}_{\mathrm{O},k})+\xi_k \tag{10-3}$$

式中，ξ_k 为观测误差，假设其服从零均值高斯分布，且方差为 $R_k=\mathbb{E}(\xi_k^2)$。

上述给出的观测方程是非线性的，EKF 算法的基本思想是将观测方程在预测值$\hat{\boldsymbol{x}}_{k,k-1}$处进行一阶泰勒展开，从而将非线性观测方程转化为线性方程，该线性方程中的观测矩阵即为非线性观测方程在矢量$\hat{\boldsymbol{x}}_{k,k-1}$处的雅可比矩阵。具体到式（10-3）中，由于观测量为标量，观测矩阵是矢量，即函数$h_k(\boldsymbol{x}_k)$在$\hat{\boldsymbol{x}}_{k,k-1}$处梯度矢量的转置：

$$\boldsymbol{H}_k(\hat{\boldsymbol{x}}_{k,k-1})=\left[\frac{y_{1,k}-\hat{y}_{k,k-1}}{(\hat{x}_{k,k-1}-x_{1,k})^2+(\hat{y}_{k,k-1}-y_{1,k})^2},\frac{\hat{x}_{k,k-1}-x_{1,k}}{(\hat{x}_{k,k-1}-x_{1,k})^2+(\hat{y}_{k,k-1}-y_{1,k})^2},0,0\right] \quad (10\text{-}4)$$

结合 3.2.2.1 节扩展卡尔曼滤波算法的流程，可给出此时的 EKF 算法的递推公式

$$\begin{cases}\hat{\boldsymbol{x}}_{k,k-1}=\boldsymbol{F}_k\hat{\boldsymbol{x}}_{k-1}\\ \boldsymbol{P}_{k,k-1}=\boldsymbol{F}_k\boldsymbol{P}_{k-1,k-1}\boldsymbol{F}_k^{\mathrm{T}}+\boldsymbol{Q}_{k-1}\\ \boldsymbol{K}=\dfrac{\boldsymbol{P}_{k,k-1}\boldsymbol{H}_k^{\mathrm{T}}(\hat{\boldsymbol{x}}_{k,k-1})}{\boldsymbol{H}_k(\hat{\boldsymbol{x}}_{k,k-1})\boldsymbol{P}_{k,k-1}\boldsymbol{H}_k^{\mathrm{T}}(\hat{\boldsymbol{x}}_{k,k-1})+R_k}\\ \hat{\boldsymbol{x}}_k=\hat{\boldsymbol{x}}_{k,k-1}+\boldsymbol{K}[z_k-h_k(\hat{\boldsymbol{x}}_{k,k-1})]\\ \boldsymbol{P}_{k,k}=[\boldsymbol{I}-\boldsymbol{K}\boldsymbol{H}_k(\hat{\boldsymbol{x}}_{k,k-1})]\boldsymbol{P}_{k,k-1}\end{cases} \quad (10\text{-}5)$$

此场景同样可以利用 UKF 算法进行定位跟踪，具体滤波过程如 3.2.2.2 节所述。式（3-49）中无迹变换涉及的状态矢量$\hat{\boldsymbol{x}}_k$的维数$n=4$，在高斯随机误差条件下$m=3-n=-1$，式（3-50）具体表达式为$\hat{\boldsymbol{\mu}}_{k,k-1}=\boldsymbol{f}_k\hat{\boldsymbol{\mu}}_{k-1,k-1}$，式（3-53）具体表达式如式（10-3）所示。

除了 3.2.2 节介绍的序贯滤波算法，转换瑞利滤波（SRF）算法是[4]针对 n 维（$n=2$，3）仅测向结果的跟踪问题而提出的一种滤波算法。该算法利用仅有测向结果的跟踪问题中存在非线性的本质结构，在假设 $k-1$ 时刻状态的条件概率密度服从高斯分布的前提下，结合最新的量测信息能够精确计算出 k 时刻状态的条件概率密度。

下面给出 SRF 算法的简单过程。设系统的状态方程和量测方程分别为

$$\boldsymbol{x}_k=\boldsymbol{F}_k\boldsymbol{x}_{k-1}+\boldsymbol{U}_k+\boldsymbol{\varepsilon}_k \quad (10\text{-}6)$$

$$\boldsymbol{z}_k=\boldsymbol{\Pi}[\boldsymbol{\Phi}\boldsymbol{x}_k+\boldsymbol{\xi}_k] \quad (10\text{-}7)$$

式中，$\boldsymbol{F}_k$为状态转移矩阵，$\boldsymbol{U}_k$为第 k 时刻观测站已知输入信息，$\boldsymbol{\varepsilon}_k$为第 k 时刻状态随机误差矢量且$\boldsymbol{\varepsilon}_k\sim\mathbb{N}(\boldsymbol{0},\boldsymbol{Q}_k)$，$\boldsymbol{z}_k$为第 $k-1$ 时刻观测站的观测矢量，$\boldsymbol{\Pi}[*]$为观测矢量在单位圆（二维）或单位球体（三维）上的投影，$\boldsymbol{\Phi}$为扩维量测矩阵，$\boldsymbol{\xi}_k$为第 k 时刻观测站随机误差矢量且$\boldsymbol{\xi}_k\sim\mathbb{N}(\boldsymbol{0},\boldsymbol{R}_k)$。

当 n=2（在二维测向定位）时，$\hat{\boldsymbol{x}}_k=[x_k-x_{1,k},y_k-y_{1,k},\dot{x}_k-\dot{x}_{1,k},\dot{y}_k-\dot{y}_{1,k}]^{\mathrm{T}}$，获得的量测仅为方位角$\alpha_k$，则$z_k=[\sin\alpha_k,\cos\alpha_k]^{\mathrm{T}}$，扩维量测矩阵$\boldsymbol{\Phi}=\begin{bmatrix}1&0&0&0\\0&0&1&0\end{bmatrix}$；当$n=3$（在三维空间测向定位）时，$\hat{\boldsymbol{x}}_k=[x_k-x_{1,k},y_k-y_{1,k},z_k-z_{1,k},\dot{x}_k-\dot{x}_{1,k},\dot{y}_k-\dot{y}_{1,k},\dot{z}_k-\dot{z}_{1,k}]^{\mathrm{T}}$，获得的量测为方位角$\alpha_k$与俯仰角$\beta_k$，则$z_k=[\cos\alpha_k\sin\beta_k,\sin\alpha_k\sin\beta_k,\cos\beta_k]^{\mathrm{T}}$，扩维量测矩阵$\boldsymbol{\Phi}=\begin{bmatrix}1&0&0&0&0&0\\0&0&1&0&0&0\\0&0&0&0&1&0\end{bmatrix}$。

则 SRF 算法的循环过程如下。

（1）给定状态矢量初值$\hat{\boldsymbol{x}}_0$及协方差$\boldsymbol{P}_{0,0}$；

（2）预测步骤：

$$\hat{\boldsymbol{x}}_{k,k-1} = \boldsymbol{F}_k \hat{\boldsymbol{x}}_{k-1} + \boldsymbol{U}_k \tag{10-8}$$

$$\boldsymbol{P}_{k,k-1} = \boldsymbol{F}_k \boldsymbol{P}_{k-1,k-1} \boldsymbol{F}_k^{\mathrm{T}} + \boldsymbol{Q}_k \tag{10-9}$$

$$\boldsymbol{V}_k = \boldsymbol{\Phi} \boldsymbol{P}_{k,k-1} \boldsymbol{\Phi}^{\mathrm{T}} + \boldsymbol{R}_k \tag{10-10}$$

$$\boldsymbol{Q}_k = \sigma^2 \left\| \boldsymbol{\Phi} \hat{\boldsymbol{x}}_{k,k-1} \right\|^2 \boldsymbol{I} \tag{10-11}$$

式中，$\hat{\boldsymbol{x}}_{k,k-1}$为第 k 时刻状态矢量预测值，$\hat{\boldsymbol{x}}_{k-1}$为第 $k-1$ 时刻状态矢量值，$\boldsymbol{P}_{k,k-1}$为第 k 时刻的滤波协方差矩阵预测值，σ^2 为观测站的测量噪声。

（3）滤波更新步骤：

$$\boldsymbol{K} = \boldsymbol{P}_{k,k-1} \boldsymbol{\Phi}^{\mathrm{T}} \boldsymbol{V}_k^{-1} \tag{10-12}$$

$$\omega_k = (\boldsymbol{z}_k^{\mathrm{T}} \boldsymbol{V}_k^{-1} \boldsymbol{z}_k)^{-1/2} \boldsymbol{z}_k^{\mathrm{T}} \boldsymbol{V}_k^{-1} \boldsymbol{\Phi} \hat{\boldsymbol{x}}_{k,k-1} \tag{10-13}$$

$$\gamma_k = (\boldsymbol{z}_k^{\mathrm{T}} \boldsymbol{V}_k^{-1} \boldsymbol{z}_k)^{-1/2} \cdot \rho(\omega_k) \tag{10-14}$$

$$\rho(\theta) = \begin{cases} \dfrac{\theta \mathrm{e}^{-\theta^2/2} + \sqrt{2\pi}(\theta^2+1)g(\theta)}{\mathrm{e}^{-\theta^2/2} + \sqrt{2\pi} \cdot \theta g(\theta)}, & n=2 \\ \theta + \dfrac{2\mathrm{e}^{-\theta^2/2} + 2\sqrt{2\pi} \cdot \theta g(\theta)}{\theta \mathrm{e}^{-\theta^2/2} + \sqrt{2\pi}(\theta^2+1)g(\theta)}, & n=3 \end{cases} \tag{10-15}$$

$$\delta_k = \begin{cases} (\boldsymbol{z}_k^{\mathrm{T}} \boldsymbol{V}_k^{-1} \boldsymbol{z}_k)^{-1} \cdot [2 + \omega_k \rho(\omega_k) - \rho^2(\omega_k)], & n=2 \\ (\boldsymbol{z}_k^{\mathrm{T}} \boldsymbol{V}_k^{-1} \boldsymbol{z}_k)^{-1} \cdot [3 + \omega_k \rho(\omega_k) - \rho^2(\omega_k)], & n=3 \end{cases} \tag{10-16}$$

$$\hat{\boldsymbol{x}}_k = \left(\boldsymbol{I} - \boldsymbol{K}\boldsymbol{\Phi}\right) \hat{\boldsymbol{x}}_{k,k-1} + \gamma_k \boldsymbol{K} \boldsymbol{z}_k \tag{10-17}$$

$$\boldsymbol{P}_{k,k} = (\boldsymbol{I} - \boldsymbol{K}\boldsymbol{\Phi}) \boldsymbol{P}_{k,k-1} + \delta_k \boldsymbol{K} \boldsymbol{z}_k \boldsymbol{z}_k^{\mathrm{T}} \boldsymbol{K}^{\mathrm{T}} \tag{10-18}$$

$$g(\theta) = \frac{1}{\sqrt{\pi}} \int_{-\theta/\sqrt{2}}^{\infty} \mathrm{e}^{-t^2} \mathrm{d}t \tag{10-19}$$

假设辐射源的初始位置坐标为[800, 800]（m），其在 X 轴方向和 Y 轴方向上的速度分量均为 8m/s，共观测 200 次，测向误差服从零均值高斯分布，测向误差的标准差为 1°；单个运动观测站初始位置坐标为[500, 0]（m），做 1.8°/s 的圆周运动。观测站与目标辐射源运动航迹示意如图 10-2 所示。

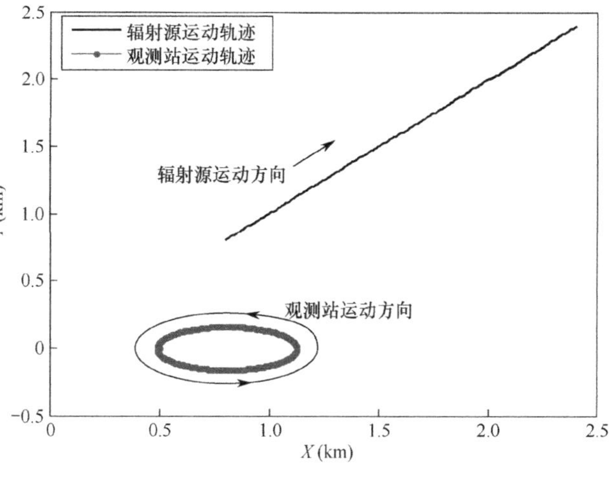

图 10-2　观测站与目标辐射源运动航迹示意

EKF/UKF/SRF 算法跟踪误差结果如图 10-3 所示。由图 10-3 可以看出，当滤波初值接近真实值时，EKF、UKF、SRF 算法跟踪结果均可较好地实现误差收敛，且 SRF 算法误差收敛速度最快；当滤波初值偏离真实值较远时，EKF 算法已无法实现跟踪误差收敛，而 UKF 算法与 SRF 算法可较好地实现误差收敛，且 SRF 算法跟踪误差收敛更快更小。由此可以看出，UKF 算法与 SRF 算法对于初值的选取具有更高的误差容忍度，即在初值选取误差较大时，仍然可以实现辐射源的跟踪误差收敛。

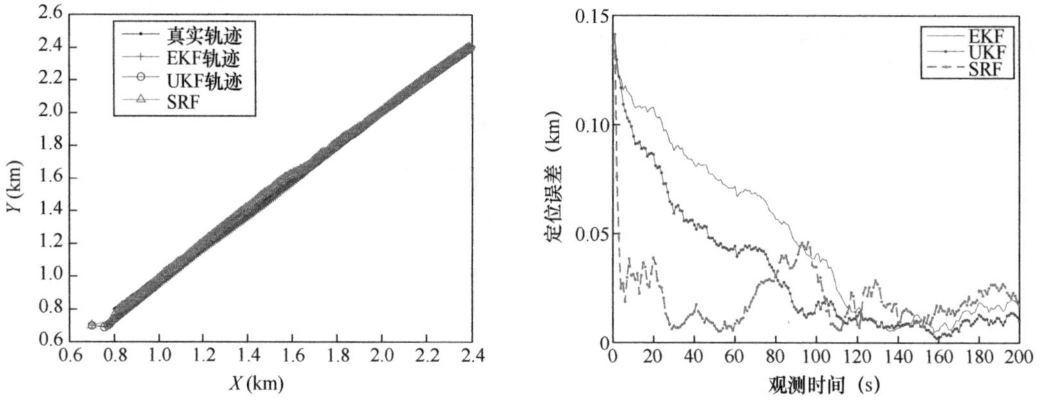

(a) 滤波初值接近真实值时的跟踪航迹曲线与误差收敛

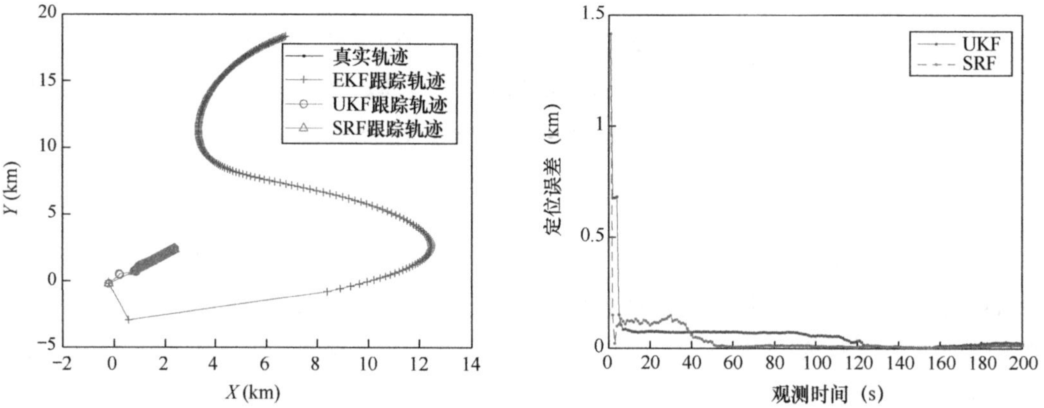

(b) 滤波初值偏离真实值较远时的跟踪航迹曲线与误差收敛

图 10-3 EKF/ UKF/SRF 算法跟踪误差结果

10.1.1.3 基于多站测向信息的定位跟踪算法

假设有两个固定观测站对一个运动辐射源进行定位跟踪，观测站与运动辐射源相对位置示意如图 10-4 所示。

两个固定观测站位置坐标分别为[0.5, 0](km)，[1.8, 0.65](km)。辐射源初始位置坐标为[0.8, 0.8](km)，先以[0.008, 0.008](km/s)的速度匀速运动 50s，然后以 3.6°/s 的速度匀速旋转 50s，再以[−0.0057, −0.0057](km/s)的速度匀速运动 50s，最后以 3.6°/s 的速度匀速旋转 50s。共观测 200s，两个固定观测站的测向误差为 1°，且互不相关。利用 3.2.2 节介绍的序贯滤波算法可以对该场景的定位跟踪进行仿真分析。滤波跟踪轨迹与收敛误差如图 10-5 所示。

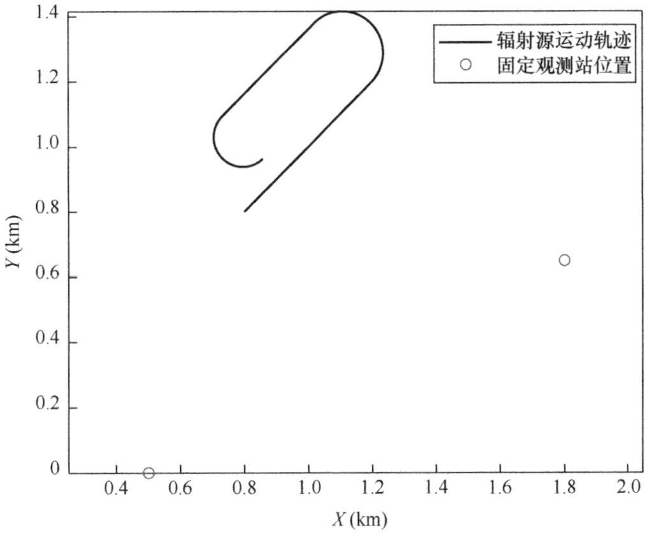

图 10-4　观测站与运动辐射源相对位置示意

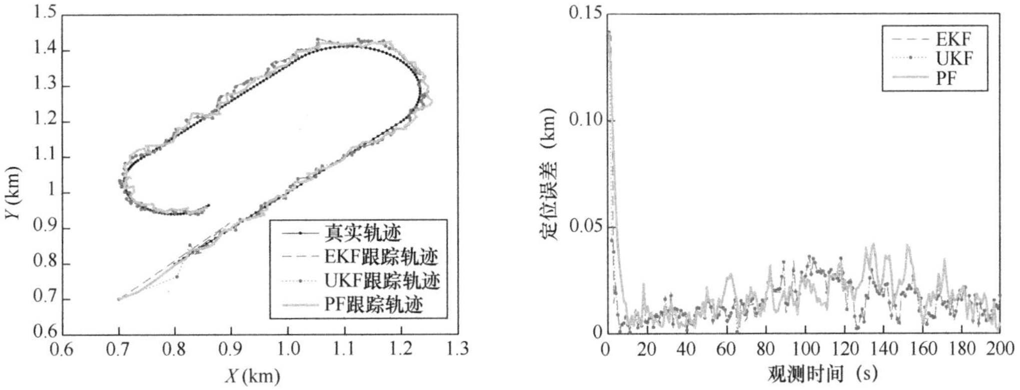

图 10-5　滤波跟踪轨迹与收敛误差

由图 10-5 可以看出，利用多个固定观测站对于机动辐射源进行定位跟踪，EKF 算法、UKF 算法、PF 算法均可较好地对机动辐射源进行定位跟踪。需要指出的是，粒子滤波的优势在于其通用性，并非在任何非线性滤波问题上都有跟踪性能上的优势，这是因为：①作为一种基于随机采样的实现方法，粒子滤波算法必须以大量的粒子为基础，运算开销较大；②对于仅方位量测的定位跟踪，传统的一阶泰勒展开近似方法本身已能达到较理想的效果，采用粒子滤波手段所能获得的额外效果甚微。因此，在实际应用中，应该根据待处理问题的特点对拟采用的方法进行合理选择。

10.1.2　基于时差信息的目标跟踪

对于运动目标可以利用 3.2.2 节的滤波算法进行跟踪，现在考虑利用例 5.1 中三个地面固定站，利用时差信息对一个机动目标进行跟踪，假定目标的飞行高度固定为 10000m，目标起始位置为[5410, 13270](m)，首先以[−130, −180](m/s)的速度匀速直线运动 33.3s，然后以 6°/s 的角速度匀速旋转 33.3s，然后做加速度为-3m/s^2的直线匀加速运动。将 τ_{21}、τ_{31} 作为观测量，采用匀速运动（CV）模型，并利用 EKF 算法、UKF 算法、PF 算法进行比校，结果较如图 10-6 所示。类似于 10.1.1.2 节中的算法，则根据式（5-2）可知，只需要将式（10-4）中

的 $\boldsymbol{H}_k(\hat{\boldsymbol{x}}_{k,k-1})$ 替换为

$$\boldsymbol{H}_k(\hat{\boldsymbol{x}}_{k,k-1})=\begin{bmatrix} \frac{1}{c}\left(\frac{\hat{x}_{k,k-1}-x_2}{r_2}-\frac{\hat{x}_{k,k-1}-x_1}{r_1}\right) & \frac{1}{c}\left(\frac{\hat{y}_{k,k-1}-y_2}{r_2}-\frac{\hat{y}_{k,k-1}-y_1}{r_1}\right) & 0 & 0 \\ \frac{1}{c}\left(\frac{\hat{x}_{k,k-1}-x_3}{r_3}-\frac{\hat{x}_{k,k-1}-x_1}{r_1}\right) & \frac{1}{c}\left(\frac{\hat{y}_{k,k-1}-y_3}{r_3}-\frac{\hat{y}_{k,k-1}-y_1}{r_1}\right) & 0 & 0 \end{bmatrix} \tag{10-20}$$

式中，$r_l=\sqrt{(x_l-\hat{x}_{k,k-1})^2+(y_l-\hat{y}_{k,k-1})^2+10000^2}$，$l=1,2,3$。

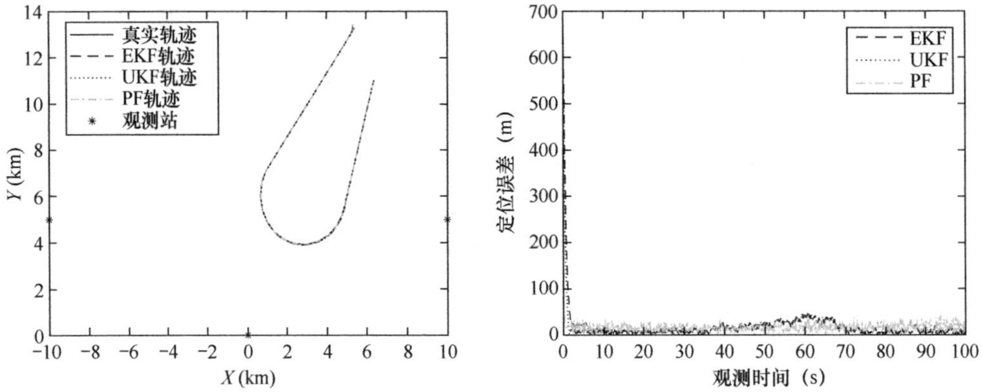

图 10-6 滤波跟踪轨迹与收敛误差

由图 10-6 可知，PF 算法虽然计算量较大，但是能够更快跟踪到目标正确轨迹，并且在转弯过程中具有更小的跟踪误差，EKF 算法和 UKF 算法定位误差基本相当，在匀速和匀加速过程中均比 PF 算法误差小，其中 UKF 算法收敛更快，并且在一些场景中更稳健。

在实际应用中，存在目标运动模型或部分模型参数未知的情况，在 10.1.2.1 节和 10.1.3.1 节中给出了一些解决方案。

10.1.2.1 机动目标跟踪

机动目标就是指目标的机动性较大，目标运动的速度和加速度等参数都会随时间不断变化，因此利用传统滤波算法固定一种运动模型会使跟踪误差明显加大，交互式多模型（IMM）滤波算法[5]能够有效解决机动目标跟踪的问题。

IMM 算法方法设置了一个包含 N 个目标运动状态的模型集 M_i，$i=1,2,\cdots,N$，N 个模型之间可以相互转换，模型间的相互转换服从马尔可夫过程。在运算过程中，根据各运动模型与目标运动过程的匹配程度为每个模型分配一定的概率，当模型与目标运动状态匹配度较高时，该模型被分配的概率大。最终输出的结果为 N 个模型跟踪结果的加权平均。

假设 k 时刻模型 M_i 转换为 M_j 服从一个给定状态转移概率的马尔可夫链

$$\begin{cases}\gamma_{ij}=P\{M_j(k)\big|M_i(k-1)\} \\ \sum_{j=1}^{N}\gamma_{ij}=1\end{cases} \quad j=1,2,\cdots,N \tag{10-21}$$

该交互式模型的第 i 个模型在 k 时刻的运动匹配概率记为 μ_k^i，则模型的预测概率为

$$\mu_{k,k}^{ij}=\frac{\gamma_{ij}\mu_k^i}{\sum_{i=0}^{N}\gamma_{ij}\mu_k^i} \tag{10-22}$$

IMM 算法的具体步骤可以归纳如下。

（1）计算需要交互模型的参数：目标运动状态矢量 $\hat{\boldsymbol{x}}_{k-1}^{0j}$ 及混合协方差矩阵 $\boldsymbol{P}_{k-1,k-1}^{0j}$

$$\hat{\boldsymbol{x}}_{k-1}^{0j}=\sum_{i=1}^{N}\hat{\boldsymbol{x}}_{k-1}^{i}\mu_{k-1,k-1}^{ij} \tag{10-23}$$

$$\boldsymbol{P}_{k-1,k-1}^{0j}=\sum_{i=1}^{N}\mu_{k-1,k-1}^{ij}\{\boldsymbol{P}_{k-1,k-1}^{i}+[\hat{\boldsymbol{x}}_{k-1}^{i}-\hat{\boldsymbol{x}}_{k-1}^{0j}][\hat{\boldsymbol{x}}_{k-1}^{i}-\hat{\boldsymbol{x}}_{k-1}^{0j}]^{\mathrm{T}}\} \tag{10-24}$$

（2）将交互的状态矢量 $\hat{\boldsymbol{x}}_{k-1}^{0j}$ 和混合协方差矩阵 $\boldsymbol{P}_{k-1,k-1}^{0j}$ 及观测量 $\boldsymbol{z}_{k-1}$ 作为滤波算法 k 时刻的初值，经过滤波算法求出 k 时刻的状态矢量 $\hat{\boldsymbol{x}}_{k,k}^{j}$ 和误差方差 $\boldsymbol{P}_{k,k}^{j}$。

（3）各模型概率进行更新。

由 3.2.2.1 节可知每次滤波后残差及其协方差矩阵可表示为

$$\boldsymbol{v}_k^j=\boldsymbol{z}_k-h_k(\hat{\boldsymbol{x}}_{k,k-1}^{j}) \tag{10-25}$$

$$\boldsymbol{S}_k^j=\boldsymbol{H}_k\boldsymbol{P}_{k,k-1}^{j}\boldsymbol{H}_k^{\mathrm{T}}+\boldsymbol{R}_k \tag{10-26}$$

因此，模型 i 的似然函数可表示为

$$\Lambda_k^j=\frac{1}{(2\pi)^{\frac{N}{2}}\left|\boldsymbol{S}_k^j\right|^{\frac{1}{2}}}\exp\left[-\frac{1}{2}(\boldsymbol{v}_k^j)^{\mathrm{T}}(\boldsymbol{S}_k^j)^{-1}\boldsymbol{v}_k^j\right] \tag{10-27}$$

从而得出各模型概率

$$\mu_k^j=\frac{\Lambda_k^j\sum_{i=0}^{N}\gamma_{ij}\mu_{k-1}^i}{\sum_{j=1}^{N}\left(\Lambda_k^j\sum_{i=0}^{N}\gamma_{ij}\mu_{k-1}^i\right)} \tag{10-28}$$

（4）信息融合。

根据式（10-28）求出各模型的权重，计算出系统的联合状态估计和协方差矩阵：

$$\hat{\boldsymbol{x}}_k=\sum_{i=1}^{N}\hat{\boldsymbol{x}}_k^i\mu_k^j \tag{10-29}$$

$$\boldsymbol{P}_{k,k}=\sum_{i=1}^{N}\mu_k^i\{\boldsymbol{P}_{k,k}^i+[\hat{\boldsymbol{x}}_k^i-\hat{\boldsymbol{x}}_k][\hat{\boldsymbol{x}}_k^i-\hat{\boldsymbol{x}}_k]^{\mathrm{T}}\} \tag{10-30}$$

考虑一个机动目标跟踪场景，目标首先以 200m/s 的速度做匀速直线运动 33.3s，然后以 10°/s 的角速度匀速旋转 33s，然后做加速度为 $3\mathrm{m/s^2}$ 的直线匀加速运动。图 10-7 给出了该机动目标的运动轨迹。

四个观测站的位置分别为：$\boldsymbol{x}_1=[10000,0,0]^{\mathrm{T}}$（m），$\boldsymbol{x}_2=[-10000,0,0]^{\mathrm{T}}$（m），$\boldsymbol{x}_3=[0,10000,0]^{\mathrm{T}}$（m），$\boldsymbol{x}_4=[0,-10000,0]^{\mathrm{T}}$（m），时差测量导致的测距误差为 100m，观测间隔 $\Delta t=0.1\mathrm{s}$。

考虑四种运动建模方式。第一种采用匀速运动（CV）模型，目标初始状态为：$[x_{\mathrm{T},k},y_{\mathrm{T},k},z_{\mathrm{T},k},\dot{x}_{\mathrm{T},k},\dot{y}_{\mathrm{T},k},\dot{z}_{\mathrm{T},k}]^{\mathrm{T}}=[0,0,0,200,0,0]^{\mathrm{T}}$，初始状态协方差矩阵 $Q_{\mathrm{CV}}=\mathrm{diag}[1,1,1,10^4,10^4,10^4]$；第二种采用匀速转弯运动（CT）模型，目标初始状态为：$[x_{\mathrm{T},k},y_{\mathrm{T},k},z_{\mathrm{T},k},\dot{x}_{\mathrm{T},k},\dot{y}_{\mathrm{T},k},\dot{z}_{\mathrm{T},k},\Omega]^{\mathrm{T}}=[6640,0,0,200,0,0,10]^{\mathrm{T}}$，初始状态协方差矩阵 $Q_{\mathrm{CT}}=\mathrm{diag}[1,1,1,10^4,10^4,10^4,1]$；第

三种采用匀加速运动（CA）模型，目标初始状态为：$[x_{\mathrm{T},k},y_{\mathrm{T},k},z_{\mathrm{T},k},\dot{x}_{\mathrm{T},k},\dot{y}_{\mathrm{T},k},\dot{z}_{\mathrm{T},k},\ddot{x}_{\mathrm{T},k},\ddot{y}_{\mathrm{T},k},\ddot{z}_{\mathrm{T},k}]^{\mathrm{T}}=[6137.66,115.97,0,179.76,-87.67,0,2.70,-1.32,0]^{\mathrm{T}}$，初始状态协方差矩阵 $Q_{\mathrm{AV}}=\mathrm{diag}[1,1,1,10^4,10^4,10^4,1,1,1]$，单位与相应观测量相匹配；第四种采用以上三种模型的IMM模型，状态转移概率为0.99。机动目标跟踪结果如图10-8所示，机动目标跟踪误差比较如图10-9所示。

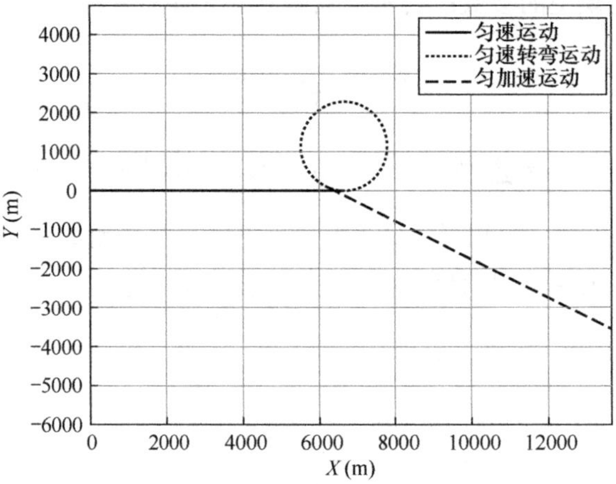

图 10-7 机动目标的运动轨迹

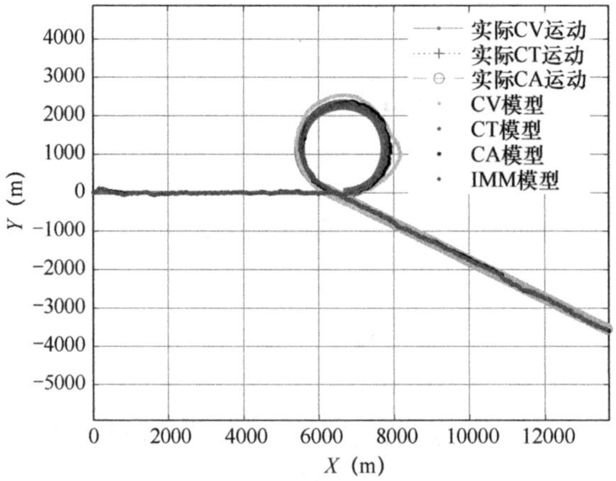

图 10-8 机动目标跟踪结果

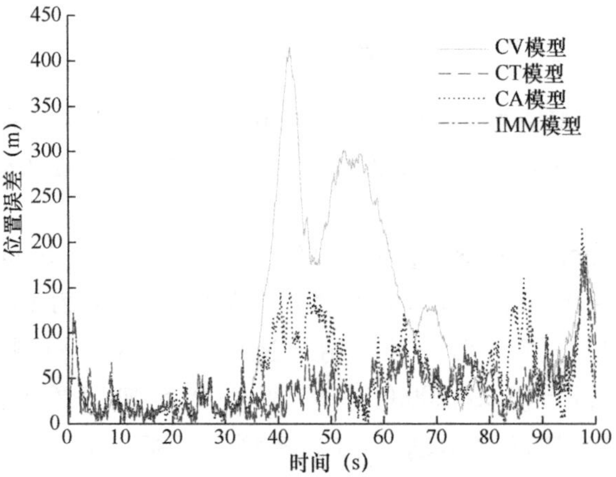

图 10-9 机动目标跟踪误差比较

由图 10-9 可知，IMM 模型相对于单模型跟踪算法能更精确地跟踪目标。由文献[6]可知，如果应用的模型个数过多，会由于过多模型之间的竞争导致精确度下降，同时计算负担也随之增加，因此一般模型个数最佳为 2～3 个。

10.1.3　基于时频差信息的目标跟踪

10.1.3.1　三站空中动目标跟踪

考虑一个三站对空中做匀速直线运动的动目标进行跟踪的场景，3 个地面固定观测站的位置分别为 $\boldsymbol{x}_1=[-500,-500,0]^{\mathrm{T}}\,(\mathrm{km})$，$\boldsymbol{x}_2=[0,0,0]^{\mathrm{T}}\,(\mathrm{km})$，$\boldsymbol{x}_3=[0,500,0]^{\mathrm{T}}\,(\mathrm{km})$，一个空中动目标高程已知，起始位置为 $\boldsymbol{u}_{\mathrm{T}}=[-200,200,10]^{\mathrm{T}}\,(\mathrm{km})$，速度为 $\boldsymbol{v}_{\mathrm{T}}=[300,200,0]^{\mathrm{T}}\,(\mathrm{m/s})$。对于目标，令 $\boldsymbol{x}_0=[\boldsymbol{u}_{\mathrm{T}}(1),\boldsymbol{u}_{\mathrm{T}}(2),\boldsymbol{v}_{\mathrm{T}}(1),\boldsymbol{v}_{\mathrm{T}}(2)]^{\mathrm{T}}$，利用 CV 模型构建状态转移方程

$$\boldsymbol{x}_k=\boldsymbol{F}_k\boldsymbol{x}_{k-1}+\boldsymbol{\varepsilon}_k \tag{10-31}$$

式中，

$$\begin{aligned}&\boldsymbol{F}_k=\begin{bmatrix}\boldsymbol{I}_2 & \Delta T\boldsymbol{I}_2\\ \boldsymbol{0}_{2\times2} & \boldsymbol{I}_2\end{bmatrix}\\ &\mathbb{E}[\boldsymbol{\varepsilon}_k]=\boldsymbol{0}_{4\times1}\\ &\boldsymbol{Q}_k=\mathrm{cov}(\boldsymbol{\varepsilon}_k)=0.5\times\begin{bmatrix}\Delta T^3/3\cdot\boldsymbol{I}_2 & \Delta T^2/2\cdot\boldsymbol{I}_2\\ \Delta T^2/2\cdot\boldsymbol{I}_2 & \Delta T\cdot\boldsymbol{I}_2\end{bmatrix}\end{aligned} \tag{10-32}$$

观测方程为

$$\boldsymbol{z}_k=\boldsymbol{h}(\boldsymbol{x}_k,\boldsymbol{\xi}_k)=[\tilde{\tau}_{21,k},\tilde{\tau}_{31,k},\tilde{f}_{21,k},\tilde{f}_{31,k}]^{\mathrm{T}} \tag{10-33}$$

式中，$\tilde{\tau}_{l1,k}$ 为时刻 k 观测站 l 与观测站 1 之间的 TDOA 观测值，$\tilde{f}_{l1,k}$ 为时刻 k 观测站 l 与观测站 1 之间的 FDOA 观测值，观测量的协方差矩阵为

$$\boldsymbol{R}_k=\begin{bmatrix}\sigma_\tau^2 & \frac{1}{2}\sigma_\tau^2 & 0 & 0\\ \frac{1}{2}\sigma_\tau^2 & \sigma_\tau^2 & 0 & 0\\ 0 & 0 & \sigma_f^2 & \frac{1}{2}\sigma_f^2\\ 0 & 0 & \frac{1}{2}\sigma_f^2 & \sigma_f^2\end{bmatrix} \tag{10-34}$$

给定目标初始位置估计 $[-199000,201000,10000]^{\mathrm{T}}\,(\mathrm{m})$，初始速度估计 $[320,-220,0]^{\mathrm{T}}\,(\mathrm{m/s})$，设定初始状态协方差矩阵 $\boldsymbol{P}_{0,0}=\mathrm{cov}(\boldsymbol{x}_0)=\mathrm{diag}[1000,1000,100,100]$，图 10-10（a）给出了采用 UKF 的目标估计位置与其实际位置的误差，图 10-10（b）给出了目标估计速度与其实际速度的误差，可见采用 UKF 算法，对目标位置和速度的跟踪误差可以较快地收敛。

在实际工程应用过程中，可能存在实际测量噪声与先验测量不一致，或在测量过程中改变的情况。此时仍采用先验测量误差协方差矩阵 $\boldsymbol{R}_k$ 可能导致较大的跟踪误差。为此，文献[7]提出了一种自适应 UKF（AUKF）算法，利用观测残差信息构建自适应渐消矩阵，消除测量噪声异常带来的影响，同时提高滤波精度。其核心是利用几步观测残差 $(\boldsymbol{z}_{k-1}-\hat{\boldsymbol{z}}_{k,k-1})$ 估计自适应矩阵，进而更新对增益矩阵 $\boldsymbol{K}$ 的估计。对于此例，假设实际测量误差为 $10\boldsymbol{R}_k$，其余设置不

变，图 10-11 给出了采用传统 UKF 算法及自适应 UKF 算法所得的 200 步跟踪过程中的定位误差，其中 UKF 算法的均方根位置误差为 127.41m，AUKF 的均方根位置误差为 96.02m。可见，在实际测量噪声与其先验信息存在较大偏差时，AUKF 算法可取得更好的跟踪性能。然而，需要指出的是，在估计自适应矩阵的过程中，为了得到较稳健的估计，一般需要较多步的观测残差（本例中为 20 步），故 AUKF 算法主要适用于跟踪步数较多的场景。

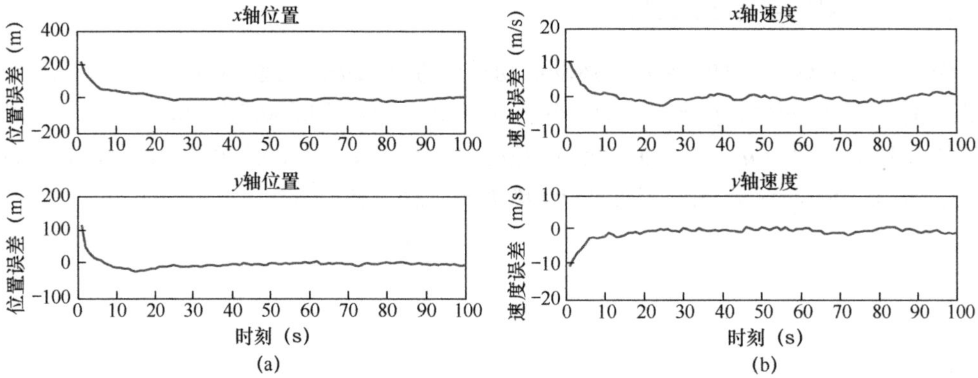

图 10-10 UKF 算法对目标位置和速度的跟踪误差

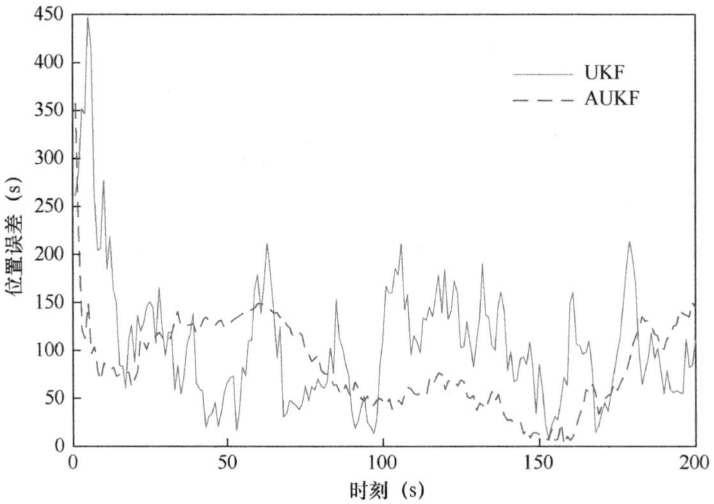

图 10-11 UKF 算法和 AUKF 算法跟踪误差比较

10.1.3.2 四星对空中动目标的定位跟踪

空中动目标由于最多具有位置和速度共六维未知量，对其进行定位跟踪往往需要较多的观测站。四星对空中动目标定位跟踪是一种典型应用场景，采用编队飞行的四颗低轨卫星可对空中运动目标进行瞬时定位测速。在四星对空中动目标定位测速的应用场景中，时频差量测往往是在地固系下建模的，其中 TDOA 和 FDOA 量测分别见式（7-2）和式（7-4）。然而，在地固系下建立运动目标的状态转移方程则很困难，无法体现出地表飞机的运动特点。因此，通常在大地坐标系下构建目标的状态转移方程。设大地坐标系下，时刻 k 目标的状态矢量为

$$\boldsymbol{x}_g^k = [L_k, B_k, H_k, V_{E,k}, V_{N,k}] \tag{10-35}$$

式中，$V_{E,k}/\ [(R+H_k)\cos B_k]$ 和 $V_{N,k}/(R+H_k)$ 分别表示 k 时刻辐射源经度和纬度的变换率。由

此得到辐射源的运动模型为

$$\boldsymbol{x}_g^k = \boldsymbol{F}_{k-1}\boldsymbol{x}_g^{k-1} + \boldsymbol{\varepsilon}_k = \boldsymbol{F}_{k-1}\boldsymbol{x}_g^{k-1} + \boldsymbol{\Gamma}_{k-1}\boldsymbol{\varepsilon}_{k-1} \tag{10-36}$$

式中，$\boldsymbol{\varepsilon}_{k-1} = [\varepsilon_{E,k}, \varepsilon_{N,k}, \varepsilon_{H,k}]^{\mathrm{T}}$，$\varepsilon_{E,k}$、$\varepsilon_{N,k}$、$\varepsilon_{H,k}$ 分别为在经度、纬度和高度方向的加速度噪声，$\mathbb{E}[\boldsymbol{\varepsilon}_k] = \boldsymbol{0}_{5\times1}$。此外，$\boldsymbol{F}_{k-1}$ 和 $\boldsymbol{\Gamma}_{k-1}$ 分别表示状态转移矩阵和系统的扰动矩阵，有

$$\boldsymbol{F}_{k-1} = \begin{bmatrix} 1 & 0 & 0 & \dfrac{\Delta T}{(R+H_{k-2})\cos B_{k-2}} & 0 \\ 0 & 1 & 0 & 0 & \dfrac{\Delta T}{(R+H_{k-2})} \\ 0 & 0 & 1 & 0 & 0 \\ 0 & 0 & 0 & 1 & 0 \\ 0 & 0 & 0 & 0 & 1 \end{bmatrix},$$

$$\boldsymbol{\Gamma}_{k-1} = \begin{bmatrix} \dfrac{\Delta T^2}{2(R+H_{k-2})\cos B_{k-2}} & 0 & 0 \\ 0 & \dfrac{\Delta T^2}{2(R+H_{k-2})} & 0 \\ 0 & 0 & \Delta T \\ \Delta T & 0 & 0 \\ 0 & \Delta T & 0 \end{bmatrix} \tag{10-37}$$

在四星时频差定位跟踪体制下，测量方程可写为

$$\boldsymbol{z}_k = \boldsymbol{h}(\boldsymbol{x}_e^k, \xi_k) = \boldsymbol{h}(\boldsymbol{x}_e^k) + \boldsymbol{\xi}_k = [\tilde{\tau}_{21,k}, \tilde{\tau}_{31,k}, \tilde{\tau}_{41,k}, \tilde{f}_{21,k}, \tilde{f}_{31,k}, \tilde{f}_{41,k}]^{\mathrm{T}} \tag{10-38}$$

式中，$\boldsymbol{x}_e^k$ 指在地固系下时刻 k 的目标状态矢量。

由于状态转移方程与测量方程并不在一个坐标系下，因此在滤波更新阶段必须考虑坐标系转换的问题。下面以 EKF 算法为例介绍对一个空中巡航目标进行定位跟踪的过程。

第一步，获取滤波初值 $\boldsymbol{x}_g^0$ 和 $\boldsymbol{P}_{0,0}$。

第二步，预测：

$$\begin{aligned} \boldsymbol{x}_g^{k,k-1} &= \boldsymbol{F}_{k-1}\boldsymbol{x}_g^{k-1} \\ \boldsymbol{P}_{k,k-1} &= \boldsymbol{F}_k \boldsymbol{P}_{k-1,k-1}\boldsymbol{F}_k^{\mathrm{T}} + \boldsymbol{\Gamma}_k \boldsymbol{Q}_{k-1}\boldsymbol{\Gamma}_k^{\mathrm{T}} \end{aligned} \tag{10-39}$$

式中，$\boldsymbol{Q}_{k-1}$ 为 $\boldsymbol{\varepsilon}_{k-1}$ 的协方差矩阵，需根据对目标运动规律的先验信息确定。

第三步，坐标系变换：

$$\boldsymbol{x}_e^{k,k-1} = \boldsymbol{T}(\boldsymbol{x}_g^{k,k-1}) \tag{10-40}$$

式中，

$$\boldsymbol{x}_e = \begin{bmatrix} x \\ y \\ z \\ \dot{x} \\ \dot{y} \\ \dot{z} \end{bmatrix} = \begin{bmatrix} (R+H)\cos B\cos L \\ (R+H)\cos B\sin L \\ (R+H)\sin B \\ -(R+H)\cos B\sin L\cdot\dot{L} - (R+H)\sin B\cos L\cdot\dot{B} \\ (R+H)\cos B\cos L\cdot\dot{L} - (R+H)\sin B\sin L\cdot\dot{B} \\ (R+H)\cos B\dot{B} \end{bmatrix} = \boldsymbol{T}(\boldsymbol{x}_g) \tag{10-41}$$

式中，$\dot{L}=V_E/[(R+H)\cos B]$，$\dot{B}=V_N/(R+H)$ 分别为经度和纬度的变化率，则

$$\boldsymbol{x}_e=\begin{bmatrix} x \\ y \\ z \\ \dot{x} \\ \dot{y} \\ \dot{z} \end{bmatrix}=\begin{bmatrix} (R+H)\cos B\cos L \\ (R+H)\cos B\sin L \\ (R+H)\sin B \\ -V_E\sin L-V_N\sin B\cos L \\ V_E\cos L-V_N\sin B\sin L \\ V_N\cos B \end{bmatrix}=\boldsymbol{T}(\boldsymbol{x}_g) \tag{10-42}$$

第四步，计算测量方程在预测点处的雅可比矩阵：

$$\boldsymbol{H}_k=\left.\frac{\partial \boldsymbol{h}(\boldsymbol{x}_e)}{\partial \boldsymbol{x}_e}\right|_{\boldsymbol{x}_e=\boldsymbol{x}_e^{k,k-1}}\cdot\left.\frac{\partial \boldsymbol{T}(\boldsymbol{x}_e)}{\partial \boldsymbol{x}_g}\right|_{\boldsymbol{x}_g=\boldsymbol{x}_g^{k,k-1}} \tag{10-43}$$

第五步，计算滤波增益：

$$\boldsymbol{K}=\boldsymbol{P}_{k,k-1}\boldsymbol{H}_k^{\mathrm{T}}[\boldsymbol{H}_k\boldsymbol{P}_{k,k-1}\boldsymbol{H}_k^{\mathrm{T}}+\boldsymbol{R}_k]^{-1} \tag{10-44}$$

式中，$\boldsymbol{R}_k$ 是观测量的协方差矩阵。

第六步，预测更新：

$$\begin{aligned} \boldsymbol{x}_g^k &= \boldsymbol{x}_g^{k,k-1}+\boldsymbol{K}[\boldsymbol{z}_k-\boldsymbol{h}(\boldsymbol{x}_e^{k,k-1})] \\ \boldsymbol{P}_{k,k} &= \boldsymbol{P}_{k,k-1}-\boldsymbol{K}\boldsymbol{H}_k\boldsymbol{P}_{k,k-1} \end{aligned} \tag{10-45}$$

令式（10-43）中

$$\frac{\partial \boldsymbol{h}(\boldsymbol{x}_e)}{\partial \boldsymbol{x}_e}=\boldsymbol{J}^1=\begin{bmatrix} j_{11}^1 & \cdots & j_{16}^1 \\ j_{21}^1 & \cdots & j_{26}^1 \\ \vdots & \ddots & \vdots \\ j_{61}^1 & \cdots & j_{66}^1 \end{bmatrix} \tag{10-46}$$

$$\frac{\partial \boldsymbol{T}(\boldsymbol{x}_e)}{\partial \boldsymbol{x}_g}=\boldsymbol{J}^2=\begin{bmatrix} j_{11}^2 & \cdots & j_{15}^2 \\ j_{21}^2 & \cdots & j_{25}^2 \\ \vdots & \ddots & \vdots \\ j_{61}^2 & \cdots & j_{65}^2 \end{bmatrix} \tag{10-47}$$

式（10-46）和式（10-47）各分量的具体表达式见附录 J。

为开展运动辐射源的跟踪，尚需确定 $\boldsymbol{x}_g^0$ 和 $\boldsymbol{P}_{0,0}$。由于四星定位体制可构造六个关于辐射源位置和速度的时差频差方程，属于适定问题，可通过解方程组直接得到辐射源位置速度参数。其解算过程为：首先基于三组时差方程，利用 Chan 算法得到辐射源的三维位置估计值，并将其代入另外三组频差方程，经简单运算即可得到辐射源的三维速度参数。由上所述，一种获取 $\boldsymbol{x}_g^0$ 的方法是通过直接解算时频差方程组得到的。此外，有

$$\begin{bmatrix} \Delta t_{21} \\ \Delta t_{31} \\ \Delta t_{41} \\ \Delta f_{21} \\ \Delta f_{31} \\ \Delta f_{41} \end{bmatrix}=\frac{\partial \boldsymbol{h}(\boldsymbol{x}_e)}{\partial \boldsymbol{x}_e}\cdot\begin{bmatrix} \Delta x \\ \Delta y \\ \Delta z \\ \Delta \dot{x} \\ \Delta \dot{y} \\ \Delta \dot{z} \end{bmatrix}=\frac{\partial \boldsymbol{h}(\boldsymbol{x}_e)}{\partial \boldsymbol{x}_e}\cdot\frac{\partial \boldsymbol{x}_e}{\partial \boldsymbol{x}_g}\begin{bmatrix} \Delta L \\ \Delta B \\ \Delta H \\ \Delta V_E \\ \Delta V_N \end{bmatrix}=\boldsymbol{H}\begin{bmatrix} \Delta L \\ \Delta B \\ \Delta H \\ \Delta V_E \\ \Delta V_N \end{bmatrix} \tag{10-48}$$

则可得

$$P_g = H^{-1} R_{\tau f} (H^{-1})^{\mathrm{T}} \tag{10-49}$$

式中，$R_{\tau f}$ 为时频差测量的协方差矩阵，P_g 为大地坐标系下辐射源的定位测速误差的协方差矩阵。将 x_g^0 代入式（10-49）中即可得到 $P_{0,0}$。

考察一个四星时频差定位的场景，如图 10-12 所示。其中，四星采用菱形构型，一架飞机以 800km/h 的速度匀速巡航。假设飞机在大地坐标系[126.17°, 29.85°, 11821m]时四星编队收到其发出的信号，持续 6 分钟，直至飞行至[125.35°, 29.85°, 11821m]的位置。本例中，假设时差测量误差为 100ns，频差测量误差为 1Hz，载波频率为 1GHz。

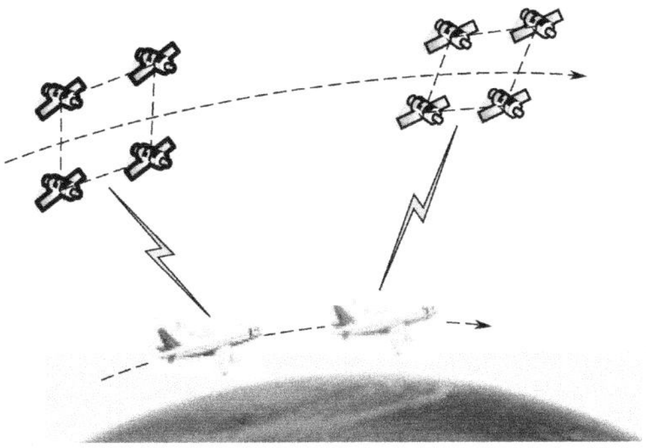

图 10-12　四星时频差定位的场景

图 10-13 给出了地固系中飞机的实际位置，基于 EKF 算法的位置估计，基于直接解算所得的辐射源位置估计。图 10-14～图 10-16 分别给出了两种跟踪方法在 X、Y、Z 三轴上的定位误差。可见，采用 EKF 算法，由于考虑了辐射源的运动特性并迭代利用了各次测量结果，可得到更高的跟踪精度。

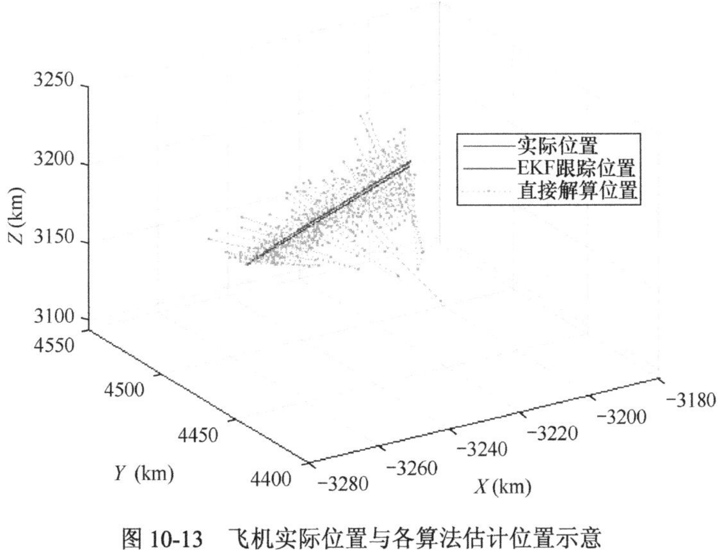

图 10-13　飞机实际位置与各算法估计位置示意

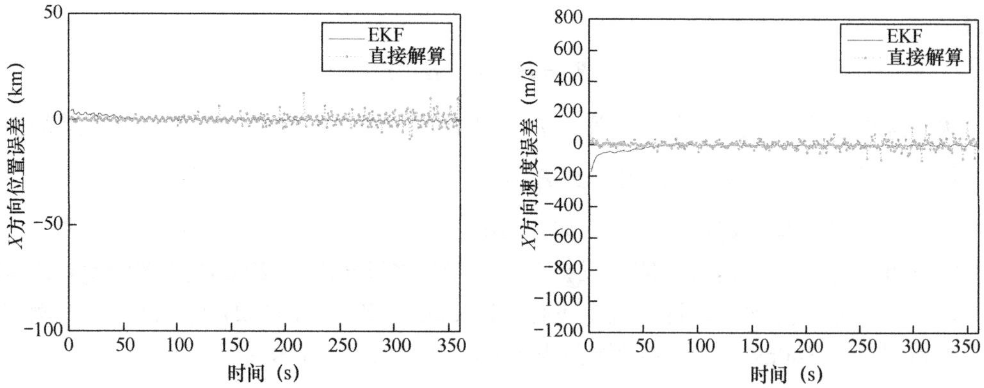

图 10-14 X方向位置误差和速度误差

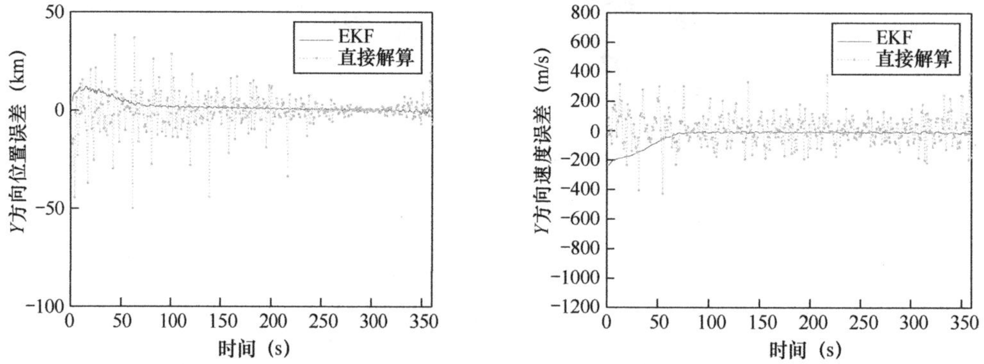

图 10-15 Y方向位置误差和速度误差

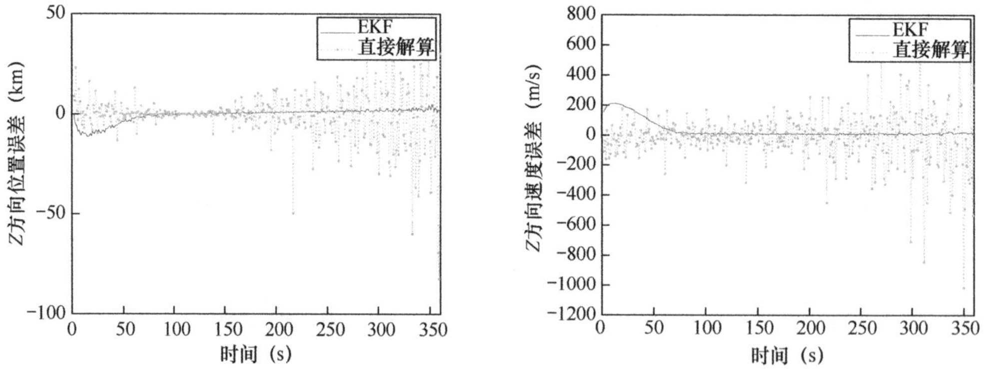

图 10-16 Z方向位置误差和速度误差

10.2 多目标跟踪

在多目标跟踪场景中，不仅目标的状态是时变的，其数量也随着目标的出现和消失而改变。就观测站而言，也可能存在检测和未检测到现有目标的情况。此外，观测站也接收到一系列不是由目标发出的虚假测量。因此，在每一时刻都将得到一组无法分辨的测量结果，其中只有一部分是由目标产生的。

多目标跟踪的目的，是在每一时刻，根据一组充满噪声和干扰的观测量集合，联合估计目标的数量及其状态。即使在观测站观测到全部目标同时没有虚警的情况下，传统的滤波方法也难以直接应用，因为并没有哪个目标必然产生哪种观测结果的信息。

最早系统地运用随机集理论处理多目标跟踪问题的研究可追溯到 Mahler[8]，该工作日后发展为有限集统计学（FISST）。此外，这一处理方式日后发展成为基于随机集理论的信息融合统一框架的一部分。

基于 FISST 的贝叶斯多目标跟踪总体上很难进行数值计算。2000 年，Mahler[9]提出将多目标贝叶斯循环近似为对后验多目标状态的概率假设密度的传递。PHD 在点过程相关文献中也称一阶矩强度函数，是一个单目标状态空间的函数。它具有如下性质：在一个给定区域内对 PHD 的积分可给出该区域内的期望目标数量。在点 $\boldsymbol{x}_0$ 的 PHD 代表 $\boldsymbol{x}_0$ 处单位体积内的期望目标数量，而根据 PHD 的最高峰可提取出目标的状态。PHD 滤波器是在单目标状态空间进行滤波的，避免了数据关联造成的组合问题。Mahler 提出的 PHD 滤波是一种创新而巧妙的工程近似，更为重要的是迈出了由 FISST 到实际应用的一步。在 Mahler 提出 PHD 滤波之后，一系列推广与改进的工作（如粒子 PHD 滤波、高斯混合 PHD 滤波等）随之而来。

2006 年，Mahler[10]提出了带势的 PHD（CPHD）滤波，一种联合传递后验 PHD 和后验目标数分布的 PHD 扩展版本。除 PHD 和 CPHD 滤波器外，Mahler 还提出了多目标多伯努利（MeMBer）滤波器以作为贝叶斯多目标滤波的一种较易计算的近似。然而，这一近似过高地估计了目标的势（目标数），一个无偏版本随后在文献[11]中给出。与 PHD 和 CPHD 滤波器传递矩和势分布不一样，MeMBer 传递近似后验多目标随机有限集的多伯努利随机有限集的参数。

10.2.1　随机有限集与多目标滤波简介

10.2.1.1　采用随机有限集进行多目标滤波的原因

随机有限集方法的核心特征是以任意给定时间的多目标状态和观测结果为有限集进行处理。为了回答为什么采用有限集来描述多目标状态和测量的问题，首先需要回顾估计理论的一个基本概念——估计误差。如果没有某种多目标脱靶距离的记号以测量多目标估计误差，多目标滤波就会变得没有意义。

假设通过将多个单目标的状态叠加在一个（状态维数×目标数量）维的单个矢量内来表示多目标状态。考虑图 10-17 所示场景，其中真实目标状态以 X 表示，而估计目标状态以 X' 表示。

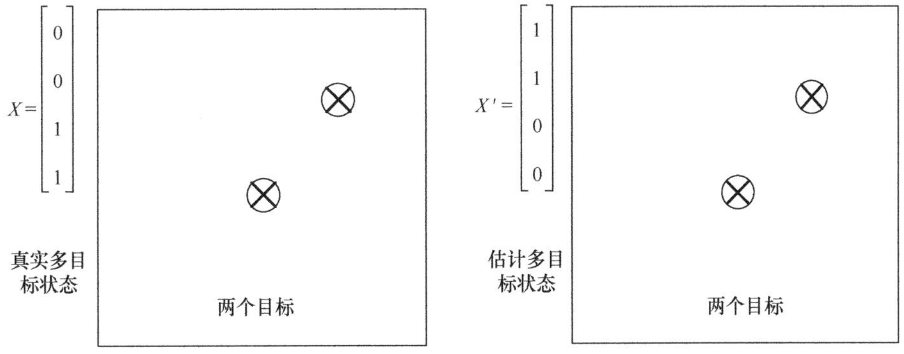

图 10-17　多目标状态的一种可能表示方式

估计结果是正确的，但估计误差是$\|X - X'\| = 2$。这个例子揭示了多目标状态矢量表示的不一致性。矢量表示还有严重的问题：没有目标情况的多目标状态无法以矢量表示，尤其像图 10-18 一样，当估计目标数与实际目标数不一致时，矢量表示难以描述脱靶距离。

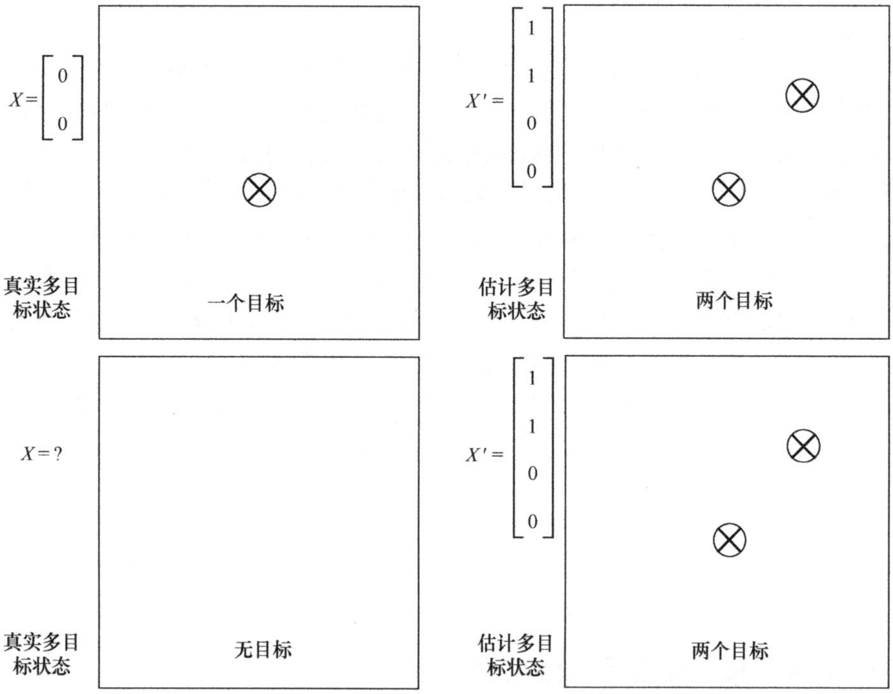

图 10-18　估计目标数与实际目标数不一致时的可能场景

矢量形式无法给出有意义的且数学上一致的脱靶距离表示，但是有限集可以表示多目标状态所有可能的情况，而且集合之间的距离是一个更容易理解的概念。

同样地，将单目标的测量结果堆叠在一个矢量里也不是多目标测量的理想表示方式。测量的个数是不固定的，且测量的次序往往并不重要。因此，在多目标跟踪的研究中广泛接受将每个时刻的测量结果作为有限集来处理。

在贝叶斯滤波框架里是将状态和测量当成随机变量来处理的。由于多目标状态的测量结果是有限集，为了将多目标滤波问题置于贝叶斯滤波框架之下就需要随机有限集的概念。此外，对于以集合表示的变量需要诸如积分和密度的概念，因为这些概念并不能简单地由随机数矢量推广到随机有限集。

10.2.1.2　随机有限集

直观地，一个随机有限集是一个随机的点过程，如雷达屏幕上的测量值或一个区域内雨点的位置。随机有限集与随机矢量的不同之处在于：构成元素的数量是随机的，且元素自身是随机的、独特的、无序的。$\chi \in \boldsymbol{R}^d$ 上的随机有限集可以被下述分布完全表示：一个刻画势（目标数量）的离散分布及一组刻画依赖该势的点分布的联合分布。

1. 概率密度

像任何其他随机变量一样，随机有限集的随机性是通过其概率分布来描述的。同随机矢量的情形一样，概率密度是随机有限集非常有用的描述工具，特别对于滤波和估计而言。尽管 χ 的所有有限子集的空间 $F(\chi)$ 并不具备 $\boldsymbol{R}^d$ 上的欧氏表述方式，从随机有限集和点过程相关理论中可得到 $F(\chi)$ 上密度的一个数学上一致的表示方式。

密度的表示最终是与测度和积分的概念相关联的。直观地，任意空间 Λ 的测度衡量了 Λ 的子集的“尺寸”，如长度、面积、体积、概率等。随机有限集理论中，对于 $F(\chi)$ 上的任意子集 Γ，无量纲测度是参考测度的传统选择：

$$\mu(\Gamma)=\sum_{r=0}^{\infty}\frac{\lambda^r(\chi^{-1}(\Gamma)\cap\chi^r)}{r!} \tag{10-50}$$

式中，χ^r 为 χ 的第 r 次笛卡儿积，并约定 $\chi^0=\{\varnothing\}$，λ^r 为 χ^r 上第 r 次积的无量纲勒贝格测度，χ 为一个由矢量到集合的映射，定义为：$\chi(\boldsymbol{x}_1,\boldsymbol{x}_2,\cdots,\boldsymbol{x}_r)=\{\boldsymbol{x}_i,i=1,2,\cdots,r\}$。函数 $f:F(\chi)\to\boldsymbol{R}$ 在 $F(\chi)$ 子集 Γ 上相对于 μ 的积分定义为

$$\int_{\Gamma}f(X)\mu(\mathrm{d}X)=\sum_{r=0}^{\infty}\frac{1}{r!}\int\mathbf{1}_{\Gamma}(\chi(\boldsymbol{x}_1,\boldsymbol{x}_2,\cdots,\boldsymbol{x}_r))f(\{\boldsymbol{x}_1,\boldsymbol{x}_2,\cdots,\boldsymbol{x}_r\})\lambda^r(\mathrm{d}\boldsymbol{x}_1\mathrm{d}\boldsymbol{x}_2\cdots\mathrm{d}\boldsymbol{x}_r) \tag{10-51}$$

式中，$\mathbf{1}_{\Gamma}$ 是 Γ 的指示函数。注意，这里使用的是欧几里得空间上标准积分的记号 $\mathrm{d}\boldsymbol{x}$，而 $\lambda(\mathrm{d}\boldsymbol{x})$ 是关于 χ 上无量纲测度的积分。给定 χ 上的随机有限集 X，对于 $F(\chi)$ 的任何子集 Γ，相对于主导测度 μ 的概率密度 θ 满足

$$P(X\in\Gamma)=\int_{\Gamma}\theta(Y)\mu(\mathrm{d}Y) \tag{10-52}$$

这里，由于参考测度是无量纲的，τ 也是无量纲的，而欧几里得空间上的概率密度有单位超体积概率的物理维数。

2. Janossy 密度

前面提到 $\chi\subseteq\boldsymbol{R}^d$ 上的一个随机有限集 X 可用一个离散分布 $\rho(\cdot)$ 及一组对称概率密度 $\{p^{(n)}:n=1,2,\cdots\}$ 完全刻画。对于每个 n，概率 $\rho(n)$ 及点分布 $p^{(n)}(\cdot)$ 可以 χ^n 上的一个函数概括：$j^{(n)}(\cdot)=\rho(n)p^{(n)}(\cdot)$，称为 n 阶 Janossy 密度（定义 $j^{(0)}=p^{(0)}$）。此外，如果 X 相对于参考测度 μ 有概率密度 θ，则

$$\theta(\{\boldsymbol{x}_1,\boldsymbol{x}_2,\cdots,\boldsymbol{x}_n\})=j^{(n)}(\boldsymbol{x}_1,\boldsymbol{x}_2,\cdots,\boldsymbol{x}_n)K^n \tag{10-53}$$

式中，K 为对 χ 上超空间进行测度的单位量。注意，Janossy 密度并不是概率密度，因为作为 χ^n 的函数，其积分并不等于 1。尽管 n 阶 Janossy 密度不是概率密度，$j^{(n)}(\boldsymbol{x}_1,\boldsymbol{x}_2,\cdots,\boldsymbol{x}_n)\mathrm{d}\boldsymbol{x}_1\,\mathrm{d}\boldsymbol{x}_2\cdots\mathrm{d}\boldsymbol{x}_r$ 可理解为随机有限集有 n 点，且在 $\boldsymbol{x}_1,\boldsymbol{x}_2,\cdots,\boldsymbol{x}_n$ 无穷小的每个邻域上均有且只有一个点的概率。

3. 置信函数及密度

除了概率分布/密度、Janossy 测度/密度，一个随机有限集 X 的置信函数 β 是另一种等价的刻画方式，对所有 $S\subseteq\chi$ 的闭集，其定义为

$$\beta(S)=P(X\subseteq S) \tag{10-54}$$

置信函数在由 Mahler 开创的多目标滤波的 FISST 方法中起到了重要的作用。为了对多目标系统建模，置信函数比概率密度更方便，因为前者处理 χ 的闭子集而后者处理 $F(\chi)$ 的子集。

置信函数并不是一种测度，因此通常的密度表示方式并不适用。FISST 通过构建集合积分和集合导数提供了置信函数密度的另一种表示方式。一个随机有限集β的 FISST 密度p可通过置信函数的 FISST 集合导数来获得。换言之，在一个$S\subseteq\chi$的闭子集上，一个 FISST 密度的集合积分给出了置信函数，即

$$\int_S p(X)\delta X \tag{10-55}$$

式中积分为集合积分，其定义为

$$\int_S p(X)\delta X=\sum_{i=0}^{\infty}\frac{1}{i!}\int_{S^i} p(\{\boldsymbol{x}_1,\boldsymbol{x}_2,\cdots,\boldsymbol{x}_i\})\mathrm{d}\boldsymbol{x}_1\mathrm{d}\boldsymbol{x}_2\cdots\mathrm{d}\boldsymbol{x}_i \tag{10-56}$$

由此可见，FISST 密度p与概率密度θ的关系为

$$\theta(X)=p(X)K^{|X|} \tag{10-57}$$

式中，$|X|$表示 X 的势（有限集 X 的元素个数），K 为对χ进行测度的单位。因此$p(\{\boldsymbol{x}_1,\boldsymbol{x}_2,\cdots,\boldsymbol{x}_n\})=j^{(N)}(\boldsymbol{x}_1,\boldsymbol{x}_2,\cdots,\boldsymbol{x}_n)$，即势为$n$的集合的 FISST 密度为$n$阶 Janossy 密度。FISST 将多目标模型的多目标密度构建问题转化为置信函数的集合导数问题。对置信函数求导的步骤在文献[10]和文献[12]中提出并予以描述。

4. 概率假设密度（PHD）

PHD 在点过程理论中也称为强度函数，是一个随机有限集的一阶统计矩。对于χ上的随机有限集X，其 PHD 是一个χ上的非负函数υ，满足每个区域$S\subseteq\chi$，有

$$\mathbb{E}[|X\cap S|]=\int_S \upsilon(\boldsymbol{x})\mathrm{d}\boldsymbol{x} \tag{10-58}$$

换言之，υ在任何区域的积分给出了S内X的期望元素个数。υ的局部最大值对应那些具有最高期望元素个数局部聚集度的点，因而可用于产生元素X的估计。

5. 随机有限集示例

泊松随机有限集。作为随机有限集的重要一类，泊松随机有限集完全由其 PHD 刻画。可以说χ上的随机有限集是泊松的并带有 PHD υ，如果其势函数是泊松分布的（均值为$\bar{N}=\int\upsilon(\boldsymbol{x})\mathrm{d}\boldsymbol{x}$），且对于任何有限的势函数，$X$ 的元素$\boldsymbol{x}$以$\upsilon(\cdot)/\bar{N}$为概率密度独立同分布。势为υ的泊松随机有限集的概率密度为

$$\theta(\{\boldsymbol{x}_1,\boldsymbol{x}_2,\cdots,\boldsymbol{x}_n\})=\mathrm{e}^{-\bar{N}}\prod_{i=1}^{n}\upsilon(\boldsymbol{x}_i) \tag{10-59}$$

且按传统$\prod_{i=1}^{0}\upsilon(\boldsymbol{x}_i)=1$。

独立同分布簇随机有限集。一个χ上的独立同分布簇随机有限集可由其势分布ρ和 PHD 完全刻画。势分布必须满足$\bar{N}=\mathbb{E}[\rho]=\int\upsilon(\boldsymbol{x})\mathrm{d}\boldsymbol{x}$，而其他特性可以是任意的，且对于给定的势$X$的元素是以概率密度为$\upsilon/\bar{N}$独立同分布的。独立同分布簇随机有限集的概率密度可写作

$$\tau(\{\boldsymbol{x}_1,\boldsymbol{x}_2,\cdots,\boldsymbol{x}_n\})=n!\rho(n)\prod_{i=1}^{n}\frac{\upsilon(\boldsymbol{x}_i)}{\bar{N}} \tag{10-60}$$

注意，一个独立同分布的簇过程刻画了泊松随机有限集未加泊松势约束后的空间随机性。

伯努利随机有限集。一个 χ 上的伯努利随机有限集有概率 $1-r$ 为空，并有概率 r 为单元素集合，且其元素以概率密度 p 分布。一个伯努利随机有限集的势分布是一个参数为 r 的伯努利分布。一个伯努利随机有限集的概率密度为

$$\theta(X)=\begin{cases}1-r, & X=\varnothing\\ rp(\boldsymbol{x}), & X=\{\boldsymbol{x}\}\\ 0, & \text{其他}\end{cases} \tag{10-61}$$

多伯努利随机有限集。一个 χ 上的多伯努利随机有限集是一组固定数量的独立伯努利随机有限集 $X^{(i)}$ 的组合，其中 $X^{(i)}$ 存在概率 $r^{(i)}\in(0,1)$，概率密度为 $p^{(i)}$，$i=1,2,\cdots,M$。即

$$X=\bigcup_{i=1}^{M}X^{(i)} \tag{10-62}$$

由此，一个多伯努利随机有限集可由多伯努利参数 $\{(r^{(i)},p^{(i)})\}_{i=1}^{M}$ 完整描述。多伯努利随机有限集的平均势为 $\sum_{i=1}^{M}r^{(i)}$。此外，概率密度 θ 为 $\theta(\varnothing)=\prod_{j=1}^{M}(1-r^{(j)})$，且

$$\theta(\{\boldsymbol{x}_1,\boldsymbol{x}_2,\cdots,\boldsymbol{x}_n\})=\theta(\varnothing)\sum_{1\leqslant i_1\neq i_2\neq\cdots\neq i_n\leqslant M}\prod_{j=1}^{M}\frac{r^{(i_j)}p^{(i_j)}(\boldsymbol{x}_j)}{1-r^{(i_j)}} \tag{10-63}$$

一个泊松多伯努利混合随机有限集[13-15]是一个泊松随机有限集和一个多伯努利混合随机有限集的卷积。作为伴有泊松新生率的标准状态模型下的共轭先验，泊松多伯努利混合随机有限集具有闭式的马尔可夫贝叶斯循环，类似于后面将介绍的广义多伯努利滤波器。泊松多伯努利混合滤波器在低目标探测概率的场景提供了非常有吸引力的表现[16, 17]。

10.2.2 多目标滤波与估计

本节描述随机有限集框架下的多目标滤波问题。假设在时刻 k，有 $N(k)$ 个目标 $\boldsymbol{x}_{k,1},\boldsymbol{x}_{k,2},\cdots,\boldsymbol{x}_{k,N(k)}$，每个均在状态空间 $\chi\subseteq\boldsymbol{R}^{n_x}$ 取值，有 $M(k)$ 个测量值 $\boldsymbol{z}_{k,1},\boldsymbol{z}_{k,2},\cdots,\boldsymbol{z}_{k,N(k)}$，每个均在状态空间 $Z\subseteq\boldsymbol{R}^{n_z}$ 取值。在随机有限集方法中，将时刻 k 的目标与观测量分别当成代表多目标状态和多目标测量值的有限集：

$$\begin{aligned}X_k&=\{\boldsymbol{x}_{k,1},\boldsymbol{x}_{k,2},\cdots,\boldsymbol{x}_{k,N(k)}\}\in F(\chi)\\ Z_k&=\{\boldsymbol{z}_{k,1},\boldsymbol{z}_{k,2},\cdots,\boldsymbol{z}_{k,N(k)}\}\in F(Z)\end{aligned} \tag{10-64}$$

式中，$F(\chi)$ 和 $F(Z)$ 分别为有限集 χ 和 Z 的空间。注意，在随机有限集模型中，状态和测量值的排列次序并不重要。在每一时刻，一些目标可能会消失，一些目标会继续存在并转移至新的状态，一些新的目标会出现。对于继续存在和新生的目标，可能产生或不产生测量值，被观测站所接收到的测量值还会被错误测量或被杂波污染。上述不确定性和随机性可以很自然地由随机有限集理论处理，以建立多目标状态运动学和多目标测量值产生的随机模型。

10.2.2.1 多目标运动模型

给定时刻 $k-1$ 的多目标状态 X_{k-1}，每一个目标 $\boldsymbol{x}_{k-1}\in X_{k-1}$ 或者以概率 $p_{S,k|k-1}(\boldsymbol{x}_{k-1})$ 在时刻 k 继续存在并以概率密度 $f_{k|k-1}(\boldsymbol{x}_k|\boldsymbol{x}_{k-1})$ 转化至新的状态 $\boldsymbol{x}_k$，或者以概率 $1-p_{S,k|k-1}(\boldsymbol{x}_{k-1})$ 消失并取值 $\varnothing$。由此，给定时刻 $k-1$ 的某目标状态 $\boldsymbol{x}_{k-1}\in X_{k-1}$，其在时刻 k 的行为由伯努利随意有限集描述

$$S_{k|k-1}(\boldsymbol{x}_{k-1}) \tag{10-65}$$

由时刻 $k-1$ 至时刻 k 现有目标的继续存在或消失可由随机有限集建模

$$T_{k|k-1}(X_{k-1}) = \bigcup_{\boldsymbol{x}_{k-1}\in X_{k-1}} S_{k|k-1}(\boldsymbol{x}_{k-1}) \tag{10-66}$$

注意，基于 X_{k-1}、$T_{k|k-1}(X_{k-1})$ 的随机有限集是一个多伯努利随机有限集。在时刻 k 出现的新目标由瞬时新生的随机有限集 $\varGamma_k$ 建模，其通常可建模为以下三种类型的随机有限集：泊松、独立同分布簇、多伯努利。相应地，时刻 k 的多目标状态 X_k 可由下述组合给出：

$$X_k = T_{k|k-1}(X_k)\cup \varGamma_k \tag{10-67}$$

假设构成上述组合的随机有限集是相互独立的。式（10-67）中多目标随机有限集的转移可等价地以多目标状态转移的密度 $\phi_{k|k-1}(\cdot|\cdot)$ 来表述。多目标状态由时刻 $k-1$ 的 X_{k-1} 转移至时刻 k 的概率密度可由下式给出：

$$\phi_{k|k-1}(X_k|X_{k-1}) = \sum_{W\subseteq X_k} \theta_{T,k|k-1}(W|X_{k-1})\cdot\theta_{\varGamma,k}(X_k - W) \tag{10-68}$$

式中，$\theta_{T,k|k-1}(\cdot|\cdot)$ 为状态转移目标随机有限集 $T_{k|k-1}$ 的概率密度，$\theta_{\varGamma,k}(\cdot)$ 为新生目标随机有限集 $\varGamma_k$ 的概率密度。式（10-67）和式（10-68）均描述了多目标状态随时间变化的过程，并且结合了目标移动、新生和消失的模型。

10.2.2.2 多目标观测模型

时刻 k 的目标 $\boldsymbol{x}_k\in X_k$，以概率 $p_{D,k}(\boldsymbol{x}_k)$ 被检测到并以似然 $g(\boldsymbol{z}_k|\boldsymbol{x}_k)$ 产生一个观测结果 $\boldsymbol{z}_k$，或者以概率 $1-p_{D,k}(\boldsymbol{x}_k)$ 被遗漏，即每个状态 $\boldsymbol{x}_k\in X_k$ 产生一个伯努利随机有限集 $D_k(\boldsymbol{x}_k)$，且有 $r=p_{D,k}(\boldsymbol{x}_k)$，$p(\cdot)=g_k(\cdot|\boldsymbol{x}_k)$。这样，对于所有在时刻 k 继续存在的目标测量的检测与产生可由下述随机有限集给出：

$$\varTheta_k(X_k) = \bigcup_{\boldsymbol{x}_k\in X_k} D_k(\boldsymbol{x}_k) \tag{10-69}$$

注意，基于 X_k，目标产生的测量随机有限集 $\varTheta_k(X_k)$ 是一个多伯努利随机有限集。此外，观测站还接收到一系列错误/虚假的测量值或杂波，这通常可由泊松或簇随机有限集建模的随机有限集 K_k 来加以描述。由此，在时刻 k，由多目标状态 X_k 产生的多目标测量 Z_k 由下述组合构成：

$$Z_k = \varTheta_k(X_k)\cup K_k \tag{10-70}$$

假设组成上述组合的随机有限集是互相独立的。式（10-70）中多目标测量的随机有限集可以等价地由多目标似然 $\varphi_{k|k-1}(\cdot|\cdot)$ 描述。在时刻 k 多目标状态 X_k 产生多目标测量 Z_k 的概率密度为

$$\varphi_{k|k-1}(Z_k|X_k) = \sum_{W\subseteq Z_k} \theta_{\varTheta,k}(W|X_k)\theta_{K,k}(Z_k - W) \tag{10-71}$$

式中，$\theta_{\varTheta,k}(\cdot|\cdot)$ 为目标产生测量随机有限集 $\varTheta_k(X_k)$ 的概率密度，$\theta_{K,k}(\cdot)$ 为杂波随机有限集 K_k 的概率密度。式（10-70）和式（10-71）均描述了多目标测量产生，并且结合了目标检测、测量产生和杂波的模型。

10.2.2.3　多目标贝叶斯递归

多目标滤波的目的是根据积累的观测量联合估计目标的数量和状态。通过将目标的状态和测量建模为随机有限集，多目标滤波问题可转换为状态空间 $F(\chi)$ 和观测空间 $F(Z)$ 的贝叶斯滤波问题。注意，与传统方法不同的是，随机有限集的建模方式避免了目标和观测量之间显式的数据关联。与单目标滤波相似，多目标滤波中有关时刻 k 多目标状态的所有信息都包含在起始时刻至时刻 k 接收到的所有量测的多目标状态概率密度，即时刻 k 的后验密度。因此，令 $\theta_k(\cdot|Z_{1:k})$ 表示时刻 k 的多目标后验密度。同样与单目标滤波相似，多目标后验密度可通过多目标贝叶斯递归迭代地计算：

$$\theta_{k|k-1}(X_k|Z_{1:k-1}) = \int \phi_{k|k-1}(X_k|X)\theta_{k-1}(X|Z_{1:k-1})\delta X$$
$$\theta_k(X_k|Z_{1:k}) = \frac{\varphi_k(Z_k|X_k)\theta_{k|k-1}(X_k|Z_{1:k-1})}{\int \varphi_k(Z_k|X)\theta_{k|k-1}(X|Z_{1:k-1})\delta X} \tag{10-72}$$

式中，$\phi_{k|k-1}(\cdot|\cdot)$ 和 $\varphi_k(\cdot|\cdot)$ 分别为多目标状态转移概率密度函数和多目标似然函数。由于式（10-72）中多目标密度的组合特性和多个积分，在大多数实际应用中多目标贝叶斯递归都是难以计算的，因此寻找可计算的近似势在必行。

10.2.2.4　多目标状态估计

本节介绍从多目标后验概率或其近似中提取出各个目标的点估计的问题，即多目标状态估计的问题。这里首先总结将单目标贝叶斯后验期望估计（EAP）和贝叶斯最大后验估计（MAP）直接推广至多目标情形的不一致问题，然后给出多目标状态估计的简单方法。

考虑在一维区间 [0,2] 最多有一个目标的情形，单位为 m。假设有 50%的概率目标存在/不存在。同样假设如果目标存在，在[0,2] 区间内任何位置发现目标的概率是一样的。因此，目标状态的概率密度为

$$\theta(X) = \begin{cases} 0.5, & X = \varnothing \\ 0.25, & X = \{\boldsymbol{x}\}, 0 \leqslant \boldsymbol{x} \leqslant 2 \\ 0, & \text{其他} \end{cases} \tag{10-73}$$

很明显，EAP 估计没有很好地得到定义，而简单的 MAP 估计为

$$\hat{X}^{\text{MAP}} = \arg\sup_X \theta(X) = \varnothing \tag{10-74}$$

如果将单位距离由 m 改为 km，目标状态的概率密度变为

$$\theta(X) = \begin{cases} 0.5, & X = \varnothing \\ 250, & X = \{\boldsymbol{x}\}, 0 \leqslant \boldsymbol{x} \leqslant 0.002 \\ 0, & \text{其他} \end{cases} \tag{10-75}$$

因此

$$\hat{X}^{\text{MAP}} = \arg\sup_X \theta(X) = \{\boldsymbol{x}\} \tag{10-76}$$

很明显，MAP 估计也没有很好地得到定义，因为仅仅是测量单位的改变就会导致估计结果的巨大改变。上述 EAP 和 MAP 估计的显著不一致性从根本上说是由多目标密度势函数单位不匹配引起的。换言之，这些不一致的核心是：比较一组不同势函数是没有意义的。

现在基于一个直观的可视化技术和两个有理想性质的统计估计量给出多目标状态估计的解决方案。令 X_k 代表时刻 k 的多目标状态，$\theta_k(\cdot|Z_{1:k})$ 代表其后验概率密度，$\rho_k(\cdot|Z_{1:k})$ 代表其后验势分布，$\upsilon_k(\cdot|Z_{1:k})$ 代表其后验强度函数。

一阶矩可视化。一个简单的方法是探索一个随机有限集一阶矩（其后验强度函数）的物理含义。前面提到一个点的强度函数给出了该点出现期望数量目标的概率。强度函数的峰值提示有高密度目标的区域，即目标高概率出现的区域。因此，可通过以下处理估计目标状态：通过 $\hat{n}=\int\upsilon_k(\boldsymbol{x}|Z_{1:k})\mathrm{d}\boldsymbol{x}$ 或 $\hat{n}=\arg\sup\limits_{n}\rho_k(n|Z_{1:k})$ 来估计目标数量，并提取 $\hat{n}$ 点 $\hat{\boldsymbol{x}}_1,\hat{\boldsymbol{x}}_2,\cdots,\hat{\boldsymbol{x}}_{\hat{n}}$ 满足 $\upsilon(\hat{\boldsymbol{x}}_1|Z_{1:k})$，$\upsilon(\hat{\boldsymbol{x}}_2|Z_{1:k})$，…，$\upsilon(\hat{\boldsymbol{x}}_{\hat{n}}|Z_{1:k})$ 是 $\upsilon_k(\cdot|Z_{1:k})$ 最高的 $\hat{n}$ 个峰值。然后，多目标状态估计为 $\hat{X}_k\{\hat{\boldsymbol{x}}_1,\hat{\boldsymbol{x}}_2,\cdots,\hat{\boldsymbol{x}}_{\hat{n}}\}$。

边际多目标（MaM）估计器。MaM 估计器定义为一个两步估计器。首先，通过对后验势分布采用 MAP 估计得到目标数量的估计：

$$\hat{n}=\arg\sup_{n}\rho_k(n|Z_{1:k}) \tag{10-77}$$

其次，给定 $n=\hat{n}$，对后验密度采用 MAP 估计得到各个目标状态的估计：

$$\hat{X}^{\mathrm{MaM}}=\arg\sup_{X:|X|=\hat{n}}\theta_k(X|Z_{1:k}) \tag{10-78}$$

可以证明，MaM 估计器是贝叶斯最优的，然而目前对其收敛性尚不清楚。

联合多目标（JoM）估计器。JoM 估计器的定义为

$$\hat{X}_c^{\mathrm{JoM}}=\arg\sup_{X}\theta_k(X|Z_{1:k})\frac{c^{|X|}}{|X|!} \tag{10-79}$$

式中，c 为无量纲常数。

JoM 估计器可等价地由两个步骤计算。首先，对于每个 $n\geqslant0$，确定 MAP 估计

$$\hat{X}^{(n)}=\arg\sup_{X:|X|=n}\theta_k(X|Z_{1:k}) \tag{10-80}$$

然后，令

$$\hat{X}_c^{\mathrm{JoM}}=\hat{X}^{(\hat{n})} \tag{10-81}$$

式中，$\hat{n}=\arg\sup\limits_{n}\theta_k(\hat{X}^{(n)}|Z_{1:k})\dfrac{c^n}{n!}$。

可以证明，JoM 估计器是贝叶斯最优的，同时是统计上一致的估计器，可以收敛至真实目标状态。此外，c 的取值决定了状态估计的精度和估计器的收敛速度（较小的 c）。

10.2.3 多目标跟踪性能的衡量指标

一个参考量与其估计值之间的脱靶距离（或误差）的概念在任何滤波问题中都起着十分重要的作用。考虑一个跟踪应用，其中未知的目标数与目标位置一起进行估计。假设实际目标数为 2，考虑如图 10-19 所示的三个不同的估计结果：①两个点接近真实目标的位置；②一个点几乎与一个真实目标的位置重合；③三个点，其中两个点几乎与真实目标位置重合。为了判断这些结果中哪一个更接近真相，一个好的多目标脱靶距离需要以一种数学上一致且物理上有意义的方式刻画出参考多目标状态集与估计多目标状态集之间的“差距”。实际上，一个多目标脱靶距离应该：

- 是一个随机有限集空间的指标；
- 有自然的、有意义的物理解释；
- 有意义地刻画出势的误差和状态的误差；
- 容易计算。

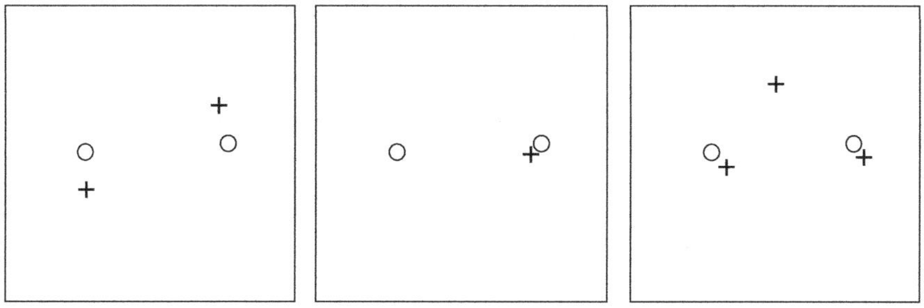

(a)　(b)　(c)

图 10-19　假设场景

注：o 代表真实目标，+代表估计目标。

一致的距离测量的基本要求是脱靶距离是随机有限集上的指标。为表达完整性，下面回顾一个指标的定义。令 ψ 为一个非空集合。若一函数 $d:\psi\times\psi\rightarrow \boldsymbol{R}_{+}=[0,\infty)$ 满足下述三个公理，则称其为指标。

（1）等价性。$d(\boldsymbol{x},\boldsymbol{y})=0$ 当且仅当 $\boldsymbol{x}=\boldsymbol{y}$。

（2）对称性。对于所有 $\boldsymbol{x},\boldsymbol{y}\in\psi$，$d(\boldsymbol{x},\boldsymbol{y})=d(\boldsymbol{y},\boldsymbol{x})$。

（3）三角不等式。对于所有 $\boldsymbol{x},\boldsymbol{y},\boldsymbol{z}\in\psi$，$d(\boldsymbol{x},\boldsymbol{y})\leqslant d(\boldsymbol{x},\boldsymbol{z})+d(\boldsymbol{z},\boldsymbol{y})$。

对于多目标脱靶距离，假设一个含有指标 d（通常是欧几里得指标，$d(\boldsymbol{x},\boldsymbol{y})=\|\boldsymbol{x}-\boldsymbol{y}\|$）的闭的有限状态空间 $\chi\subseteq \boldsymbol{R}^{n_x}$。对于 $F(\chi)$ 上的各种指标，恰当的指标有 d_H、d_p 或 $\bar{d}_p^{(c)}$。

1. Hausdorff 指标

对于 χ 的有限非空子集 X 和 Y，Hausdorff 指标定义为

$$d_H(X,Y)=\max\{\max_{x\in X}\min_{y\in Y}d(\boldsymbol{x},\boldsymbol{y}),\max_{y\in Y}\min_{x\in X}d(\boldsymbol{x},\boldsymbol{y})\} \tag{10-82}$$

Hausdorff 指标一般用于衡量黑白照片的不一致性。然而，由图 10-20（a）可见，当某一集合为空时其很难被合理地定义；由图 10-20（b）可见，其对于野值惩罚过重；由图 10-20（c）～（f）可见，其对于有限集的不同势非常不敏感，这对于一个多目标滤波的性能指标而言是不太理想的。

2. 最大质量转移（OMAT）指标

OMAT 指标被引入以解决 Hausdorff 指标的一些问题。对于$1\leqslant p<\infty$ 和 χ 的有限非空子集 $X=\{\boldsymbol{x}_1,\boldsymbol{x}_2,\cdots,\boldsymbol{x}_m\}$ 和 $Y=\{\boldsymbol{y}_1,\boldsymbol{y}_2,\cdots,\boldsymbol{y}_m\}$，OMAT 指标定义如下：

$$d_p(X,Y):=\min_{\boldsymbol{C}}\left(\sum_{i=1}^{m}\sum_{j=1}^{n}C_{i,j}d(\boldsymbol{x}_i,\boldsymbol{y}_i)^p\right)^{1/p} \tag{10-83}$$

式中，最小值取值于全部 $m\times n$ 阶转移矩阵 $\boldsymbol{C}=(C_{ij})$。若其所有元素均为非负且

$$\sum_{j=1}^{n} C_{i,j} = \frac{1}{m}, 1 \leqslant i \leqslant m$$

则称此 $m \times n$ 阶矩阵 $\boldsymbol{C}$ 为转移矩阵：

$$\sum_{i=1}^{m} C_{i,j} = \frac{1}{n}, 1 \leqslant j \leqslant n$$

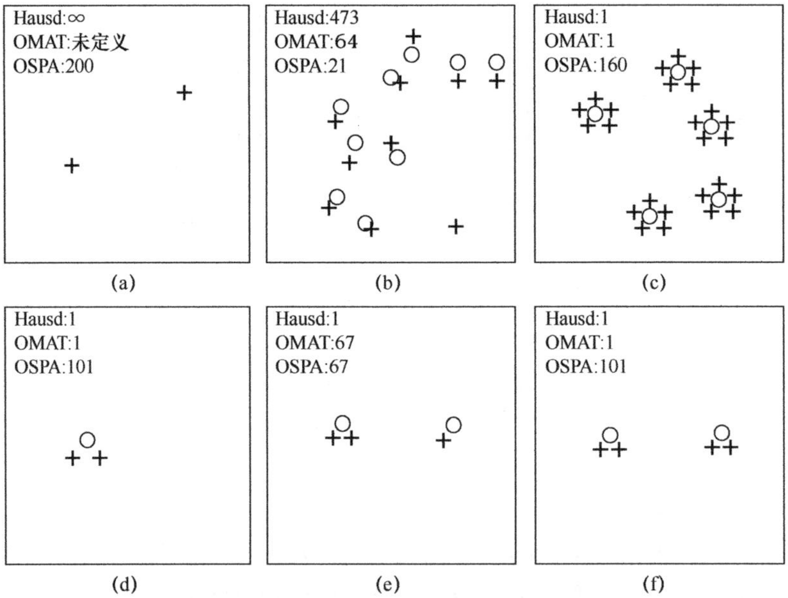

图 10-20 1000m×1000m 范围中的六个场景

注：o 代表真实目标，+代表估计目标。参数为 $p=1$（OMAT 和 OSPA）和 $c=200$（OSPA）。场景描述：（a）两个错误估计；（b）一个野值错误估计和几个正确估计；（c）每个目标有多个估计结果；（d）～（f）对目标均衡和非均衡估计的比较。示意图未按比例绘制，为便于观察将最短距离放大很多。

OMAT 指标部分地修正了 Hausdorff 指标不理想的特性，并通过引入参数 p 以处理野值问题［见图 10-20（b）］。这一距离被命名为 Wasserstein 指标[18]，因其给出了 X 和 Y 经验分布的 p 阶 Wasserstein 指标。

在发现不同的势方面，OMAT 指标并不一定就比 Hausdorff 指标好。从图 10-20（d）～（f）的例子中都包含了势误差，并且直观上估计误差时大致相同，但图 10-20（e）中的结果可能比图 10-20（f）更好，或在某种程度上也比图 10-20（d）更好。在图 10-20（d）～（f）中的三个例子中 Hausdorff 距离是一样的，而 OMAT 指标实际上对于图 10-20（e）赋予较另外图 10-20（d）和图 10-20（f）中的两个例子更大的距离，因此将目前直观上可倾向的场景列为三者中最差的一个。在图 10-20（c）中，尽管估计所得的点的模式的势与实际相差甚远，但 OMAT 指标仍给出一个很小的值。

OMAT 指标是几何依赖的，意味着多个目标远离比靠近时错误估计势时得到的惩罚更重。这并不是一个好的性质，因为当脱靶距离随时间增加时，几乎无法判断多目标滤波器是发散了还是表现良好。即使 OMAT 指标降低到一个小的常数，也无法确定滤波器表现良好。

在两个有限集之一是空集的情况下距离 $d_p(X,Y)$ 未定义，而且事实上对这一情形没有自然的推广方法。然而，在评估多目标滤波器表现时，没有目标存在而得到错误估计的情形是很常见的，因此这种常见情形应有一个合理的指标予以评估。

3. 最优子模式配置（OSPA）指标

OSPA 指标仍基于 Wasserstein 的建模方式，但解决了 OMAT 指标面临的大多数问题。OSPA 指标 $\bar{d}_p^{(c)}$ 定义如下。对于 $\boldsymbol{x},\boldsymbol{y}\in\chi$，令 $d^{(c)}(\boldsymbol{x},\boldsymbol{y}):=\min(c,\|\boldsymbol{x}-\boldsymbol{y}\|)$，并令 Π_k 表示 $1,2,\cdots,k$ 组成的所有可能的集合，k 为正整数。则对于 $p\geqslant 1$，$c>0$，定义 $X=\{\boldsymbol{x}_1,\boldsymbol{x}_2,\cdots,\boldsymbol{x}_m\}$ 及 $Y=\{\boldsymbol{y}_1,\boldsymbol{y}_2,\cdots,\boldsymbol{y}_m\}$，有

$$\bar{d}_p^{(c)}(X,Y):=\begin{cases}0, m=n=0\\ \left(\dfrac{1}{n}\left(\min\limits_{\pi\in\Pi_n}\sum\limits_{i=1}^{m}d^{(c)}(x_i,y_{\pi(i)})^p+c^p(n-m)\right)\right)^{\frac{1}{p}}\\ \bar{d}_p^{(c)}(Y,X), m>n\end{cases} \tag{10-84}$$

如果两个集合的其中一个为空而另一个非空，则 $\bar{d}_p^{(c)}(X,Y)=c$。

OSPA 距离可理解为目标误差的 p 次方，由目标定位误差的 p 次方和目标势误差的 p 次方构成。次序参数 p 决定了指标对野值的敏感程度，截断参数 c 则决定了分配给势和定位误差惩罚的权重。

OSPA 指标通过在 OSPA 中平均距离顶部引入一个附加项，对势上的相对误差予以公正的惩罚。这样，当不理想的定位点出现时势上的区别就不会被忽略了。

对于给定的截断参数 c 和参数 p，$\bar{d}_p^{(c)}$ 距离并不严重依赖真实的模式。这是因为额外的点是截断参数而非根据它们与实际目标点的距离来进行惩罚的。一般推荐仅根据观测窗口大小、传感器精度、可能的目标数量等测试场景的先验需求来确定参数 c，特殊场景下可能有更多其他的考虑。

10.2.4　随机有限集多目标滤波器

10.2.4.1　PHD 滤波器

PHD 滤波器作为一种近似方法被提出，主要是为了解决多目标贝叶斯滤波器计算量过大的问题。PHD 滤波器随时间传递后验 PHD，而非多目标后验密度。这容易令人想到常增益卡尔曼滤波器，它也传递单目标状态的一阶矩。

前面提到多目标状态转移和观测模型，考虑以下假设。

- 每个目标独立地发生状态转移并产生观测量；
- 新生的随机有限集与继续存在的随机有限集相互独立；
- 杂波随机有限集是泊松的，且与目标产生的观测量无关；
- 先验与预测多目标随机有限集是泊松的。

下面给出后验 PHD 是如何传递到下一个时刻的过程。

假设在时刻 k-1，给定后验 PHD v_{k-1}，则预测 PHD $v_{k|k-1}$ 为

$$v_{k|k-1}(\boldsymbol{x})=\int p_{S,k|k-1}(\zeta)f_k(\boldsymbol{x}|\zeta)v_{k-1}(\zeta)\mathrm{d}\zeta+\gamma_k(\boldsymbol{x}) \tag{10-85}$$

式中，$p_{S,k|k-1}(\zeta)$ 为给定之前状态 ζ 目标在时刻 k 的存活概率，$f_k(\boldsymbol{x}|\zeta)$ 为给定之前状态 ζ 单目标在时刻 k 的状态转移密度，$\gamma_k(\boldsymbol{x})$ 为时刻 k 新生随机有限集的 PHD。

假设在时刻 k，给定预测 PHD $v_{k|k-1}$ 和观测结果的有限集 Z_k。则更新 PHD v_k 为

$$v_k(\boldsymbol{x})=\left[1-p_{D,k}(\boldsymbol{x})+\sum_{z\in Z_k}\frac{p_{D,k}(\boldsymbol{x})h_k(z|\boldsymbol{x})}{\kappa_k(z)+\int p_{D,k}(\zeta)h_k(z|\boldsymbol{x})v_{k|k-1}(\zeta)\mathrm{d}\zeta}\right]v_{k|k-1}(\boldsymbol{x}) \tag{10-86}$$

式中，$p_{D,k}(\boldsymbol{x})$ 为给定时刻 k 的目标状态的检测概率，$h_k(\cdot|\boldsymbol{x})$ 为给定时刻 k 的目标状态的测量似然，$\kappa_k(\cdot)$ 为时刻 k 杂波随机有限集的 PHD。

由式（10-85）和式（10-86）可以看到：PHD 滤波器完全避免了由于未知测量与目标的组合关系导致的组合计算问题。此外，由于后验强度是一个单目标状态空间的函数，PHD 迭代所需算力远低于式（10-72）中在 $F(\chi)$ 上进行的多目标迭代。然而，和单目标贝叶斯迭代一样，通常 PHD 迭代没有闭式解，且数值积分会遇到“维数诅咒”的问题。

1. 线性高斯模型的 PHD 迭代

对于一类特定的多目标模型，这里称线性高斯多目标模型，PHD 迭代可得到闭式解。对于线性高斯多目标模型总结如下。

- 每个目标遵循线性高斯运动模型，且观测站得到一个线性高斯观测模型，即

$$f_k(\boldsymbol{x}|\zeta)=\mathbb{N}(\boldsymbol{x};\boldsymbol{F}_k\zeta,\boldsymbol{Q}_k) \tag{10-87}$$

$$h_k(z|\boldsymbol{x})=\mathbb{N}(z;\boldsymbol{H}_k\boldsymbol{x},\boldsymbol{R}_k) \tag{10-88}$$

式中，$\mathbb{N}(\cdot;\boldsymbol{m},\boldsymbol{P})$ 代表均值为 $\boldsymbol{m}$、协方差为 $\boldsymbol{P}$ 的高斯密度，$\boldsymbol{F}_k$ 为状态转移矩阵，$\boldsymbol{Q}_k$ 为过程噪声的协方差矩阵，$\boldsymbol{H}_k$ 为观测矩阵，$\boldsymbol{R}_k$ 为观测噪声的协方差矩阵。

- 目标存活即检测概率与目标状态无关，即

$$p_{S,k|k-1}(\boldsymbol{x})=p_{S,k|k-1} \tag{10-89}$$

$$p_{D,k}(\boldsymbol{x})=p_{D,k} \tag{10-90}$$

新生目标的随机有限集的强度函数是一个高速混合模型：

$$\gamma_k(\boldsymbol{x})=\sum_{j=1}^{J_{\gamma,k}}\omega_{\gamma,k}^{(j)}\mathbb{N}(\boldsymbol{x};\boldsymbol{m}_{\gamma,k}^{(j)},\boldsymbol{P}_{\gamma,k}^{(j)}) \tag{10-91}$$

式中，$J_{\gamma,k}$、$\omega_{\gamma,k}^{(j)}$、$\boldsymbol{m}_{\gamma,k}^{(j)}$、$\boldsymbol{P}_{\gamma,k}^{(j)}$ 为决定新生强度函数形状的参数，$j=1,2,\cdots,J_{\gamma,k}$。

为表述明确，这里仅关注与状态无关的 $p_{S,k}$ 与 $p_{D,k}$，尽管对于更通用的场景仍可得到闭式的 PHD 迭代[19]。

式（10-91）中，$\boldsymbol{m}_{\gamma,k}^{(j)}\ (j=1,2,\cdots,J_{\gamma,k})$ 为瞬时新生强度函数 γ_k 高斯分量的均值。这些点有最高的期望瞬时新生目标数量的聚集度，代表了最有可能出现目标的地方。协方差矩阵 $\boldsymbol{P}_{\gamma,k}^{(j)}$ 确定了强度函数在 $\boldsymbol{m}_{\gamma,k}^{(j)}$ 附近的扩展范围。权重 $\omega_{\gamma,k}^{(j)}$ 给出了由 $\boldsymbol{m}_{\gamma,k}^{(j)}$ 产生的期望目标数。注意，采用高斯混合模型，可以任意想要的精度近似其他形式的新生强度函数。

下面给出线性高斯模型的预测和后验 PHD 的计算方法。

假设时刻 k-1 的后验 PHD 有如下高斯混合形式：

$$v_{k-1}(\boldsymbol{x})=\sum_{j=1}^{J_{k-1}}\omega_{k-1}^{(j)}\mathbb{N}(\boldsymbol{x};\boldsymbol{m}_{k-1}^{(j)},\boldsymbol{P}_{k-1}^{(j)}) \tag{10-92}$$

则基于线性高斯多目标假设，时刻 k 的预测 PHD 也有如下高斯混合形式：

$$v_{k|k-1}(\boldsymbol{x})=\gamma_k(\boldsymbol{x})+p_{S,k|k-1}\sum_{j=1}^{J_{k-1}}\omega_{k-1}^{(j)}\mathbb{N}(\boldsymbol{x};\boldsymbol{m}_{S,k|k-1}^{(j)},\boldsymbol{P}_{S,k|k-1}^{(j)}) \tag{10-93}$$

式中，$\gamma_k(\boldsymbol{x})$ 由式（10-91）给定，且

$$\boldsymbol{m}_{S,k|k-1}^{(j)} = \boldsymbol{F}_k \boldsymbol{m}_{k-1}^{(j)} \tag{10-94}$$

$$\boldsymbol{P}_{S,k|k-1}^{(j)} = \boldsymbol{Q}_k + \boldsymbol{F}_k \boldsymbol{P}_{k-1}^{(j)} \boldsymbol{F}_k^{\mathrm{T}} \tag{10-95}$$

假设时刻 k 的预测 PHD 有如下高斯混合形式：

$$v_{k|k-1}(\boldsymbol{x}) = \sum_{j=1}^{J_{k|k-1}} \omega_{k|k-1}^{(j)} \mathbb{N}(\boldsymbol{x}; \boldsymbol{m}_{k|k-1}^{(j)}, \boldsymbol{P}_{k|k-1}^{(j)}) \tag{10-96}$$

则基于多目标的高斯混合假设，时刻 k 的后验 PHD 也有如下高斯混合形式：

$$v_k(\boldsymbol{x}) = (1 - P_{D,k}) v_{k|k-1}(\boldsymbol{x}) + P_{D,k} \sum_{z \in Z_k} \sum_{j=1}^{J_{k|k-1}} \frac{\omega_{k|k-1}^{(j)} q_k^{(j)}(\boldsymbol{z}) \mathbb{N}(\boldsymbol{x}; \boldsymbol{m}_{k|k}^{(j)}(\boldsymbol{z}), \boldsymbol{P}_{k|k}^{(j)})}{\kappa_k(\boldsymbol{z}) + p_{D,k} \sum_{l=1}^{J_{k|k-1}} \omega_{k|k-1}^{(j)} q_k^{(j)}(\boldsymbol{z})} \tag{10-97}$$

式中，

$$\begin{aligned}
& q_k^{(j)}(\boldsymbol{z}) = \mathbb{N}(\boldsymbol{z}; \boldsymbol{\eta}_{k|k-1}^{(j)}, \boldsymbol{S}_{k|k-1}^{(j)}),\ \boldsymbol{\eta}_{k|k-1}^{(j)} = \boldsymbol{H}_k \boldsymbol{m}_{k|k-1}^{(j)},\ \boldsymbol{S}_{k|k-1}^{(j)} = \boldsymbol{H}_k \boldsymbol{P}_{k|k-1}^{(j)} \boldsymbol{H}_k^{\mathrm{T}} + \boldsymbol{R}_k, \\
& \boldsymbol{m}_{k|k}^{(j)} = \boldsymbol{m}_{k|k-1}^{(j)} + \boldsymbol{K}_k^{(j)}(\boldsymbol{z} - \boldsymbol{\eta}_{k|k-1}^{(j)}),\ \boldsymbol{K}_k^{(j)} = \boldsymbol{P}_{k|k-1}^{(j)} \boldsymbol{H}_k^{\mathrm{T}} [\boldsymbol{S}_{k|k-1}^{(j)}]^{-1}, \\
& \boldsymbol{P}_{k|k}^{(j)} = \boldsymbol{P}_{k|k-1}^{(j)} - \boldsymbol{P}_{k|k-1}^{(j)} \boldsymbol{H}_k^{\mathrm{T}} [\boldsymbol{S}_{k|k-1}^{(j)}]^{-1} \boldsymbol{H}_k \boldsymbol{P}_{k|k-1}^{(j)}
\end{aligned} \tag{10-98}$$

由上述内容可见，如果初始先验 PHD v_0 是高斯混合形式（包括 $v_0 = 0$ 的情况），则所有后续的预测 PHD $v_{k|k-1}$ 及后验 PHD v_k 都是高斯混合形式。上面分别给出了线性高斯混合模型的 PHD 迭代的预测和更新步骤，因此称为高斯混合 PHD 迭代。

预测 PHD 包含了两项，分别是瞬时新生目标和已存在的目标。类似地，更新后验 PHD 包含一个漏检项及 $|Z_k|$ 个检测项，分别归属于每个测量结果 $\boldsymbol{z} \in Z_k$。

给定高斯混合强度 $v_{k|k-1}$ 和 v_k，相应的期望目标数 $\hat{N}_{k|k-1}$ 和 $\hat{N}_k$ 可通过下面的方式求得。

基于 $v_{k-1}(\boldsymbol{x})$ 式高斯混合的假设，则预测目标数量均值为

$$\hat{N}_{k|k-1} = \hat{N}_{k-1} p_{S,k|k-1} + \sum_{j=1}^{J_{\gamma,k}} \omega_{\gamma,k}^{(j)} \tag{10-99}$$

基于 $v_{k|k-1}(\boldsymbol{x})$ 式高斯混合的假设，则更新目标数量均值为

$$\hat{N}_k = \hat{N}_{k|k-1}(1 - p_{D,k}) p_{S,k|k-1} + \sum_{z \in Z_k} \sum_{j=1}^{J_{k|k-1}} \frac{p_{D,k} \omega_{k|k-1}^{(j)} q_k^{(j)}(\boldsymbol{z})}{\kappa_k(\boldsymbol{z}) + p_{D,k} \sum_{l=1}^{J_{k|k-1}} \omega_{k|k-1}^{(j)} q_k^{(j)}(\boldsymbol{z})} \tag{10-100}$$

2. 应用过程中的一些问题

高斯混合 PHD 滤波器与高斯和滤波器相似，在于它们都在每次更新过程中传递高斯混合项。类似于高斯和滤波器，高斯混合 PHD 滤波器也有如下计算问题：随着时间的推移高斯项不断增加。事实上，在时刻 k，高斯混合 PHD 滤波器需要 $(J_{k-1} + J_{\gamma,k})(1 + |Z_k|)$ 个高斯项以代表 v_k，其中 J_{k-1} 为 v_{k-1} 的高斯项数。这意味着后验强度的高斯项将无限制地增加。

可用一个简单的截断步骤以减少传递至下一时刻的高斯项。可以通过截断低权重项 $\omega_k^{(j)}$ 以得到高斯混合后验强度的近似估计 $v_k(\boldsymbol{x}) = \sum_{j=1}^{J_k} \omega_k^{(j)} \mathbb{N}(\boldsymbol{x}; \boldsymbol{m}_k^{(j)}, \boldsymbol{P}_k^{(j)})$。这可通过忽略权重低于某

一阈值的高斯项，或保持一定数量最高权重的高斯项来实现。不失一般性，假设下标为 $j=1,2,\cdots,N_P$ 的项的权重 $\omega_k^{(j)}$ 低于某一阈值 δ_1，这将导致将强度函数 v_k 替换为 v_k^P，而其权重均已进行归一化，则可得到下述误差界[20]：

$$\left\|v_k - v_k^P\right\|_1 \leqslant 2\sum_{j=1}^{N_P}\omega_k^{(j)} \leqslant 2N_P\delta_1 \tag{10-101}$$

这意味着在算法的截断阶段可将截断导致的 L_1 误差控制在一定范围之内。

第二种降低混合项个数的技巧是将均值与协方差矩阵相似的项合并。可用一种称为聚类算法的方法合并密度函数中的不同高斯簇。将所有的高斯项按其权重降序排列，如果两项之间的距离小于由第 i 项协方差矩阵 $\boldsymbol{P}_k^i$ 确定的下述距离，则选择将其合并：

$$\frac{\omega_k^{(i)}\omega_k^{(j)}}{\omega_k^{(i)}+\omega_k^{(j)}}(\boldsymbol{m}_k^{(i)}-\boldsymbol{m}_k^{(j)})^{\mathrm{T}}(\boldsymbol{P}_k^{(i)})^{-1}(\boldsymbol{m}_k^{(i)}-\boldsymbol{m}_k^{(j)}) \tag{10-102}$$

这些项根据下述规则合并：

$$\begin{aligned}
\tilde{\omega}_k^{(l)} &= \sum_{i\in L}\omega_k^{(i)} \\
\tilde{\boldsymbol{m}}_k^{(l)} &= \frac{1}{\tilde{\omega}_k^{(j)}}\sum_{i\in L}\omega_k^{(i)}\boldsymbol{m}_k^{(i)} \\
\tilde{\boldsymbol{P}}_k^{(l)} &= \frac{1}{\tilde{\omega}_k^{(j)}}\sum_{i\in L}\omega_k^{(i)}(\boldsymbol{P}_k^{(i)}+(\tilde{\boldsymbol{m}}_k^{(j)}-\boldsymbol{m}_k^{(i)})(\tilde{\boldsymbol{m}}_k^{(l)}-\boldsymbol{m}_k^{(i)})^{\mathrm{T}})
\end{aligned} \tag{10-103}$$

对于后验强度的高斯混合表示，多目标状态估计是十分直观的，因为如果它们没挤在一起的话，则组成后验强度的高斯项的均值就是 v_k 的局部极大值。注意，在截断后，距离很近的高斯项一般都合并了。由于每个峰的高度取决于权重和协方差矩阵，选择 v_k 最高的 $\hat{N}_k$ 个峰可能导致对应于低权重高斯项的状态估计。这并不理想，因为对应于这些峰的期望目标数量是很少的，尽管这些峰值很大。一个更好的方法是选择权重高于一定阈值的高斯项的均值。

3. 推广至非线性高斯模型

本节考虑将非线性高斯混合 PHD 滤波器推广至非线性目标模型。特别地，目标状态和观测过程的限制可放松至非线性模型

$$\begin{aligned}
\boldsymbol{x}_k &= \boldsymbol{f}_k(\boldsymbol{x}_{k-1},\boldsymbol{\varepsilon}_k) \\
\boldsymbol{z}_k &= \boldsymbol{h}_k(\boldsymbol{x}_k,\boldsymbol{\xi}_k)
\end{aligned} \tag{10-104}$$

式中，$\boldsymbol{f}_k$ 和 $\boldsymbol{h}_k$ 为已知的非线性函数，$\boldsymbol{\varepsilon}_k$ 和 $\boldsymbol{\xi}_k$ 为零均值高斯过程噪声，其协方差矩阵分别为 $\boldsymbol{Q}_k$ 和 $\boldsymbol{R}_k$。

由于 $\boldsymbol{f}_k$ 和 $\boldsymbol{h}_k$ 的非线性，后验强度已无法表示成高斯混合的形式。然而，高斯混合 PHD 滤波器可略加改造以适应非线性高斯模型。类似于 EKF，基于 $\boldsymbol{f}_k$ 和 $\boldsymbol{h}_k$ 的线性化也可给出高斯混合 PHD 迭代的非线性近似。

线性化。在式（10-92）至式（10-95）的推导过程中，基于一阶泰勒展开来近似预测非线性目标的运动。即线性化采用以下公式代替式（10-94）和式（10-95）：

$$\boldsymbol{m}_{k|k-1}^{(j)} = \boldsymbol{f}_k(\boldsymbol{m}_{k-1}^{(j)},\boldsymbol{0}) \tag{10-105}$$

$$\boldsymbol{P}_{k|k-1}^{(j)} = \boldsymbol{G}_k^{(j)}\boldsymbol{Q}_k[\boldsymbol{G}_k^{(j)}]^{\mathrm{T}} + \boldsymbol{F}_k^{(j)}\boldsymbol{P}_{k-1}^{(j)}[\boldsymbol{F}_k^{(j)}]^{\mathrm{T}} \tag{10-106}$$

式中，

$$\boldsymbol{F}_k^{(j)}=\left.\frac{\partial \boldsymbol{f}_k(\boldsymbol{x},\boldsymbol{0})}{\partial \boldsymbol{x}}\right|_{\boldsymbol{x}=\boldsymbol{m}_{k-1}^{(j)}},\boldsymbol{G}_k^{(j)}=\left.\frac{\partial \boldsymbol{f}_k(\boldsymbol{m}_{k-1}^{(j)},\boldsymbol{\varepsilon})}{\partial \boldsymbol{\varepsilon}}\right|_{\boldsymbol{\varepsilon}=\boldsymbol{0}} \tag{10-107}$$

在式（10-96）至式（10-98）的推导过程中，通过在遇到非线性观测时基于一阶近似更新每个预测混合项，来近似更新非线性测量模型。即采用以下公式代替式（10-98）的 $\boldsymbol{\eta}_{k|k-1}^{(j)}$ 和 $\boldsymbol{S}_k^{(j)}$：

$$\boldsymbol{\eta}_{k|k-1}^{(j)}=\boldsymbol{h}_k(\boldsymbol{m}_{k|k-1}^{(j)},\boldsymbol{0}) \tag{10-108}$$

$$\boldsymbol{S}_k^{(j)}=\boldsymbol{U}_k^{(j)}\boldsymbol{R}_k[\boldsymbol{U}_k^{(j)}]^{\mathrm{T}}+\boldsymbol{H}_k^{(j)}\boldsymbol{P}_{k|k-1}^{(j)}[\boldsymbol{H}_k^{(j)}]^{\mathrm{T}} \tag{10-109}$$

式中，

$$\boldsymbol{H}_k^{(j)}=\left.\frac{\partial \boldsymbol{h}_k(\boldsymbol{x},\boldsymbol{0})}{\partial \boldsymbol{x}}\right|_{\boldsymbol{x}=\boldsymbol{m}_{k|k-1}^{(j)}},\boldsymbol{U}_k^{(j)}=\left.\frac{\partial \boldsymbol{h}_k(\boldsymbol{m}_{k|k-1}^{(j)},\boldsymbol{\xi})}{\partial \boldsymbol{\xi}}\right|_{\boldsymbol{\xi}=\boldsymbol{0}} \tag{10-110}$$

类似于 UKF，可基于无迹变换给出高斯混合 PHD 的非线性近似。对于每个后验强度的混合项，首先采用均值为 $\boldsymbol{\mu}_k^{(j)}$、协方差为 $\boldsymbol{C}_k^{(j)}$ 的无迹变换产生一系列 sigma 点 $\{\boldsymbol{y}_k^{(l)}\}_{l=0}^{L}$ 和权重 $\{\boldsymbol{u}_k^{(l)}\}_{l=0}^{L}$，其中：$\boldsymbol{\mu}_k^{(j)}=[(\boldsymbol{m}_{k-1}^{(j)})^{\mathrm{T}},\boldsymbol{0}^{\mathrm{T}},\boldsymbol{0}^{\mathrm{T}}]$，$\boldsymbol{C}_k^{(j)}=\mathrm{diag}(\boldsymbol{P}_{k-1}^{(j)},\boldsymbol{Q}_{k-1},\boldsymbol{R}_{k-1})$。然后，将 sigma 点划分成：$\boldsymbol{y}_k^{(j=l)}=[(\boldsymbol{x}_{k-1}^{(l)})^{\mathrm{T}},(\boldsymbol{v}_{k-1}^{(l)})^{\mathrm{T}},(\boldsymbol{\tau}_{k-1}^{(l)})^{\mathrm{T}}]^{\mathrm{T}}$，$l=0,1,\cdots,L$。

在预测步，这些 sigma 点首先通过状态转移函数进行传递：$\boldsymbol{x}_{k|k-1}^{(l)}=\boldsymbol{f}_k(\boldsymbol{x}_{k-1}^{(l)},\boldsymbol{v}_k^{(l)})$，$l=0,1,\cdots,L$。然后，通过采用下面公式代替式（10-94）和式（10-95）可近似预测非线性目标运动：

$$\boldsymbol{m}_{k|k-1}^{(j)}=\sum_{l=0}^{L}\boldsymbol{u}^{(l)}\boldsymbol{x}_{k|k-1}^{(l)} \tag{10-111}$$

$$\boldsymbol{P}_{k|k-1}^{(j)}=\sum_{l=0}^{L}\boldsymbol{u}^{(l)}(\boldsymbol{x}_{k|k-1}^{(l)}-\boldsymbol{m}_{k|k-1}^{(j)})(\boldsymbol{x}_{k|k-1}^{(l)}-\boldsymbol{m}_{k|k-1}^{(j)})^{\mathrm{T}} \tag{10-112}$$

在更新步，sigma 点首先通过测量函数进行传递：$\boldsymbol{z}_{k|k-1}^{(l)}=\boldsymbol{h}_k(\boldsymbol{x}_{k|k-1}^{(l)},\boldsymbol{\tau}_k^{(l)})$，$l=0,1,\cdots,L$。然后，通过以下各式的更新步骤近似非线性测量模型：

$$\boldsymbol{\eta}_{k|k-1}^{(j)}=\sum_{l=0}^{L}\boldsymbol{u}^{(l)}\boldsymbol{z}_{k|k-1}^{(l)} \tag{10-113}$$

$$\boldsymbol{S}_k^{(j)}=\sum_{l=0}^{L}\boldsymbol{u}^{(l)}(\boldsymbol{z}_{k|k-1}^{(l)}-\boldsymbol{\eta}_{k|k-1}^{(j)})(\boldsymbol{z}_{k|k-1}^{(l)}-\boldsymbol{\eta}_{k|k-1}^{(j)})^{\mathrm{T}} \tag{10-114}$$

$$\boldsymbol{P}_k^{(j)}=\boldsymbol{P}_{k|k-1}^{(j)}-\boldsymbol{G}_k^{(j)}[\boldsymbol{S}_k^{(j)}]^{-1}[\boldsymbol{G}_k^{(j)}]^{\mathrm{T}} \tag{10-115}$$

$$\boldsymbol{K}_k^{(j)}=\boldsymbol{G}_k^{(j)}[\boldsymbol{S}_k^{(j)}]^{-1} \tag{10-116}$$

$$\boldsymbol{G}_k^{(j)}=\sum_{l=0}^{L}\boldsymbol{u}^{(l)}(\boldsymbol{x}_{k|k-1}^{(l)}-\boldsymbol{m}_{k|k-1}^{(j)})(\boldsymbol{z}_{k|k-1}^{(l)}-\boldsymbol{\eta}_{k|k-1}^{(j)})^{\mathrm{T}} \tag{10-117}$$

类似于单目标的情形，EKF-PHD 仅适用于可微非线性模型。此外，计算雅可比矩阵可能比较复杂而易错。另外，UKF-PHD 滤波器并没有这些限制，且可应用于存在不连续的模型。

10.2.4.2　CPHD 滤波器

PHD 迭代的主要弱点是缺乏高阶势信息。由于 PHD 迭代是一种一阶近似，它仅用一个参数传递势信息，并通过相近均值的泊松分布来近似势分布。由于一个泊松分布的均值和方差是一样的，当目标数很多时，PHD 滤波器相应地将用一个较大方差来估计势。此外，目标数的均值是一种 EAP 估计，但这在低信噪比时由于杂波因素容易出错。

Mahler 在文献[21]中提出采用 CPHD 迭代来应对 PHD 迭代的局限。实质上，CPHD 迭代的策略就是联合传递强度函数和势分布（目标数的概率分布）。CPHD 迭代基于下述目标运动和测量的假设。

（1）每个目标独立地发生状态转移并产生观测量；

（2）新生的随机有限集与存活随机有限集统计独立；

（3）簇随机有限集是独立同分布簇过程且与测量随机有限集统计独立；

（4）先验与预测多目标随机有限集是泊松随机有限集。

上述假设与 PHD 迭代的假设是相似的，除了对于 CPHD 簇随机有限集代替泊松随机有限集，独立同分布杂波过程替代了泊松随机有限集。下面将给出后验 PHD 和势分布如何传递至下一时刻。

我们需要下述记号来表示 CPHD 滤波器。将排列系数 $l!/[j!(l-j)!]$ 表示为 C_j^l，将组合系数 $n!/[(n-j)!]$ 表示为 P_j^n，$\langle\cdot,\cdot\rangle$ 表示两个实值函数 α 和 β 的内积，即 $\langle\alpha,\beta\rangle=\int\alpha(\boldsymbol{x})\beta(\boldsymbol{x})\mathrm{d}\boldsymbol{x}$ [或当 α 和 β 为实序列时，$\langle\alpha,\beta\rangle=\sum_{l=0}^{\infty}\alpha(l)\beta(l)$]，$e_j(\cdot)$ 表示实值有限集 Z 的 j 阶基本对称函数：$e_j(Z)=\sum_{S\subseteq Z,|S|=j}\left(\prod_{\zeta\in S}\zeta\right)$，且为方便计算定义 $e_0(Z)=1$。

假设在时刻 $k-1$，给定后验 PHD v_{k-1} 及后验势分布 p_{k-1}，则预测势分布 $p_{k|k-1}$ 及预测 PHD $v_{k|k-1}$ 为

$$p_{k|k-1}(n)=\sum_{j=0}^{n}p_{\Gamma,k}(n-j)\prod\nolimits_{k|k-1}[v_{k-1},p_{k-1}](j) \tag{10-118}$$

式中，$\prod_{k|k-1}[v,p](j)=\sum_{l=j}^{\infty}C_j^l\dfrac{\left\langle p_{S,k|k-1},v\right\rangle^j\left\langle 1-p_{S,k|k-1},v\right\rangle^{l-j}}{\langle 1,v\rangle^l}p(l)$。

$$v_{k|k-1}(\boldsymbol{x})=\int p_{S,k|k-1}(\zeta)f_k(\boldsymbol{x}|\zeta)v_{k-1}(\zeta)\mathrm{d}\zeta+\gamma_k(\boldsymbol{x}) \tag{10-119}$$

式中，$p_{S,k|k-1}(\zeta)$ 为给定之前状态 ζ 目标在时刻 k 的存活概率，$f_k(\boldsymbol{x}|\zeta)$ 为给定之前状态 ζ 单目标在时刻 k 的状态转移密度，$\gamma_k(\boldsymbol{x})$ 为时刻 k 时新生随机有限集的 PHD，$p_{\Gamma,k}(\cdot)$ 为时刻 k 时新生目标的势分布。

假设在时刻 k，给定预测 PHD $v_{k|k-1}$、预测势分布 $p_{k|k-1}$ 和测量有限集 Z_k，则更新势分布及更新 PHD v_k 为

$$p_k(n)=\frac{\Upsilon_k^0[v_{k|k-1},Z_k](n)p_{k|k-1}(n)}{\left\langle\Upsilon_k^0[v_{k|k-1},Z_k],p_{k|k-1}\right\rangle} \tag{10-120}$$

$$\begin{aligned}v_k(\boldsymbol{x})=&[1-p_{D,k}(\boldsymbol{x})]\frac{\left\langle\Upsilon_k^1[v_{k|k-1},Z_k],p_{k|k-1}\right\rangle}{\left\langle\Upsilon_k^0[v_{k|k-1},Z_k],p_{k|k-1}\right\rangle}v_{k|k-1}(\boldsymbol{x})+\\&p_{D,k}(\boldsymbol{x})\sum_{z\in Z_k}\frac{\left\langle\Upsilon_k^1[v_{k|k-1},Z_k-\{z\}],p_{k|k-1}\right\rangle}{\left\langle\Upsilon_k^0[v_{k|k-1},Z_k],p_{k|k-1}\right\rangle}\frac{g_k(z|\boldsymbol{x})}{\kappa_k(z)/\langle 1,\kappa_k\rangle}v_{k|k-1}(\boldsymbol{x})\end{aligned} \tag{10-121}$$

式中，

$$\Upsilon_k^u[\upsilon,Z](n)=\sum_{j=0}^{\min(|Z|,n)}(|Z|-j)!p_{K,k}(|Z|-j)P_{j+u}^n\frac{\langle 1-p_{D,k},\upsilon\rangle^{n-(j+u)}}{\langle 1,\upsilon\rangle^n}e_j(\Xi_k(\upsilon,Z))$$
$$\Xi_k(\upsilon,Z)=\left\{\frac{\langle p_{D,k}g_k(z|\cdot),\upsilon\rangle}{\kappa_k(z)/\langle 1,\kappa_k\rangle}:z\in Z\right\} \tag{10-122}$$

式中，$g_k(\cdot|\boldsymbol{x})$ 为给定当前状态 $\boldsymbol{x}$ 在时刻 k 的单目标测量似然函数，$p_{D,k}(\boldsymbol{x})$ 为给定当前状态 $\boldsymbol{x}$ 在时刻 k 的目标监测概率，$\kappa_k(\cdot)$ 为时刻 k 时杂波测量结果，$p_{K,k}(\cdot)$ 为时刻 k 时杂波的势分布。

式（10-118）中的 CPHD 预测势实际上就是新生和继续存在目标的卷积。这是因为预测势就是新生目标和继续存在目标的势之和。式（10-119）中的预测势强度与式（10-85）中的预测 PHD 一致。注意式（10-118）和式（10-119）中的势和 PHD 是非耦合的，而式（10-120）和式（10-121）中两者是耦合的。然而，式（10-121）的 CPHD 更新与式（10-86）中是相似的，两者都有一个漏检项和 $|Z_k|$ 个检测项。式（10-122）中更新势综合了杂波势、测量集、预测强度和预测势分布。事实上，式（10-120）是一个贝叶斯更新，其中 $\Upsilon_k^0[v_{k|k-1},Z_k](n)$ 是给定有 n 个目标时多目标测量 Z_k 的似然函数，而 $\langle \Upsilon_k^0[v_{k|k-1},Z_k],p_{k|k-1}\rangle$ 为归一化项。

1. 线性高斯模型的 CPHD 迭代

对于线性高斯多目标模型，下面给出式（10-118）~式（10-121）中 CPHD 滤波迭代过程的闭式解。更具体地，以解析的形式给出了后验强度及后验势分布是如何随着时间传递的。

假设在时刻 $k-1$，给定后验强度 v_{k-1} 和后验势分布 p_{k-1}，且 v_{k-1} 是式（10-92）的高斯混合形式，则基于线性高斯多目标假设，$v_{k|k-1}$ 也是高斯混合形式，且

$$p_{k|k-1}(n)=\sum_{j=0}^{n}p_{\Gamma,k}(n-j)\sum_{l=j}^{\infty}C_j^l p_{k-1}(l)p_{S,k|k-1}^j(1-p_{S,k})^{l-j} \tag{10-123}$$

$$v_{k|k-1}(\boldsymbol{x})=\gamma_k(\boldsymbol{x})+p_{S,k|k-1}\sum_{j=1}^{J_{k-1}}\omega_{k-1}^{(j)}\mathbb{N}(\boldsymbol{x};\boldsymbol{m}_{S,k|k-1}^{(j)},\boldsymbol{P}_{S,k|k-1}^{(j)}) \tag{10-124}$$

其中，$\gamma_k(\boldsymbol{x})$ 由式（10-91）给出，此外

$$\boldsymbol{m}_{S,k|k-1}^{(j)}=\boldsymbol{F}_k\boldsymbol{m}_{k-1}^{(j)} \tag{10-125}$$

$$\boldsymbol{P}_{S,k|k-1}^{(j)}=\boldsymbol{Q}_k+\boldsymbol{F}_k\boldsymbol{P}_{k-1}^{(j)}\boldsymbol{F}_k^{\mathrm{T}} \tag{10-126}$$

假设在时刻 k，给定预测强度 $v_{k|k-1}$ 和预测势分布 $p_{k|k-1}$，且 $v_{k|k-1}$ 是式（10-96）的高斯混合形式，则基于线性高斯多目标假设，v_k 也是高斯混合形式，且

$$p_k(n)=\frac{\psi_k^0[\boldsymbol{w}_{k|k-1},Z_k](n)p_{k|k-1}(n)}{\langle\psi_k^0[\boldsymbol{w}_{k|k-1},Z_k],p_{k|k-1}\rangle} \tag{10-127}$$

$$\begin{aligned}v_k(n)=&(1-p_{D,k})\frac{\langle\psi_k^1[\boldsymbol{w}_{k|k-1},Z_k],p_{k|k-1}(n)\rangle}{\langle\psi_k^0[\boldsymbol{w}_{k|k-1},Z_k],p_{k|k-1}\rangle}v_{k|k-1}(\boldsymbol{x})+\\&p_{D,k}\sum_{z\in Z_k}\sum_{j=1}^{J_{k|k-1}}\omega_{k|k-1}^{(j)}\frac{\langle\psi_k^1[\boldsymbol{w}_{k|k-1},Z_k-\{z\}],p_{k|k-1}(n)\rangle}{\langle\psi_k^0[\boldsymbol{w}_{k|k-1},Z_k],p_{k|k-1}\rangle}\frac{q_k^{(j)}(z)\mathbb{N}(\boldsymbol{x};\boldsymbol{m}_k^{(j)}(z),\boldsymbol{P}_k^{(j)})}{\kappa_k(z)/\langle 1,\kappa_k\rangle}\end{aligned} \tag{10-128}$$

式中，

$$\psi_k^u[\boldsymbol{w},Z]=\sum_{j=0}^{\min(|Z|,n)}(|Z|-j)!\,p_{K,k}(|Z|-j)\,p_{j+u}^n\frac{(1-p_{D,k})^{n-(j+u)}}{(\boldsymbol{1}^{\mathrm{T}}\boldsymbol{w})^{j+u}}e_j(\Lambda_k(\boldsymbol{w},Z)) \tag{10-129}$$

$$\Lambda_k(\boldsymbol{w},Z)=\left\{\frac{p_{D,k}\boldsymbol{w}^T\boldsymbol{q}_k(z)}{\kappa_k(z)/\langle 1,\ \kappa_k\rangle}:z\in Z\right\} \tag{10-130}$$

$$\boldsymbol{w}_{k|k-1}=[\omega_{k|k-1}^{(1)},\omega_{k|k-1}^{(2)},\cdots,\omega_{k|k-1}^{(J_{k|k-1})}]^{\mathrm{T}} \tag{10-131}$$

$$\boldsymbol{q}_k(\boldsymbol{z})=[q_k^{(1)}(\boldsymbol{z}),q_k^{(2)}(\boldsymbol{z}),\cdots,q_k^{(J_{k|k-1})}(\boldsymbol{z})]^{\mathrm{T}} \tag{10-132}$$

$$q_k^{(j)}(\boldsymbol{z})=\mathbb{N}(\boldsymbol{z};\boldsymbol{\eta}_{k|k-1}^{(j)},\boldsymbol{S}_{k|k-1}^{(j)}) \tag{10-133}$$

$$\boldsymbol{\eta}_{k|k-1}^{(j)}=\boldsymbol{H}_k\boldsymbol{m}_{k|k-1}^{(j)} \tag{10-134}$$

$$\boldsymbol{S}_{k|k-1}^{(j)}=\boldsymbol{H}_k\boldsymbol{P}_{k|k-1}^{(j)}\boldsymbol{H}_k^{\mathrm{T}}+\boldsymbol{R}_k \tag{10-135}$$

$$\boldsymbol{m}_k^{(j)}(\boldsymbol{z})=\boldsymbol{m}_{k|k-1}^{(j)}+\boldsymbol{K}_k^{(j)}(\boldsymbol{z}-\boldsymbol{\eta}_{k|k-1}^{(j)}) \tag{10-136}$$

$$\boldsymbol{P}_k^{(j)}=[\boldsymbol{I}-\boldsymbol{K}_k^{(j)}\boldsymbol{H}_k]\boldsymbol{P}_{k|k-1}^{(j)} \tag{10-137}$$

$$\boldsymbol{K}_k^{(j)}=\boldsymbol{P}_{k|k-1}^{(j)}\boldsymbol{H}_k^{\mathrm{T}}[\boldsymbol{S}_{k|k-1}^{(j)}]^{-1} \tag{10-138}$$

文献[21]证明了 PHD 迭代是 CPHD 迭代的特例。采用类似的证明方式，也可以证明高斯混合 PHD 是上述迭代的特例[19]。与 PHD 滤波器类似，由上述分析可见，如果初始强度 v_0 是高斯混合的（包括 $v_0=0$ 的情况），则所有后续的预测强度 $p_{k|k-1}$ 和后验强度 p_k 也是高斯混合的。

2. 应用过程中的一些问题

采用 10.2.4.1 的高斯混合形式，高斯混合 CPHD 滤波器的应用方法与高斯混合 PHD 滤波器是类似的。PHD 滤波器的“截断”与“合并”步骤，基于线性化和无迹变换的非线性扩展方法可直接应用于 CPHD 滤波器。

计算势分布。传递势分布包括采用式（10-123）和式（10-127）循环地预测和更新分布的权重。然而，如果势分布是无限长尾的，传递整个后验势总的来讲是不现实的，因为这将导致传递无限项。在实际应用中，如果势分布是短的或拖尾长度适中，则可用 $n=N_{\max}$ 截断并采用有限项 $\{p_k(n)\}_{n=0}^{N_{\max}}$ 近似。当 $N_{\max}$ 远大于任何时刻视场中目标数量时，这样的估计是合理的。

计算基础对称函数。直接从定义来评估基础对称函数显然是无法计算的。采用组合学理论中一个称为 Newton-Girard 的公式或 Vielta's 定理的结果，基础对称函数可采用下述步骤计算[22]。令 $\rho_1,\rho_2,\cdots,\rho_M$ 为多项式 $\alpha_M x^M+\alpha_{M-1}x^{M-1}+\cdots+\alpha_1 x+\alpha_0$ 的不同的根，则对应阶数 $j=0,1,\cdots,M$ 的 $e_j(\cdot)$ 为 $e_j(\{\rho_1,\rho_2,\cdots,\rho_M\})=(-1)^j\alpha_{M-j}/\alpha_M$。则 $e_j(Z)$ 的值可由根为 Z 中元素的多项式求得。对于有限集 Z，计算 $e_j(\cdot)$ 需要 $|Z|^2$ 次操作。文献[23]指出，通过采用恰当的分解和循环，这一复杂度可降低至 $O(|Z|\log^2|Z|)$。

在 CPHD 迭代过程中，每步数据更新需要计算 $|Z|+1$ 个基础对称函数，其中 $\boldsymbol{z}\in Z$。这样，CPHD 迭代的计算复杂度为 $O(|Z|^3)$。采用文献[23]中的方法，CPHD 滤波器的计算复杂度为 $O(|Z|^2\log^2|Z|^2)$。

多目标状态提取。类似于高斯混合 PHD 滤波器，高斯混合 CPHD 滤波器的状态提取也包

括首先估计目标数，而后从后验强度中提取相应数量的权重最高的混合项作为状态估计。目标数可采用 EAP 估计器 $\hat{N}_k=\mathbb{E}[|X_k|]$ 或 MAP 估计器 $\hat{N}_k=\arg\max p_k(\cdot)$。注意，在低信噪比条件下，EAP 估计器可能有所起伏而变得不可靠。这是因为虚警和漏检可能会导致后验势中的次要模式，进而导致期望值在目标导致的主要模式附近随机波动。另外，MAP 估计器可能会更可靠一些，因为它忽略了次要模式并直接锁定在目标导致的主要模式上。基于这些原因，相比 EAP 估计器人们一般更倾向于 MAP 估计器。

10.2.4.3 MeMBer 滤波器

PHD 方法并不是 FISST 提供的唯一近似策略。MeMBer 滤波器是贝叶斯多目标滤波器的另一种近似方法。与传递矩和势分布的 PHD 和 CPHD 迭代不同，MeMBer 滤波器传递近似后验多目标随机有限集的多伯努利随机有限集的参数。

1. MeMBer 迭代

MeMBer迭代的前提是每个时刻的多目标随机有限集可由一个多伯努利随机有限集近似，且有下述建模假设。

- 每个目标独立地发生状态转移并产生观测量；
- 目标新生过程符合多伯努利随机过程，且与目标存活相独立；
- 杂波符合泊松随机过程，不太密集，且与目标产生的观测量相独立。

MeMBer 迭代通过以下预测和更新步骤，在时间上传递后验多目标密度的多伯努利参数。

预测。如果在时刻 $k-1$，后验多目标密度是一个以下多伯努利形式：

$$\pi_{k-1}=\{(r_{k-1}^{(i)},p_{k-1}^{(i)})\}_{i=1}^{M_{k-1}} \tag{10-139}$$

则预测多目标密度也是一个多伯努利随机有限集，且有

$$\pi_{k|k-1}=\{(r_{P,k|k-1}^{(i)},p_{P,k|k-1}^{(i)})\}_{i=1}^{M_{k-1}}\cup\{(r_{\Gamma,k}^{(i)},p_{\Gamma,k}^{(i)})\}_{i=1}^{M_{\Gamma,k}} \tag{10-140}$$

式中，

$$r_{P,k|k-1}^{(i)}=r_{k-1}^{(i)}\left\langle p_{S,k|l-1},p_{k-1}^{(i)}\right\rangle \tag{10-141}$$

$$P_{P,k|k-1}^{(i)}(\boldsymbol{x})=\frac{\left\langle f_k(\boldsymbol{x}|\cdot),p_{S,k|k-1}p_{k-1}^{(i)}\right\rangle}{\left\langle p_{S,k|l-1},p_{k-1}^{(i)}\right\rangle} \tag{10-142}$$

$\{(r_{\Gamma,k}^{(i)},p_{\Gamma,k}^{(i)})\}_{i=1}^{M_{\Gamma,k}}$ 为在时刻 k 时新生目标的多伯努利随机有限集参数。

更新。如果在时刻 k 预测多目标密度是一个以下多伯努利形式：

$$\pi_{k|k-1}=\{(r_{k|k-1}^{(i)},p_{k|k-1}^{(i)})\}_{i=1}^{M_{k|k-1}} \tag{10-143}$$

则后验多目标密度可以用以下多伯努利随机有限集近似：

$$\pi_k\approx\{(r_{L,k}^{(i)},p_{L,k}^{(i)})\}_{i=1}^{M_{k|k-1}}\cup\{(r_{U,k}(\boldsymbol{z}),p_{U,k}(\cdot,\boldsymbol{z}))\}_{\boldsymbol{z}\in Z_k} \tag{10-144}$$

式中，

$$r_{L,k}^{(i)}=r_{k|k-1}^{(i)}\frac{1-\left\langle p_{k|k-1}^{(i)},p_{D,k}\right\rangle}{1-r_{k|k-1}^{(i)}\left\langle p_{k|k-1}^{(i)},p_{D,k}\right\rangle} \tag{10-145}$$

$$p_{L,k}^{(i)}(\boldsymbol{x}) = p_{k|k-1}^{(i)}(x)\frac{1-p_{D,k}(\boldsymbol{x})}{1-\left\langle p_{k|k-1}^{(i)}, p_{D,k}\right\rangle} \tag{10-146}$$

$$r_{U,k}(z) = \frac{\sum_{j=1}^{M_{k|k-1}} \frac{r_{k|k-1}^{(j)}(1-r_{k|k-1}^{(j)})\left\langle p_{k|k-1}^{(i)}, h_k(z|\cdot)p_{D,k}\right\rangle}{\left(1-r_{k|k-1}^{(j)}\left\langle p_{k|k-1}^{(i)}, p_{D,k}\right\rangle\right)^2}}{\kappa_k(z) + \sum_{j=1}^{M_{k|k-1}} \frac{r_{k|k-1}^{(j)}\left\langle p_{k|k-1}^{(i)}, h_k(z|\cdot)p_{D,k}\right\rangle}{1-r_{k|k-1}^{(j)}\left\langle p_{k|k-1}^{(i)}, p_{D,k}\right\rangle}} \tag{10-147}$$

$$p_{U,k}(x;z) = \frac{\sum_{j=1}^{M_{k|k-1}} \frac{r_{k|k-1}^{(j)}}{1-r_{k|k-1}^{(j)}} p_{k|k-1}^{(i)}(\boldsymbol{x})h_k(z|\boldsymbol{x})p_{D,k}(\boldsymbol{x})}{\sum_{j=1}^{M_{k|k-1}} \frac{r_{k|k-1}^{(j)}}{1-r_{k|k-1}^{(j)}}\left\langle p_{k|k-1}^{(i)}, h_k(z|\cdot)p_{D,k}\right\rangle} \tag{10-148}$$

就复杂度而言，MeMBer 迭代对于目标数量和观测量数据都是线性关系。这与 PHD 滤波器的复杂度是相似的。CPHD 滤波器的复杂度与目标数量是线性关系，而与观测量则是平方关系，因此 MeMBer 滤波器的复杂度低于 CPHD 滤波器。

2. 多目标状态估计

多伯努利表示 $\pi_k = \{(r_k^{(i)}, p_k^{(i)})\}_{i=1}^{M_k}$ 有一个直观的解释，这促进了从后验多目标密度进行多目标状态估计。存在概率 $r_k^{(i)}$ 意味着第 i 个假设的轨迹是实际轨迹的概率，后验概率密度 $p_k^{(i)}$ 描述了估计的当前轨迹状态。因此，通过从存在概率超过一定阈值的假设轨迹的后验概率选择其均值或最大值，即可获得多目标状态的估计。或者，可采用下述基本的两个步骤。首先，通过选取后验势分布的均值或最大值估计目标数。而后，选取拥有最高存在概率的相应数量的假设轨迹，并从其各自的后验概率密度提取其均值或最大值对应的目标状态。

10.2.4.4 标签随机集滤波器[24]

严格地讲，PHD 滤波器、CPHD 滤波器和 MeMBer 滤波器本质上并不是多目标跟踪器，因为这些滤波器并没有给出目标的标签，这也是随机有限集框架曾经受到诟病的原因之一。针对该问题，文献[25]通过引入标签随机有限集的概念来解决目标航迹及其唯一性的问题，提出一个新的随机有限集分布类——广义多伯努利（GLMB）分布，它关于多目标观测似然是共轭的，且在多目标查普曼-柯尔莫哥洛夫方程下关于多目标转移内核是闭合的，从而为多目标滤波问题提供了解析解决方案，即 δ-GLMB 滤波器，其利用 GLMB 族的共轭性，随时间准确前向传递多目标滤波密度。它是多目标贝叶斯递归的一个准确的闭合形式解，产生了杂波、漏检和关联不确定性存在下的状态和标签的联合估计，是首个可处理的基于随机有限集的多目标跟踪滤波器。然而，文献[25]并未给出 δ-GLMB 滤波器的具体实现方法。为此，文献[26]给出了 δ-GLMB 滤波器的有效且高度并行的实现方法。虽然文献[26]提出的两步实现是直观且高度并行的，但两步实现在结构上又是低效的，因为在两步实现中预测与更新 δ-GLMB 分量的剪枝是分别进行的，所以很大比例的预测分量可能产生具有可忽略权重的更新分量。因此，大量计算浪费在求解大量排序分配问题上，而每个排序分配问题的求解与量测数量具有至少 3 次方复杂度。为此，文献[27]通过将预测和更新步骤联合成单个步骤，并且基于

MCMC 方法，使用与量测数呈线性复杂度且具有指数收敛率的吉布斯（Gibbs）采样器来剪枝 GLMB 滤波密度。

10.2.5　仿真案例

10.2.5.1　GM-PHD 滤波器

考虑一个在区域$[-1000,1000]\times[-1000,1000]$内，目标数未知、时变，且观测量伴有杂波的二维场景。每个目标的状态$\boldsymbol{x}_k=[x_k,y_k,\dot{x}_k,\dot{y}_k]^{\mathrm{T}}$包含位置$(x_k,y_k)$和速度$(\dot{x}_k,\dot{y}_k)$，而观测量是含噪扰的目标位置。每个目标的存活概率是$p_{S,k}=0.99$且有线性高斯状态转移方程

$$\boldsymbol{F}_k=\begin{bmatrix}\boldsymbol{I}_2 & \Delta\boldsymbol{I}_2\\ \boldsymbol{0}_2 & \boldsymbol{I}_2\end{bmatrix}\quad \boldsymbol{Q}_k=\sigma_v^2\begin{bmatrix}\dfrac{\Delta^4}{4}\boldsymbol{I}_2 & \dfrac{\Delta^3}{2}\boldsymbol{I}_2\\ \dfrac{\Delta^3}{2}\boldsymbol{I}_2 & \Delta^2\boldsymbol{I}_2\end{bmatrix} \tag{10-149}$$

式中，$\Delta=1\mathrm{s}$为采样周期，$\sigma_v=5(\mathrm{m/s^2})$为过程噪声。目标可能从两个潜在的位置出现，也可从其他目标上分离出来。特别地，采用下述泊松随机有限集对目标在$\boldsymbol{m}_\gamma^{(1)}$和$\boldsymbol{m}_\gamma^{(2)}$附近自发地产生进行建模：

$$\gamma_k=0.1\mathbb{N}(\boldsymbol{x};\boldsymbol{m}_\gamma^{(1)},\boldsymbol{P}_\gamma)+0.1\mathbb{N}(\boldsymbol{x};\boldsymbol{m}_\gamma^{(2)},\boldsymbol{P}_\gamma) \tag{10-150}$$

式中，$\boldsymbol{m}_\gamma^{(1)}=[250,250,0,0]^{\mathrm{T}}$，$\boldsymbol{m}_\gamma^{(2)}=[-250,-250,0,0]^{\mathrm{T}}$，$\boldsymbol{P}_\gamma=\mathrm{diag}[100,100,25,25]$。

此外，从上一时刻状态为ς的目标分离出来的目标的随机有限集$B_{k|k-1}(\varsigma)$符合拥有以下强度的泊松过程：

$$\begin{aligned}&\beta_{k|k-1}(\boldsymbol{x}|\varsigma)=0.05\mathbb{N}(\boldsymbol{x};\varsigma,\boldsymbol{Q}_B)\\&\boldsymbol{Q}_B=\mathrm{diag}[100,100,400,400]\end{aligned} \tag{10-151}$$

每个目标的检测概率均为$p_{D,k}=0.98$，且观测量符合下式：

$$\boldsymbol{z}=\boldsymbol{H}_k\boldsymbol{x}+\xi_k \tag{10-152}$$

式中，$\boldsymbol{H}_k=[\boldsymbol{I}_2,\boldsymbol{0}_2]$，$\xi_k$为零均值且协方差矩阵$\boldsymbol{R}_k=\sigma_\xi^2\boldsymbol{I}_2$的观测噪声，其中$\sigma_\xi=10\mathrm{m}$为观测噪声的标准差。检测到的观测值浸没在杂波之中，且可用具有下述强度的泊松随机有限集κ_k进行建模

$$\kappa_k(\boldsymbol{z})=\lambda_c Vu(\boldsymbol{z}) \tag{10-153}$$

式中，$u(\cdot)$为观测区域内均匀密度函数，$V=4\times10^6\mathrm{m}^2$为观测区域面积，$\lambda_c=12.5\times10^{-6}\mathrm{m}^{-2}$为单位面积的杂波数量（观测区域内 50 个杂波）。假设目标 1 的初始状态为$\boldsymbol{x}_{10}=[250,250,2.5,-11.5]^{\mathrm{T}}$，目标 2 的初始状态为$\boldsymbol{x}_{20}=[-250,-250,11.5,-2.5]^{\mathrm{T}}$，两个目标均于初始时刻产生；目标 3 于时刻 66 从目标 1 中分离产生。采用高斯混合 PHD 滤波器，并设权重阈值$T=10^{-5}$，合并阈值$U=4$，截断后的最大高斯项$J_{\max}=100$，图 10-21（a）给出了多目标位置估计结果，图 10-21（b）给出了每个仿真步骤的观测量及杂波，图 10-22 给出了每个仿真步骤的目标数估计结果。最后，图 10-23 给出了每个仿真步骤的 OSPA 误差。由图 10-21～图 10-23 的结果可见，高斯混合 PHD 滤波器给出了精确的跟踪性能，不仅成功检测并跟踪到目标 1 和目标 2，而且成功检测并跟踪到从目标 1 分离出的目标 3。

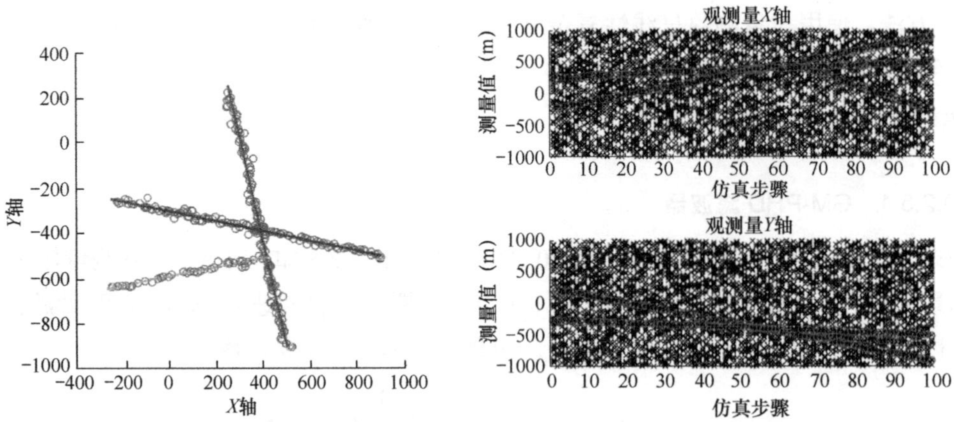

(a) 多目标位置估计结果 (b) 每个仿真步骤的观测量及杂波

图 10-21 多目标位置估计情况

注：-为实际位置，○为估计位置。

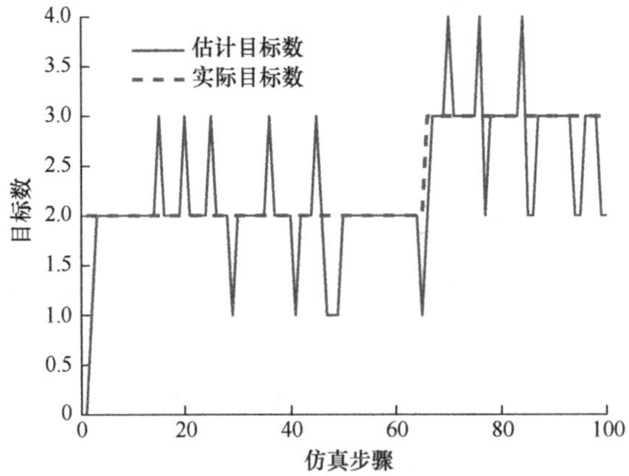

图 10-22 目标数估计结果

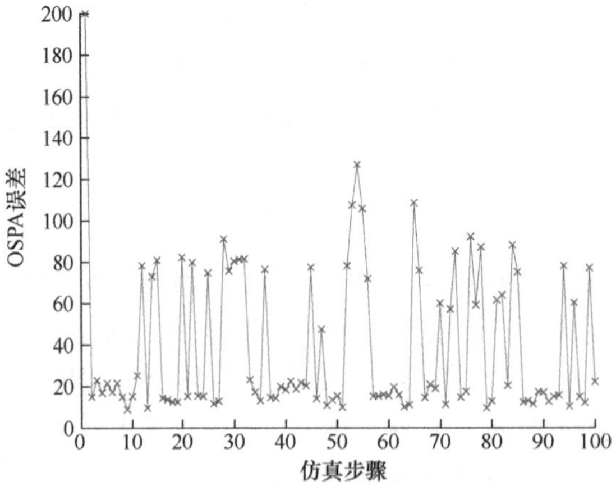

图 10-23 OSPA 误差

10.2.5.2 UKF-PHD 滤波器

同样考虑 10.2.5.1 节中运动目标的场景，但单位由 m 改为 km。此外，这里假设观测量不是目标的直接位置信息，而是由 5 个观测站所得的时差信息，其中 5 个观测站的位置分别为：$\boldsymbol{x}_1=[0,0,500]^{\mathrm{T}}$，$\boldsymbol{x}_2=[500,500,1000]^{\mathrm{T}}$，$\boldsymbol{x}_3=[100,100,2000]^{\mathrm{T}}$，$\boldsymbol{x}_4=[1000,1000,2000]^{\mathrm{T}}$，$\boldsymbol{x}_5=[2000,2000,1000]^{\mathrm{T}}$，时差测量误差为 500ns，没有杂波，目标信号检测概率为 0.95。采用 UKF-PHD 滤波器进行多目标滤波，图 10-24 给出了多目标位置估计情况，图 10-25 演示了站 1-2，站 1-3 两组时差观测量，图 10-26 给出了目标跟踪过程中的 OSPA 误差。由图 10-26 中结果可见，UKF-PHD 滤波器能较好地适应非线性观测量下的多目标跟踪应用，主要体现在：①在给定目标 1、2 粗略的初始位置前提下，无须给出多站时差配对情况，即可正确地实现对目标 1、2 的跟踪；②正确地检测出目标 3 的分离情况并予以跟踪；③存在一定概率漏检的情况下仍能正确维持航迹。对比图 10-25 与图 10-26，图 10-26 中 OSPA 指标的抖动主要是由于观测量的漏检造成的，但目标时差被观测到后可迅速降至较低的水平。

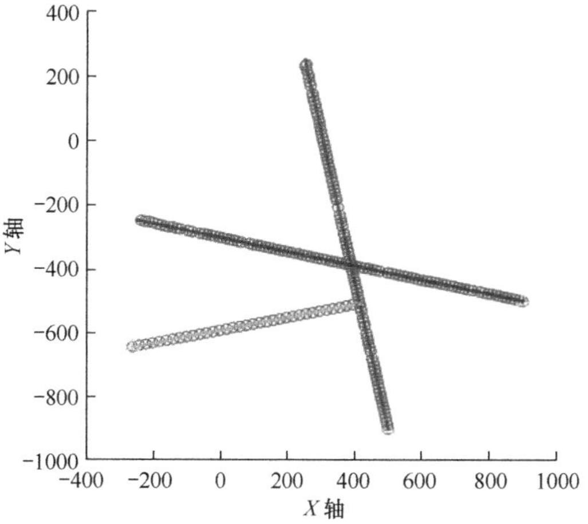

图 10-24　多目标位置估计情况

注：-为实际位置，○为估计位置。

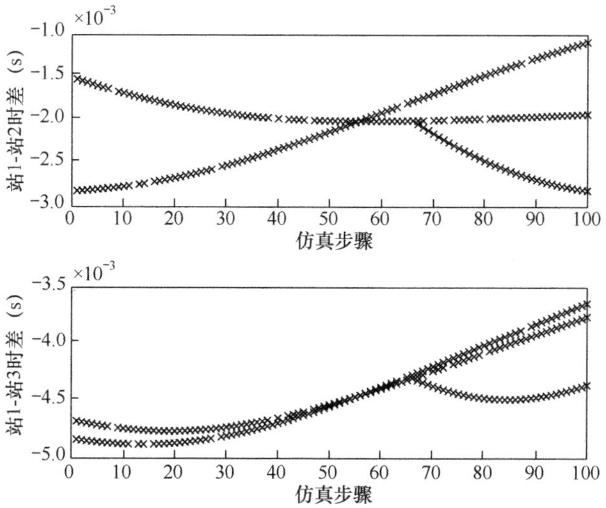

图 10-25　观测量示意

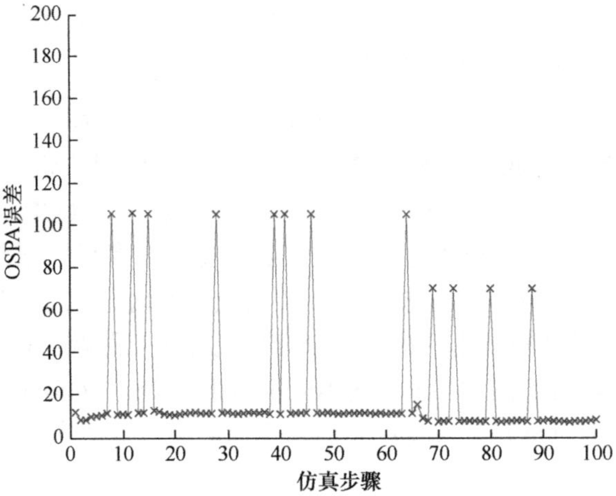

图 10-26 OSPA 误差

10.3 本章小结

本章介绍了对运动辐射源跟踪的方法，单目标跟踪主要介绍了 EKF、UKF 和 PF 等序贯滤波算法在基于测向、时差、时频差信息等不同场景中的实现算法，多目标跟踪主要介绍了随机有限集相关理论并给出了具体仿真案例，主要结论有：

（1）对运动辐射源进行跟踪，若具有辐射源运动方程和状态噪声的先验信息，推荐采用 UKF 或 PF 滤波器；若仅具有辐射源运动方程先验信息，则推荐采用 AUKF 等滤波器；若不具有辐射源运动方程先验信息，则建议采用 IMM 运动模型进行滤波处理。

（2）在状态方程和观测方程均为线性、状态噪声和观测噪声均为高斯的条件下，高斯混合 CPHD 对多目标跟踪的性能最优；在其他条件下，推荐采用 CBMeMBer 对多目标跟踪。

本章参考文献

[1] JAUFFRET C, PILLON D. Observability in passive target motion analysis[J]. IEEE Transactions on Aerospace and Electronic Systems, 1996, 32(4): 1290-1300.

[2] 郭福成. 基于运动学原理的单站无源定位与跟踪关键技术研究[D]. 长沙：国防科学技术大学，2002.

[3] 王鼎，吴瑛，张莉，等. 无线电测向与定位理论及方法[M]. 北京：国防工业出版社，2016.

[4] CLARK J M C, VINTER R B, YAQOOB M M. The Shifted Rayleigh Filter for Bearings only Tracking[C]. 2005 7th International Conference on Information Fusion. IEEE, 2005, 1: 93-100.

[5] BLOM H A P, BAR-SHALOM Y. The Interacting Multiple Model Algorithm for System with Markovian switching coefficiens[J]. IEEE Transactions on Automatic Control, 1988, 33(8): 780-783.

[6] BLOOMER L, GRAY J E. Are more models better? The effect of the model transition matrix on the IMM filter [C]. Proceedings of the Thirty-Fourth Southeastern Symposium on System Theory. IEEE, 2002: 20-25.

[7] 樊龙江. 基于惯性辅助的卫星定位控制技术研究[D]. 南京：南京理工大学，2019.

[8] MAHLER R P S. Global integrated data fusion [C]. Proceedings of the 7th National Symposium on Sensor Fusion, Vol.1 Sandia National Laboratories, Albuquerque, ERIM Ann Arbor MI, 1994: 187-199.

[9] MAHLER R P S. Multitarget Bayes filtering via first-order multitarget moments[J]. IEEE Transactions on Aerospace and Electronic systems, 2003, 39(4): 1152-1178.

[10] MAHLER R P S. Statistical Multisource-Multitaget Information Fusion[M]. Boston: Artech House, 2007.

[11] VO B T, VO B N, CANTONI A. The cardinality balanced multitarget multi-Bernoulli filter and its implementations[J]. IEEE Transactions on Signal Processing, 2009, 57(2): 409-423.

[12] GOODMAN I R, MAHLER R P, NGUYEN H T. Mathematics of Data Fusion[M]. Berlin: Springer Science & Business Media, 1997.

[13] GRANSTRÖM K, WILLETT P, BAR-SHALOM Y. Approximate multi-hypothesis multi-Bernoulli multi-object flitering made multi-easy[J]. IEEE Transactions on Signal Processing, 2015, 64(7): 1784-1797.

[14] WILLIAMS J L. Marginal multi-Bernoulli filters: RFS derivation of MHT, JIPDA, and association-based MeMBer[J]. IEEE Transactions on Aerospace and Electronic Systems, 2015, 51(3): 1664-1687.

[15] GARCÍA-FERNÁNDEZ Á F, WILLIAMS J K, GRANSTRÖM K, et al. Poisson multi-Bernoulli mixture filter: direct derivation and implementation[J]. IEEE Transactions on Aerospace and Electronic Systems, 2003, 39(4): 1152-1178.

[16] XIA Y X, GRANSTROM K, SVENSSON L, et al. Performance evaluation of multi-Bernoulli conjugate priors for multi-target filtering[C]. Proceedings of the 20th International Conference on Information Fusion, 2017: 1-8.

[17] SMITH J, PARTIKE F, HILLER M, et al. Systematic analysis of the PMBM, PHD, JPDA and GNN multi-target tracking filters [C]. Proceedings of the 22th International Conference on Information Fusion, 2019: 1-8.

[18] HOFFMAN J, MAHLER R. Multitarget mis distance via optimal assignment [J]. IEEE Transactions on Systems, Man, and Cybernetics-Part A, 2004, 34(3): 327-336.

[19] VO B N, MA W K. The Guassian mixture probability hypothesis density filter[J]. IEEE Transactions on Signal Processing, 2006, 54(11): 4091-4104.

[20] SORENSON H W, ALSPACH D L. Recursive Bayesian estimation using Guassina sum [J]. Automatica, 1971, 7(4): 465-479.

[21] MAHLER R. PHD filters of higher order in target number [J]. IEEE Transactions on Aerospace and Electronic Systems, 2007, 43(3): 1523-1543.

[22] BORWEIN P, ERDÉLYI T. Newton's Identities Section 1.1.E.2 in Polynomials and Polynomial Inequalities [M]. Berlin: Springer-Verlag, 1995.

[23] AHO A V, HOPCROFT J E. The Design and Analysis of Computer Algorithms[M]. Massachusetts: Addison-Wesley, 1975.

[24] 吴卫华，孙合敏，蒋苏蓉，等. 随机有限集目标跟踪[M]. 北京：国防工业出版社，2020.

[25] VO B T, VO B N. Labeled random finite sets and multi-object conjugate priors[J]. IEEE Transactions on Signal Processing, 2013, 61(13): 3460-3475.

[26] VO B N, VO B T, PHUNG D. Labeled random finite sets and the Bayes multi-target tracking filter [J]. IEEE Transactions on Signal Processing, 2014, 62(24): 6554-6567.

[27] VO B N, VO B T, HUNG G H. An efficient implementation of the generalized labled multi-Bernoulli filter[J]. IEEE Transactions on Signal Processing, 2017, 65(8): 1975-1987.

第 11 章　无线电定位系统论证与设计要点

前面章节介绍了多种不同的定位体制，但在实际工程应用中由于存在多种限制因素，并不是所有的定位体制均适用。因此，在设计定位系统过程中，需要对各类约束条件（如定位指标、目标辐射源特性、观测平台限制等）进行综合考虑后优选出可行的定位体制，随后确定适用该定位体制的系统组成与工作流程，最终形成满足指标要求且易于工程应用的定位系统。本章主要介绍基于无线电定位任务的系统论证与设计要点。11.1 节简要介绍定位系统论证与设计要点，包括任务分析、技术体制选择、系统组成与工作流程确定。11.2 节通过一个具体定位任务案例，对无线电定位系统进行论证与设计。11.3 节为本章小结。

11.1　定位系统论证与设计要点简介

定位系统论证与设计主要包括基于定位任务分析的定位体制选择、系统组成及工作流程确定。首先，根据目标特性及观测站自身条件分析定位任务特点，确定对目标位置、速度、航迹的具体估计要求；其次，分析备选的定位技术体制与估计算法的性能，并从定位性能、工程实现等多方面考虑，择优选取一种定位技术体制；最后，确定系统组成和工作流程。

定位系统论证与设计要点如图 11-1 所示。

（1）任务分析：根据目标特性（动/静、空中/地面/海面、猝发/连续、频段、带宽、信号类型、辐射功率等）及观测条件（固定/运动、单个/多个、天基/地基/空基/海基等）分析定位任务特点，如估计目标位置、瞬时估计目标位置与速度或连续跟踪目标。

（2）技术体制选择：基于目标及其信号特性，计算备选的定位线参数估计误差（测向、时差、频移、频差等）；结合参数估计误差与观测平台参数（观测站数目、站间距等），同时考虑可能存在的模型误差（站址误差、姿态角误差、时频统误差等），计算评估观测区域内目标的定位误差，在所有可能的定位体制中优选满足定位指标要求，同时工程化实现代价最小的定位技术体制。

（3）系统组成及工作流程确定：基于确定的定位技术体制，明确观测平台参数，包括接收天线增益需求、观测站数目、站间距、数据传输要求等，设计定位系统组成及其工作流程。

11.2　定位系统论证与设计案例

下面对定位任务进行举例分析，详细描述基于定位任务的系统论证与设计过程。某机载平台对地面静止目标进行定位，其定位任务的主要技术指标要求如下。

（1）定位误差指标：RMSE≤2% R；

（2）观测距离：100～250km；

（3）目标频段：200～400MHz；

（4）信号带宽：50kHz；

（5）目标辐射功率：≥15dBW；

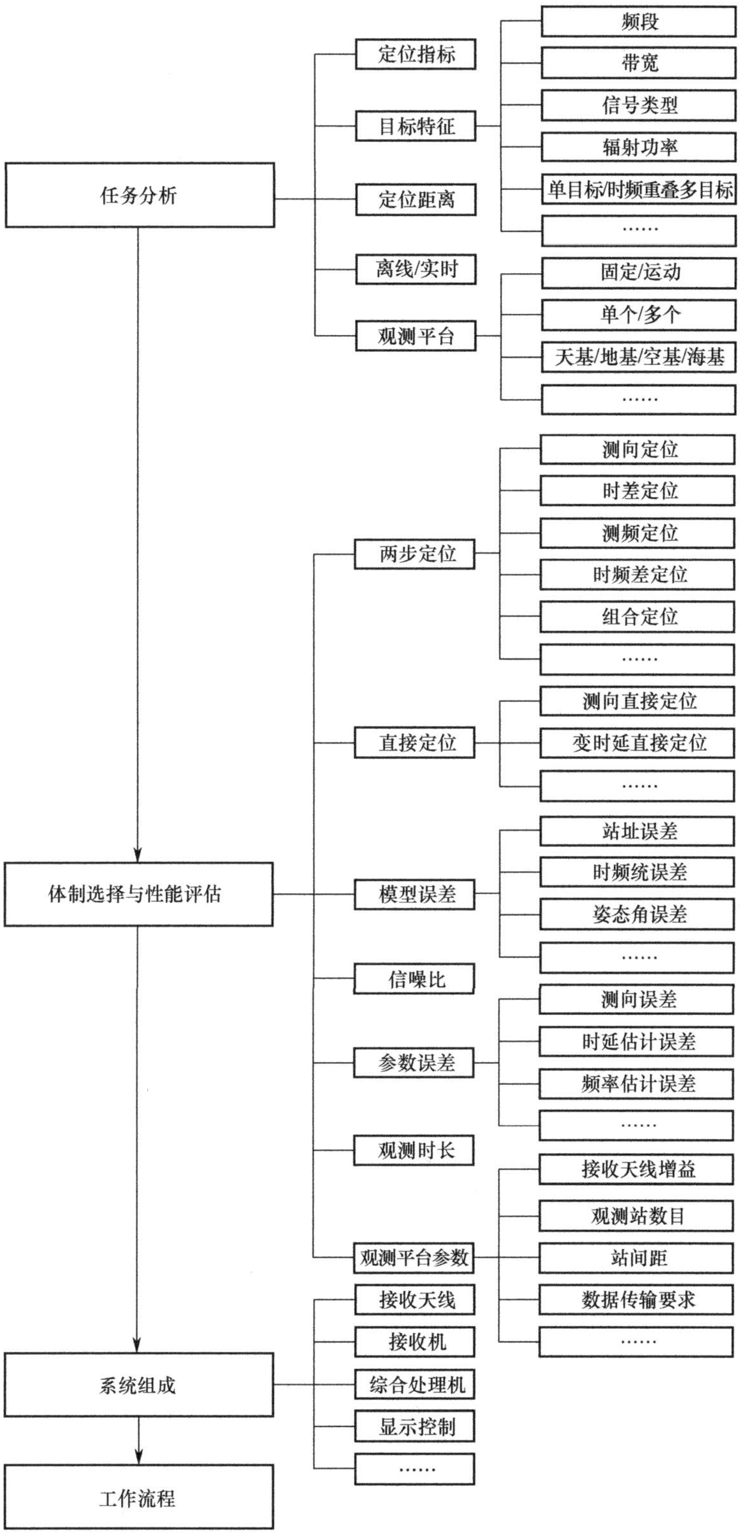

图 11-1　定位系统论证与设计要点

（6）定位时间：≤5s；

（7）观测平台：多机协同（不超过三架）；

（8）飞机间距：≤50km。

11.2.1 任务分析

首先基于目标观测距离、目标信号特性及辐射功率计算传播链路损耗，确定满足接收灵敏度所需配备的接收天线增益；随后基于观测平台属性考虑备选的定位体制。

11.2.1.1 视距分析

作用距离理论上主要以通视距离来决定，通视距离可以按照下式计算[1]：

$$d = 3.57\left[\sqrt{h_1} + \sqrt{h_2}\right] \tag{11-1}$$

式中，d 为通视距离（km）；h_1、h_2 分别为发射天线和接收天线的高度（m）。

当电波传播的距离不同时，依据接收点离开发射天线的距离 d_0 分成三种情况，即亮区、阴影区和半阴影区。

（1）亮区：$d_0 < 0.7d$；

（2）半阴影区：$0.7d < d_0 < (1.2\sim1.4)d$；

（3）阴影区：$d_0 > (1.2\sim1.4)d$。

由于机载平台的飞行高度通常都在8000m左右的高空，因此目标辐射源可认为在亮区内，电波传播损耗可以适用自由空间的电波传播损耗计算公式。

11.2.1.2 接收灵敏度

接收灵敏度按以下公式计算[2]：

$$S_i = -174 + N_F + 10\lg B_e + \text{SNR} \tag{11-2}$$

式中，N_F 为噪声系数（dB）；SNR 为侦测所需信噪比（dB）；B_e 为信号带宽（Hz）；S_i 为接收灵敏度（dBm）。

当机载平台接收到目标直达波信号时，接收电平方程为[3]：

$$P_r = P_t + G_t + G_r - 20\lg f - 20\lg R - 32.45 - L \tag{11-3}$$

式中，P_r 为接收设备输入端信号电平（dBm）；P_t 为目标辐射功率（dBm）；G_t 为目标发射天线增益（dB）；G_r 为接收天线增益（dB）；f 为目标频率（MHz）；R 为辐射源到观测站距离（km）；L 为其他损耗（dB）。

对于目标信号频段为200～400MHz，信号带宽为50KHz，假设通道噪声系数 $N_F = 10$dB，所需接收信噪比 SNR = 12dB，可计算得接收机灵敏度约为−105dBm。目标辐射电平 EIRP 约为 15dBW，考虑大气衰减、极化损失、线缆损耗等工程损耗取 6dB。观测距离 $R = 250$km，对接收天线增益的要求如表 11-1 所示。

表 11-1 对接收天线增益的要求

目标信号频率（MHz）	目标辐射电平 EIRP（dBW）	目标天线增益（dB）	接收天线增益（dB）	观测距离（km）	信号电平（dBm）
200	15	−3	−6	250	−96.43
400	15	−1	−2	250	−98.45

由表 11-1 可以看出，当接收天线增益 $G_r \geqslant -6\text{dB}$ 时，即可满足 250km 接收灵敏度的要求。

11.2.1.3　备选定位体制

上述定位任务中，根据目标特点和观测平台条件可以考虑双机测向定位、双机时频差定位、三机时差定位等技术体制。首先可以考虑易于工程实现的测向定位体制，观测站为机载平台，为了便于测向天线阵安装，可在机腹安装多个阵元，构造长短基线的线阵，外加一组辨向天线确定前后来波方向。此外，可以考虑双机时频差定位与三机时差定位体制，目标信号带宽为 50kHz，对于窄带信号其时差估计误差较大而频差估计误差较小，因此若采用时差定位则需要进行信号采样时间累积，以提高时差定位精度。对于连续波信号的时频差估计，需要主站与辅站之间传输采样数据，因此在设计系统组成时，需要配备较大传输带宽的数传设备，以保证协同定位的实时性。

11.2.2　定位体制选择

下面对备选体制的定位性能进行评估。基于不同观测参数对定位误差进行仿真分析，仿真条件：观测模型如式（3-5）所示，随机观测噪声服从零均值高斯分布且采用极大似然估计目标位置，则目标的定位误差 RMSE 可近似使用 $\sqrt{\text{tr(CRLB)}}$ 来表示①。假设观测平台飞行速度为 1000km/h，多机同向飞行，观测平台站址误差为 20m，观测平台速度误差为 5m/s，对距离 250km 以内的目标辐射源定位。

11.2.2.1　双机测向定位性能评估

一维线阵的测向误差公式为[4]：

$$\sigma_\alpha = \frac{\lambda \sigma_\varphi}{2\pi D \cdot \cos\alpha} \tag{11-4}$$

式中，σ_φ 为相位差测量误差，λ 为目标波长，D 为基线长度，α 为目标入射方位角。

假设由天线阵元之间的相位不一致引起的相位差误差 $\sigma_{\varphi_1} = 5^\circ$，对信号带宽为 50kHz，累积时长为 20ms，信噪比 SNR=12dB，相位差估计误差 $\sigma_{\varphi_2} = 10^\circ$。则总的相位差均方误差为

$$\sigma_\varphi = \sqrt{\sigma_{\varphi_1}^2 + \sigma_{\varphi_2}^2} = 11.2^\circ \tag{11-5}$$

本项定位任务是机载平台，基线安装孔径受限，假设基线长度 $D = 3\text{m}$，相位差测量误差 $\sigma_\varphi = 11.2^\circ$，在不考虑相位模糊的情况下，理论测向误差如图 11-2 所示。

由图 11-2 可以看出，此时的测向误差在 1.3° 以内。

根据上述分析，测向误差取为 1.3°，测向时间间隔为 0.5s，累积观测 10 次，总观测时间为 5s，双机间距按 50km 飞行规划，对 250km 以内的辐射源双机测向相对定位误差仿真结果如图 11-3 所示。

由图 11-3 可以看出，当双机平台距离 50km 时，针对 250km 处观测区域相对定位误差超过 5%R，不满足 2%R 的定位指标要求。

---

① 当采用其他估计方法，且 RMSE 解析表达式难以获得时，利用 tr(CRLB)计算的误差还需要用其他方法确认没有严重恶化。

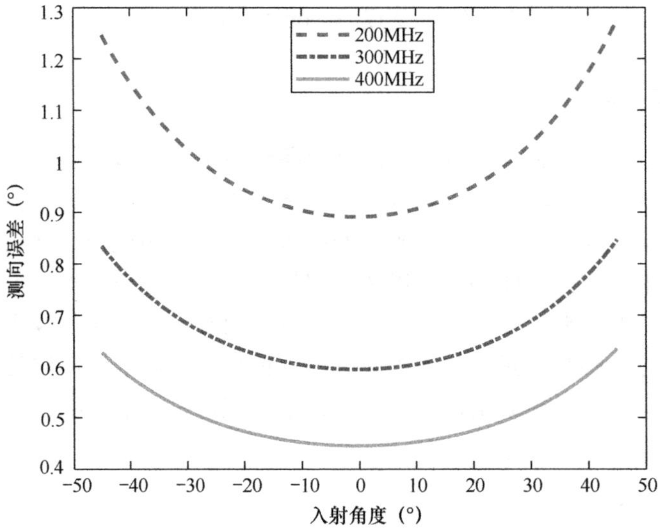

图 11-2 测向误差

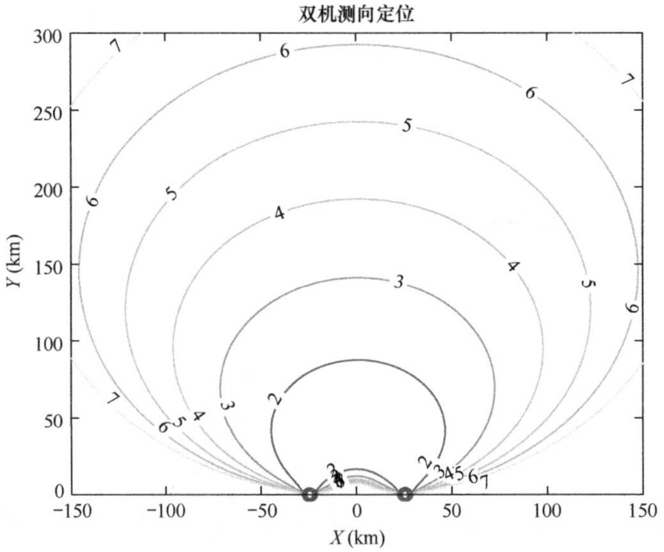

图 11-3 双机测向相对定位误差仿真结果

11.2.2.2 双机时频差定位性能评估

对于 200～400MHz 频段信号带宽为 50kHz，假设累积时长 20ms，信噪比 SNR=12dB，由式（7-97）可计算得到时频差估计误差为

$$
\begin{aligned}
\mathrm{CRLB}(\tau) &\approx 88.74\mathrm{ns} \\
\mathrm{CRLB}(f) &\approx 0.22\mathrm{Hz}
\end{aligned}
\tag{11-6}
$$

由于不同观测站之间存在时频统系统误差，会增大实际工程中时频差参数的估计误差，假设估计误差为上述理论时频差估计误差值的 1.2 倍，即分别取值 106.49ns 与 0.26Hz。

根据上述分析，仍然规定双机间距为 50km，对 250km 以内的辐射源双机时频差相对定位误差仿真结果如图 11-4 所示。

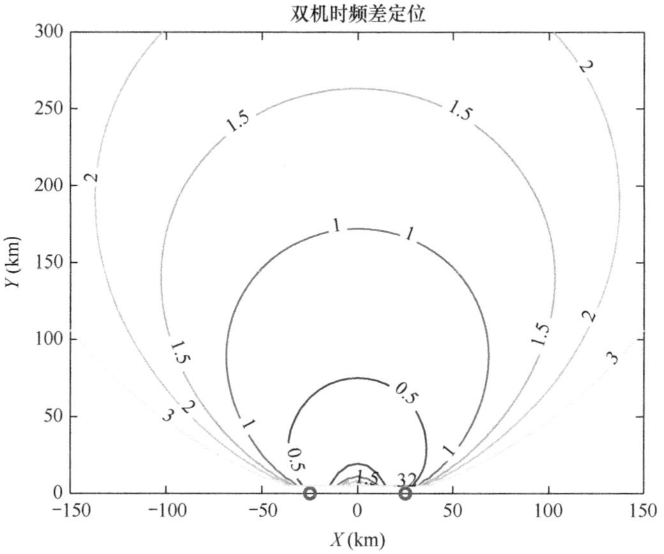

图 11-4　双机时频差相对定位误差仿真结果

由图 11-4 可以看出，在 250km 处观测区域相对定位误差在 1.5%*R* 以内，满足 2%*R* 的定位指标要求。基于双机时频差定位，提取时频差需要传输原始采样数据，因此该方法的实际工程应用对双机之间的传输带宽有较高要求。

11.2.2.3　三机时差定位性能评估

若采用时差定位，则需要三个机载平台。规定三个机载平台均沿 *X* 轴飞行，相邻站间距不超过 50km，时差估计误差值为 106.49ns，则对 250km 以内的辐射源三机时差相对定位误差仿真结果如图 11-5 所示。

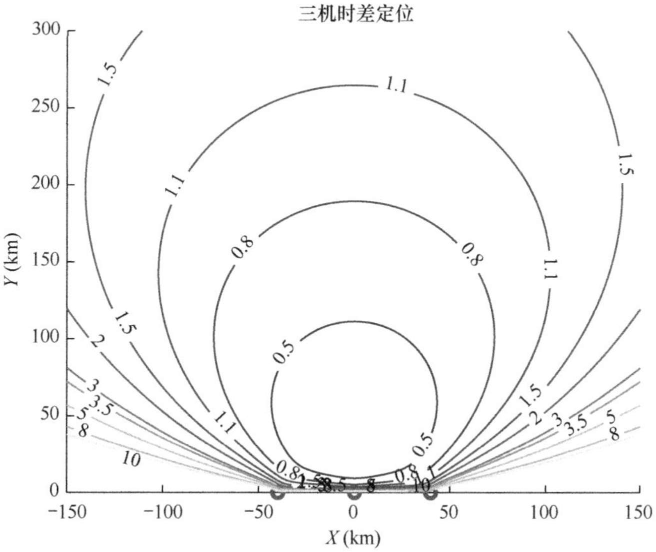

图 11-5　三机时差相对定位误差仿真结果

由图 11-5 可以看出，三机时差定位在 250km 处观测区域相对定位误差在 1.1%*R* 以内，满足 2%R 的定位指标要求。对于时差定位，需要基于多站之间的原始采样数据通过互相关等方法提取时差参数，因此该方法的实际工程应用对机间的传输带宽有较高要求。

11.2.2.4 技术体制比较与选择

基于上述定位任务分析与定位体制选择，可得如表 11-2 所示的定位体制比较。

表 11-2 定位体制比较

定位体制	信噪比	接收天线形式	参数估计误差	传输数据形式	250km 以内定位误差
双机测向定位	12dB	天线阵	测向误差 1.3°	测向结果	5%R
双机时频差定位	12dB	单元天线	时差估计误差 106.49ns 频差估计误差 0.26Hz	原始采样数据	1.5%R
三机时差定位	12dB	单元天线	时差估计误差 106.49ns	原始采样数据	1.1%R

由表 11-2 可以看出，双机时频差定位体制与三机时差定位体制均满足指标要求，但三机时差定位体制需要配备三套定位系统，且主站需要接收两个辅站传输的原始采样数据，对主站的接收处理能力要求较高，则从满足定位指标要求及易于工程实现角度考虑，本项定位任务优选双机时频差定位体制。

11.2.3 系统组成与工作流程

基于 11.2.2 节的体制选择分析可知，优选双机时频差定位体制。单套定位系统组成包括接收天线，接收机（射频前端、调谐器），综合处理机（信号处理单元、数据存储单元、任务管控单元、主处理单元），导航接收天线，自定位授时设备，数据传输设备，控制显示设备，如图 11-6 所示。

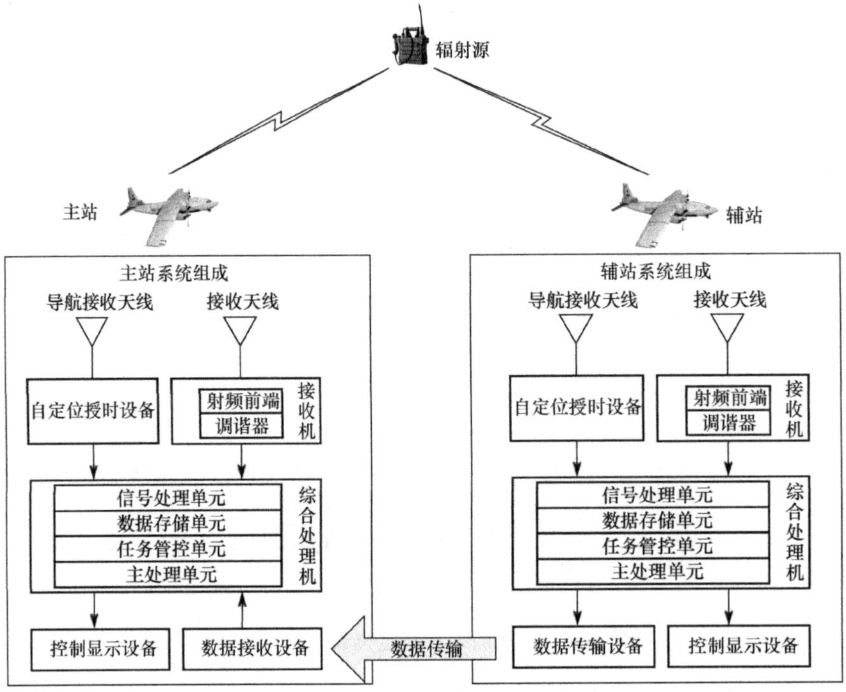

图 11-6 定位系统组成

在执行定位任务的过程中，接收天线接收辐射源信号，自定位授时设备为观测站提供当前自定位信息，并为接收机采样数据打上时间戳信息；接收机将接收天线输出的信号进行放大、变频等；综合处理机对信号进行检测、采样、存储、定位解算；辅站通过数据传输设备将采样数据传输至主站，从而主站可以进行时频差估计与定位解算；控制显示设备用于指令输入与定位结果的显示。

在执行定位任务时，辅站将采样的目标信号数据传输至主站，主站将自身采样数据与辅站的采样数据进行互相关配对运算，提取时频差参数进行定位解算，且可以按需进行多次定位结果融合，上报定位结果。定位流程如图 11-7 所示。

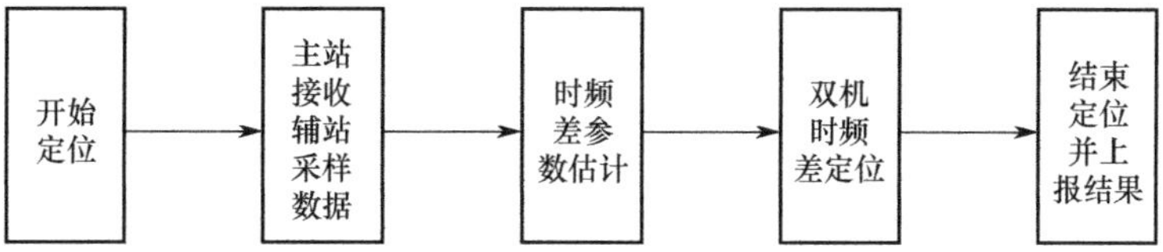

图 11-7　定位流程

11.3　本章小结

本章介绍了定位系统的设计要点，并通过一个具体定位任务论证案例，说明了基于目标特性及观测站条件的定位任务分析过程，展示了几种备选定位技术体制及其估计算法的性能差异，解释了优选技术体制的原因，给出了系统组成和工作流程。本章要点有：

（1）体制选择与性能评估要充分考虑目标特性，包括信号的载波频率、带宽、持续时间、类型（如猝发信号、连续波信号等），是否存在时频混叠多信号，发射天线方向图及目标运动特性等因素，结合观测平台自身约束，如允许安装的天线孔径、观测站数目、站间距、观测站速度等限制因素，综合评估备选定位体制内蕴参数能够达到的估计精度，并计算所能达到的定位误差理论下界，筛选满足指标要求且易于工程实现的定位体制。

（2）利用 CRLB 公式计算得到的定位误差一般为系统性能上界，当需要更为准确地评估定位系统所能达到的实际性能时，应从信号级（包含目标位置信息的仿真信号）或参数级（带有观测误差的定位线参数）方程进行蒙特卡罗仿真，这在系统性能上界略高于指标要求或信噪比较低时尤为必要。

（3）定位精度指标要求较高时，影响定位精度的各种误差源在论证和设计中均需加以考虑。通常可以利用多次观测和校正的方法来减小随机误差和系统误差对定位精度的影响。校正系统误差可以通过构造系统误差与目标位置联合估计的适定或超定方程组，实现系统误差与目标位置联合解算，必要时可采用外标校源对观测站的状态误差、时频统等系统误差进行外校正，从而提升定位精度。

本章参考文献

[1]　ADAMY D L. EW103:通信电子战[M]. 北京：电子工业出版社，2003.

[2]　POISEL R A. 通信电子战系统导论[M]. 吴汉平，译. 北京：电子工业出版社，2003.

[3]　MARTINO A D. 现代电子战系统导论[M]. 2 版. 姜道安，等译. 北京：电子工业出版社，2020.

[4]　陆安南，尤明懿，江斌等. 无线电测向理论与工程实践[M]. 北京：电子工业出版社，2020.

附录 A　部分数学基础

（一）矩阵基础

（1）分块矩阵求逆公式：

设 $\boldsymbol{A}=\begin{bmatrix}\boldsymbol{A}_{11} & \boldsymbol{A}_{12}\\ \boldsymbol{A}_{21} & \boldsymbol{A}_{22}\end{bmatrix}$ 可逆，其中 $\boldsymbol{A}_{11}$ 和 $\boldsymbol{A}_{22}$ 为方阵

若 $|\boldsymbol{A}_{11}|\neq 0$，则

$$\boldsymbol{A}^{-1}=\begin{bmatrix}\boldsymbol{A}_{11}^{-1}+\boldsymbol{A}_{11}^{-1}\boldsymbol{A}_{12}\boldsymbol{A}_{22.1}^{-1}\boldsymbol{A}_{21}\boldsymbol{A}_{11}^{-1} & -\boldsymbol{A}_{11}^{-1}\boldsymbol{A}_{12}\boldsymbol{A}_{22.1}^{-1}\\ -\boldsymbol{A}_{22.1}^{-1}\boldsymbol{A}_{21}\boldsymbol{A}_{11}^{-1} & \boldsymbol{A}_{22.1}^{-1}\end{bmatrix} \tag{A-1}$$

式中，$\boldsymbol{A}_{22.1}=\boldsymbol{A}_{22}-\boldsymbol{A}_{21}\boldsymbol{A}_{11}^{-1}\boldsymbol{A}_{12}$。式（A-1）可以由以下步骤推导：

① 可以直接验证，有

$$\begin{bmatrix}\boldsymbol{I} & \boldsymbol{0}\\ -\boldsymbol{A}_{21}\boldsymbol{A}_{11}^{-1} & \boldsymbol{I}\end{bmatrix}\begin{bmatrix}\boldsymbol{A}_{11} & \boldsymbol{A}_{12}\\ \boldsymbol{A}_{21} & \boldsymbol{A}_{22}\end{bmatrix}\begin{bmatrix}\boldsymbol{I} & -\boldsymbol{A}_{11}^{-1}\boldsymbol{A}_{12}\\ \boldsymbol{0} & \boldsymbol{I}\end{bmatrix}=\begin{bmatrix}\boldsymbol{A}_{11} & \boldsymbol{0}\\ \boldsymbol{0} & \boldsymbol{A}_{22}-\boldsymbol{A}_{21}\boldsymbol{A}_{11}^{-1}\boldsymbol{A}_{12}\end{bmatrix}$$

② 两边求逆，有

$$\begin{bmatrix}\boldsymbol{I} & -\boldsymbol{A}_{11}^{-1}\boldsymbol{A}_{12}\\ \boldsymbol{0} & \boldsymbol{I}\end{bmatrix}^{-1}\begin{bmatrix}\boldsymbol{A}_{11} & \boldsymbol{A}_{12}\\ \boldsymbol{A}_{21} & \boldsymbol{A}_{22}\end{bmatrix}^{-1}\begin{bmatrix}\boldsymbol{I} & \boldsymbol{0}\\ -\boldsymbol{A}_{21}\boldsymbol{A}_{11}^{-1} & \boldsymbol{I}\end{bmatrix}^{-1}=\begin{bmatrix}\boldsymbol{A}_{11} & \boldsymbol{0}\\ \boldsymbol{0} & \boldsymbol{A}_{22}-\boldsymbol{A}_{21}\boldsymbol{A}_{11}^{-1}\boldsymbol{A}_{12}\end{bmatrix}^{-1}$$

③ 两边分别乘上、下三角矩阵，有

$$\begin{aligned}\begin{pmatrix}\boldsymbol{A}_{11} & \boldsymbol{A}_{12}\\ \boldsymbol{A}_{21} & \boldsymbol{A}_{22}\end{pmatrix}^{-1}&=\begin{pmatrix}\boldsymbol{I} & -\boldsymbol{A}_{11}^{-1}\boldsymbol{A}_{12}\\ \boldsymbol{0} & \boldsymbol{I}\end{pmatrix}\begin{pmatrix}\boldsymbol{A}_{11}^{-1} & \boldsymbol{0}\\ \boldsymbol{0} & \boldsymbol{A}_{22.1}^{-1}\end{pmatrix}\begin{pmatrix}\boldsymbol{I} & \boldsymbol{0}\\ -\boldsymbol{A}_{21}\boldsymbol{A}_{11}^{-1} & \boldsymbol{I}\end{pmatrix}\\ &=\begin{pmatrix}\boldsymbol{A}_{11}^{-1}+\boldsymbol{A}_{11}^{-1}\boldsymbol{A}_{12}\boldsymbol{A}_{22.1}^{-1}\boldsymbol{A}_{21}\boldsymbol{A}_{11}^{-1} & -\boldsymbol{A}_{11}^{-1}\boldsymbol{A}_{12}\boldsymbol{A}_{22.1}^{-1}\\ -\boldsymbol{A}_{22.1}^{-1}\boldsymbol{A}_{21}\boldsymbol{A}_{11}^{-1} & \boldsymbol{A}_{22.1}^{-1}\end{pmatrix}\end{aligned}$$

若 $|\boldsymbol{A}_{22}|\neq 0$，则

$$\boldsymbol{A}^{-1}=\begin{pmatrix}\boldsymbol{A}_{11.2}^{-1} & -\boldsymbol{A}_{11.2}^{-1}\boldsymbol{A}_{12}\boldsymbol{A}_{22}^{-1}\\ -\boldsymbol{A}_{22}^{-1}\boldsymbol{A}_{21}\boldsymbol{A}_{11.2}^{-1} & \boldsymbol{A}_{22}^{-1}+\boldsymbol{A}_{22}^{-1}\boldsymbol{A}_{21}\boldsymbol{A}_{11.2}^{-1}\boldsymbol{A}_{12}\boldsymbol{A}_{22}^{-1}\end{pmatrix} \tag{A-2}$$

式中，$\boldsymbol{A}_{11.2}=\boldsymbol{A}_{11}-\boldsymbol{A}_{12}\boldsymbol{A}_{22}^{-1}\boldsymbol{A}_{21}$。式（A-2）可以用类似 $|\boldsymbol{A}_{11}|\neq 0$ 情况下的步骤推导。

若 $|\boldsymbol{A}_{11}|\neq 0$，$|\boldsymbol{A}_{22}|\neq 0$，显然有

$$\boldsymbol{A}^{-1}=\begin{pmatrix}\boldsymbol{A}_{11.2}^{-1} & -\boldsymbol{A}_{11}^{-1}\boldsymbol{A}_{12}\boldsymbol{A}_{22.1}^{-1}\\ -\boldsymbol{A}_{22.1}^{-1}\boldsymbol{A}_{21}\boldsymbol{A}_{11}^{-1} & \boldsymbol{A}_{22.1}^{-1}\end{pmatrix} \tag{A-3}$$

分块矩阵求逆常用于从全参数估计的 CRLB 矩阵中获得感兴趣参数估计的 CRLB 子阵。

（2）设 $\boldsymbol{T}=\boldsymbol{A}_{p\times p}+\boldsymbol{C}_{p\times q}\boldsymbol{B}_{q\times q}\boldsymbol{D}_{q\times p}\triangleq\boldsymbol{A}+\boldsymbol{CBD}$，则

$$\boldsymbol{T}^{-1}=\boldsymbol{A}^{-1}-\boldsymbol{A}^{-1}\boldsymbol{CB}(\boldsymbol{B}+\boldsymbol{BDA}^{-1}\boldsymbol{CB})^{-1}\boldsymbol{BDA}^{-1} \tag{A-4}$$

当式（A-4）中出现的逆矩阵存在时成立。式（A-4）可以通过直接相乘验证。

特别地，当$\boldsymbol{B}=\boldsymbol{I}$，$\boldsymbol{C}=\boldsymbol{c}$，$\boldsymbol{D}=\boldsymbol{d}^{\mathrm{T}}$时，有

$$(\boldsymbol{A}+\boldsymbol{c}\boldsymbol{d}^{\mathrm{T}})^{-1}=\boldsymbol{A}^{-1}-\frac{\boldsymbol{A}^{-1}\boldsymbol{c}\boldsymbol{d}^{\mathrm{T}}\boldsymbol{A}^{-1}}{1+\boldsymbol{d}^{\mathrm{T}}\boldsymbol{A}^{-1}\boldsymbol{c}} \tag{A-5}$$

（3）（半）正（负）定矩阵。

设$\boldsymbol{A}$是P阶对称矩阵，若对于任意P维矢量$\boldsymbol{x}\neq\boldsymbol{0}$，有$\boldsymbol{x}^{\mathrm{T}}\boldsymbol{A}\boldsymbol{x}>0$（$<0$），则称$\boldsymbol{A}$为正定矩阵（负定矩阵），记为$\boldsymbol{A}>0$（$\boldsymbol{A}<0$）；若对于任意$P$维矢量$\boldsymbol{x}\neq\boldsymbol{0}$，有$\boldsymbol{x}^{\mathrm{T}}\boldsymbol{A}\boldsymbol{x}\geqslant 0$（$\leqslant 0$），则称$\boldsymbol{A}$为半正定矩阵（半负定矩阵），记为$\boldsymbol{A}\geqslant 0$（$\boldsymbol{A}\leqslant 0$）。若$\boldsymbol{B}$也是$P$阶对称矩阵，则$\boldsymbol{A}>\boldsymbol{B}$（$\boldsymbol{A}<\boldsymbol{B}$）表示的是$\boldsymbol{A}-\boldsymbol{B}>0$（$\boldsymbol{A}-\boldsymbol{B}<0$）；$\boldsymbol{A}\geqslant\boldsymbol{B}$（$\boldsymbol{A}\leqslant\boldsymbol{B}$）表示的是$\boldsymbol{A}-\boldsymbol{B}\geqslant 0$ （$\boldsymbol{A}-\boldsymbol{B}\leqslant 0$）。(半)正(负)定矩阵有以下性质：

① 若$\boldsymbol{A}>0$，则存在正交矩阵$\boldsymbol{U}$，$\boldsymbol{U}^{\mathrm{T}}\boldsymbol{U}=\boldsymbol{I}_P$，特征值矩阵$\boldsymbol{\Lambda}=\mathrm{diag}(\lambda_1,\lambda_2,\cdots,\lambda_P)$，$\lambda_1\geqslant\lambda_2\cdots\geqslant\lambda_P>0$，使$\boldsymbol{A}=\boldsymbol{U}^{\mathrm{T}}\boldsymbol{\Lambda}\boldsymbol{U}$。

② 若$\boldsymbol{A}>0$（$\geqslant 0$），则有$\boldsymbol{A}^{1/2}=\boldsymbol{U}^{\mathrm{T}}\boldsymbol{\Lambda}^{1/2}\boldsymbol{U}>0$（$\geqslant 0$），其中$\boldsymbol{\Lambda}^{1/2}=\mathrm{diag}(\sqrt{\lambda_1},\sqrt{\lambda_2},\cdots,\sqrt{\lambda_P})$，使$\boldsymbol{A}=\boldsymbol{A}^{1/2}\boldsymbol{A}^{1/2}$；当$\boldsymbol{A}>0$时，$\boldsymbol{A}^{-1/2}=\boldsymbol{U}^{\mathrm{T}}\,\mathrm{diag}(\lambda_1^{-1/2},\lambda_2^{-1/2},\cdots,\lambda_P^{-1/2})\boldsymbol{U}$，常用于白化色噪声。

③ 若$\boldsymbol{A}\geqslant 0$，$\boldsymbol{A}=\begin{pmatrix}\boldsymbol{A}_{11} & \boldsymbol{A}_{12}\\ \boldsymbol{A}_{21} & \boldsymbol{A}_{22}\end{pmatrix}$，其中$\boldsymbol{A}_{11}$和$\boldsymbol{A}_{22}$为方阵，当$\boldsymbol{A}_{11}>0$，有$\boldsymbol{A}_{22.1}=\boldsymbol{A}_{22}-\boldsymbol{A}_{21}\boldsymbol{A}_{11}^{-1}\boldsymbol{A}_{12}\geqslant 0$，当$\boldsymbol{A}_{22}>0$，有$\boldsymbol{A}_{11.2}=\boldsymbol{A}_{11}-\boldsymbol{A}_{12}\boldsymbol{A}_{22}^{-1}\boldsymbol{A}_{21}\geqslant 0$。

④ 若$\boldsymbol{A}>0$，$\boldsymbol{A}=\begin{pmatrix}\boldsymbol{A}_{11} & \boldsymbol{A}_{12}\\ \boldsymbol{A}_{21} & \boldsymbol{A}_{22}\end{pmatrix}$，其中$\boldsymbol{A}_{11}$和$\boldsymbol{A}_{22}$为方阵，当$\boldsymbol{A}_{11}>0$，有$\boldsymbol{A}_{22.1}=\boldsymbol{A}_{22}-\boldsymbol{A}_{21}\boldsymbol{A}_{11}^{-1}\boldsymbol{A}_{12}>0$，当$\boldsymbol{A}_{22}>0$，有$\boldsymbol{A}_{11.2}=\boldsymbol{A}_{11}-\boldsymbol{A}_{12}\boldsymbol{A}_{22}^{-1}\boldsymbol{A}_{21}>0$。

⑤ 若$\boldsymbol{A}>0$，$\boldsymbol{B}>0$，$\boldsymbol{A}\geqslant\boldsymbol{B}$，则$\boldsymbol{A}^{-1}\leqslant\boldsymbol{B}^{-1}$，且$|\boldsymbol{A}|\geqslant|\boldsymbol{B}|$。

⑥ 若$\boldsymbol{A}=(a_{ij})_{P\times P}>0$，$\boldsymbol{B}=(b_{ij})_{P\times P}>0$，$\boldsymbol{A}>\boldsymbol{B}$，则 $a_{ii}>b_{ii}>0$，$i=1,2,\cdots,P$。

⑦ 若$\boldsymbol{A}=\begin{pmatrix}\boldsymbol{A}_{11} & \boldsymbol{A}_{12}\\ \boldsymbol{A}_{21} & \boldsymbol{A}_{22}\end{pmatrix}>0$，$\boldsymbol{B}=\begin{pmatrix}\boldsymbol{B}_{11} & \boldsymbol{B}_{12}\\ \boldsymbol{B}_{21} & \boldsymbol{B}_{22}\end{pmatrix}>0$，其中$\boldsymbol{A}_{11}$和$\boldsymbol{B}_{11}$为同阶方阵，$\boldsymbol{A}_{22}$和$\boldsymbol{B}_{22}$为同阶方阵，且$\boldsymbol{A}>\boldsymbol{B}$，则$\boldsymbol{A}_{11}>\boldsymbol{B}_{11}$，$\boldsymbol{A}_{22}>\boldsymbol{B}_{22}$；该不等式可用于比较误差相关矩阵大小，评价估计量优劣。

⑧ $\boldsymbol{A}_{p\times p}\geqslant 0$等价于对于一切矩阵$\boldsymbol{C}_{P\times Q}$有$\boldsymbol{C}^{\mathrm{T}}\boldsymbol{A}\boldsymbol{C}\geqslant 0$。

（4）矩阵$\boldsymbol{A}$的广义逆矩阵。

① 奇异值分解：对于任意矩阵$\boldsymbol{A}_{P\times Q}$，其秩为$r=\mathrm{rank}(\boldsymbol{A})$，存在一个分解使得$\boldsymbol{A}=\boldsymbol{U}\boldsymbol{\Lambda}\boldsymbol{V}^{\mathrm{H}}$，$\boldsymbol{U}$为$P\times P$阶酉矩阵，$\boldsymbol{\Lambda}=\begin{bmatrix}\boldsymbol{\Sigma} & \boldsymbol{0}_{r\times(Q-r)}\\ \boldsymbol{0}_{(P-r)\times r} & \boldsymbol{0}_{(P-r)\times(Q-r)}\end{bmatrix}$为半正定$P\times Q$阶对角矩阵，$\boldsymbol{\Sigma}=\mathrm{diag}(\sigma_1,\sigma_2,\cdots,\sigma_r)$，奇异值$\sigma_1,\sigma_2,\cdots,\sigma_r$是$\boldsymbol{A}_{P\times Q}^{\mathrm{H}}\boldsymbol{A}_{P\times Q}$非零特征值的正平方根，$\boldsymbol{V}^{\mathrm{H}}$为$Q\times Q$阶酉矩阵。

② 投影矩阵定义：若矩阵$\boldsymbol{A}$既是对称矩阵（$\boldsymbol{A}=\boldsymbol{A}^{\mathrm{T}}$），又是幂等矩阵（$\boldsymbol{A}^2=\boldsymbol{A}$），则称$\boldsymbol{A}$为投影矩阵。

③ 投影矩阵性质：投影矩阵$\boldsymbol{A}$的特征值为0或者1，$\boldsymbol{I}-\boldsymbol{A}$仍为投影矩阵。

④ $\boldsymbol{A}^{-}$：若有矩阵$\boldsymbol{B}$，满足$\boldsymbol{A}\boldsymbol{B}\boldsymbol{A}=\boldsymbol{A}$，则称$\boldsymbol{B}$为$\boldsymbol{A}$的减号逆，记为$\boldsymbol{A}^{-}$。

对于任意矩阵$\boldsymbol{A}$，$\boldsymbol{A}^-$都存在，设可逆矩阵$\boldsymbol{U}$、$\boldsymbol{V}$使$\boldsymbol{A}=\boldsymbol{U}\begin{pmatrix}\boldsymbol{I}_r & \boldsymbol{0}\\ \boldsymbol{0} & \boldsymbol{0}\end{pmatrix}\boldsymbol{V}$，$r=\mathrm{rank}(\boldsymbol{A})$，取$\boldsymbol{B}=\boldsymbol{V}^{-1}\begin{pmatrix}\boldsymbol{I}_r & *\\ * & *\end{pmatrix}\boldsymbol{U}^{-1}$，式中*只要维数匹配，其值可以任意，则$\boldsymbol{B}$为$\boldsymbol{A}^-$；一般地，$\boldsymbol{A}^-$不唯一，当$\boldsymbol{A}^{-1}$存在时，$\boldsymbol{A}^-$唯一，且$\boldsymbol{A}^-=\boldsymbol{A}^{-1}$。

若矩阵$\boldsymbol{P}_A=\boldsymbol{A}(\boldsymbol{A}^{\mathrm{T}}\boldsymbol{A})^-\boldsymbol{A}^{\mathrm{T}}$满足条件$\boldsymbol{P}_A^{\mathrm{T}}=\boldsymbol{P}_A$和$\boldsymbol{P}_A\boldsymbol{P}_A=\boldsymbol{P}_A$，则$\boldsymbol{P}_A$是一个投影阵；该性质常用于最小二乘法解方程。

⑤ $\boldsymbol{A}^+$：若有矩阵$\boldsymbol{B}$，满足

$$\boldsymbol{ABA}=\boldsymbol{A},\quad \boldsymbol{BAB}=\boldsymbol{B},\quad (\boldsymbol{AB})^{\mathrm{T}}=\boldsymbol{AB},\quad (\boldsymbol{BA})^{\mathrm{T}}=\boldsymbol{BA}$$

则称$\boldsymbol{B}$为$\boldsymbol{A}$的加号逆（或 Moore-Penrose 逆），记为$\boldsymbol{A}^+$。

当$\boldsymbol{A}=\boldsymbol{0}$时，定义$\boldsymbol{A}^+=\boldsymbol{0}$，那么对于任意矩阵$\boldsymbol{A}$，$\boldsymbol{A}^+$唯一存在；设$\mathrm{rank}(\boldsymbol{A})=r>0$，$\boldsymbol{A}=\boldsymbol{U\Lambda V}^{\mathrm{T}}=(\boldsymbol{U}_1,\boldsymbol{U}_2)\begin{pmatrix}\boldsymbol{\Lambda}_{r\times r} & \boldsymbol{0}\\ \boldsymbol{0} & \boldsymbol{0}\end{pmatrix}\begin{pmatrix}\boldsymbol{V}_1^{\mathrm{T}}\\ \boldsymbol{V}_2^{\mathrm{T}}\end{pmatrix}=\boldsymbol{U}_1\boldsymbol{\Lambda}_{r\times r}\boldsymbol{V}_1^{\mathrm{T}}$，其中$\boldsymbol{U}^{\mathrm{T}}\boldsymbol{U}=\boldsymbol{I}_P$，$\boldsymbol{\Lambda}=\begin{pmatrix}\boldsymbol{\Lambda}_{r\times r} & \boldsymbol{0}\\ \boldsymbol{0} & \boldsymbol{0}\end{pmatrix}$，$\boldsymbol{\Lambda}_{r\times r}=\mathrm{diag}(\lambda_1,\lambda_2,\cdots,\lambda_r)$，$\lambda_1\times\lambda_2\times\cdots\times\lambda_r\neq 0$，$\boldsymbol{V}^{\mathrm{T}}\boldsymbol{V}=\boldsymbol{I}_Q$，$\boldsymbol{U}=(\boldsymbol{U}_1,\boldsymbol{U}_2)$，$\boldsymbol{V}^{\mathrm{T}}=\begin{pmatrix}\boldsymbol{V}_1^{\mathrm{T}}\\ \boldsymbol{V}_2^{\mathrm{T}}\end{pmatrix}$，则$\boldsymbol{A}^+=\boldsymbol{V}_1(\boldsymbol{V}_1^{\mathrm{T}}\boldsymbol{V}_1)^{-1}\boldsymbol{\Lambda}_{r\times r}^{-1}(\boldsymbol{U}_1^{\mathrm{T}}\boldsymbol{U}_1)^{-1}\boldsymbol{U}_1^{\mathrm{T}}$。

加号逆具有以下性质。

① $(\boldsymbol{A}^+)^+=\boldsymbol{A}$。

② $(\boldsymbol{A}^{\mathrm{T}})^+=(\boldsymbol{A}^+)^{\mathrm{T}}$。

③ $\boldsymbol{A}^+=(\boldsymbol{A}^{\mathrm{T}}\boldsymbol{A})^+\boldsymbol{A}^{\mathrm{T}}=\boldsymbol{A}^{\mathrm{T}}(\boldsymbol{AA}^{\mathrm{T}})^+$。

④ 若$\boldsymbol{A}$是列满秩矩阵，则$\boldsymbol{A}^+=(\boldsymbol{A}^{\mathrm{T}}\boldsymbol{A})^{-1}\boldsymbol{A}^{\mathrm{T}}$；若$\boldsymbol{A}$是行满秩矩阵，则$\boldsymbol{A}^+=\boldsymbol{A}^{\mathrm{T}}(\boldsymbol{AA}^{\mathrm{T}})^{-1}$；该性质常用于最小二乘法解方程和参数估计。

⑤ $(\boldsymbol{A}^{\mathrm{T}}\boldsymbol{A})^+=\boldsymbol{A}^+(\boldsymbol{A}^+)^{\mathrm{T}}$。

⑥ 若$\boldsymbol{A}=\boldsymbol{PQ}^{\mathrm{T}}$，$\mathrm{rank}(\boldsymbol{A})=\mathrm{rank}(\boldsymbol{P})=\mathrm{rank}(\boldsymbol{Q})$，则$\boldsymbol{A}^+=\boldsymbol{Q}^+\boldsymbol{P}^+$。

⑦ 若$\boldsymbol{A}$是方阵，$\boldsymbol{A}=\boldsymbol{U\Lambda V}^{\mathrm{T}}$，$\boldsymbol{U}^{\mathrm{T}}\boldsymbol{U}=\boldsymbol{I}_P$，$\boldsymbol{\Lambda}=\mathrm{diag}(\lambda_1,\lambda_2,\cdots,\lambda_P)$，$\boldsymbol{V}^{\mathrm{T}}\boldsymbol{V}=\boldsymbol{I}_P$，则$\boldsymbol{A}^+=\boldsymbol{V\Lambda}^+\boldsymbol{U}^{\mathrm{T}}$，其中，$\boldsymbol{\Lambda}^+=\mathrm{diag}(\lambda_1^+,\lambda_2^+,\cdots,\lambda_P^+)$，$\lambda_p^+=\begin{cases}\lambda_p^{-1}, \lambda_p\neq 0\\ 0, \quad \lambda_p=0\end{cases}$；特别地，若$\boldsymbol{A}^{\mathrm{T}}=\boldsymbol{A}$，则$\boldsymbol{A}^+=\boldsymbol{U\Lambda}^+\boldsymbol{U}^{\mathrm{T}}$。

⑧ 若$\boldsymbol{A}$是投影阵，则$\boldsymbol{A}^+=\boldsymbol{A}$。

⑨ $\boldsymbol{AA}^+$与$\boldsymbol{A}^+\boldsymbol{A}$是投影阵，$\boldsymbol{AA}^+\geqslant 0$，$\boldsymbol{A}^+\boldsymbol{A}\geqslant 0$。

（5）Kronecker 积和矩阵拉直运算 vec。

设$\boldsymbol{A}=(a_{ij})_{P\times Q}$，$\boldsymbol{B}=\boldsymbol{B}_{M\times N}$，定义$\boldsymbol{A}\otimes\boldsymbol{B}=(a_{ij}\boldsymbol{B})_{PM\times QN}=\begin{pmatrix}a_{11}\boldsymbol{B} & \cdots & a_{1Q}\boldsymbol{B}\\ a_{21}\boldsymbol{B} & \cdots & a_{2Q}\boldsymbol{B}\\ \vdots & \cdots & \vdots\\ a_{P1}\boldsymbol{B} & \cdots & a_{PQ}\boldsymbol{B}\end{pmatrix}_{PM\times QN}$，称为矩阵$\boldsymbol{A}$与$\boldsymbol{B}$的叉积（或 Kronecker 积），叉积具有以下性质。

① $(a\boldsymbol{A})\otimes(b\boldsymbol{B})=ab(\boldsymbol{A}\otimes\boldsymbol{B})$。

② $\boldsymbol{A}\otimes(\boldsymbol{B}+\boldsymbol{C})=\boldsymbol{A}\otimes\boldsymbol{B}+\boldsymbol{A}\otimes\boldsymbol{C}$。

③ $(\boldsymbol{A}+\boldsymbol{B})\otimes\boldsymbol{C}=\boldsymbol{A}\otimes\boldsymbol{C}+\boldsymbol{B}\otimes\boldsymbol{C}$。

④ $(\boldsymbol{A}\otimes\boldsymbol{B})\otimes\boldsymbol{C}=\boldsymbol{A}\otimes(\boldsymbol{B}\otimes\boldsymbol{C})$。

⑤ $(\boldsymbol{A}\otimes\boldsymbol{B})(\boldsymbol{C}\otimes\boldsymbol{D})=(\boldsymbol{AC})\otimes(\boldsymbol{BD})$。

⑥ $(\boldsymbol{A}\otimes\boldsymbol{B})^{\mathrm{T}}=\boldsymbol{A}^{\mathrm{T}}\otimes\boldsymbol{B}^{\mathrm{T}}$。

⑦ 若 $\boldsymbol{A}$，$\boldsymbol{B}$ 均可逆，则 $(\boldsymbol{A}\otimes\boldsymbol{B})^{-1}=\boldsymbol{A}^{-1}\otimes\boldsymbol{B}^{-1}$。

⑧ $\mathrm{tr}(\boldsymbol{A}\otimes\boldsymbol{B})=[\mathrm{tr}(\boldsymbol{A})]\times[\mathrm{tr}(\boldsymbol{B})]$。

⑨ 若 $\boldsymbol{x}$ 和 $\boldsymbol{y}$ 都是列矢量，则 $\boldsymbol{xy}^{\mathrm{T}}=\boldsymbol{x}\otimes\boldsymbol{y}^{\mathrm{T}}=\boldsymbol{y}^{\mathrm{T}}\otimes\boldsymbol{x}$。

⑩ 若 $\boldsymbol{A}\geqslant 0$，$\boldsymbol{B}\geqslant 0$，则 $\boldsymbol{A}\otimes\boldsymbol{B}\geqslant 0$；若 $\boldsymbol{A}>0$，$\boldsymbol{B}>0$，则 $\boldsymbol{A}\otimes\boldsymbol{B}>0$。

设 $\boldsymbol{A}=(a_{ij})_{P\times Q}=(\boldsymbol{a}_1,\boldsymbol{a}_2,\cdots,\boldsymbol{a}_Q)$，$\boldsymbol{a}_q=(a_{1q},a_{2q},\cdots,a_{Pq})^{\mathrm{T}}$，定义 $\mathrm{vec}(\boldsymbol{A})=(\boldsymbol{a}_1^{\mathrm{T}},\boldsymbol{a}_2^{\mathrm{T}},\cdots,\boldsymbol{a}_Q^{\mathrm{T}})^{\mathrm{T}}$，vec 称为矩阵拉直运算，拉直运算具有以下性质。

① $\mathrm{vec}(a\boldsymbol{A}+b\boldsymbol{B})=a\,\mathrm{vec}(\boldsymbol{A})+b\,\mathrm{vec}(\boldsymbol{B})$，$\boldsymbol{A}$ 和 $\boldsymbol{B}$ 是两个大小相同的矩阵。

② 设 $\boldsymbol{A}$、$\boldsymbol{X}$、$\boldsymbol{B}$ 分别是 $P\times Q$、$Q\times M$、$M\times N$ 的矩阵，则 $\mathrm{vec}(\boldsymbol{AXB})=(\boldsymbol{B}^{\mathrm{T}}\otimes\boldsymbol{A})\mathrm{vec}(\boldsymbol{X})$，特别地，$\mathrm{vec}(\boldsymbol{XB})=(\boldsymbol{B}^{\mathrm{T}}\otimes\boldsymbol{I}_Q)\mathrm{vec}(\boldsymbol{X})$，$\mathrm{vec}(\boldsymbol{AX})=(\boldsymbol{I}_M^{\mathrm{T}}\otimes\boldsymbol{A})\mathrm{vec}(\boldsymbol{X})$。该性质常用于计算 $\boldsymbol{X}$ 对矢量的偏导数。

（6）矢量的矢量函数一阶微分表示唯一性。

设 $\boldsymbol{g}=\begin{pmatrix}g_1\\g_2\\\vdots\\g_p\end{pmatrix}$，$\boldsymbol{u}=\begin{pmatrix}u_1\\u_2\\\vdots\\u_n\end{pmatrix}$，定义 $\dfrac{\partial\boldsymbol{g}}{\partial\boldsymbol{u}^{\mathrm{T}}}=\begin{pmatrix}\dfrac{\partial g_1}{\partial u_1}&\cdots&\dfrac{\partial g_1}{\partial u_n}\\\dfrac{\partial g_2}{\partial u_2}&\cdots&\dfrac{\partial g_2}{\partial u_n}\\\vdots&\cdots&\vdots\\\dfrac{\partial g_p}{\partial u_1}&\cdots&\dfrac{\partial g_p}{\partial u_n}\end{pmatrix}$，$\dfrac{\partial\boldsymbol{g}^{\mathrm{T}}}{\partial\boldsymbol{u}}=\begin{pmatrix}\dfrac{\partial g_1}{\partial u_1}&\cdots&\dfrac{\partial g_1}{\partial u_n}\\\dfrac{\partial g_2}{\partial u_2}&\cdots&\dfrac{\partial g_2}{\partial u_n}\\\vdots&\cdots&\vdots\\\dfrac{\partial g_p}{\partial u_1}&\cdots&\dfrac{\partial g_p}{\partial u_n}\end{pmatrix}^{\mathrm{T}}$。

若 $\boldsymbol{z}=\boldsymbol{f}(\boldsymbol{x},\boldsymbol{y})$，$\boldsymbol{z}$、$\boldsymbol{x}$、$\boldsymbol{y}$ 分别是 p、n、m 维列矢量，则当 $\mathrm{d}\boldsymbol{x}$ 和 $\mathrm{d}\boldsymbol{y}$ 独立取值，且 $\mathrm{d}\boldsymbol{x}$、$\mathrm{d}\boldsymbol{y}$ 的各分量也独立取值时，$\mathrm{d}\boldsymbol{z}=\dfrac{\partial\boldsymbol{f}}{\partial\boldsymbol{x}^{\mathrm{T}}}\mathrm{d}\boldsymbol{x}+\dfrac{\partial\boldsymbol{f}}{\partial\boldsymbol{y}^{\mathrm{T}}}\mathrm{d}\boldsymbol{y}$ 表示式唯一，即若还有表达式 $\mathrm{d}\boldsymbol{z}=\boldsymbol{A}(\boldsymbol{x},\boldsymbol{y})\mathrm{d}\boldsymbol{x}+\boldsymbol{B}(\boldsymbol{x},\boldsymbol{y})\mathrm{d}\boldsymbol{y}$，$\boldsymbol{A}(\boldsymbol{x},\boldsymbol{y})$ 和 $\boldsymbol{B}(\boldsymbol{x},\boldsymbol{y})$ 与 $\mathrm{d}\boldsymbol{x}$ 和 $\mathrm{d}\boldsymbol{y}$ 无关，则必有 $\boldsymbol{A}(\boldsymbol{x},\boldsymbol{y})=\dfrac{\partial\boldsymbol{f}}{\partial\boldsymbol{x}^{\mathrm{T}}}$，$\boldsymbol{B}(\boldsymbol{x},\boldsymbol{y})=\dfrac{\partial\boldsymbol{f}}{\partial\boldsymbol{y}^{\mathrm{T}}}$。

（7）矢量的标量函数二阶微分表示唯一性。

$f(\boldsymbol{x},\boldsymbol{y})$ 为 $\boldsymbol{x}$ 和 $\boldsymbol{y}$ 的标量函数，其二阶微分可表示为 $\mathrm{d}^2 f=[\mathrm{d}\boldsymbol{x}^{\mathrm{T}},\mathrm{d}\boldsymbol{y}^{\mathrm{T}}]\begin{bmatrix}\dfrac{\partial^2 f}{\partial\boldsymbol{x}^{\mathrm{T}}\partial\boldsymbol{x}}&\dfrac{\partial^2 f}{\partial\boldsymbol{x}^{\mathrm{T}}\partial\boldsymbol{y}}\\\dfrac{\partial^2 f}{\partial\boldsymbol{y}^{\mathrm{T}}\partial\boldsymbol{x}}&\dfrac{\partial^2 f}{\partial\boldsymbol{y}^{\mathrm{T}}\partial\boldsymbol{y}}\end{bmatrix}\begin{bmatrix}\mathrm{d}\boldsymbol{x}\\\mathrm{d}\boldsymbol{y}\end{bmatrix}$。另外，若 $\mathrm{d}^2 f$ 还可以表示为 $\mathrm{d}^2 f=[\mathrm{d}\boldsymbol{x}^{\mathrm{T}},\mathrm{d}\boldsymbol{y}^{\mathrm{T}}]\begin{bmatrix}\boldsymbol{A}_{1,1}&\boldsymbol{A}_{1,2}\\\boldsymbol{A}_{2,1}&\boldsymbol{A}_{2,2}\end{bmatrix}\begin{bmatrix}\mathrm{d}\boldsymbol{x}\\\mathrm{d}\boldsymbol{y}\end{bmatrix}$，可得

$$\mathrm{d}\boldsymbol{x}^{\mathrm{T}}\left(\boldsymbol{A}_{1,1}-\frac{\partial^2 f}{\partial\boldsymbol{x}^{\mathrm{T}}\partial\boldsymbol{x}}\right)\mathrm{d}\boldsymbol{x}+\mathrm{d}\boldsymbol{y}^{\mathrm{T}}\left[\boldsymbol{A}_{2,1}+\boldsymbol{A}_{1,2}^{\mathrm{T}}-\frac{\partial^2 f}{\partial\boldsymbol{y}^{\mathrm{T}}\partial\boldsymbol{x}}-\left(\frac{\partial^2 f}{\partial\boldsymbol{x}^{\mathrm{T}}\partial\boldsymbol{y}}\right)^{\mathrm{T}}\right]\mathrm{d}\boldsymbol{x}+\mathrm{d}\boldsymbol{y}^{\mathrm{T}}\left(\boldsymbol{A}_{2,2}-\frac{\partial^2 f}{\partial\boldsymbol{y}^{\mathrm{T}}\partial\boldsymbol{y}}\right)\mathrm{d}\boldsymbol{y}=0$$

分别令 $\mathrm{d}\boldsymbol{x}=\boldsymbol{0}$，$\mathrm{d}\boldsymbol{y}=\boldsymbol{0}$，有 $\mathrm{d}\boldsymbol{y}^{\mathrm{T}}\left(\boldsymbol{A}_{2,2}-\dfrac{\partial^2 f}{\partial \boldsymbol{y}^{\mathrm{T}}\partial \boldsymbol{y}}\right)\mathrm{d}\boldsymbol{y}=0$，$\mathrm{d}\boldsymbol{x}^{\mathrm{T}}\left(\boldsymbol{A}_{1,1}-\dfrac{\partial^2 f}{\partial \boldsymbol{x}^{\mathrm{T}}\partial \boldsymbol{x}}\right)\mathrm{d}\boldsymbol{x}=0$。

因此，有

$$\boldsymbol{A}_{2,2}=\frac{\partial^2 f}{\partial \boldsymbol{y}^{\mathrm{T}}\partial \boldsymbol{y}} \tag{A-6}$$

$$\boldsymbol{A}_{1,1}=\frac{\partial^2 f}{\partial \boldsymbol{x}^{\mathrm{T}}\partial \boldsymbol{x}} \tag{A-7}$$

$$\mathrm{d}\boldsymbol{y}^{\mathrm{T}}\left[\boldsymbol{A}_{2,1}+\boldsymbol{A}_{1,2}^{\mathrm{T}}-\frac{\partial^2 f}{\partial \boldsymbol{y}^{\mathrm{T}}\partial \boldsymbol{x}}-\left(\frac{\partial^2 f}{\partial \boldsymbol{x}^{\mathrm{T}}\partial \boldsymbol{y}}\right)^{\mathrm{T}}\right]\mathrm{d}\boldsymbol{x}=0 \tag{A-8}$$

再令 $\mathrm{d}\boldsymbol{y}^{\mathrm{T}}$ 中的第 i 列和 $\mathrm{d}\boldsymbol{x}$ 中的第 j 行元素为 1，其他元素为 0，可以得到 $\left[\boldsymbol{A}_{2,1}+\boldsymbol{A}_{1,2}^{\mathrm{T}}-\dfrac{\partial^2 f}{\partial \boldsymbol{y}^{\mathrm{T}}\partial \boldsymbol{x}}-\left(\dfrac{\partial^2 f}{\partial \boldsymbol{x}^{\mathrm{T}}\partial \boldsymbol{y}}\right)^{\mathrm{T}}\right]$ 中第 i 行第 j 列元素为 0，因此有 $\boldsymbol{A}_{2,1}+\boldsymbol{A}_{1,2}^{\mathrm{T}}-\dfrac{\partial^2 f}{\partial \boldsymbol{y}^{\mathrm{T}}\partial \boldsymbol{x}}-\left(\dfrac{\partial^2 f}{\partial \boldsymbol{x}^{\mathrm{T}}\partial \boldsymbol{y}}\right)^{\mathrm{T}}=\boldsymbol{0}$，再利用二阶微分矩阵的性质 $\dfrac{\partial^2 f}{\partial \boldsymbol{y}^{\mathrm{T}}\partial \boldsymbol{x}}=\left(\dfrac{\partial^2 f}{\partial \boldsymbol{x}^{\mathrm{T}}\partial \boldsymbol{y}}\right)^{\mathrm{T}}$，有

$$\frac{\partial^2 f}{\partial \boldsymbol{x}^{\mathrm{T}}\partial \boldsymbol{y}}=\frac{1}{2}(\boldsymbol{A}_{2,1}^{\mathrm{T}}+\boldsymbol{A}_{1,2}) \tag{A-9}$$

$$\frac{\partial^2 f}{\partial \boldsymbol{y}^{\mathrm{T}}\partial \boldsymbol{x}}=\frac{1}{2}(\boldsymbol{A}_{2,1}+\boldsymbol{A}_{1,2}^{\mathrm{T}}) \tag{A-10}$$

（8）矢量的标量函数二阶偏导数。

设 $\boldsymbol{a}(\boldsymbol{x},\boldsymbol{y})$ 是 p 维列矢量，$\boldsymbol{W}$ 是 $p\times p$ 常数对称矩阵，$f=\boldsymbol{a}^{\mathrm{T}}\boldsymbol{W}\boldsymbol{a}$ 是 $\boldsymbol{x}$、$\boldsymbol{y}$ 的函数，$\boldsymbol{x}$、$\boldsymbol{y}$ 分别是 n、m 维列矢量，则有

$$\mathrm{d}f=(\mathrm{d}\boldsymbol{a}^{\mathrm{T}})\boldsymbol{W}\boldsymbol{a}+\boldsymbol{a}^{\mathrm{T}}\boldsymbol{W}(\mathrm{d}\boldsymbol{a})=2\boldsymbol{a}\boldsymbol{W}(\mathrm{d}\boldsymbol{a}^{\mathrm{T}})=2\boldsymbol{a}^{\mathrm{T}}\boldsymbol{W}\left(\frac{\partial \boldsymbol{a}}{\partial \boldsymbol{x}^{\mathrm{T}}}\mathrm{d}\boldsymbol{x}+\frac{\partial \boldsymbol{a}}{\partial \boldsymbol{y}^{\mathrm{T}}}\mathrm{d}\boldsymbol{y}\right)$$

因此，有

$$\frac{\partial f}{\partial \boldsymbol{x}^{\mathrm{T}}}=2\boldsymbol{a}^{\mathrm{T}}\boldsymbol{W}\frac{\partial \boldsymbol{a}}{\partial \boldsymbol{x}^{\mathrm{T}}} \tag{A-11}$$

$$\frac{\partial f}{\partial \boldsymbol{x}}=\left(\frac{\partial f}{\partial \boldsymbol{x}^{\mathrm{T}}}\right)^{\mathrm{T}} \tag{A-12}$$

进一步有

$$\begin{aligned}
\mathrm{d}^2 f&=2(\mathrm{d}\boldsymbol{a}^{\mathrm{T}})\boldsymbol{W}\left(\frac{\partial \boldsymbol{a}}{\partial \boldsymbol{x}^{\mathrm{T}}}\mathrm{d}\boldsymbol{x}+\frac{\partial \boldsymbol{a}}{\partial \boldsymbol{y}^{\mathrm{T}}}\mathrm{d}\boldsymbol{y}\right)+2\boldsymbol{a}^{\mathrm{T}}\boldsymbol{W}\left[\left(\mathrm{d}\frac{\partial \boldsymbol{a}}{\partial \boldsymbol{x}^{\mathrm{T}}}\right)\mathrm{d}\boldsymbol{x}+\left(\mathrm{d}\frac{\partial \boldsymbol{a}}{\partial \boldsymbol{y}^{\mathrm{T}}}\right)\mathrm{d}\boldsymbol{y}\right]\\
&=2\left(\mathrm{d}\boldsymbol{x}^{\mathrm{T}}\frac{\partial \boldsymbol{a}^{\mathrm{T}}}{\partial \boldsymbol{x}}+\mathrm{d}\boldsymbol{y}^{\mathrm{T}}\frac{\partial \boldsymbol{a}^{\mathrm{T}}}{\partial \boldsymbol{y}}\right)\boldsymbol{W}\left(\frac{\partial \boldsymbol{a}}{\partial \boldsymbol{x}^{\mathrm{T}}}\mathrm{d}\boldsymbol{x}+\frac{\partial \boldsymbol{a}}{\partial \boldsymbol{y}^{\mathrm{T}}}\mathrm{d}\boldsymbol{y}\right)+\\
&\quad 2\mathrm{d}\boldsymbol{x}^{\mathrm{T}}\mathrm{vec}\left[\left(\mathrm{d}\frac{\partial \boldsymbol{a}}{\partial \boldsymbol{x}^{\mathrm{T}}}\right)^{\mathrm{T}}\boldsymbol{W}\boldsymbol{a}\right]+2\mathrm{d}\boldsymbol{y}^{\mathrm{T}}\mathrm{vec}\left[\left(\mathrm{d}\frac{\partial \boldsymbol{a}}{\partial \boldsymbol{y}^{\mathrm{T}}}\right)^{\mathrm{T}}\boldsymbol{W}\boldsymbol{a}\right]\\
&=2\left(\mathrm{d}\boldsymbol{x}^{\mathrm{T}}\frac{\partial \boldsymbol{a}^{\mathrm{T}}}{\partial \boldsymbol{x}}+\mathrm{d}\boldsymbol{y}^{\mathrm{T}}\frac{\partial \boldsymbol{a}^{\mathrm{T}}}{\partial \boldsymbol{y}}\right)\boldsymbol{W}\left(\frac{\partial \boldsymbol{a}}{\partial \boldsymbol{x}^{\mathrm{T}}}\mathrm{d}\boldsymbol{x}+\frac{\partial \boldsymbol{a}}{\partial \boldsymbol{y}^{\mathrm{T}}}\mathrm{d}\boldsymbol{y}\right)+
\end{aligned}$$

$$\begin{aligned}&2\mathrm{d}\boldsymbol{x}^{\mathrm{T}}[(\boldsymbol{a}^{\mathrm{T}}\boldsymbol{W})\otimes\boldsymbol{I}_n]\mathrm{vec}\left(\mathrm{d}\frac{\partial\boldsymbol{a}^{\mathrm{T}}}{\partial\boldsymbol{x}}\right)+2\mathrm{d}\boldsymbol{y}^{\mathrm{T}}[(\boldsymbol{a}^{\mathrm{T}}\boldsymbol{W})\otimes\boldsymbol{I}_m]\mathrm{vec}\left(\mathrm{d}\frac{\partial\boldsymbol{a}^{\mathrm{T}}}{\partial\boldsymbol{y}}\right)\\&=2\left(\mathrm{d}\boldsymbol{x}^{\mathrm{T}}\frac{\partial\boldsymbol{a}^{\mathrm{T}}}{\partial\boldsymbol{x}}+\mathrm{d}\boldsymbol{y}^{\mathrm{T}}\frac{\partial\boldsymbol{a}^{\mathrm{T}}}{\partial\boldsymbol{y}}\right)\boldsymbol{W}\left(\frac{\partial\boldsymbol{a}}{\partial\boldsymbol{x}^{\mathrm{T}}}\mathrm{d}\boldsymbol{x}+\frac{\partial\boldsymbol{a}}{\partial\boldsymbol{y}^{\mathrm{T}}}\mathrm{d}\boldsymbol{y}\right)+\\&2\mathrm{d}\boldsymbol{x}^{\mathrm{T}}[(\boldsymbol{a}^{\mathrm{T}}\boldsymbol{W})\otimes\boldsymbol{I}_n]\left\{\frac{\partial}{\partial\boldsymbol{x}^{\mathrm{T}}}\left[\mathrm{vec}\left(\frac{\partial\boldsymbol{a}^{\mathrm{T}}}{\partial\boldsymbol{x}}\right)\right]\mathrm{d}\boldsymbol{x}+\frac{\partial}{\partial\boldsymbol{y}^{\mathrm{T}}}\left[\mathrm{vec}\left(\frac{\partial\boldsymbol{a}^{\mathrm{T}}}{\partial\boldsymbol{x}}\right)\right]\mathrm{d}\boldsymbol{y}\right\}+\\&\mathrm{d}\boldsymbol{y}^{\mathrm{T}}[(\boldsymbol{a}^{\mathrm{T}}\boldsymbol{W})\otimes\boldsymbol{I}_m]\left\{\frac{\partial}{\partial\boldsymbol{x}^{\mathrm{T}}}\left[\mathrm{vec}\left(\frac{\partial\boldsymbol{a}^{\mathrm{T}}}{\partial\boldsymbol{y}}\right)\right]\mathrm{d}\boldsymbol{x}+\frac{\partial}{\partial\boldsymbol{y}^{\mathrm{T}}}\left[\mathrm{vec}\left(\frac{\partial\boldsymbol{a}^{\mathrm{T}}}{\partial\boldsymbol{y}}\right)\right]\mathrm{d}\boldsymbol{y}\right\}\end{aligned}\tag{A-13}$$

式中，$\boldsymbol{a}=\begin{pmatrix}a_1\\a_2\\\vdots\\a_p\end{pmatrix}$；$\frac{\partial}{\partial\boldsymbol{x}^{\mathrm{T}}}\left[\mathrm{vec}\left(\frac{\partial\boldsymbol{a}^{\mathrm{T}}}{\partial\boldsymbol{x}}\right)\right]\mathrm{d}\boldsymbol{x}=\boldsymbol{H}_{xx}\boldsymbol{a}\mathrm{d}\boldsymbol{x}$，$\boldsymbol{H}_{xx}\boldsymbol{a}=\begin{pmatrix}\boldsymbol{H}_{xx}a_1\\\boldsymbol{H}_{xx}a_2\\\vdots\\\boldsymbol{H}_{xx}a_p\end{pmatrix}$，$\boldsymbol{H}_{xx}a_i=\frac{\partial}{\partial\boldsymbol{x}^{\mathrm{T}}}\left(\frac{\partial a_i}{\partial\boldsymbol{x}}\right)$；$\frac{\partial}{\partial\boldsymbol{y}^{\mathrm{T}}}\left[\mathrm{vec}\left(\frac{\partial\boldsymbol{a}^{\mathrm{T}}}{\partial\boldsymbol{x}}\right)\right]\mathrm{d}\boldsymbol{y}=\boldsymbol{H}_{xy}\boldsymbol{a}\mathrm{d}\boldsymbol{y}$，$\boldsymbol{H}_{xy}\boldsymbol{a}=\begin{pmatrix}\boldsymbol{H}_{xy}a_1\\\boldsymbol{H}_{xy}a_2\\\vdots\\\boldsymbol{H}_{xy}a_p\end{pmatrix}$，$\boldsymbol{H}_{xy}a_i=\frac{\partial}{\partial\boldsymbol{y}^{\mathrm{T}}}\left(\frac{\partial a_i}{\partial\boldsymbol{x}}\right)$；$\frac{\partial}{\partial\boldsymbol{x}^{\mathrm{T}}}\left[\mathrm{vec}\left(\frac{\partial\boldsymbol{a}^{\mathrm{T}}}{\partial\boldsymbol{y}}\right)\right]\mathrm{d}\boldsymbol{x}=\boldsymbol{H}_{yx}\boldsymbol{a}\mathrm{d}\boldsymbol{x}$，$\boldsymbol{H}_{yx}\boldsymbol{a}=\begin{pmatrix}\boldsymbol{H}_{yx}a_1\\\boldsymbol{H}_{yx}a_2\\\vdots\\\boldsymbol{H}_{yx}a_p\end{pmatrix}$，$\boldsymbol{H}_{yx}a_i=\frac{\partial}{\partial\boldsymbol{x}^{\mathrm{T}}}\left(\frac{\partial a_i}{\partial\boldsymbol{y}}\right)$；$\frac{\partial}{\partial\boldsymbol{y}^{\mathrm{T}}}\left[\mathrm{vec}\left(\frac{\partial\boldsymbol{a}^{\mathrm{T}}}{\partial\boldsymbol{y}}\right)\right]\mathrm{d}\boldsymbol{y}=\boldsymbol{H}_{yy}\boldsymbol{a}\mathrm{d}\boldsymbol{y}$，$\boldsymbol{H}_{yy}\boldsymbol{a}=\begin{pmatrix}\boldsymbol{H}_{yy}a_1\\\boldsymbol{H}_{yy}a_2\\\vdots\\\boldsymbol{H}_{yy}a_p\end{pmatrix}$，$\boldsymbol{H}_{yy}a_i=\frac{\partial}{\partial\boldsymbol{y}^{\mathrm{T}}}\left(\frac{\partial a_i}{\partial\boldsymbol{y}}\right)$。

由式（A-13）知

$$\frac{\partial^2 f}{\partial\boldsymbol{x}^{\mathrm{T}}\partial\boldsymbol{x}}=2\frac{\partial\boldsymbol{a}^{\mathrm{T}}}{\partial\boldsymbol{x}}\boldsymbol{W}\frac{\partial\boldsymbol{a}}{\partial\boldsymbol{x}^{\mathrm{T}}}+2[(\boldsymbol{a}^{\mathrm{T}}\boldsymbol{W})\otimes\boldsymbol{I}_n]\boldsymbol{H}_{xx}\boldsymbol{a}\tag{A-14}$$

$$\frac{\partial^2 f}{\partial\boldsymbol{x}^{\mathrm{T}}\partial\boldsymbol{y}}=\frac{\partial\boldsymbol{a}^{\mathrm{T}}}{\partial\boldsymbol{x}}\boldsymbol{W}\frac{\partial\boldsymbol{a}}{\partial\boldsymbol{y}^{\mathrm{T}}}+[(\boldsymbol{a}^{\mathrm{T}}\boldsymbol{W})\otimes\boldsymbol{I}_n]\boldsymbol{H}_{xy}\boldsymbol{a}+\left\{\frac{\partial\boldsymbol{a}^{\mathrm{T}}}{\partial\boldsymbol{y}}\boldsymbol{W}\frac{\partial\boldsymbol{a}}{\partial\boldsymbol{x}^{\mathrm{T}}}+[(\boldsymbol{a}^{\mathrm{T}}\boldsymbol{W})\otimes\boldsymbol{I}_m]\boldsymbol{H}_{yx}\boldsymbol{a}\right\}^{\mathrm{T}}\tag{A-15}$$

$$\frac{\partial^2 f}{\partial\boldsymbol{y}^{\mathrm{T}}\partial\boldsymbol{x}}=\frac{\partial\boldsymbol{a}^{\mathrm{T}}}{\partial\boldsymbol{y}}\boldsymbol{W}\frac{\partial\boldsymbol{a}}{\partial\boldsymbol{x}^{\mathrm{T}}}+[(\boldsymbol{a}^{\mathrm{T}}\boldsymbol{W})\otimes\boldsymbol{I}_m]\boldsymbol{H}_{yx}\boldsymbol{a}+\left\{\frac{\partial\boldsymbol{a}^{\mathrm{T}}}{\partial\boldsymbol{x}}\boldsymbol{W}\frac{\partial\boldsymbol{a}}{\partial\boldsymbol{y}^{\mathrm{T}}}+[(\boldsymbol{a}^{\mathrm{T}}\boldsymbol{W})\otimes\boldsymbol{I}_n]\boldsymbol{H}_{xy}\boldsymbol{a}\right\}^{\mathrm{T}}\tag{A-16}$$

$$\frac{\partial^2 f}{\partial\boldsymbol{y}^{\mathrm{T}}\partial\boldsymbol{y}}=2\frac{\partial\boldsymbol{a}^{\mathrm{T}}}{\partial\boldsymbol{y}}\boldsymbol{W}\frac{\partial\boldsymbol{a}}{\partial\boldsymbol{y}^{\mathrm{T}}}+2[(\boldsymbol{a}^{\mathrm{T}}\boldsymbol{W})\otimes\boldsymbol{I}_m]\boldsymbol{H}_{yy}\boldsymbol{a}\tag{A-17}$$

作为特例，若 $\boldsymbol{a}=\boldsymbol{z}-\boldsymbol{h}(\boldsymbol{x})\triangleq\boldsymbol{z}-\boldsymbol{h}$，$\boldsymbol{z}$ 为与 $\boldsymbol{x}$ 无关的 p 维列矢量，$\boldsymbol{x}$ 为 n 维列矢量，$\boldsymbol{W}$ 为 $p\times p$ 常数对称矩阵，即 $f=[\boldsymbol{z}-\boldsymbol{h}(\boldsymbol{x})]^{\mathrm{T}}\boldsymbol{W}[\boldsymbol{z}-\boldsymbol{h}(\boldsymbol{x})]$，则根据式（A-11）和式（A-12）有

$$\frac{\partial f}{\partial\boldsymbol{x}^{\mathrm{T}}}=-2[\boldsymbol{z}-\boldsymbol{h}(\boldsymbol{x})]^{\mathrm{T}}\boldsymbol{W}\frac{\partial\boldsymbol{h}(\boldsymbol{x})}{\partial\boldsymbol{x}^{\mathrm{T}}}\tag{A-18}$$

$$\frac{\partial f}{\partial\boldsymbol{x}}=-2\frac{\partial\boldsymbol{h}^{\mathrm{T}}(\boldsymbol{x})}{\partial\boldsymbol{x}}\boldsymbol{W}[\boldsymbol{z}-\boldsymbol{h}(\boldsymbol{x})]\tag{A-19}$$

进一步，由式（A-14）～式（A-17）可知

$$\frac{\partial^2 f}{\partial \boldsymbol{x}^{\mathrm{T}}\partial \boldsymbol{x}}=2\left(\frac{\partial \boldsymbol{h}}{\partial \boldsymbol{x}^{\mathrm{T}}}\right)^{\mathrm{T}}\boldsymbol{W}\frac{\partial \boldsymbol{h}}{\partial \boldsymbol{x}^{\mathrm{T}}}-2\{[\boldsymbol{W}(\boldsymbol{z}-\boldsymbol{h})]^{\mathrm{T}}\otimes \boldsymbol{I}_n\}\boldsymbol{H}_{xx}\boldsymbol{h} \tag{A-20}$$

$$\frac{\partial^2 f}{\partial \boldsymbol{x}^{\mathrm{T}}\partial \boldsymbol{z}}=-\left(\frac{\partial \boldsymbol{h}}{\partial \boldsymbol{x}^{\mathrm{T}}}\right)^{\mathrm{T}}\boldsymbol{W}-\left[\boldsymbol{W}\left(\frac{\partial \boldsymbol{h}}{\partial \boldsymbol{x}^{\mathrm{T}}}\right)\right]^{\mathrm{T}}=-2\left(\frac{\partial \boldsymbol{h}}{\partial \boldsymbol{x}^{\mathrm{T}}}\right)^{\mathrm{T}}\boldsymbol{W} \tag{A-21}$$

$$\frac{\partial^2 f}{\partial \boldsymbol{z}^{\mathrm{T}}\partial \boldsymbol{x}}=-\boldsymbol{W}\left(\frac{\partial \boldsymbol{h}}{\partial \boldsymbol{x}^{\mathrm{T}}}\right)-\left[\left(\frac{\partial \boldsymbol{h}}{\partial \boldsymbol{x}^{\mathrm{T}}}\right)^{\mathrm{T}}\boldsymbol{W}\right]^{\mathrm{T}}=-2\boldsymbol{W}\left(\frac{\partial \boldsymbol{h}}{\partial \boldsymbol{x}^{\mathrm{T}}}\right) \tag{A-22}$$

$$\frac{\partial^2 f}{\partial \boldsymbol{z}^{\mathrm{T}}\partial \boldsymbol{z}}=2\boldsymbol{W} \tag{A-23}$$

取 $\boldsymbol{z}-\boldsymbol{h}(\boldsymbol{x})=\boldsymbol{x}$ ，$\boldsymbol{W}$ 是与 $\boldsymbol{x}$ 无关的对称矩阵，即 $f=\boldsymbol{x}^{\mathrm{T}}\boldsymbol{W}\boldsymbol{x}$ 是 $\boldsymbol{x}$ 的二次型，则

$$\frac{\partial f}{\partial \boldsymbol{x}^{\mathrm{T}}}=2\boldsymbol{x}^{\mathrm{T}}\boldsymbol{W}\,,\quad \frac{\partial f}{\partial \boldsymbol{x}}=2\boldsymbol{W}\boldsymbol{x}\,,\quad \frac{\partial^2 f}{\partial \boldsymbol{x}^{\mathrm{T}}\partial \boldsymbol{x}}=2\boldsymbol{W} \tag{A-24}$$

矢量的标量函数及矢量函数的偏导数常用于非线性函数线性化，以及估计量的误差相关矩阵、CRLB 矩阵计算中。

（二）最小二乘法

设 $\boldsymbol{A}$ 是 $m\times n$ 矩阵，考虑线性方程组

$$\boldsymbol{A}\boldsymbol{x}=\boldsymbol{b} \tag{A-25}$$

无论式（A-25）表示的线性方程组是否相容，对未知量 $\boldsymbol{x}$ 的全部最小二乘解 $\boldsymbol{x}=\arg\min\limits_{\boldsymbol{x}}\|\boldsymbol{A}\boldsymbol{x}-\boldsymbol{b}\|^2$ 是

$$\boldsymbol{x}=\boldsymbol{A}^{+}\boldsymbol{b}+(\boldsymbol{I}-\boldsymbol{A}^{+}\boldsymbol{A})\boldsymbol{u}\,,\quad \boldsymbol{u}\text{ 为任意 }n\text{ 维列矢量} \tag{A-26}$$

并且 $\boldsymbol{x}=\boldsymbol{A}^{+}\boldsymbol{b}$ 是最小二乘解中使 $\|\boldsymbol{x}\|^2$ 达到最小的唯一解，当 $\boldsymbol{A}$ 是列满秩矩阵时，$\boldsymbol{I}-\boldsymbol{A}^{+}\boldsymbol{A}=\boldsymbol{0}$，式（A-25）只有唯一最小二乘解 $\boldsymbol{x}=(\boldsymbol{A}^{\mathrm{T}}\boldsymbol{A})^{-1}\boldsymbol{A}^{\mathrm{T}}\boldsymbol{b}$ 。

考虑线性模型

$$\boldsymbol{y}=\boldsymbol{A}\boldsymbol{x}+\boldsymbol{e}\,,\quad \mathbb{E}\{\boldsymbol{e}\}=\boldsymbol{0}\,,\quad \mathrm{cov}(\boldsymbol{e})=\sigma^2\boldsymbol{I}_m\,,\quad \sigma^2\text{ 未知} \tag{A-27}$$

对参数 $\boldsymbol{x}$ 的所有最小二乘估计 $\hat{\boldsymbol{x}}=\arg\min\limits_{\boldsymbol{x}}\|\boldsymbol{y}-\boldsymbol{A}\boldsymbol{x}\|^2$ 可以表示为

$$\hat{\boldsymbol{x}}=\boldsymbol{A}^{+}\boldsymbol{y}+(\boldsymbol{I}-\boldsymbol{A}^{+}\boldsymbol{A})\boldsymbol{u}\,,\quad \boldsymbol{u}\text{ 为任意 }n\text{ 维列矢量} \tag{A-28}$$

并且 $\hat{\boldsymbol{x}}=\boldsymbol{A}^{+}\boldsymbol{y}$ 是最小二乘估计中使 $\|\hat{\boldsymbol{x}}\|^2$ 达到最小的唯一估计量，当 $\boldsymbol{A}$ 是列满秩矩阵时，$\boldsymbol{I}-\boldsymbol{A}^{+}\boldsymbol{A}=\boldsymbol{0}$，只有唯一最小二乘估计 $\hat{\boldsymbol{x}}=(\boldsymbol{A}^{\mathrm{T}}\boldsymbol{A})^{-1}\boldsymbol{A}^{\mathrm{T}}\boldsymbol{y}$ 。

线性方程组式（A-25）的最小二乘解式（A-26）与线性模型式（A-27）的最小二乘估计式（A-28）两者形式上一致；当 $\boldsymbol{A}$ 是列满秩矩阵时，均只有唯一解和唯一估计，有相同的几何解释，如图 A-1 所示；此外，当 $\boldsymbol{A}$ 是列满秩矩阵时，由高斯−马尔可夫（Gauss-Markov）定理可知，线性模型式（A-27）的最小二乘估计 $\hat{\boldsymbol{x}}=(\boldsymbol{A}^{\mathrm{T}}\boldsymbol{A})^{-1}\boldsymbol{A}^{\mathrm{T}}\boldsymbol{y}$ 与可估函数 $\boldsymbol{c}^{\mathrm{T}}\boldsymbol{x}$（$\boldsymbol{c}$ 已知）的最优线性无偏估计（Best Linear Unbiased Estimate，BLUE），或称

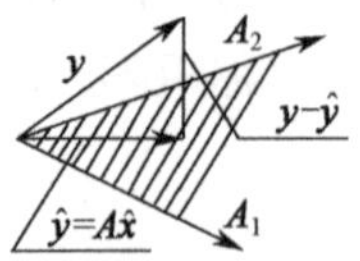

图 A-1

Gauss-Markov 估计（GM 估计）一致，即对于 $\boldsymbol{c}^{\mathrm{T}}\boldsymbol{x}$ 的任意线性无偏估计 $\boldsymbol{b}^{\mathrm{T}}\boldsymbol{y}$，都有 $\mathrm{Var}(\boldsymbol{b}^{\mathrm{T}}\boldsymbol{y}) \geqslant \mathrm{Var}(\boldsymbol{c}^{\mathrm{T}}\hat{\boldsymbol{x}}) = \sigma^{-2}\boldsymbol{c}^{\mathrm{T}}(\boldsymbol{A}^{\mathrm{T}}\boldsymbol{A})^{-1}\boldsymbol{c}$。但是，若线性模型为

$$\boldsymbol{y} = \boldsymbol{A}\boldsymbol{x} + \boldsymbol{e}，\ \mathbb{E}\{\boldsymbol{e}\} = \boldsymbol{0}，\ \mathrm{cov}(\boldsymbol{e}) = \sigma^2\boldsymbol{G} > 0，\ \sigma^2 \text{未知，} \boldsymbol{G} \text{已知} \tag{A-29}$$

那么一般地，$\hat{\boldsymbol{x}} = (\boldsymbol{A}^{\mathrm{T}}\boldsymbol{A})^{-1}\boldsymbol{A}^{\mathrm{T}}\boldsymbol{y}$ 与可估函数 $\boldsymbol{c}^{\mathrm{T}}\boldsymbol{x}$ 的 BLUE 并不一致。事实上，$\boldsymbol{G}$ 可以表示为 $\boldsymbol{G} = \boldsymbol{G}^{1/2}\boldsymbol{G}^{1/2}$，因此可以将式（A-29）改写为

$$\boldsymbol{G}^{-1/2}\boldsymbol{y} = \boldsymbol{G}^{-1/2}\boldsymbol{A}\boldsymbol{x} + \boldsymbol{G}^{-1/2}\boldsymbol{e} \tag{A-30}$$

则 $\mathbb{E}\{\boldsymbol{G}^{-1/2}\boldsymbol{e}\} = \boldsymbol{0}$，$\mathrm{cov}(\boldsymbol{G}^{-1/2}\boldsymbol{e}) = \sigma^2\boldsymbol{I}_m$，对比式（A-27）可知，线性模型式（A-30）的最小二乘估计 $\tilde{\boldsymbol{x}} = \arg\min\limits_{\boldsymbol{x}} \left\|\boldsymbol{G}^{-1/2}\boldsymbol{y} - \boldsymbol{G}^{-1/2}\boldsymbol{A}\boldsymbol{x}\right\|^2 = \arg\min\limits_{\boldsymbol{x}}\{(\boldsymbol{y}-\boldsymbol{A}\boldsymbol{x})^{\mathrm{T}}\boldsymbol{G}^{-1}(\boldsymbol{y}-\boldsymbol{A}\boldsymbol{x})\}$ 与可估函数 $\boldsymbol{c}^{\mathrm{T}}\boldsymbol{x}$ 的 BLUE 对应，该最小二乘估计可以唯一表示为

$$\tilde{\boldsymbol{x}} = (\boldsymbol{A}^{\mathrm{T}}\boldsymbol{G}^{-1}\boldsymbol{A})^{-1}\boldsymbol{A}^{\mathrm{T}}\boldsymbol{G}^{-1}\boldsymbol{y} \tag{A-31}$$

式（A-31）通常被称为 $\boldsymbol{x}$ 的广义最小二乘估计，易知

$$\mathrm{cov}(\tilde{\boldsymbol{x}}) = \sigma^2(\boldsymbol{A}^{\mathrm{T}}\boldsymbol{G}^{-1}\boldsymbol{A})^{-1} \tag{A-32}$$

而

$$\mathrm{cov}(\hat{\boldsymbol{x}}) = \sigma^2(\boldsymbol{A}^{\mathrm{T}}\boldsymbol{A})^{-1}\boldsymbol{A}^{\mathrm{T}}\boldsymbol{G}\boldsymbol{A}(\boldsymbol{A}^{\mathrm{T}}\boldsymbol{A})^{-1} \tag{A-33}$$

由于 $\hat{\boldsymbol{x}}$ 也是 $\boldsymbol{x}$ 的线性无偏估计，且对于任意 n 维列矢量 $\boldsymbol{c}$，有 $\mathrm{var}(\boldsymbol{c}^{\mathrm{T}}\hat{\boldsymbol{x}}) \geqslant \mathrm{var}(\boldsymbol{c}^{\mathrm{T}}\tilde{\boldsymbol{x}})$，故 $\sigma^2(\boldsymbol{A}^{\mathrm{T}}\boldsymbol{A})^{-1}\boldsymbol{A}^{\mathrm{T}}\boldsymbol{G}\boldsymbol{A}(\boldsymbol{A}^{\mathrm{T}}\boldsymbol{A})^{-1} = \mathrm{cov}(\hat{\boldsymbol{x}}) \geqslant \mathrm{cov}(\tilde{\boldsymbol{x}}) = \sigma^2(\boldsymbol{A}^{\mathrm{T}}\boldsymbol{G}^{-1}\boldsymbol{A})^{-1}$，或

$$(\boldsymbol{A}^{\mathrm{T}}\boldsymbol{A})^{-1}\boldsymbol{A}^{\mathrm{T}}\boldsymbol{G}\boldsymbol{A}(\boldsymbol{A}^{\mathrm{T}}\boldsymbol{A})^{-1} \geqslant (\boldsymbol{A}^{\mathrm{T}}\boldsymbol{G}^{-1}\boldsymbol{A})^{-1} \tag{A-34}$$

事实上，由式（A-35）可以直接得到式（A-34）。

$$\begin{aligned}&[\boldsymbol{G}^{1/2}\boldsymbol{A}(\boldsymbol{A}^{\mathrm{T}}\boldsymbol{A})^{-1} - \boldsymbol{G}^{-1/2}\boldsymbol{A}(\boldsymbol{A}^{\mathrm{T}}\boldsymbol{G}^{-1}\boldsymbol{A})^{-1}]^{\mathrm{T}}[\boldsymbol{G}^{1/2}\boldsymbol{A}(\boldsymbol{A}^{\mathrm{T}}\boldsymbol{A})^{-1} - \boldsymbol{G}^{-1/2}\boldsymbol{A}(\boldsymbol{A}^{\mathrm{T}}\boldsymbol{G}^{-1}\boldsymbol{A})^{-1}]\\&= (\boldsymbol{A}^{\mathrm{T}}\boldsymbol{A})^{-1}\boldsymbol{A}^{\mathrm{T}}\boldsymbol{G}\boldsymbol{A}(\boldsymbol{A}^{\mathrm{T}}\boldsymbol{A})^{-1} - (\boldsymbol{A}^{\mathrm{T}}\boldsymbol{G}^{-1}\boldsymbol{A})^{-1} \geqslant 0\end{aligned} \tag{A-35}$$

由式（A-35）可知式（A-34）中等号成立的充分必要条件是 $\boldsymbol{G}^{1/2}\boldsymbol{A}(\boldsymbol{A}^{\mathrm{T}}\boldsymbol{A})^{-1} = \boldsymbol{G}^{-1/2}\boldsymbol{A}(\boldsymbol{A}^{\mathrm{T}}\boldsymbol{G}^{-1}\boldsymbol{A})^{-1}$，以下用符号“$\Leftrightarrow$”表示左右两端命题等价，用“$\Rightarrow$”表示由左侧命题可以推出右侧命题，则有

$$\begin{aligned}&\boldsymbol{G}^{1/2}\boldsymbol{A}(\boldsymbol{A}^{\mathrm{T}}\boldsymbol{A})^{-1} = \boldsymbol{G}^{-1/2}\boldsymbol{A}(\boldsymbol{A}^{\mathrm{T}}\boldsymbol{G}^{-1}\boldsymbol{A})^{-1} \ \Leftrightarrow\ \boldsymbol{G}\boldsymbol{A}(\boldsymbol{A}^{\mathrm{T}}\boldsymbol{A})^{-1} = \boldsymbol{A}(\boldsymbol{A}^{\mathrm{T}}\boldsymbol{G}^{-1}\boldsymbol{A})^{-1}\\&\Leftrightarrow\ \boldsymbol{G}\boldsymbol{A}(\boldsymbol{A}^{\mathrm{T}}\boldsymbol{A})^{-1}\boldsymbol{A}^{\mathrm{T}} = \boldsymbol{A}(\boldsymbol{A}^{\mathrm{T}}\boldsymbol{G}^{-1}\boldsymbol{A})^{-1}\boldsymbol{A}^{\mathrm{T}} \ \Rightarrow\ \boldsymbol{G}\boldsymbol{P}_A = \boldsymbol{P}_A\boldsymbol{G}\end{aligned}$$

式中，$\boldsymbol{P}_A = \boldsymbol{A}(\boldsymbol{A}^{\mathrm{T}}\boldsymbol{A})^{-1}\boldsymbol{A}^{\mathrm{T}}$。又有

$$\begin{aligned}&\boldsymbol{G}\boldsymbol{P}_A = \boldsymbol{P}_A\boldsymbol{G} \ \Leftrightarrow\ \boldsymbol{P}_A = \boldsymbol{G}\boldsymbol{P}_A\boldsymbol{G}^{-1} \ \Rightarrow\ \boldsymbol{A} = \boldsymbol{G}\boldsymbol{A}(\boldsymbol{A}^{\mathrm{T}}\boldsymbol{A})^{-1}\boldsymbol{A}^{\mathrm{T}}\boldsymbol{G}^{-1}\boldsymbol{A}\\&\Rightarrow\ \boldsymbol{A}(\boldsymbol{A}^{\mathrm{T}}\boldsymbol{G}^{-1}\boldsymbol{A})^{-1} = \boldsymbol{G}\boldsymbol{A}(\boldsymbol{A}^{\mathrm{T}}\boldsymbol{A})^{-1} \ \Leftrightarrow\ \boldsymbol{G}^{-1/2}\boldsymbol{A}(\boldsymbol{A}^{\mathrm{T}}\boldsymbol{G}^{-1}\boldsymbol{A})^{-1} = \boldsymbol{G}^{1/2}\boldsymbol{A}(\boldsymbol{A}^{\mathrm{T}}\boldsymbol{A})^{-1}\end{aligned}$$

即 $\boldsymbol{G}\boldsymbol{P}_A = \boldsymbol{P}_A\boldsymbol{G}$ 是 $(\boldsymbol{A}^{\mathrm{T}}\boldsymbol{A})^{-1}\boldsymbol{A}^{\mathrm{T}}\boldsymbol{G}\boldsymbol{A}(\boldsymbol{A}^{\mathrm{T}}\boldsymbol{A})^{-1} = (\boldsymbol{A}^{\mathrm{T}}\boldsymbol{G}^{-1}\boldsymbol{A})^{-1}$ 成立的充分必要条件，也是最小二乘估计等于广义最小二乘估计的充分必要条件，该结论可见第 3 章参考文献[4]。广义最小二乘估计是常用的参数估计方法，与噪声服从正态分布情况下的极大似然估计一致。

（三）克拉美-罗下界证明

构造矩阵：

$$\mathbb{E}\left\{\begin{bmatrix}(\hat{\boldsymbol{x}}-\boldsymbol{x}-\text{bias}(\hat{\boldsymbol{x}}))\\ \dfrac{\partial\ln f_{\boldsymbol{Z}}(\boldsymbol{z}\mid\boldsymbol{x})}{\partial\boldsymbol{x}}\end{bmatrix}\begin{bmatrix}(\hat{\boldsymbol{x}}-\boldsymbol{x}-\text{bias}(\hat{\boldsymbol{x}}))^{\mathrm{T}} & \left(\dfrac{\partial\ln f_{\boldsymbol{Z}}(\boldsymbol{z}\mid\boldsymbol{x})}{\partial\boldsymbol{x}}\right)^{\mathrm{T}}\end{bmatrix}\right\}=\begin{bmatrix}\boldsymbol{A}_{11} & \boldsymbol{A}_{12}\\ \boldsymbol{A}_{21} & \boldsymbol{A}_{22}\end{bmatrix} \tag{A-36}$$

式中，$\boldsymbol{A}_{11}=\boldsymbol{V}(\hat{\boldsymbol{x}})-\text{bias}(\hat{\boldsymbol{x}})[\text{bias}(\hat{\boldsymbol{x}})]^{\mathrm{T}}$，$\boldsymbol{A}_{22}=\boldsymbol{I}(\boldsymbol{x})$，$\boldsymbol{A}_{12}=\boldsymbol{A}_{21}^{\mathrm{T}}=\mathbb{E}\left\{[\hat{\boldsymbol{x}}-\boldsymbol{x}-\text{bias}(\hat{\boldsymbol{x}})]\left[\dfrac{\partial\ln p_{\boldsymbol{Z}}(\boldsymbol{z}\mid\boldsymbol{x})}{\partial\boldsymbol{x}}\right]^{\mathrm{T}}\right\}=\int[\hat{\boldsymbol{x}}-\boldsymbol{x}-\text{bias}(\hat{\boldsymbol{x}})]\dfrac{\partial p_{\boldsymbol{Z}}(\boldsymbol{z}\mid\boldsymbol{x})}{\partial\boldsymbol{x}^{\mathrm{T}}}\mathrm{d}\boldsymbol{z}$，由于

$$\begin{aligned}\frac{\partial\{[\hat{\boldsymbol{x}}-\boldsymbol{x}-\text{bias}(\hat{\boldsymbol{x}})]p_{\boldsymbol{Z}}(\boldsymbol{z}\mid\boldsymbol{x})\}}{\partial\boldsymbol{x}^{\mathrm{T}}}&=p_{\boldsymbol{Z}}(\boldsymbol{z}\mid\boldsymbol{x})\frac{\partial[\hat{\boldsymbol{x}}-\boldsymbol{x}-\text{bias}(\hat{\boldsymbol{x}})]}{\partial\boldsymbol{x}^{\mathrm{T}}}+[\hat{\boldsymbol{x}}-\boldsymbol{x}-\text{bias}(\hat{\boldsymbol{x}})]\frac{\partial p_{\boldsymbol{Z}}(\boldsymbol{z}\mid\boldsymbol{x})}{\partial\boldsymbol{x}^{\mathrm{T}}}\\&=p_{\boldsymbol{Z}}(\boldsymbol{z}\mid\boldsymbol{x})\left[-\boldsymbol{I}_n-\frac{\partial\,\text{bias}(\hat{\boldsymbol{x}})}{\partial\boldsymbol{x}^{\mathrm{T}}}\right]+[\hat{\boldsymbol{x}}-\boldsymbol{x}-\text{bias}(\hat{\boldsymbol{x}})]\frac{\partial p_{\boldsymbol{Z}}(\boldsymbol{z}\mid\boldsymbol{x})}{\partial\boldsymbol{x}^{\mathrm{T}}}\end{aligned} \tag{A-37}$$

式（A-37）两边对 $\boldsymbol{z}$ 积分，并由式（2-6）的定义和正则性可知，由于左侧 $\int\dfrac{\partial\{[\hat{\boldsymbol{x}}-\boldsymbol{x}-\text{bias}(\hat{\boldsymbol{x}})]p_{\boldsymbol{Z}}(\boldsymbol{z}\mid\boldsymbol{x})\}}{\partial\boldsymbol{x}^{\mathrm{T}}}\mathrm{d}\boldsymbol{z}=0$，且概率密度函数 $p_{\boldsymbol{Z}}(\boldsymbol{z}\mid\boldsymbol{x})$ 满足等式 $\int p_{\boldsymbol{Z}}(\boldsymbol{z}\mid\boldsymbol{x})\mathrm{d}\boldsymbol{z}=1$，因此，有

$$\boldsymbol{A}_{21}^{\mathrm{T}}=\boldsymbol{A}_{12}=\int p_{\boldsymbol{Z}}(\boldsymbol{z}\mid\boldsymbol{x})\left[\boldsymbol{I}_n+\frac{\partial\,\text{bias}(\hat{\boldsymbol{x}})}{\partial\boldsymbol{x}^{\mathrm{T}}}\right]\mathrm{d}\boldsymbol{z}=\boldsymbol{I}_n+\frac{\partial\,\text{bias}(\hat{\boldsymbol{x}})}{\partial\boldsymbol{x}^{\mathrm{T}}} \tag{A-38}$$

由于式（A-36）为半正定矩阵，假设 $\boldsymbol{A}_{22}=\boldsymbol{I}(\boldsymbol{x})$ 在 $\boldsymbol{x}$ 处为正定矩阵，则

$$\begin{aligned}\boldsymbol{A}_{11.2}&=\boldsymbol{A}_{11}-\boldsymbol{A}_{12}\boldsymbol{A}_{22}^{-1}\boldsymbol{A}_{21}\\&=\boldsymbol{V}(\hat{\boldsymbol{x}})-\text{bias}(\hat{\boldsymbol{x}})[\text{bias}(\hat{\boldsymbol{x}})]^{\mathrm{T}}-[\boldsymbol{I}_n+\nabla_{\boldsymbol{x}}^{\mathrm{T}}\,\text{bias}(\hat{\boldsymbol{x}})]\boldsymbol{I}^{-1}(\boldsymbol{x})[\boldsymbol{I}_n+\nabla_{\boldsymbol{x}}^{\mathrm{T}}\,\text{bias}(\hat{\boldsymbol{x}})]^{\mathrm{T}}\geqslant 0\end{aligned} \tag{A-39}$$

因此，有

$$\boldsymbol{V}(\hat{\boldsymbol{x}})\geqslant\text{bias}(\hat{\boldsymbol{x}})[\text{bias}(\hat{\boldsymbol{x}})]^{\mathrm{T}}+[\boldsymbol{I}_n+\nabla_{\boldsymbol{x}}^{\mathrm{T}}\,\text{bias}(\hat{\boldsymbol{x}})]\boldsymbol{I}^{-1}(\boldsymbol{x})[\boldsymbol{I}_n+\nabla_{\boldsymbol{x}}^{\mathrm{T}}\,\text{bias}(\hat{\boldsymbol{x}})]^{\mathrm{T}} \tag{A-40}$$

附录B 极大似然估计定位误差推导

对于观测方程

$$\boldsymbol{z}_0 = \boldsymbol{h}(\boldsymbol{x}_{\mathrm{T}}) \tag{B-1}$$

存在观测噪声时，该方程变为

$$\boldsymbol{z} = \boldsymbol{h}(\boldsymbol{x}_{\mathrm{T}}) + \boldsymbol{\xi} \tag{B-2}$$

当观测噪声 $\boldsymbol{\xi} \sim \mathbb{N}(\boldsymbol{0}, \boldsymbol{\Sigma}_{\xi})$ 时，对 $\boldsymbol{x}_{\mathrm{T}}$ 的极大似然估计为

$$\hat{\boldsymbol{x}}_{\mathrm{ML}} = \arg\min_{\boldsymbol{x}\in\boldsymbol{\Omega}_{\boldsymbol{x}}} f(\boldsymbol{z}, \boldsymbol{x}) \tag{B-3}$$

式中，$f(\boldsymbol{z}, \boldsymbol{x}) = [\boldsymbol{z} - \boldsymbol{h}(\boldsymbol{x})]^{\mathrm{T}} \boldsymbol{\Sigma}_{\xi}^{-1} [\boldsymbol{z} - \boldsymbol{h}(\boldsymbol{x})]$。

由式（B-1）与式（B-3）得到

$$\boldsymbol{x}_{\mathrm{T}} = \arg\min_{\boldsymbol{x}\in\boldsymbol{\Omega}_{\boldsymbol{x}}} f(\boldsymbol{z}_0, \boldsymbol{x}) \tag{B-4}$$

令

$$\boldsymbol{g}(\boldsymbol{z}, \boldsymbol{x}) = \nabla_{\boldsymbol{x}} f(\boldsymbol{z}, \boldsymbol{x}) = -2[\nabla_{\boldsymbol{x}}(\boldsymbol{h}^{\mathrm{T}})]\boldsymbol{\Sigma}_{\xi}^{-1}[\boldsymbol{z} - \boldsymbol{h}(\boldsymbol{x})] \tag{B-5}$$

则式（B-4）等效于

$$\boldsymbol{g}(\boldsymbol{z}_0, \boldsymbol{x}_{\mathrm{T}}) = \boldsymbol{0} \tag{B-6}$$

又假定

$$\hat{\boldsymbol{x}}_{\mathrm{T}} = \arg\min_{\boldsymbol{x}\in\boldsymbol{\Omega}_{\boldsymbol{x}}} f(\boldsymbol{z}, \boldsymbol{x}) \tag{B-7}$$

则式（B-7）等效于

$$\boldsymbol{g}(\boldsymbol{z}, \hat{\boldsymbol{x}}_{\mathrm{T}}) = \boldsymbol{0} \tag{B-8}$$

将式（B-8）在 $\boldsymbol{z} = \boldsymbol{z}_0, \boldsymbol{x} = \boldsymbol{x}_{\mathrm{T}}$ 处线性展开，并忽略高阶项，有

$$\boldsymbol{g}(\boldsymbol{z}, \hat{\boldsymbol{x}}_{\mathrm{T}}) = \boldsymbol{g}(\boldsymbol{z}_0, \boldsymbol{x}_{\mathrm{T}}) + \nabla_{\boldsymbol{x}}^{\mathrm{T}} \boldsymbol{g}(\boldsymbol{z}_0, \boldsymbol{x}_{\mathrm{T}}) \cdot \Delta\boldsymbol{x}_{\mathrm{T}} + \nabla_{\boldsymbol{z}}^{\mathrm{T}} \boldsymbol{g}(\boldsymbol{z}_0, \boldsymbol{x}_{\mathrm{T}}) \cdot \Delta\boldsymbol{z} \tag{B-9}$$

式中，$\nabla_{\boldsymbol{x}}^{\mathrm{T}} \boldsymbol{g}(\boldsymbol{z}_0, \boldsymbol{x}_{\mathrm{T}}) = [\nabla_{\boldsymbol{x}}^{\mathrm{T}} \boldsymbol{g}(\boldsymbol{z}, \boldsymbol{x})]\Big|_{\substack{\boldsymbol{z}=\boldsymbol{z}_0 \\ \boldsymbol{x}=\boldsymbol{x}_{\mathrm{T}}}}$，$\nabla_{\boldsymbol{z}}^{\mathrm{T}} \boldsymbol{g}(\boldsymbol{z}_0, \boldsymbol{x}_{\mathrm{T}}) = [\nabla_{\boldsymbol{z}}^{\mathrm{T}} \boldsymbol{g}(\boldsymbol{z}, \boldsymbol{x})]\Big|_{\substack{\boldsymbol{z}=\boldsymbol{z}_0 \\ \boldsymbol{x}=\boldsymbol{x}_{\mathrm{T}}}}$，$\Delta\boldsymbol{x}_{\mathrm{T}} = \hat{\boldsymbol{x}}_{\mathrm{T}} - \boldsymbol{x}_{\mathrm{T}}$，$\Delta\boldsymbol{z} = \boldsymbol{z} - \boldsymbol{z}_0 = \boldsymbol{\xi}$。

由式（B-6）、式（B-8）、式（B-9）有

$$\nabla_{\boldsymbol{x}}^{\mathrm{T}} \boldsymbol{g}(\boldsymbol{z}_0, \boldsymbol{x}_{\mathrm{T}}) \cdot \Delta\boldsymbol{x}_{\mathrm{T}} = -\nabla_{\boldsymbol{z}}^{\mathrm{T}} \boldsymbol{g}(\boldsymbol{z}_0, \boldsymbol{x}_{\mathrm{T}}) \cdot \Delta\boldsymbol{z} \tag{B-10}$$

由式（A-20）和式（A-21）有

$$\nabla_{\boldsymbol{x}}^{\mathrm{T}} \boldsymbol{g}(\boldsymbol{z}, \boldsymbol{x}) = -2\{[(\boldsymbol{z} - \boldsymbol{h})^{\mathrm{T}} \boldsymbol{\Sigma}_{\xi}^{-1}] \otimes \boldsymbol{I}_n\} \cdot \nabla_{\boldsymbol{x}}^{\mathrm{T}}[\mathrm{vec}(\nabla_{\boldsymbol{x}} \boldsymbol{h}^{\mathrm{T}})] - (\nabla_{\boldsymbol{x}} \boldsymbol{h}^{\mathrm{T}}) \cdot \boldsymbol{\Sigma}_{\xi}^{-1} (\nabla_{\boldsymbol{x}}^{\mathrm{T}} \boldsymbol{h}) \tag{B-11}$$

$$\nabla_{\boldsymbol{z}}^{\mathrm{T}} \boldsymbol{g}(\boldsymbol{z}, \boldsymbol{x}) = -2(\nabla_{\boldsymbol{x}} \boldsymbol{h}^{\mathrm{T}}) \cdot \boldsymbol{\Sigma}_{\xi}^{-1} \tag{B-12}$$

将式（B-11）、式（B-12）代入式（B-10）中，取 $\boldsymbol{z} = \boldsymbol{z}_0, \boldsymbol{x} = \boldsymbol{x}_{\mathrm{T}}$ 代入后得

$$\Delta \boldsymbol{x}_{\mathrm{T}} = [(\nabla_x \boldsymbol{h}^{\mathrm{T}}) \cdot \boldsymbol{\Sigma}_{\xi}^{-1} (\nabla_x^{\mathrm{T}} \boldsymbol{h})]^{-1} \cdot (\nabla_x \boldsymbol{h}^{\mathrm{T}}) \cdot \boldsymbol{\Sigma}_{\xi}^{-1} \cdot \Delta \boldsymbol{z} \tag{B-13}$$

最终有

$$\mathbb{E}(\Delta \boldsymbol{x}_{\mathrm{T}} \Delta \boldsymbol{x}_{\mathrm{T}}^{\mathrm{T}}) = \boldsymbol{I}^{-1}(\boldsymbol{x}_{\mathrm{T}}) \tag{B-14}$$

注：式（B-13）是 $\Delta \boldsymbol{x}_{\mathrm{T}}$ 关于 $\Delta \boldsymbol{z}$ 的一阶表示，若还考虑 $\Delta \boldsymbol{x}_{\mathrm{T}}$ 关于 $\Delta \boldsymbol{z}$ 的高阶项，那么一般有 $\mathbb{E}(\Delta \boldsymbol{x}_{\mathrm{T}} \Delta \boldsymbol{x}_{\mathrm{T}}^{\mathrm{T}}) > \boldsymbol{I}^{-1}(\boldsymbol{x}_{\mathrm{T}})$，这些高阶项由模型的非线性强度，即曲率决定，增加重复观测次数可以减小曲率，极限情况下完全不受非线性影响。

附录 C　空中辐射源定位误差几何表示

定位空中辐射源时，辐射源实际位置在 S 点，S 是 z_1、z_2 和 z_3 确定的等值面 QSP_2、QSP_1 和 P_1SP_2 的交点，定位几何关系如图 C-1 所示，测量误差导致对 S 的估计为 $\hat{S}$，$\hat{S}$ 是 $\tilde{z}_1$、$\tilde{z}_2$ 和 $\tilde{z}_3$ 确定的等值面 $P\hat{S}Q_1$、$P\hat{S}Q_2$ 和 $Q_1\hat{S}Q_2$ 的交点，定位误差 $\|\boldsymbol{R}\|$ 是 $S\hat{S}$ 的长度，当测量误差较小时，该六面体可视为由三对平行四边形平面构成。

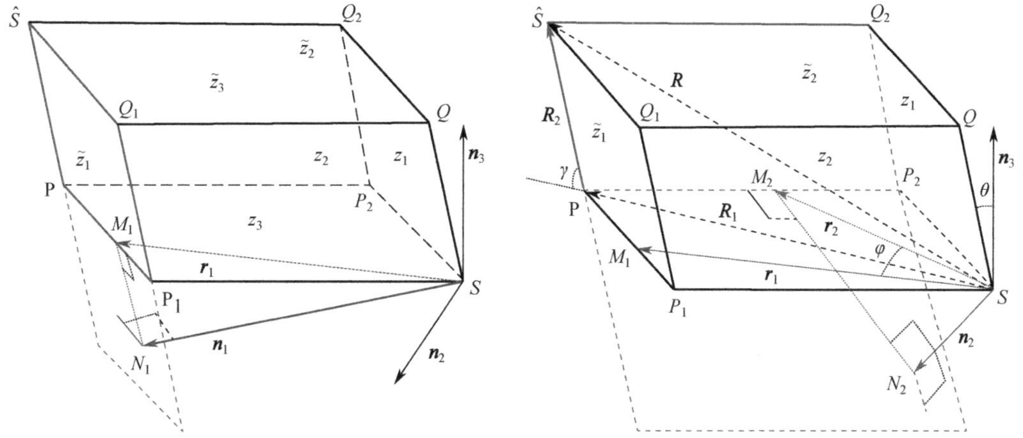

(a)　　　　　　　　(b)

图 C-1　空中定位误差示意

利用立体几何原理对空中辐射源定位误差进行估计，如图 A-1（a）所示，由 S 向 $P\hat{S}Q_1$ 作垂线，N_1 为垂足，再由 N_1 向直线 PP_1 作垂线，M_1 为垂足，由于 $PM_1 \perp N_1M_1$，$PM_1 \perp SN_1$，那么 $PM_1 \perp$ 平面 SM_1N_1，从而 $PM_1 \perp SM_1$，记 $\boldsymbol{r}_1 = \overrightarrow{SM}_1$，注意到 $\boldsymbol{r}_1 \times \boldsymbol{n}_1 \parallel \overrightarrow{PM}_1$，$\boldsymbol{r}_1 \times \boldsymbol{n}_1$ 表示 $\boldsymbol{r}_1$ 和 $\boldsymbol{n}_1$ 的外积，$\overrightarrow{PM}_1 \perp \boldsymbol{n}_3$，因此 $(\boldsymbol{r}_1 \times \boldsymbol{n}_1)\cdot \boldsymbol{n}_3 = 0$，即 $\boldsymbol{r}_1$、$\boldsymbol{n}_1$、$\boldsymbol{n}_3$ 共面，从而可以将 $\boldsymbol{r}_1$ 由 $\boldsymbol{n}_1$、$\boldsymbol{n}_3$ 表示，即有 $\boldsymbol{r}_1 = a_1\boldsymbol{u}_{\boldsymbol{n}_1} + c_1\boldsymbol{u}_{\boldsymbol{n}_3}$，$\boldsymbol{u}_{\boldsymbol{n}_1}$ 与 $\boldsymbol{u}_{\boldsymbol{n}_3}$ 分别表示 $\boldsymbol{n}_1$ 与 $\boldsymbol{n}_3$ 的同向单位矢量。由于 $\boldsymbol{r}_1 \perp \boldsymbol{u}_{\boldsymbol{n}_3}$，故 $c_1 = -a_1(\boldsymbol{u}_{\boldsymbol{n}_1},\ \boldsymbol{u}_{\boldsymbol{n}_3})$，其中 $(\boldsymbol{u},\boldsymbol{v})$ 表示 $\boldsymbol{u}$ 和 $\boldsymbol{v}$ 的内积，即有 $\boldsymbol{r}_1 = a_1[\boldsymbol{u}_{\boldsymbol{n}_1} - (\boldsymbol{u}_{\boldsymbol{n}_1},\boldsymbol{u}_{\boldsymbol{n}_3})\boldsymbol{u}_{\boldsymbol{n}_3}]$，又 $\|\boldsymbol{r}_1\| = \dfrac{\|\boldsymbol{n}_1\|}{\cos\angle M_1SN_1} = \dfrac{n_1}{\sqrt{1-(\boldsymbol{u}_{\boldsymbol{n}_1},\boldsymbol{u}_{\boldsymbol{n}_3})^2}}$，因此有 $\boldsymbol{r}_1 = \dfrac{n_1}{\sqrt{1-(\boldsymbol{u}_{\boldsymbol{n}_1},\boldsymbol{u}_{\boldsymbol{n}_3})^2}}\cdot\dfrac{\boldsymbol{u}_{\boldsymbol{n}_1} - (\boldsymbol{u}_{\boldsymbol{n}_1},\boldsymbol{u}_{\boldsymbol{n}_3})\boldsymbol{u}_{\boldsymbol{n}_3}}{\|\boldsymbol{u}_{\boldsymbol{n}_1} - (\boldsymbol{u}_{\boldsymbol{n}_1},\boldsymbol{u}_{\boldsymbol{n}_3})\boldsymbol{u}_{\boldsymbol{n}_3}\|}$，记 $\phi_{i,j}$ 为 $\boldsymbol{u}_{\boldsymbol{n}_i}$ 和 $\boldsymbol{u}_{\boldsymbol{n}_j}$ 之间的夹角，则 $\boldsymbol{r}_1 = \dfrac{n_1}{\sin\phi_{1,3}}\dfrac{\boldsymbol{u}_{\boldsymbol{n}_1} - \cos\phi_{1,3}\times\boldsymbol{u}_{\boldsymbol{n}_3}}{\|\boldsymbol{u}_{\boldsymbol{n}_1} - \cos\phi_{1,3}\times\boldsymbol{u}_{\boldsymbol{n}_3}\|}$。同理，如图 C-1（b）所示，由 S 向 $P\hat{S}Q_2$ 作垂线，N_2 为垂足，由 N_2 向直线 PP_2 作垂线，M_2 为垂足，记 $\boldsymbol{r}_2 = \overrightarrow{SM}_2$，则有 $\boldsymbol{r}_2 = \dfrac{n_2}{\sin\phi_{2,3}}\dfrac{\boldsymbol{u}_{\boldsymbol{n}_2} - \cos\phi_{2,3}\times\boldsymbol{u}_{\boldsymbol{n}_3}}{\|\boldsymbol{u}_{\boldsymbol{n}_2} - \cos\phi_{2,3}\times\boldsymbol{u}_{\boldsymbol{n}_3}\|}$，记 $\boldsymbol{r}_i = r_i\boldsymbol{u}_{\boldsymbol{r}_i}$，可以将图 C-1 中的 $\boldsymbol{R}_1$ 表示为 $\boldsymbol{u}_{\boldsymbol{n}_1}$ 和 $\boldsymbol{u}_{\boldsymbol{n}_2}$ 的线性组合，

即 $\boldsymbol{R}_1=\dfrac{1}{\sin^2\varphi}[(r_1-r_2\cos\varphi)\boldsymbol{u}_{r_1}+(r_2-r_1\cos\varphi)\boldsymbol{u}_{r_2}]$，其中 $\varphi=\angle M_1SM_2$ 是 $\boldsymbol{r}_1$ 和 $\boldsymbol{r}_2$ 之间的夹角，$\cos\varphi=\dfrac{\cos\phi_{1,2}-\cos\phi_{1,3}\times\cos\phi_{2,3}}{\left\|\boldsymbol{u}_{n_1}-\cos\phi_{1,3}\times\boldsymbol{u}_{n_3}\right\|\cdot\left\|\boldsymbol{u}_{n_2}-\cos\phi_{2,3}\times\boldsymbol{u}_{n_3}\right\|}$，又 $\boldsymbol{R}_2=\overrightarrow{SQ}=\dfrac{n_3}{\cos\theta}\dfrac{\boldsymbol{u}_{n_2}\times\boldsymbol{u}_{n_1}}{\left\|\boldsymbol{u}_{n_2}\times\boldsymbol{u}_{n_1}\right\|}=\dfrac{n_3(\boldsymbol{u}_{n_2}\times\boldsymbol{u}_{n_1})}{(\boldsymbol{u}_{n_2}\times\boldsymbol{u}_{n_1},\boldsymbol{u}_{n_3})}$，$\cos\theta=\dfrac{(\boldsymbol{u}_{n_2}\times\boldsymbol{u}_{n_1},\boldsymbol{u}_{n_3})}{\left\|\boldsymbol{u}_{n_2}\times\boldsymbol{u}_{n_1}\right\|}$，由于 $\boldsymbol{R}=\boldsymbol{R}_1+\boldsymbol{R}_2$，则有

$$
\begin{aligned}
\left\|\boldsymbol{R}\right\|^2&=\left\|\boldsymbol{R}_1+\boldsymbol{R}_2\right\|^2\\
&=\frac{\left(\dfrac{n_1}{\sin\phi_{1,3}}\right)^2+\left(\dfrac{n_2}{\sin\phi_{2,3}}\right)^2-2\dfrac{n_1}{\sin\phi_{1,3}}\cdot\dfrac{n_2}{\sin\phi_{2,3}}\cdot\cos\varphi}{\sin^2\varphi}+\left(\frac{n_3}{\cos\theta}\right)^2\\
&\quad+2\sqrt{\left(\frac{n_1}{\sin\phi_{1,3}}\right)^2+\left(\frac{n_2}{\sin\phi_{2,3}}\right)^2-2\cdot\frac{n_1}{\sin\phi_{1,3}}\cdot\frac{n_2}{\sin\phi_{2,3}}\cdot\cos\varphi}\cdot\frac{n_3}{\sin\varphi\cdot\left|\cos\theta\right|}\cdot\cos\gamma
\end{aligned}
\tag{C-1}
$$

式中，$\cos\gamma=(\boldsymbol{u}_{R_1},\boldsymbol{u}_{R_2})$。

若观测噪声矢量 $\boldsymbol{\xi}=(\xi_1,\cdots,\xi_L)^{\mathrm{T}}$ 各分量不相关，且 $\mathbb{E}\{\boldsymbol{\xi}\}=\boldsymbol{0}$，结合公式（3-26）中 n_1、n_2、n_3 与梯度的关系表达式，则上式（C-1）可简化表示为：

$$
\sigma_R^2=\frac{\sigma_{\xi_1}^2}{\left\|\nabla h_1\right\|^2\sin^2\phi_{1,3}\sin^2\varphi}+\frac{\sigma_{\xi_2}^2}{\left\|\nabla h_2\right\|^2\sin^2\phi_{2,3}\sin^2\varphi}+\frac{\sigma_{\xi_3}^2}{\left\|\nabla h_3\right\|^2\cos^2\theta}
\tag{C-2}
$$

附录D　测向定位误差椭圆的长、短半轴推导

假设$\sigma_{\alpha_1}=\sigma_{\alpha_2}=\cdots=\sigma_{\alpha_L}=\sigma_\alpha$，则

$$\begin{aligned}
\eta\cdot\sigma_\alpha&=\sum_{l=1}^{L}[\sin\alpha_l/(r_l)]^2=\sum_{l=1}^{L}(h^2/r_l^4)=\sum_{l=1}^{L}h^2/(h^2+d_l^2)^2\approx\frac{L}{d_L+d_1}\int_{-d_1}^{d_L}\frac{h^2}{(h^2+u^2)^2}\mathrm{d}u\\
&=\frac{L}{2(d_L+d_1)h}\left[\frac{u\cdot h}{(h^2+u^2)^2}+\arctan\left(\frac{u}{h}\right)\right]_{-d_1}^{d_L}=\frac{L}{2(d_L+d_1)h}\left[\frac{1}{2}\sin(2\alpha)+\alpha-\frac{\pi}{2}\right]_{\alpha_1}^{\alpha_L}\\
&=\frac{L}{2(d_L+d_1)h}\left[\frac{1}{2}\sin(2\alpha_L)-\frac{1}{2}\sin(2\alpha_1)+\alpha_L-\alpha_1\right]\\
&=\frac{L}{2(d_L+d_1)h}[\sin(\alpha_L-\alpha_1)\cos(\alpha_L+\alpha_1)+\alpha_L-\alpha_1]
\end{aligned}\tag{D-1}$$

$$\begin{aligned}
\mu\cdot\sigma_\alpha&=\sum_{l=1}^{L}[\cos\alpha_l/(r_l)]^2=\sum_{l=1}^{L}d_l^2/(h^2+d_l^2)^2\approx\frac{L}{d_L+d_1}\int_{-d_1}^{d_L}\frac{u^2}{(h^2+u^2)^2}\mathrm{d}u\\
&=\frac{L}{2(d_L+d_1)h}[-\sin(\alpha_L-\alpha_1)\cos(\alpha_L+\alpha_1)+\alpha_L-\alpha_1]
\end{aligned}\tag{D-2}$$

$$\begin{aligned}
\gamma\cdot\sigma_\alpha&=\sum_{l=1}^{L}[\sin\alpha_l\cos\alpha_l/(r_l)]^2=\sum_{l=1}^{L}hd_l/(h^2+d_l^2)^2\approx\frac{-L}{d_L+d_1}\int_{-d_1}^{d_L}\frac{uh}{(h^2+u^2)^2}\mathrm{d}u\\
&=\frac{L}{2(d_L+d_1)h}\sin(\alpha_L-\alpha_1)\sin(\alpha_L+\alpha_1)
\end{aligned}\tag{D-3}$$

当辐射源在观测站运动直线的中垂线上时，则有$d_L=d_1=\frac{d}{2}$，$\alpha_1=\arctan\left(\frac{h}{d_1}\right)=\arctan\left(\frac{2h}{d}\right)$，$\alpha_L=\arctan\left(\frac{h}{d_L}\right)=\arctan\left(\frac{2h}{d}\right)$，代入式（4-43）即可得到误差椭圆的长、短半轴表达式。

附录E　运动条件下的信号模型分析

由于辐射源和观测站之间存在相对运动，观测站和辐射源之间的距离是时变的。假设观测站 l 以径向速度 v_l 靠近辐射源，则 t 时刻观测站 l 与辐射源间的距离 $r_l(t)$ 为

$$r_l(t) = r_l(0) - v_l t - \boldsymbol{o}(t) \tag{E-1}$$

式中，$r_l(0)$ 为 $t=0$ 时刻观测站 l 与辐射源间的初始距离 $v_l = \dot{r}_l = \dfrac{(\boldsymbol{v}_{\mathrm{T}}^{\mathrm{T}} - \boldsymbol{v}_l^{\mathrm{T}})(\boldsymbol{u}_{\mathrm{T}} - \boldsymbol{u}_l)}{r_l(0)}$ [见式(7-3)]。由于在 t 时刻观测站所接收到的信号是辐射源在 $t-\tau_l(t)$ 时刻所辐射出的信号，则观测站所接收到的信号相对于辐射源所辐射信号的时差 $\tau_l(t)$ 恰好等于辐射源信号在距离为 $r_l(t)$ 的路程上传播所需的时间，即

$$\tau_l(t) = \frac{r_l(t)}{c} \tag{E-2}$$

将式（E-1）代入式（E-2），则有

$$\tau_l(t) = \frac{r_l(0)}{c} - \frac{v_l}{c}t - \frac{\boldsymbol{o}(t)}{c} \approx \frac{r_l(0)}{c} - \frac{v_l}{c}t \tag{E-3}$$

将式（E-3）代入式（7-92），即可得到观测站 l 的接收信号 $y_l(t)$：

$$\begin{aligned} y_l(t) &= \eta_l u\left(t - \frac{r_l(0)}{c} + \frac{v_l}{c}t\right)\exp\left(\mathrm{j}2\pi f_0\left(t - \frac{r_l(0)}{c} + \frac{v_l}{c}t\right)\right) + w_l(t) \\ &= \eta_l u\left(\frac{c+v_l}{c}\left(t - \frac{r_l(0)}{c+v_l}\right)\right)\exp\left(\mathrm{j}2\pi f_0\left(\frac{c+v_l}{c}\left(t - \frac{r_l(0)}{c+v_l}\right)\right)\right) + w_l(t) \end{aligned} \tag{E-4}$$

由式（E-4）可见，观测站 l 相对辐射源的径向速度 v_l 对于观测站所接收到的信号主要有两方面影响：一方面是观测站接收到的信号的载频相对于辐射源的辐射信号载频发生了偏移，即载频由 f_0 变为 $f_0(c+v_l)/c$。定义由于相对运动所导致的接收信号相对于辐射信号载频的变化量为多普勒频移 $f_{\mathrm{d}l}$，即

$$f_{\mathrm{d}l} = \frac{v_l}{c} f_0 \tag{E-5}$$

另一方面是在信号波形上，观测站 l 所接收到的信号复包络 $u_l(t)$ 可以看成将辐射源信号的复包络 $u(t)$ 先进行尺度为 $(c+v_l)/c$ 的伸缩再延迟 $r_l(0)/(c+v_l)$ 的时差所得到的信号，即

$$u_l(t) = u\left[\frac{c+v_l}{c}\left(t - \frac{r_l(0)}{c+v_l}\right)\right] \tag{E-6}$$

当观测站以径向速度 v_l 接近辐射源时，尺度 $(c+v_l)/c>1$，接收信号的复包络相对于辐射信号被压缩，其频谱因而被展宽。当观测站以径向速度 v 远离辐射源时，尺度 $(c+v_l)/c<1$，接收信号复包络相对于辐射信号被拉伸，其频谱因而被压缩，根据接收信号的复包络在时域伸缩效应是否能被忽略的界定，引入窄带信号和宽带信号的判别条件。假设辐射源所辐射信号的时宽为 T，如果将复包络的伸缩效应忽略，则引起的时间误差为 $v_l T/c$。

假设信号的带宽为 B，则时间误差可以被近似忽略的条件为

$$\frac{v_l}{c}T \ll \frac{1}{B} \tag{E-7}$$

式（E-7）中的条件称为窄带信号条件，此时默认 $(c+v_l)/c \approx 1$，则对于窄带信号，式（E-4）可以近似为

$$\begin{aligned} y_l(t) &\approx \eta_l u\left(t-\frac{r_l(0)}{c}+\frac{v_l}{c}t\right)\exp\left(\mathrm{j}2\pi f_0\left(t-\frac{r_l(0)}{c}+\frac{v_l}{c}t\right)\right)+w_l(t) \\ &\approx \eta_l u\left(t-\frac{r_l(0)}{c}\right)\exp\left(\mathrm{j}2\pi f_0\left(t-\frac{r_l(0)}{c}\right)\right)\exp(\mathrm{j}2\pi f_{\mathrm{d}l}t)+w_l(t) \\ &= \eta_l s(t-\tau_l(0))\exp(\mathrm{j}2\pi f_{\mathrm{d}l}t)+w_l(t) \end{aligned} \tag{E-8}$$

可见，在窄带模型下，观测站接收到的信号相对于辐射源辐射的信号存在一个时差及多普勒频移。

附录 F　极大似然估计与交叉模糊函数估计的关系

对第 l 个观测站收到的信号[式（E-8）]进行采样，采样率为 f_s，可得到采样信号为

$$y_l(m\Delta)=\eta_l s[m\Delta-\tau_l(0)]\mathrm{e}^{\mathrm{j}2\pi f_{\mathrm{d}l}m\Delta}+w_l(m\Delta) \tag{F-1}$$

式中，$\Delta=1/f_s$，$m=0,1,\cdots,M$。

式（F-1）中的采样信号可以简记为

$$y_{l,m}=\eta_l s_{m-\tau_l}\mu_l^m+w_{l,m} \tag{F-2}$$

式中，$y_{l,m}=y_l(m\Delta)$，$s_{m-\tau_l}=s[(m-\tau_l)\Delta]$，$\tau_l=\tau_l(0)/\Delta$，$\mu_l^m=\mathrm{e}^{\mathrm{j}2\pi f_{\mathrm{d}l}m\Delta}$，$w_{l,m}=w_l(m\Delta)$，$m=0,1,\cdots,M$。

当 $w_{l,m}$ 为独立同分布的零均值高斯白噪声时，极大似然估计等效于最小二乘估计：

$$\min_{\theta}L_{\theta}(\boldsymbol{\theta})\triangleq\min_{\theta}\sum_{m=0}^{M}\sum_{l=1}^{L}\left|y_{l,m}-\eta_l s_{m-\tau_l}\mu_l^m\right|^2 \tag{F-3}$$

式中，$\boldsymbol{\theta}=(\boldsymbol{s}^{\mathrm{T}},\boldsymbol{x}^{\mathrm{T}},\boldsymbol{\eta}^{\mathrm{T}})^{\mathrm{T}}$，$\boldsymbol{s}=(s_0,s_1,\cdots,s_M)^{\mathrm{T}}$，$\boldsymbol{x}$ 为目标位置，$\boldsymbol{\eta}=(\eta_1,\eta_2,\cdots,\eta_L)^{\mathrm{T}}$。

现在考虑 $L=2$ 时两步法定位的情况，观测站初始位置为 $\boldsymbol{x}_{1,0}$ 和 $\boldsymbol{x}_{2,0}$。记 $\chi_m=\begin{cases}\eta_1 s_{m-\tau_l}\mu_1^m, m=0,1,\cdots,M\\ \eta_1 s_{k-\tau_l}\mu_1^k, k=[m]_{M+1}, m\notin\{0,1,\cdots,M\}\end{cases}$，$k\in\{0,1,\cdots,M\}$，$\eta=\dfrac{\eta_2}{\eta_1}$，$\mu^m=\mathrm{e}^{\mathrm{j}2\pi(f_{\mathrm{d}2}-f_{\mathrm{d}1})m\Delta}$，不妨设 $\tau_2-\tau_1=\left(\|\boldsymbol{x}_{\mathrm{T}}-\boldsymbol{x}_{2,0}\|-\|\boldsymbol{x}_{\mathrm{T}}-\boldsymbol{x}_{1,0}\|\right)/(c\Delta)\approx n$，$n\in Z^+$，则

$$\begin{aligned}y_{1,m}&=\chi_m+w_{1,m}\\ y_{2,m}&=\eta\chi_{m-n}\mu^m+w_{2,m}\end{aligned} \tag{F-4}$$

最小二乘估计的代价函数为

$$L_{\zeta}(\boldsymbol{\zeta})=\sum_{m=0}^{M}\left(\left|y_{1,m}-\chi_m\right|^2+\left|y_{2,m}-\eta\chi_{m-n}\mu^m\right|^2\right) \tag{F-5}$$

式中，$\boldsymbol{\zeta}=(\boldsymbol{\chi}^{\mathrm{T}},\boldsymbol{x}^{\mathrm{T}},\boldsymbol{\eta}^{\mathrm{T}})^{\mathrm{T}}$，$\boldsymbol{\chi}=(\chi_0,\chi_1,\cdots,\chi_M)^{\mathrm{T}}$，$n,\mu$ 是 $\boldsymbol{x}\in\boldsymbol{\Omega}_{\boldsymbol{x}}$ 的函数。

当 $n\ll M$ 时，有

$$\begin{aligned}L_{\zeta}(\boldsymbol{\zeta})&\approx\sum_{m=0}^{M-n}\left|y_{1,m}-\chi_m\right|^2+\sum_{m=n}^{M}\left|y_{2,m}-\eta\chi_{m-n}\mu^m\right|^2=\sum_{m=0}^{M-n}\left(\left|y_{1,m}-\chi_m\right|^2+\left|y_{2,m+n}-\eta\chi_m\mu^{(n+m)}\right|^2\right)\\ &=\sum_{m=0}^{M-n}\left(\left|y_{1,m}\right|^2+\left|y_{2,m+n}\right|^2\right)+(1+|\eta|^2)\cdot\sum_{m=0}^{M-n}\left|\chi_m-\frac{1}{1+|\eta|^2}(y_{1,m}+\eta^*\mu^{-(n+m)}y_{2,m+n})\right|^2-\\ &\quad\frac{1}{1+|\eta|^2}\sum_{m=0}^{M-n}\left|y_{1,m}+\eta^*\mu^{-(n+m)}y_{2,m+n}\right|^2\\ &=\frac{1}{1+|\eta|^2}\sum_{m=0}^{M-n}\left(|\eta|^2\cdot\left|y_{1,m}\right|^2+\left|y_{2,m+n}\right|^2\right)+(1+|\eta|^2)\cdot\sum_{m=0}^{M-n}\left|\chi_m-\frac{1}{1+|\eta|^2}(y_{1,m}+\eta^*\mu^{-(n+m)}y_{2,m+n})\right|^2-\end{aligned}$$

$$\frac{2}{1+|\eta|^2}\cdot \mathrm{Re}\left(\eta^*\cdot\sum_{m=0}^{M-n} y_{1,m}^*\mu^{-(n+m)}y_{2,m+n}\right)$$

（F-6）

记 $h_1(|\eta|^2)=\frac{1}{1+|\eta|^2}\sum_{m=0}^{M}(|\eta|^2\cdot|y_{1,m}|^2+|y_{2,m}|^2)$， $p(\boldsymbol{\chi})=\sum_{m=0}^{M-n}\left|\chi_m-\frac{1}{1+|\eta|^2}(y_{1,m}+\eta^*\mu^{-(n+m)}y_{2,m+n})\right|^2$，$h_2(|\eta|)=\frac{2|\eta|}{1+|\eta|^2}$，有

$$\begin{aligned}L_\zeta(\boldsymbol{\zeta})\approx\ & h_1(|\eta|^2)+(1+|\eta|^2)\cdot p(\boldsymbol{\chi})-\\ & h_2(|\eta|)\cdot\mathrm{Re}\left(\mathrm{e}^{-\mathrm{j}\cdot\mathrm{ang}(\eta)}\cdot\left|\sum_{m=0}^{M-n}y_{1,m}^*\mu^{-(n+m)}y_{2,m+n}\right|\cdot\mathrm{e}^{\mathrm{j}\cdot\mathrm{ang}\left[\sum_{m=0}^{M-n}y_{1,m}^*\mu^{-(n+m)}y_{2,m+n}\right]}\right)\end{aligned}\tag{F-7}$$

$L_\zeta(\boldsymbol{\zeta})$ 的第一项 $h_1(|\eta|^2)$ 与 (n,μ) 无关；第二项取 $\hat{\chi}_m=\frac{1}{1+|\eta|^2}(y_{1,m}+\eta^*\mu^{-(n+m)}y_{2,m+n})$，可使 $(1+|\eta|^2)\cdot p(\hat{\boldsymbol{\chi}})=0$；第三项取 $\mathrm{ang}(\eta)=\mathrm{ang}\left[\sum_{m=0}^{M-n}y_{1,m}^*\mu^{-(n+m)}y_{2,m+n}\right]$，可使 $\mathrm{Re}\left(\mathrm{e}^{-\mathrm{j}\cdot\mathrm{ang}(\eta)}\cdot\left|\sum_{m=0}^{M-n}y_{1,m}^*\mu^{-(n+m)}y_{2,m+n}\right|\cdot\mathrm{e}^{\mathrm{j}\cdot\mathrm{ang}\left[\sum_{m=0}^{M-n}y_{1,m}^*\mu^{-(n+m)}y_{2,m+n}\right]}\right)=\left|\sum_{m=0}^{M-n}y_{1,m}^*\mu^{-(n+m)}y_{2,m+n}\right|$ 关于 (n,μ) 最大。所以有

$$\min_{\boldsymbol{\zeta}\in\boldsymbol{\Omega}_\zeta}L_\zeta(\boldsymbol{\zeta})=\min_{|\eta|}\left[h_1(|\eta|^2)-h_2(|\eta|)\cdot\max_{\boldsymbol{x}\in\boldsymbol{\Omega}_x}\left|\sum_{m=0}^{M-n}y_{1,m}^*\mu^{-m}y_{2,m+n}\right|\right]\tag{F-8}$$

令

$$l_x(\boldsymbol{x})=\left|\sum_{m=0}^{M-n}y_{1,m}^*\mu^{-m}y_{2,m+n}\right|\tag{F-9}$$

有

$$\hat{\boldsymbol{x}}_{\mathrm{ML}}=\arg\max_{\boldsymbol{x}\in\boldsymbol{\Omega}_x}\left|\sum_{m=0}^{M-n}y_{1,m}^*\mu^{-m}y_{2,m+n}\right|=\arg\max_{\boldsymbol{x}\in\boldsymbol{\Omega}_x}l_x(\boldsymbol{x})\tag{F-10}$$

记 $\boldsymbol{z}=\begin{pmatrix}\tau\\ \varpi\end{pmatrix}=\boldsymbol{f}(\boldsymbol{x})$，$\tau=(\tau_2-\tau_1)\Delta$，$\varpi=2\pi(f_{\mathrm{d}2}-f_{\mathrm{d}1})$，$\Omega_z=\{\boldsymbol{z}:\boldsymbol{z}=\boldsymbol{f}(\boldsymbol{x}),\boldsymbol{x}\in\Omega_x\}$，则 Ω_z 有限制条件 $\tau_{\min}\leqslant\tau\leqslant\tau_{\max}$，$\tau_{\min}=\min_{\boldsymbol{x}\in\boldsymbol{\Omega}_x}\left[(\|\boldsymbol{x}-\boldsymbol{x}_{2,0}\|-\|\boldsymbol{x}-\boldsymbol{x}_{1,0}\|)/c\right]$，$\tau_{\max}=\max_{\boldsymbol{x}\in\boldsymbol{\Omega}_x}[(\|\boldsymbol{x}-\boldsymbol{x}_{2,0}\|-\|\boldsymbol{x}-\boldsymbol{x}_{1,0}\|)/c]$，$\varpi_{\min}\leqslant\varpi\leqslant\varpi_{\max}$，$\varpi_{\min}=\min_{\boldsymbol{x}\in\boldsymbol{\Omega}_x}[2\pi(f_{\mathrm{d}2}-f_{\mathrm{d}1})]$，$\varpi_{\max}=\max_{\boldsymbol{x}\in\boldsymbol{\Omega}_x}[2\pi(f_{\mathrm{d}2}-f_{\mathrm{d}1})]$。分别在 Ω_x 和 Ω_z 内求极大似然解，由于

$$\max_{\boldsymbol{x}\in\boldsymbol{\Omega}_x}l_x(\boldsymbol{x})=l_x(\hat{\boldsymbol{x}}_{\mathrm{ML}})=l_z[\boldsymbol{f}(\hat{\boldsymbol{x}}_{\mathrm{ML}})]=\max_{\boldsymbol{z}\in\boldsymbol{\Omega}_z}l_z(\boldsymbol{z})=l_z(\hat{\boldsymbol{z}}_{\mathrm{ML}})\tag{F-11}$$

式中，$l_z(z)=\left|\sum_{m=0}^{M-n} y_{1,m}^{*} y_{2,m+\tau/\Delta} \mathrm{e}^{\mathrm{j}\varpi m\Delta}\right|=\left|\sum_{m=0}^{M-n} y_{1,m}^{*} \mu^{m} y_{2,m+n}\right|=l_{\boldsymbol{x}}(\boldsymbol{x})$，即辐射源位置极大似然估计可等效为利用交叉模糊函数对观测站间的时差、频差进行极大似然估计，故

$$\hat{\boldsymbol{z}}_{\mathrm{ML}}=\boldsymbol{f}(\hat{\boldsymbol{x}}_{\mathrm{ML}}) \tag{F-12}$$

若 $\tilde{\boldsymbol{z}}=\arg\max\limits_{z\in\boldsymbol{\Omega}_{\tilde{z}}} l_z(z)$，$\boldsymbol{\Omega}_{\tilde{z}}\supset\boldsymbol{\Omega}_z$，则 $\tilde{z}=\hat{z}_{\mathrm{ML}}$ 的必要条件是 $\tilde{z}\in\boldsymbol{\Omega}_z$，此时 $\hat{\boldsymbol{x}}_{\mathrm{ML}}=\arg\min\limits_{\boldsymbol{x}\in\boldsymbol{\Omega}_{\boldsymbol{x}}}[\hat{z}_{\mathrm{ML}}-\boldsymbol{f}(\boldsymbol{x})]^{\mathrm{H}}[\hat{z}_{\mathrm{ML}}-\boldsymbol{f}(\boldsymbol{x})]$，若 $\boldsymbol{f}$ 是 $\boldsymbol{\Omega}_{\boldsymbol{x}}\rightarrow\boldsymbol{\Omega}_z$ 的一对一映射，则 $\hat{\boldsymbol{x}}_{\mathrm{ML}}=\boldsymbol{f}^{-1}(\tilde{z})$ 唯一。

附录G　式（8-86）和式（8-89）中J和δ各分量表达式

式（8-86）中$\boldsymbol{J}$各分量表达式：

$$\frac{\partial h_{\tau_1}}{\partial \boldsymbol{u}}=\frac{1}{c}(\boldsymbol{a}_{01}-\boldsymbol{a}_{02})^{\mathrm{T}},$$

$$\frac{\partial h_{f_{\mathrm{d},1}}}{\partial \boldsymbol{u}}=\frac{f_0}{c}\left\{[(\boldsymbol{v}_2-\boldsymbol{v}_{\mathrm{T}})-((\boldsymbol{v}_2-\boldsymbol{v}_{\mathrm{T}})^{\mathrm{T}}\cdot\boldsymbol{a}_{02})\cdot\boldsymbol{a}_{02}]/\|\boldsymbol{r}_2\|-[(\boldsymbol{v}_1-\boldsymbol{v}_{\mathrm{T}})-((\boldsymbol{v}_1-\boldsymbol{v}_{\mathrm{T}})^{\mathrm{T}}\cdot\boldsymbol{a}_{01})\cdot\boldsymbol{a}_{01}]/\|\boldsymbol{r}_1\|\right\}^{\mathrm{T}},$$

$$\frac{\partial h_{\alpha_1}}{\partial \boldsymbol{u}}=[\sin(h_{\alpha_1})\cdot\boldsymbol{a}_{01}-\boldsymbol{a}_1]/[\|\boldsymbol{r}_1\|\cdot\cos(h_{\alpha_1})],$$

$$\frac{\partial h_{\beta_1}}{\partial \boldsymbol{u}}=\cos^2(h_{\beta_1})\cdot[\tan(h_{\beta_1})\cdot\boldsymbol{v}_1-\boldsymbol{v}_1\times\boldsymbol{a}_1]/(\boldsymbol{v}_1\cdot\boldsymbol{r}_1),$$

$$\frac{\partial h_{\zeta_1}}{\partial \boldsymbol{u}}=[\sin(h_{\zeta_1})\cdot\boldsymbol{a}_{02}-\boldsymbol{a}_2]/[\|\boldsymbol{r}_2\|\cdot\cos(h_{\zeta_1})],$$

$$\frac{\partial h_{\eta_1}}{\partial \boldsymbol{u}}=\cos^2(h_{\eta_1})\cdot[\tan(h_{\eta_1})\cdot\boldsymbol{v}_2-\boldsymbol{v}_2\times\boldsymbol{a}_2]/(\boldsymbol{v}_2\cdot\boldsymbol{r}_2),$$

式（8-89）中$\boldsymbol{\delta}$各分量表达式：

$$\frac{\partial h_{\tau_1}}{\partial \boldsymbol{u}_1}=-\boldsymbol{a}_{01}^{\mathrm{T}},\quad \frac{\partial h_{\tau_1}}{\partial \boldsymbol{u}_2}=\boldsymbol{a}_{02}^{\mathrm{T}},\quad \frac{\partial h_{f_{\mathrm{d},1}}}{\partial \boldsymbol{u}_1}=\frac{[(\boldsymbol{v}_1-\boldsymbol{v}_{\mathrm{T}})-((\boldsymbol{v}_1-\boldsymbol{v}_{\mathrm{T}})^{\mathrm{T}}\cdot\boldsymbol{a}_{01})\cdot\boldsymbol{a}_{01}]^{\mathrm{T}}}{\|\boldsymbol{r}_1\|},$$

$$\frac{\partial h_{f_{\mathrm{d},1}}}{\partial \boldsymbol{u}_2}=-\frac{[(\boldsymbol{v}_2-\boldsymbol{v}_{\mathrm{T}})-((\boldsymbol{v}_2-\boldsymbol{v}_{\mathrm{T}})^{\mathrm{T}}\cdot\boldsymbol{a}_{02})\cdot\boldsymbol{a}_{02}]^{\mathrm{T}}}{\|\boldsymbol{r}_2\|},\quad \frac{\partial h_{f_{\mathrm{d},1}}}{\partial \boldsymbol{v}_1}=\boldsymbol{a}_{01},\quad \frac{\partial h_{f_{\mathrm{d},1}}}{\partial \boldsymbol{v}_2}=-\boldsymbol{a}_{02},$$

$$\frac{\partial h_{\alpha_1}}{\partial \boldsymbol{u}_1}=\frac{-\cos\alpha\cdot\left[\dfrac{\boldsymbol{v}_1\times\boldsymbol{a}_1}{\|\boldsymbol{r}_1\|}-\dfrac{\boldsymbol{v}_1\times\boldsymbol{a}_{01}}{\|\boldsymbol{u}_1\|}+\|\boldsymbol{v}_1\|\cdot\cos\beta\sin\alpha\cdot\left(\dfrac{\boldsymbol{a}_{01}}{\|\boldsymbol{r}_1\|}+\dfrac{\boldsymbol{a}_1}{\|\boldsymbol{u}_1\|}\right)\right]+\sin\alpha\cdot\dfrac{1}{\|\boldsymbol{r}_1\|}[\boldsymbol{v}_1-(\boldsymbol{v}_1\cdot\boldsymbol{a}_{01})\cdot\boldsymbol{a}_{01}]}{\|\boldsymbol{v}_1\|\cdot\cos\beta},$$

$$\frac{\partial h_{\alpha_1}}{\partial \boldsymbol{v}_1}=\frac{-\cos\alpha\cdot(\boldsymbol{a}_1\times\boldsymbol{a}_{01})^{\mathrm{T}}+\sin\alpha\cdot\boldsymbol{a}_{01}^{\mathrm{T}}}{\|\boldsymbol{v}_1\|\cdot\cos\beta},\quad \frac{\partial h_{\beta_1}}{\partial \boldsymbol{u}_1}=\frac{[\boldsymbol{a}_1-\sin\beta\cdot\boldsymbol{a}_{01}]^{\mathrm{T}}}{\|\boldsymbol{r}_1\|\cdot\cos\beta}+\frac{[\boldsymbol{a}_{01}-\sin\beta\cdot\boldsymbol{a}_1]^{\mathrm{T}}}{\|\boldsymbol{u}_1\|\cdot\cos\beta},$$

$$\frac{\partial h_{\zeta_1}}{\partial \boldsymbol{u}_2}=\frac{\cos\xi\cdot\left[\dfrac{\boldsymbol{v}_2\times\boldsymbol{a}_2}{\|\boldsymbol{r}_2\|}-\dfrac{\boldsymbol{v}_2\times\boldsymbol{a}_{02}}{\|\boldsymbol{u}_2\|}-\|\boldsymbol{v}_2\|\cdot\cos\eta\sin\xi\cdot\left(\dfrac{\boldsymbol{a}_{02}}{\|\boldsymbol{r}_2\|}+\dfrac{\boldsymbol{a}_2}{\|\boldsymbol{u}_2\|}\right)\right]-\sin\xi\cdot\dfrac{1}{\|\boldsymbol{r}_2\|}[\boldsymbol{v}_2-(\boldsymbol{v}_2\cdot\boldsymbol{a}_{02})\cdot\boldsymbol{a}_{02}]}{\|\boldsymbol{v}_2\|\cdot\cos\eta},$$

$$\frac{\partial h_{\zeta_1}}{\partial \boldsymbol{v}_2}=\frac{\cos\xi\cdot(\boldsymbol{a}_2\times\boldsymbol{a}_{02})^{\mathrm{T}}-\sin\xi\cdot\boldsymbol{a}_{02}^{\mathrm{T}}}{\cos\eta},\quad \frac{\partial h_{\eta_1}}{\partial \boldsymbol{u}_2}=\frac{[\boldsymbol{a}_2-\sin\eta\cdot\boldsymbol{a}_{02}]^{\mathrm{T}}}{\|\boldsymbol{r}_2\|\cdot\cos\eta}+\frac{[\boldsymbol{a}_{02}-\sin\eta\cdot\boldsymbol{a}_2]^{\mathrm{T}}}{\|\boldsymbol{u}_2\|\cdot\cos\eta}。$$

附录H　$\Theta_l^{\mathrm{T}}\Theta_l \approx \Theta_l\Theta_l^{\mathrm{T}} \approx I_{M+1}$ 推导

设 $s(t)$ 是带限信号，其频带 $B_s \subset [-f_s/2, f_s/2]$，采样定理表明，以 $\Delta = \dfrac{1}{f_s}$ 采样，有

$$s(t) = \sum_{n=-\infty}^{\infty} s(n\Delta) \cdot \frac{\sin\left[\left(\dfrac{t}{\Delta} - n\right)\pi\right]}{\left(\dfrac{t}{\Delta} - n\right)\pi} = \sum_{n=-\infty}^{\infty} s(n\Delta) \cdot \mathrm{sinc}\left(\frac{t}{\Delta} - n\right) \tag{H-1}$$

或

$$s(t\Delta) = \sum_{n=-\infty}^{\infty} s(n\Delta) \cdot \mathrm{sinc}(t-n) \tag{H-2}$$

以 Δ 为时间单位，并使用记号 $\breve{s}(t) \triangleq s(t\Delta)$，可以得到有限和表示

$$\breve{s}(t) = \sum_{i=-\infty}^{\infty} \breve{s}(i) \cdot \mathrm{sinc}(t-i) \approx \sum_{i=-M/2}^{M/2} \breve{s}(i) \cdot \mathrm{sinc}(t-i) = \sum_{n=0}^{M} \breve{s}\left(n - \frac{M}{2}\right) \cdot \mathrm{sinc}\left(t + \frac{M}{2} - n\right) \tag{H-3}$$

令 $\breve{s}(t) = \mathrm{sinc}(t-a)$，$a$ 与 t 无关，则 $B_{\breve{s}} \subset \left[-\dfrac{1}{2}, \dfrac{1}{2}\right]$，取 $\Delta = 1$，有

$$\begin{aligned}\mathrm{sinc}(t-a) = \breve{s}(t) &\approx \sum_{n=0}^{M} \breve{s}\left(n - \frac{M}{2}\right) \cdot \mathrm{sinc}\left(t + \frac{M}{2} - n\right) \\ &= \sum_{n=0}^{M} \mathrm{sinc}\left(n - \frac{M}{2} - a\right) \cdot \mathrm{sinc}\left(t + \frac{M}{2} - n\right)\end{aligned} \tag{H-4}$$

令 $t = m - \tau_{l,m} - \dfrac{M}{2}$，$a = k - \tau_{l,k} - \dfrac{M}{2}$，则由式（H-4）得

$$\begin{aligned}&\sum_{n=0}^{M} \mathrm{sinc}(k - \tau_{l,k} - n) \cdot \mathrm{sinc}(m - \tau_{l,m} - n) \\ &= \sum_{n=0}^{M} \mathrm{sinc}(n - k + \tau_{l,k}) \cdot \mathrm{sinc}(m - \tau_{l,m} - n) \\ &= \mathrm{sinc}[(m-k) - (\tau_{l,m} - \tau_{l,k})]\end{aligned} \tag{H-5}$$

当 $m = k$ 时，显然有 $\mathrm{sinc}[(m-k) - (\tau_{l,m} - \tau_{l,k})] = 1$；当 $m \neq k$ 时，由于 $|\tau_{l,m} - \tau_{l,k}| \leqslant |m-k| \cdot \dfrac{v_{l,\max}}{c} << |m-k|$，故有

$$\left|\operatorname{sinc}[(m-k)-(\tau_{l,m}-\tau_{l,k})]\right| \leqslant \frac{\left|\sin[\pi(\tau_{l,m}-\tau_{l,k})]\right|}{\pi\cdot|k-m|\cdot\left(1-\dfrac{v_{l,\max}}{c}\right)} \leqslant \frac{\left|\tau_{l,m}-\tau_{l,k}\right|}{|k-m|\cdot\left(1-\dfrac{v_{l,\max}}{c}\right)} \leqslant \frac{\dfrac{v_{l,\max}}{c}}{\left(1-\dfrac{v_{l,\max}}{c}\right)} \approx 0 \tag{H-6}$$

式中，$v_{l,\max}$ 为第 l 个观测站在整个观测时间段内的最大运动速度，即

$$\sum_{n=0}^{M}\operatorname{sinc}(k-\tau_{l,k}-n)\cdot\operatorname{sinc}(m-\tau_{l,m}-n) \approx \begin{cases}1, m=k\\0, m\neq k\end{cases} \tag{H-7}$$

$$\boldsymbol{\Theta}_l^{\mathrm{T}}\boldsymbol{\Theta}_l \approx \boldsymbol{\Theta}_l\boldsymbol{\Theta}_l^{\mathrm{T}} \approx \boldsymbol{I}_{M+1} \tag{H-8}$$

附录I　式（9-62）中分量的具体表达式

$$\dot{\boldsymbol{\psi}}_{\lambda}=\left(\frac{\partial\boldsymbol{\psi}}{\partial x}\cdot\frac{\partial x}{\partial\lambda}+\frac{\partial\boldsymbol{\psi}}{\partial y}\cdot\frac{\partial y}{\partial\lambda}+\frac{\partial\boldsymbol{\psi}}{\partial z}\cdot\frac{\partial z}{\partial\lambda}\right)，\quad \dot{\boldsymbol{\psi}}_{\varphi}=\left(\frac{\partial\boldsymbol{\psi}}{\partial x}\cdot\frac{\partial x}{\partial\varphi}+\frac{\partial\boldsymbol{\psi}}{\partial y}\cdot\frac{\partial y}{\partial\varphi}+\frac{\partial\boldsymbol{\psi}}{\partial z}\cdot\frac{\partial z}{\partial\varphi}\right)$$

$$\frac{\partial\boldsymbol{\psi}}{\partial x}=\mathrm{blkdiag}(\dot{\boldsymbol{\psi}}_{1,x},\dot{\boldsymbol{\psi}}_{2,x},\cdots,\dot{\boldsymbol{\psi}}_{L,x})$$

$$\begin{aligned}\dot{\boldsymbol{\psi}}_{l,x}&=-\mathrm{j}2\pi f\cdot\boldsymbol{\psi}_l\cdot\mathrm{diag}\left(\frac{x-x_{l,0}}{c\|\boldsymbol{r}_{l,0}\|}-\frac{x-x_{l,0}}{c\|\boldsymbol{r}_{l,0}\|},\frac{x-x_{l,1}}{c\|\boldsymbol{r}_{l,1}\|}-\frac{x-x_{l,0}}{c\|\boldsymbol{r}_{l,0}\|},\cdots,\frac{x-x_{l,M}}{c\|\boldsymbol{r}_{l,M}\|}-\frac{x-x_{l,0}}{c\|\boldsymbol{r}_{l,0}\|}\right)\\&\triangleq-\mathrm{j}2\pi f\cdot\boldsymbol{\psi}_l\cdot\boldsymbol{U}_{l,x}\end{aligned}$$

$$\boldsymbol{U}_{l,x}=\mathrm{diag}\left(\frac{x-x_{l,0}}{c\|\boldsymbol{r}_{l,0}\|}-\frac{x-x_{l,0}}{c\|\boldsymbol{r}_{l,0}\|},\frac{x-x_{l,1}}{c\|\boldsymbol{r}_{l,1}\|}-\frac{x-x_{l,0}}{c\|\boldsymbol{r}_{l,0}\|},\cdots,\frac{x-x_{l,M}}{c\|\boldsymbol{r}_{l,M}\|}-\frac{x-x_{l,0}}{c\|\boldsymbol{r}_{l,0}\|}\right)$$

$$\dot{\boldsymbol{\psi}}_{y}=\frac{\partial\boldsymbol{\psi}}{\partial y}=\mathrm{blkdiag}(\dot{\boldsymbol{\psi}}_{1,y},\dot{\boldsymbol{\psi}}_{2,y},\cdots,\dot{\boldsymbol{\psi}}_{L,y})，$$

$$\begin{aligned}\dot{\boldsymbol{\psi}}_{l,y}&=-\mathrm{j}2\pi f\cdot\boldsymbol{\psi}_l\cdot\mathrm{diag}\left(\frac{y-y_{l,0}}{c\|\boldsymbol{r}_{l,0}\|}-\frac{y-y_{l,0}}{c\|\boldsymbol{r}_{l,0}\|},\frac{y-y_{l,1}}{c\|\boldsymbol{r}_{l,1}\|}-\frac{y-y_{l,0}}{c\|\boldsymbol{r}_{l,0}\|},\cdots,\frac{y-y_{l,M}}{c\|\boldsymbol{r}_{l,M}\|}-\frac{y-y_{l,0}}{c\|\boldsymbol{r}_{l,0}\|}\right)\\&\triangleq-\mathrm{j}2\pi f\cdot\boldsymbol{\psi}_l\cdot\boldsymbol{U}_{l,y}\end{aligned}$$

$$\boldsymbol{U}_{l,y}=\mathrm{diag}\left(\frac{y-y_{l,0}}{c\|\boldsymbol{r}_{l,0}\|}-\frac{y-y_{l,0}}{c\|\boldsymbol{r}_{l,0}\|},\frac{y-y_{l,1}}{c\|\boldsymbol{r}_{l,1}\|}-\frac{y-y_{l,0}}{c\|\boldsymbol{r}_{l,0}\|},\cdots,\frac{y-y_{l,M}}{c\|\boldsymbol{r}_{l,M}\|}-\frac{y-y_{l,0}}{c\|\boldsymbol{r}_{l,0}\|}\right)$$

$$\begin{aligned}\dot{\boldsymbol{\psi}}_{l,z}&=-\mathrm{j}2\pi f\cdot\boldsymbol{\psi}_l\cdot\mathrm{diag}\left(\frac{z-z_{l,0}}{c\|\boldsymbol{r}_{l,0}\|}-\frac{z-z_{l,0}}{c\|\boldsymbol{r}_{l,0}\|},\frac{z-z_{l,1}}{c\|\boldsymbol{r}_{l,1}\|}-\frac{z-z_{l,0}}{c\|\boldsymbol{r}_{l,0}\|},\cdots,\frac{z-z_{l,M}}{c\|\boldsymbol{r}_{l,M}\|}-\frac{z-z_{l,0}}{c\|\boldsymbol{r}_{l,0}\|}\right)\\&\triangleq-\mathrm{j}2\pi f\cdot\boldsymbol{\psi}_l\cdot\boldsymbol{U}_{l,z}\end{aligned}$$

$$\boldsymbol{U}_{l,z}=\mathrm{diag}\left(\frac{z-z_{l,0}}{c\|\boldsymbol{r}_{l,0}\|}-\frac{z-z_{l,0}}{c\|\boldsymbol{r}_{l,0}\|},\frac{z-z_{l,1}}{c\|\boldsymbol{r}_{l,1}\|}-\frac{z-z_{l,0}}{c\|\boldsymbol{r}_{l,0}\|},\cdots,\frac{z-z_{l,M}}{c\|\boldsymbol{r}_{l,M}\|}-\frac{z-z_{l,0}}{c\|\boldsymbol{r}_{l,0}\|}\right)$$

$$\dot{\boldsymbol{\Theta}}_{\lambda}=\left(\frac{\partial\boldsymbol{\Theta}}{\partial x}\cdot\frac{\partial x}{\partial\lambda}+\frac{\partial\boldsymbol{\Theta}}{\partial y}\cdot\frac{\partial y}{\partial\lambda}+\frac{\partial\boldsymbol{\Theta}}{\partial z}\cdot\frac{\partial z}{\partial\lambda}\right)，\quad \dot{\boldsymbol{\Theta}}_{\varphi}=\left(\frac{\partial\boldsymbol{\Theta}}{\partial x}\cdot\frac{\partial x}{\partial\varphi}+\frac{\partial\boldsymbol{\Theta}}{\partial y}\cdot\frac{\partial y}{\partial\varphi}+\frac{\partial\boldsymbol{\Theta}}{\partial z}\cdot\frac{\partial z}{\partial\varphi}\right)$$

$$\frac{\partial\boldsymbol{\Theta}}{\partial x}=\begin{pmatrix}\dot{\boldsymbol{\Theta}}_{1,x}\\\dot{\boldsymbol{\Theta}}_{2,x}\\\vdots\\\dot{\boldsymbol{\Theta}}_{L,x}\end{pmatrix}，\quad \dot{\boldsymbol{\Theta}}_{l,x}=\left[-\frac{x-x_{l,m}}{c\Delta\|\boldsymbol{r}_{l,m}\|}\cdot\mathrm{sinc}'(m-\zeta_{l,m}-n)\right]_{\substack{m=0:M\\n=0:M}}\quad \mathrm{sinc}'(x)=\left[\pi\cdot\cot(\pi x)-\frac{1}{x}\right]\cdot\mathrm{sinc}(x)$$

$$\frac{\partial \boldsymbol{\Theta}}{\partial y} = \begin{pmatrix} \dot{\boldsymbol{\Theta}}_{1,y} \\ \dot{\boldsymbol{\Theta}}_{2,y} \\ \vdots \\ \dot{\boldsymbol{\Theta}}_{L,y} \end{pmatrix}, \quad \dot{\boldsymbol{\Theta}}_{l,y} = \left[-\frac{y - y_{l,m}}{c\Delta \left\| \boldsymbol{r}_{l,m} \right\|} \cdot \mathrm{sinc}'(m - \zeta_{l,m} - n) \right]_{\substack{m=0:M \\ n=0:M}}$$

$$\frac{\partial \boldsymbol{\Theta}}{\partial z} = \begin{pmatrix} \dot{\boldsymbol{\Theta}}_{1,z} \\ \dot{\boldsymbol{\Theta}}_{2,z} \\ \vdots \\ \dot{\boldsymbol{\Theta}}_{L,z} \end{pmatrix}, \quad \dot{\boldsymbol{\Theta}}_{l,z} = \left[-\frac{z - z_{l,m}}{c\Delta \left\| \boldsymbol{r}_{l,m} \right\|} \cdot \mathrm{sinc}'(m - \zeta_{l,m} - n) \right]_{\substack{m=0:M \\ n=0:M}}$$

附录 J　式（10-46）与式（10-47）中分量的具体表达式

式（10-46）中，

$$j_{11}^{1}=\frac{1}{c}\left[\frac{(x_1-x_\mathrm{T})}{r_1}-\frac{(x_2-x_\mathrm{T})}{r_2}\right],\ j_{12}^{1}=\frac{1}{c}\left[\frac{(y_1-y_\mathrm{T})}{r_1}-\frac{(y_2-y_\mathrm{T})}{r_2}\right],\ j_{13}^{1}=\frac{1}{c}\left[\frac{(z_1-z_\mathrm{T})}{r_1}-\frac{(z_2-z_\mathrm{T})}{r_2}\right],$$

$$j_{14}^{1}=j_{15}^{1}=j_{16}^{1}=0;$$

$$j_{21}^{1}=\frac{1}{c}\left[\frac{(x_1-x_\mathrm{T})}{r_1}-\frac{(x_3-x_\mathrm{T})}{r_3}\right],\ j_{22}^{1}=\frac{1}{c}\left[\frac{(y_1-y_\mathrm{T})}{r_1}-\frac{(y_3-y_\mathrm{T})}{r_3}\right],\ j_{23}^{1}=\frac{1}{c}\left[\frac{(z_1-z_\mathrm{T})}{r_1}-\frac{(z_3-z_\mathrm{T})}{r_3}\right],$$

$$j_{24}^{1}=j_{25}^{1}=j_{26}^{1}=0;$$

$$j_{31}^{1}=\frac{1}{c}\left[\frac{(x_1-x_\mathrm{T})}{r_1}-\frac{(x_4-x_\mathrm{T})}{r_4}\right],\ j_{32}^{1}=\frac{1}{c}\left[\frac{(y_1-y_\mathrm{T})}{r_1}-\frac{(y_4-y_\mathrm{T})}{r_4}\right],\ j_{33}^{1}=\frac{1}{c}\left[\frac{(z_1-z_\mathrm{T})}{r_1}-\frac{(z_4-z_\mathrm{T})}{r_4}\right],$$

$$j_{34}^{1}=j_{35}^{1}=j_{36}^{1}=0;$$

$$j_{41}^{1}=\frac{f_0}{c}\left\{\left[\frac{(x_\mathrm{T}-x_2)}{r_2^3}(\boldsymbol{v}_\mathrm{T}^\mathrm{T}-\boldsymbol{v}_2^\mathrm{T})(\boldsymbol{x}_\mathrm{T}-\boldsymbol{x}_2)-\frac{(\dot{x}_\mathrm{T}-\dot{x}_2)}{r_2}\right]-\left[\frac{(x_\mathrm{T}-x_1)}{r_1^3}(\boldsymbol{v}_\mathrm{T}^\mathrm{T}-\boldsymbol{v}_1^\mathrm{T})(\boldsymbol{x}_\mathrm{T}-\boldsymbol{x}_1)-\frac{(\dot{x}_\mathrm{T}-\dot{x}_1)}{r_1}\right]\right\},$$

$$j_{42}^{1}=\frac{f_0}{c}\left\{\left[\frac{(y_\mathrm{T}-y_2)}{r_2^3}(\boldsymbol{v}_\mathrm{T}^\mathrm{T}-\boldsymbol{v}_2^\mathrm{T})(\boldsymbol{x}_\mathrm{T}-\boldsymbol{x}_2)-\frac{(\dot{y}_\mathrm{T}-\dot{y}_2)}{r_2}\right]-\left[\frac{(y_\mathrm{T}-y_1)}{r_1^3}(\boldsymbol{v}_\mathrm{T}^\mathrm{T}-\boldsymbol{v}_1^\mathrm{T})(\boldsymbol{x}_\mathrm{T}-\boldsymbol{x}_1)-\frac{(\dot{y}_\mathrm{T}-\dot{y}_1)}{r_1}\right]\right\},$$

$$j_{43}^{1}=\frac{f_0}{c}\left\{\left[\frac{(z_\mathrm{T}-z_2)}{r_2^3}(\boldsymbol{v}_\mathrm{T}^\mathrm{T}-\boldsymbol{v}_2^\mathrm{T})(\boldsymbol{x}_\mathrm{T}-\boldsymbol{x}_2)-\frac{(\dot{z}_\mathrm{T}-\dot{z}_2)}{r_2}\right]-\left[\frac{(z_\mathrm{T}-z_1)}{r_1^3}(\boldsymbol{v}_\mathrm{T}^\mathrm{T}-\boldsymbol{v}_1^\mathrm{T})(\boldsymbol{x}_\mathrm{T}-\boldsymbol{x}_1)-\frac{(\dot{z}_\mathrm{T}-\dot{z}_1)}{r_1}\right]\right\},$$

$$j_{44}^{1}=\frac{f_0}{c}\left(\frac{(x_\mathrm{T}-x_1)}{r_1}-\frac{(x_\mathrm{T}-x_2)}{r_2}\right),\ j_{45}^{1}=\frac{f_o}{\mathrm{c}}\left(\frac{(y_\mathrm{T}-y_1)}{r_1}-\frac{(y_\mathrm{T}-y_2)}{r_2}\right),\ j_{46}^{1}=\frac{f_o}{\mathrm{c}}\left(\frac{(y_\mathrm{T}-z_1)}{r_1}-\frac{(y_\mathrm{T}-z_2)}{r_2}\right);$$

$$j_{51}^{1}=\frac{f_0}{c}\left\{\left[\frac{(x_\mathrm{T}-x_3)}{r_3^3}(\boldsymbol{v}_\mathrm{T}^\mathrm{T}-\boldsymbol{v}_3^\mathrm{T})(\boldsymbol{x}_\mathrm{T}-\boldsymbol{x}_3)-\frac{(\dot{x}_\mathrm{T}-\dot{x}_3)}{r_3}\right]-\left[\frac{(x_\mathrm{T}-x_1)}{r_1^3}(\boldsymbol{v}_\mathrm{T}^\mathrm{T}-\boldsymbol{v}_1^\mathrm{T})(\boldsymbol{x}_\mathrm{T}-\boldsymbol{x}_1)-\frac{(\dot{x}_\mathrm{T}-\dot{x}_1)}{r_1}\right]\right\},$$

$$j_{52}^{1}=\frac{f_0}{c}\left\{\left[\frac{(y_\mathrm{T}-y_3)}{r_3^3}(\boldsymbol{v}_\mathrm{T}^\mathrm{T}-\boldsymbol{v}_3^\mathrm{T})(\boldsymbol{x}_\mathrm{T}-\boldsymbol{x}_3)-\frac{(\dot{y}_\mathrm{T}-\dot{y}_3)}{r_3}\right]-\left[\frac{(y_\mathrm{T}-y_1)}{r_1^3}(\boldsymbol{v}_\mathrm{T}^\mathrm{T}-\boldsymbol{v}_1^\mathrm{T})(\boldsymbol{x}_\mathrm{T}-\boldsymbol{x}_1)-\frac{(\dot{y}_\mathrm{T}-\dot{y}_1)}{r_1}\right]\right\},$$

$$j_{53}^{1}=\frac{f_0}{c}\left\{\left[\frac{(z_\mathrm{T}-z_3)}{r_3^3}(\boldsymbol{v}_\mathrm{T}^\mathrm{T}-\boldsymbol{v}_3^\mathrm{T})(\boldsymbol{x}_\mathrm{T}-\boldsymbol{x}_3)-\frac{(\dot{z}_\mathrm{T}-\dot{z}_3)}{r_3}\right]-\left[\frac{(z_\mathrm{T}-z_1)}{r_1^3}(\boldsymbol{v}_\mathrm{T}^\mathrm{T}-\boldsymbol{v}_1^\mathrm{T})(\boldsymbol{x}_\mathrm{T}-\boldsymbol{x}_1)-\frac{(\dot{z}_\mathrm{T}-\dot{z}_1)}{r_1}\right]\right\},$$

$$j_{54}^{1}=\frac{f_0}{c}\left(\frac{(x_\mathrm{T}-x_1)}{r_1}-\frac{(x_\mathrm{T}-x_3)}{r_3}\right),\ j_{55}^{1}=\frac{f_0}{c}\left(\frac{(y_\mathrm{T}-y_1)}{r_1}-\frac{(y_\mathrm{T}-y_3)}{r_3}\right),\ j_{56}^{1}=\frac{f_0}{c}\left(\frac{(z_\mathrm{T}-z_1)}{r_1}-\frac{(z_\mathrm{T}-z_3)}{r_3}\right);$$

$$j_{61}^{1}=\frac{f_0}{c}\left\{\left[\frac{(x_\mathrm{T}-x_4)}{r_4^3}(\boldsymbol{v}_\mathrm{T}^\mathrm{T}-\boldsymbol{v}_4^\mathrm{T})(\boldsymbol{x}_\mathrm{T}-\boldsymbol{x}_4)-\frac{(\dot{x}_\mathrm{T}-\dot{x}_4)}{r_4}\right]-\left[\frac{(x_\mathrm{T}-x_4)}{r_4^3}(\boldsymbol{v}_\mathrm{T}^\mathrm{T}-\boldsymbol{v}_4^\mathrm{T})(\boldsymbol{x}_\mathrm{T}-\boldsymbol{x}_4)-\frac{(\dot{x}_\mathrm{T}-\dot{x}_4)}{r_4}\right]\right\},$$

$$j_{62}^{1}=\frac{f_0}{c}\left\{\left[\frac{(y_\mathrm{T}-y_4)}{r_4^3}(\boldsymbol{v}_\mathrm{T}^\mathrm{T}-\boldsymbol{v}_4^\mathrm{T})(\boldsymbol{x}_\mathrm{T}-\boldsymbol{x}_4)-\frac{(\dot{y}_\mathrm{T}-\dot{y}_4)}{r_4}\right]-\left[\frac{(y_\mathrm{T}-y_1)}{r_1^3}(\boldsymbol{v}_\mathrm{T}^\mathrm{T}-\boldsymbol{v}_1^\mathrm{T})(\boldsymbol{x}_\mathrm{T}-\boldsymbol{x}_1)-\frac{(\dot{y}_\mathrm{T}-\dot{y}_1)}{r_1}\right]\right\},$$

$$j_{63}^1=\frac{f_0}{c}\left\{\left[\frac{(z_{\mathrm{T}}-z_4)}{r_4^3}(\boldsymbol{v}_{\mathrm{T}}^{\mathrm{T}}-\boldsymbol{v}_2^{\mathrm{T}})(\boldsymbol{x}_{\mathrm{T}}-\boldsymbol{x}_2)-\frac{(\dot{z}_{\mathrm{T}}-\dot{z}_4)}{r_4}\right]-\left[\frac{(z_{\mathrm{T}}-z_1)}{r_1^3}(\boldsymbol{v}_{\mathrm{T}}^{\mathrm{T}}-\boldsymbol{v}_1^{\mathrm{T}})(\boldsymbol{x}_{\mathrm{T}}-\boldsymbol{x}_1)-\frac{(\dot{z}_{\mathrm{T}}-\dot{z}_1)}{r_1}\right]\right\},$$

$$j_{64}^1=\frac{f_0}{c}\left(\frac{(x_{\mathrm{T}}-x_1)}{r_1}-\frac{(x_{\mathrm{T}}-x_4)}{r_4}\right),\ j_{65}^1=\frac{f_0}{c}\left(\frac{(y_{\mathrm{T}}-y_1)}{r_1}-\frac{(y_{\mathrm{T}}-y_4)}{r_4}\right),\ j_{66}^1=\frac{f_0}{c}\left(\frac{(z_{\mathrm{T}}-z_1)}{r_1}-\frac{(z_{\mathrm{T}}-z_4)}{r_4}\right)。$$

式（10-47）中，

$$j_{11}^2=-(R+H)\cos B\sin L,\ j_{12}^2=-(R+H)\sin B\cos L,\ j_{13}^2=\cos B\cos L,$$

$$j_{14}^2=j_{15}^2=0;$$

$$j_{21}^2=(R+H)\cos B\cos L,\ j_{22}^2=-(R+H)\sin B\sin L,\ j_{23}^2=\cos B\sin L,$$

$$j_{24}^2=j_{25}^2=0;$$

$$j_{31}^2=0,\ j_{32}^2=(R+H)\cos B,\ j_{33}^2=\sin B,$$

$$j_{34}^2=j_{35}^2=0;$$

$$j_{41}^2=-V_E\cos L+V_N\sin B\sin L,$$

$$j_{42}^2=-V_N\cos B,$$

$$j_{43}^2=0,\ j_{44}^2=-\sin L,\ j_{45}^2=-\sin B\cos L;$$

$$j_{51}^2=-V_E\sin L-V_N\sin B\cos L,$$

$$j_{52}^2=-V_N\sin B\cos L,$$

$$j_{53}^2=0,\ j_{44}^2=\cos L,\ j_{45}^2=-\sin B\sin L;$$

$$j_{61}^2=0,\ j_{62}^2=-V_N\sin B,\ j_{63}^2=0,$$

$$j_{64}^2=0,\ j_{65}^2=\cos B。$$

附录K 仿 真 程 序

1. 测向定位

```
R = 6378.137; %地球长半轴
e_2 = 0.00669437999013;     %第一偏心率平方
%------卫星轨道参数-----%
LB_S = [120 20 600];        %卫星经纬度
X_S = WGS2XYZ(LB_S);        %WGS-84 大地坐标系转换到地固坐标系
X_S_randn_err = 0.6;        %卫星位置随机误差
X_S_err = 0.1;              %卫星位置系统误差
%有卫星经纬度可直接利用以下坐标系旋转矩阵 AA
R_B_S = [cos(-LB_S(2)*pi/180) 0 -sin(-LB_S(2)*pi/180); 0 1 0;
   sin(-LB_S(2)*pi/180) 0 cos(-LB_S(2)*pi/180)];
R_L_S = [cos(LB_S(1)*pi/180) sin(LB_S(1)*pi/180) 0;
   -sin(LB_S(1)*pi/180) cos(LB_S(1)*pi/180) 0; 0 0 1];
R_rg = [0 0 1;  0 1 0;  -1 0 0];
AA = (R_rg*R_B_S*R_L_S);
%------卫星姿态参数-----%
drift_ang = 0*pi/180; %航偏角
pitch_ang = 3*pi/180; %俯仰角(测向天线阵北偏 3° )
roll_ang = 0*pi/180;  %滚动角
%姿态角随机误差
drift_randn_err = 0.01/sqrt(3)*pi/180;
pitch_randn_err = 0.01/sqrt(3)*pi/180;
roll_randn_err = 0.01/sqrt(3)*pi/180;
%姿态角系统误差
drift_err = 0.01/sqrt(3)*pi/180;
pitch_err = 0.01/sqrt(3)*pi/180;
roll_err = 0.01/sqrt(3)*pi/180;
ang_err = 1*pi/180;%.03*pi/180; %测向误差
B_T = 30; %纬度搜索范围
L_T = 120; %经度搜索范围
X_T = WGS2XYZ([L_T B_T 0]); %WGS-84 大地坐标系转换到地固坐标系
N = R/sqrt(1-e_2*(sin(B_T*pi/180))^2);
for aa = 1:1000
    CC1 = [cos(drift_ang+drift_randn_err*randn+drift_err)
sin(drift_ang+drift_randn_err*randn+drift_err) 0;
        -sin(drift_ang+drift_randn_err*randn+drift_err)
cos(drift_ang+drift_randn_err*randn+drift_err) 0;
```

```
        0 0 1];
    CC2 = [cos(pitch_ang+pitch_randn_err*randn+pitch_err) 0
 -sin(pitch_ang+pitch_randn_err*randn+pitch_err);
        0 1 0;
        sin(pitch_ang+pitch_randn_err*randn+pitch_err) 0
 cos(pitch_ang+pitch_randn_err*randn+pitch_err)];
    CC3 = [1 0 0;
        0 cos(roll_ang+roll_randn_err*randn+roll_err)
 sin(roll_ang+roll_randn_err*randn+roll_err);
        0 -sin(roll_ang+roll_randn_err*randn+roll_err)
 cos(roll_ang+roll_randn_err*randn+roll_err)];
    CC = CC3*CC2*CC1;
    X_S_loc = X_S+X_S_randn_err*randn(1,3)+repmat(X_S_err,1,3);
    X_T_b = CC*AA*(X_T-X_S_loc)';
    dis_S_T = norm(X_T_b); %卫星与目标之间的距离
    beta_x = acos((X_T_b(1))/dis_S_T)+ang_err*randn;
    beta_y = acos((X_T_b(2))/dis_S_T)+ang_err*randn;
    beta_z = acos(sqrt(1-(cos(beta_x))^2-(cos(beta_y))^2));
    alpha_a =
mod(atan2(cos(beta_y),(cos(beta_x)))+2*pi,2*pi);%+ang_err*randn;
    LL1 = [cos(alpha_a)*sin(beta_z);sin(alpha_a)*sin(beta_z);cos(beta_z)];
    CB1 = [cos(drift_ang) sin(drift_ang) 0;-sin(drift_ang) cos(drift_ang)
0;0 0 1];
    CB2 = [cos(pitch_ang) 0 -sin(pitch_ang);0 1 0;sin(pitch_ang) 0
cos(pitch_ang)];
    CB3 = [1 0 0;0 cos(roll_ang) sin(roll_ang);0 -sin(roll_ang)
cos(roll_ang)];
    CB = CB3*CB2*CB1;
    LL = inv(CB*AA)*LL1;
    %基于 WGS-84 模型的单星 DOA 定位算法计算
    at = (1-e_2)*((LL(1))^2+(LL(2))^2)+(LL(3))^2;
    bt = 2*((1-e_2)*(LL(1)*X_S(1)+LL(2)*X_S(2))+LL(3)*X_S(3));
    ct = (1-e_2)*((X_S(1))^2+(X_S(2))^2-R^2)+(X_S(3))^2;
    tt1 = (-bt-sqrt(bt^2-4*at*ct))/(2*at);
    tt2 = (-bt+sqrt(bt^2-4*at*ct))/(2*at);
    X_T_C1 =X_S+LL'.*tt1;
    X_T_C2 =X_S+LL'.*tt2;
    if norm(X_T_C1-X_S) > norm(X_T_C2-X_S)
       X_T_C = X_T_C2;
    else
       X_T_C = X_T_C1;
    end
    dis_err(aa) = (norm(X_T_C-X_T));%定位误差
end
```

```
function XYZ = WGS2XYZ(LBH)
L = LBH(1)*pi/180; %经度
B = LBH(2)*pi/180; %纬度
H = LBH(3); %高度
R = 6378.137; %地球长半轴
e_2 = 0.00669437999013; %第一偏心率平方
N = R/sqrt(1-e_2*(sin(B))^2);
x = (N+H)*cos(B)*cos(L); %X 轴坐标
y = (N+H)*cos(B)*sin(L); %Y 轴坐标
z = (N*(1-e_2)+H)*sin(B); %Z 轴坐标
XYZ = [x y z];
end
```

2. 三站时差 G-N 迭代法定位

```
c = 3e8;%光速
%三站位置:
S1=[0 0]*1e3;
S2=[-10 5]*1e3;
S3=[10 5]*1e3;
St = [5.41 13.27]*1e3;%目标位置
R1 = sqrt(sum((St-S1).^2,2));
R2 = sqrt(sum((St-S2).^2,2));
R3 = sqrt(sum((St-S3).^2,2));
t21 = R2/c-R1/c;%站 2 减站 1 理论时差
t31 = R3/c-R1/c;%站 3 减站 1 理论时差
bw = 25e3;%信号带宽
T = 0.01;%累积时长
SNR = 10;%信噪比
snr = [1 1 1]*SNR;
snr1 = 10.^(snr/10);
crlbt = 0.55/bw/sqrt(bw*T*(2*snr1(1)*snr1(2))/(1+snr1(1)+snr1(2)));%时差
测量精度
t21x = t21+crlbt*randn;%站 2 减站 1 实测时差
t31x = t31+crlbt*randn;%站 3 减站 1 实测时差
x = [-6300 2400]';%迭代初始值
Rx1 = sqrt(sum((x-S1').^2));
Rx2 = sqrt(sum((x-S2').^2));
Rx3 = sqrt(sum((x-S3').^2));
A = 1/c*[((x-S2')/Rx2-(x-S1')/Rx1) ((x-S3')/Rx3-(x-S1')/Rx1)].';
b = [t21x-(Rx2/c-Rx1/c) t31x-(Rx3/c-Rx1/c)]';
lemda = 0.9;
th = 1/(1+lemda)*inv(A'*A)*A'*b;
xx = x;
```

```
ax = 1;%迭代次数
while sqrt(sum(th.^2))>5&&ax<10
    ax = ax+1;
    x = x+th;
    xx(:,ax) = x;
    Rx1 = sqrt(sum((x-S1').^2));
    Rx2 = sqrt(sum((x-S2').^2));
    Rx3 = sqrt(sum((x-S3').^2));
    A = 1/c*[((x-S2')/Rx2-(x-S1')/Rx1) ((x-S3')/Rx3-(x-S1')/Rx1)].';
    b = [t21x-(Rx2/c-Rx1/c) t31x-(Rx3/c-Rx1/c)]';
    th = 1/(1+lemda)*inv(A'*A)*A'*b;
end
Str_T(aa,:) = x';
figure(1),plot(St(1)/1e3,St(2)/1e3,'rp','MarkerSize',6);hold on;
plot(xx(1,:)/1e3,xx(2,:)/1e3,'ko-','MarkerSize',6);
plot(S1(1)/1e3,S1(2)/1e3,'b*','MarkerSize',6);
plot(S2(1)/1e3,S2(2)/1e3,'b*','MarkerSize',6);
plot(S3(1)/1e3,S3(2)/1e3,'b*','MarkerSize',6);hold off;
title('定位结果');
xlabel('\itX\rm(km)');
ylabel('\itY\rm(km)');
grid on;
legend('实际点','G-N 迭代法','三站位置');
err_T = sqrt(mean(sum((Str_T(:,1:2)-St(:,1:2)).^2,2)));%定位误差
```

3. 运动单站测频定位

```
c = 3e8;%光速
S1 = [100 200]*1e3;%观测值初始位置
Sv1 = [300 50];%观测值速度
St = [0 0]; %目标位置
f0 = 2e9;%信号频率
figure;
plot(S1(1), S1(2), 'ok');hold on
plot(St(1), St(2), 'ok');hold on
n_t = 300;%测频次数
t_step = 10;%时间间隔
S1_next = zeros(n_t, 2);
r1 = zeros(1, n_t);
fd = zeros(1, n_t);
for t = 1 : n_t
    S1_next(t, :) = S1 + Sv1*(t-1)*t_step;%不同时刻观测值位置
    r1(t) = (Sv1*(St-S1_next(t, :))'/(norm(St-S1_next(t, :))));
    fd(t) = f0*(1 + r1(t)/c);%不同时刻理论频率值
end
```

```
fd_esti = fd + 10*randn(1, n_t);%不同时刻实测频率值
step = 5;%搜索步进
ix_value = (-200 : step : 200)*1e3;%X 轴搜索范围
iy_value = (-200 : step : 200)*1e3;%Y 轴搜索范围
fd_compu = zeros(1, n_t);
xy_result = zeros( length(ix_value), length(iy_value) );
for ix = 1:length(ix_value)
    for iy = 1:length(iy_value)
        St0 = [ix_value(ix) iy_value(iy)];%搜索位置矢量
        for t = 1 : n_t
            r1_compu = (Sv1*(St0-S1_next(t, :))'/(norm(St0-S1_next(t, :))));
            fd_compu(t) = f0*(1 + r1_compu/c);
        end
        xy_result(ix,iy) = 1/((fd_compu-fd_esti)*(fd_compu-fd_esti).');
%计算目标函数
    end
end
figure;
mesh(ix_value/1e3, iy_value/1e3, xy_result.');
title('定位结果');
xlabel('\itX\rm(km)');
ylabel('\itY\rm(km)');
zlabel('目标函数');
```

4. 时频差网格搜索法定位

```
c = 3e8;%光速
%三站位置、速度:
S1 = [0 0 10e3 300 0 0];
S2 = [-10e3 5e3 10e3 300 0 0];
S3 = [10e3 5e3 10e3 300 0 0];
%辐射源位置、速度:
St0 = [5.41e3 13.27e3 0 0 0 0];
bw = 25e3;%信号带宽
T = 0.01;%累积时长
f00 = 300e6;%信号频率
SNR = 15;%信噪比
snr = [1 1 1]*SNR;
snr1 = 10.^(snr/10);
crlbt = 0.55/bw/sqrt(bw*T*(2*snr1(1)*snr1(2))/(1+snr1(1)+snr1(2)));%时差
测量精度
crlbf = 0.55/T/sqrt(bw*T*(2*snr1(1)*snr1(2))/(1+snr1(1)+snr1(2)));%频差
测量精度
R1 = sqrt(sum((St0(1:3)-S1(1:3)).^2));
R2 = sqrt(sum((St0(1:3)-S2(1:3)).^2));
```

```
    R3 = sqrt(sum((St0(1:3)-S3(1:3)).^2));
    f(1) = f00/c*sum(((S1(4:6)-St0(4:6)).*(St0(1:3)-S1(1:3))))./R1;
    f(2) = f00/c*sum(((S2(4:6)-St0(4:6)).*(St0(1:3)-S2(1:3))))./R2;
    f(3) = f00/c*sum(((S3(4:6)-St0(4:6)).*(St0(1:3)-S3(1:3))))./R3;
    t21x = (R2/c-R1/c)+crlbt*randn;%站 2 减站 1 实测时差
    t31x = (R3/c-R1/c)+crlbt*randn;%站 3 减站 1 实测时差
    t32x = (R3/c-R2/c)+crlbt*randn;%站 3 减站 2 实测时差
    f21x = (f(2)-f(1))+crlbf*randn;%站 2 减站 1 实测频差
    f31x = (f(3)-f(1))+crlbf*randn;%站 3 减站 1 实测频差
    f32x = (f(3)-f(2))+crlbf*randn;%站 3 减站 2 实测频差
    step1 = 1000;%搜索步进
    x_search = St0(1)+(-20e3:step1:20e3);%X 轴搜索范围
    y_search = St0(2)+(-20e3:step1:20e3);%Y 轴搜索范围
    xy_result1 = zeros( length(x_search), length(y_search) );
    for yi = 1:length(y_search)
        for xi = 1:length(x_search)
            Sr = [x_search(xi) y_search(yi) St0(1,3) 0 0 0];%搜索位置、速度矢量
            Sr = repmat(Sr,length(S1(:,1)),1);
            R1 = sqrt(sum((Sr(:,1:3)-S1(:,1:3)).^2,2));
            R2 = sqrt(sum((Sr(:,1:3)-S2(:,1:3)).^2,2));
            R3 = sqrt(sum((Sr(:,1:3)-S3(:,1:3)).^2,2));
            t21r = R2/c-R1/c;
            f21r =
f00/c*sum(((S2(:,4:6)-Sr(:,4:6)).*(Sr(:,1:3)-S2(:,1:3))),2)./R2-f00/c*sum(((S1
(:,4:6)-Sr(:,4:6)).*(Sr(:,1:3)-S1(:,1:3))),2)./R1;
            t31r = R3/c-R1/c;
            f31r =
f00/c*sum(((S3(:,4:6)-Sr(:,4:6)).*(Sr(:,1:3)-S3(:,1:3))),2)./R3-f00/c*sum(((S1
(:,4:6)-Sr(:,4:6)).*(Sr(:,1:3)-S1(:,1:3))),2)./R1;
            t32r = R3/c-R2/c;
            f32r =
f00/c*sum(((S3(:,4:6)-Sr(:,4:6)).*(Sr(:,1:3)-S3(:,1:3))),2)./R3-f00/c*sum(((S2
(:,4:6)-Sr(:,4:6)).*(Sr(:,1:3)-S2(:,1:3))),2)./R2;

q=((t21x-t21r)^2+(t31x-t31r)^2+(t32x-t32r)^2)*crlbt^-2+((f21x-f21r)^2+(f31x-f3
1r)^2+(f32x-f32r)^2)*crlbf^-2;
            xy_result1(xi,yi)=1/(q+1e-6);%计算目标函数
        end
    end
    figure(1),mesh(y_search/1e3,x_search/1e3,xy_result1);
    title('粗搜结果')
    ylabel('\itX\rm(km)');xlabel('\itY\rm(km)');zlabel('目标函数');
    [Y,I] = max(xy_result1);
    [X,J] = max(Y);
```

```
    A = I(J);
    B = J;
    step2 = 10;
    y_search = y_search(B)+((-step1:step2:step1));
    x_search = x_search(A)+((-step1:step2:step1));
    xy_result2 = zeros( length(x_search), length(y_search) );
    for yi = 1:length(y_search)
        for xi = 1:length(x_search)
            Sr = [x_search(xi) y_search(yi) St0(1,3) 0 0 0];%搜索位置、速度矢量
            Sr = repmat(Sr,length(S1(:,1)),1);
            R1 = sqrt(sum((Sr(:,1:3)-S1(:,1:3)).^2,2));
            R2 = sqrt(sum((Sr(:,1:3)-S2(:,1:3)).^2,2));
            R3 = sqrt(sum((Sr(:,1:3)-S3(:,1:3)).^2,2));
            t21r = R2/c-R1/c;
            f21r =
f00/c*sum(((S2(:,4:6)-Sr(:,4:6)).*(Sr(:,1:3)-S2(:,1:3))),2)./R2-f00/c*sum(((S1
(:,4:6)-Sr(:,4:6)).*(Sr(:,1:3)-S1(:,1:3))),2)./R1;
            t31r = R3/c-R1/c;
            f31r =
f00/c*sum(((S3(:,4:6)-Sr(:,4:6)).*(Sr(:,1:3)-S3(:,1:3))),2)./R3-f00/c*sum(((S1
(:,4:6)-Sr(:,4:6)).*(Sr(:,1:3)-S1(:,1:3))),2)./R1;
            t32r = R3/c-R2/c;
            f32r =
f00/c*sum(((S3(:,4:6)-Sr(:,4:6)).*(Sr(:,1:3)-S3(:,1:3))),2)./R3-f00/c*sum(((S2
(:,4:6)-Sr(:,4:6)).*(Sr(:,1:3)-S2(:,1:3))),2)./R2;

q=((t21x-t21r)^2+(t31x-t31r)^2+(t32x-t32r)^2)*crlbt^-2+((f21x-f21r)^2+(f31x-f3
1r)^2+(f32x-f32r)^2)*crlbf^-2;
            xy_result2(xi,yi)=1/(q+1e-6);%计算目标函数
        end
    end
    figure(2),mesh(y_search/1e3,x_search/1e3,xy_result2);
    title('精搜结果')
    ylabel('\itX\rm(km)');xlabel('\itY\rm(km)');zlabel('目标函数');
    [Y,I] = max(xy_result2);
    [X,J] = max(Y);
    A = I(J);
    B = J;
    if (A == 1)||(A == length(xy_result2(:,1)))
        A03 = 0;
    else
        A03 =
(xy_result2(A+1,B)-xy_result2(A-1,B))/(2*(2*xy_result2(A,B)-xy_result2(A+1,B)-x
y_result2(A-1,B)));
```

```
    end
    if (B == 1)||(B == length(xy_result2(1,:)))
        B03 = 0;
    else
        B03 = 
(xy_result2(A,B+1)-xy_result2(A,B-1))/(2*(2*xy_result2(A,B)-xy_result2(A,B+1)-
xy_result2(A,B-1)));
    end
    y_r = y_search(B)+B03*(y_search(2)-y_search(1));
    x_r = x_search(A)+A03*(x_search(2)-x_search(1));
    Str_Q = [x_r y_r St0(1,3)];%网格搜索法计算目标位置结果
    err_Q = sqrt((sum((Str_Q(1:3)-St0(1,1:3)).^2,2)));%定位误差
```

5. 几何约束下时频差解析定位

```
R = 6378e3;%地球半径
j = 120*pi/180;%目标经度
w = 30*pi/180;%目标纬度
St = [R*cos(w)*cos(j) R*cos(w)*sin(j) R*sin(w) 0 0 0];%目标位置
c = 3e8;%光速
%三星位置、速度：
s1=[-2744.529063  5571.560237  3697.464163  1.538549  -3.462695
6.359821]*1e3;
s2=[-2761.026251  5625.312953  3602.575844  1.499312  -3.373723
6.417044]*1e3;
s3=[-2832.464942  5556.120898  3654.124712  1.569749  -3.399806
6.386205]*1e3;
R1 = sqrt(sum((St(1:3)-s1(1:3)).^2));
R2 = sqrt(sum((St(1:3)-s2(1:3)).^2));
R3 = sqrt(sum((St(1:3)-s3(1:3)).^2));
t21 = R2/c-R1/c;%站 2 减站 1 理论时差
t31 = R3/c-R1/c;%站 3 减站 1 理论时差
f0 = 300e6;%信号频率
r1d = (s1(1:3)'-St(1:3)')'*s1(4:6)'/R1;
r2d = (s2(1:3)'-St(1:3)')'*s2(4:6)'/R2;
r3d = (s3(1:3)'-St(1:3)')'*s3(4:6)'/R3;
B=25e3;%信号带宽
Bn=25e3;%噪声带宽
T=50e-3;%累积时间
SNR = 10;%信噪比
snr = [1 1 1]*SNR;
snr1 = 10.^(snr/10);
snr=(1/2*(1/snr1(1)+1/snr1(2)+1/(snr1(1)*snr1(2))))^-1;
crlbt=0.55/B*1/sqrt(Bn*T*snr);%时差测量精度
crlbf=0.55/T*1/sqrt(Bn*T*snr);%频差测量精度
```

```
r21=c*(t21+crlbt*randn);%站 2 减站 1 实测时差*c
r31=c*(t31+crlbt*randn);%站 3 减站 1 实测时差*c
r21d=(r2d-r1d)+crlbf*c/f0*randn;%站 2 减站 1 实测频差*(-c/f0)
r31d=(r3d-r1d)+crlbf*c/f0*randn;%站 3 减站 1 实测频差*(-c/f0)
Qt=[(crlbt)^-2 1/2*(crlbt)^-2;1/2*(crlbt)^-2 (crlbt)^-2];
Qf=[(1/f0*crlbf)^-2 1/2*(1/f0*crlbf)^-2;1/2*(1/f0*crlbf)^-2 (1/f0*crlbf)^-2];
W4=[Qt zeros(2);zeros(2) Qf];
h2=[r21^2-s2(1:3)*s2(1:3)'+s1(1:3)*s1(1:3)';r31^2-s3(1:3)*s3(1:3)'+
s1(1:3)*s1(1:3)';2*r21*r21d-2*s2(1:3)*s2(4:6)'+2*s1(1:3)*s1(4:6)';
2*r31*r31d-2*s3(1:3)*s3(4:6)'+2*s1(1:3)*s1(4:6)'];
G9=-2*[s2(1:3)-s1(1:3);s3(1:3)-s1(1:3);s2(4:6)-s1(4:6);s3(4:6)-s1(4:6)];
lamda3=1;
G11=inv(G9'*W4*G9+diag([1 1 1])*lamda3);
g9=-2*[r21;r31;r21d;r31d];
g10=-2*[0;0;r21;r31];
G12=[h2 -g9 zeros(4,1) -g10 zeros(4,1)];
G10=G11*G9'*W4*G12;
g11=[s1(1:3)*s1(1:3)'+R^2;0;-1;0;0];
g12=[2*s1(4:6)*s1(1:3)';0;0;0;-2];
HH=0.5*inv([s1(1:3)*G11*s1(1:3)' s1(1:3)*G11*s1(4:6)';s1(4:6)*G11*
s1(1:3)'1(4:6)*G11*s1(4:6)'])*[2*s1(1:3)*G10-g11';2*s1(4:6)*G10-g12'];
g13=HH(1,:)';
g14=HH(2,:)';
G13=G10-G11*(s1(1:3)'*g13'+s1(4:6)'*g14');
G14=G12-G9*G13;
g17=G14'*W4'*g10;
g15=[g17(1);g17(2)-g14(1);g17(3)-g14(2);-g14(3);0];
g16=[-g17(4);g14(4)-g17(5);g14(5);0;0];
C=[0 0 0 0 1;1 0 0 0 0;0 1 0 0 0;0 0 1 0 0;0 0 0 1 0];
G15=[g16 C*g16 C^2*g16 g15 C*g15]';
G16=g16*g13'*G15;
G17=(g15*g14'-g16*g9'*W4*G14)*G15;
b0=G17(1,1);
b1=G16(1,1)+G17(2,1)+G17(1,2);
b2=G16(2,1)+G16(1,2)+G17(3,1)+G17(2,2)+G17(1,3);
b3=G16(3,1)+G16(2,2)+G16(1,3)+G17(4,1)+G17(3,2)+G17(2,3)+G17(1,4);
b4=G16(3,2)+G16(2,3)+G16(1,4)+G17(4,2)+G17(3,3)+G17(2,4)+G17(1,5);
b5=G16(3,3)+G16(2,4)+G16(1,5)+G17(4,3)+G17(3,4)+G17(2,5);
b6=G16(3,4)+G16(2,5)+G17(4,4)+G17(3,5);
b7=G16(3,5)+G17(4,5);
B=[-b6/b7 -b5/b7 -b4/b7 -b3/b7 -b2/b7 -b1/b7 -b0/b7;1 0 0 0 0 0 0;0 1 0
0 0 0 0;0 0 1 0 0 0 0;0 0 0 1 0 0 0;0 0 0 0 1 0 0;0 0 0 0 0 1 0];
cc=eig(B);
for j=1:length(cc)
```

```
        rr1 = cc(j);
        rr12 = [1 rr1 rr1^2 rr1^3 rr1^4]';
        rr1d = g15'*rr12/(g16'*rr12);
        ut(:,j) = G13*[1 rr1 rr1^2 rr1d rr1*rr1d]';%定位结果
    end
```

6. 时频差测向均方根误差

```
    c = 3e8;%光速 m/s
    %两站位置、速度:
    S1 = [-20;0;5]*1e3;
    S2 = [20;0;5]*1e3;
    S1v = [300;0;0]*1;
    S2v = [300;0;0]*1;
    detaa = 0.5*pi/180;% 测向精度 rad
    detat = 150e-9;% 时差精度 s
    detaf = 1;% 频差精度 Hz
    dta_xy = 0;%飞机 xy 位置精度 m
    dta_vxy = 0;%飞机 xy 速度精度 m
    f = 300e6;%信号频率
    N = 2;
    Q = diag([detaa*detaa detat*detat detaf*detaf]);
    dxv = [repmat(dta_xy*dta_xy,1,N*3) repmat(dta_vxy*dta_vxy,1,N*3)];
    Qs = diag(dxv);
    step = 1;%搜索步进
    ix_value = -50:step:50;%搜索区域 km
    iy_value = 0:step:100;%搜索区域 km
    F = zeros(3, 3);
    H = zeros(3, 12);
    rmse_result = zeros(length(ix_value),length(iy_value));
    for ix = 1:length(ix_value)
       for iy = 1:length(iy_value)
          x = [ix_value(ix)*1e3;iy_value(iy)*1e3; 0];%搜索位置
          R1 = sqrt(sum((S1 - x).^2));
          R2 = sqrt(sum((S2 - x).^2));
          F(1, 1:3) = [(x(2)-S1(2))/(sum((S1(1:2) - x(1:2)).^2)) - (x(1)-
S1(1))/(sum((S1(1:2) - x(1:2)).^2)) 0];
          F(2, 1:3) = 1/c*((x - S2)'/(R2) -(x - S1)'/(R1));
          F(3, 1:3) = f/c*(-(x - S2)'*(S2v'*(x - S2)) /(R2^3) + (S2v'/R2)+(x -
S1)'*(S1v'*(x - S1)) /(R1^3) - (S1v'/R1));
          H(1, 1:6) = [(x(2)-S1(2))/(sum((S1(1:2) - x(1:2)).^2)) - (x(1)-
S1(1))/(sum((S1(1:2) - x(1:2)).^2)) 0 0 0 0];
          H(2, 1:6) = 1/c*[(x - S1)'/(R1) -(x - S2)'/(R2)];
          H(3, 1:6) = f/c*[-(x - S1)'*(S1v'*(x - S1)) /(R1^3)+(S1v'/R1) (x -
S2)'*(S2v'*(x - S2))/(R2^3)-(S2v'/R2)];
```

```
        H(1, 7:12) = [0 0 0 0 0 0];
        H(2, 7:12) = 1/c*[0 0 0 0 0 0];
        H(3, 7:12) = f/c*[-(x - S1)'/(R1) (x - S2)'/(R2)];
        F(:,3:3:end) = [];
        P = inv(F'*(inv(Q + H*(Qs)*(H.')))*F);%CRLB
        rmse_result(ix, iy) = sqrt(P(1,1)+P(2,2));%RMSE
    end
end
figure;
line_sig = [10 20 30 50 70 100 200 300 400 500 700 1000 2000 5000];
%单位m
contour(ix_value,iy_value,rmse_result.',line_sig,'LineWidth',1,'ShowText',
'on');grid on; hold on;
plot(S1(1)/1e3,S1(2)/1e3,'rp',S2(1)/1e3,S2(2)/1e3,'rp');hold off;
xlabel('\itX\rm(km)');ylabel('\itY\rm(km)');title( 'RMSE(m)' );
```

7. 跟踪滤波算法

```
c=3e8;%光速 m/s
fo=108*10^6;%信号频率 Hz
%三站位置:
sensor1=[0;0;0]*1e3;
sensor2=[-10;5;0]*1e3;
sensor3=[10;5;0]*1e3;
targetstart=[5.41;13.27;10]*1e3;%目标位置
targetvelocity=[-130;-180;0];%目标速度
segmat=100*10^-9;%时差精度 s
I2= eye(2);
Z2 = zeros(2);
dt =0.1;%观测时间间隔 s
F = [[I2, dt*I2];[Z2 I2]];
sigma_v = 0.5;
N = 100/dt;%总的采样次数
numSamples = 1000;%粒子数
targetstate = zeros(4,N);%目标真实位置和速度
targetstate(:,1) = [targetstart(1:2);targetvelocity(1:2)];%目标初始位置和
速度
Z = zeros(2,N);%实测时差结果
R1 = diag([segmat^2;segmat^2]);%误差标准差
Xukf=[];
omega = 6; % deg/s
acc = -3; % m/s/s
tt = (0:dt:floor(N*dt));
Xgt = NaN(9,numel(tt));
```

```
Xgt(:,1) = 0;
%匀速直线运动
seg1 = floor(numel(tt)/3);
Xgt(1,1) = targetstart(1);
Xgt(4,1) = targetstart(2);
Xgt(2,1) = targetvelocity(1);
Xgt(5,1) = targetvelocity(2);
slct = eye(9);
slct(3:3:end,:) = [];
for m = 2:seg1
    X0 = slct*Xgt(:,m-1);
    X1 = constvel(X0, dt);
    X1 = slct'*X1;
    Xgt(:,m) = X1;
end
%匀速转弯运动
seg2 = floor(2*numel(tt)/3);
slct = eye(9);
slct(3:3:end,:) = [];
for m = seg1+1:seg2
    X0 = slct*Xgt(:,m-1);
    X0 = [X0(1:4);omega];
    X1 = constturn(X0, dt);
    X1 = X1(1:4);
    X1 = [X1(1:2);0;X1(3:4);0;zeros(3,1)];
    Xgt(:,m) = X1;
end
%匀加速运动
first = true;
for m = seg2+1:numel(tt)
    X0 = Xgt(:,m-1);
    if first
        vel = X0(2:3:end);
        ua = vel/norm(vel);
        va = acc*ua;
        X0(3:3:end) = va;
        first = false;
    end
    X1 = constacc(X0, dt);
    Xgt(:,m) = X1;
end
slct = eye(9);
slct(3:3:end,:) = [];
```

```
    Xgt = slct*Xgt;%目标状态去除加速度
    targetstate = [Xgt(1,1:N);Xgt(3,1:N);Xgt(2,1:N);Xgt(4,1:N);];%重新排列目
    标状态
    for t = 1:N

r1=sqrt((targetstate(1,t)-sensor1(1))^2+(targetstate(2,t)-sensor1(2))^2+(targe
tstart(3)-sensor1(3))^2);

r2=sqrt((targetstate(1,t)-sensor2(1))^2+(targetstate(2,t)-sensor2(2))^2+(targe
tstart(3)-sensor2(3))^2);

r3=sqrt((targetstate(1,t)-sensor3(1))^2+(targetstate(2,t)-sensor3(2))^2+(targe
tstart(3)-sensor3(3))^2);
        Z(1,t)=1/c*(r2-r1)+segmat*(rand-0.5);%站 2 减站 1 实测时差
        Z(2,t)=1/c*(r3-r1)+segmat*(rand-0.5);%站 3 减站 1 实测时差
    end
    %% EKF
    P00 =diag([15 15 3 3].^2);
    Xekf = zeros(4,N);
    Xekf(:,1) = [targetstart(1:2)+[-400;500];targetvelocity(1:2)+[-1;-1]];
    %目标位置、速度初值
    P0 = diag([150 150 3 3]);
    for ni = 2:N
        %第一步：求状态预测值
        Xn = F*Xekf(:,ni-1);
        %第二步：求解状态协方差的预测值
        P1 = F*P0*F'+P00;

r1=sqrt((Xn(1)-sensor1(1)).^2+(Xn(2)-sensor1(2)).^2+(targetstart(3)-sensor1(3)
)^2);

r2=sqrt((Xn(1)-sensor2(1)).^2+(Xn(2)-sensor2(2)).^2+(targetstart(3)-sensor2(3)
)^2);

r3=sqrt((Xn(1)-sensor3(1)).^2+(Xn(2)-sensor3(2)).^2+(targetstart(3)-sensor3(3)
)^2);
        H = [1/c*((Xn(1)-sensor2(1))/r2-(Xn(1)-sensor1(1))/r1) 1/c*((Xn(2)- sensor2
(2))/r2-(Xn(2)-sensor1(2))/r1) 0 0;
1/c*((Xn(1)-sensor3(1))/r3-(Xn(1)-sensor1(1))/r1)
1/c*((Xn(2)-sensor3(2))/r3-(Xn(2)-sensor1(2))/r1) 0 0];
        %第三步：求卡尔曼增益
        K = P1*H.'/(H*P1*H.'+R1);
        h_xg = [1/c*(r2-r1);1/c*(r3-r1);];
```

```
    temp = Z(:,ni)-h_xg;
    %第四步：状态更新
    Xekf(:,ni) = Xn+K*temp;
    %第五步：协方差更新
    P0 = (eye(4)-K*H)*P1;
end
Err_EKFilter=sqrt((Xekf(1,:)-targetstate(1,:)).^2+(Xekf(2,:)-targetstate
(2,:)).^2);%EKF误差分析
%% UKF
L = 4;
ramda = 3-L;
for j = 1:2*L+1
    Wm(j) = 1/(2*(L+ramda));%*ramda
end
Wm(1) = ramda/(L+ramda);
Xukf = zeros(4,N);
Xukf(:,1)=Xekf(:,1);%目标位置、速度初值
for t = 2:N
    xestimate = Xukf(:,t-1);
    P = P0;
    %第一步：获得一组Sigma点集
    cho = (chol(P*(L+ramda)))'; %Cholesky分解(R = chol(A)产生一个上三角矩阵，
使得R'*R=A)
    for k = 1:L
        xgamaP1(:,k) = xestimate+cho(:,k);
        xgamaP2(:,k) = xestimate-cho(:,k);
    end
    Xsigma = [xestimate,xgamaP1,xgamaP2]; %Sigma点集
    %第二步：对Sigma点集进行一步预测
    Xsigmapre = F*Xsigma;
    %第三步：利用第二步的结果计算均值和协方差
    Xpred = zeros(4,1); %均值
    for k = 1:2*L+1
        Xpred = Xpred+Wm(k)*Xsigmapre(:,k);
    end
    Ppred = zeros(4,4); %协方差均值预测
    for k = 1:2*L+1
        Ppred = Ppred+Wm(k)*(Xsigmapre(:,k)-Xpred)*(Xsigmapre(:,k)-Xpred)';
    end
    Ppred = Ppred+P00;
    %第四步：根据预测值，再一次使用UT变换，得到新的Sigma点集
    chor = (chol((L+ramda)*Ppred))';
    for k = 1:L
```

```
        XaugsigmaP1(:,k) = Xpred+chor(:,k);
        XaugsigmaP2(:,k) = Xpred-chor(:,k);
    end
    Xaugsigma = [Xpred,XaugsigmaP1,XaugsigmaP2];
    %第五步：观测预测
    for k = 1:2*L+1
        r1=sqrt((Xaugsigma(1,k)-sensor1(1)).^2+(Xaugsigma(2,k)-
sensor1(2)).^2+(targetstart(3)-sensor1(3))^2);
        r2=sqrt((Xaugsigma(1,k)-sensor2(1)).^2+(Xaugsigma(2,k)-
sensor2(2)).^2+(targetstart(3)-sensor2(3))^2);
        r3=sqrt((Xaugsigma(1,k)-sensor3(1)).^2+(Xaugsigma(2,k)-
sensor3(2)).^2+(targetstart(3)-sensor3(3))^2);
        Zsigmapre(1,k) = 1/c*(r2-r1);
        Zsigmapre(2,k) = 1/c*(r3-r1);
    end
    %第六步：计算观测预测的均值和协方差
    Zpred = 0; %观测预测的均值
    for k = 1:2*L+1
        Zpred = Zpred+Wm(k)*Zsigmapre(:,k);
    end
    Pzz = 0;
    for k = 1:2*L+1
        Pzz = Pzz+Wm(k)*(Zsigmapre(:,k)-Zpred)*(Zsigmapre(:,k)-Zpred)';
    end
    Pzz = Pzz+R1;%得到协方差 Pzz
    Pxz = zeros(4,1);
    for k = 1:2*L+1
        Pxz = Pxz+Wm(k)*(Xaugsigma(:,k)-Xpred)*(Zsigmapre(:,k)-Zpred)';
    end
    %第七步：计算 Kalman 增益
    K = Pxz*inv(Pzz); %Kalman 增益
    %第八步：状态和方差更新
    temp = Z(:,t)-Zpred;
    xestimate = Xpred+K*temp; %状态更新
    P = Ppred-K*Pzz*K'; %方差更新
    P0 = P;
    Xukf(:,t) = xestimate;
end
Err_UKFilter=sqrt((Xukf(1,:)-targetstate(1,:)).^2+(Xukf(2,:)-targetstate
(2,:)).^2);%UKF 误差分析
%% 粒子滤波
Xpf = zeros(4,numSamples,N); %粒子滤波估计状态
Xparticles = zeros(4,numSamples,N); %粒子集合
```

```
weight = zeros(numSamples,N); %权重初始化
%初始采样
Xpf(:,:,1) = Xekf(:,1) + repmat([250 250 5 5]',1,numSamples).*randn
(4,numSamples);%目标位置、速度初值+粒子
Xmean_pf(:,1) = mean(Xpf(:,:,1),2);%目标位置、速度初值
r1=sqrt((Xpf(1,:,1)-sensor1(1)).^2+(Xpf(2,:,1)-sensor1(2)).^2+(targetstart
(3)-sensor1(3))^2);
r2=sqrt((Xpf(1,:,1)-sensor2(1)).^2+(Xpf(2,:,1)-sensor2(2)).^2+(targetstart
(3)-sensor2(3))^2);
r3=sqrt((Xpf(1,:,1)-sensor3(1)).^2+(Xpf(2,:,1)-sensor3(2)).^2+(targetstart
(3)-sensor3(3))^2);
Zpre_pf(1,:,1) = 1/c*(r2-r1);
Zpre_pf(2,:,1) = 1/c*(r3-r1);
%更新与预测过程
for k = 2:N
    %第一步：粒子集合采样过程
    for i = 1:numSamples
        QQ = diag([100 100 1 1]);%Q; %与 Kalman 滤波不同，这里的 Q 不要求与过程
噪声方差一致
        net = (QQ)*randn(4,1); %这里的 QQ 可以看成“网”的半径，数值可以调节
        Xparticles(:,i,k) = F*Xpf(:,i,k-1) + QQ*randn(4,1);
    end
    %第二步：对粒子集合中的每个粒子，计算其重要性权值
    for i = 1:numSamples
        r1=sqrt((Xparticles(1,i,k)-sensor1(1)).^2+(Xparticles(2,i,k)-
sensor1(2)).^2+(targetstart(3)-sensor1(3))^2);
        r2=sqrt((Xparticles(1,i,k)-sensor2(1)).^2+(Xparticles(2,i,k)-
sensor2(2)).^2+(targetstart(3)-sensor2(3))^2);
        r3=sqrt((Xparticles(1,i,k)-sensor3(1)).^2+(Xparticles(2,i,k)-
sensor3(2)).^2+(targetstart(3)-sensor3(3))^2);
        Zpre_pf(1,i,k) = 1/c*(r2-r1);
        Zpre_pf(2,i,k) = 1/c*(r3-r1);
        weight(i,k) = inv(sqrt(2*pi*det(R1)))*exp(-0.5*(Z(:,k)-Zpre_pf
(:,i,k))'*inv(R1)*(Z(:,k)-Zpre_pf(:,i,k))); %省略了常数项
    end
    weight(:,k) = weight(:,k)./sum(weight(:,k)); %归一化权值
    %第三步：根据权值大小对粒子集合重采样，权值集合和粒子集合是一一对应的
    W = weight(:,k).';
    N = length(W);
    outIndex = zeros(1,N);
    u = rand(N,1);  %产生伪随机数
    u = sort(u);    %对伪随机数进行排序
    CS = cumsum(W); %对 W 求累加和
```

```
    i = 1;
    for j = 1:N
        while  (i<=N)&&(u(i)<=CS(j))
            outIndex(i) = j; %将 W 数组索引放在 outIndex 中
            i = i+1;
        end
    end
    %第四步：根据重采样得到的索引去挑选对应的粒子，重构的集合便是滤波后的状态集合，对
这个状态集合求均值，就是最终的目标状态
    Xpf(:,:,k) = Xparticles(:,outIndex,k);
    mx = mean(Xpf(1,:,k));
    my = mean(Xpf(2,:,k));
    mvx = mean(Xpf(3,:,k));
    mvy = mean(Xpf(4,:,k));
    Xmean_pf(:,k) = [mx my mvx mvy]';
end
Err_PFilter=sqrt((Xmean_pf(1,:)-targetstate(1,:)).^2+(Xmean_pf(2,:)-
targetstate(2,:)).^2);%粒子滤波误差分析
figure;hold on; box on;
plot(targetstate(1,:)/1e3,targetstate(2,:)/1e3,'-k','LineWidth',2);
%真实轨迹
plot(Xekf(1,:)/1e3,Xekf(2,:)/1e3,'m--','LineWidth',2);%EKF 轨迹
plot(Xukf(1,:)/1e3,Xukf(2,:)/1e3,'b:','LineWidth',2);%UKF 轨迹
plot(Xmean_pf(1,:)/1e3,Xmean_pf(2,:)/1e3,'-.r','LineWidth',2); %PF 轨迹
plot(sensor1(1)/1e3,sensor1(2)/1e3,'b*');
plot(sensor2(1)/1e3,sensor2(2)/1e3,'b*');
plot(sensor3(1)/1e3,sensor3(2)/1e3,'b*');
xlabel('\itX\rm(km)');ylabel('\itY\rm(km)');
legend({'真实轨迹','EKF 轨迹','UKF 轨迹','PF 轨迹','观测站'},'FontSize',11);
figure;hold on; box on;
plot((1:N)*dt,Err_EKFilter,'m--','LineWidth',2);
plot((1:N)*dt,Err_UKFilter,'b:','LineWidth',2);
plot((1:N)*dt,Err_PFilter,'-.r','LineWidth',2);
xlabel('观测时间(s)');ylabel('定位误差(m)');
legend({'EKF','UKF','PF'},'FontSize',11);
```